智慧水利大数据理论与方法

冶运涛　蒋云钟　梁犁丽 等　著

科学出版社

北京

内 容 简 介

智慧水利大数据是大数据在水利系统内的应用实践，是大数据的理论、技术和方法与传统水利行业的融合，本书在该领域开展了相关研究工作。第一，解析了智慧水利大数据理论框架；第二，提出了智慧水利大数据的基础体系架构、关键技术体系、平台构建方法和智能应用模式；第三，探索了水利大数据分析方法在规律分析、态势研判、趋势预测和决策优化四个维度的应用；第四，总结了智慧水利大数据应用保障条件；第五，总结了智慧水利大数据的趋势与建议。

本书可供水利行业从事数据管理、分析和应用的相关工作人员、研究人员学习借鉴，也可为其他行业或高校、科研院所大数据研究相关领域的读者提供指导和帮助。

图书在版编目(CIP)数据

智慧水利大数据理论与方法 / 冶运涛等著 . —北京：科学出版社，2020. 7
ISBN 978-7-03-065453-3

Ⅰ. ①智… Ⅱ. ①冶… Ⅲ. ①数据处理-应用-水利行业-研究
Ⅳ. ①F407. 9-39

中国版本图书馆 CIP 数据核字（2020）第 099091 号

责任编辑：刘 超 / 责任校对：樊雅琼
责任印制：吴兆东 / 封面设计：无极书装

科学出版社出版
北京东黄城根北街 16 号
邮政编码：100717
http://www.sciencep.com
北京建宏印刷有限公司印刷
科学出版社发行 各地新华书店经销
*
2020 年 7 月第 一 版 开本：787×1092 1/16
2024 年11月第三次印刷 印张：24 3/4
字数：587 000

定价：298. 00 元

《智慧水利大数据理论与方法》

撰写委员会

(以姓名拼音为序)

毕忠飞　曹　引　杜军凯　段洪涛　方海泉　顾晶晶

郭生练　蒋云钟　李明超　梁犁丽　刘晨曦　刘业森

刘媛媛　牛文静　潘罗平　彭　勇　蒲　坚　尚毅梓

申建建　宋文龙　吴旭树　许文盛　杨小柳　冶运涛

尹正杰　张　弛　张双虎　赵红莉　赵铜铁钢　周惠成

前　　言

大数据是继云计算、物联网、移动互联网之后信息技术融合应用的新焦点，是信息产业持续高速增长的新引擎，迅速发展成为科技界和企业界甚至世界各国政府关注的热点。*Nature* 和 *Science* 等相继出版专刊专门探讨大数据带来的机遇和挑战。大数据是融合物理世界、信息空间和人类社会三元世界的纽带，并成为重要的生产要素。美国政府认为大数据是“未来的新石油”，一个国家拥有数据的规模和运用数据的能力将成为综合国力的重要组成部分。在我国，党中央、国务院高度重视大数据发展，将其列为国家战略。习近平总书记指出：“要运用大数据提升国家治理现代化水平。要建立健全大数据辅助科学决策和社会治理的机制，推进政府管理和社会治理模式创新，实现政府决策科学化、社会治理精准化、公共服务高效化”。水利大数据作为大数据的重要组成部分，已引起政府和相关科研机构的高度重视，为水资源、水生态、水环境、水灾害、水工程管理提供了“用数据说话、用数据决策、用数据管理、用数据创新”的新的管理机制，成为智慧水利建设的核心引擎。

在大数据中，目前仍存在信息技术创新能够解决业务问题、用了 Hadoop 就叫大数据、强调数据分析工具等认识误区，而忽视了大数据真正价值的体现在于解决实际管理与决策中面临的难题，因此，水利大数据的用武之地在于通过全景性关联，打造全业务、全流程的数据集成与储备，利用数据融合技术而形成分析的基础，从而得出精准的结论，服务于挖掘水利规律、研判水利态势、预测水利趋势、决策水利管理，最终实现防洪保安全、优质水资源、健康水生态、宜居水环境的水安全战略目标。

水利大数据的基本机理是通过水利数据透视水灾害、水资源、水生态、水环境及水工程的本质和关系。其应用特点就是水利时空多维因素的关联分析。在此需要指出，大数据并不是“要关联，不要因果”，而是采用关联分析辅助因果关系的寻找。水利大数据应用研究方法称为数据驱动方法，主要分为传统的数据驱动方法（以统计分析和数据挖掘为主）和新兴的数据驱动方法。前者的应用是在多源数据融合基础上，利用传统统计分析和数据挖掘方法获取完整的有效信息，去发现水利数据所表现的水利系统的物理机理和运行规律；后者的应用是利用机器学习、深度学习、随机矩阵等方法为研究水利提供更加智能化的解决方案，在水利研究中有很好的应用潜力。数据驱动的方法和机理驱动方法（传统的物理建模方法）可以相互补充、相互验证、相互替代、共同演进，在智慧水利领域将发挥越来越重要的作用。

国内外对水利大数据研究进行了有益尝试，但从总体上看，这些研究还处于起步阶段，主要存在以下问题：大数据的理论技术尚未成熟和大规模应用；水利信息系统仍没有统一的数据存储与共享模型；水利行业在大数据的理论、研究方法和应用价值等方面存在思想认识落后、技术储备不足的问题；水利大数据既缺少战略性研究，又没有能够应用的顶层设计指导。这些问题的存在影响和制约了水利大数据的研究与应用工作的有序推进。尤其是水利大数据概念内涵不清晰、架构体系不统一、标准规范不完善、业务应用不明确等基础问题仍没有解决，无法回答“是什么”“怎么做”“如何用”等命题，这就导致在水利大数据建设中，基础设施蓬勃发展，但是成功应用案例不多，与大数据建设的“初心”仍有较大差距。本书以探索这些基础问题为出发点，致力于推动大数据技术在治水实践中的广泛应用。

1）水利大数据是什么？从数据量的角度，水利大数据就是传统数据处理工具不能处理的大量的数据集合；从技术的角度，水利大数据是处理大量数据的一系列技术的统称；从应用的角度，水利大数据就是通过数据处理对水利数据进行关联分析去探索隐藏的因果关系。从上述单一角度来认识水利大数据的观点有失偏颇，水利大数据内涵的解析需要兼顾三个方面：①水利大数据是具有一定体量的水利数据集合，这是水利大数据的建设基础；②水利大数据是一系列对水利数据进行处理和利用的理论、方法与技术的集合，这是水利大数据的建设支撑；③水利大数据是对水利数据分析挖掘和价值萃取利用的集合，这是水利大数据的建设目的。三者缺一，水利大数据就很难真正发挥其价值。

2）水利大数据能干什么？水利大数据的能力体现在水利数据抽取整合、水利数据特征提炼、水利数据深度分析、水利业务问题建模、水利模型固化实现五个阶段：①水利数据抽取整合是将来自不同水利数据源和时间片段的水利数据进行关联与处理，放在统一的水利数据模型和同一个时间维度上进行分析。②水利数据特征提炼是以统计分析为手段，从不同视角、维度、时间粒度对水利数据进行全面观察，从而发现水利数据规律，再加上对水灾害、水资源、水生态、水环境、水工程不同场景的水利业务解读，可形成水利业务分析报告，但这只是水利数据利用的初级阶段。③水利数据深度分析是充分发挥水利大数据的处理计算能力，利用关联分析、分类聚类、回归预测等手段对水利数据的潜在因果关系、群体特征、趋势走向进行深度挖掘，找寻统计分析无法发觉的水利业务规律，是解决具体业务问题必要的水利数据探索。④水利业务问题建模是从多重的水利业务场景中提炼出核心问题和规律，并将其转变为水利业务数据的处理流程，由水利业务模型转化为水利数据模型，最终转变为水利数学模型。⑤水利模型固化实现是伴随着直观的可视化展现，将分析的思路和方法与业务系统对接，至此完成了一个水利大数据的完整应用。其间伴随着业务人员、计算机技术人员、数据分析师、决策者等不同角色的参与和互动。而能否将分析流程进行程序固化并与水利业务环境融合，决定了一次水利数据分析的生命周期和最终成果的大小。因此，水利大数据能干什么不仅仅取决于从事水利大数据分析的技术人员，更重要的是想让水利大数据干什么，需要水利业务需求策划与水利大数据能力的融合。

3）水利大数据工作应该怎么干？开展水利大数据工作需要具备软硬件基础、技术基础、数学基础和业务基础等条件：①水利大数据软硬件基础，即根据水利业务需求和水利数据体量而定的存储服务器、计算服务器及连接网络和水利数据处理软件。②水利大数据技术基础，运用水利数据提取、处理和解读能力的关系型数据库、NoSQL 数据库、分布式文件系统、图数据库、分析挖掘工具及数据可视化工具，选用合适的组件组建实用化的分析流程，为大数据的存储、处理和分析提供基础。③水利大数据数学基础，对水利数据的基础处理，包括水利数据质量提升的处理、水利数据统计方式的转变、水利数据统计指标和维度设计等；对水利数据的分析挖掘，包括数据分类、预测算法的选择与实现、深度挖掘及机器学习的算法应用。同时也要考虑机理模型的应用，与数据驱动模型形成联动。随着知识图谱的发展，知识驱动模型也要考虑。④水利大数据业务基础，水利大数据的价值体现最终还是要汇集到解决水灾害、水资源、水生态、水环境、水工程等水利业务问题的角度，对水利业务的理解越深，对水利业务数据的掌握越熟，就愈具备成功开展水利大数据研究的基础。大数据的平台应该是一个数据利用的综合框架，包含众多的产品和组件，可以支撑数据处理和利用等各个层面的工作。组件间可以灵活地组织搭配使用，以应对纷繁复杂的业务需求，而平台需不断地迭代创新。

4）水利大数据应该怎么使用？水利系统是水利大数据的应用对象。水利系统具有物质、社会、信息等属性，是一类典型的社会物理信息系统（cyber- physical- social systems，CPSS），可以应用平行系统理论的 ACP（artificial systems，computational experiments，parallel execution）方法，融合 CPSS 和知识自动化，构建大数据驱动的平行水利系统来实现智能化应用。在水利大数据时代，水利系统会产生更多的数据，如物理水利系统的传感、监控数据，信息控制作用下的物理水利系统产生的更多相关数据，社交网络产生的数据及与水利相关的其他行业产生的数据。在水利大数据驱动下，ACP 针对水利的实际流程，把复杂的水利 CPSS 中虚的内容分解成可定量、可计算、可执行的过程，使来自物理世界、信息空间及人类社会的知识经验形式化、计算化、可视化，以在线嵌入和实时反馈的方式实现智慧水利的描述智能、预测智能和诱导智能，促使实际流程趋向人工流程，从而化繁为简，减少水利系统相关目标的不确定性，实现水利系统的智能管理。

5）水利大数据将向什么方向发展？随着物联网、云计算、大数据、人工智能、区块链等创新技术的发展，未来智慧水利的特征是物理水利系统、赛博水利系统、人类社会梳理系统的融合，人工智能将在智慧水利中得到应用。智慧水利大数据发展的最终目标是利用机器处理复杂的全景状态感知、预测、诊断与决策，从而支撑水利系统的自我调节及其与外界的互动。在架构上，首先是全面的水利数据产生与共享机制，需要水利的信息化和泛在感知，这也是水利信息通信及其产业发展的方向，同时需要创新水利数据共享的管理与思维模式；其次是不断创新、面向水利业务发展的平台处理技术，未来的处理技术要向更大的承载与处理能力和建模智能化发展；最后是水利业务分析经典化和建模固化，并由深度学习来形成水利超预置的智能与认知。

我们正在经历着水利发展模式的变革，智慧水利将从自然水循环和社会水循环的各个环节的智能化走向水利 CPSS 的智能化。未来的水利智能化过程，就是应用先进的信息通信技术，以数据为媒介，以数字化手段对水利领域进行重塑的过程。数据是水利创新变革中的重要驱动力。

考虑到水利大数据的研究尚处于起步阶段，符合大内容、大平台和大应用综合集成的水利大数据实践成果较少，有的成果偏重于数据收集（以业务主管部门为主），有的成果偏重于平台构建（以企业为主），有的成果偏重于应用试验（以高校和科研院所为主）。鉴于水利大数据的最终目的是通过数据分析方法和技术来挖掘大数据蕴含的价值，服务于治水现代化目标的实现。对于水利领域的实践来说，更加关注的是数据如何利用，因此为了利用具体案例给水利大数据研究人员提供研究方向，本书特别选取了数据分析案例供读者参考，按规律分析、态势研判、趋势预测和决策优化四个维度对案例进行组织，这些具体案例由以下作者撰写。

1）规律分析。刘媛媛、刘业森等撰写“基于机器学习的短历时暴雨时空分布规律”；杜军凯等撰写“基于卫星遥感的山区降水时空分布格局”；张弛等撰写“基于数据挖掘的人类活动影响下的水文效应”；尚毅梓等撰写“基于统计分析的行业用水变化规律及归因”；杨小柳等撰写“基于数据挖掘的用水特征及用水模式分析”。

2）态势研判。周惠成等撰写“基于可变模糊集理论的旱涝态势评价”；段洪涛等撰写“基于多源卫星数据的水体蓝藻水华联合监测”；曹引、冶运涛、赵红莉等撰写“草型湖泊悬浮物浓度和浊度联合监测”；潘罗平等撰写“基于大数据的多维度水电机组健康评估与诊断”。

3）趋势预测。郭生练、吴旭树等撰写“基于海温多极指标的长期降水预报”；赵铜铁钢等撰写“基于随机森林模型的长江上游枯水期径流预报”；彭勇等撰写“基于多模型预报信息融合的中长期径流预报”；张弛等撰写“基于模糊推理和关联规则分析的河道洪水预报”；李明超等撰写“多维复杂关联因素下的大坝变形动态建模与预测分析”。

4）决策优化。方海泉等撰写“基于深度学习的高分辨率影像河流精细化识别”；梁犁丽、冶运涛等撰写“基于卫星遥感和地面观测的水库库容曲线复核”；宋文龙等撰写“基于卫星遥感数据的灌区灌溉面积监测管理”；许文盛、蒲坚、刘晨曦等撰写“基于天地立体的生产建设项目水土保持监管”；尹正杰等撰写“基于神经网络的水库供水调度规则优化”；张双虎等撰写“基于数据挖掘的多年调节水库年末消落水位优选”；申建建、牛文静等撰写“基于数据挖掘的梯级水电站群指令调度优化”；彭勇等撰写“基于决策树方法的水库跨流域引水调度规则优化”。

本书的撰写，得到了水利前期工作项目“智慧水利总体方案编制”、国家重点研发计划项目“国家水资源动态评价关键技术与应用”和“国家水资源立体监测体系与遥感技术应用”、中国工程院咨询研究项目“智慧水利技术框架及战略研究”的支持，得到了水利部信息中心蔡阳主任、钱峰副主任、曾焱教授级高工、程益联教授级高工、陈德清教授级高工、成建国教授级高工等领导和专家的指导与帮助，同时也得到了水利系统内外多位专家的支持与关注，特此致谢！

希望本书在水利大数据理解认识和分析工作等方面对水利行业从事数据管理、分析和应用的相关工作人员、研究人员与广大读者有所借鉴和助益。

由于作者水平有限，书中内容难免存在疏漏与瑕疵，对于大数据的介绍也不免挂一漏万；书中尽量给予所引观点予以标注，也可能存在不慎遗漏之处。疏漏、瑕疵和遗漏之处，还请广大读者见谅，对本书存在的不足之处，敬请批评指正！

冶运涛

2020 年 5 月 1 日

目　　录

第 1 章　智慧水利大数据理论框架解析

1.1 引　　言

2008 年，*Nature* 刊登“大数据”专题，引发了全球各国的重点关注（黄哲学等，2012；Chen and Han，2016；蔡阳，2017），各个国家相继推出大数据相关研究及发展计划（张毅等，2019）。例如，2012 年美国政府颁布了《大数据研究和发展计划》；2013 年英国政府发布了《英国数据能力发展战略规划》等；在中国，2015 年国务院颁布了《促进大数据发展行动纲要》。网络信息技术与网络通信技术的融合，极大地促进了互联网、物联网、云计算、区块链、人工智能、智能传感器的快速兴起和发展，“物物皆能被感知，人人成为传感器”的愿景日益变为现实，使得人类获得的数据信息呈爆炸式增长，这无疑在向我们昭示——大数据时代已经到来（Graham-Rowe et al.，2008；Jonathan and Gerald，2011；方巍等，2014）。大数据的概念也在不断完善发展（Graham-Rowe et al.，2008；Ji et al.，2012；孙忠富等，2013）。现在普遍认为，大数据是以容量（volume）大、类型（variety）多、存取速度（velocity）快、应用价值（value）高为主要特征的数据集合，正快速发展为对数量巨大、来源分散、格式多样的数据进行采集、存储和关联分析，从中发现新知识、创造新价值、提升新能力的新一代信息技术和服务业态。

变化环境下水安全问题已成为人类可持续发展面临的新的重大挑战（夏军和石卫，2016），也是国际上普遍关心的全球性和重大战略问题（夏军等，2015），其涉及领域广泛、过程复杂、驱动因素众多。在“自然-人工”耦合的复杂水系统运行中产生的海量、多源、异构的涉水数据，给水安全问题的监测分析和管理决策带来很大的困难。融合新资源、新技术和新理念的水利大数据为解决水安全问题开辟新途径、指明新方向，对认识水规律、强化水管理、谋划水未来均有重要价值。水利大数据作为大数据关键组成部分，具备大数据的一般特征（蔡阳，2017；陈军飞等，2017）。为全面推动落实党中央、国务院关于大数据发展的系列决策部署，水利部于 2017 年正式印发《关于推进水利大数据发展的指导意见》，这标志着水利大数据发展进入一个新阶段（蔡阳，2017）。

随着我国智慧水利建设工作的推进，智慧水利应用大数据技术和人工智能技术，围绕洪水、干旱、水工程安全运行等九大领域，形成了融合高效、智能分析、实时便捷的智慧水利应用大系统（蔡阳，2018），促进了水治理体系和治理能力现代化（陈雷，2016）。国内外对水利大数据研究进行了有益尝试，但从总体上来看，这些研究还处在起步阶段，存在以下主要问题（陈军飞等，2017；张东霞等，2015）：①大数据的理论和相关技术仍在发展进步之中，尚未进入成熟阶段；②水利信息系统的数据存储和共享模型尚未统一，给水利大数据的分析和应用带来了一定的困难；③水利行业在大数据的理论、研究方法和应用价值等方面存在着思想认识与技术准备不足的问题，给水利大数据的研究和应用造成了一定障碍；④即使有些政府部门、企业和研究机构对大数据表现出很大兴趣，但由于缺少战略性研究和顶层设计指导，影响了智慧水利大数据研究和应用的有序推进。

水利部党组提出，要积极践行新时期中央水利工作方针，把“创新、协调、绿色、开放、共享”五大发展理念贯彻落实到水利工作始终，统筹谋划好水利发展这篇大文章。大数据是做好新时期水利工作、推动水治理能力现代化、提升水治理能力的重要抓手。“用数据说话、用数据决策、用数据管理、用数据创新”，会给水利治理方式带来根本性变革。一方面，大数据能够促进水治理效率的提高。通过数据整合、共享和开放，可推动形成水利大数据，促进各个业务部门之间的协同，有利于整合原有的各自为政的水利管理手段，形成合力。另一方面，大数据也能够促进水治理能力的提高。通过对水利大数据的分析和应用，能够揭示数据之间的关联，更好地了解现状、发现问题、分析规律、推动落实，提高水利决策的科学性和水利管理的精准性。

1.2 水问题情势研判和治理发展需求

1.2.1 水问题情势研判

纵观国内外水问题和发展态势，水问题仍然是影响经济社会发展和生态文明建设的关键障碍性因素；在传统水问题尚未得到有效遏制的情况下，新的水问题不断呈现。如何科学识别和遵循水循环基本规律，诊断传统治水模式的不足；结合水问题的发展态势，革新治水模式，已成为学术界和政府部门面临的关键命题（严登华等，2017）。

1）水资源短缺且基础条件朝着不利方向发展。中国水资源主要存在以下四个方面问题（严登华等，2017）：①水资源并不丰富且时空分布不均，空间分布与人口、耕地、矿藏资源等社会经济要素分布不相匹配。②水资源供需矛盾突出，中国尚处在工业化和城镇化的初级阶段，用水需求增长还将持续较长时间。③用水效率整体水平仍然不高。根据《中国水资源公报2018》，中国的万元国内生产总值用水量为66.8 m^3，农田灌溉水有效利用系数为0.554，远低于国际先进水平。④水资源基础条件极有可能朝着不利的方向发展。如中国北方地区水资源衰减明显，且多数预测结果表明未来气候条件下极端降水事件将增加。

2）水环境与水生态问题较为严峻，治理任务繁重。中国现阶段出现的水环境问题集中了欧美发达国家百余年工业化进程中不同阶段出现的问题，主要体现在以下四个方面：①水质状况依然较差，地下水水质状况尤为严峻，据《中国生态环境状况公报2018》，劣于Ⅲ类水的比例为86.2 %，浅层地下水劣于Ⅲ类水的比例为76.1 %。②湖泊和海洋环境污染问题日渐凸显。根据《中国生态环境状况公报2018》，全国超过30 %的重点湖泊（水库）水质劣于Ⅲ类，近岸海域劣于Ⅲ类的比例为18.7 %。③工业化和城镇化深入推进导致工业和生活污染排放强度增强、负荷加大。根据 2011 ~ 2016 年《中国统计年鉴》，这 5 年中国废水排放总量呈现显著增加趋势，年均增长率约为 2.77 %(严登华等，2017)。④污染复合化问题短时期内难以遏制，新型和有毒有害水污染风险增大。此外，由于经济社会发展大量挤占河道内生态环境用水和超采地下水，导致许多地区出现河流断流、干涸，湖泊、湿地萎缩，入海水量减少，河口淤积萎缩、地下水位持续下降、地面沉降、海水入侵、土地沙化等一系列与水有关的生态问题。

3）极端事件频发，未来形势更为严峻、风险更大。针对中国干旱和洪涝事件，主要有以下 6 个方面的研判。①旱涝灾害仍是中国主要自然灾害。②干旱尤其是农业干旱问题日益凸显。根据《中国水旱灾害公报 2018》，1950 ~ 2014 年全国年均因旱灾造成的粮食损失约 156.97 亿 kg。③城市内涝问题愈演愈烈，基本覆盖全国 31 个省（自治区、直辖市）(严登华等，2017)。④山洪灾害异军突起。依据“全国山洪灾害防治规划简要报告”，自 1949 年以来，中国因洪涝灾害死亡人口中，山洪灾害占 70 % 以上。⑤旱涝急转事件频发。1961 ~ 2011 年淮河流域旱涝急转事件平均覆罩范围达 17 % ~ 35 %，且呈增加趋势。⑥未来旱涝形势依然严峻。干旱程度总体加重，冰湖溃决、融雪/融冰型洪水，以及沿海地区暴雨、风暴潮、天文大潮“三碰头”等新型洪涝灾害风险加大。

4）中国水库大坝数量最多，气候变化增加了其安全风险。我国现有水库 9.8 万余座，是世界上拥有水库大坝最多的国家，其中 95 % 以上为土石坝，95 % 以上是 20 世纪 80 年代以前建设的老坝。虽然近年来进行了大规模的病险水库除险加固，但气候变化增加了大坝的安全风险，尤其土石坝多，出险的概率就高。在极端气候条件下，一些河流水文系列可能发生变化，增大了河川径流过程的不确定性，水库原有的防洪标准可能变得偏低，对汛期水库调度产生重要影响。近期发生的美国奥罗维尔水库险情的原因之一，就是水库调度对气候变化导致的水文系列变化未做出及时调整。尤其对于我国中小河流上的水库，由于设计年代已久，缺乏水文资料，原设计存在安全上的不确定性，在极端降雨情况下，大坝漫顶甚至溃坝的风险增加。同时我国也是世界上拥有 200 m 级以上高坝最多的国家，目前世界建成 200 米级以上的高坝 77 座，我国有 20 座，占 26 %；在建的 200 m 级以上的高坝 19 座，我国就有 12 座，占 63 %。这些 200 m 级以上高坝主要集中在高海拔、高地震烈度、高边坡、地质条件极为复杂的西部地区。这些高坝主要分布在黄河、金沙江、雅砻江、澜沧江、大渡河等大江大河，这些河流水量充沛，水能资源富集，大地下厂房、大流量泄洪、大机组发电、高速水流消能常态化存在，对水工建筑物的安全性、稳定性、耐久性要求十分高。而且如此密集地建设一批 200 m 级高坝，在世界筑坝史上前所未有，许多勘测设计和建设管理中的技术难题，稍有不慎可能埋下安全隐患。

5）多种水问题在同一流域或区域交织叠加。中国各大流域均存在各类水问题并存，且叠加和累积影响日益严重。主要体现在以下几个方面：①西北内陆河、海河、辽河流域缺水严重，河流生态系统退化和地下水超采问题极为突出；②黄河流域水资源总量不足，河道泥沙淤积导致河流生态系统萎缩；③淮河流域水环境污染问题久治不愈，旱涝灾害并存；④长江流域源头生态退化问题日益突出，中下游太湖地区水体污染十分严重；⑤珠江流域中下游地区污染严重，河口咸潮上溯问题突出。

1.2.2 水治理发展需求

水问题本质就是自然水循环和社会水循环的失衡问题，中国水治理总体需求就是构建健康的流域自然–社会水循环系统，并让水资源最大限度地发挥生态环境和社会经济功能，且不造成灾害影响，核心是调控社会水循环，抓手就是在建设生态绿色基础设施的基础上，融合现代信息技术的新发展，利用水利信息化技术建设智慧水利（智慧水务或智能水网），实现大气–地表–土壤–地下多过程、水量–水质–泥沙–水生态多因子的联合调控，最大限度实现“去极值化”，系统解决流域水问题（严登华等，2017）。

水利部高度重视水利信息化工作，鄂竟平部长于2018年强调从水利改革发展对水利信息化工作的需求出发，围绕“节水优先、空间均衡、系统治理、两手发力”的治水思路（简称“十六字”治水思路），聚焦水灾害、水资源、水环境、水生态四大水问题，重点掌握和提供洪水、干旱、水工程安全运行、水工程建设、水资源开发利用、城乡供水、节水、江河湖泊以及水土流失等领域的全面情况。既要有点上的情况，又要有江河、流域、区域和全国的情况；既要有现状，也要有历史情况和未来预测；既要有监测数据，又要有对数据的分析评价结果，更要有分析评价结果可能出现问题的有效应对措施和建议。鄂竟平指出目前的水利信息化水平还不能适应水利改革发展的需要，提出未来的工作重点是实用和安全。在实用性方面，一是要紧紧盯住四大水问题，遵循“十六字”治水思路，实现透彻感知；二是要把采集的数据全面互联、融合共享；三是要对数据进行深度处理、读解与评价；四是对数据进行智慧应用，实现对四大水问题现状的随时掌控、对非常状态问题的及时处置、对长期状况的评价预测。另外，要重视水利网信的安全问题。

水利部印发的《智慧水利总体方案》面向洪水、干旱、水利工程安全运行、水利工程建设、水资源开发利用、城乡供水、节水、江河湖泊、水土保持和水利监督等水利主要工作，总结形成了水资源、水生态、水环境、水工程、水灾害、水监督和水行政等水利业务。水利工作面对新形势、新问题，传统水利信息化虽然解决了一些问题，但是，还有相当一部分的问题仅仅依靠传统水利信息化手段难以解决，必须凭借大数据及其技术才能有效解决，解决不同类型的水问题形成了不同的水利大数据发展需求（程益联，2019）。

1）水资源需求。水资源管理需要动态掌握水资源及其开发利用状况，制定并实施水资源综合规划和水量分配方案，在一定范围内进行水资源统一调度。水资源管理关键是要能够及时掌握水资源供需关系，由于水资源储备情况相对时空分布多年平均相对稳定，那么及时掌握在何时、何地需要多少水资源用于何种用途就成为水资源管理中的关键。目前，主要取水户取水情况，通过国家水资源管理系统建设，已经能够较好掌握，但是大量分散取水户，尤其是地下水取水户，取水情况还难以掌握，实际用水需求分布情况也不清楚。

2）水生态需求。水生态管理需要加强对生产建设项目和重点治理工程等的监管，对人类活动造成水土流失的监管，构建问责体系，实现山水林田湖草系统的恢复和防治。水生态管理的关键是要能够及时掌握和了解水土流失总体情况，尤其是生产建设项目和重点治理工程状况，特别是生产建设项目的水土保持措施落实情况。目前，虽然已开始利用卫星遥感，强化对生产建设项目的监管，但无论是监管周期频次，还是遥感信息处理能力，都不能满足水土保持监管业务需要。

3）水环境需求。水环境管理需要通过加强水域岸线管理和保护，加强河湖空间管制和涉河建设项目管理，增强河道采砂监督管理，推进重要江河湖泊和河口的开发、治理、保护。水环境管理关键是需要快速汇集相关水利业务和政府其他部门相关业务数据，并基于模型对数据进行深度挖掘，实现河湖精准监管。虽然通过河长制系统建设开展了部分有益尝试，但急需实现相关信息资源共享，并在此基础上开展智能化应用。

4）水工程需求。水工程管理需要加快水利基础设施网络建设，健全水利工程建设管理体系，加强水利工程的运行管理、保护和综合利用，确保工程安全运行。水工程管理关键是要快速汇聚相关水利工程不同时期（建设与管理）、业务的数据，开展工程运行安全评估预警等智能应用，实现水利工程安全运行。目前大型水利工程管理比较到位，但大量的中小水利工程管理缺失，安全运行得不到保障，小型水库安全运行管理问题尤为突出。

5）水灾害需求。水灾害防御需要通过建立洪水、干旱灾害综合防御体系，开展上下游、左右岸、全时段的联合调度，充分发挥水工程效益，提高流域和区域防洪、抗旱能力，保障人民生命财产安全。水灾害防御关键是快速汇聚相关水利业务数据，开展洪水精准预报、水利工程群联合调度、旱情综合评估等智能应用。目前开展了局部区域洪水预报和水库群联合调度及单项旱情评估，急需实现全国分布式洪水预报、流域级洪水联合调度和旱情综合评估。

6）水监督需求。水监督管理需要强化水利社会监管，加强水利管理监督，督促水利管理工作办理，整改并实施责任追究，防范和消除风险。水监督关键是要汇集所有水利业务、其他部门相关业务、相关企业和社会互联网的数据，对数据进行深度挖掘，开展水利监督对象问题线索探测、问题检查和评估、预测决策等智能应用。目前水监督管理工作刚刚起步，初步建立了工作支撑平台，急需实现对水监督对象信息的汇集与问题发现，开展水监督评价与风险评估等工作。

7）水行政需求。水行政管理需要在提供完善后勤保障基础上，协调和加强水利部各部门、直属单位之间的业务工作关系及运行管理体制，使水利部各项业务工作得以有条不紊地持续开展。水行政管理关键是在明确水利业务及其流程基础上，概化形成流程管理模板，实现固定框架下的流程定制，满足水利业务变化需求。目前，水利部机关后勤初步开展了信息化工作，各部门、直属单位之间数据共享也已初步形成，但远未形成业务流程明晰，业务数据充分共享，业务数据相互印证，业务应用有效协同的智能化水行政管理。

1.3 大数据的理论和方法

1.3.1 大数据概念理解

国内外对大数据的定义、内涵和标准已开展大量探索和研究，但还没有形成共识（刘丽香等，2017）。由于大数据定义侧重点不同，可以将其分为三类（刘丽香等，2017）：①主要突出“大”（常杪等，2015；赵国栋等，2013；刘丽香等，2017），例如麦肯锡、国际数据公司（IDC）、亚马逊、维基百科等给出的定义，“大”只是大数据的标志之一，但并不是全部（刘丽香等，2017）。②突出其“作用”，认为大数据是在多样或者大量数据中迅速获取信息的能力，强调了大数据的功能和作用（刘丽香等，2017）。③突出其“价值观和方法论”，认为大数据是用崭新的思维和技术对海量数据进行整合分析，从中发现新的知识和价值，带来“大知识”“大科技”“大利润”“大发展”（徐子沛，2012）。随着全球数据的飞速增长，除了包含传统的结构化数据，还产生了大量非结构化数据和半结构化数据，这就需要大量处理技术来处理这些不同结构的数据，并将它们应用在实践中（常杪等，2015；赵国栋等，2013；徐子沛，2012）。刘丽香等（2017）认为大数据是为决策问题提供服务的大数据集、大数据技术和大数据应用的总称。

目前普遍认为大数据具有以下特点（常杪等，2015；陶雪娇等，2013）。

1）数据量巨大。通过各种设备产生的海量数据，规模庞大，数据量从 TB 级别跳跃到 PB 级别（常杪等，2015；赵国栋等，2013；徐子沛，2012）。

2）数据种类繁多。数据来源种类多样化，不仅包括传统结构化数据，还包括各种非结构化数据和半结构化数据，而且非结构化数据所占比例越来越高（常杪等，2015；赵国栋等，2013；徐子沛，2012；程春明等，2015）。

3）大数据的“快”。包括数据产生快和具备快速实时的数据处理能力两个层面。第一层面是数据产生的快，目前有的是爆炸式产生（常杪等，2015；程春明等，2015），例如，欧洲核子研究中心的大型强子对撞机在工作状态下每秒产生 PB 级的数据；有的数据每秒产生数据少，但由于用户众多，短时间内产生的数据量依然非常庞大，例如点击流、日志、视频识别数据、GPS（全球定位系统）位置信息。第二层面是对数据快速、实时处理的能力高。大数据技术通过发展不同于传统的快速处理的算法，对海量动态数据进行处理分析，使它们变为可使用的有价值的数据。因此，大数据对实时处理有着较高的要求，数据的处理效率就决定着获得信息的能力。

4）数据价值密度低、应用价值高。大量不同数据集组成大数据集，这些数据集的价值密度的高低与数据集总量的大小成反比。在大数据应用中，数据量大的数据并不一定有很大的价值，不能被及时有效处理分析的数据也没有很大的应用价值（常杪等，2015；赵国栋等，2013；徐子沛，2012；程春明等，2015）。

5）真实性低。随着社交数据、企业内容、交易与应用数据等新数据源的兴起，我们能获得的数据源逐渐多样化，这使得获得的数据中有些具有模糊性（孙忠富等，2013）。真实性将促使人们利用数据融合和先进的数学方法进一步提升数据的质量，从而创造更高价值。例如，社交网络中的视频、语音、日志等获得的原始数据真实性差，需要我们对其过滤和处理才能挑出有用的数据。

大数据技术及应用流程主要包括以下技术（段军红等，2015）。

1）大数据采集技术。是大数据技术及应用的重要基础，其智能感知主要包括数据传感、网络通信、传感适配、智能识别等体系，以及软硬件资源接入系统，同时能够把复杂且不易处理的数据转化处理为简单且易处理的数据结构类型，另外能够支持数据清洗去噪和校核处理，甄别过滤掉无用或错误的离群数据，提取有应用价值的数据。

2）大数据存储及管理技术。需要用存储设备存储采集的数据，并根据数据的结构化、半结构化和非结构化结构类型及业务需求特点，建立相应的并行、高效的大数据数据库系统，以统一管理、检索、调用和互联共享海量数据。

3）大数据分析及挖掘技术。是大数据处理流程最核心的部分，基于对象的数据、相似性连接等大数据融合技术，融合机器语言、人工智能、统计分析和系统建模等新型数据挖掘和知识发现技术，改进现有的数据挖掘技术及算法，突破面向特定领域的大数据挖掘技术。

4）大数据展现与应用技术。将大数据分析及挖掘的信息和知识用多种可视化手段展现，提高各行业各领域的运转效率和集约化水平。

典型大数据应用及其比较见表 1-1。大数据与传统信息系统对比如表 1-2 所示。

表 1-1　典型大数据应用及其比较

应用领域	典型案例	用户数量	反应时间	数据容量	可靠性	精确性
计算科学	生物信息学	少量	慢	TB	中等	非常高
经济	高频交易	大量	快	GB	非常高	非常高
社会网络	Facebook	海量	快	PB	高	高
移动数据	手机	海量	快	TB	高	高
物联网	传感器	大量	快	TB	高	高
互联网	新闻网站	海量	快	PB	高	高
多媒体	视频网站	海量	快	PB	高	中等

资料来源：孟小峰和慈祥，2013。

表 1-2　大数据与传统信息系统对比

项目	传统信息系统	大数据
基础设施	分散独立	统一的云计算平台
网络环境	单机或局域网	互联网、移动互联网
数据采集	以人工录入为主	以自动采集为主
数据存储	分散存储、缺乏共享	集中存储、全面共享

续表

项目	传统信息系统	大数据
系统功能	解决单一业务问题	解决多种复杂业务问题
分析方法	少量样本的因果分析	大量样本的相关性分析
展现方式	纸质报告或图表	数据可视化展现

资料来源：吴班和程春明，2016。

1.3.2 大数据理论基础

大数据不仅是一项由多学科、多领域结合而成的综合性技术，大数据也被公认为是一种思维方式，是一门科学。虽然大数据的理论体系尚未形成，但大数据与哲学、数学、物理学等学科的内在联系已有所显现，哲学、数学、物理学也将为大数据提供数理和哲学基础。

1.3.2.1 大数据与认识论

哲学是关于世界观的学说，大数据存在着哲学基础，因为大数据首先被认为是一种认识论，关于这一点，本书列举了一些具有代表性的观点（张东霞等，2015）。

1）大数据代表了一种新的思维方式，也是一种新的方法论。人类对世界的认识，是精神世界和物质世界两个同构系统之间的相互作用，而大数据作为一种新的认识论，通过物质世界的表现——数据的呈现，使物质和精神两个世界达到了统一。认识者获得的不是对象本身的绝对映像，而是从对象中抽象出来的、关于对象运动轨迹的数据。从这一角度看，同构关系是大数据的数理哲学基础。

2）世界的规律表现为恒常规律、混沌规律和浮动规律。对恒常规律的认识基于少量的数据即可实现，但对于混沌规律和浮动规律的认识，则需要以足够多的数据也即大数据为依据。所以，大数据更适合研究混沌规律和浮动规律。理论上，混沌规律是没有规律可循的，应基于全部的数据，而浮动规律是有迹可循的，只要有足够的数据即可。例如，当数据表现出一定的统计特性时，足够的数据可以通过统计特性展现其规律。

3）浮动规律和混沌规律往往难以找到精确的因果关系，所以，大数据也更适合于从数据中挖掘关联关系。一种情况是，大数据挖掘出的关联关系，并没有超越人类的先验知识，而是对先验知识给予了定量的表征。另一种情况是，大数据挖掘出的知识，超越了人类的先验知识，为人类揭示了至今没有认识到的规律。

1.3.2.2 大数据与数学

数学是科学的基础，不能建立数学模型并用数学方法分析，不能称之为科学，但大数据统一的数学基础和系统的建模方法目前还没有形成。“从数据中学习”是统计学的重要目标，正因如此，统计学也成为大数据最基本的数学基础。进行预测或分类时，在线性回归、支持向量机、人工神经网络的有指导或无指导学习过程中都体现了统计学方法。

在基于统计学的机器学习之外，大数据也存在许多基于全数据分析的数据分析方法。这些方法包括决策树方法、Apriori 算法、划分方法以及层次方法等。同样基于大数据具有统计特征的假设，有学者尝试用随机矩阵作为某类大数据的统一数据模型。假设构成大数据的系统来自呈空间分布的 N 个数据源，每一个数据源可以表示为时变向量，由此可将整个系统的数据整合为一个单独的大型矩阵，也即随机矩阵。

“熵”也被用来表征大数据所表现出来的特征。当大数据满足一定的统计特性时，大数据所表征的事物的特性可以用“熵”来表征。针对大数据的数据类型复杂性，学术界目前鼓励发展一种一般性的结构化数据和半结构化、非结构化数据之间的转化原则，如在对网络上多种来源的数据进行性质分析和规律探索中，有学者尝试运用图论和统计分析等方法对数据进行定量分析，并已有学者发现了复杂的网络大数据之中存在一些统计规律性。

综上所述，就大数据的数学基础而言，可总结如下（张东霞等，2015）。

1）形成大数据的系统建模方法和统一数学结构，是形成大数据统一完备理论的前提和关键，也是大数据研究者的努力目标。由于大数据数据类型的复杂性，这一目标的实现看起来相当不易，即使是可行的，也必定要经历很长的路程。

2）目前提出的一些数学方法主要是在统计学基础上发展的，“熵”的计算、随机矩阵理论等均是基于大数据具有统计特性假设基础上建立的；还有一些数学理论，是针对半结构化和非结构化数据的建模和分析而建立的。

大数据的未来发展是不会局限于仅仅是一种技术，大数据也是一种广泛的思维方式。

1.3.2.3 大数据与人工智能

大数据和人工智能是当今最为流行的两项技术，其中，人工智能诞生于十多年前，大数据诞生于几年前。计算机可以用来存储数百万条记录和数据，但分析这些数据的能力是由大数据提供的。可以说，大数据和人工智能是两大令人惊叹的现代技术集合，为机器学习注入动能，不断更新数据库，同时借助人类的干预和递归实验进行优化。

大数据和人工智能的关注点虽然不尽相同，但却有密切的联系。一方面，人工智能需要大量的数据作为“思考”和“决策”的基础，另一方面，大数据也需要人工智能技术进行数据价值化操作，比如机器学习就是数据分析的常用方式。两者相辅相成，相互促进，共同推动技术应用落地，从而真正促进社会生产力的发展。

众所周知，人工智能将减少人类的整体干预和工作量，并且人工智能所具有的机器学习能力，促进人类创造机器人来分担、接管工作内容。同时，人工智能的扩张会降低人的作用，大数据的介入是变革的关键。虽然机器可以根据事实做出决定，但不能涉及情感互动，而数据科学家则可以基于大数据，将感性因素囊括进来，为机器做出正确的决定提供依据。概括来说，人工智能虽然是一项非常有效的技术，但是它需要前提、需要条件，如果没有大数据，人工智能就是无源之水、无本之木。

此外，人工智能的出现也让大数据分析变得更具预测性和规范性。在过去，数据分析比事后分析更为重要，事后分析就是“已经发生的事情”未来的预测，本质上仍是历史分析。人工智能和机器学习正在帮助开拓一个新领域："将要发生的事情"，或者至少是"可能发生的事情"。此外，还可以教会机器学习算法，并基于前瞻性的见解做出决策或采取行动。传统意义上，大数据决策是基于过去和现在的数据点，通常会导致线性的投资回报率。但借助人工智能，这一比例已达到史诗级和指数级。利用人工智能的规范性分析有可能提供前瞻性战略见解，有助于推动业务发展。

大数据与人工智能是相辅相成，相互促进。虽然大数据的发展本身开辟出了一个新的价值空间，但是大数据本身并不是目的，大数据的应用才是最终的目的，人工智能正是大数据应用的重要出口。相信在未来，大数据与人工智能的结合途径会越来越多，共同促进社会经济的大变革、大发展。

1.3.3 大数据研究方法

大数据研究方法的核心是数据驱动方法，与传统的基于机理的研究方法在研究方法的类型和流程上有所不同，如图 1-1 所示。

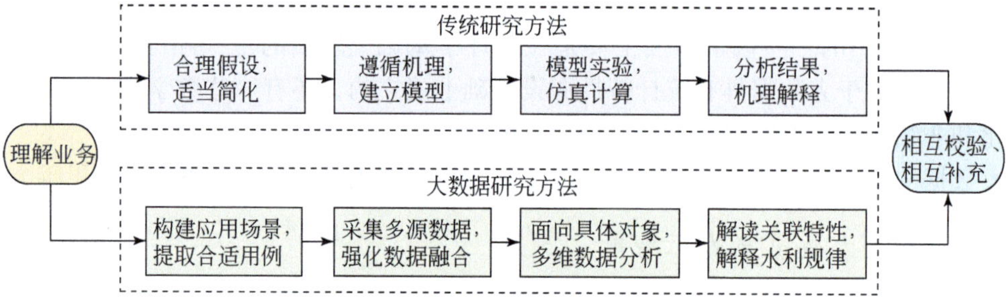

图 1-1 大数据研究方法与传统研究方法对比

1.3.3.1 传统的研究方法

传统的研究方法是基于机理的研究方法，分为以下 4 个步骤（王继业，2017）。

步骤 1：合理假设，适当简化。根据大量的先验知识，尽可能地深入了解研究对象的物理本质，在此基础上做出合理的假设和适当的简化，建立物理试验或数学等模型。

步骤 2：遵循机理，建立模型。物理模型的建立常需要做出一定的等值或缩微处理；数学模型的建立需要线性化、离散化处理；若缺少详细数据选择参数，就需采用一些典型参数参与后续计算。

步骤 3：模型实验，仿真计算。对水利系统来说，相关的研究包括物理模型实验、水利系统安全稳定仿真、水文模拟计算等，数模混合试验在研究大坝、水闸等水利工程建设，水循环演变规律和机理等方面发挥了重要作用。

步骤 4：分析结果，机理解释。针对实验研究、仿真和计算结果，需要做出机理性解释，有时为了支持机理解释的正确性，需要对仿真计算结果再次进行可重现的科学实验。

1.3.3.2 大数据研究方法

大数据研究方法是以多源数据融合为基础，采取数据驱动的研究方法，同样包含以下4个步骤（王继业，2017）。

步骤1：构建应用场景，提取合适用例。数据驱动方法通常将研究对象看作一个黑匣子，只需要了解输入和输出数据，便可通过一定的数据分析方法开展研究。依据一定的先验知识，对需要研究的对象或问题进行分析，建立应用场景，分解成用例，明确所需要的数据。

步骤2：采集多源数据，强化数据融合。大数据分析方法强调数据的整体性。大数据是由大量的个体数据组成一个整体，其中各个数据不是孤立存在，而是有机地结合在一起。如果把整体数据割裂开来，将会极大地削弱大数据的实际应用价值，而将零散的数据加以整理、形成一个整体，通常会释放出巨大的价值。数据融合是大数据研究过程的难点。

步骤3：面向具体对象，多维数据分析。基于融合后的数据进行数据分析，需针对应用场景和用例，选择合适的分析方法。数据分析是大数据研究过程的关键环节。

步骤4：解读关联特性，解释水利规律。研究结果反映研究对象的内在规律性、相关因素的相互关联性或发展趋势，应对研究结果给予解释，需要时进行灵敏性分析。

1.3.3.3 两种方法对比

物理概念清晰的传统研究方法已形成了较为系统的方法论，在科学技术发展中发挥了重要作用，但对于一个复杂的系统，存在以下局限性（王继业，2017）：①在建立复杂系统的模型时，需要做出一些理想的假设和简化，在某些情况下存在着较大的误差甚至错误；②对于难以基于机理建模的系统，不具有适用性；③分析较片面、局部，难以反映宏观的时空关联特征。

大数据方法不依赖机理，可将历史和现在的数据综合进行分析，得到多维度宏观的时空关联特性。大数据方法目前还不成熟，尚未形成系统性方法论，需经过长期的发展完善才能发挥应有的作用（王继业，2017）。需要强调的是，大数据的出现并不意味着要取代传统业务数据，传统业务数据是大数据的重要数据来源，大数据方法能够挖掘提升传统业务数据的价值。

1.3.4 大数据应用特点

大数据技术分为通用大数据技术和专业大数据应用两部分。通用大数据技术包括数据处理、数据存储、数据分析和数据展示等，一般由专业的信息技术公司开发。专业大数据应用则需要由熟悉行业业务、掌握行业知识的专业人士与熟练掌握通用大数据技术的计算机专业人士共同开发。对专业开发人士来说，通用大数据技术提供的是一个大数据的基础开发平台。

通用大数据技术呈现出开源共享取代闭门开发、咨询服务取代软件授权的发展趋势。开源软件采用大众开发、免费共享的模式，节省了初创公司的资金成本，使创业门槛大大降低，同时也使创新技术能尽快得到普及，起到鼓励全民创新的作用，是互联网思维的典型体现。开源软件已经成为大数据技术开发的主流趋势，以数据库产品为例，据不完全统计，2000 年以后在美国硅谷地区成立的初创公司 80 % 以上采用开源数据库，即使是 Google、Facebook 这样的大公司也都采用开源软件，当然这些公司也组建了实力雄厚的开源软件开发团队参与开源软件的开发。

从某种程度上讲，开源软件的普及与广泛应用是大数据技术得以迅速发展的重要因素（刘广一等，2016）。为了开发适合于专业需要的大数据应用，必须有专业技术人员的广泛参与。

首先，大数据应用必须要深入挖掘专业场景，解决采用目前的传统数据处理技术由于数据规模巨大、数据类型复杂而难以解决的问题，或者是目前单一业务系统的数据难以解决，必须融合多源数据系统才能解决的问题。这类业务需求必须结合大数据技术擅长的领域，密切结合业务领域的实际需要才能得到。

其次，在弄清楚专业需求之后，必须要建立专业的数据模型。不同的专业领域有不同的专业特点，数据规模、类型、结构、相互关系都不相同，必须结合专业特点，建立符合专业特点的专业数据模型。例如，零售业的数据模型和银行业的数据模型不同，水利领域的数据模型和通信领域的数据模型不一样。

最后，要依据专业需求和已经建立的数据模型，选择有效的大数据处理、存储、分析与展示技术，开发专业的大数据应用。

为了开发出合适的大数据应用，必须要了解大数据技术擅长的领域（刘广一等，2016）。

1）大数据技术用全数据分析代替采用分析。在大数据时代，计算机软硬件的迅猛发展使得我们有能力处理更多的数据，有时甚至可以处理相关的所有数据，而不再像以前那样依赖于随机采样。与随机采样数据分析相比，使用全数据可以发现以前无法发现的细节，使我们更清楚地看到依赖随机样本无法解释的细节信息。

2）大数据擅长规律分析和预测预警。大数据善于从众多关系复杂的海量数据中发现潜在的内在规律，适合于探索事物的内在发展趋势，并据此进行预警与预测。例如，欧洲洪水感知系统（european flood awareness system，EFAS）融合遥感、地理信息、水文气象等数据，可以实现长达 10 d 的极端天气预测和洪水预警（陈军飞等，2017）。

3）大数据强调的是跨领域分析。大数据突破了传统的因果关系，善于发现看起来互不相关的数据集合之间的相互关联。例如，意大利 Trentino 大区电力公司基于高阶希尔伯特空间数学模型，利用随机预测算法，建立了移动通讯数据与电网电力需求和波峰之间的非线性回归关系，成功地预测了电网未来一周内的日均电力需求和电力波峰（刘广一等，2016）。

4）大数据擅长进行快速实时分析。以并行计算、内存计算、超级计算等为代表的大数据分析处理技术可以有效地解决实时分析决策问题。最典型的例子是银行信用卡的授权处理、电子商务公司的订单处理以及社交媒体网站的实时精准推荐都应用的是大数据的快速实时处理能力。未来基于大数据的智慧水利评价、预报、调度和控制系统也将是大数据快速实时性处理能力的用武之地。

1.4 水利大数据概念内涵

正如前文所述，水问题本质是流域水循环失衡导致的。智慧水利数据采集与管理是以“自然–社会”二元水循及其伴生过程为对象的，通过调控社会水循环，保障良性的健康水系统的塑造，这是水利大数据与其他行业相比具有明显的特点。首先，了解二元水循环的驱动力、结构和功能属性（王浩和贾仰文，2016）；其次，分析智慧水利的发展趋势；最后，解读水利大数据内涵特征。

1.4.1 流域二元水循环理论

1.4.1.1 水循环的驱动力

自然水循环的驱动力是太阳辐射和重力等自然驱动力。而二元水循环除了受自然驱动力作用外，还受机械力、电能和热能等人工驱动力的影响。更重要的是人口流动、城市化、经济活动及其变化梯度对二元水循环造成更大更广泛的直接影响。因此，研究二元水循环必然要与社会学和经济学交叉，水与社会系统的相互作用与协同演化是研究焦点。

1.4.1.2 水循环的结构

自然状态下，“降水–坡面–河道–地下”四大路径形成自然水循环结构，它是典型的由面到点和线的“汇集结构”。随着人类社会发展，一元自然水循环结构被打破，社会水循环的路径不断增多，“自然–社会”二元水循环结构逐步形成。初期，社会水循环有取水、用水、排水三大主要环节，现在发展成取水、给水、用水装置内部循环、排水、污水收集与处理、再生利用等复杂的路径。与自然水循环的四大路径相对应，社会水循环也形成了“取水–给水–用水–排水–污水处理–再生回用”六大路径，它是典型的由点到线和面的“耗散结构”。自然水循环的四大路径与社会水循环的六大路径交叉耦合、相互作用，形成了“自然–社会”二元水循环的复杂系统结构。

1.4.1.3 水循环的功能属性

自然水循环的功能比较单一，主要是生态功能，养育着陆地植被生态系统、河流湖泊湿地水生生态系统。

有了人类活动以后，发挥单一生态功能的流域自然水循环格局就被打破，形成了“自然–社会”二元水循环。这主要体现在三个方面：①人类的各种生活、生产活动排放大量温室气体，导致地表温度升高，大气与水循环的动力加强，循环速率加快，循环变得更加不稳定，从而改变了流域水循环降水与蒸发的动力条件；②为人类社会经济发展服务的社会水循环结构日趋明显，水不单纯在河道、湖泊中流动，而且在人类社会中的城市和灌区里通过城市管网和渠系流动，水不再是仅依靠重力往低处流，而可以通过人为提供的动力往高处流、往人需要的地方流，这样就在原有自然水循环的大格局内，形成水循环的侧枝结构——社会水循环，使得流域尺度的水循环从结构上看，也显现出“自然-社会”二元水循环结构；③随着人类社会经济活动发展，社会水循环日益强大，使得水循环的功能属性也发生了深刻变化，即在自然水循环中，水仅有生态属性，但流域二元水循环中，又增加了环境、经济、社会与资源属性，强调了用水的效率（经济属性）、用水的公平（社会属性）、水的有限性（资源属性）和水质与水生陆生生态系统的健康（环境属性），因此从水循环功能属性上看，流域水循环也演变成了“自然-社会”二元水循环。

1.4.1.4 水循环的演变效应

流域水循环的演变，特别是二元水循环的形成与发展带来了一系列的资源效应、环境效应和生态效应。首先，水循环驱动力条件的变化、下垫面的改变、城市化进程加快以及社会水循环通量的不断加大，对流域水循环的健康和再生维持带来了不利影响，造成流域水资源的衰减，产生强烈的资源效应，就是一个明显的例子。其次，社会水循环在其各个路径上都带来了相应的污染物，对自然水循环形成很大影响，带来水环境的污染，产生强烈的环境效应。最后，人类社会经济大量取水、用水和耗水，把原来在河流、土壤和地下流淌的水的很大部分直接排入大气，造成河湖生态系统和河口海岸生态系统缺乏必需的淡水，产生了强烈的生态效应。

1.4.2 智慧水利的发展趋势

智慧水利服务于发展健康的自然水循环和社会水循环系统，其建设目标就是构建由水物理网、水信息网和水管理网耦合集成、协同互动的“三网合一”的复杂巨系统——智能水网（王建华等，2018）。智能水网是具有高质引领、数字转型、智能升级、融合创新等丰富的内涵的新型数字水利基础设施，能够促进水治理体系的现代化，保障“防洪保安全、优质水资源、健康水生态、宜居水环境、先进水文化”的幸福河目标实现。智慧水利的发展方向包括以下三个方面（王建华等，2018）。

1）构建以空间均衡和高效利用为核心的水物理网。通过江河湖库治理工程、枢纽调蓄工程和蓄滞洪区的合理布局，降低洪涝灾害潜在风险，增强防洪减灾应急处置的工程能力，形成保障防洪安全的物理基础。通过优化水源工程结构，建设人工输配水工程体系，提升区域间水资源互调互济能力和区域内水资源开发利用水平，提升抗旱能力，形成保障社会经济供水安全的物理基础。强化水利工程在规划、设计和建设阶段的生态适应性特征，通过建设生态补水工程、重要生态景观修复工程，降低水资源开发利用对生态系统的破坏程度，恢复水生态系统服务功能，形成保障生态安全的物理基础。

2）构建以全面感知和智能调控为核心的水信息网。建设雨情、水情、工情智能化监测体系，以增强对潜在水安全风险的预测感知能力，从而在预警环节保障水安全。建设智能化二元水循环模拟和水网工程运行仿真系统，以提高水资源调度决策的系统性和针对性，从而在预报环节保障水安全。建设远程化、自动化、智能化的水利工程运行调控系统，以支撑精细化水资源管理和调度模式，从而在执行环节保障水安全。

3）构建以科学决策和领域协同为核心的水管理网。按照民生水利、人水和谐等新时期治水理念的指导，不断完善洪水风险管理、最严格水资源管理、水生态文明和河长制等制度体系，为水资源综合管理提供顶层制度指导。在水信息网建设支撑下，提升对“自然-社会”二元水循环过程的临近预报、短期预报、中期预报和长期预报，夯实水资源调度决策的科学基础；研发和应用复杂水资源系统的防洪、供水、灌溉、发电、航运等多目标分析和决策技术。建设水资源调度决策会商平台，提升复杂水系统的调度能力；大力推进水资源系统调度的控制与执行体系建设，保障调度指令准确和及时实施。

1.4.3 水利大数据概念内涵

以“自然-社会”二元水循环及其伴生的水生态、水环境、经济社会等过程为对象的水利多维立体感知网络的日益完善，一直在持续提升水利行业数据采集的能力，形成了能够获取时空连续的多源异构、分布广泛、动态增长的水利大数据集合，在解决水安全问题时具备了水利行业的特征，具体如下。

1）水利大数据的体量巨大。各类传感器、卫星遥感、雷达、全球导航卫星系统（GNSS）、视频感知、手机终端等形成了“空-天-地-网”信息获取的水联网体系（王忠静等，2013）。全国水利行业目前拥有超过 14 万处的雨量、河湖水位、流量、水质及地下水水位等各类水利信息采集点，自动采集点所占比例超过了 80 %，当前省级以上水利部门存储数据资源近 2.5 PB（陆佳民等，2017），构成了海量水利数据集，如果加上与水利相关的气象、生态环境、农村农业等行业外数据，水利大数据的规模更加庞大，而且数据量增加速度很快。

2）水利大数据的复杂多样。水利大数据的复杂多样表现为数据类别和数据格式两个方面。①从数据类别看，既有来自物联网设备的水文气象、水位流量、水质水生态、水利工程等大量的监测信息，还有全国水利普查、水资源调查评价、水资源承载能力监测预警等成果，以及与水利相关的社会经济数据、生态环境数据、地质灾害数据、互联网数据等各类辅助数据，其中不完全相互独立的水利数据之间存在复杂的业务和逻辑关系，如气候气象数据变化引起水资源量和空间分布的变化，从而对水利工程、水生态环境、洪旱灾害、水资源分配等产生影响。②从数据格式来看，除了对传统结构化数据类型的处理分析外，大数据技术能够应用与分析水利领域产生的文本（如规划报告）、图片（如卫星遥感图像）、位置（如业务人员的巡查路线）、视频（如河湖监管视频）、日志等半结构化和非结构化数据；来源不同领域、行业、部门、系统的水利数据具有多样的格式，尚无统一的标准规范这些数据的整合和合并（陈军飞等，2017）。

3）水利大数据的时空融合。水利管理决策不仅需要了解水利系统的历史演变规律，还要能够预测未来发展的趋势，同时还需要能够实时处理动态连续观测的数据，对当前状态进行预警监控。历史演变规律为预测预警和实施管理决策提供先验知识，在此基础上，结合实时监测的流式数据，快速挖掘出有用的信息，能够提高预测的准确性和管理决策的科学性。

4）水利大数据的价值很高。水联网体系能够感知无所不在的巨量水利信息的价值密度可能相对较低，需要发展从这些数据中快速地提取有用信息的模型算法，能够通过对海量涉水数据的挖掘，实现从价值密度低的数据中获取最有用的高价值信息。有的水利业务，如洪涝灾害预测预警和水利工程安全运行，要求很高的时效性，需要利用大数据技术对这类数据进行高效处理和及时反馈。

5）水利大数据的模糊性很大。虽然各种水利传感器设备监测精度较高，但由于监测指标之间存在关联性，或者设备运行过程中可能产生噪声数据，以及不同设备性能导致记录的相同对象的数据差异较大，从而导致关注的数据可能会淹没在数据海洋中，因此，需要利用大数据技术对多途径获取的海量水利数据进行甄别筛选、过滤清洗、去伪存真，提高获取数据的精准度，使数据更加接近或描述真实的情况（方海泉等，2017；张峰等，2017；黄波和赵涌泉，2017）。

6）水利大数据的交互性。水利大数据以其与国民经济社会广泛而紧密的联系，具有无可伦比的正外部性，价值不局限在水利行业内部，更能体现在国民经济运行、社会进步等方方面面，而发挥更大价值的前提和关键是水利行业数据同行业外数据的交互融合，以及在此基础上全方位的挖掘、分析和再现。这也能够有效地改善当前水利行业“重建不实用”的行业短板，真正体现“反馈经济”带来的价值增长。

7）水利大数据的效能性。提高效率、增长效益是水利大数据服务于治水事业的目标，没有效率和效益的水利大数据建设是没有生命力的。与电力大数据一样（中国电力工程学会信息化专业委员会，2013），水利大数据具有无磨损、无消耗、无污染、易传输的特性，并在使用过程中不断精炼而增值，在水利各个环节的低能耗、可持续发展方面发挥独特巨大的作用，从而达到节约水资源、高效利用水资源、保障水安全的目的。

8）水利大数据的共情性。水利发展的目的在于服务公众。水利大数据天然联系千家万户、政府和企业，推动治水思路转变的本质是体现以人为本，通过人们对高品质水需求的充分挖掘和满足，为人民群众提供更加优质、安全、可靠的水服务，从而改善人类生存环境，提高人们生活质量。

这些具有体量巨大、处理速度快、数据类型多样、价值密度低、复杂等大数据共性特点，同时具有交互性、效能性和共情性等行业特点的数据共同构成了水利行业的大数据集。蔡阳（2017）结合水利行业实际业务与数据现状，研究提出了“水利大数据”的内涵，该内涵突出了水利大数据的技术特点，没有突出应用手段和目标。在此基础上，结合水利本身的特点，本节丰富了水利大数据的内涵，即水利大数据是水利活动产生和所需的体量巨大、类别繁多、处理快速并具有潜在价值，以及具有广泛交互性，能够实现高效能、深共情的所有涉水数据的总称。

在实际应用中，水利大数据的“大”是一个相对概念，除了“大”到传统数据工具无法处理分析水利数据的规模和复杂度外，水利数据还要能够全面描述水利对象的时空特征或者变化规律。水利大数据以水利数据资产管理为基础，以水利大数据平台为载体，通过新的多元水利数据集成、多类型水利数据存储、高性能水利计算和多维水利分析挖掘等技术，实现跨部门、行业、领域、系统的水利行业内外部数据的关联分析，满足水利行业的政府监管、江河调度、工程运行、应急处置、公众服务等方面的管理效率提升和业务创新需求。

由于水利大数据具有上述特征，其研究方法与传统水利数据分析方法也有所不同：①传统水利业务数据。以抽样方式获取的结构化数据为主，利用统计学方法分析水利规律，从而实现对水利对象或事件的特征和性质的描述；一般基于水利行业或部门内部的数据进行分析，以少量的水利数据描述水利事件，更多追求合理性的抽样、准确性的计算和科学性分析。②水利大数据方法。以水问题为导向，在跨行业、部门、系统的基础上，以相关的涉水数据形成对水利对象或事件的全景式描述，以数据的关联和趋势全方位地描述水利对象或事件，更多追求数据的大样本、多结构和实时性。传统的水利数据分析强调的是分析计算的精确性和事件现象的因果关系，水利大数据强调的水利数据的全面性、混杂性和关联性，同时允许数据存在一定的误差和模糊性。从广义上讲，传统的水利数据分析方法是水利大数据的重要组成部分，实际应用时要摈弃掉为“大数据”而“大数据”的片面思想，应以能够解决水问题为选择数据分析方法的首要原则。

1.5 水利大数据应用领域

水利大数据的灵魂在于应用，只有持续迭代升级，不断产生效益，才能保持旺盛生命力。应紧密围绕新时期水利中心工作，通过大数据创新应用为协调解决水资源、水环境、水生态和水灾害问题，提升水安全保障能力提供有效的大数据支撑服务，实现“保障防洪安全、优化配置水资源、维护河湖健康、防治水土流失、促进生态文明”政务目标（蔡阳，2017）。针对水利管理的重点领域开展大数据应用（蔡阳，2017；程益联，2019）

1.5.1 水灾害领域应用

利用天地一体化动态监测数据，结合社会与经济、基础地理、网络舆情等数据，开展集雨水情趋势预测、山洪灾害预警、旱情监测评估、险情监测预警和灾情评估等功能于一体的水旱灾害预测预警新服务。根据城市防洪排涝特点，考虑城市地表微地形及主要设施、地下管网、监控视频、网络舆情等数据，开展城市防洪排涝预测预警。目前的重点研究集中在全国分布式洪水预报、旱情综合监测评估预警、城市内涝监测预警等方面。

在全国分布式洪水预报方面。目前受计算能力等方面的限制，建设的中国洪水预报系统仅能对全国主要江河部分断面进行洪水预报，还不能够实现对全国大江大河干流、一级支流、重要二级支流的断面进行洪水快速滚动预报，也无法开展洪水实时演进。通过大数据应用构建计算和存储平台，结合分布式洪水预报技术，可以构建全国分布式洪水预报系统，实现对所有预报断面的连续滚动预报，全面提升全国洪水预报预警服务能力。

在旱情综合监测评估预警方面。通过国家防汛抗旱指挥系统工程建设和长期工作积累，目前抗旱减灾应急管理水平有了较大提升，但与“两个坚持、三个转变”的抗旱减灾要求相比仍存在不足，尤其是现有硬件环境无法支撑基于气象、水文、墒情和遥感等海量多源实时信息的全国旱情综合监测评估预警。综合考虑土地利用、土壤类型、灌溉条件、作物类型、物候情况等下垫面因素，利用网格化分布式旱情综合评估模型，实现全国农作物、林木、牧草、重点湖泊湿地生态和因旱人畜饮水困难的旱情综合监测评估预警，实时监测和研判旱情形势，发布全国旱情监测“一张图”。

在城市内涝监测预警方面。城市内涝积水（如下沉式立交桥、低洼小区）监测预警历来是个难题，传统模式难以精准监测。利用大数据应用技术，针对城市下沉式立交桥区积水的监测预警，可以利用降水监测、手机位置移动、交通事故等大数据的综合分析研判，及时对城市下沉式立交桥区积水进行监测和预警，无须再安装传统的水位监测设备；针对低洼小区积水的监测预警，可以利用社交图片和文字信息及视频监控图像信息，及时发现因下雨等造成的积水，从而解决低洼小区无法监测的被动局面。

1.5.2 水资源领域应用

以三条红线管理为重点，利用水文水资源、社会与经济、基础地理、网络舆情等数据，研制水资源开发、利用、保护等预警预报大数据模型，开展智能、综合、高效的水资源大数据信息服务。基于跨业务、跨行业、跨层级的数据综合，实现水资源精细管理、红线复核、风险预警和效益评估等大数据应用。重点集中在地下水储量动态监测、灌区用水量动态监测、用水效率动态监测、水资源供需情势研判等方面。

在地下水储水量动态监测方面。地下水储水量变化不仅仅是水资源量变化问题，还是环境地质问题，由于地下水深埋地下，地下水储水量历来是个难以弄清的问题，其动态变化更是难以弄清。通过全面整合各类影响地下水变化的信息资源，包括水文地质、水文气象、环境、供用水、河道径流变化、农业灌溉、地下水位监测等观测资料，以及土地利用、地表植被等遥感信息，开展多源、多维、大量、多态水利数据的精细和动态分析，实现对地下水储水量的动态监测。

在灌区用水量动态监测方面。我国灌区面积超过 0.67 亿 hm^2，作为粮食主产区，也是用水大户，动态监测用水量，对做好节约用水意义重大。基于遥感影像及地面观测的数据构建灌区种植结构、耗水量、作物需水量、作物产量、土壤含水量、实际灌溉面积等灌区基本特征信息，在此基础上结合灌区基本监测信息、用电、人口、城市与农村水厂、企业等数据，采用大数据关联分析算法构建用水分析模型，对灌区的需水、取水、配水、耗水等进行分析，并进一步计算灌区渠系水、灌溉水的利用系数，平均用水量、产量，以及水分生产率等用水效率和效益指标，从而实现对灌区用水量的动态监测。

在用水效率动态监测方面。我国水资源时空分布不均，经济社会发展不平衡，尤其是两者之间供需矛盾，要求必须加快推进对取用水管理由粗放向节约集约的根本转变，关键是提高用水效率，为此必须对用水效率进行动态监测。以水利行业监控取水量数据为基础，综合企业用水户生产经营、农作物播种与长势、水文气象监测、灌溉机井用电、城镇人口位置等数据，进行用水行为标签管理并开展动态分析，生成基于大数据的重点用水户用水量及效率，以及区域用水总量及效率，服务于水资源节约集约利用，加强用水管理。

在水资源供需情势研判方面。我国特定自然地理条件决定水资源时空分布不均，水资源分布与土地、社会、经济等分布不匹配，十六字治水思路中的“空间均衡、系统治理”就是要求社会和经济发展要根据可开发利用水资源量，合理确定结构和规模，在节约集约基础上，加强水资源优化配置和科学调度，确保经济社会发展不超出水资源承载能力，关键是提高水资源供需情势研判能力。利用区域社会经济动态信息，综合多源、多尺度嵌套的气候及气象监测与预测预报信息，基于全国水资源供用关系知识图谱，进行水资源配置分析计算，动态研判全国水资源供需情势。

1.5.3 水环境领域应用

通过天地一体化采集和集成多源社会监督数据，提升水环境监测能力。利用大数据技术，加强对水环境数据的关联分析，实现对流域重要水功能区、规模以上入河排污口、重要饮用水水源地等监测信息评估，增强水环境趋势分析和预警能力，支撑水环境精细化分析和监管。围绕贯彻落实国务院批复的《全国重要江河水功能区划》，为实施流域水环境综合治理、河岸带生态修复和重要湖泊水华治理提供全面信息服务支撑。重点集中在河湖“四乱”综合监管、基于多源信息水质监测等方面的研究。

在河湖“四乱”综合监管方面。我国幅员辽阔，河流湖泊众多，流域面积大于等于50 km^2的河流有45 203条，湖泊水面面积大于等于1 km^2的湖泊有2865个，河流长度累计达150.85万km，河湖“四乱”监管难度可想而知。构建河湖“四乱”样本库，利用航天航空遥感影像，采用人工、半自动、人工智能自动识别等方式，以及巡查、详查、复查和核查等四查工作模式，结合涉河建设项目等管理业务数据，进行证据固定，实现对河流湖泊管理范围内“四乱”问题的快速监测和有效治理。

在基于多源信息水质监测方面。我国河流湖泊众多，水面面积大且分布范围广泛，近年来，受生产生活等众多因素影响，蓝藻水华事件时有发生且呈逐年上升趋势，处理这一事件的关键是对其进行及时有效的监测和精准预测预报。利用历年水质（氮、磷含量）监测、水文气象、工农业生产等大数据，构建大数据蓝藻分析预测模型，实现对当年蓝藻水华事件的精准预测。

1.5.4 水生态领域应用

围绕提升水生态风险防范能力，开展流域生态大数据应用。围绕贯彻落实国务院批复的《全国水土保持规划》，整合现有土壤侵蚀、监督管理和综合治理等各类业务数据，建立统一的信息采集、管理与服务体系，为生产建设项目“天地一体化”监管、综合治理工程“精细化”管理、土壤侵蚀快速监测评价等工作提供全面信息服务支撑，实施水土保持目标责任考核、提升水土保持监管能力。目前的工作集中在区域水土流失动态监测评价、生产建设项目综合监管方面。

在区域水土流失动态监测评价方面。区域水土流失动态监测评价的目的是掌握水土流失状况及其防治成效，建成并运用大数据进行分析，可充分利用数据资源，提高监测成果的科学性、完整性和时效性（赵辉和李琦，2016）。基于大数据，完善数据采集、挖掘和利用的手段与方法，实现基础数据的资源共享利用与快速调取。研究适用于多层级、分布式云计算网络或平台的监测评价方法，完善并优化监测评价技术流程与工作模式，并适应大数据快速更新和高增长率的特点，提高监测评价的快速反应能力。加强监测评价的智能化分析能力建设，通过专家智库的系统后台支持，提高动态监测的科学性、完整性和时效性。提高监测评价成果的决策支撑与云应用服务能力，通过云共享模式，与各级政府大数据与决策支持系统对接，实现决策服务、信息共享和对外发布。

在生产建设项目综合监管方面。生产建设项目造成水土流失日益严重，已成为我国人为造成水土流失的重要原因。生产建设项目造成水土流失成因复杂、强度剧烈、危害严重，给经济社会可持续发展造成长远且十分严重的恶劣影响，其数量巨大、分布广泛，对其进行综合监管难度极大。生产建设项目综合监管需在全国水土保持监督管理系统、生产建设项目水土保持信息化监管的基础上，通过共享政府其他部门建设项目信息，利用航天遥感，结合互联网舆情、公众举报等信息，实现对全国生产建设项目的有效监管。

1.5.5 水工程领域应用

水利工程是水资源有效保护、利用和开发的重要水利设施，具有防洪、排涝、供水、灌溉、水运和水力发电等功能。随着全球气候变化，极端洪水事件强度不断增大，对水利工程的安全性构成了巨大威胁（任国玉等，2015），为此需要借鉴计算机等信息技术，提高水利工程安全风险计算的准确率，从而提升水利工程的安全性（李宗坤等，2015）。重点集中在大中型水库安全风险应对、小型水库防洪安全远程诊断、农村饮水安全监测等方面。

在大中型水库安全风险应对方面。通过对地形、地质、气象、水雨情、蓄滞洪区空间分布以及社会和经济等大数据进行分析，并构建面向水利工程分析主题的多维大数据库，实现水利工程大数据进行重组和综合，从而实现大坝安全监测、汛情分析、暴雨洪水预报、旱情预测以及灾情评估等。对研究区内历史洪涝灾害信息与工程调洪能力进行大数据匹配分析，辨识水利工程对研究区防洪能力的影响大小，对研究区内历史旱情信息与工程供水能力进行大数据匹配分析，辨识水利工程对研究区供水能力的影响大小，为水资源优化配置提供决策支持。基于水利工程运行管理的台账信息、日志等，对工程运行管理水平进行分析，辨识各类水利工程的运行效率、工程信息化和标准化管理水平，促进水利工程发挥运行效益。

在小型水库防洪安全远程诊断方面。我国小型水库数量大、分布广、标准低、质量差、管理难，是当前洪水防御安全保障短板中的短板，传统模式投资大、管理难、效益差，解决这一问题的关键是提高小型水库防洪安全的远程诊断。利用航天遥感监测流域前期土壤含水量、库区水体情况，利用雷达及时监测小型水库流域降雨及短临降水预报，综合地面观测技术，构建天地一体化的观测体系，远程开展小型水库洪水风险预测和安全诊断，使小型水库防洪关口前移。

在农村饮水安全监测方面。我国农村供水工程数量大、分布广，存在的主要问题是供水范围和受益对象不清，应急处置能力不足，解决问题的关键是及时获取受益人口变化、相关突发事件及应急处置等相关信息。根据农村供水工程位置，利用手机位置、社交等信息动态获取供水范围和受益人口，利用呼叫中心、网上舆情（污染事件、投诉举报等）及时获得相关突发事件，并根据卫生、交通等数据制定有效处置方案，同时，利用微信、新闻评论、BBS 论坛、博客、播客、微博、跟帖及转帖等大数据，对涉及农村饮水安全的有关内容进行监测。

1.6 水利大数据面临挑战

1.6.1 数据共享壁垒仍然存在

水利大数据需要整合和集成政府多部门和社会多来源的数据，只有不同类型的水利数据相互连接、融合和共享，才能释放水利大数据的价值。因此，数据共享实现是挖掘隐藏在水利大数据背后的潜在价值的关键，也是解决水问题的前提和基础。然而，实现数据共享还面临巨大挑战。首先，水利行业内部的数据共享不充分，信息孤岛依然存在，数据共享制度体系和管理机制尚未建立（蔡阳等，2017）。其次，跨部门、跨行业、跨领域的数据共享更加不畅，有价值的公共信息资源开放程度低（蔡阳等，2017）。我国水利大数据涉及多领域、多部门和多源数据，包括水利、气象、自然资源、生态环境、农村农业、电力、统计等其他部门的大数据以及百度、腾讯等企业的大数据，除了个别企业公开数据外，政府部门的数据平台之间仍是“老死不相往来”。大部分水利数据仅公开“看”，而不是开放共享的下载和利用，很多仍处在“深闺”中，导致“有者不会用、无者够不到”的尴尬局面。再次，数据质量不高、标准缺乏、格式不统一，数据多、用得少，数据价值难以被有效挖掘利用。我国至今还有大量与水利相关的历史资料是以纸质形式保存在档案柜中，缺乏有效的数字化技术和手段使其电子化，破损与消失的风险很高。另外，数据开放严重不足，主要表现在数据开放总量偏低，可机读性差，大多为静态数据，且集中在经济发达、政府信息化基础和 IT 产业发展好的城市（刘丽香等，2017）。最后，水利数据的整合和脱敏是具有挑战性和耗费人力物力的工作，一旦开放数据，就意味着任何人都能自由下载和利用机器可读的数据格式，因此对不同的数据的公开方式有不同的要求，有些数据可以直接完全公开、有些数据可以部门公开、有些数据需要脱敏后公开等。

1.6.2 技术创新和落地未实现

在数据来源方面，水利大数据来源多种多样，既包括各种“空天地”的监测和调查数据，也包含各种影像、声音和视频等非结构化数据，这些庞大的数据杂乱无章、参差不齐，如何将这些多源异构数据转换成合适的格式和类型，并在存储和处理之前对采集的数据进行去粗取精，并保留原有数据的语义以便后面分析，是水利大数据面对的一个技术挑战。目前常用的是通过数据清洗和整理技术对其填补数据残缺，纠正数据错误，去除数据冗余，将所需的数据抽取出来进行有效集成，并将数据转换成要求的格式，从而达到数据类型统一、数据格式一致、数据信息精练和数据存储集中等要求（李学龙等，2015；程学旗等，2014；Hinton，2007）。在数据存储方面，当前水利大数据由于各种移动终端和网络的视频、文本、图片、照片等非结构性数据流正在爆发性增长，未来存储技术的效率对于提高大数据的价值至关重要，包括存储的成本和性能。相比于传统的物理机器存储（包括单机文件和网络文件系统），适用于水利大数据的分布式存储系统提高数据的冗余性、可扩展性、容错能力、低成本和并发读写能力（刘丽香等，2017）。因此，将操作便捷性的关系型数据库和灵活性的非关系型数据库融合，是未来技术创新的发展目标。在数据分析方面，目前 Google 的 MapReduce 系统、Yahoo 的 S4 系统、Twitter 的 Storm 系统、Pregel 系统等提供了批量计算、实时计算、图数据处理（Bengio et al.，2007；Dahl et al.，2012；Krizhevsky et al.，2012），这些计算平台是针对不同的计算场景建立，所以研发适合多种计算模型的通用架构是水利大数据建设和发展的急切需求。另外，数据分析已经从传统的通过先验知识人工建立数学模型到建立人工智能系统，通过人工智能和机器学习技术分析水利大数据是未来解决水问题的关键手段，但深度学习的应用还需要大量工程和理论问题（Baah et al.，2006；Moeng et al.，2010；陈左宁等，2015）。众所周知，工具、开源以及框架设施是大数据技术发展的方向，因此，当前大数据的技术创新形成了“互联网公司原创—开源扩散—扩散制造商产品化—其他企业使用”的产业链格局。不过，要想实现水利大数据的技术和应用一体化发展，企业和政府部门必须抛弃“拿来主义”态度，只有加强对技术开源社区的贡献，才能加强对技术的深入理解，也才能更好地发挥大数据在水利领域的应用（Hinton，2007）。同时，还要加强管理制度配套和工作人员能力提升等方面，实现技术落地（程春明等，2015）。

1.6.3 跨领域专业人才很紧缺

大数据时代的到来，对各国现有教育体系提出了全新的挑战。大数据时代需要大量的复合型人才，尤其是水利大数据涉及的学科众多，既需要计算机、通讯等工程技术，也需要数学、统计、人工智能等模型技术，更需要生态、环境、气象、水文、土壤等专业知识。综合掌握数学、统计学、计算机等相关学科及水利应用领域知识的复合型科学人才缺乏，不能满足发展需要，尤其是缺乏既熟悉水利业务需求，又掌握大数据技术与管理的综合型人才。当前许多地区的教育体系不符合未来水利大数据发展的战略需要，尤其是现有的高等教育体系学科分类明确，独立性比较强，缺乏学科之间的交叉融合（刘丽香等，2017）。

1.6.4 应用活力后劲仍显不足

数据资源普遍存在质量不高，标准规范缺乏，管理能力弱，数据价值难以被有效挖掘利用。同时基于数据的决策支持能力还不强，水利业务与信息技术融合程度不深，业务协同不够，业务与数据联合良性互动机制还未完全形成，这导致我国水利大数据的创新应用还很有限，大数据的威力远远未能发挥出来，政府综合运用水利大数据的能力较低，没有形成成熟的水利大数据产业链和有影响力的数据企业。大数据在气象、生态环境、自然资源、农村农业、交通、社会经济等各部门的应用才刚刚起步，跨领域的应用寥寥无几。如何促进大数据在水利领域中的应用创新，使大数据真正成为提高治水现代化的有力手段，是目前世界各国正在探索的课题。另外，由于水利大数据既有水利行业产生的数据，又有从其他行业获取的数据，也有互联网上的数据，还有反映自然现象的遥感影像数据。这些数据来源广泛，业务主体复杂，需求千变万化。针对这些异质、异构、海量、分布式大数据挖掘分析技术缺乏，开展水利大数据技术研究迫在眉睫。

1.6.5 数据管理滞后治水需求

国务院公开发布的《促进大数据发展行动纲要》系统部署了大数据各项工作，并指出大数据已成为提升政府治理能力的新途径。在大数据时代，我国政府严重缺乏对数据的管理，同时在利用大数据治理水问题的方式上也面临严峻挑战。首先，政府水利领域职能部门缺乏“大数据”思维和意识。我国已经数字化的水利数据资源数量和质量都表现出“双低”状态。有些政府部门不知道自己有什么数据，甚至没有“数据清单”。另外，水利大数据目前还没有形成统一标准的数据格式，地方和各个系统都在制定自己的数据标准，目前急需对数据格式进行统一的标准规范，这是实现数据共享和开放的关键。其次，政府的现代管理理念和运作方式不适应“大数据”管理决策的要求。水利大数据开发的根本目的是以数据分析为基础，帮助政府在解决水问题的过程中作出明智的决策。因此，要改善我们政府的管理模式，需要管理方式和整体结构与大数据技术工具相适配。最后，水利大数据面临严重安全隐患。大数据的安全主要包括大数据自身安全和大数据技术安全（赵岑等，2015），大数据自身安全指在数据采集、存储、挖掘、分析和应用过程中的安全，在这些计算和存储过程中由于黑客外部网络攻击和人为操作不当造成数据信息泄露，外部攻击包括对静态数据和动态数据的数据传输攻击、数据内容攻击、数据管理和网络物理攻击（杨曦等，2016；王世伟，2016；冯伟，2012）。大数据技术安全是利用大数据技术解决信息系统安全的问题（赵岑等，2015；杨曦等，2016；王世伟，2016；冯伟，2012）。随着云计算技术的发展，数据在云端的存储存在严重的安全隐患。因此，我国未来应加强水利大数据安全技术研发、水利大数据信息安全体系的建设和管理等。

参 考 文 献

蔡阳. 2017. 以大数据促进水治理现代化［J］. 水利信息化，(4)：6-10.

蔡阳 . 2018. 智慧水利建设现状分析与发展思考［J］. 水利信息化，(4)：1-6.
蔡阳，谢文君，付静，等 . 2015. 全国水利普查空间信息系统的若干关键技术［J］. 测绘学报，44（5）：585-589.
常杪，冯雁，郭培坤，等 . 2015. 环境大数据概念、特征及在环境管理中的应用［J］. 中国环境管理，7（6）：26-30.
陈军飞，邓梦华，王慧敏 . 2017. 水利大数据研究综述［J］. 水科学进展，28（4）：622-631.
陈雷 . 2016. 贯彻网络强国战略思想，开创水利网信新局面［J］. 水利信息化，(4)：1-4.
陈左宁，王广益，胡苏太，等 . 2015. 大数据安全与自主可控［J］. 科学通报，60（5/6）：427-432.
程春明，李蔚，宋旭 . 2015. 生态环境大数据建设的思考［J］. 中国环境管理，7（6）：9-13.
程学旗，靳小龙，王元卓，等 . 2014. 大数据系统和分析技术综述［J］. 软件学报，25（9）：1889-1908.
程益联 . 2019. 大数据水利应用初探［J］. 水利信息化，(5)：1-5.
段军红，张乃丹，赵博，等 . 2015. 电力大数据基础体系架构与应用研究［J］. 电力信息与通信技术，13（2）：92-95.
方海泉，薛惠锋，蒋云钟，等 . 2017. 基于 EEMD 的水资源监测数据异常值检测与校正［J］. 农业机械学报，48（9）：257-263.
方巍，郑玉，徐江 . 2014. 大数据：概念、技术及应用研究综述［J］. 南京信息工程大学学报，6（5）：405-419.
冯伟 . 2012. 大数据时代面临的信息安全机遇和挑战［J］. 中国科技投资，(34)：49-53.
黄波，赵涌泉 . 2017. 多源卫星遥感影像时空融合研究的现状及展望［J］. 测绘学报，46（10）：1492-1499.
黄哲学，曹付元，李俊杰，等 . 2012. 面向大数据的海云数据系统关键技术研究［J］. 网络新媒体技术，1（6）：20-26.
李学龙，龚海刚 . 2015. 大数据系统综述［J］. 中国科学：信息科学，45（1）：1-44.
李宗坤，葛巍，王娟，等 . 2015. 中国大坝安全管理与风险管理的战略思考［J］. 水科学进展，26（4）：589-595.
林旺群，高晨旭，陶克，等 . 2017. 面向特定领域大数据平台架构及标准化研究［J］. 大数据，3（4）：46-59.
刘广一，朱文东，陈金祥，等 . 2016. 智能电网大数据的特点、应用场景与分析平台［J］. 南方电网技术，10（5）：102-110.
刘丽香，张丽云，赵芬，等 . 2017. 生态环境大数据面临的机遇与挑战［J］. 生态学报，37（14）：4896-4904.
陆佳民，冯钧，唐志贤，等 . 2017. 水利大数据目录服务与资源共享关键技术研究［J］. 水利信息化，(4)：17-20，27.
孟小峰，慈祥. 2013. 大数据管理：概念、技术与挑战［J］. 计算机研究与发展，50（1）：146-169.
彭小圣，邓迪元，程时杰，等 . 2015. 面向智能电网应用的电力大数据关键技术［J］. 中国电机工程学报，35（3）：503-511.
饶玮，蒋静，周爱华，等 . 2016. 面向全球能源互联网的电力大数据基础体系架构和标准体系研究［J］. 电力信息与通信技术，14（4）：1-8.
任国玉，任玉玉，战云健，等 . 2015. 中国大陆降水时空变异规律：Ⅱ：现代变化趋势［J］. 水科学进展，26（4）：451-465.
任磊，杜一，马帅，等 . 2014. 大数据可视分析综述［J］. 软件学报，25（9）：1909-1936.

申建建，曹瑞，苏承国，等 . 2019. 水火风光多源发电调度系统大数据平台架构及关键技术［J］. 中国电机工程学报，39（1）：43-55.
孙忠富，杜克明，郑飞翔，等 . 2013. 大数据在智慧农业中研究与应用展望［J］. 中国农业科技导报，15（6）：63-71.
陶雪娇，胡晓峰，刘洋 . 2013. 大数据研究综述［J］. 系统仿真学报，25（增刊 1）：142-146.
王浩，贾仰文 . 2016. 变化中的流域“自然-社会”二元水循环理论与研究方法［J］. 水利学报，47（10）：1219-1226.
王继业 . 2017. 智能电网大数据［M］. 北京：中国电力出版社 .
王建华，赵红莉，冶运涛 . 2018. 智能水网工程：驱动中国水治理现代化的引擎［J］. 水利学报，49（9）：1148-1157.
王世伟 . 2016. 论大数据时代信息安全的新特点与新要求［J］. 图书情报工作，60（6）：5-14.
王忠静，王光谦，王建华，等 . 2013. 基于水联网及智慧水利提高水资源效能［J］. 水利水电技术，44（1）：1-6.
吴班，程春明. 2016. 生态环境大数据应用探析［J］. 环境保护，44（Z1）：87-89.
夏军，石卫，雒新萍，等 . 2015. 气候变化下水资源脆弱性的适应性管理新认识［J］. 水科学进展，26（2）：279- 286 .
夏军，石卫 . 2016. 变化环境下中国水安全问题研究与展望［J］. 水利学报，47（3）：292-301.
徐子沛 . 2012. 大数据［M］. 桂林：广西师范大学出版社 .
严登华，王浩，张建云，等 . 2017. 生态海绵智慧流域建设——从状态改变到能力提升［J］. 水科学进展，28（2）：302-310.
杨曦，Gul J，罗平 . 2016. 云时代下的大数据安全技术［J］. 中兴通讯技术，22（1）：14-18.
叶继元，陈铭，谢欢，等 . 2017. 数据与信息之间逻辑关系的探讨——兼及 DIKW 概念链模式［J］. 中国图书馆学报，（3）：34-43.
张东霞，苗新，刘丽平，等 . 2015. 智能电网大数据技术发展研究［J］. 中国电机工程学报，35（1）：2-12.
张峰，薛惠锋，宋晓娜，等 . 2017. 水资源监测异常数据模态分解-支持向量机重构方法［J］. 农业机械学报，48（11）：316-323.
张毅，贺桂珍，吕永龙，等 . 2019. 我国生态环境大数据建设方案实施及其公开效果评估［J］. 生态学报，39（4）：1290-1299.
赵岑，李梦然，金日峰 . 2015. 大数据时代关于隐私的思考［J］. 科学通报，60（5/6）：450-452.
赵国栋，易欢欢，糜万军，等 . 2013. 大数据时代的历史机遇—产业变革与数据科学［M］. 北京：清华大学出版社 .
赵辉，李琦 . 2016. 区域水土流失动态监测评价的大数据分析基础与对策［J］. 中国水土保持科学，14（4）：68-74.
中国电力工程学会信息化专业委员会 . 2013. 中国电力大数据发展白皮书［M］. 北京：中国电力出版社 .
中国电子技术标准化研究院，全国信息技术标准化技术委员会大数据标准工作组 . 2018. 大数据标准化白皮书［J］. 北京：中国电子技术标准化研究院 .
Baah G K，Gray A，Harrold M J. 2006. On-line anomaly detection of deployed software：a statistical machine learning approach［C］//Proceedings of the 3rd International Workshop on Software Quality Assurance. Portland：ACM：70-77.
Bengio Y，Lamblin P，Popovici D，et al. 2007. Greedy layer-wise training of deep networks［C］//Plat J C,

Koller D, Singer Y, Roweis S T, Eds. Advances in Neural Information Processing Systems19: Proceedings of the 2006 Conference. Cambridge: MIT Press, 19: 153-160.

Chen Y H, Han D W. 2016. Big data and hydroinformatics [J]. Journal of Hydroinformatics, 18 (4): 599-614.

Dahl G E, Yu D, Deng L, et al. 2012. Context-Dependent pre-trained deep neural networks for large-vocabulary speech recognition [J]. IEEE Transactionson Audio, Speech, and Language Processing, 20 (1): 30-42.

Graham-Rowe D, Goldston D, Doctorow C, et al. 2008. Big data: Science in the petabyte era [J]. Nature, 455 (7209): 8-9.

Hinton G E. 2007. Learning multiple layers of representation [J]. Trends in Cognitive Sciences, 11 (10): 428-434.

Hinton G, Osindero S, Teh Y W. 2006. A fast learning algorithm for deep belief nets [J]. Neural Computation, 18 (7): 1527-1554.

Ji C Q, Li Y, Qiu W M, et al. 2012. Big data processing in cloud computing environments [C] //Proceedings of the 12th International Symposium on Pervasive Systems, Algorithmsand Networks. San Marcos: IEEE.

Jonathan T O, Gerald A M. 2011. Special online collection: Dealing with data [J]. Science, 331 (6018): 639-806.

Krizhevsky A, Sutskever I, Hinton G E. 2012. Imagenet classification with deep convolutional neural networks [C] // Pereira F, Burges C J C, Bottou L, Weinberger K Q, eds. Advances in Neural Information Processing Systems 25e. Cambridge: MIT Press: 1097-1105.

Moeng M, Melhem R. 2010. Applying statistical machine learning to multicore voltage&frequency scaling [C] // Proceedings of the 7th ACM International Conference on Computing Frontiers. Bertinoro: ACM: 277-286.

第2章　智慧水利大数据基础体系架构

2.1 引　言

在智慧水利总体框架下，经济社会和技术发展拓展了水利数据服务的领域，现代水利数据的应用早已不局限于防灾减灾、工程设计等传统应用范畴。遥感、GIS、传感网和射频技术等现代信息技术的发展与应用，全面拓展了水利信息的时空尺度和要素类型，水利数据的种类和数量急剧膨胀，逐渐呈现出多源、多维、大量和多态的大数据特征（莫荣强等，2013），更强调多元数据处理的多样性、复杂性和实时性（蔡阳，2017；蔡阳，2018）。要实现大数据技术在水利行业的广泛应用，需要设计一整套覆盖基础设施、信息采集、数据集成、分布式存储、高性能计算、数据探索、可视化展现、一体化搜索、智能信息处理、安全治理、多维交互的大数据混合体系架构，以成熟先进的大数据产品及开源软件框架相结合的方式，搭配传统数据处理组件，形成数据、平台、存储、计算、分析、可视化的完整生态链。

2.2 水利大数据总体架构

为了水利大数据的体系架构，需要从数据全寿命生命周期出发，沿着“数据→信息→知识→应用”的路线分析大数据平台的主要功能构成。水利大数据的分析流程主要包含数据集成、数据存储、数据计算、业务应用四个阶段，在该流程中融合数据治理、分布式存储、高性能混合计算、数据探索、一体化搜索、可视化展现、智能信息处理、安全治理等信息技术实现数据分析、处理、安全防护的基础平台支撑，通过涉水多领域交叉融合研究，建立智能化的建模分析及数据使用模式，支撑水利业务应用和场景需求，总体架构如图2-1所示。

2.2.1 水利数据源层

主要负责数据的供给和数据清洗等。就水利行业而言，主要包括水利业务数据、其他行业数据、遥感影像数据、媒体数据（蔡阳，2017）。水利业务数据是历年水利部通过国家防汛抗旱指挥系统工程、国家水资源监控能力建设、全国水土保持监测网络和信息系统等重大信息化项目，第一次全国水利普查、水资源调查评价等专项工作，以及各项日常工作，产生和积累的水利行业数据。其他行业数据主要包括国土、环保、气象、农业、海

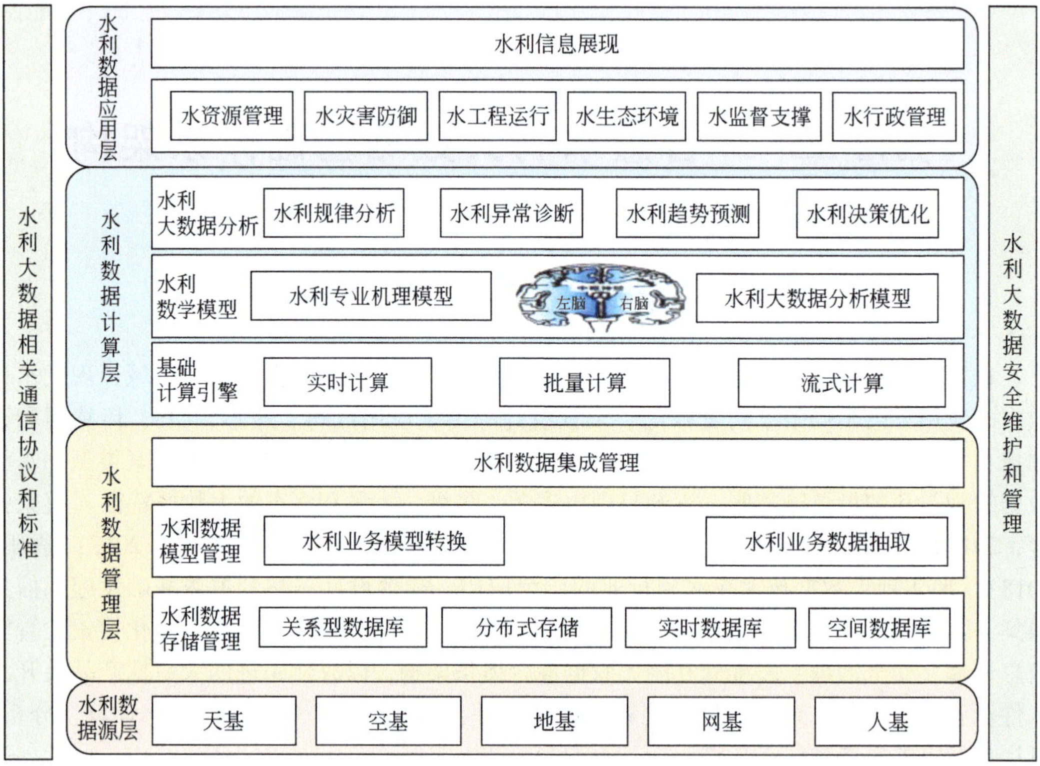

图 2-1　水利大数据总体架构

洋、城建、统计、工业、电信等部门收集整理的数据和产品。遥感影像数据包括通过与中国资源卫星应用中心专线连接实时接收或按需获取的国内多源卫星遥感影像及购买的国外高分辨率影像数据。媒体数据包括报纸、电视等传统媒体，以及网站、视频、微信、论坛、博客等新媒体涉及水利领域的民生需求、公众意见、舆论热点等信息。从数据类型维度分析，这些数据包括结构化数据、半结构化数据和非结构化数据；从数据时间维度分析，这些数据包括离线数据、近似实时数据和实时数据。这些数据共同构成了数据海洋，是水利大数据分析与应用的数据基础和来源。

2.2.2　水利数据管理层

负责对水利领域大数据的存储、组织和管理。由于水利对象时空变化的语义复杂性、过程的非线性和不确定性、变化信息的多维、多尺度和实时性，而目前采用的全国水利普查数据模型（蔡阳等，2015）和山洪灾害调查评价结果数据模型（刘业森等，2017）属于准动态实时 GIS 时空数据模型，难以应对高动态监测数据流的存储、管理的需求，无法支持多传感器接入、多粒度时空变化和时空多过程多层次复合的语义表达，也难以支持相关动态建模和模拟的需要。为此，有必要借鉴实时 GIS 时空数据模型（龚健雅等，2014）的同时，引入水利数据模型（蔡阳等，2015）的概念和方法，发展一种包含时空过程、几何特征、尺度和语义的“多层次、多粒度、多版本的水利时空数据模型”（吴冲龙等，2016）。基于改进的水利实时动态的时空数据模型，对数据源层的数据进行模型统一，通过消息总线接入、关系数据库导入以及文件导入三种数据接入的方式，实现数据存储与集成管理（张东霞等，2015）。消息总线接入重点解决流式数据和日志数据的接入，关系数据库导入主要用来完成结构化数据从关系数据库到大数据平台的数据迁移，文件导入则用于对传感器数据、社交媒体数据以及文档、图像、视频等新型大数据文件的向上传输。

2.2.3 水利数据计算层

提供水利大数据运算所需要的计算框架、任务调度、模型计算等功能，负责对水利领域大数据的计算、分析和处理等。融合传统的批数据处理体系和面向大数据的新型计算方法，通过数据的查询分析计算、高性能计算、批处理计算、流式计算、内存计算、迭代计算和图计算，构建高性能、自适应的具有弹性的数据计算框架；遴选可以业务化的水利专业模型，整合现有成熟的基于概率论的、基于扩展集合论的、基于仿生学的及其他定量等数据挖掘算法及文本数据的数据挖掘算法（吴冲龙等，2016），形成可定制、可组合、可调配的分析模型组件库，有效支持水利模型网（Skøien et al.，2013）的构建和并行化计算。

2.2.4 水利数据应用层

构建在大数据存储架构和计算架构之上，为了满足水利领域需要而开发的面向我国水资源、水灾害、水生态、水环境、水工程等治水实践需求的大数据应用系统的集合。为了满足大数据平台多用户的特点，采用虚拟化方法引入多租户模式，提供各类数据访问的控制方式及图形化的编程框架，为我国水利的政府监管、江河调度、工程运行、应急处置和公共服务中的机器学习、规律分析、态势预测、异常检测等提供决策支撑，还能以安全可控的方式向第三方提供开放数据等功能，服务于水利大数据中心体系的建设。

2.3 水利大数据功能架构

水利大数据功能架构设计可用于规范和定义水利大数据平台在运行时的整体功能流程及技术选型，该平台可整合水利行业不同领域的数据，形成统一的数据资源池，构建具备开放性、可扩展性、个性化、安全可靠、成熟先进的水利大数据分析服务体系，并具备面向社会的公共服务能力。

围绕水利大数据分析应用生态圈，从底层基础设施、数据集成、数据处理、数据分析、数据可视化 5 个层面，以及运维和安全两个保障功能，应用先进技术、工具、算法、产品，构建水利大数据分析与应用平台功能架构，见图 2-2。

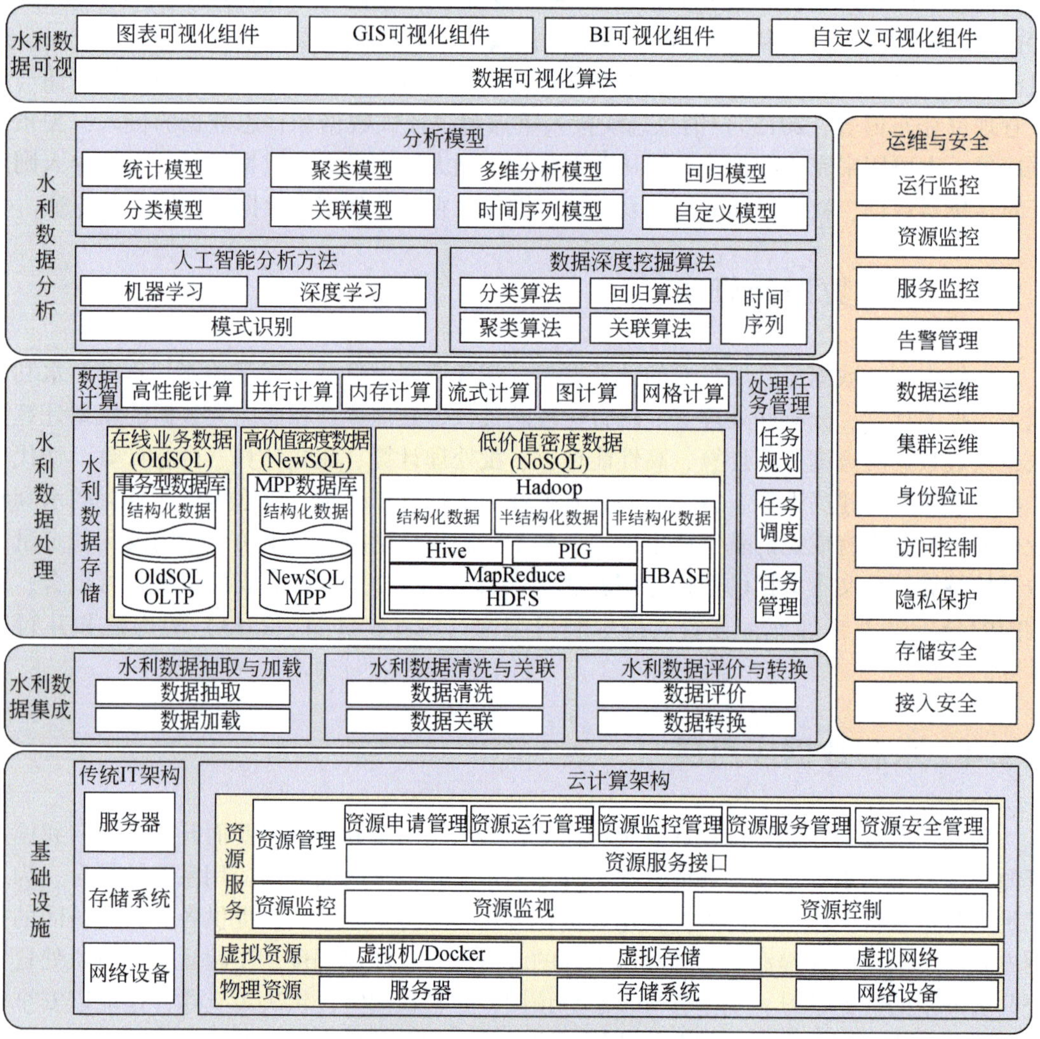

图 2-2　水利大数据功能架构

2.3.1　水利数据集成

水利大数据来源极其广泛，数据类型极为复杂，如果对这些数据进行处理，首先必须对所需数据源的数据进行抽取和集成，从中提取出关系和实体，经过关联和聚合之后采用统一定义的结构存储这些数据。在数据集成和提取时需要对数据进行清洗，保证数据质量及可信性。在实际操作中，通过改进现有 ETL 采集技术，融合传感器、卫星遥感、无人机遥感、网络数据获取、媒体流获取、日志信息获取等新型采集技术，完成现有数据中心数据、业务数据、终端数据等海量多样化数据的解析、转换与转载。

2.3.2 水利数据存储

可以利用已成为大数据磁盘存储的事实标准的分布式文件系统（hadoop distributed file system，HDFS）来存储智慧水利中的海量（宋亚奇等，2013），然而这些系统虽然可以存储大数据，但很难满足智慧水利系统实时性的需求，必须对系统中大数据根据性能和分析要求进行分类存储，对实时性要求高的数据，采用实时数据库或内存数据库系统；对核心业务数据使用传统的并行数据仓库系统；对大量的历史数据和非结构化数据采用分布式文件系统；半结构化数据采用列式数据库或键值数据库；水利行业知识图谱采用图数据库。

2.3.3 水利数据计算

通过改进已有查询分析计算、高性能计算技术，融合批处理计算、流式计算、内存计算、迭代计算、图计算等新型计算技术，可以采用一种或多种计算模式，提供实时计算、在线计算或离线计算，支撑水利大数据挖掘分析应用。查询分析计算适合于存储数据仓库的大数据处理，这类计算一般对计算实时性要求不高，但要求能够保证在数据量极大时提供多维数据查询分析能力。高性能计算采用高性能互联方式将众多处理器联合起来进行科学运算，这类运算大多配套专门的操作系统和软件环境，适合于第三范式的数值模拟如数值天气预报、分布式水文模型计算、有限元计算等典型任务。大数据批处理的代表性计算模式是 MapReduce，适用于卫星遥感数据等离线计算处理模式。迭代计算模式是在 MapReduce 的基础上通过优化数据存储位置、持久化 map 和 reduce 任务、引入可缓存的 map 和 reduce 机制等手段，有效解决了迭代计算的应用需求。内存计算是通过虚拟化和高效数据管理方法，在体系结构层面提高数据的读写效率，由于内存计算模式能够大幅减少磁盘输入/输出（I/O），因而在计算速度上远高于普通的 MapReduce 批处理，适合于实时性要求较高的大数据支撑场景。流式计算是一种高实时性的计算模式，该模式需要对时间窗口内的新数据实时计算处理，从而避免数据堆积和丢失。图计算是采用以顶点、边和属性为主要元素进行组织存储的一种计算模式，这种计算模式适用于知识图谱的应用。

2.3.4 水利数据分析

数据分析是智慧水利大数据处理的核心，大数据价值产生于数据分析。数据分析常用的方法包括数据挖掘方法、统计分析方法、机器学习方法、文本挖掘方法及其他新兴方法。除了数据分析外，还有水利行业机理模型。它们共同构成了数据分析的基础。通过融合、集成开源分析挖掘工具和分布式算法库，实现水利大数据分析建模、挖掘和展现，支撑业务系统实时和离线的分析挖掘应用。

2.3.5 水利数据可视

利用图形图像处理、计算机视觉及用户界面，对数据加以可视化解释，在保证信息传递准确、高效的前提下，以新颖、美观的方式，将复杂高维的数据投影到低维的空间画面上，并提供交互工具，有效利用人的视觉系统，并允许实时改变数据处理和算法参数，对数据进行观察和定性及定量分析。通过大数据图形化、图像化以及动画化等展现技术，完成报告、查询、分析、预警、搜索、数据开放、服务等接口/门户形式为公司大数据应用提供服务。平台服务接口包括原非结构化数据中心服务接口。

2.3.6 水利数据安全

解决从水利大数据环境下的数据采集、存储、分析、应用等过程中产生的诸如身份验证、用户授权和输入检验等大量安全问题；由于在数据分析、挖掘过程中涉及各业务的核心数据，防止数据泄露、控制访问权限等安全措施在大数据应用中尤为关键（林为民等，2015）。

2.3.7 水利数据运维

通过水利数据平台服务集群进行集中式监视、管理，对水利大数据平台功能采用配置式扩展等技术，解决大规模服务集群软、硬件的管理难题，并能动态配置调整水利大数据平台的系统功能。

2.4 水利大数据技术架构

水利大数据核心平台基于 Hadoop、Spark、Stream 框架的高度融合、深度优化，实现高性能计算，具有高可用性，其技术架构如图 2-3 所示。

数据整合方面，主要采用 Hadoop 体系中的 Flume、Sqoop、Kafka 等独立组件；数据存储方面，在低成本硬件（x86）、磁盘的基础上，采用包括分布式文件系统、分布式关系型数据库、NoSQL 数据库、实时数据库、内存数据库等业界典型系统；数据分析方面，集成 Tableau、Pluto、R 语言环境，实现数据的统计分析以及数据挖掘能力；监控管理方面，利用 Ganglia，实现集群监控、服务监控、节点监控、性能监控、告警监控等管理服务（彭小圣等，2015）；可视化展现方面，基于 GIS、Flash、Echart、HTML5 等构建可视化展示模块。

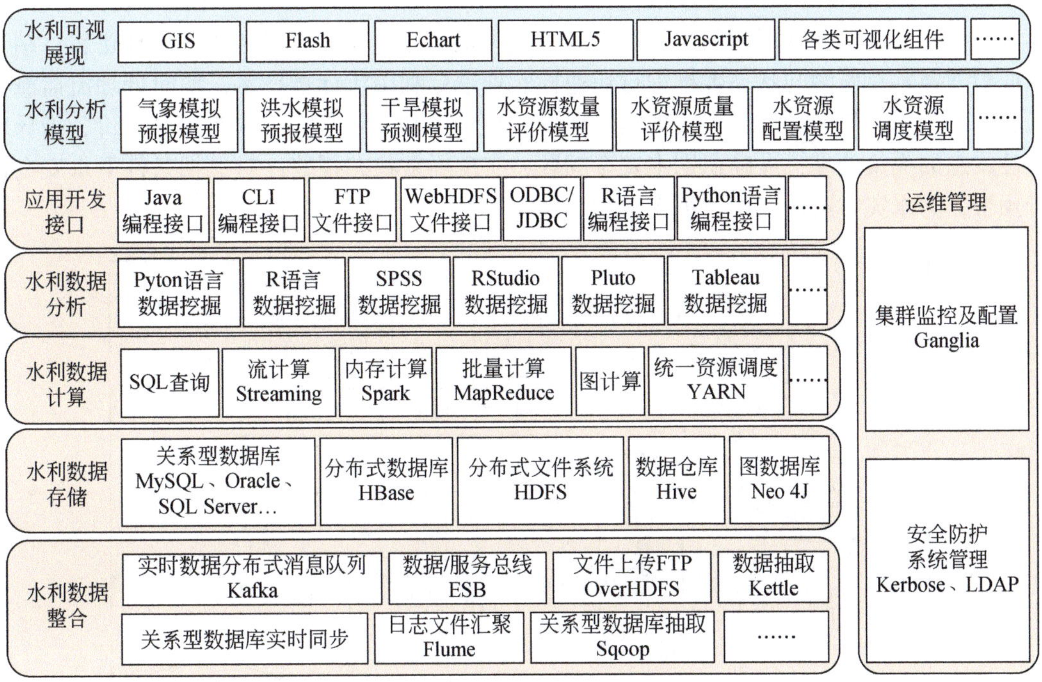

图 2-3　水利大数据技术架构

2.5　水利大数据部署架构

在基础设施部署架构及容量规划方面，水利大数据平台集群主要由数据存储服务器、接口服务器、集群管理服务器和应用服务器组成，支持存储与计算混合式架构以及广域分布的集群部署与管理。七大流域中，每个流域的集群由 N 台 x86 服务器和 1 台小型机组成，其中核心数据集群由 N–5 台服务器构成；剩余的 5 台服务器中，3 台服务器组成消息总线集群，部署包括消息队列集群以及文件传输协议传输入库集群，1 台服务器作为用户认证和访问节点，1 台服务器作为 ODBC/JDBC 服务以及 Web HTTP/REST 服务节点。小型机作为关系型数据库以及时间序列数据库节点。

2.6　水利大数据分析架构

2.6.1　实时分析应用

在水资源、水生态、水环境、水灾害、水工程等监测与状态评估业务中，涉及在线监测、试验检测、日常巡视、直升机或无人机巡视和卫星遥感等数据，水利大数据实时分析框架如图 2-4 所示，实时获取涉水监测与状态的流数据，利用分布式存储系统的高吞吐，实现海量监测与状态数据的同步存储；利用事先定义好的业务规则和数据处理逻辑，结合数据检索技术对监测与状态数据进行快速检索处理；利用流计算技术，实时处理流监测与状态数据，根据流计算结果，实现实时评估和趋势预测，对水安全状态正确评价，指导对事件状态的决策处理，准确识别水安全问题，实现异常状态报警，对极端条件下水安全进行预警，为水灾害防治提供决策支撑。

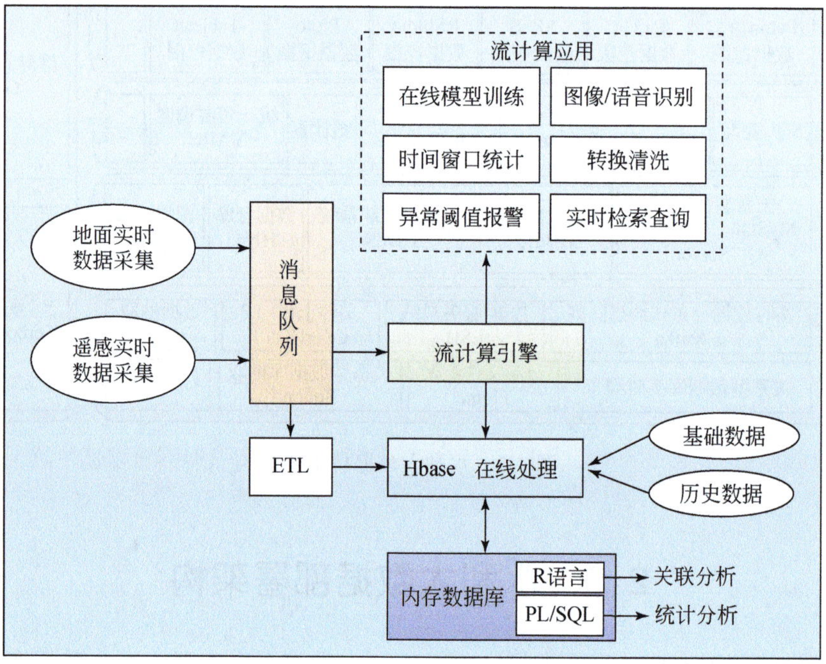

图 2-4　水利大数据实时分析架构

2.6.2　离线分析应用

针对水空间规划、水工程运行过程中产生的海量异构、多态的数据，具有多时空、多来源、混杂和不确定性的特点，分析水空间规划数据的种类和格式多样性，建立统一的大数据存储接口，实现水空间规划离线数据的一体化分布式快速存储。水利大数据离线分析框架如图 2-5 所示。

在离线数据一体化存储的基础上，建立数据分析接口，提供对水空间规划数据统计处理任务的支撑，并进一步满足水空间规划计算分析、水安全风险评估及预警等高级应用系统的数据要求，为管理层制定优化的决策方案提供科学合理的依据。

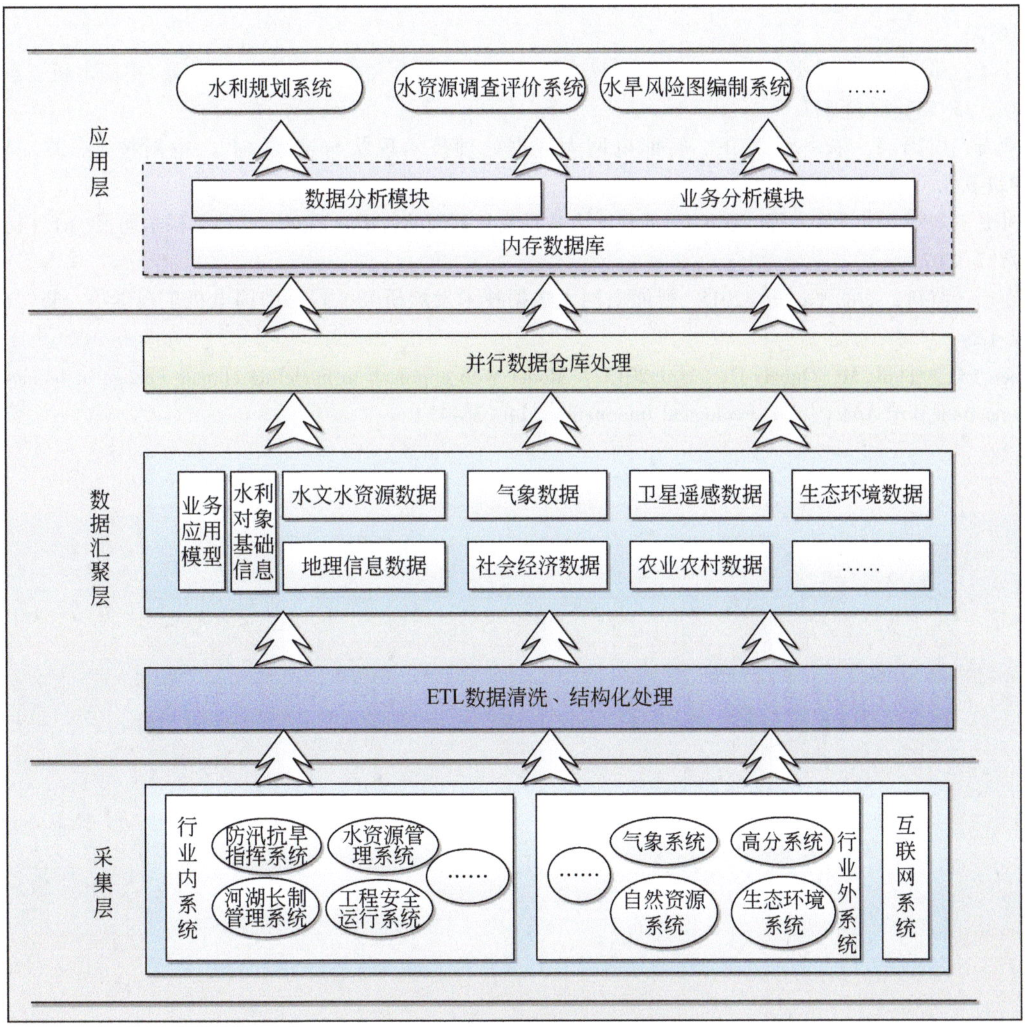

图 2-5 水利大数据离线分析架构

参考文献

蔡阳. 2018. 智慧水利建设现状分析与发展思考 [J]. 水利信息化，(4)：1-6.

蔡阳. 2017. 以大数据促进水治理现代化 [J]. 水利信息化，(4)：6-10.

蔡阳，谢文君，付静，等. 2015. 全国水利普查空间信息系统的若干关键技术 [J]. 测绘学报，44 (5)：585-589.

龚健雅，李小龙，吴华意. 2014. 实时 GIS 时空数据模型 [J]. 测绘学报，43 (3)：226-232.

林为民，余勇，梁云，等. 2015. 支撑全球能源互联网的信息通信技术研究 [J]. 智能电网，3 (12)：1097-1102.

刘业森，郭良，张晓蕾，等. 2017. 全国山洪灾害调查评价成果数据管理平台设计 [J]. 南水北调与水利科技，5 (6)：196-202.

莫荣强，艾萍，吴礼福，等.2013. 一种支持大数据的水利数据中心基础框架［J］. 水利信息化，(3)：16-20.

彭小圣，邓迪元，程时杰，等.2015. 面向智能电网应用的电力大数据关键技术［J］. 中国电机工程学报，35 (3)：503-511.

宋亚奇，周国亮，朱永利.2013. 智能电网大数据处理技术现状与挑战［J］. 电网技术，37 (4)：927-935.

吴冲龙，刘刚，张夏林，等.2016. 地质科学大数据及其利用的若干问题探讨［J］. 科学通报，61 (16)：1797-1807.

张东霞，苗新，刘丽平，等.2015. 智能电网大数据技术发展研究［J］. 中国电机工程学报，35 (1)：2-12.

Skøen J O，Schulz M，Dubois G，et. al. 2013. A Model Web approach to modeling climate change in biomes of Important Bird Areas［J］. Ecological Informatics，14：38-43.

第 3 章　智慧水利大数据关键技术体系

3.1 引　　言

大数据分为数据产品、处理过程和认知过程三个层次，其中数据产品主要特征为“4V”①，处理过程指对海量数据进行采集、存储、关联分析和可视化，认知过程是指通过对数据的处理获得新认识、从而创造新价值，改变人们的认知结构（郭少青，2017；赵苗苗等，2017）。通过大数据分析，可以更好地掌握客观事件的特征，找到有利于决策的信息（Yong，2014）。水利大数据就是运用大数据理念、采用处理方法和分析技术对水利数据进行收集、分类、存储、分析与利用，在此基础上进行应用，以解决水问题。传统的水利数据呈现无序性、孤立性和缺乏群体性，给水利监测评价及综合管理造成了一定困难。发展水利大数据技术，有利于有效集成多来源、多类型、多尺度的水利数据，并进行高效管理和利用，为水利发展提供新的支撑。加强水利大数据综合应用与集成分析，有利于实现水利综合决策科学化、水利监管精准化、水利公共服务便民化。

水利大数据技术将各种数据有机结合在一起，并进行分析，解决错综复杂的水利问题，提升水利决策的准确性和科学性。通过利用现代化的水利立体监测进行数据采集，获取海量数据，在云计算等技术基础上对水利大数据进行处理，进而进行实践应用，使生态环境大数据价值获得最大化。大数据来源广泛，数据类型和处理方法千差万别，不同学者对不同应用的大数据技术流程进行了划分（熊丽君等，2019），如窦万春等（2013）将其划分为获取、集成、分析解释三个阶段；刘智慧等（2014）基于中国人民大学网络与移动数据管理实验室研究，将其划分为采集、处理集成、分析、解释四个阶段；常杪等（2015）将其划分为采集预处理、存储、分析、可视化四个阶段；赵芬等（2017）将其划分为获取、存储管理、计算、分析四个阶段；莫荣强等（2013）将其划分为数据抽取与集成、数据分析和数据应用三个阶段；陈军飞等（2017）将其划分为生成和采集、存储和共享、分析和处理、应用和决策四个阶段；孟祥君等（2015）将其划分为数据采集、数据清理、数据存储及处理、数据分析、数据解读和数据应用六个环节；彭小圣等（2015）将其划分为集成管理、数据分析、数据处理、数据展现四个方面。

在大数据领域，学者们应用价值链理论对大数据的价值的创造过程进行分析，其中影响较广的模型主要有三个（高骞等，2020）：Miller 等（2013）提出的价值链模型，由数

---

① 4V 指数据容量（volume）、类型（variety）、存取速度（velocity）、应用价值（value），在英语中均以字母 V 开头，用于描述大数据的主要特征。

据发现、数据整合、数据利用三个环节构成；Kriksciuniene 等（2015）提出的大数据价值链四环节模型（包括数据产生和采集、数据分析和处理、数据存储和管理、数据可视化和利用四个环节）以及 Curry（2016）提出的五环节模型（数据采集、数据分析、数据管理、数据存储和数据利用五个环节）。

结合各行业的研究成果和价值链模型，通过抽取共性的认知，水利大数据价值链可认为是从水利行业内部、外部获取各类型的数据，经过数据加工与分析，形成有价值的信息、知识，并辅助水利行业管理决策、经营决策、提供服务，产生经济社会、生态环境效益的过程。在此基础上提炼出水利大数据应用关键技术为数据采集技术、数据存储技术、数据计算（处理技术）、数据分析技术、数据可视技术、数据决策技术。数据采集技术对应解决大数据多源，数据存储技术解决多类型，数据计算解决实时性，数据分析、数据可视和数据决策，解决数据价值的问题。

3.2　水利数据采集技术

3.2.1　数据采集对象

智慧水利服务对采集数据的需求不仅要掌握一个点、一条江河、一个流域、一个区域及全国的情况，还要掌握每个水利业务领域过去、现在及未来的情况（韩崇昭，2017）。水利对象是水事活动中涉及的水行政主管部门事权范围内的实体或概念，如河流、水库大坝、水利行业单位等实体和水资源分区、水土保持区划等概念。水利采集对象是指需要监测其状态、现状或动态属性的水利对象，而采集要素是指被采集的能够描述水利对象当前状态的动态属性或指标，对象信息是涉及采集对象发生的现象、事件、行为等（张建新和蔡阳，2019）。

智慧水利采集的目标是及时、准确、全面地获取各类数据和信息，能够描述各种水利对象，直接或间接地利用于各种水利活动（张建新和蔡阳，2019）。从自然、工程、管理三个方面将涉及各水利业务领域的水利采集对象划分为江河湖泊水系、水利工程设施和管理活动三种类型，每类采集对象可再细分为若干种类和小类（张建新和蔡阳，2019），其中江河湖泊水系类对象主要采集河流湖泊等自然水系的水文、气象、水环境、水生态、水域环境及流域水系相关地形地貌信息等；水利工程设施类对象采集内容主要包括工程安全、工程安防监控，以及工程相关的雨水情、环境等信息；水利管理类对象采集内容包括水利核心业务管理工作关注的事件、行为、现象，以及水利工程运行期间的机电设备运行工况、工程运行调度等信息。

3.2.2　数据采集来源及技术

大数据主要通过卫星遥感、传感器、视频识别、物联网和移动平台等手段进行采集。

随着科学技术水平的提高及信息化发展，水利大数据获取方式趋向多样化，采集数据主要分为六类：地面监测数据、遥感监测数据、地理信息数据、业务数据、社会统计数据及其他数据，如表3-1。

表3-1　水利大数据采集来源及主要内容

分类	采集来源	主要内容
地面监测数据	水文在线监测系统、水资源在线监测系统、水质在线监测系统等	气象、水文、水资源、水质等
遥感监测数据	卫星遥感数据、航空遥感数据等	降水、蒸散发、土壤含水量、地形指数、植被指数等
地理信息数据	遥感采集、地图数字化、现场踏勘和摄影测量	地形地貌、土地类型、土地覆被、水资源分区、行政分区、社会经济数据等
业务数据	水利业务活动中产生的数据	取水许可、水资源论证、用水计划、水资源分配等
社会统计数据	各统计部门	人口数据、经济数据、农业数据、工业数据、电力数据等
其他数据	互联网、物联网等	网站、论坛、各类App、物流平台等

据《全国水利发展统计公报2018》，全国省级以上水利部门各类信息采集点达45万处，其中：水文、水资源、水土保持等采集点约为22.76万处，大中型水库安全监测采集点约为22.5万个；全国已建成各类水文测站达121 097处，其中：国家基本水文站有3154处，专用水文站有4099处，水位站有13 625处，雨量站有55 413处，蒸发站有19处，地下水站有26 550处，水质站有14 286处，墒情站有3908处，实验站有43处。在气象观测方面，近年来国家气象局已管理高达2000多个常规气象站，3万多个自动气象站（赵海凤等，2018）。

卫星遥感技术在获取时空复杂多变的水循环变量方面具有独特优势。当前，基于不同遥感方法的陆地水循环变量遥感观测产品包括TRMM和GPM全球降雨产品、基于MODIS反演的全球蒸散发产品（MOD16）和积雪产品、基于AMSR-E反演的全球土壤水和雪水当量产品、基于GRACE重力卫星的全球陆地水储量变化产品等。目前国际上有一系列水循环变量观测卫星近期发射升空或计划发射，包括GRACE-FO、SWOT以及中国的全球水循环观测卫星（Shi et al.，2014），这些新的传感器和平台的运行将极大地推进遥感陆地水循环研究。卫星遥感在涉及防灾减灾的洪涝灾害、旱情和涉水地质灾害监测评估、洪水预报预警；涉及水资源监测保护的降水量预报、土壤含水量与蒸散发量遥感估算、地表水体监测、地下水监测、水环境监测和地表水体保护；涉及生态保护的生态环境监测、水土保持和灌溉面积调查、河道与河口变化监测和治理等方面发挥了重大作用（李纪人，2016）。水利遥感的发展必须以应用需求为驱动，以实现业务工作提供服务为发展目标，加强遥感技术在水利业务工作中的推广应用是水利遥感发展的必由之路（李纪人，2016）。

以上不同来源的数据，根据数据类型以及存储形式，采集策略分为流式数据采集、数据库采集、文件采集和网络爬虫采集等四种。①流式数据采集：该方法对于智慧水利的传感器采集、监控日志等数据进行分布式采集、聚合和传输。通过简单配置数据来源、数据传输通道及数据目的地，即可实现数据收集；同时，可以实时监控并跟踪数据从采集、处理到入库的全过程；典型的流式数据采集工具包括 Flume、Chuwa、Scribe。②数据库采集：该方法是从关系型数据库抽取数据到分布式文件系统 HDFS、Hive 或者 HBase 等分布式存储系统中。支持配置抽取源、抽取目标、目标路径、抽取规则、并行度、数据转换规则、数据分隔符等属性，适用于关系型数据库与大数据平台分布式存储之间的数据交换和整合；典型的数据库采集工具如 Sqoop。③文件采集：该方法用于采集 txt、csv、dat 等类型的文件，并且可以通过配置文件校验规则、预处理规则等转换规则，实现对文件的稽核，完成文件数据接入；典型的文件采集工具是 Kettle。④互联网采集：网络爬虫（又称为网页蜘蛛、网络机器人），是一种按照一定的规则，自动地抓取互联网信息的程序或者脚本。传统网络爬虫从一个或若干个初始网页的 URL 开始，获得初始网页上的 URL，在抓取网页的过程中，不断从当前页面上抽取新的 URL 放入队列，直到满足系统的一定停止条件。聚焦爬虫的工作流程较为复杂，需要根据一定的网页分析算法过滤与主题无关的链接，保留有用的链接并将其放入等待抓取的 URL 队列。然后，它将根据一定的搜索策略从队列中选择下一步要抓取的网页 URL，并重复上述过程，直到达到系统的某一条件时停止。另外，所有被网络爬虫抓取的网页将会被系统存储，进行一定的分析、过滤，并建立索引，以便之后的查询和检索；对于聚焦爬虫来说，这一过程所得到的分析结果还可能对以后的抓取过程给出反馈和指导。常见的开源爬虫工具有 Nutch、Labin、Neritrix。

由于水利大数据来源复杂，且持续动态累加，因此难免会存在或产生一些错误、缺失、重复、冲突的数据，这些数据对后续的数据处理和分析无用或有害，称之为脏数据，需要采用一定的技术手段将这些脏数据进行删除或者修正。数据清洗就是发现并纠正数据文件中可识别的错误的一道程序，包括检查数据一致性、处理无效值和缺失值等。其目的是检测数据中存在的错误、缺失和不一致，并剔除或改正它们，从而提高数据的质量。数据清洗的原理，就是通过分析脏数据的产生原因和存在形式，利用现有的技术手段和方法去清洗脏数据，将脏数据转化为满足数据质量或应用要求的数据。数据清洗主要利用回溯的思想，从脏数据产生的源头上开始分析数据，对数据集流经的每一个过程进行考察，从中提取数据清洗的规则和策略。最后在数据集上应用这些规则和策略发现脏数据和清洗脏数据。

一般情况下，数据清洗的基本流程包括以下 5 个方面（李成名和刘晓丽，2019）。

1）数据分析。这是数据清洗的前提和基础，通过详尽的数据分析来检测数据中的错误或不一致的情况，除了手动检查数据或者数据样本之外，还可以使用分析程序来获得关于数据属性的元数据，从而发现数据集中存在的质量问题。一般情况下，模式中反映的元数据对于判断一个数据源的数据质量远远不够。因此，分析具体实例获得有关数据属性和不寻常模式的元数据变得很重要。这些元数据可以帮助发现数据质量问题，也有助于发现属性间的依赖关系，根据这些依赖关系实现数据转换的自动化。

2）定义清洗转换规则与业务流。根据上一步数据分析得到的结果定义清洗转换规则与业务流。根据数据源的个数、数据源中不一致数据和脏数据多少的程度，需要执行大量的数据转换和清洗步骤。要尽可能地为模式相关的数据清洗和转换指定一种查询和匹配语言，从而使转换代码的自动生成变成可能。

3）验证。应该对定义的清洗转换规则与业务流的正确性和效率进行验证和评估。可以在数据源的数据样本基础上进行清洗验证，当不满足清洗要求时要对清洗转换的规则、业务流或系统参数进行调整和改进。真正的数据清洗过程中往往需要多次迭代地进行分析、设计或验证，直到获得满意的清洗转换规则和业务流。它们的质量决定数据清洗的效率和质量。

4）清洗数据中存在的错误。在数据源上执行预先定义好的并且已经得到验证的清洗转换规则和业务流。当直接在源数据上进行清洗时，需要备份数据源，以防需要撤销上一次或几次的清洗操作。清洗时根据脏数据存在形式的不同，执行一系列的转换步骤来解决模式层和实例层的数据质量问题。

5）干净数据的回流。当数据被清洗后，干净的数据应该替换数据源中原来的脏数据。这样可以提高原系统的数据质量，还可避免将来再次抽取数据后进行重复的清洗工作。

3.2.3 数据采集技术对比

本书梳理了水利大数据采集技术的基本信息、特点及适用场景等内容，如表 3-2 所示。

表 3-2 数据采集关键技术对比

技术名称	技术介绍	技术特点	适用场景
Flume	一种分布式、高可用、高可靠的海量日志采集、传输和聚合组件	主要用于数据采集，提供对数据采集的定制和简单处理并按要求写入存储组件；易于管理，可伸缩性强	平台日志采集；流式数据采集
Sqoop	数据库抽取工具	主要用于在 Hadoop（Hive、HBase）与传统的关系型数据库（如 MySQL、PostgreSQL 等）之间进行数据的传递	结构化关系型数据批量采集
Kettle	可视化 ETL 工具	提供可视化 ETL 操作界面，用于配置 ETL 任务及相应数据处理规则	复杂的半结构化数据（如 txt 等）采集

3.3 水利数据存储技术

高效的存储架构平台是大数据价值实现的前提，也是大数据落地的基础（郭涛，2013）。首先，存储架构平台要求既能处理大量的小文件，也能处理单体较大的文件。其次，存储架构平台要具备极高的处理性能。然后，存储架构平台要能处理多样化的数据，包括结构化数据和非结构化数据。只有通过这些基础，才能在一个高效的专门为大数据构建和优化的平台上进行数据分析和挖掘，并最终获得所需的价值。

在智慧水利大数据中，绝大多数数据为结构化数据，同时也存在文本、图像、音频、视频等非结构化或半结构化数据。对非结构化数据可采用分布式文件系统进行存储，对结构松散无模式的半结构化数据可采用分布式数据库，对海量的结构化数据可采用传统关系型数据库系统或分布式并行数据库。

3.3.1 分布式文件系统

当前的分布式文件系统提出了集群系统上的存储解决方案，将数据存储在物理上分散的多个存储节点上，对这些节点的资源进行统一管理和分配，并向用户提供文件系统访问接口（孟祥君等，2015）。经过多年发展，分布式文件系统结构发展为以专有服务器系统占主流，通过专门的服务器分别提供元数据访问和数据存储的方式来提供服务。分布式文件系统通常采用多元数据服务器，通过增加服务器节点的数量，满足集群应用对文件系统的容量、性能和规模等日益增长的需求（周江等，2014）。目前出现了 HDFS（Hadoop distributed file system）、GPFS、Ceph、Farsite、Clover 等分布式文件系统（周江等，2014），其中较为受欢迎的分布式文件系统为 HDFS。

HDFS 作为面向数据追加和读取优化的开源分布式文件系统，随着 Hadoop 生态圈一起出现并发展成熟，具备可移植、高容错和可大规模水平扩展的特性，已广泛应用于各行各业大数据的存储（金国栋等，2020）。作为存储海量数据的底层平台，HDFS 存储了海量的结构化和非结构化数据，支撑着复杂查询分析、交互式分析、详单查询、Key-Value 读写和迭代计算等丰富的应用场景。HDFS 存储系统在容错性、扩展性、可移植性和数据读写等方面具有自己的特点（金国栋等，2020）。①高容错性。HDFS 存储系统被设计用来在大规模的廉价服务器集群上可靠地存储大规模数据，充分考虑集群的容错性，设计了心跳检测、副本、纠删码、Secondary NameNode 等机制，这样能快速发现节点故障，并迅速恢复，在软件层面提供高容错和高可靠的数据存储服务。②高可扩展。HDFS 拥有良好的可扩展性，集群可以扩展到数千甚至上万节点的超大规模，这保证了存储的动态扩展，突破了传统数据库系统和数据存储系统的限制，适合存储和管理超大规模的数据。③高可移植性。HDFS 用 Java 语言开发，屏蔽了底层硬件的细节，可以兼容不同的硬件设备，在不同平台上部署。④多数据模型。HDFS 中数据基本的组织结构是文件，不同类型的数据都可以抽象为文件来存储，包括文本、关系表、图等，因此可以灵活地支持结构化和非结构化等多种类型的数据存储。⑤侧重大文件顺序读写。HDFS 中，大量的小文件会增加 NameNode 元数据管理的负担，并且不能很好地利用磁盘顺序读写的 I/O 性能，导致读写吞吐低；过大的文件也会导致数据迁移和恢复的延迟很高，因此 HDFS 一开始经验性地选择了 63MB 作为默认数据块大小，后来调整为 128MB，适合大文件的存储和高吞吐的数据访问。⑥侧重一次写入、多次读取的访问模式。HDFS 上的文件一旦被创建和写入完毕后，便不能更新已经写入的内容，只能截断或追加写文件，这种设计符合 HDFS 的设计初衷，即各类数据存储在 HDFS 之上，被不同的应用反复读取，且每个应用任务都会读取大部分甚至是全部的数据。

李勇（2017）以传统水文平台为基础，通过额外扩展一个 Hadoop 计算集群，设计和搭建了一个由 Web 服务器和 Hadoop 计算集群组成的水文信息监测平台，利用 Hadoop 平台的 HDFS 和 MapReduce 解决水文大数据的存储和计算问题。李辉等（2018）提出了一种基于 Hadoop 的海量气象水文数据并发处理模型（CPHDH），该模型结合云计算技术，利用计算机集群以及 HDFS 文件系统实现海量气象水文数据的分布式存储；同时，基于 MapReduce 编程框架完成海量气象水文数据的高效并行处理。马金锋等（2019）探索了水环境数值模型在大数据分布式计算框架下的适应性，提出了一种适用于水环境模拟的大数据分布式集群运算模式，该模式以 HDFS 存储“模型/算法”层运行所需要的基础配置文件集合。陈华等（2018）设计和研发了水文大数据共享平台，用 HDFS 存储非结构化水文大数据集中的各类报告、实景图片、实景音视频等数据。闫健卓等（2019）针对自然界与人类社会二元水循环产生的海量水务观测数据，设计了基于虚拟化的水务分布式大数据存储平台。对元数据和基础数据等非结构化数据通过 HDFS 存储。邱超等（2019）在水情云数据中心管理中，云平台采用 HDFS 存储非结构化数据。

3.3.2 分布式数据库

传统的数据库在数据存储规模、吞吐量、以及数据类型和支撑应用等存在瓶颈，大数据环境下对数据的存储、管理、查询和分析需要采用新的技术。分布式数据库由于具有很好的扩展性和协同性，适用于结构松散无模式的半结构化数据或非事务特性的海量结构化数据，还能适用于海量的结构化数据，在大规模数据存储和管理中得到广泛的应用。目前主要有非关系型（not only SQL，NoSQL）、大数据并行处理（massively prallel processing，MPP）数据库、分布式时间序列数据库、分布式内存数据库等（孟祥君等，2015）。

3.3.2.1 NoSQL 数据库

原始的数据存储在文件系统中，但是用户习惯通过数据库系统来存取文件。因为这样会屏蔽掉底层的细节，且方便数据管理。但是由于数据规模效应带来的压力、数据类型的多样性、设计理念的冲突、数据库事务特性等原因，直接采用关系模型的分布式数据库并不能适应大数据时代的数据存储，因此产生了一批未采用关系模型的数据库，这些方案现在被统一称为 NoSQL，表 3-3 给出了关系型数据库管理系统（relational data base management system，RDBMS）和 NoSQL 类型的数据库管理系统之间的对比（秦志光，2015）。NoSQL 并没有一个准确定义，但一般认为 NoSQL 数据库应当具有以下特征（孟小峰和慈祥，2013）：模式自由（schema-free）、支持简易备份（easy replication support）、简单的应用程序接口（simple API）、最终一致性（或者说支持 BASE 特性，不支持 ACID）、支持海量数据（huge amount of data）。目前典型的 NoSQL 分类如表 3-4 所示（Strauch，2012）。

表 3-3 关系型数据库和 NoSQL 对比

对比项	RDBMS	NoSQL	备注
理论性	完美的理论支持	没有较好的理论支持	RDBMS 是基于数学模型，NoSQL 没有模型支持

续表

对比项	RDBMS	NoSQL	备注
数据规模	大	极大	随着数据量增加，RDBMS 的性能会降低，所以当面对超大数据时，RDBMS 不适合；NoSQL 数据库可以通过增加硬件设备来增加存储量，更适合超大型数据
模式	固定	不固定	RDBMS 在使用前必须先定义模式；NoSQL 数据库不需要预先定义模式
查询	快速	对于简单查询是高效的	RDBMS 会建立索引，可以支持点查询和排序查询；NoSQL 没有索引，查询进程虽然可以通过 MapReduce 来加速，但相对 RDBMS 还是低速。
一致性	强一致性	弱一致性	RDBMS 遵循 ACID 原则；NoSQL 遵循 BASE 原则
扩展性	适中	良好	RDBMS 扩展困难；NoSQL 通过新增加节点易于实现扩展
实用性	良好	非常好	RDBMS 由于强一致性的限制，当数据量大时，实用性相对较弱；NoSQL 由于没有 ACID 的限制，具有较好的实用性
标准	有	没有	RDBMS 有 SQL 标准；NoSQL 没有
技术支持	高技术支持	低技术支撑	RDBMS 有强大的技术支撑；NoSQL 没有强大的技术支撑
可维护性	复杂	复杂	RDBMS 通过 DBA 来维护；NoSQL 在这方面还不成熟，维护相对困难

表 3-4　典型 NoSQL 数据库

类别	中文名	相关数据库	性能	可扩展性	灵活性	复杂性	优点	缺点
Key-value	键-值	Redis Riak	高	高	高	无	查询高效	数据存储缺乏结构
Column	列	HBase Cassandra	高	高	一般	低	查询高效	功能有限
Document	文档	ConchDB MongoDB	高	可变	高	低	对数据结构限制较少	查询性能低
Graph	图	OrientDB	可变	可变	高	高	图算法精密	数据规模相对较小

1）键值数据库。Key-value 存储是一种当前应用最广泛的 NoSQL 数据库系统，它是一种结构简单、可动态扩展、能有效地管理海量数据的非关系型数据库（马文龙等，2018；黄松波等，2016）。它以 Key-value 对的形式进行数据进行存储和索引，其中，Key 则用来标识数据，通常使用字符串或整数；value 存储实际数据，这些数据包括字符串、整数或二进制数据等；Key 和 value 都可以是从简单对象到复杂符合对象的任何内容。该存储方式摒弃了对新型业务需求而言开销过高的冗余数据管理机制，通过“Key”即可快速查询到对应的“value”，具备模式自由、快速小消息交换、高并发、高吞吐、易伸缩、易扩展等的优势，适用于不涉及复杂关系的数据应用场景（安仲奇等，2020）。大量分布式 Key-value 结构的存储系统不断推出，较为著名的 Redis、Bigtable、Dynamo、Cassandra 等（涂振发等，2013）。翟桂锋等（2018）依托开源软件 Redis 作为键值对存储，基于 Spring/

Spring MVC 框架实现了一个水电数据中心的编码系统。

2）列式数据库。列式数据库是以列相关存储架构进行数据存储的数据库，主要适用于批量数据处理和即时查询，具有极高的装载速度、适合大量的数据而不是小数据、实时加载数据（仅限于增加）、高效的压缩率、非常适合做聚合操作等优点。HBase 是代表性的列式数据库，它是 Hadoop 生态圈的重要组成部分，内部管理的文件全部存储在 HDFS 中，主要用来存储海量的结构化和半结构化数据。马金峰等（2019）利用 HBase 数据库存储水环境数值模型模拟结果解析后的结构化数据。陈华等（2018）利用 HBase 数据库存储结构化的水文业务数据，如降雨量表、河道水情表和水库水情表等。闫健卓等（2019）通过 HBase 联合 Hive（分布式数据仓库）应用的方式存储结构化的关系型水务业务数据。杨太萌（2016）将大数据和云计算技术应用到防汛决策支持系统中，建立了基于大数据的城市防汛决策支持系统，该系统采用分布式数据库 HBase 设计了有效的存储方案，能有效存储海量水情数据并应对数据的快速增长。邱超等（2019）分析水雨情遥测数据数据采集频率高且数量惊人的特点，利用 HBase 数据库实现高速写入和扫描、海量存储及高效调用。程彬彬（2015）针对气温观测日志数据的特点，基于 HBase 研究海量气象时空数据组织方法，并提出了 HBase 运行参数的优化方案。赵新飞（2017）使用云计算开源编程框架 Hadoop 以及 HBase 分布式数据库实现了三峡水库奉节县朱衣河区域水质数据的存储与处理。王思宇（2018）在开发的水资源大数据存储分析平台中，为了应对未来监测数据量的急剧增长，使用了分布式数据库 HBase 安全稳定的妥善存储保管数据。李维乾等（2016）针对目前海量、异构、动态遥感数据难以快速处置和高效存储的问题，基于 HBase 设计和实现了突发水污染事件的遥感瓦片大数据存储系统。刘红超等（2014）发明公开了一种基于大数据技术的水电设备监测和故障诊断系统，将设备监测数据上传到 Hbase 数据库中存储。张青青（2017）针对污水数据的数量大、多样性等特征，采用主从式架构搭建 Hadoop 集群，并在 HBase 数据库中设计了面向列的污水数据存储模型。

3）文档数据库。文档数据库是 NoSQL 中非常重要的一个分支，它主要用来存储、索引并管理面向文档的数据或者类似的半结构化数据，其关键核心概念即文档（document），是数据库中最小的单位。每一种文档数据库的部署有所不同，它们假定文档以某种标准化格式封装并加密数据，并用多种格式进行解码，包括 XML、YAML、JSON 和 BSON，也包括二进制格式，如 PDF、微软的 Office 文档等，能够在海量数据集上提供更快的遍历速度和操作。目前主流文档数据库主要包括 MongoDB、CouchDB、Terrastore 等，其中最为流行的是 MongoDB。巴特等（2015）借助开源 GIS 组件 DotSpatial 和 MongoDB 数据库，实现 GIS 与 SWMM 模型的紧密集成，并以 MongoDB 数据库为数据交互中心管理模型数据，开发了具有低成本、强扩展性、高开放、灵活度高等特点城市非点源污染负荷系统。李娜等（2019）将 MongoDB 作为污水处理大数据存储工具，研发了一个基于 GIS 和 MongoDB 的城镇污水处理监管平台。

4）图数据库。基于“图论”的图数据库技术作为一种新型的数据管理方式及计算模式，由于其可以实现图形网络数据结构的分布式存储与并行处理，成为具有复杂关联关系的海量数据存储和计算的热点模式（周爱华等，2018）。它采用属性图模型组织数据。属性图是一种特殊的有向图，由一组节点和有向边构成。每条边的首末端必须与一个节点相连，任何一端都不允许悬空。节点之间通常通过一组边连接成复杂网络结构，但允许出现没有任何边与之相连的孤立节点。将现实系统建模为属性图时，节点一般用来表示数据实体，边用来表示实体间的关系（王镜毓等，2017）。

在关系型数据库管理系统针对聚合数据进行优化的地方，图数据库（如 Neo4j）针对高度连接的数据进行优化，可有效处理密集、相互关联的数据集，这种设计允许构建检测相关性和数据关联模式（王红等，2017；康杰华和罗章璇，2015）。这种高度动态的数据模型中，"节点"和"边"为基本存储单元来存储数据，利用节点之间物理上相互"指向"的特点，能够对相邻节点提供"无索引"关联操作，具有状态实时动态更新的特点，支持大数据分布式存储和并行计算，有效提高了数据存储与处理的效率，特别适合于关联、处理与分析大量对象之间存在相互依赖关系的应用问题，可以应用于大规模的数据资源检索、查询与遍历（汤亚宸等，2019；辛永等，2019），适用于 GIS、知识图谱、推荐系统、社交网络等领域。目前广泛使用的图数据库主要有 Neo4j、Titan、OrientDB、DEX、AllegroGraph、GraphDB 等。在所有这些图形处理系统中，Neo4j 是最流行的图形数据库之一（Miller，2013），支持属性图建模（Huang and Dong，2013），网络社区为 Neo4j 开发了图形查询 Cypher 语言，提供了可以用各种编程语言（例如 Java，Python，Ruby，Javascript）开发的强大应用程序接口（API）（柴博等，2018）。在行业应用方面，图数据库已引起了电力系统领域的关注（Ma et al.，2014；Gelli and Khaparde，2015；Srikrishna and Avinash，2014；马义松和武志刚，2016；周爱华等，2018；陈永龙等，2019），但是在水利领域尚未起步。水网系统是智慧水利的管控对象，具有复杂的网状拓扑结构（王建华等，2018，2019），采用图数据库建模和存储，与水网系统的拓扑属性更为吻合，充分利用图数据库所具备的拓扑运算功能，将水网系统应用的开发提供极大便利；另外，图数据库实体间的关联关系固化存储，特别适合灵活高效地存储和关联关系密集的水网系统数据，为智慧水利计算数据的存储和应用提供了新思路。

3.3.2.2 MPP 数据库

MPP 是一种大规模并行处理的集群系统，由大量松耦合的处理单元 Segment 组成，多为廉价的 x86 设备，采用 Shared Nothing 架构，主机、操作系统、内存、存储都是自我控制的，不存在共享，各 Segment 之间通过 IP 网络互联组网。在进行事务处理时，将任务通过某种分布方式并行地分散到多个 Segment 上，在各 Segment 上计算完成后，将各部分的结果汇总到一起得到最终结果。MPP 采用列存储、粗粒度索引等技术，配合分布式架构高效的分布式计算模式，完成分析类应用的支撑，具有高性能和高扩展的特点。它多用于数据量大、响应速度要求高、并发用户多的交互式数据分析，支撑 PB 级别的结构化数据分析（孙淳晔和梁杨，2015）。目前主流 MPP 数据库包括 GBase 8a、阿里巴巴 Analytic DB、Greenplum、Sybase IQ 和 Impala 等。这些数据库在电力（邱菊等，2018；吴飞，2010）、气象（郭茜等，2018）等领域应用，尚未见应用在治水领域。

3.3.2.3 分布式时间序列数据库

时间序列数据是按照时间标签先后顺序排列而成的数据（胡鹏飞和雷电，2018）。时间序列数据库主要用于处理大量、连续实时变化的数据，它的优势是通过有效压缩来存储高频变化的数据，同时还能实现对海量数据的快速访问（黄军高等，2011）。目前主流分布式时间序列数据库包括 OpenTSDB、InfluxDB 等。

OpenTSDB 是一种基于 HBase 来构建的开源的分布式、可扩展的时间序列数据库。它可以存储、索引以及服务从大规模计算机系统中采集来的数据，并使得这些数据易于访问和可视化。OpenTSDB 能够通过丰富的数据模型进行识别由一组任意键值对组成的时间序列。OpenTSDB 可以从大量主机或智能设备和应用程序中以非常短的时间收集数千个指标，并轻松存储数十亿的数据点。叶鹏（2018）分析了智能水电厂监控业务对海量数据的存储和访问需求，测试了基于时序数据库 OpenTSDB 的监控系统在存储、查询方面的效率要远远优于基于关系数据库的系统。

InfluxDB 是一个比 OpenTSDB 拥有更多数据类型的新型开源时间序列数据库。它针对监控系统、应用程序、物联网传感器数据和实时分析等领域中的时间序列数据进行快速、高可用性存储和检索。InfluxDB 提供了类似 SQL 的语言，内置以时间为中心的函数，用于查询由测量值、序列和点组成的数据结构。每个测量值由一组键值对和时间戳组成的字符串构成。InfluxDB 还可以构建为分布式存储集群，允许用户水平扩展，而不需要管理 HBase/Hadoop 集群的开销。谢易成（2019）利用 InfluxDB 时间序列数据库进行水质监测数据的存储，开发了数据处理分析系统。

3.3.3 分布式内存数据库

内存数据库又称主存数据库（in-memory/main memory database，IMDB/MMDB），是一种主要依靠内存存储数据的数据库管理系统。它几乎把整个数据库放进了内存中，相较于传统数据库使用的磁盘读写机制，内存具备更极致的读写速度（如 DDR3-1333 内存的读写速度约为 1GB/s，传统磁盘的读写速度约为 150MB/s），性能会比传统的磁盘数据库有数量级的提升（中国信息通信研究院云计算与大数据研究所和 CCSA TC601 大数据技术标准推进委员会，2019）。因此内存数据库通常用于对性能要求较高的场景中。常见的典型分布式内存数据库有 Redis、Memcached、VoltDB、Aerospike、Oracle TimesTen、SAP HANA、MemSQL、SQLite 等。开源产品中，Redis 和 Memcached 是最受欢迎的两款键值对内存数据库；而 SQLite 是最受欢迎的关系型内存数据库。商用数据库，其中热度最高的是 SAP HANA。林红和华韵子（2019）针对预报服务产品一键式发布的迫切需求，通过对 Redis 内存数据库的应用研究，基于 Spring 框架搭建了上海中心气象台数据分发管理系统。詹利群等（2019）为了提高气象自动站资料的检索查询效率，通过搭建 Redis 数据库集群，把数据缓存在内存中并实现主从复制，提出一种适合气象自动站数据特性的数据存储结构模型，使得高频次访问的气象自动站数据能够直接从内存中读取，有效地减少数据查询响应的时间。陈平等（2019）针对分布式水文模型的率定过程海量计算难题，提出了基于 Hadoop 和 Redis 集群的泛化似然不确定估计（GLUE）率定算法——HR-GLUE，该方法通过 Redis 缓存模型输入，利用 MapReduce 算法实现的 GLUE 率定方法并行计算。

技术服务于业务，内存数据库的选型应首先遵循业务场景的需求。业务特性决定了数据的应用特性，包括数据量、并发度、读写特性、一致性、响应时间、操作复杂度、业务连续性等要求，对应数据库的一致性、容错性、扩展性、安全性等技术要求。在做内存数据库的选型前，建议先梳理业务需求并进行量化；再将核心数据应用特性映射成数据库技术要求；最后按筛选出的技术要求进行选型（中国信息通信研究院云计算与大数据研究所和 CCSA TC601 大数据技术标准推进委员会，2019）。李婧等（2014）讨论了一种基于 SQLite 数据库的水文信息存储方法。

3.3.4 关系数据库管理系统

关系数据库是采用关系模型来组织数据的数据库，其以行和列的形式存储数据。关系模型是基于表格（关系）、行、列、属性等基本概念，把现实世界中的各类实体（entity）及其关系（relationship）映射到表格中，同时拥有严格的关系代数运算（Codd，1970）。在关系数据库中，数据存储在“关系”中，具有规则的数据结构，这类数据通常被称为结构化数据。关系数据库在经历多年的发展后，已经是一种非常成熟的数据存储和管理技术，在各个领域得到广泛应用，是当前数据库的主流形式（林子雨等，2010，2014）。

关系数据库由于具有容易理解的模型、容易掌握的查询语言、高效的优化器、成熟的技术和产品，成为数据管理的首要选择，其技术和产品占据了绝对的统治地位（包括技术和市场）（覃雄派等，2013）。关系数据库管理系统厂商还通过扩展关系模型，支持半结构化和非结构化数据的管理，包括 XML 数据、多媒体数据等，并通过用户自定义类型（user defined type，UDT）和用户自定义函数（user defined function，UDF）提供面向对象的处理能力，进而巩固了关系数据库技术的王者地位。关系数据库还通过裁剪适应特定的应用场合，比如流数据的处理（stream processing，一般基于内存数据库实现），用户可以在源源不断涌来的序列数据上运行 SQL 查询，获得时间窗口上的结果，实时数据的及时分析和监控。围绕关系数据库管理系统，形成了一个完整的生态系统（厂家、技术、产品、服务等），提供了包括数据采集、清洗和集成、数据管理、数据查询和分析、数据可视化等技术和产品（覃雄派等，2013）。传统的基于行存储的关系数据库系统，比如 MySQL、SQL Server、PostgreSQL、Oracle、DB2 和 Sybase 等，提供了高度的一致性、高度的精确度、系统的可恢复性等关键的特性，仍然是事务处理的核心引擎，无可替代（覃雄派等，2013）；面向实时计算的内存数据库系统，通过把数据全部存储在内存里，并且针对内存存储进行了并发控制、查询处理和恢复技术的优化，获得了极高的性能。此外，面向分析型的应用，列存储数据库以其高效的压缩、更高的 I/O 效率等特点，在分析应用领域获得了比行存储数据库高得多的性能。

由于水利业务仍存在海量的结构化数据，关系型数据库管理系统是当前智慧水利大数据相关的业务应用系统中结构化数据的主要存储系统，如仅水利行业于水文数据相关的数据库就包括了实时雨水情数据库、基础水文数据库、水质数据库，几乎涵盖了水文部门的主要业务数据，这些数据都是结构化的数据（陈华等，2017）。基于对业务数据保密性和敏感性要求，采用传统关系型数据库具有分布式存储所不具备的安全优势（王继业，2017）；基于对业务系统运行效率的要求，采用由关系型数据库扩展形成的并行数据库来逐步取代关系型数据库的某些功能，能够大幅提升业务系统的性能。关系数据库管理系统是智慧水利大数据架构中的重要存储组件，仍然广泛应用于涉及事务、高时效、高安全的业务应用领域。

3.3.5 数据库存储技术应用场景

智慧水利大数据结构复杂、种类繁多，其数据存储需要根据水利数据特点选用适合的数据存储方式。数据管理也是智慧水利大数据的重要功能，从整体上对存储在不同系统上的数据进行统一管理，并提供数据索引和查询功能。综合以上分析，数据存储应用场景见表 3-5。

表 3-5　数据存储技术应用场景

存储名称	应用范围	数据场景	代表软件
分布式文件系统	存储海量的非结构化数据	音频、视频、文本	HDFS、GFS
分布式数据库	存储海量无模式的半结构化数据	水利监控数据	HBase
关系型数据库	存储海量的结构化数据	水利模型数据	Oracle、MySQL
内存数据库	存储实时性要求高的数据	SCADA 监控数据	MemSQL、Altibase

3.3.6 数据存储关键技术对比

本书梳理了水利大数据存储技术的基本信息、特点及适用场景等内容，如表 3-6 所示。

表 3-6　水利大数据存储关键技术对比

技术名称	技术介绍	技术特点	适用场景
HDFS	一种高性能、高可靠、高可伸缩性的分布式文件系统，是 Hadoop 的底层文件系统	主要以文件的形式存储平台海量结构化、半结构化数据，是平台数据的重要基础逻辑载体	非结构化数据的高效存储
Hbase	分布式的列式数据库	主要用于大规模结构化数据存储和检索，是智慧水利海量数据集即时查询的重要组件。需要加大该组件在水利业务领域的探索力度，扩大平台数据处理的范围	高并发查询效率高、查询条件单一的海量明细档案或者结果数据的存储
Hive	分布式数据仓库	支持 SQL92 的大部分标准，用户可以快速实现不同业务应用中大规模数据集分析功能；可以为平台 Hbase、Spark 等提供数据源，实现高效的数据应用，并且可以利用类 SQL 的语句进行统计分析，降低学习和开发成本，在智慧水利大数据体系的数据仓库管理中起着非常关键的作用	存储历史的、全量结构化数据

续表

技术名称	技术介绍	技术特点	适用场景
Kafka	一种高吞吐量的分布式发布订阅消息系统	可以利用 Hadoop 的并行加载集中统一在线和离线数据的处理，根据时间灵活制定数据消费策略，满足智慧水利大数据不同时效的数据的即时存储需求	流式数据的即时存储
Gbase 8a	一种商用的高性能、高可用的并行关系数据库系统	具有高效、超低延迟等优势，用于存储海量结构化数据并进行快速统计分析，其 SQL 语句完全符合 SQL92 标准	海量结构化数据的存储，并可以进行快速不同维度的统计分析
MongoDB	一种分布式的文档数据库	兼备文档数据库和关系数据库的功能，且在不断丰富与完善；在水利大数据架构中可替代关系型数据库组件，解决关系数据库大量表关联难以使用和维护等问题，提供更高的性能	文档数据存储；多表复杂关联查询的业务
Neo4j	高性能的 NoSQL 图形数据库	将结构化数据存储在网络上而不是表中，可被看作是一个高性能的图引擎；具有事务支持、高可用性和高性能等一般数据库的基本特性，同时还可以进行大规模可扩展性和非常快的图形算法	水利数据分析结果图的存储；可视化显示图的存储
OpenTSDB	分布式时间序列数据库	使用 HBase 作为存储中心，无须采样便可完整地收集和存储上亿的数据点；支持秒级的数据监控；Hbase 可以灵活支持 metrics 的增加，可以支持上万机器和上亿数据点的采集	基于时间维度的高速检索查询
VoltDB	分布式内存数据库	使用 SQL 存取，是一个内存中的开源联机事务处理数据库，能够保证事务的完整性；大幅降低了服务器资源的开销，单节点每秒数据处理远远高于其他数据库管理系统	实时数据分析，高吞吐的快速查询

3.4 水利数据计算技术

大数据的计算模式主要分为流式计算、批量计算、内存计算、图计算等。其中流式计算和批量计算是两种主要的大数据计算模式，分别适用于不同的大数据应用场景。对于先存储后计算，实时性要求不高，同时数据的准确性、全面性更为重要的应用场景，批量计算更加适合；对于无须先存储，可以直接进行数据计算，实时性要求很严格，但数据的精确度往往不太苛刻的应用场景，流式计算具有明显优势。流式计算中，数据往往是最近一个时间窗口内的增量数据，因此数据时延往往较短，实时性较强，但数据的信息量往往相对较少，只限于一个时间窗口内的信息，不具有全量信息。流式计算和批量计算具有明显的优劣互补特征，在多种应用场景下可以将两者结合起来使用，通过发挥流式计算的实时性优势和批量计算的计算精度优势，满足多种应用场景在不同阶段的数据计算要求（孙大为，2015）。

智慧水利大数据处理的问题复杂多样，不同业务应用领域的数据处理时间、数据处理规模各不相同，其中数据处理时间一般是业务应用中最敏感的因素。根据处理时间的要求将业务分为在线、近线和离线。其中在线处理时间一般在秒级甚至是毫秒级，因此通常采用流式计算方式；近线处理时间一般在分钟级或者是小时级，通常采用内存计算方式；离线的处理时间一般以天为单位，通常采用批量计算方式。

3.4.1 流式计算

流动式计算主要用于对动态产生的数据进行实时计算并及时反馈结果，但往往不要求结果绝对精确的应用场景。在数据的有效时间内获取其价值，是大数据流式计算系统首要的设计目标，因此，当数据到来后将立即对其进行计算，而不再对其进行缓存等待后续全部数据的到来再进行计算（孙大为等，2014）。智慧水利中需要采用流式计算处理的大数据应用场景主要有工程安全稳定分析、设备运行状态评估、洪涝灾害的实时预警、水环境实时监控、洪水和内涝的实时预报、水域岸线侵占的动态识别、突发涉水事件的舆情分析等。这类数据刚刚生成就需要进行数据移动、计算和使用，才能保证数据价值最大化。目前广泛应用的分布式流式计算框架主要包括 Spark Streaming、Storm。戚红雨（2019）从编程模型、数据分区策略、状态管理、容错恢复等方面，对上述流式处理框架进行了全面的对比分析。本节仅介绍 Spark Streaming 和 Storm。

Spark Streaming 是 Spark 核心 API 的一个扩展，可以实现高吞吐量，具备容错机制的实时流数据的处理，并且支持包括 Kafka、Flume 等多种数据源获取的数据。从这些数据源获取数据之后，可以使用诸如 map、reduce、join 和 window 等高级函数进行复杂算法的处理，还可以使用 Spark 的其他组件，如机器学习 Mlib、图计算相关的 GraphX，以及数据库相关的 Spark SQL 对流数据进行处理。Spark Streaming 内部的处理机制是接收实时流的数据，并根据一定的时间间隔拆分成批数据，然后通过 Spark Engine 处理这些批数据，得到处理后的结果将被智能地保存在合适的存储结构中，供后续数据挖掘使用，也可以实时地反馈给相应的业务系统，实现水利系统运行状态、设备状态、用水指标的实时监控。

Storm 是支持分布式的实时流处理系统。它的流式处理计算模式保证了任务只进行一次初始化，就能够持续的计算，因此有效提高了整体架构的处理效率。使用场景的特点包括流数据处理、分布式 RPC、持续计算等，具有的优点包括易于编程、多语言支持、支持水平扩展、容错、可靠的消息保证、快速的消息处理等（戚红雨，2019）。主要用于实时数据采集、数据 ETL 和持续在线数据分析等计算需求相关的业务领域。

在水利领域，上官博屹和乐鹏（2018）为解决地理模型实时感知中的系统耦合架构、地理实时计算模型等难点，提出了基于开放标准的传感网与流计算系统耦合架构，并将其应用到城市内涝灾害的动态感知场景下，结合建立的实时内涝信息流计算模型，设计并实现了一种基于流计算的城市内涝模型实时感知原型系统。原型系统的数据获取层基于 OGC SWE 标准建立气象传感网对气象数据进行实时观测、数据管理层基于 OGCSOS 标准进行传感网数据的管理和发布、数据转化层基于 Apache Kafka 分布式消息发布/订阅系统转化并发布传感网观测数据流、数据处理层基于 Spark Streaming 流计算引擎建立实时内涝信息流计算模型进行实时观测数据流的处理和分析。王慧敏等（2016）发明了一种基于流式大数据处理方式的降雨径流预测计算方法，通过把大、中尺度流域在逻辑上划分为不同的子流域，利用大数据流式处理方式，结合每个子流域实时监测的断面流量，通过对每个子流域的并行计算，解决 SCS 模型及其改进模型在大、中尺度流域的实时洪水预报中的性能问题。在电力领域，康瑞等（2020）提出基于 Storm 流式计算框架，结合 logstash 和 Kafka 消息中间件，构建面向多监测点的实时数据监测处理平台。李莉等（2017）提出基于阿里云流计算（Stream Compute）的电力设备监测数据流式计算与动态可视化展示方法，并应用 Stream Compute 的上下游服务搭建了用于电力设备监测数据的时频分析和可视化展示的应用系统。田璐等（2019）使用 Apache Hadoop、Spark Streaming、Kafka 和 NoSQL Cassandra 等开源资源，通过高吞吐量发布-订阅消息传递、实时计算和分布式存储系统的结合有效地解决并发访问数据流的收集、存储、实时分析等问题，从而实现电力行业流数据的实时分析。屈志坚和王冬（2017）针对配电网大量实时监测数据先存储后处理造成延迟大的问题，提出一种基于 Storm 分布式流计算框架的监控信息流快速处理方法。在气象领域，孙超等（2018）为实现 6 万余个地面气象站资料实时统计处理，设计并实现了地面气象资料统计处理系统，采用灵活易扩展的技术框架，应用大数据分布式流处理技术实现高效的数据处理，较传统统计处理框架统计时效提升 10 倍以上。在交通管理领域，周建宁等（2016）针对卡口过车的实时预警要求，提出了过程信息实时接入、实时对比预警的大数据流式计算技术解决方案。

3.4.2 批量计算

利用合适的批量数据挖掘模式，得出对象的具体的含义，制定明智的决策，最终做出有效的应对措施以实现业务目标是大数据批量计算的任务。批量数据通常具有三个特征（程学旗等，2014）：①数据体量巨大。数据量远超传统要处理的数据量。数据是以静态的形式存储在硬盘中，很少进行更新，存储时间长，可以重复利用，然而这样大批量的数据不容易对其进行移动和备份。②数据精确度高。批量数据往往是从应用中沉淀下来的数据，因此精度相对较高。③数据价值密度低。以视频批量数据为例，在连续不断的监控过程中，可能有用的数据仅仅有一两秒。因此，需要通过合理的算法才能从批量的数据中抽取有用的价值。此外，批量数据处理往往比较耗时，而且不提供用户与系统的交互手段，所以当发现处理结果和预期或与以往的结果有很大差别时，会浪费很多时间。因此，批量数据处理适合大型的相对比较成熟的作业。

由 Google 公司 2003 年研发的 Google 文件系统 GFS（Ghemawat et al.，2003）和 2004 年研发的 MapReduce 编程模型（Dean and Ghemawat，2008）以其 Web 环境下批量处理大规模海量数据的特有魅力，在学术界和工业界引起了很大反响（程学旗等，2014）。虽然 Google 没有公开这两项技术的源码，但是基于这两篇开源文档，2006 年 Nutch 项目子项目之一的 Hadoop 实现了两个强有力的开源产品（http：//hadoop. apache. org/）：HDFS 和 MapReduce。Hadoop 成了典型的大数据批量处理架构，由 HDFS 负责静态数据的存储，并通过 MapReduce 将计算逻辑分配到各数据节点进行数据计算和价值发现。Hadoop 顺应了现代主流 IT 公司的一致需求，之后以 HDFS 和 MapReduce 为基础建立了很多项目，形成了 Hadoop 生态圈（程学旗等，2014）。

MapReduce 编程模型借鉴了函数式程序设计语言中的内置函数 Map 和 Reduce，主要思想为将大规模数据处理作业拆分成多个可独立运行的 Map 任务，分布到多个处理机上运行，产生一定量的中间结果，再通过 Reduce 混洗合并产生最终的输出文件。作为第一代分布式架构，MapReduce 已经比较好地考虑数据存储、调度、通信、容错管理、负载均衡等很多问题，一定程度上降低了并行程序开发的难度，也为后来的分布式系统的开发打下了很好的基础（Rao et al.，2011），也受到了很大欢迎并迅速得到应用（董新华等，2013；顾荣等，2014；朱月琴等，2015；陈曦等，2013；郭朝鹏等，2013）。

MapReduce 之所以受到青睐的原因在技术上主要表现为 3 个方面（Dean and Ghemawat，2010；White，2012）。首先，MapReduce 采用无共享大规模集群系统。集群系统具有良好的性价比和可伸缩性，这一优势为 MapReduce 成为大规模海量数据平台的首选创造了条件。其次，MapReduce 模型简单、易于理解、易于使用。它不仅用于处理大规模数据，而且能将很多繁琐的细节隐藏起来（比如，自动并行化、负载均衡和灾备管理等），极大地简化了程序员的开发工作。而且，大量数据处理问题，包括很多机器学习和数据挖掘算法，都可以使用 MapReduce 实现。最后，虽然基本的 MapReduce 模型只提供一个过程性的编程接口，但在海量数据环境、需要保证可伸缩性的前提下，通过使用合适的查询优化和索引技术，MapReduce 仍能够提供很好的数据处理性能。

在水利领域，蔡阳等（2018）基于 MapReduce 框架的卫星遥感大数据并行处理技术，开发了卫星遥感水利监测应用系统。张晓东等（2019）以“一网通办”建设为背景，对 2005 ~ 2017 年的上海市水务海洋行政审批数据进行分析。首先对 13 年的审批数据进行清理、整合，将不同系统中的审批数据转存，同步到 MongoDB 数据库中，利用 Hadoop 中的 MapReduce 模型进行大数据分析，完成对上海市水务局行政审批事项整体分析和专项分析，分析结果可对数据库建设、事项合并、材料精简、流程优化、网上预约的开展等工作提供事实依据。刘雄（2015）对新兴的大数据技术在城市洪涝分析预警中的应用进行了研究，对适合进行大数据分布式运算的城市洪涝模型和算法进行了探索，确定了城市洪涝大数据分析模型的框架，并且对城市洪涝大数据分析模型进行了 Hadoop 的 MapReduce 模型编程实现，还根据模型所涉及的数据设计了 Hbase 非关系型数据库。冯钧等（2015a）针对 XML 形式的水利元数据建立索引的效率低下问题，引入 Hadoop 中的 MapReduce 并行处理模型。此外，还针对水利信息资源目录服务中资源发现服务高查全率和实时性的需求，提出一种基于语义扩展的分布式元数据检索方法，基于 MapReduce 对索引创建和查询处理进行并行化改造提高检索的处理效率（冯钧等，2015b）。雷章等（2018）在开源分布式计算框架 Hadoop 的基础上，选择大凌河流域为研究区，构建降雨侵蚀力、土壤可侵蚀性、坡长等土壤侵蚀因子栅格数据分布式存储策略，利用 MapReduce 编程模式设计实现通用水土流失方程 RUSLE 的算法程序进行土壤侵蚀强度计算，并扩展 Geoserver 的栅格文件读取功能，增大对 HDFS 栅格文件的读取支持，实现土壤侵蚀强度计算结果的快速发布。李辉等（2018）针对关系型数据库以及单节点处理难以满足海量气象水文数据存储与处理的问题，提出了一种基于 Hadoop 的海量气象水文数据并发处理模型（CPHDH）。该模型结合云计算技术，利用计算机集群以及 HDFS 文件系统实现海量气象水文数据的分布式存储；同时，基于 MapReduce 编程框架完成海量气象水文数据的高效并行处理。王军等（2018）为了提高降雨等级的预测准确性与效率，提出一种基于 MapReduce 的改进加权朴素贝叶斯算法（WMN-BC）。

电力领域的批量计算研究可以为水利领域提供借鉴。谢彦祥等（2018）提出一种改进类内类间离散度和特征熵的分类依据，并基于 Hadoop 架构提出用于特征量选择的 HDPSO 算法。刘友波等（2016）以提升大规模组合故障快速仿真分析能力为目标，在 Hadoop 框架下研发了连锁故障分布式计算技术；基于 PSD-BPA 软件计算模块，利用 Java 开发连锁故障计算分析功能，实现驱动判定、故障集筛选、事故链搜索、严重度评估四类模块。吴润泽等（2018）采用 Hadoop 架构提出了一种基于模式匹配的短期电力负荷预测方法，在典型负荷模式下建立多时刻点预测模型，采用 Map Reduce 计算框架进行负荷计算与预测分析，从而建立大量样本下的负荷预测模型。

3.4.3 内存计算

MapReduce 在分布式系统上具有很好的可扩展性和容错性，但是它需要从磁盘获取数据，再将中间结果数据写回磁盘，导致系统的 I/O 开销极大，不适用于具有实时性需求的应用。为了解决数据处理速度、时效性问题，以及避免过多的 I/O 操作，减少开销，内存计算得到了学术界和工业界的广泛关注（Farber et al.，2012；Zaharia et al.，2010；Lindstrom et al.，2013）。在内存计算模式下，所有的数据在初始化阶段全部加载到内存中，数据及查询的操作都在高速内存中执行，CPU 直接从内存读取数据，进行实时的计算和分析，减少了磁盘数据访问，降低了网络与磁盘 I/O 的影响，大幅提升了计算处理的数据吞吐量与处理的速度，减少原本占大量计算资源的 I/O 开销。通过内存计算的应用，避免了 I/O 瓶颈，以前在数小时、数天时间内计算的结果，在内存计算环境中，可以在数秒内完成（罗乐等，2016）。随着信息技术的高速发展，计算机硬件价格持续下降，尤其是内存容量的不断提高、内存价格的持续走低，使服务器配置高容量内存成为可能，用内存计算技术完成实时大数据处理已成为大数据处理的一个重要发展趋势（张伟，2018）。

Spark 作为基于内存计算的新一代的大数据分布式处理框架，以其先进的设计理念，迅速成为热门课题（吴信东和嵇圣硙，2018）。它在处理迭代和低延迟问题时，能够在保证稳定性和容错性的同时提高系统的运行速度（Lhoták and Hendren，2003），适用场景包括迭代式算法、交互式数据分析、流应用。

在 Spark 中，核心抽象概念就是弹性分布式数据集 RDD（Zaharia et al.，2012），该抽象概念是分布在集群上的只读型可恢复数据集。用户可以利用 Spark 中的转换（transformation）和动作（action）对其进行操作，也可以长期保存在内存中不被回收，这样，再次使用这部分内容时，不需要再次创建 RDD。这也是 Spark 在迭代问题中的性能表现要高于 MapReduce 的原因。RDD 通过一种“血统”（lineage）关系来完成容错：如果一个 RDD 丢失，那么这个丢失的 RDD 有充足的信息知道自己是如何从其他 RDD 转换而来的，这样便可以通过再次计算得到丢失的 RDD。Spark 是由 Scala 语言实现的，而 Scala 是一种基于 JVM 的函数式编程语言，提供了类似 DryadLINQ（Yu et al.，2008）的编程接口。同时，Spark 还通过修改版的 Scala 解释器提供交互式编程，用户可以自由定义集群中的 RDD、函数、变量以及类。

为了让 Spark 能够适应更多的应用场合，开发者以 Spark 为基础设计了不同的组件，包括 Spark SQL、Spark Streaming、Machine Learning（MLlib）以及 GraphX，其中：Spark SQL 是结构化数据查询模型，即支持分布式类 SQL 语句的数据管理平台；Spark Streaming 通过将输入数据进行切分处理方式，利用离散流数据（discretized steams）模型实现增量流数据计算。MLlib 是 Spark 的机器学习库，可以支持超过 50 种常见机器学习算法的分布式训练模型，如决策树模型、LDA 文档主题生成模型（latent dirichlet allocation）和交替最小二乘矩阵分解模型（alternating least squares matrix factorization）的常见分布式算法都可以利用 Mllib 完成；而 GraphX 提供类似 Pregel 和 GraphLab 的图计算接口，通过将图数据切分成 RDD 进行分布式计算。

有学者针对 Spark 的应用展开了研究。曲朝阳等（2016）提出一种基于 Spark 的电力设备在线监测数据可视化方法，为实现大数据环境下的电力设备在线监测数据的状态信息快速提取，在 Spark 大数据计算平台上，建立了基于设备状态评估指标体系与模糊 C 均值聚类（FCM）的电力设备状态信息提取算法。闫梦洁等（2017）将优化的 Apriori 与 Spark 相结合，充分利用 Spark 的内存计算、弹性分布式数据集等优势，提出了 IABS（improved Apriori algorithm based on Spark）。顾军华等（2018）提出一种新的基于 Spark 的并行 FP-Growth 算法-BFPG。朱光辉等（2018）基于 Apache Spark 分布式并行计算框架研究并实现了大规模并行谱聚类算法 SCoS，对算法流程中的每个计算步骤进行了并行化。朱继召等（2016）采用“分而治之”的思想，基于 Apache Spark 的大数据处理框架设计并实现了运行在集群环境下的分布式 CRFs-SparkCRF。王亚玲等（2016）设计了一套基于 Spark/Shark 的电力大数据 OLAP（在线联机分析处理，on line analytical processing）分析系统。刘琪琛等（2017）针对电力大数据环境下高精度和实时性的负荷预测展开了研究，提出了基于 Spark 平台和并行随机森林回归算法（Spark platform and parallel random forest regression，SP-RFR）的短期电力负荷预测方法，通过 3 次弹性分布式数据集（resilient distributed datasets，RDD）转换实现单机随机森林算法的并行化改进，并在 Spark 分布式集群环境下实现部署。王保义等（2016）通过引入 Spark on YARN 内存计算平台，将改进并行粒子群优化（IPPSO）算法部署在平台上，对最小二乘支持向量机（LSSVM）的不确定参数进行算法优化，利用优化后的参数进行负荷预测。

3.4.4 图计算

图（graph）不同于图形（graphic），是一种包含了一组顶点以及连接它们的边的数据结构。在现实世界中，很多数据可以用图结构表示，并且可以运用到很多的应用中去，比如数据科学、社交网络、机器学习、基因组学等（王靖等，2019）。图数据具有灵活性以及抽象性，可以很好地表述这些实体之间的关联关系。图计算（graph processing 或 graph computing）是研究客观世界当中事物与事物之间的关系并对其进行完整地刻画、计算和分析的一门处理图的技术，是大数据关联属性的最佳表达方式（王靖等，2019）。

图计算本身是一个访存计算比很高的应用，在图计算的计算过程中，访存开销占据了很大的比例。为了提高图计算的性能，好的内存架构和管理策略必不可少。目前人们已经从不同的层面来改善图计算过程中的访存模式来提高图计算的性能，包括对于图数据结构的处理，设计新的计算模式，采用新型内存硬件架构，设计相关加速器等方面来加速图计算的访存效率，从而优化图计算的性能并尝试降低能耗。现有的工作针对不同的架构和平台进行了多方面尝试，主要的架构平台包括高性能 GPU 架构、基于 PIM（processing in memory）的架构以及专用图计算加速器（ASIC 和 FPGA）（王靖等，2019）。GPU 主要用于大规模多线程、高并发、大吞吐量的数据并行计算，具有能耗低、不包含复杂逻辑结构、内存带宽高、可编程性灵活的特点。伴随硬件设计水平的提高，每个 GPU 的整数运算速度、浮点运算速度都有很大提升。同时，多种异构编译框架与编程工具的开发与完善降低了 GPU 的编程难度。因此，近年来，采用 CPU+GPU 的异构体系结构对图算法、图系统和图应用等问题进行加速处理的学术研究逐渐成为热点（贾晨，2019）。

Google 在 2010 年提出了图计算模型 Pregel（Malewicz et al.，2010），引领了这一领域的发展（王迪等，2019）。其后，各类图计算系统层出不穷，典型的有 GraphLab（Low et al.，2014）、GraphChi（Kyrola et al.，2012）、GraphMat（Sundaram et al.，2015）、GraphX（Xin et al.，2013）、Galois 等。

图计算在其他领域应用已开展了研究，可以为水利领域提供借鉴。蒋玮等（2018）采用基于 Spark 的 GraphX 图计算组件实现动态贝叶斯网络（dynamic Bayesian network，DBN）DBN 的并行化计算，实现了台区负荷预测，提高计算效率。王迪等（2019）对图计算在电网 CPS 建模、网络结构脆弱性研究等场景的应用进行了分析，并提出了基于通信业务的图数据建模方法和风险评估图计算算法，选取合适的单机开源图计算系统 GraphChi 和开源图数据库 OrientDB，对超大规模图中图计算技术的效率优势进行了验证，并对业务风险评估场景进行了算例分析和应用展示。刘广一等（2019）介绍了集数据管理、分析计算和可视化展示于一体的图计算平台的特点，提出了主动配电网综合能源服务技术支持系统的技术架构。阚博文等（2019）将图机器学习技术应用于分布式光伏发电预测，预测精度显著提高。谭俊等（2019）介绍了基于图数据模型的配电网建模方法，开发了基于图计算的并行潮流算法和基于图数据库的配电网分析软件。汤亚宸等（2019）设计了自顶向下的电力设备质量管理领域知识图谱模型，实现了多源异构数据在图数据库中的高效存储。魏龙飞等（2019）运用虚拟电厂的优化竞价策略，构建了一个基于图计算的考虑多虚拟电厂的电力市场模拟器。李文波等（2019）研发了一套基于图计算的多源配电网时空数据管理系统，利用配电网的拓扑结构实现了对多源数据的统一建模和信息融合。刘广一等（2020）提出原创的电力图建模技术和电力图计算平台，在此基础上讨论支持能源互联网建设的“电网一张图”时空信息管理系统的技术架构与特点，最后提出“电网一张图”时空信息管理系统的应用场景。

3.4.5 数据计算关键技术对比

表 3-7 梳理了水利大数据计算技术的基本信息、特点及适用场景等内容。

表 3-7 数据计算关键技术对比

技术名称	技术介绍	技术特点	适用场景
MapReduce	Google 提出的一种简单高效的计算思想，是 Hadoop 的底层计算引擎	适用于多种不同的应用领域，是智慧水利大数据业务开展的重要计算组件。随着业务深化和分析挖掘复杂度的提升，未来将会被更高效的计算模型取代	海量数据离线计算；数据分析与挖掘算法
Spark	一种类似于 Hadoop 的开源集群计算环境，是对 Hadoop 生态技术的扩展与增强	适用于任何 Hadoop 数据处理的领域，但基于其高成本的内存计算，仅在海量数据查询中应用；需要随着 Spark MLlib 功能的不断强大，加深其在数据分析和数据挖掘领域的应用	海量数据迭代计算；实时计算；图计算；机器学习
Storm	一种分布式实时计算系统	适用于处理高速、大型、细粒度数据流，是最佳的流式计算框架，但其高实时数据采集会对系统性能造成较大压力。因此，在亚秒级别的数据采集应用中，建议采用 Spark Streaming 替代	实时数据计算

3.5 水利数据分析技术

大数据蕴含大信息，大信息提炼大知识，大知识将在更高的层面、更广的视角、更大的范围帮助用户提高洞察力、提升决策力，将为人类社会创造前所未有的重大价值。但与此同时，这些总量极大的价值往往隐藏在大数据中，表现出了价值密度极低、分布极其不规律、信息隐藏程度极深、发现有用价值极其困难的鲜明特征。这些特征必然为大数据的计算环节带来前所未有的挑战和机遇，并要求大数据计算系统具备高性能、实时性、分布式、易用性、可扩展性等特征。

大数据价值的有效实现离不开 A、B 和 C 这三大要素，即，大分析（big analytic）、大带宽（big bandwidth）和大内容（big content）。①大分析。通过创新性的数据分析方法实现对大量数据的快速、高效、及时的分析与计算，得出跨数据间的、隐含于数据中的规律、关系和内在逻辑，帮助用户理清事件背后的原因、预测发展趋势、获取新价值。②大带宽。通过大带宽提供良好的基础设施，以便在更大范围内进行数据的收集，以更快的速度进行数据的传输，为大数据的分析、计算等环节提供时间和数据量方面的基本保障。③大内容。只有在数据内容足够丰富、数据量足够大的前提下，隐含于大数据中的规律、特征才能被识别出来。由此可见，大分析是实现途径，大带宽是基本保障，大内容是前提条件。

数据分析是智慧水利大数据处理的核心，数据集成和清洗是数据分析的基础，大数据的价值产生于数据分析。由于智慧水利大数据的海量、复杂多样、变化快等特性，大数据环境下的传统小数据分析算法很多已不再适用，需要采用新的数据分析方法或对现有数据分析方法进行改进。智慧水利大数据分析常用方法包括统计分析方法、传统数据挖掘方法、机器学习算法和新兴方法。

目前水利领域受制于水利大数据的样本量不足及数据分析方法仍是传统的单机或小样本建模的应用，离真正的水利大数据分析仍有较大差距，水利大数据价值的真正实现还有很长的路要走。鉴于目前的研究差距，本书列出了传统的数据分析技术在水利领域的应用。这些研究虽然不是真正的大数据应用，但仍可以作为水利大数据分析的基础。在水利大数据具备“大内容”后，这些数据分析方法通过并行化的改造以及在大数据平台上的架构，能够实现“大分析”，最终服务于水利领域的决策和管理。

3.5.1 数据分析技术分类

3.5.1.1 数据挖掘

数据挖掘就是利用人工智能、机器学习、统计学、模式识别等技术，从大量的、含有噪声的实际数据中提取其中隐含的、事先不为人知的有效信息的过程。一方面，数据挖掘所处理的数据对象是真实的，包含噪声，因此是一门实际应用的科学；另一方面，其目的在于发现人们感兴趣的知识，与业务逻辑存在着紧密联系。大数据时代的数据挖掘技术并不是一门新的学科，其基本原理与传统数据挖掘并无本质的区别。只是由于所需要处理的数据规模庞大且价值密度低，在处理方法和逻辑上被赋予了新的含义。例如，传统数据挖掘由于数据量小，为真实反映实际情况，需要构建相对复杂的模型；而大数据时代提供了海量的数据，可能使用相对简单的模型便可以满足要求。

常见的数据挖掘方法主要有分类分析、回归分析、关联分析、聚类分析、异常检测和汇总等六种。2006 年，电气和电子工程师协会国际数据挖掘会议（IEEE International Conference on Data Minging，IEEE ICDM）评选出 10 个最具影响力的数据挖掘算法，包括：分类决策树算法（C4.5）、K 均值（K-means）聚类算法、支持向量机算法（support vector machine，SVM）、布尔关联规则频繁项集算法（Apriori）、最大期望算法（expectation maximization，EM）、网页排名算法（PageRank）、提升算法（AdaBoost）、k 近邻算法（k nearest neighbors，kNN）、朴素贝叶斯算法（naive Bayes，NB）和分类回归树算法（classification and regression tree，CART）。此外，也有其他先进的计算智能算法，如神经网络和遗传算法应用于不同领域数据挖掘当中。在大数据环境下，进行数据挖掘时，需要对采用的算法进行并行化，以提高算法的性能，发挥大规模数据平台的优势。

常见的挖掘对象有文本数据挖掘、图像数据挖掘、视频数据挖掘、结构化数据挖掘。文本数据挖掘包括信息访问和知识发现，主要是对文本信息的提取及内容分类，目前应用较多的是构建行业关键词库及对行业热词的监控。图形及视频数据挖掘，主要依托图像识别技术，这里的图像不指一般的矢量图片，还包括遥感影像数据。结构化数据挖掘是最常见的挖掘对象，如通过降雨数据和径流数据挖掘降雨-径流之间的关系来通过降雨来预测径流。

3.5.1.2 统计分析

统计分析方法是通过整理、分析、描述数据等手段，发现被测对象的本质，甚至预测被测对象未来的一类方法。统计分析可以为大数据集提供两种服务：描述和推断。描述性的统计分析可以概括或描述数据的集合，而推断性统计分析可以用来绘制推论过程。更加复杂的多元统计分析技术有：多重回归分析（简称回归分析）、判别分析、聚类分析、主元分析、对应分析、因子分析、典型相关分析、多元方差分析等。

3.5.1.3 机器学习

机器学习是人工智能（artifical intelligence，AI）的一个分支，涉及概率论、统计学、逼近论、凸分析、计算复杂性理论等多门学科。机器学习理论主要是设计和分析一些让计算机可以自动“学习”的算法。机器学习算法是一类从数据中自动分析获得规律，利用规律对未知数据进行预测的算法。机器学习大体上可分为监督学习（supervised learning）、无监督学习（unsupervised learning）、半监督学习（semi-supervised learning）和增强学习（reinforcement learning）等几类，如表 3-8 所示。在智慧水利大数据环境下，机器学习算法要结合分布式和并行化大数据处理技术，以便提升可扩展性和计算效率，同时还要考虑数据长尾效应、数据的信息物理耦合特性等。

表 3-8 机器学习方法总结

大类	定义	小类	方法举例
监督学习	从给定的训练数据集中学习出一个函数，当新的数据到来时，可以根据这个函数预测结果。监督学习的训练集要求是包括输入和输出，也可以说是特征和目标。训练集中的目标是人为标注的	分类	k 近邻、决策树、向量机、贝叶斯分类器、集成学习、隐马尔可夫模型等
		回归	神经网络、高斯过程回归
无监督学习	与监督学习相比，训练集没有人为标注的结果	聚类	自组织映射、层级聚类、聚类分析
		规则学习	关联规则学习
半监督学习	介于监督学习与无监督学习之间，同时使用有标记和无标记数据	—	生成式模型、半监督 SVM、协同训练、图半监督学习等
增强学习	通过观察来学习做成如何的动作。每个动作都会对环境有所影响，学习对象根据观察到的周围环境的反馈来做出判断	—	Q 学习、时间差分学习等

随着数据规模的增大，对机器学习算法的可扩展性、稀疏性和鲁棒性提出了更高要求。为从智慧水利大数据中获得更准确、更深层次的知识，需要提升分析挖掘系统对数据

的认知计算能力，采用人工智能方法使分析挖掘系统具备对数据的理解、推理、发现和决策能力。交互式可视化分析、深度学习、随机矩阵理论、自然语言处理、群智能等新的数据分析方法也成为智慧水利大数据分析挖掘的重要技术。

智慧水利大数据除了规模大以外，还有维度高的特点，在分析挖掘中通常会进行降维处理，因而特征学习和特征选择算法仍然不可忽视。智慧水利大数据的信息物理系统的耦合特性也增加了分析的难度，而机器学习算法通常缺乏直观的物理解释，因此数据分析挖掘结果还需要结合业务领域知识给予合理的解释。

以上分析方法并不严格孤立，存在着交叉融合，但每种数据分析方法都有其应用特点，在智慧水利大数据应用中需要针对具体的业务采用合适的数据分析方法，同时还需考虑算法的计算性能、可编程性和易用性等问题。

3.5.2 规律分析的数据分析应用

杨传国等（2014）收集并对比分析了流域实测降雨资料、重建历史雨季降雨资料、历史旱涝等级资料、历史洪旱文献记录和历史调查洪水资料等多源洪旱灾害数据。以重建历史雨季降雨资料和历史旱涝等级资料为主要依据，通过滑动平均、频率计算、小波分析和突变检验等方法，分析流域过去500年洪水干旱时空分布特征和演变规律。刘国纬和沈国昌（2006）分析了1900～1999年逐年全国最大致洪暴雨落区的区域分布和年际间迁移轨迹，也分析了1470～1899年逐年的年最大洪涝中心的区域分布和年际间迁移轨迹。朱记伟等（2016）基于旱涝灾害史料，重建渭河平原2205年（BC193～AD2012年）的旱涝灾害等级序列，通过绘制旱涝灾害等级图谱，统计不同时间段灾害的分布及持续性规律，并利用累积距平法、滑动 t 检验法结合小波分析法探究旱涝灾害的阶段性和周期性特征。

王国庆等（2020）基于中国七大江河代表性水文站1956～2018年的实测径流量资料，诊断了变化环境下水文序列的变异性特征；采用水文模拟途径，定量评估了不同驱动要素对径流变化的影响。王小军等（2011）以地处西北干旱区的榆林市为例，通过收集榆林市1990～2005年国民经济各行业用水量，结合信息熵原理，计算出不同年份用水量熵值及优势度动态演化情况。李原园等（2014）结合中国水资源评价的资料成果，利用距平分析、Mann-Kendall趋势检验和Morlet小波分析，较全面地研究了1956～2010年我国水资源的变化。

杨洁等（2010）基于1992～2006年中国经济发展和环境污染事故时序数据，建立了中国经济发展和环境污染事故发生的计量模型，以此来分析中国环境安全状态的发展阶段与趋势。许静等（2018）收集我国2006～2016年874起突发水污染事件数据，采用统计分析的方法，探讨中国近11年来突发水污染事件时空分布特征。高健翎等（2019）基于黄河流域水土保持基本资料、黄土高原各省（自治区）统计年鉴及黄河水沙变化研究、黄河上中游水土保持措施调查与效益评价、第一次全国水利普查、国家“十一五”和“十二五”科技支撑计划项目等成果数据，从水土保持规划演变、治理措施配置发展和治理效果变化三个方面对黄土高原水土流失治理特征进行了分析。索安宁等（2007）为了揭示黄土高原水土流失的时空演化特征，选择了黄土高原中部四种典型地貌区域，以年径流深度和年侵蚀模数为水土流失过程参数，采用波谱分析方法和多元回归分析方法对该地区水土流失的周期和演化趋势进行了探讨，分析了不同地貌区域的水土流失特征及近50年来各地貌区域水土流失的演化过程。

张建云等（2015）建立了全国水库大坝基础数据以及病险、除险加固与溃坝等四大类、全系列、全要素数据库，采集了全国8.6万余座水库大坝基础数据、7000余座病险水库数据、6240座除险加固数据、3525座水库溃坝记录，分析了水库大坝病险规律及成因。通过对历史溃坝资料挖掘，揭示了溃口形状、溃坝水深、溃坝历时、溃口宽度、溃口深度等溃坝特征参数，建立了水库溃口深度和溃口洪峰流量统计模型。

3.5.3 态势研判的数据分析应用

李照会等（2019）以中国山洪水文模型为基础，综合考虑前期影响雨量、累积雨量、降雨强度及雨型分布、地形地貌等因素的影响，提出了基于分布式水文模型的小流域动态临界雨量预警指标分析方法。翟晓燕等（2019）基于分布式水文模型和情景分析法确定安徽省岳西流域的山洪灾害临界雨量集合，评估前期土壤湿度状况、雨型和预警时段对临界雨量变化的影响。李青等（2017）基于全国山洪灾害调查评价成果数据，提出了一种运用洪峰模数计算雨量预警指标的简便、易用的方法。该方法以小流域洪水计算推理公式为基础，将公式中流量与流域面积的比值用洪峰模数表示，得到基于洪峰模数的临界雨量估算公式，并考虑流域土壤含水量等因素，分析临界雨量变化阈值，最终得到雨量预警指标。

孙林花等（2014）建立了全国720个国家级站点自建站以来日最高最低气温、日降水量、日照时数、日蒸发量等要素历史和实时资料数据库，实现了实时、历史资料的对接，整合了K、SPI、CI等干旱指数算法，设计开发了全国气象干旱监测预警业务试验平台。刘高鸣等（2019）以河南省的冬小麦为研究对象，利用2001～2011年的EOS-MODIS数据产品以及气象站点监测数据，计算了标准化降水蒸散指数SPEI、植被状态指数VCI、温度状态指数TCI、温度植被状态指数TVDI，同时结合河南省农业气象灾害旬报对冬小麦受灾的记录，构建了基于决策树的定性农业干旱监测模型。韩家琪（2018）利用降水、地表温度、植被信息、蒸散、土壤有效含水量、土壤质地类型、高程以及坡度等多源数据，构建了土壤水分估算模型，以满足全国干旱监测的需要。李继园等（2014）基于MapReduce扩展了遥感SOLAP多维分析模型，成功应用于水利部信息中心旱情日常分析系统中。

岳强等（2017）结合模糊数学理论和层次分析法，建立了基于大数据分析技术决策树C5.0算法的平原水库健康预警模型，对水库进行更为客观和高效的健康预警评价。王永桂等（2017）基于大数据特点及环境风险评估预警需求，构建三峡库区水环境风险评估与预警示范系统，实现常规水质指标、突发水污染事故与水华的风险评估、甄别、预测及信息发布功能，在四川省环境监测总站、湖北省环境监测中心站、长江水利委员会等结构得到应用。Wang等（2010）采用PEMSEA（partnerships in environmental management for the Seas of East Asia）环境风险评价方法，基于水环境大数据平台，评价渤海海域风险不确定性。王爱娟（2015）基于水利、土壤等数据库，应用土壤流失方程，集成水利普查的流程及计算方法，开发水土流失快速测评系统，推动了网络、水利、土壤等大数据平台的联合应用。

范小波等（2019）介绍了一种基于大数据平台的水轮发电机组故障诊断系统，该系统主要由数据处理平台、模型算法平台、可视化展示平台三部分组成。艾远高等（2019）在分析水电机组特征及大数据特点的基础上，提出了机组状态分析方法，自动计算机组设备性能指标，开展状态异常分析，同时建立了机组健康状况智能识别模型，并利用此方法对水电机组主设备状态进行分析，为水电站主设备状态数据开展智能应用、进行检修决策提供依据。

3.5.4 趋势预测的数据分析应用

贵州省“东方祥云”数据平台将大数据与水利结合，利用卫星遥感、地形地貌和气象预报信息，并通过算法分析将洪涝灾害预测期延长至 72 h，在修文县 40 年水文数据实测检验中准确率超过 80 %(陈军飞等，2017)。IBM 在加拿大安大略省建立了水利大数据共享平台，基于该平台能够较精确地预测洪涝灾害。欧洲洪水感知系统（EFAS）融合遥感、地理信息和水文气象数据，实现欧洲范围内长达 10 d 的极端天气预测和洪水预警（陈军飞等，2017）。谷歌提出了用于降水预报的人工智能模型 MetNet，该模型能够自动调用多雷达传感器系统（MRMS）和美国国家海洋和大气管理局（NOAA）静止环境观测卫星（GOES）系统，通过优化计算，无论是针对特定位置或是整个地区进行计算，都可以在几秒钟内取得预测结果，准确度方面也胜过美国目前正在使用的天气预报系统（https：//venturebeat. com/2020/03/25/ google-details-metnet-an-ai-model-better-than-noaa-at-predicting-precipitation/）。此外，谷歌还使用历史事件数据、特定区域的河流水位数据、地形数据和海拔高度数据来训练它的人工智能模型，该人工智能模型可以创建地图并运行多个态势模拟来创建预测模型，它可以准确预测洪水发生的位置、时间和严重程度。

贺玉琪等（2019）运用小波变换对降水数据分解和重构，然后对各子序列进行相空间重构，运用校验数据从支持向量机回归（SVR）和贝叶斯岭回归（BRR）中选取每个子序列上精度更高的模型，构建耦合支持向量机回归和贝叶斯岭回归的 BRR-SVR 优化模型。廖明等（2019）基于深度循环神经网络技术，提出一种适应动态数据驱动的模式，可融合遥感数据与原位传感器站点数据的动态数据驱动的时序模拟预测模型，并在观测值与数值模拟之间建立了一种能动态反馈、自适应调整的模拟框架，解决了传统辨识模型法对时序信息挖掘较弱导致模拟精度较低的问题。姜淞川等（2020）以鄱阳湖抚河流域为研究对象，采用抚河流域的降雨和径流数据分别作为模型驱动数据和标签数据，通过长短期记忆网络（LSTM）实现抚河流域的径流模拟工作。张展羽等（2017）针对地下水位在时间序列上表现出高度的随机性和滞后性，建立了基于主成分分析与多变量时间序列 CAR（controlled auto-regressive）模型耦合的地下水位预报模型，将其应用于济南市陡沟灌区地下水位预测。喻黎明等（2017）、闫佰忠等（2020）、何思为和南卓铜（2013）、汪建武和贺屹（2013）也开展过类似工作。

王景雷等（2017）为精确预测作物需水量，以长系列实际监测和校核作物系数后计算得到的作物需水量为硬数据，利用硬数据确定获得最大熵的约束条件，根据软数据获取渠道的不同（部分年份缺失的站点数据、文献中获得的数据、利用灌溉试验数据库中的作物需水量资料，采用协同克立格方法获得的数据、考虑主要地形因子和主要气象要素的影响，采用主成分分析和地理加权回归（geographically weighted regression，GWR）方法获得作物需水量数据以及遥感数据，提出不同来源软数据的概率密度函数表达方法，采用贝叶斯最大熵（Bayesian maximum entropy，BME）方法对不同来源的作物需水量信息进行有机整合。张兵等（2004）应用 L-M 优化算法 BP 神经网络，通过多维气象数据（太阳辐射、空气温度、湿度）与作物需水量的相关分析，来确定拓扑结构，建立作物需水量预测的人工神经网络模型。Khan 等（2011）为了气象数据、卫星遥感数据和供水报表数据等数据源对灌溉需水预测和模式提取有用，利用灌溉和数据挖掘知识相结合的有效方法对这些数据进行预处理，然后基于决策树方法对灌溉需水进行预测。Al-Zahrani 和 Abo-Monasar（2015）基于可用的城市居民家庭生活用水及气候数据对人工神经网络模型 ANN 及时间序列模型进行耦合，将耦合的模型用于沙特阿拉伯的胡拜尔市生活需水量进行预测。Papageorgiou 等（2015）为自适应的 FCM（fuzzy cognitive maps）模型构建了一种新的结构优化遗传算法，该算法能够自动构建自适应的 FCM 模型用于城市需水量时间序列预测。Smolak 等（2018）在现有预测方法基础上，将人为因素与城市用水量相结合，把移动数据转换为时间序列的处理框架，结果表明，利用人的移动数据，预测精度达到 87.6 %。栾勇和刘家宏（2017）基于 8 类城市建设用地与 3 类主要城市需水过程的空间关系建立了分布式城市需水预测模型。

陈俊风等（2020）针对现有大坝变形预测模型的预测精度不高；BP 神经网络的参数和结构很难确定且容易陷入局部极值等问题，引入小波变换理论把原始的大坝变形序列分解成多个子序列，然后对每个子序列使用头脑风暴优化算法（brain storm optimization，BSO）优化 BP 神经网络的参数和结构。同时，把差分变异思想引入到 BSO 算法中，建立了一种基于小波变换和差分变异头脑风暴算法优化 BP 神经网络的大坝变形预测模型。王晓玲等（2020）考虑到传统大坝预测方法难以适应坝体变形序列的高维非线性特征，且仅能以点值的形式预测大坝变形，未能有效量化由数据随机噪声、输入样本的主观确定、参数的随机选择等引起的结果不确定性。针对上述问题，提出了基于 Bootstrap 和改进布谷鸟优化多核极限学习机（ICS-MKELM）算法的大坝变形预测模型，实现在精确预测大坝变形点值的同时，通过区间形式量化预测值的不确定性。

3.5.5 决策优化的数据分析应用

Darabi 等（2020）使用最佳机器学习算法（增强回归树、多元自适应回归样条、广义线性模型和广义加性模型）等集合方法预测洪水发生危险概率。利用洪水淹没调查信息和地理空间预测变量（降水量、土地利用、海拔、坡度百分比、曲线数、到河流的距离、到河道的距离和到地下水的深度），对该集合模型进行了训练和测试，训练和测试精度分别为0.925和0.892。并根据建筑密度、建筑年龄、人口密度和社会经济条件等数据创建了一个脆弱性地图，并将风险评估为危害和脆弱性的产物。汪君等（2016）基于简单的分布式水文模型CREST和多种卫星遥感资料及站点观测资料等，建立了一个高分辨率的动力数值洪涝灾害预报系统。杜文英等（2020）制定洪涝过程探测规则，改进水位预测模型，并将其作为理论基础，与传感网信息模型和服务接口相结合，提出了洪涝过程动态探测与准实时服务（process-based flood detection and service，PFD&S）方法。和海霞（2019）针对洪涝灾害受灾人口的估算限于交通受阻、人口流动、调查成本等问题带来的不准确问题，尝试将移动位置服务与遥感技术跨界融合，协同开展洪涝灾害受灾人口估算，具有安全可靠、技术成熟、成本低廉的优点，从而促进政府应急救援救助能力和灾区自救互救水平的提高。王冰等（2011）以岗南、黄壁庄梯级水库为例，拟定了水库应急调度规则，提出了应急调度风险评估的方法，给出了漫坝危险度、易损度和风险度的定量标准，并对岗南、黄壁庄梯级水库两种应急调度模式下的风险情况进行了评估。

刘国良等（2015）针对目前存在的水资源短缺、水资源利用不合理、水资源配置理论不完善的问题，研究了一种基于数据驱动的区域水资源智能配置方法，以提高区域水资源利用合理度，为区域水资源规划与管理提供技术支持。娄帅等（2013）分析水资源配置参与主体特殊性，通过主观权重和客观权重的划分确定专家群体动态权重。在群决策过程中，专家群体不断协商和信息共享，加深自身知识得出最优专家权重，并在协商过程中引入调整因子变量，通过专家评价矩阵调整因子的改变实现专家群体意见收敛。然后结合WAA（weighted arithmetic average）算子和免疫遗传算法对专家决策矩阵进行拟合，得出最优配置方案，并对多阶段群决策过程进行仿真计算。程涛等（2014）构建全国水资源分区社会经济及用水量数据汇总系统，将县级行政区数据向水资源三级区数据进行转化；其核心是利用人工神经网络模型建立土地利用及高程等信息与社会经济及用水量的相关关系，对全国县级行政区与水资源三级区套图形成斑块的社会经济及用水量进行估算，之后按照水资源分区进行汇总；计算结果显示分区汇总后的数据基本合理同时极大提高了工作效率，能够作为开展水资源分区用水效率评价的有力工具。刘菁扬和粟晓玲（2015）以陕西省泾惠渠地下水位变化的主要影响因素为输入变量，以当年平均地下水位为输出变量，建立了基于支持向量机的地下水位动态模拟模型，模拟不同水文年不同渠首引水量和地下水开采量等17种组合情景的地下水位及其变幅，并以多年采补平衡为地表水地下水合理配置的目标。王兴菊等（2020）对胶东调水工程进行水资源优化调度研究以实现水资源的高效利用。首先，基于受水区潍坊、青岛、烟台、威海四地的实际配水量与社会经济指标分析，利用可变模糊集理论，建立地市外调水量可变模糊优选模型进行优化调配系数计算，优化调配四地外调水量，并对优化后的外调水量与区域社会经济发展进行耦合协调度计算。其次，以调水效率最高为原则，以四地缺水总量最小建立目标函数，分别对平水年、枯水年、特枯年进行水资源优化调度。最后，把基于调配水量调度均优于规划指标调度的结果。李家叶等（2018）采用面向服务的软件架构（SOA），将年、月和日尺度的预报和调度模型集成，构建决策支持系统，可以实现多时间尺度的水情滚动预报和梯级水库优化调度。本系统在黄河上游干流梯级水库群和大通河流域梯级水库进行试验应用，结果表明该系统能够快速集成分析相关水情数据，开展梯级水库优化调度演算，及时为决策者提供清晰有效的决策辅助信息。王丽萍等（2020）针对三峡水库汛末蓄水时机的研究很多，但侧重点不同，且最佳蓄水时机的选取缺少决策技术支持的问题。为了将现有研究成果有效整合，供上级决策者参考，提出了专家群体最大满意度群决策模型。先以各专家运用累积前景理论对蓄水时间方案进行排序，然后以专家群体满意度最大为目标，求解使专家群体满意度最大的群决策结果。

在水污染防治方面，依托大数据平台可对取水、用水、排水进行实时监测与分析，及时发现水污染问题；对河道监测断面进行数据动态跟踪，结合线性趋势、累积异常、迁移扩散模拟等方法探明河道污染物的时空变化（Lu and Yu，2018），追溯污染源，从而有效促进水资源监督管理和污染源头控制。在污染控制方面，通过大数据技术分析污染负荷、浓度排放强度、污染企业密度与区域生态环境质量、工业污染物类型的相关性（Xiao et al.，2019），促进工业的有效控制，如京津冀“2+26”污染防治强化督查作用基于大数据的热点网格技术，高效监督企业污染排放，提高执法的针对性和精确性（陆新元等，2019）。蒙草河湖湿地生态大数据依托区域边缘计算网络环境，运用运动传感摄像头自动拍照，采用深度神经网络，对鸟类等野生动物进行种群统计与智能识别感知，同时利用“天（遥感影像）、地（地面采集+物联网）、空（无人机三维航测）”一张网，实时监测水量水质，实现污染源和污染物监测预警，还能结合高分卫星遥感技术，进行区域内河湖湿地生态环境管理，对流域内的生态修复工程效果进行综合评价，而且构建了网格化智慧巡护平台，利用移动终端设备为野外抽样调查工作提供数据支持，为保护区制定可行的保护措施（长青，2020）。

杨程炜等（2018）根据突发水污染事件特征及相关影响因素，在水动力模型、水质模型的基础上，建立了基于模拟－优化模式的梯级水库群突发水污染事件应急调度优化模型。以清江中下游为例，采用改进的 NSGA-Ⅱ算法，对水布垭－隔河岩－高坝洲梯级水库群应急调度优化模型的决策变量（应急调度函数中的控制变量）进行多目标优化，得到了 Pareto 最优解集及相应的 Pareto 前沿，并探讨了水库群联合调度在应对突发性水污染事件的合理性与有效性。樊智等（2017）以东太湖吴江应急水源地为对象，以水体置换率为特征参数，以水质优化为目的，对水库涵闸调度规则进行研究。结合库区实际气象水文条件，在分析三种基础调度方案的基础上制定动态调度方案，并根据最不利条件对其进行检验分析。最终，综合考虑水质优化、控藻和运行成本，制定出一套全年调度方案，为吴江应急水源地水库的调度管理提供支持。练继建等（2017）根据突发水污染事件特征及影响因素，建立水库突发水污染事件风险评价指标体系，并采用层次分析法进行指标权重计算和确定。依据水库突发水污染事件风险计算值，对突发水污染事件进行事故等级分类，提取对其影响较大的二级指标，并结合水动力模型模拟结果指导水库突发水污染事件下应急调度方案的制定。

王乾伟等（2017）利用 D 数理论具有不考虑决策信息完备性的优势，提出了基于熵权-D 数模型的碾压混凝土坝施工方案优选方法。首先，由仿真计算结果得到不同施工方案评价指标，利用 Pearson 相关性检验方法分析处理评价指标之间的相关性；其次，利用熵权法确定各个指标的权重，应用 D 数理论得到不同施工方案在不同辨识框架下的指标评价 D 数；最后，根据不同专家的信任度排序和不同指标权重大小关系，确定施工方案综合评价 D 数的融合规则，实现方案优选指标的递归融合，将融合结果进行集成得到施工方案综合评价指标，并将其排序从而优选出最佳施工方案。

3.5.6 数据分析技术对比

表 3-9 梳理了水利大数据分析技术的基本信息、特点及适用场景等内容。

表 3-9 水利大数据分析关键技术对比

技术名称	技术介绍	技术特点	适用场景
R	一种开源的统计分析软件，提供了丰富的经典统计分析算法和绘图技术，具有非常丰富的程序包，实现了很多经典的、现代的统计算法	编程简单，有活跃的社区支持和丰富的算法包，且算法包很容易安装使用，可快速实现数据的统计分析；提供了方便的画图工具，易于实现分析中间过程和最终结果的可视化	数据量不是特别大时的数据实验及数据探索分析和算法原型开发的场景，数据量较大时可考虑 SparkR 和 Rhadoop 等分布式算法组件
Python	一种被广泛使用的高级、通用、解释性的动态编程语言，提供丰富的算法库	上手快速，活跃的社区提供了丰富的如 Pandas、Scikit. learn、Numpy、Scipy、Ipython 和 Matplotlib 等的数据科学算法库，可快速实现数据的分析、挖掘及可视化，同时提供最新的如深度学习的机器学习算法库	小数据量的数据清洗、数据探索分析和机器学习算法的快速实现
MATLAB	一款在高校、科研源所被广泛使用的，用于算法开发、数据可视化、数据分析以及数值计算的商业数学软件，提供演算纸式编程和交互式环境	编程简单，无须考虑底层实现，特别适合矩阵计算相关算法的研究和开发；同时，提供一个可视化仿真环境 Simulink	小数据量数据的算法研究和原型系统开发，软件本身提供一个轻量级并行运行库

3.6 水利数据可视技术

一幅图胜过千言万语（任磊等，2014）。人类从外界获得的信息约有 80 %以上来自视觉系统（任磊，2009；Card et al.，1999），当大数据以直观的可视化的图形形式展示在分析者面前时，分析者往往能够一眼洞悉背后隐藏的信息并转化为知识以及智慧（任磊等，2014）。水利大数据可视化是水利管理分析与决策不可或缺的重要手段和工具。

大数据可视化技术涉及传统的科学可视化和信息可视化（任磊等，2014），从大数据分析将掘取信息和洞悉知识作为目标的角度出发，信息可视化技术将在大数据可视化中扮演更为重要的角色。Shneiderman 根据信息的特征把信息可视化技术分为一维信息（1-dimensional）、二维信息（2-dimensional）、三维信息（3-dimensional）、多维信息（multidimensional）、层次信息（tree）、网络信息（network）、时序信息（temporal）可视化（Card et al., 1999）。研究者围绕着上述信息类型提出众多的信息可视化新方法和新技术（任磊，2009），并获得了广泛的应用。

随着大数据的兴起与发展，互联网、社交网络、地理信息系统、企业商业智能、社会公共服务等主流应用领域逐渐催生了几类特征鲜明的信息类型，主要包括文本、网络或图、时空及多维数据等（任磊等，2014）。

3.6.1 时空数据可视化

时空数据是指带有地理位置与时间标签的数据。传感器与移动终端的迅速普及，使得时空数据成为大数据时代典型的数据类型（Halevi and Moed，2012；Hey et al., 2012）。时空数据可视化与地理制图学相结合，重点对时间与空间维度以及与之相关的信息对象属性建立可视化表征，对与时间和空间密切相关的模式及规律进行展示。大数据环境下时空数据的高维性、实时性等特点，也是时空数据可视化的重点。

为了反映信息对象随时间进展与空间位置所发生的行为变化，通常通过信息对象的属性可视化来展现。流式地图（Flow map）（Tobler，1987）是一种典型的方法，将时间事件流与地图进行融合。当数据规模不断增大时，传统 Flow map 面临大量的图元交叉、覆盖等问题。为解决此问题，Phan 等（2005）和 Buchin 等（2011）提出了对时间事件流做边捆绑处理的 Flow map，Scheepens 等（2011）提出了结合密度图技术的 Flow map。

为了突破二维平面的局限性，另一类主要方法称为时空立方体（space-time cube）（Peuquet and Kraak，2002），以三维方式对时间、空间及事件直观展现出来。时空立方体同样面临着大规模数据造成的密集杂乱问题。一类解决方法是结合散点图和密度图（Rhyne et al., 2006；Demsar and Virrantaus，2010）对时空立方体进行优化；另一类方式对二维和三维进行融合，Tominski 等（2012）引入了堆积图（stack graph），在时空立方体中拓展了多维属性显示空间。当时空信息对象属性的维度较多时，三维也面临着展现能力的局限性，因此，多维数据可视化方法常与时空数据可视化进行融合，如将多维平行坐标轴与传统地图制图方法结合的例子（Slingsby et al., 2011）。

3.6.2 文本可视化

文本信息是大数据时代非结构化数据类型的典型代表，是互联网中最主要的信息类型，也是物联网各种传感器采集后生成的主要信息类型，人们日常工作和生活中接触最多的电子文档也是以文本形式存在。文本可视化的意义在于，能够将文本中蕴含的语义特征（例如词频与重要度、逻辑结构、主题聚类、动态演化规律等）直观地展示出来（任磊等，2014）。

典型的文本可视化技术是标签云（word clouds 或 tag clouds）（Viegas and Wattenberg，2008；Viegas et al.，2009；Koh et al.，2010；Collins et al.，2009；Cui et al.，2010；Wu et al.，2011），将关键词根据词频或其他规则进行排序，按照一定规律进行布局排列，用大小、颜色、字体等图形属性对关键词进行可视化。目前，大多用字体大小代表该关键词的重要性，在互联网应用中，多用于快速识别网络媒体的主题热度。当关键词数量规模不断增大时，若不设置阈值，将出现布局密集和重叠覆盖问题，此时需提供交互接口允许用户对关键词进行操作（任磊等，2014）。

文本中通常蕴含着逻辑层次结构和一定的叙述模式，为了对结构语义进行可视化，研究者提出了文本的语义结构可视化技术，如 DAViewer（Zhao et al.，2012）和 DocuBurst（Collins et al.，2009）以放射状层次圆环的形式展示文本结构。基于主题的文本聚类是文本数据挖掘的重要研究内容，为了可视化展示文本聚类效果，通常将一维的文本信息投射到二维空间中，以便于对聚类中的关系予以展示（Paulovich and Minghim，2008）。上述文本语义结构可视化方法仍建立在语义挖掘基础上，与各种挖掘算法绑定在一起（任磊等，2014）。

文本的形成与变化过程与时间属性密切相关，因此，如何将动态变化的文本中时间相关的模式与规律进行可视化展示，是文本可视化的重要内容。引入时间轴是一类主要方法，如 ThemeRiver（Havre et al.，2002）用河流作为隐喻，河流从左至右的流淌代表时间序列，将文本中的主题按照不同的颜色的色带表示，主题的频度以色带的宽窄表示。基于河流隐喻，研究者又提出了 TextFlow（Cui et al.，2011）和 EventRiver（Luo et al.，2012）。

3.6.3 网络（图）可视化

网络关联关系是大数据中最常见的关系，例如互联网与社交网络。层次结构数据也属于网络信息的一种特殊情况。基于网络节点和连接的拓扑关系，直观地展示网络中潜在的模式关系，例如节点或边聚集性，是网络可视化的主要内容之一。除了对静态的网络拓扑关系进行可视化，大数据相关的网络往往具有动态演化性，因此，如何对动态网络的特征进行可视化，也是不可或缺的研究内容（任磊等，2014）。

研究者提出了大量网络可视化或图可视化技术（Herman et al.，2000）。经典的基于节点和边的可视化，是图可视化的主要形式。具有层次特征的图可视化的典型技术，包括 H 状树（H-Tree）、圆锥树（Cone Tree）、气球图（Balloon View）、放射图（Radial Graph）、三维放射图（3D Radial）、双曲树（Hyperbolic Tree）等（任磊等，2014），此外，空间填充法也是常采用的可视化方法，例如树图技术 Treemaps（Shneiderman，1992；Zhang and Yuan，2012）及其改进技术、Voronoi 图填充（Balzer and Deussen，2005）、嵌套圆填充的树可视化技术（Ren et al.，2018）。TreeNetViz（Gou and Zhang，2011）是综合集成了放射图、基于空间填充法的树可视化技术而提出的。这些图可视化方法技术的特点是直观表达了图节点之间的关系，但算法难以支撑大规模（如百万以上）图的可视化，并且只有当图的规模在界面像素总数规模范围以内时效果才较好（例如百万以内），因此面临大数据中的图，需要对这些方法进行改进，例如计算并行化、图聚簇简化可视化、多尺度交互等。

大规模网络中，随着海量节点和边的数目不断增多，例如规模达到百万以上时，可视化界面中会出现节点和边大量聚集、重叠和覆盖问题，使得分析者难以辨识可视化效果。图简化（graph simplification）方法是处理此类大规模图可视化的主要手段：一类简化是对边进行聚集处理，例如基于边捆绑（edge bundling）的方法（Cui et al.，2008；Teleah and Ersoy，2010；Selassie et al.，2011；Hurter et al.，2012）和基于骨架的图可视化技术（Ersoy et al.，2001）；另一类简化是通过层次聚类与多尺度交互，将大规模图转化为层次化树结构，并通过多尺度交互来对不同层次的图进行可视化，如 ASK-Graphview（Abello et al.，2006）。这些方法技术将为大数据时代大规模图可视化提供有力的支持，同时交互技术的引入，也将是解决大规模图可视化不可或缺的手段。在静态网络可视化基础上，需要引入时间轴，将时间属性和图进行融合（Liu and Eck，2013），这是未来发展的方向。

3.6.4 多维数据可视化

多维数据指的是具有多个维度属性的数据变量，广泛存在于基于传统关系数据库及数据仓库的应用中，例如企业信息系统和商业智能系统。多维数据分析的目标是探索多维数据项的分布规律和模式，并揭示不同维度属性之间的隐含关系。多维可视化的基本方法包括基于几何图形、基于图标、基于像素、基于层次结构、基于图结构以及混合方法（Keim and Kriegel，1996），其中，基于几何图形的多维可视化方法是近年来主要的研究方向。

散点图（scatter plot）（Ahlberg and Shneiderman，1994）是最为常用的多维可视化方法。二维散点图将多个维度中的两个维度属性值集合映射至两条轴，在二维轴确定的平面内通过图形标记的不同视觉元素来反映其他维度属性值，例如，可通过不同形状、颜色、尺寸等来代表连续或离散的属性值。二维散点图能够展示的维度十分有限，研究者将其扩展到三维空间（Elmqvist et al.，2008），通过可旋转的 scatter plot 方块（dice）扩展了可映射维度的数目。散点图适合对有限数目的较为重要的维度进行可视化，通常不适于需要对所有维度同时进行展示的情况。

投影（projection）（Yang et al.，2007；Joia et al.，2011；Lee et al.，2014；Turkay et al.，2012）是能够同时展示多维的可视化方法之一。如 VaR（Yang et al.，2007）将各维度属性列集合通过投影函数映射到一个方块形图形标记中，并根据维度之间的关联度对各个小方块进行布局。基于投影的多维可视化方法一方面反映了维度属性值的分布规律，同时也直观展示了多维度之间的语义关系。

平行坐标（parallel coordinates）（Inselberg and Dimsdale，1990）是研究和应用最为广泛的一种多维可视化技术，它将维度与坐标轴建立映射，在多个平行轴之间以直线或曲线映射表示多维信息。研究者将平行坐标与散点图等其他可视化技术进行集成，提出了平行坐标散点图 PCP（parallel coordinate plots）（Claessen and Van Wijk，2011），将散点图和柱状图集成在平行坐标中，支持分析者从多个角度同时使用多种可视化技术进行分析。Geng et al.（2011）建立了一种具有角度的柱状图平行坐标，支持用户根据密度和角度进行多维分析．大数据环境下，平行坐标面临的主要问题之一是大规模数据项造成的线条密集与重叠覆盖问题，根据线条聚集特征对平行坐标图进行简化，形成聚簇可视化效果（Elmqvist and Fekete，2010；Zhou et al.，2008）。

3.6.5 数据可视化并行技术

大规模数据的可视化和绘制主要是基于并行算法设计的技术，合理利用有限的计算机资源，高效地处理和分析特定的数据集特性。很多情况下，大规模数据可视化的技术通常会结合多分辨率表示等方法，以获得足够的互动性能。在面向智慧水利大规模数据的并行可视化工作中，主要涉及四种基本技术。

1）数据流线化（data streaming）。将大数据分为相互独立的子块后依次处理。在数据规模远大于计算资源时是主要的一类可视化手段。它能够处理任意大规模的数据，同时也可能提供更有效的缓存使用效率，并减少内存的交换，但通常这类方法需要较长的处理时间，不能提供对数据的交互挖掘。离核渲染（out-of-core rendering）是数据流线化的一种重要形式。

2）任务并行化（task parallelism）。把多个独立的任务模块平行处理。这类方法要求将一个算法分解为多个独立的子任务，并需要相应的多重计算资源。其并行程序主要受限于算法的可分解粒度以及计算资源中节点的数目。

3）管道并行化（pipeline parallelism）。同时处理各自面向不同数据子块的多个独立的任务模块。对于任务并行化和管道并行化两类方法，如何达到负载的平衡是关键难点。

4）数据并行化（data parallelism）。将数据分块后进行平行处理，通常称为单程序多数据流（SPMD）模式。这类方法能达到高度的并行化，并且在计算节点增加的时候，可以达到较好的可扩展性。对于非常大规模的并行可视化，节点之间的通信往往是制约因素。提高数据的本地性也可以大大提高效率。以上这些技术往往在实践中相互结合，从而构建一个更高效的解决方法。

可视化中图形绘制时一个计算密集型的处理工作。在处理大规模数据时，使用可视化算法，以互动的速度来绘制图形已经超出了单一的 CPU 和 GPU 图形加速器的计算能力。数据并行绘制算法被普遍用于提高可视化系统的交互速度。最普遍应用的并行绘制算法时基于绘制流水线中图元排序的位置。

近年来受到关注的一种针对模拟计算产生的超大规模数据的可视化模式被称为原位可视化（in site visualization）。它通过将模拟计算和可视化紧密结合，降低数据传输和存储的成本。通常的可视化模式将 PB 量级模拟产生的全部数据传递到存储设备，再经过处理后用于可视化。数据传输是整个系统的瓶颈，I/O 将占据绝大部分的计算时间。而在原位可视化模式中，数据直接在计算后原位被缩减或前处理，再用于随后的可视化与分析。经过缩减后的数据，通常比原始数据小多个数量级，能够极大地降低数据传递和存储的开支。

3.6.6 数据可视化技术对比

表 3-10 梳理了水利大数据可视化关键技术的基本信息、特点及适用场景等内容。

表 3-10 水利大数据可视化关键技术对比

技术名称	技术介绍	技术特点	适用场景
Yonghong BI	可在前端进行多维分析和报表展现的敏捷商业智能（BI）软件	通过拖拽图表模块操作，支持多种格式的数据源，可实现跨库跨源的数据连接；具有简单易用、多样化呈现、交互式体验、支持各类移动终端等特色	可视化报销快速制作及发布，无须进行二次开发
Tableau	桌面系统中控制台灵活动态，界面友好、容易上手的商业智能（BI）工具软件	程序通过拖放将所有的数据展示到数字“画布”上，可快速创建各种图表，使用者不需要精通复杂的编程和统计原理，就可以完全实现自定义配置。擅长结构化数据的快速可视化，并构建交互界面（通过发布到 Server）	擅长结构化数据的快速可视化，不具备强大的统计分析功能，可构建交互界面，并通过服务器发布和共享数据源界面，支持多用户同时访问
ECharts	基于 HTML5 Canvas，使用 JavaScript 进行开发的商业级数据图表库	可以流畅地运行在 PC 和移动设备上，兼容当前绝大部分浏览器，底层依赖轻量级的 Canvas 类库 Zrender，提供直观、生动、可交互、可高度个性化定制的数据可视化图表。自带去除奇异点、拖拽重计算、数据漫游功能	大规模数据展示，各类跨平台系统的图表展示；可帮助用户进行初步探索性数据分析
D3. js	基于数据的文档操控 JavaScript 图形库	解决的问题核心是基于数据的高效文档操作使用 HTML 和 CSS 实现数据的可视化展示；可在无须捆绑任何专有框架的前提下，结合强大的可视化组件及其数据驱动的 DOM 操纵方法，充分利用现代浏览器的全部功能展示数据	操作敏捷，支持大数据集和动态交互，功能样式允许通过多样化的组件和插件进行代码重用，适合具有一定编程基础的用户使用

3.7 水利综合决策体系

智慧水利的核心是“智慧”。它要求将从不同来源获得的信息，通过快速、专业、智能的分析处理，给出一个可度量的、可评估的科学决策方案。智慧水利决策分析架构如图 3-1 所示。

智慧水利大数据相关的关键技术包括融合多领域信息的智慧水利数据知识模型、面向智慧水利决策的分布式海量数据的管理技术、智慧水利辅助决策模型的智能组合技术、智慧水利高性能多用户协同辅助决策技术。

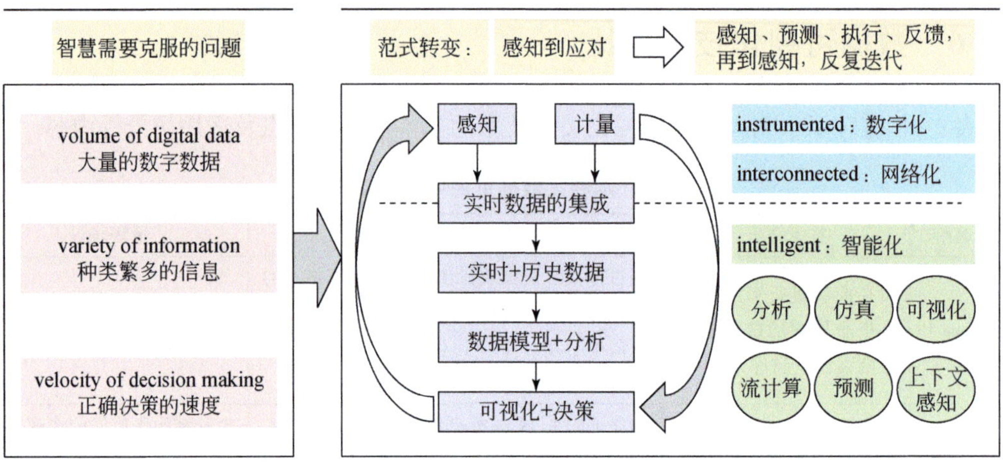

图 3-1　智慧水利大数据决策分析架构

3.7.1　融合多领域信息的智慧水利数据知识模型

融合多领域信息大数据的知识模式，可以向与综合管理相关的各领域（如气象、环保、农业、住建等）数据提供统一的数据采集、整理、处理等支撑服务。并满足对水利综合管理决策可能涉及的多领域的需求。在标准统一的领域数据知识模型的基础上，建立面向不同主题的多领域数据知识模型。最后，在建立面向领域和主题（涉及多领域）的数据知识模型的基础上，形成多领域多层次数据知识模型结构。相关技术包括以下四方面。

1）数据和知识表达形似的规范性。在对领域知识研究的基础上，提出科学、统一、规范的知识信息表达形式，为进行多领域综合分析提供统一的数据基础。

2）面向领域的数据知识模型。通过对不同领域的关键业务和数据类型进行研究，建立面向不同领域的、规范的数据知识模型。

3）面向主题（多领域）的数据知识模型。在规范的数据和知识表达形式的基础上，研究面向多领域的综合分析业务需求，建立面向主题（多领域）的综合数据知识模型，如水资源评价、水资源供需分析等主题。

4）多领域多层次数据知识模型结构。在面向领域和面向主题的数据知识模型的基础上，研究多层次的、统一的数据知识模型，为建立智能化水利管理辅助决策模型提供支撑。

3.7.2　面向智慧水利辅助决策的海量数据管理技术

分布式大数据管理技术针对智能化水利综合管理中涉及的多领域大数据，通过对水利信息化相关的海量异构数据的集成、存储、查询分析和挖掘技术以及基于海量数据的决策分析技术进行研究，实现海量数据管理和决策分析的双向耦合，为决策支持提供数据管理层面的有效支撑。

1）分布式大数据的平台。针对数据知识模型和决策分析模型，利用智慧水利云平台相关技术，研究分布式数据平台相关技术，包括统一访问技术、路由策略技术、跨存储资源访问技术、事务技术等，建立面向智能化水利综合管理的分布式数据平台，提高高效的数据组织、存储和访问的机制。水利管理中涉及大量的实时数据应用，这些应用使得数据量呈现快速增长的趋势。另一特点是存在突发性的数据爆发。因此，需要能够支持存储平台的负载均衡和弹性伸缩，主要包括云平台通用的负载均衡和弹性伸缩技术、模型数据的分布式存储和基于查询频率的负载均衡技术。

2）基于云计算的海量异构数据的存储管理技术。水利管理原始数据包含大量的结构化、半结构化和非结构化数据。模型相关的数据包含多种表示方法：向量数据、序列数据、图数据。目前的云数据服务技术主要针对结构化数据和基于 Key-Value 的文本数据，而对于序列数据、图数据这些类型没有很少的支持技术。可以基于 Hbase、HIVE 等 NoSQL 云数据库系统，研究 Hadoop 平台上的数据管理和访问的技术，主要包括面向多维度聚集查询的数据的分割与分布策略、大规模聚集查询的分布式实施方法、以流数据为代表的海量监测数据的快速写入与基于（Key，Value）方式的分布式存储与访问方法、面向曲线特征的监测数据组织方法。

3）分布式决策模型。研究面向海量异构数据的智慧水利的决策模型。在分布式计算框架 MapReduce 的基础上，对决策模型（多元回归、神经网络、主成分分析等）进行研究，使其具有分布式计算能力，能够对分布环境下的数据库进行分析，以提高算法的运算能力。

4）流数据挖掘技术。智慧水利分析的另一个特点是数据的快速性，因此需要利用流数据分析和挖掘算法，构建快速实时的决策分析模型。针对智能化水利综合管理中的海量实时数据“连续、有序、变化、快速、海量”的特点，采用分类、聚类、频繁模式挖掘等方法来处理水利的监测数据。

3.7.3 面向智慧水利辅助决策的综合模型管理技术

目前我国各大流域已积累了大量针对流域研究的各种数学模型，在流域各应用系统中也具体应用着大量专业模型。随着智慧水利的日益发展，流域模型不断地增加且呈分布异构态。由于模型开发方法、模型表示方法、应用目的和处理方式等方面存在很大的不同，它们呈现出封闭、孤立和自治性，很难统一共享、管理、访问。因此，需要有—种统一、有效的管理机制，来高效地管理网络环境下流域模型资源。

3.7.3.1 流域模型分类与特点

（1）流域模型分类

流域模型（watershed model）是大量描述流域模型库中应存储的模型，这些模型包括较为通用的稳定性模型、专用模型、用户自建的模型和“定向的”模型，用于操作的模型、用户战术的和战略的决策支持的模型以及支持多种任务和分析方法的模型（Westervelt，2001）。模型有多种分类方法。按照模型结构，可分为解析类模型、模糊逻辑类模型、仿真类模型、知识类模型。管理信息系统使用的模型比较简单，以简单的解析类模型为主，包括预测模型、分析模型、投入产出模型、计划模型和库存模型。从是否具有机理角度，分为机理模型和数据驱动模型。所有的模型，本质上都可以分为复合模型和简单模型两大类。简单模型是可用单一解析公式表示的模型；复合模型可分为算法步骤下的一系列简单模型。

根据不同的划分原则，可对模型进行分类。根据模型规模可以分为大、中、小三类；根据模型所使用的数学方法可分为投入产出模型、计划平衡模型、预测模型、控制论模型、系统动力学模型、规划论模型、决策论模型等。根据应用模型获得的输出所起的作用，可将模型划分为：直接用于指导决策的模型、对决策的制定提出建议的模型、用于估计决策实施后可能产生后果的模型。

从使用范围来讨论模型的分类：①组合算法类模型：这类模型将若干算法组合成能够解决具体应用问题的模型，如各种类型的统计平滑模型。为了比较不同算法组合的结果，统计平滑模型可以按不同算法设置多种。这类模型通用性强，接口比较简单，在特定环境下对应一些专门的应用。②面向问题的模型：在管理信息系统和决策支持系统中，有一些需要经常性解决的决策性问题，可以归纳为面向问题的模型，如季节性水平模型。③专业模型：在特殊的应用中，专业模型运行效率高，这些模型只针对一个具体的问题，如流域产沙模型。

李纪人等（2009）按流域涉及的系统将流域模型划分为4种类型的模型：①空间数据模型，它是描绘流域地理属性的模型，如数字高程模型、流域分区模型、网络连通模型等。②水循环系统模型，它是流域特殊问题的体现，包括水文模型、河道演进模型、地表（土壤、地下）水动力学模型、陆面过程等。③亲水系统模型，它用来描述在水循环作用下流域自然环境的演变，如流域泥沙运动模型、生态演化模型、水土流失模型、水质环境模型等。④社会经济模型，它是对流域人类社会活动的描述，如人口迁移模型、经济发展模型、公共政策模型、宏观决策模型等。

（2）流域模型特点

流域模型大多为数学模型，不仅具有数学模型的一般特征，而且具备由其本身的性质和任务决定的一些突出的特点（王桥和吴纪桃，1997）。

1）空间性。流域模型所描述的现象或过程往往与空间位置、分布和差异有密切关系，因此，需特别注意模型的空间运算特征。

2）动态性。流域模型所描述的现象或过程也与时间有密切的联系，具有不同动态性的模型在系统中使用的效率有较大的差别，所以在模型设计时需考虑时间对模型目标的影响和数据的可能更新周期问题。

3）多元性。流域模型将会涉及自然、社会、经济、技术等多种因素，如地理环境、资源条件、人口状况、经济发展、政策法规等，需注意通过因素分析调整模型状态。

4）复杂性。流域分析与决策所需要处理的问题可能相当复杂，且往往存在人为的干预与影响，很难用数学方法全面、准确、定量地加以描述，所以流域模型常采用定量与定性相结合的形式，为此在模型设计时，应给人为干预留出一定的余地。

5）综合性。一个实用的流域模型往往涉及多种模型方法，且与多个子系统中的数据有关，如一个水资源配置模型往往是指标量化模型、层次分析模型、综合评价模型等的结合体，而所涉及的数据可能来自气候、能源、工业、农业、住建等诸多方面，因此需要注意模型变量、结构的协调，并保证有充足的数据量。

3.7.3.2 流域模型资源元模型

本节通过流域模型的特点，利用陈能成等（2015）提出的流域模型元数据共享的框架和内容，建立一种广泛通用且可扩展的智慧水利综合模型共享元数据模型，服务于流域模型的发布、共享和管理等多方面。

（1）流域模型资源元模型框架

通过对流域典型模型的研究，分析流域模型的模型方法、模型过程和参数要求等，特别是对流域模型的输入数据和模型结果进行系统分析，并结合现有模型的元数据标准和过程建模的现状，建立起能够描述流域模型的模型基本特征、模型方法和模型过程控制的流域模型资源元模型。

为了以一种标准的、统一的信息模型对流域模型进行描述，实现流域模型元数据信息的结构化管理，本章采用了 MOF 元级结构的元建模技术（乐鹏，2003），MOF 是一种典型的四层建模结构，依次为 M3 层、M2 层、Ml 层和 M0 层，每一层是其上一层的实例，同时又是下一层的抽象。在元建模框架中，描述了组成模型的建模概念及其关系，包括 5 种基础描述元模型构件、十一元组模型信息描述框架，以及元数据信息扩展机制和形式化方法，在层次上划分为元元模型层、元模型层、模型层和现实流域信息层（实例层）。

1）元元模型层。该层为整个流域模型描述元模型框架的顶层抽象，它基于 MOF 标准宏观、全面地定义了整个元模型的结构集，定义了流域模型元模型所涉及的概念，主要包括流域模型元模型构件、流域模型信息模型、流域模型实例，它们的关系是层层细化，不同层次代表了流域模型元模型的不同抽象级别，流域模型信息结构是其元模型构件的实例化，而流域模型实例是其信息模型的实例化。MOF 是定义元模型的模型框架，采用面向对象的思想，它是一种通用、抽象的用于定义面向对象元模型的抽象语言。在该 MOF 元元模型层，共包括 6 种元模型元素或建模概念，即类、包、关联、引用、聚合与数据类型，三种机制用来实现元模型的构建和重用：实例化（instantiation）、泛化（generalization）、嵌套（nesting）。

2）元模型层。该层可以定义为流域模型资源信息共享元模型框架，它为元元模型层的实例，共包含三个元模型：形式化元模型、建模设施元模型与信息描述元模型。三个元模型所对应的类为元元模型层中类的实例。形式化元模型用于指导流域模型资源的形式化表达，建模设施元模型用于说明流域模型资源描述模型的建模设施。信息描述元模型是整个流域模型资源信息共享元模型框架的核心，它定义了流域模型资源的基础描述元模型构件，包括标签（tag）、状态（state）、结构（structure）、服务（service）和可访问性（accessibility)。

3）模型层。该层为元模型层的实例，基于上层元模型中所定义的信息描述元模型，详细定义了流域模型资源共享十一元组元数据模型；基于上层元模型中所定义的建模设施元模型，定义了建模语言 XML；基于上层元模型中所定义的形式化元模型，详细定义了流域模型资源描述模型。其中，流域模型资源共享十一元组元数据模型包括标识信息、特征信息、空间信息、动态信息、参数信息、运行信息、算法信息、性能信息、服务信息、管理信息和约束信息，通过使用基于 XML 标准编码的建模设施对上述数据类型的模型构件进行形式化表达，最终建立流域模型资源描述模型。

4）现实流域信息层。该层为现实流域中流域模型对象实例层，是整个元模型框架的底层，主要职责是描述流域模型的详细信息。实例可以是任意类型的流域模型，每个实例都有自身的数据信息，这些信息只有通过一定的数据格式进行包装，以及通过某种形式的建模设施按一定规则进行形式化表达，才能成为计算机可以识别且万维网环境下可共享的流域模型资源描述模型。

（2）流域模型资源基础描述元模型构件

本节的目标是实现流域模型的共享管理，分析需要表征模型的哪些基础描述构件。目前流域模型共享存在的困难主要表现在：①模型众多，不同的单位、部门、研究机构开发运维各自服务的模型，模型的开发方式、描述各异，很难查找合适的模型；②由于模型技术方面的限制，对决策模型的绝大部分研究都侧重于某一个领域的模型，模型之间缺乏关联和共享机制，无法协同。因此，流域模型共享管理的目标是：①流域模型被更好地发现，即在所需的时、空和应用主题条件下，提供能够满足应用的所有合适的流域模型；②有助于多个流域模型组合，即针对一些特定的、复杂的流域管理中的分析与决策任务，往往单一的流域模型不能很好地满足流域管理需求，需要组合多个模型来共同完成。

流域模型管理的目的是针对具体的决策问题，实现满足需求的可用流域模型的快速发现与调用，根据流域模型的特点，确定分布式流域模型系统的组织结构。一个流域模型能否被发现、调用以满足具体的流域决策任务的需要，主要取决于流域模型标签特征、流域模型状态特征、流域模型结构特征、流域模型服务特征、流域模型可访问性特征（陈能成等，2015）。

根据流域模型的管理需求分析可知，流域模型的状态、可访问性与结构是流域模型信息描述的重要元数据内容。此外，为了便于查询与发现模型，并通过标准的服务接口访问，还需要刻画流域模型的标签和服务信息。因此，构建流域模型信息描述的元模型构件，主要包括模型标签、模型状态、模型结构、模型服务和模型可访问性等五种基本元模型构件。

（3）流域模型资源共享元组元数据模型

流域模型的标签特征、状态特征、结构特征、服务特征、可访问性特征等 5 个基础元模型构件构成了一个可重用的通用信息模型，从异构流域模型的元数据需求出发，元模型的详细元数据内容可以定义为一个十一元组结构的通用信息描述框架，表现形式为：流域模型元数据 = {标识信息，特征信息，空间信息，动态信息，参数信息，运行信息，算法信息，性能信息，服务信息，管理信息，约束信息}（陈能成等，2015）。其中，流域模型的标识信息、特征信息、空间信息和动态信息是流域模型标签构件的细化；流域模型的性能信息和运行信息是模型状态构件的细化；流域模型的参数信息和算法信息是模型结构构件的细化；流域模型的服务信息是模型服务构件的细化；流域模型的管理信息和约束信息是模型可访问性构件的细化。元模型构件与十一元组元数据类型的关系如图 3-2 所示。

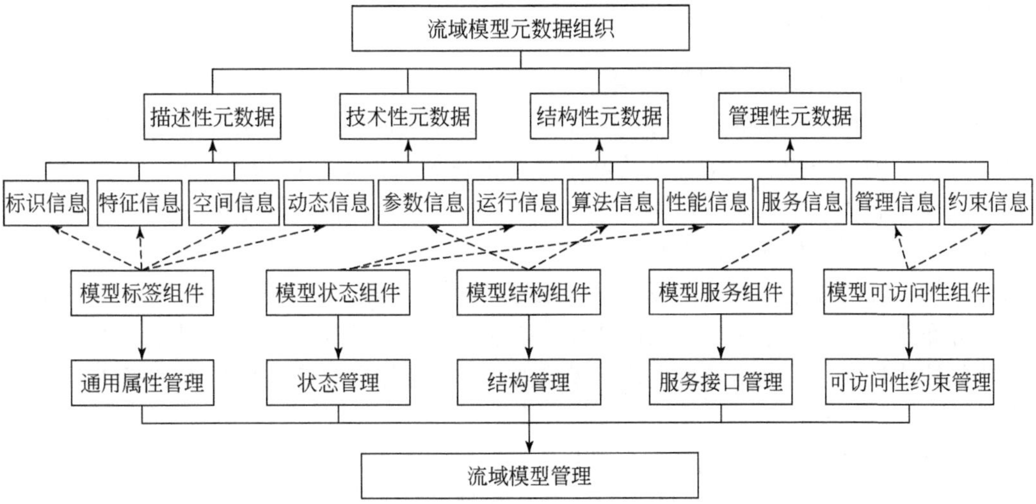

图 3-2　流域模型元数据组织（陈能成等，2015）

十一元组流域模型信息描述结构构建了通用元数据信息的描述框架。针对不同类型流域模型的差异性信息，需要扩展其元数据要素，并构建特有信息模板。根据流域模型的异构性特点，对流域模型的特有信息扩展，确定具有差异性信息的元数据要素，主要包括流域模型的性能信息与参数信息。①流域模型的性能主要分为服务质量与模型质量，其中服务质量包括服务的稳定性、服务的响应时间、服务费用等内容；模型质量与模型的性能目标相关，应包括性能目标的类型、取值的分级和精度等内容。②流域模型的参数信息可分为空间数据参数、非空间数据参数与文件参数等三大类，其中空间数据参数信息是指与地理空间位置相关联的数据参数信，在元模型中，空间数据的空间参考信息和流域模型的空间参考信息一致；非空间数据参数是指与地理空间位置不相关的数据参数信息，一般分为单值、数组、矩阵三种类型；对于以文件形式存在的参数，既可以是空间数据文件，也可以是非空间数据文件；在元模型中，需要表征文件参数的文件类型、是否为空间数据文件、文件取值类型等信息。

为了实现流域模型的共享与互操作，需要构建流域模型建模的特定信息模板，对流域模型进行统一的建模。可以借鉴陈能成等（2015）的城市分析与决策模型共享元数据集设计思路，首先分析流域模型的资源共享需求，结合现有的相关元数据，通过彼此之间的对比，重用这些元数据标准，并根据特定的流域模型资源共享需求进行元数据扩展，设计一套最大化符合流域模型资源共享的全集元数据，这样就避免了重新制定模型资源共享元数据集的工作。对于特定类型的模型专用元数据，可以通过元数据架构模式与方法进行扩展。基于模型资源共享的十一元组元数据模型框架及其扩展机制，并借鉴现有的元数据标准，特别是 CSDGM 中关于地理空间数据的描述，陈能成等（2015）设计了元模型的 UML 类图及模型资源共享全集元数据的所属构件、所属元组、所属复合类型、所属基本类型、全集元数据项中文名称、英文名称、概要简介、约束/条件、最大出现次数以及数据类型方面等内容，可以供流域模型资源共享全集元数据项设计。

3.7.3.3 流域模型资源描述模型

（1）流域模型资源描述模型框架

建立流域模型元模型的目标之一是提供一个让流域模型共享的资源描述模型，它提供流域模型资源的统一描述，由此支持网络环境下流域模型资源的快速发现、共享与重用。资源描述模型利用一个具体的建模设施（如 XML），通过对流域模型标签特征的描述，支持网络环境下流域模型的快速发现；通过对状态特征的描述，支持流域模型的优化选择；通过对结构特征的描述，支持流域模型调用与互操作；通过对服务特征的描述，支持流域模型的分布式共享；通过对可访问性特征的描述，支持流域模型的可访问性，从而形成一个通用的建模框架，为网络环境下流域模型的共享与重用和分布式模型库系统体系结构设计奠定基础。

（2）十一元组信息元数据模型形式化方法

流域模型资源共享的十一元组信息元数据模型确定了流域模型资源描述模型中所应描述的流域模型内容。而本节资源描述模型的目标是将十一元组元数据集进行形式化表达。因此，需要建立十一元组信息到资源描述模型的映射，即十一元组元数据模型通过何种载体进行装载或形式化表达为流域模型资源描述模型。

元数据模型形式化表达的目标是提供一种简单、共享的方式实现城市分析与决策模型的统一描述。要实现共享元数据模型的形式化表达，可以应用 XML 语言。可扩展标记语言架构（XML Schema）用于定义 XML 文档的结构，利用 XML Schema 可以对元数据模型进行封装与编码。另外，目前存在很多基于 XML 的元数据标准，本书利用元数据模型可以直接使用和借鉴其他元数据标准的内容，例如，直接使用数学标记语言（MathML）来描述算法信息中的数学公式；使用 GML 来表示地理空间对象的空间数据与非空间属性数据；借鉴 CSDGM 的方式和内容来描述地理空间数据。

综上所述，要建立流域模型资源描述模型，主要是将本书的流域模型共享十一元组元数据模型形式化，其流程为：根据十一元组元数据模型中的内容，建立相对应的 XML Schema，在建立 XML Schema 的过程中，使用和借鉴已经存在的元数据标准；根据此 XML Schema 建立的文档，就是一个标准、可共享的流域模型。

3.7.3.4 流域模型资源服务

（1）流域模型服务流程

构建流域模型元模型的目的是实现流域模型在网络环境下的统一建模、管理，进而实现流域模型共享、重用和复杂环境下模型的组合。为了达到上述目标，将模型封装为服务并采用本书提出的流域分析与决策元模型对模型进行描述是一种有效的解决途径。基于前述的流域模型元模型，并遵循 OGC 的网络目录服务（CSW）标准（Geller and Turner，2007），构建流域模型服务体系架构，如图 3-3 所示。系统架构中包含三种角色：流域模型服务提供者、流域模型服务代理和流域模型服务请求者。

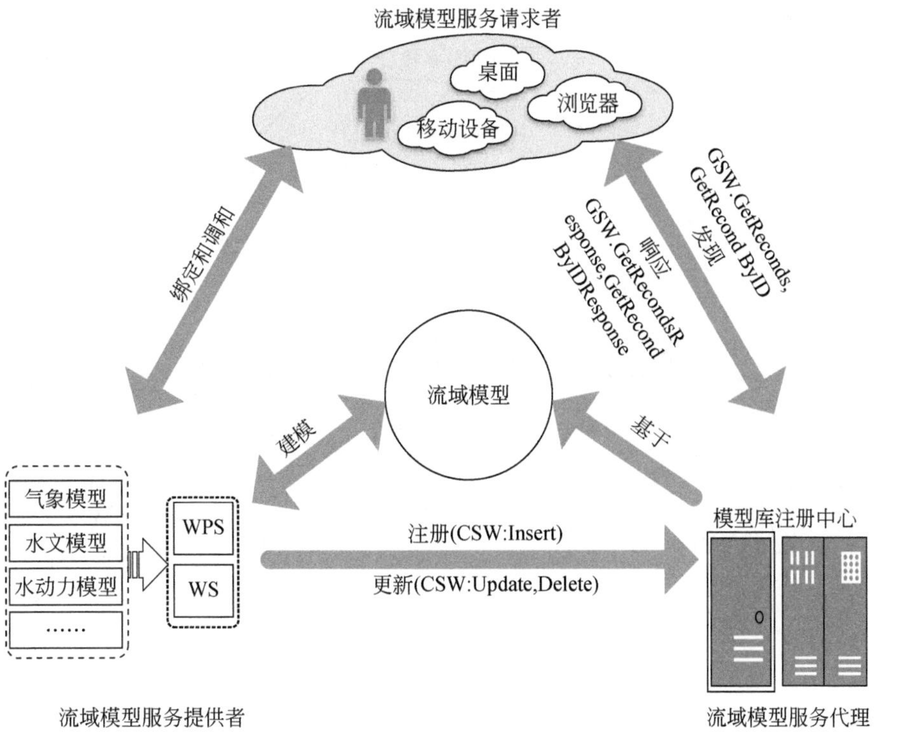

图 3-3　流域模型服务体系架构

1）流域模型服务提供者。流域模型服务提供者开发的流域模型被封装为模型服务，利用流域模型元模型对这些进行建模，生成流域模型的十一元组建模信息，然后采用 CSW 的标准接口将这些信息注册到注册中心。

2）流域模型服务代理。流域模型服务代理就是注册中心，存储元模型中规定的流域模型信息，并提供一系列的接口来注册、发现、更新、删除模型的元数据信息，通过注册中心，可以对网络环境下的流域模型资源进行统一管理。

3）流域模型服务请求者。流域模型服务请求者就是用户，用户可以根据十一元组建模信息规定的内容，构建查询条件，从注册中心查询合适的流域模型，并实现流域模型服务的绑定与调用，返回流域模型服务结果。

（2）流域模型服务接口

流域模型服务体系架构中包含了管理流域模型所需的一系列模型服务接口，这些服务接口用于流域模型的建模、注册、发现、组合和调用等。流域模型拥有者可以通过服务接口查询模型元数据信息，找到自身所需流域模型，并根据返回的流域模型 ID 最终发现、访问和调用模型体。流域模型服务接口适用范围如图 3-4 所示。

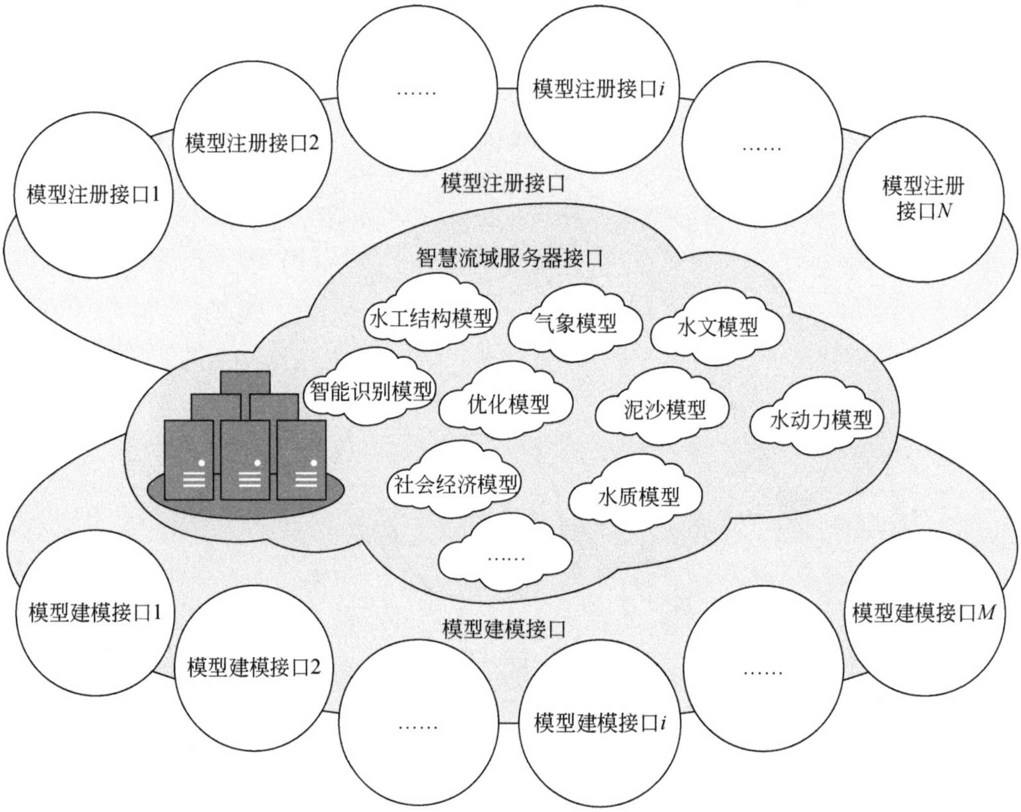

图 3-4　模型服务接口适用范围

智慧水利中的模型服务是一种开放的定义的模型服务接口，可以实现模型服务体系架构中三种角色（模型服务提供者、注册中心和模型服务请求者）之间的交互，从而实现智慧水利中流域模型的共享与互操作。模型服务接口核心操作包括 GetCapabilities、DescribeModel 和 Modelling，事务操作包括 InsertModel、DeleteModel、UpdateModel 和 ExecuteModel 等，其中，只有三个核心操作为必选操作、其余均为可选操作。模型服务接口的元素组织结构如表 3-11 所示。

表 3-11　模型服务接口的元素组成

操作类型	操作名称	操作功能简介	是否为必选操作
核心操作	GetCapabilities	用于获取服务器中可用模型的元数据及其详细信息	是
	DescribeModel	用于查询服务器中可用模型和模型链的元数据信息	是
	Modelling	用于模型的建模	是

续表

操作类型	操作名称	操作功能简介	是否为必选操作
事务操作	InsertModel	用于新模型的注册	否
	DeleteModel	用于删除已注册模型和与之相关的原数据	否
	UpdateModel	用于模型参数和功能等的更新	否
	ExecuteModel	用于模型的执行	否
高级操作	GetRecordBuID	根据模型标识符查找负荷时间的唯一模型	否
	GetRecords	根据元模型中定义的相关模型信息查找符合条件的一个或多个模型	否
	DataConversion	用于不同数据格式之间的转换	否
	ModelCombination	用于组合多个模型	否

(3) 流域模型服务操作

1) 流域模型建模服务。流域模型建模服务的目标是基于前面建立的流域模型元模型，对流域模型进行统一的描述。在模型建模服务接口中，封装了元模型中定义的十一元组元数据模型信息，即标识（identification）信息、特征（characteristic）信息、空间（spatiality）信息，动态（dynamics）信息、参数（parameters）信息、运行（working）信息、算法（algorithm）信息、性能（performance）信息、服务（service）信息、管理（administration）信息和约束（constraint）信息；每个元组信息包含了需要被描述的元数据要素。在具体的流域模型管理中，模型库系统可以实现这个接口，基于具体的信息模板，提供一个可视化界面和一个向导工具来进行各种决策模型的快速建模。

2) 流域模型注册服务。为实现流域模型的统一管理、提高模型的发现能力，需要将流域模型的十一元组信息注册到注册中心，提供一种基于网络的通用且灵活的注册服务，实现流域模型的检索、存储和管理，使得用户可以在一个开放的分布式系统下定位、访问和使用资源。通过模型建模服务生成了模型共享的十一元组信息描述信息，模型注册服务就是将模型十一元组信息注册到注册中心，在本书中，通过 CSW 的标准接口完成建模信息的注册，模型注册过程如下：①用户发送一个 Insert 请求到注册中心，请求中包含需要注册到注册中心的建模信息。②注册中心获取 Insert 请求，并根据元模型的十一元组信息描述结构对请求中包含的建模信息进行解析，然后，调用 Publish 接口将这些建模信息插入数据库中。③当 CSW 服务完成 Publish 操作时，一个成功注册的响应将返回给用户。

3) 流域模型发现服务。流域模型发现是针对特定的任务，根据元模型中规定的流域模型信息，如标识信息（模型名称、模型类型、关键字等）、特征信息（模型应用范围、模型目的等）、性能信息（性能目标）等，从注册中心查找合适的模型。模型发现通过 CSW 的 GetRecords 或 GetRecordByID 接口实现与注册中心的交互，其过程如下：①用户发送 GetRecords 或 GetRecordByID 请求到注册中心，请求中包含要查询的模型信息，如模型的标识信息、特征信息、空间信息、性能信息等。②注册中心获取并解析请求中的查询信息，并从数据库中查询满足条件的一个或多个模型。③当注册中心完成查询操作时，则给用户返回 GetRecords-Response 或 GetRecordsByIDResponse 响应，其中包含了查询结果。

4）流域模型组合服务。流域模型组合服务就是将多个模型服务组合起来，同时使用数据转换服务实现不同模型服务之间的交互，一次执行每个模型，从而达到解决复杂决策任务的目的。模型组合的关键在于发现满足决策任务的多个流域模型和解决多个流域模型输入、输出数据格式相匹配的问题。前者的解决方案是：基于元模型的发现机制，针对具体的决策目标，通过交互式的手工设计模式或半自动组合模式生成抽象的模型链，通过与目录服务注册中心的交互生成实例化的模型链，模型链的实例化就是将其中包含的用户信息、领域知识、过程信息用相应的可执行的模型服务实例代替，从而形成模型链的实例。后者的解决方案是：用户提供自定义的数据格式到标准数据格式（如 GML、KML 等）的转换，模型库系统将这种转换封装为服务，当用户下次调用时，模型库系统能够自动进行转换，同时模型库系统提供不同标准数据格式之间的转换服务。另外，用户可以提供不同的自定义数据格式之间的转换服务，并提交给注册中心进行注册，这样可以直接进行自定义数据格式之间的转换。

5）流域模型执行服务。模型执行服务是绑定模型服务的地址，调用模型服务，得到模型计算的结果。在模型注册中心中，存储了元模型中定义的模型的服务信息（service information），包括服务类型、服务地址、服务方式、服务所需参数等。模型执行服务以可视化的界面提供用户所需的参数，当用户完成参数的输入时，模型执行服务绑定模型服务地址，传递服务参数给模型服务，调用模型服务，并将模型计算结果返回给用户。

3.7.4 智慧水利辅助决策模型的智能组合技术

智能化水利管理中，有多种面向领域和面向主题（多领域）的决策分析模型，这些决策模型的输入，不仅有获取的水利管理基础数据，而且有其他模型的分析结果，因此需要建立针对模型的规范化描述，使模型分析的结果也可以满足数据知识模型体系的数据标准，从而能够为其他决策分析模型所利用，在此基础上能够建立模型链的实例化应用，扩展辅助决策支持的范围，真正发挥多层级多部门辅助决策支持的能力。

1）决策模型的标准化。研究针对决策模型的标准规范，规范系统中模型的建立、描述、注册、输入和输出等内容，使相关模型能够组成模型链。

2）模型链建立与实例化。通过对智能化水利综合管理业务需求的分析，建立对应主题或过程的模型链，通过自动或交互式手动的方式实现模型链的实例化和执行，例如，发现水利应急事件时的预测结果，可以用来分析是否会产生其他次生、衍生事件。

3）模型链的评估与优化。通过建立模型链比较、评估标准，分析针对同一主题或过程的不同模型链的优势，同时可以通过参数调整或手动的方式来对模型链进行优化。

3.7.5 智慧水利高性能多用户协同辅助决策技术

智能化水利综合管理中积累了各领域的海量历史数据，对这些数据进行综合分析能够提供智能辅助决策的功能。很多智能辅助决策算法的计算结果与地理信息、空间信息关系紧密，通过可视化技术，以更直观、有效的方式将分析结果展示给用户，同时，将分析结果按时间切片顺序进行展现，能够模拟出动态演变发展的过程，显示出不同现象与动态变化之间的关系。主要包括以下三方面。

1）决策模型的可视化展现技术。将决策模型与水资源、水生态、水环境、水灾害、水工程等具体业务需求相结合，对实时动态信息或历史信息进行分析，分析结果与 GIS、虚拟现实环境相结合，能够进行基于场景的可视化展现，如洪水的淹没过程、闸门的启闭过程、泵站的运行过程、水土流失过程、污染物扩散过程等。

2）可视化动态分析模型。以时间切片为依据，将决策模型的可视化结果顺序地展现给用户，使用户对整个的发展演变过程有最直观的认识，既可以是历史数据的分析，也可以是事态发展的预测。同时，用户可以通过调整决策模型的参数、最有分析评估等手段，获得不同的事态发展过程展示，提高系统的智能化水平。如不同降雨条件下，洪水淹没影响范围趋势；城市降雨条件下的人流、车流移动的分布过程等。

3）可视化智能决策方案。在对获取的历史和动态信息进行分析的基础上，系统结合业务知识，自动生成当前信息的可视化决策方案，同时，用户可以通过参数调整等手段更新决策方案。如突发洪水事件中的可视化智能求援方案、基于历史信息的水资源配置布局规划优化决策方案等。

参考文献

艾远高，罗仁彩，余志强，等 . 2019. 基于大数据的智能水电站状态分析方法［J］. 水电站机电技术，42（7）：37-40.

安仲奇，张云尧，邢晶，等 . 2020. 基于用户级融合 I/O 的 Key-Value 存储系统优化技术研究［J］. 计算机研究与发展，57（3）：649-659.

巴特，杨昆，朱彦辉，等 . 基于开源 GIS 的城市非点源污染负荷模拟研究［J］. 环境科学与技术，38（11）：233-238.

蔡阳，孟令奎，成建国，等 . 2018. 卫星遥感水利监测模型及其应用［M］. 北京：科学出版社 .

柴博，周爱华，裘洪彬，等 . 2018. 基于图数据库的电力通信网络运行方式建模技术［J］. 电力信息与通信技术，16（10）：13-18.

长青 . 2020. 蒙草生态：用大数据“智慧”解决河湖湿地生态修复之“难”［EB/OL］. http：//grassland. china. com. cn/ 2020-04/15/content_ 41123501. html［2020-04-21］.

常杪，冯雁，解惠婷，等 . 2015. 大数据驱动环境管理创新［J］. 环境保护，43（19）：25-29.

陈华，徐坚，肖志远，等 . 2018. 水文大数据共享平台研究与设计［J］. 水资源研究，7（1）：10-18.

陈军飞，邓梦华，王慧敏 . 2017. 水利大数据研究综述［J］. 水科学进展，28（4）：622-631.

陈俊风，王玉浩，张学武，等 . 2020. 基于小波变换与差分变异 BSO-BP 算法的大坝变形预测［J/OL］. 控制与决策：1-8. https：//doi. org/10. 13195/j. kzyjc. 2019. 1431［2020-04-21］.

陈能成，王伟，王超，等 . 2015. 智慧城市综合管理［M］. 北京：科学出版社 .

陈平，张德健，何原荣 . 2019. 基于 Redis 和 Hadoop 的分布式水文模型并行率定研究［J］. 南宁师范大学学报（自然科学版），36（4）：50-56.

陈曦，陈华钧，顾珮嵚，等 . 2013. 一种基于 Hadoop 的语义大数据分布式推理框架［J］. 计算机研究与发展，50（S2）：103-113.
陈永龙，朱金大，严晴，等 . 2019. 图数据库技术在泛在电力物联网中的应用 [J]. 电力信息与通信技术，17（11）：20-24.
程彬彬 . 2015. 基于 Hadoop 的气温数据组织及时空分异特征提取方法研究 [D]. 南京：南京师范大学硕士学位论文 .
程涛，崔英，鱼京善，等 . 2014. 全国水资源分区社会经济及用水量数据汇总系统设计与实践 [J]. 北京师范大学学报（自然科学版），50（5）：515-522.
程学旗，靳小龙，王元卓，等 . 大数据系统和分析技术综述 [J]. 软件学报，25（9）：1889-1908.
董新华，李瑞轩，周湾湾，等 . 2013. Hadoop 系统性能优化与功能增强综述 [J]. 计算机研究与发展，50（S2）：1-15.
窦万春，江澄 . 2013. 大数据应用的技术体系及潜在问题 [J]. 中兴通讯技术，19（4）：8-16.
杜文英，陈能成，袁赛 . 2020. 传感网支持下的洪涝事件过程监测与准实时服务方法及验证 [J]. 测绘学报，49（2）：191-201.
范小波，何虎昌，朱红波 . 2019. 基于大数据平台的水轮发电机组故障诊断系统 [J]. 电力大数据，22（11）：86-92.
冯钧，李宗祥，唐志贤，等 . 2015a. 基于 Hadoop 的水利元数据语义搜索方法 [J]. 计算机与现代化，（12）：1-6.
冯钧，许潇，唐志贤，等 . 2015b. 面向水利信息资源目录服务的分布式语义检索方法研究 [J]. 计算机与现代化，（2）：122-126.
高健翎，高燕，马红斌，等 . 2019. 黄土高原近 70a 水土流失治理特征研究 [J]. 人民黄河，41（11）：65-69，84.
高骞，胡广伟，林辉，等 . 2020. 电力大数据价值链及其价值创造模式研究 [J]. 中国科技资源导刊，52（1）：6-13，34.
顾军华，武君艳，许馨匀，等 . 2018. 基于 Spark 的并行 FP-Growth 算法优化及实现 [J]. 计算机应用，38（11）：3069-3074.
顾荣，严金双，杨晓亮，等 . 2014. Hadoop MapReduce 短作业执行性能优化 [J]. 计算机研究与发展，51（6）：1270-1280.
郭朝鹏，王智，韩峰，等 . 2013. HaoLap：基于 Hadoop 的海量数据 OLAP 系统 [J]. 计算机研究与发展，50（S1）：378-383.
郭茜，王彪，汪华，等 . 2018. 贵州省气象大数据平台架构设计 [J]. 成都信息工程大学学报，33（5）：531-535.
郭少青 . 2017. 大数据时代的"环境智理" [J]. 电子政务，（10）：46-53.
郭涛 . 2013 . 华为"4V"金字塔打通大数据价值通道 [EB/OL]. https：//blog. 51cto. com/ gtstorageworld/1286754 [2020-04-18].
韩崇昭 . 2017. 智能感知的现状和未来 [J]. 自动化博览，（增刊 1）：10-13.
韩家琪 . 2018. 基于大数据思维的干旱监测方法研究 [D]. 北京：中国农业科学院硕士学位论文 .
何思为，南卓铜 . 2013. 使用秩次集对方法预测地下水位动态变化 [J]. 四川大学学报（工程科学版），45（S2）：55-60.
和海霞 . 2019. 遥感与移动位置服务协同的洪涝受灾人口估算方法探索 [J]. 中国减灾，（5）：40-43.
贺玉琪，王栋，王远坤 . 2019. BRR-SVR 月降水量预测优化模型 [J]. 水利学报，50（12）：1529-1537.
胡鹏飞，雷电 . 2018. 基于 IEC 61850 的时序数据库系统设计 [J]. 电子测量技术，41（11）：51-57.

黄军高，王首顶，凌强，等 . 2011. 时间序列数据库在地区电网调控一体化系统中的应用［J］. 电力系统自动化，35（23）：107-111.
黄松波，江聪世，赵琛，等 . 2016. 基于键/值数据库的电力地理信息平台研究［J］. 电力信息与通信技术，14（8）：108-115.
贾晨 . 2019. 基于 GPU 的大数据图计算研究现状与挑战［J］. 江苏通信，35（6）：66-69.
姜淞川，陆建忠，陈晓玲，等 . 2020. 基于 LSTM 网络鄱阳湖抚河流域径流模拟研究［J］. 华中师范大学学报（自然科学版），54（1）：128-139.
蒋玮，黄丽丽，祁晖，等 . 2018. 基于分布式图计算的台区负荷预测技术研究［J］. 中国电机工程学报，38（12）：3419-3430，1.
金国栋，卞昊穹，陈跃国，等 . 2020. HDFS 存储和优化技术研究综述［J］. 软件学报，31（1）：137-161.
阚博文，刘广一，Khodayar M，等 . 基于图机器学习的分布式光伏发电预测［J］. 供用电，36（11）：20-27.
康杰华，罗章璇 . 2015. 基于图形数据库 Neo4j 的 RDF 数据存储研究［J］. 信息技术，（6）：115-117.
康瑞，齐林海，王红，等 . 2020. 基于流式计算的暂态电压扰动并行实时监测技术［J］. 电力系统保护与控制，48（2）：129-136.
雷章，岳德鹏，Yang D，等 . 2018. 基于 Hadoop 的区域土壤侵蚀强度计算 GIS 设计与实验［J］. 农业机械学报，49（9）：160-165，137.
李成名，刘晓丽 . 2019. 智慧城市时空大数据平台理论与方法［M］. 北京：科学出版社 .
李凤 . 2017. 基于 Spark 的粒子群算法并行编程及其在水库调度中的应用［D］. 西安：西安理工大学硕士学位论文 .
李光亚，张鹏翥，孙景乐，等 . 2015. 智慧城市大数据［M］. 上海：上海科学技术出版社 .
李辉，王建文，叶明雯 . 2018. 基于 hadoop 的海量气象水文数据并发处理模型［J］. 计算机应用，38（S2）：192-196，210.
李纪人，潘世兵，张建立，等 . 2009. 中国数字流域［M］. 北京：电子工业出版社 .
李纪人 . 2016. 与时俱进的水利遥感［J］. 水利学报，47（3）：436-442.
李继园，孟令奎，蔡阳，等 . 2014. 分布式遥感空间在线分析处理的多维分析模型及其旱情应用［J］. 测绘学报，43（6）：627-636.
李家叶，贾昆，李铁键，等 . 2018. 多尺度多模型的梯级水库优化调度决策支持系统［J］. 应用基础与工程科学学报，26（6）：1164-1176.
李婧，李亚，任建勋，等 . 2014. 基于 SQLite 数据库的水文信息存储方法探讨［J］. 计算机光盘软件与应用，17（20）：149，151.
李莉，朱永利，宋亚奇 . 2017. 电力设备监测数据的流式计算与动态可视化展示［J］. 电力建设，38（5）：91-97.
李娜，姜元军 . 2019. 基于 GIS 和 Mongodb 的城镇污水处理监管平台研究与实现［J］. 测绘与空间地理信息，42（6）：93-96.
李青，王雅莉，李海辰，等 . 2017. 基于洪峰模数的山洪灾害雨量预警指标研究［J］. 地球信息科学学报，19（12）：1643-1652.
李维乾，解建仓，李建勋，等 . 2016. 突发水污染事件中遥感瓦片大数据存储系统［J］. 计算机系统应用，25（2）：33-39.
李文波，贾嵘，张怀春，等 . 2019. 基于配电网一张图的运营指挥系统研究［J］. 供用电，36（11）：

48-54.
李勇 . 2017. 基于 Hadoop 平台径流分析方法的研究和应用 [D]. 武汉：武汉理工大学硕士学位论文 .
李原园，曹建廷，沈福新，等 . 2014. 1956～2010 年中国可更新水资源量的变化 [J]. 中国科学：地球科学，44 (9)：2030-2038.
李照会，郭良，翟晓燕，等 . 2019. 基于中国山洪水文模型的动态临界雨量研究及应用 [J]. 南水北调与水利科技，17 (5)：11-19.
廖明，詹总谦，呙维，等 . 2019. 动态数据驱动模式下的湖泊流域降雨径流模拟 [J]. 遥感学报，23 (5)：911-923.
林红，华韵子 . 2019. 基于 Redis 的气象数据分发管理系统的设计与实现 [J]. 软件工程，22 (3)：47-50.
林子雨，杨冬青，王腾蛟，等 . 2010. 基于关系数据库的关键词查询 [J]. 软件学报，(10)：64-86.
林子雨，邹权，赖永炫，等 . 2014. 关系数据库中的关键词查询结果动态优化 [J]. 软件学报，(3)：94-112.
刘高鸣，谢传节，何天乐，等 . 2019. 基于多源数据的农业干旱监测模型构建 [J]. 地球信息科学学报，21 (11)：1811-1822.
刘广一，何明，周建其，等 . 2019. 基于图计算的主动配电网综合能源服务技术支持系统 [J]. 供用电，36 (11)：3-11，54.
刘广一，王继业，李洋，等 . 2020. "电网一张图" 时空信息管理系统 [J]. 电力信息与通信技术，18 (1)：7-17.
刘国良，顾正华，赵世凯，等 . 2015. 基于数据驱动的区域水资源智能配置研究 [J]. 水利水运工程学报，(5)：38-45.
刘国纬，沈国昌 . 2006. 中国年最大致洪暴雨落区研究 [J]. 水科学进展，17 (2)：151-159.
刘红超，张健，陈清水 . 2014. 一种基于大数据技术的水电设备监测和故障诊断系统 [Z]. 中国：CN201410487983. 6 [2014-09-22].
刘菁扬，粟晓玲 . 2015. 基于支持向量机的井渠结合灌区地表水地下水合理配置 [J]. 节水灌溉，(7)：50-53.
刘琪琛，雷景生，郝珈玮，等 . 2017. 基于 Spark 平台和并行随机森林回归算法的短期电力负荷预测 [J]. 电力建设，38 (10)：84-92.
刘雄 . 2015. 大数据技术在城市洪涝灾害分析预警中的应用研究 [D]. 华中科技大学硕士学位论文 .
刘友波，刘洋，刘俊勇，等 . 2016. 基于 Hadoop 架构的电力系统连锁故障分布式计算技术 [J]. 电力系统自动化，40 (7)：90-97.
刘智慧，张泉灵 . 2014. 大数据技术研究综述 [J]. 浙江大学学报（工学版），48 (6)：957-972.
娄帅，王慧敏，牛文娟，等 . 2013. 基于免疫遗传算法水资源配置多阶段群决策优化模型研究 [J]. 资源科学，35 (3)：569-577.
陆新元，秦虎，杨君 . 2019. 大数据在环境执法与守法中的应用研究 [J]. 环境与可持续发展，44 (2)：62-65.
栾勇，刘家宏 . 2017. 分布式城市需水预测模型 [J]. 科学通报，62 (24)：2770-2779.
罗乐，刘轶，钱德沛 . 2016. 内存计算技术研究综述 [J]. 软件学报，27 (8)：2147-2167.
马金锋，唐力，饶凯锋，等 . 2019. Hadoop 下水环境模拟集群运算模式 [J]. 大数据，5 (6)：1-12.
马文龙，朱妤晴，蒋德钧，等 . 2018. Key-alue 型 NoSQL 本地存储系统研究 [J]. 计算机学报，41 (8)：1722-1751.

马义松，武志刚 . 2016. 基于 Neo4j 的电力大数据建模及分析 [J]. 电工电能新技术，35 (2)：24-30.
孟祥君，季知祥，杨祎 . 2015. 智能电网大数据平台及其关键技术研究 [J]. 供用电，32 (8)：19-24.
孟小峰，慈祥 . 2013. 大数据管理：概念、技术与挑战 [J]. 计算机研究与发展，5 (1)：146-169.
莫荣强，艾萍，吴礼福，等 . 2013. 一种支持大数据的水利数据中心基础框架 [J]. 水利信息化，(3)：16-20.
彭小圣，邓迪元，程时杰，等 . 2015. 面向智能电网应用的电力大数据关键技术 [J]. 中国电机工程学报，35 (3)：503-511.
戚红雨 . 2019. 流式处理框架发展综述 [J]. 信息化研究，45 (6)：1-8.
秦志光 . 2015. 智慧城市中的大数据分析技术 [J]. 北京：人民邮电出版社 .
覃雄派，王会举，李芙蓉，等 . 2013. 数据管理技术的新格局 [J]. 软件学报，(2)：5-27.
邱超，许金涛，元晓华 . 2019. 基于大数据技术的水情云数据中心设计与研究 [J]. 浙江大学学报：理学版，46 (1)：95-103.
邱菊，王岩，黄佩卓，等 . 2018. 大型电力企业基于 GBase 分布式数据仓库建设初探 [J]. 计算机应用与软件，35 (5)：184-189.
邱谦 . 2016. Spark 并行动态规划及其在水库群发电优化调度中的应用 [J]. 武汉：华中科技大学硕士学位论文 .
曲朝阳，熊泽宇，颜佳，等 . 2016. 基于 Spark 的电力设备在线监测数据可视化方法 [J]. 电工电能新技术，35 (11)：72-80.
屈志坚，王冬 . 2017. 分布式配电网监测的流计算实时并行处理技术 [J]. 电力系统及其自动化学报，29 (7)：27-33.
任磊，杜一，马帅，等 . 2014. 大数据可视分析综述 [J]. 软件学报，25 (9)：1909-1936.
任磊，王威信，滕东兴，等 . 2008. 面向海量层次信息可视化的嵌套圆鱼眼视图 [J]. 计算机辅助设计与图形学学报，20 (3)：298-303.
任磊 . 2009. 信息可视化中的交互技术研究 [D]. 北京：中国科学院软件研究所博士学位论文 .
上官博屹，乐鹏 . 2018. 流计算与传感网集成的城市内涝模型实时感知研究 [J]. 地理信息世界，25 (3)：1-6.
邵荃 . 2009. 突发事件应急平台模型库中模型链构建方法的研究 [D]. 北京：清华大学博士学位论文 .
沈来银，胡铁松，周姗，等 . 2020. 基于 SHAW 模型的河套灌区秋浇渠系优化配水模型研究 [J/OL]. 水利学报：1-10 [2020-04-26]. https：//doi. org/10. 13243/j. cnki. slxb. 20190630.
石纯一，张伟，等译 . M. · 伍尔德里奇著 . 2003. 多 Agent 系统引论 [M]. 北京：电子工业出版社 .
孙超，霍庆，任芝花，等 . 2018. 地面气象资料统计处理系统设计与实现 [J]. 应用气象学报，29 (5)：630-640.
孙淳晔，梁杨 . 2015. 探秘 MPP 数据库 [J]. 互联网天地，(7)：73-76.
孙大为，张广艳，郑纬民 . 2014. 大数据流式计算：关键技术及系统实例 [J]. 软件学报，25 (4)：839-862.
孙大为 . 2015. 大数据流式计算：应用特征和技术挑战 [J]. 大数据，1 (3)：99-105.
孙林花，冯建英，李仲龙，等 . 2014. 全国气象干旱监测预警业务试验平台设计与实现 [J]. 干旱气象，32 (1)：142-146.
索安宁，赵文喆，王天明，等 . 2007. 近 50 年来黄土高原中部水土流失的时空演化特征 [J]. 北京林业大学学报，(1)：90-97.
谭俊，张国芳，刘广一，等 . 2019. 基于图计算的配电网建模与分析 [J]. 供用电，36 (11)：

28-34，54.
汤亚宸，方定江，韩海韵，等 . 2019. 基于图数据库和知识图谱的电力设备质量综合管理系统研究［J］. 供用电，36（11）：35-40.
田璐，齐林海，李青，等 . 2019. 基于 Spark Streaming 的电力流式大数据分析架构及应用［J］. 电力信息与通信技术，17（2）：23-29.
涂振发，孟令奎，张文，等 . 2013. 面向分布式 GIS 空间数据的 Key-value 缓存［J］. 武汉大学学报（信息科学版），38（11）：1339-1343.
汪建武，贺屹 . 2013. RD 预报模型在渠井结合灌区地下水位动态预测中的运用［J］. 水利与建筑工程学报，11（3）：77-79，92.
汪君，王会军，Hong Y. 2016. 一个新的高分辨率洪涝动力数值监测预报系统［J］. 科学通报，61（Z1）：518-528.
王爱娟 . 2015. 基于大数据下的水土流失快速测评技术［C］//中国水土保持协会 . 中国水土保持学会预防监督专业委员会第九次会议暨学术研讨会 . 中国海南海口 .
王保义，王冬阳，张少敏 . 2016. 基于 Spark 和 IPPSO_ LSSVM 的短期分布式电力负荷预测算法［J］. 电力自动化设备，36（1）：117-122.
王冰，冯平 . 2011. 梯级水库联合防洪应急调度模式及其风险评估［J］. 水利学报，42（2）：218-225.
王迪，郭庆来，孙宏斌 . 2019. 图计算在电网 CPS 中的应用场景研究［J］. 电网技术，43（7）：2384-2392.
王国庆，张建云，管晓祥，等 . 中国主要江河径流变化成因定量分析［J/OL］. 水科学进展：1-11［2020-04-21］. http：// kns. cnki. net/kcms/detail/32. 1309. P. 20200413. 1930. 007. html.
王红，张青青，蔡伟伟 . 2017. 基于 Neo4j 的领域本体存储方法研究［J］. 计算机应用研究，34（8）：2404-2407.
王慧敏，李臣明，彭建华 . 2016. 基于流式大数据处理方式的降雨径流预测计算方法［Z］. 中国：CN201610808770. 8. 2016-09-07.
王继业 . 2017. 智能电网大数据 . 北京：中国电力出版社 .
王建华，赵红莉，冶运涛 . 2018. 智能水网工程：驱动中国水治理现代化的引擎［J］. 水利学报，49（9）：1148-1157.
王建华，赵红莉，冶运涛 . 2019. 城市智能水网系统解析与关键支撑技术［J］. 水利水电技术，50（8）：37-44.
王景雷，康绍忠，孙景生，等 . 2017. 基于贝叶斯最大熵和多源数据的作物需水量空间预测［J］. 农业工程学报，33（9）：99-106，315.
王靖，张路，王鹏宇，等 . 2019. 面向图计算的内存系统优化技术综述［J］. 中国科学：信息科学，49（3）：295-313.
王镜毓，石东源，陈金富，等 . 2017. 基于图数据库的继电保护整定计算数据存储与应用［J］. 电力自动化设备，37（9）：218-223.
王军，彭明，程勇 . 2018. 关于气象数据信息对降雨等级准确预测仿真［J］. 计算机仿真，35（9）：445-449，479.
王丽萍，李宁宁，马皓宇，等 . 2020. 三峡水库蓄水时机群决策方法研究［J/OL］. 水力发电学报：1-12［2020-06-16］. http://kns. cnki. net/kcms/detail/11. 2241. TV. 20200408. 0909. 002. html.
王乾伟，钟登华，鄢玉玲，等 . 2017. 基于熵权-D 数模型的 RCC 坝施工方案优选研究［J］. 水力发电学报，36（7）：104-112.

王桥，吴纪桃 . 1997. GIS 中的应用模型及其管理研究 [J]. 测绘学报，26 (3)：280-282.
王思宇 . 2018. 水资源大数据平台搭建及数据处理 [D]. 呼和浩特：内蒙古农业大学硕士学位论文 .
王小军，张建云，贺瑞敏，等 . 2011. 区域用水结构演变规律与调控对策研究 [J]. 中国人口·资源与环境，21 (2)：61-65.
王晓玲，谢怀宇，王佳俊，等 . 2020. 基于 Bootstrap 和 ICS-MKELM 算法的大坝变形预测 [J]. 水力发电学报，39 (3)：106-120.
王兴菊，孙杰豪，赵然杭，等 . 2020. 基于可变模糊集理论的跨流域调水工程水资源优化调度 [J/OL]. 南水北调与水利科技（中英文）：1- 17 [2020 - 06 - 16]. http://kns.cnki.net/ kcms/detail/ 13.1430.TV.20200417.1112.004.html.
王亚玲，刘越，洪建光，等 . 2016. 基于 Spark/Shark 的电力用采大数据 OLAP 分析系统 [J]. 中国科学技术大学学报，46 (1)：66-75.
王永桂，夏晶晶，张万顺，等 . 2017. 基于大数据的水环境风险业务化评估与预警研究 [J]. 中国环境管理，9 (2)：43-50.
魏龙飞，刘广一，张怀春，等 . 2019. 基于图计算的虚拟电厂报价辅助决策系统 [J]. 供用电，36 (11)：41-47.
吴飞 . 2010. 基于 Sybase IQ 的电力数据中心研究与应用 [J]. 网络财富，(5)：157-158.
吴润泽，包正睿，王文韬，等 . 2018. Hadoop 架构下基于模式匹配的短期电力负荷预测方法 [J]. 电工技术学报，33 (7)：1542-1551.
吴信东，嵇圣硙 . 2018. MapReduce 与 Spark 用于大数据分析之比较 [J]. 软件学报，29 (6)：1770-1791.
谢彦祥，刘天琪，苏学能 . 2018. Hadoop 架构下基于分布式粒子群算法的暂态稳定评估特征量选择 [J]. 电网技术，42 (12)：4107-4115.
谢易成 . 2019. 水质监测平台的设计与实现 [D]. 长沙：湖南师范大学硕士学位论文 .
辛永，黄文思，罗义旺，等 . 2019. 基于图数据库的企业数据中台数据资源检索技术研究 [J]. 电力信息与通信技术，17 (7)：6-10.
熊丽君，袁明珠，吴建强 . 2019. 大数据技术在生态环境领域的应用综述 [J]. 生态环境学报，28 (12)：2454-2463.
熊璋等 . 2015. 智慧城市 [M]. 北京：科学出版社 .
许静，王永桂，陈岩，等 . 2018. 中国突发水污染事件时空分布特征 [J]. 中国环境科学，38 (12)：4566-4575.
许向东，张全寿 . 1997. MBMS 中模型表示方法的研究 [J]. 管理科学学报，(2)：19-24.
闫佰忠，孙剑，王昕洲，等 . 2020. 基于多变量 LSTM 神经网络的地下水水位预测 [J]. 吉林大学学报（地球科学版），50 (1)：208-216.
闫健卓，高凯丽，许红霞，等 . 2019. 基于虚拟化的水务分布式大数据存储平台设计 [J]. 水利信息化，(3)：17-24.
闫梦洁，罗军，刘建英，等 . 2017. IABS：一个基于 Spark 的 Apriori 改进算法 [J]. 计算机应用研究，34 (8)：2274-2277.
闫卫阳，王发曾，秦耀辰 . 2009. 城市空间相互作用理论模型的演进与机理 [J]. 地理科学进展，28 (4)：511-518.
杨传国，陈喜，张润润，等 . 2014. 淮河流域近 500 年洪旱事件演变特征分析 [J]. 水科学进展，25 (4)：503-510.
杨洁，毕军，张海燕，等 . 2010. 中国环境污染事故发生与经济发展的动态关系 [J]. 中国环境科学，

30（4）：571-576.
杨太萌 . 2016. 基于大数据的城市防汛决策支持系统研究［D］. 杭州：浙江大学硕士学位论文 .
叶鹏 . 2018. 时间序列数据库在智能水电厂监控业务中的应用［J］. 水电厂自动化，39（1）：58-60.
喻黎明，严为光，龚道枝，等 . 2017. 基于 ELM 模型的浅层地下水位埋深时空分布预测［J］. 农业机械学报，48（2）：215-223.
岳强，刘福胜，刁艳芳 . 2017. 大数据环境下平原水库健康系统预警实证研究［J］. 应用基础与工程科学学报，25（5）：880-891.
乐鹏 . 2003. GIS 网络分析模型及相关算法研究［D］. 武汉：武汉大学硕士学位论文 .
翟桂锋，徐丹，钱锋，等 . 2018. 基于键值对存储的水电数据中心编码系统［J］. 水电与抽水蓄能，4（6）：19-22.
翟晓燕，郭良，刘荣华，等 . 2019. 前期土壤湿度和降雨对小流域山洪预警指标的影响评估［J］. 地理研究，38（12）：2957-2965.
詹利群，程海林，任晓炜 . 2019. Redis 缓存技术在自动气象站资料调用中的优化应用［J］. 计算机系统应用，28（5）：77-83.
张兵，袁寿其，成立，等 . 2004. 基于 L-M 优化算法的 BP 神经网络的作物需水量预测模型［J］. 农业工程学报，（6）：73-76.
张建新，蔡阳 . 2019. 水利感知网顶层设计与思考［J］. 水利信息化，（4）：1-5，19.
张建云，盛金保，蔡跃波，等 . 2015. 水库大坝安全保障关键技术［J］. 水利水电技术，46（1）：1-10.
张青青 . 2017. 基于大数据的城市排污监管系统的研究与实现［D］. 镇江：江苏大学硕士学位论文 .
张伟 . 2018. 面向大数据的内存计算技术研究［J］. 舰船电子工程，38（3）：4-8，16.
张晓东，朱永凯，彭超，等 . 2019. 基于上海市水务海洋行政审批数据技术分析及应用研究［J］. 水利技术监督，（3）：51-57，184.
张昕，袁晓如 . 2012. 树图可视化［J］. 计算机辅助设计与图形学学报，24（9）：1113-1124.
张展羽，梁振华，冯宝平，等 . 2017. 基于主成分-时间序列模型的地下水位预测［J］. 水科学进展，28（3）：415-420.
赵芬，张丽云，赵苗苗，等 . 2017. 生态环境大数据平台架构和技术初探［J］. 生态学杂志，36（3）：824-832.
赵海凤，李仁强，赵芬，等 . 2018. 生态环境大数据发展现状与趋势［J］. 生态科学，37（1）：211-218.
赵苗苗，赵师成，张丽云，等，2017. 大数据在生态环境领域的应用进展与展望［J］. 应用生态学报，28（5）：1727-1734.
赵新飞 . 2017. 朱衣河水质信息可视化平台的设计与实现［D］. 邯郸：河北工程大学硕士学位论文 .
中国信息通信研究院云计算与大数据研究所，CCSA TC601 大数据技术标准推进委员会 . 2019. 内存数据库白皮书［R］. 北京：中国信息通信研究院 .
钟昀，詹成国 . 2007. 分布式内存数据库在变电站自动化系统中应用［J］. 电力自动化设备，（3）：116-119.
周爱华，裘洪彬，高昆仑，等 . 2018. 基于图数据库的电网拓扑分析技术研究［J］. 电力信息与通信技术，16（8）：23-27.
周建宁，徐晓东，蔡岗 . 2016. 流式计算在交通管理中应用研究［J］. 中国公共安全（学术版），（1）：70-75.
周江，王伟平，孟丹，等 . 2014. 面向大数据分析的分布式文件系统关键技术［J］. 计算机研究与发展，51（2）：382-394.

朱光辉，黄圣彬，袁春风，等. 2018. SCoS：基于 Spark 的并行谱聚类算法设计与实现［J］. 计算机学报，41（4）：868-885.

朱记伟，徐小钰，刘家宏，等. 2016. 渭河平原2205年旱涝灾害发生规律及演变特征分析［J］. 西北农林科技大学学报（自然科学版），44（10）：199-206.

朱继召，贾岩涛，徐君，等. 2016. SparkCRF：一种基于 Spark 的并行 CRFs 算法实现［J］. 计算机研究与发展，53（8）：1819-1828.

朱月琴，谭永杰，张建通，等. 2015. 基于 Hadoop 的地质大数据融合与挖掘技术框架［J］. 测绘学报，44（S1）：152-159.

Abello J，Van Ham F，Krishnan N. 2006. ASK-Graphview：A large scale graph visualization system［J］. IEEE Trans. on Visualization and Computer Graphics，12（5）：669-676.

Ahlberg C，Shneiderman B. 1994. Visual information seeking：Tight coupling of dynamic query filters with starfield displays［C］//In：Beth A，Susan D，Judith O，eds. Proc. of the CHI. New York：ACM Press.

Al-Zahrani M A，Abo- Monasar A. 2015. Urban residential water demand prediction based on artificial neural networks and time series models［J］. Water Resources Management，29（10）：3651-3662.

Balzer M，Deussen O. 2005. Voronoi treemaps［C］//In：Andrews K，ed. Proc. of the INFOVIS. Los Alamitos：IEEE Press.

Buchin K，Speckmann B，Verbeek K. 2011. Flow map layout via spiral trees［J］. IEEE Trans. on Visualization and Computer Graphics，17（12）：2536-2544.

Card S K，Mackinlay J D，Shneiderman B. 1999. Readings in information visualization：Using vision to think［J］. San Francisco：Morgan-Kaufmann Publishers.

Chari K. 2003. Model composition in a distributed environment［J］. Decision Support Systems，35（3）：399-413.

Chen Y，Li X，Liu X，et al. 2014. Modeling urban land-use dynamics in a fast developing city using the modified logistic cellular automaton with a patch-based simulation strategy［J］. International Journal of Geographical Information Science，28（2）：234-255.

Claessen J H T，Van Wijk J J. 2011. Flexible linked axes for multivariate data visualization［J］. IEEE Trans. on Visualization and Computer Graphics，17（12）：2310-2316.

Codd E F. 1970. A relational model of data for large shared data banks［J］. Communications of the ACM，13（1）：377-387.

Collins C，Carpendale S，Penn G. 2009. DocuBurst：Visualizing document content using language structure［J］. Computer Graphics Forum，28（3）：1039-1046.

Collins C，Viegas F B，Wattenberg M. 2009. Parallel tag clouds to explore and analyze faceted text corpora［C］//In：Stasko E，van Wijk JJ，eds. Proc. of the VAST. Atlantic City：IEEE Press.

Cui W，Liu S，Tan L，et al. 2011. TextFlow：Towards better understanding of evolving topics in text［J］. IEEE Trans. on Visualization and Computer Graphics，17（12）：2412-2421.

Cui W，Wu Y，Liu S，et al. 2010. Context- Preserving dynamic word cloud visualization［C］//In：North S，Shen H W，van Wijk J J，eds. Proc. of the PacificVis. Taipei：IEEE Press.

Cui W，Zhou H，Qu H，et al. 2008. Geometry- Based edge clustering for graph visualization［J］. IEEE Trans. on Visualization and Computer Graphics，14（6）：1277-1284.

Curry E. 2016. The big data value chain：Definitions，concepts，and theoretical approaches［C］// Cavanillas J，Curry E，Wahlster W. New horizons for a data driven economy. Springer，Cham：29-37.

Darabi H, Haghighi A T, Mohamadi M A, et al. 2020. Urban flood risk mapping using data- driven geospatial techniques for a flood-prone case area in Iran [J]. Hydrology Research, 51 (1): 127-142.

Dean J, Ghemawat S. 2008. MapReduce: Simplified data processing on large clusters [J]. Communications of the ACM, 51 (1): 107-113.

Demsar U, Virrantaus K. 2010. Space- Time density of trajectories: Exploring spatio- temporal patterns in movement data [J]. International Journal of Geographical Information Science, 24 (10): 1527-1542.

Dolk D R. 1988. Model management and structured modeling: The role of an information resource dictionary system [J]. Communications of the ACM, 31 (6): 704-718.

Elmqvist N, Draqicevic P, Fekete J D. 2008. Rolling the dice: Mulitidimensional visual exploration using Scatterplot matrix navigation [J]. IEEE Trans. on Visualization and Computer Graphics, 14 (6): 1539-1548.

Elmqvist N, Fekete J D. 2010. Hierarchical aggregation for information visualization: Overview, techniques, and design guidelines [J]. IEEE Trans. on Visualization and Computer Graphics, 16 (3): 439-454.

El-Gayar O, Tandekar K. 2007. An XML-based schema definition for model sharing and reuse in a distributed environment [J]. Decision Support Systems, 43 (3): 791-808.

Ersoy O, Hurter C, Paulovich F V, et al. 2011. Skeleton- Based edge bundling for graph visualization [J]. IEEE Trans. On Visualization and Computer Graphics, 17 (12): 2364-2373.

Farber F, Cha S K, Primsch J, et al. 2012. SAP HANA database: Data management for modern business applications [J]. ACM Sigmod Record, 40 (4): 45-51.

Geller G N, Turner W. 2007. The model web: A concept for ecological forecasting [C] //2007 IEEE International Geoscience and Remote Sensing Symposium. IEEE.

Gelli R, Khaparde S A. 2015. CIM oriented graph database for network topology processing and applications integration [C] //2015 50th International Universities Power Engineering Conference. Stanffordshire, UK: IEEE: 1-7.

Geng Z, Peng Z, Laramee R S, et al. 2011. Angular histograms: Frequency-Based visualizations for large, high dimensional data [J]. IEEE Trans. on Visualization and Computer Graphics, 17 (12): 2572-2580.

Geoffrion A M. 1992a. The SML language for structured modeling: Levels 1 and 2 [J]. Operations Research, 40 (1): 38-57.

Geoffrion A M. 1992b. The SML Language for Structured Modeling: Level 3 and 4 [J]. Operations Research, 40 (1): 58-75.

Ghemawat S, Gobioff H, Leung S T. 2003. The Google file system [J]. ACM, 37 (5): 29-43.

Gou L, Zhang X. 2011. Treenetviz: Revealing patterns of networks over tree structures [J]. IEEE Trans. on Visualization and Computer Graphics, 17 (12): 2449-2458.

Guzmán H A, Larraga M E, Alvarez- Icaza L. 2015. A two lanes cellular automata model for traffic flow considering realistic driving decisions [J]. Journal of Cellular Automata, 10 (1-2): 65- 93.

Halevi G, Moed H. 2012. The evolution of big data as a research and scientific topic: Overview of the literature [J]. Research Trends, 30 (1): 3-6.

Havre S, Hetzler E, Whitney P, et al. 2002. Themeriver: Visualizing thematic changes in large document collections [J]. IEEE Trans. On Visualization and Computer Graphics, 8 (1): 9-20.

Herman I, Melancon G, Marshall M S. 2000. Graph visualization and navigation in information visualization: A survey [J]. IEEE Trans. On Visualization and Computer Graphics, 6 (1): 24-43.

Hey T, Gannon D, Pinkelman J. 2012. The future of data-intensive science [J]. Computer, 45 (5): 81-82.

Hong S N, Mannino M V, Greenberg B S. 1990. Inheritance and instantiation in model management [C] // Twenty-Third Annual Hawaii International Conference on System Sciences. IEEE.

HuangH C, Dong Z Y. 2013. Research on architecture and query performance based on distributed graph database neo4j [C] // In Consumer Electronics, Communications and Networks (CECNet), 3rd International Conference on, IEEE: 533-536.

Huh S Y. 1993. Modelbase Construction with Object - Oriented Constructs [J]. Decision Sciences, 24 (2): 409- 434.

Hurter C, Ersoy O, Telea A. 2012. Graph bundling by kernel density estimation [J]. Computer Graphics Forum, 31 (3): 865-874.

Inselberg A, Dimsdale B. 1990. Parallel coordinates: A tool for visualizing multi- dimensional geometry [C] // In: Kaufman A, ed. Proc. of the Visualization. San Francisco: IEEE Press.

Joia P, Coimbra D, Cuminato J A, et al. 2011. Local affine multidimensional projection [J]. IEEE Trans. On Visualization and Computer Graphics, 17 (12): 2563-2571.

Keim D A, Kriegel H P. 1996. Visualization techniques for mining large databases: A comparison [J]. IEEE Trans. on Knowledge and Data Engineering, 8 (6): 923-938.

Khan M A, Islam M Z, Hafeez M. 2011. Irrigation Water Demand Forecasting - A Data Pre- processing and Data Mining Approach Based on Spatiotemporal Data [C] //Proceedings of the 9- th Australasian Data Mining Conference (AusDM'11), Ballarat, Australia.

Koh K, Lee B, Kim B. 2010. ManiWordle: Providing flexible control over wordle [J]. IEEE Trans. on Visualization and Computer Graphics, 16 (6): 1190-1197.

Kriksciuniene D, Sakalauskas V, Kriksciunas B. 2015. Process optimization and monitoring along big data value chain [C] //Abramowicz W. Lecture Notes in Business Information Processing. Springer, Cham: 75-86.

Krishnan R, Chari K. 2000. Model management: Survey, future research directions and a bibliography [J]. Interactive Transactions of OR/MS, 3 (1): 399-413.

Kyrola A, Blelloch G, Guestrin C. 2012. GraphChi: large- scale graph computation on just a PC [C] //Usenix Conference on Operating Systems Design and Implementation. Hollywood: ACM: 31-46.

Lazimy R . 1993. Object-oriented modeling support system: model representation, and incremental modeling [C] // Hawaii International Conference on System Sciences. IEEE.

Lee J H, McDonnell K T, Zelenyuk A, et al. 2014. A structure- based distancemetric for high- dimensional space exploration with multi- dimensional scaling [J]. IEEE Trans. on Visualization and Computer Graphics, 20 (3): 351-364.

Lhoták O, Hendren L. 2003. Scaling Java points- to analysis using Spark [C] //In: Proc. of the 12th Int' l Conf. on Compiler Construction. Berlin: Springer- Verlag: 153-169.

Liang T P. 1988. Development of a knowledge- based model management system: Special focus article [J]. Operations Research, 36 (6): 849-863.

Lindstrom J, Raatikka V, Ruuth J, et al. 2013. IBM solidDB: In- memory database optimized for ExtremeSpeed and availability [J]. IEEE Data Engineering Bulletin, 36 (2): 14-20.

Liu L, Eck J E. 2008. Artificial crime analysis systems: Using computer simulations and geographic information systems [M]. New York: IGI Global.

Liu S, Wu Y, Wei E, et al. 2013. Storyflow: Tracking the evolution of stories [J]. IEEE Trans. on

Visualization and Computer Graphics, 19 (12): 2436-2445.

Low Y, Gonzalez J E, Kyrola A, et al. 2014. GraphLab: a new framework for parallel machine learning [J]. Computer Science, 3 (12): 124-134.

Lu H W, Yu S. 2018. Spatio-temporal variational characterisctics analysis of heavy metals pollution in water of the typical northern rivers, China [J]. Journal of Hydrology, 559: 787-793.

Luo D, Yang J, Krstajic M, et al. 2012. Eventriver: Visually exploring text collections with temporal references [J]. IEEE Trans. on Visualization and Computer Graphics, 18 (1): 93-105.

Ma J. 1995. An object- oriented framework for modelmanagement [J]. Decision Support Systems, 13 (2): 133-139.

Ma Y S, Wu Z G, Guan L, et al. 2014. Study on the relationshipbetween transmission line failure rate and lightning information based on Neo4j [C] // 2014 International Conference on Power System Technology. Chengdu, China: IEEE, 2014: 474-479.

Malewicz G, Austern M H, Bik A J C, et. al. 2010. Pregel: a system for large- scale graph processing [C] // ACM SIGMOD International Conference on Management of Data. Indianapolis: ACM: 135-146.

Miller H G, Mork P. 2013. From data to decisions: A value chain for big data [J]. IT Professional, 15 (1): 57-59.

Miller J J. 2013. Graph database applications and concepts with neo4j [C] // In Proceedings of the Southern Association for Information Systems Conference, Atlanta, GA, USA: 36.

Papageorgiou E I, Poczeta K, Laspidou C. 2015. Application of fuzzy cognitive maps to water demand prediction [C] //FUZZ-IEEE 2015. IEEE.

Paulovich F V, Minghim R. 2008. Hipp: A novel hierarchical point placement strategy and its application to the exploration of document collections [J]. IEEE Trans. on Visualization and Computer Graphics, 14 (6): 1229-1236.

Peuquet D J, Kraak M J. 2002. Geobrowsing: Creative thinking and knowledge discovery using geographic visualization [J]. Information Visualization, 1 (1): 80-91.

Phan D, Xiao L, Yeh R, et al. 2005. Flow map layout [C] //In: Andrews K, ed. Proc. of the INFOVIS. Los Alamitos: IEEE Press.

Qi C, Sun J. 2007. Model net: A representation of the static structure of modelbase [J]. International Journal of Pattern Recognition and Artificial Intelligence, 21 (4): 791-807.

Rao B T, Sridevi N, Reddy V K, et al. 2011. Performance issues of heterogeneous hadoop clusters in cloud computing [J]. Global Journal of Computer Science and Technology, 6 (8): 1-6.

Rhyne T M, MacEachren A M, Dykes J. 2006. Exploring geovisualization [J]. IEEE Computer Graphics and Applications, 26 (4): 20-21.

Scheepens R, Willems N, Van de Wetering H, et al. 2011. Composite density maps for multivariate trajectories [J]. IEEE Trans. on Visualization and Computer Graphics, 17 (12): 2518-2527.

Selassie D, Heller B, Heer J. 2011. Divided edge bundling for directional network data [J]. IEEE Trans. on Visualization and Computer Graphics, 17 (12): 2354-2363.

Shi J, Dong X, Zhao T, et al. 2014. WCOM: The science scenario and objectives of a global water cycle observation mission [C] //Geoscience & Remote Sensing Symposium. IEEE. Quebec City, Canada.

Shneiderman B. 1992. Tree visualization with tree- maps: 2- d spacing- filling approach [J]. ACM Trans. on Graphics, 11 (1): 92-99.

Slingsby A, Dykes J, Wood J. 2011. Exploring uncertainty in geodemographics with interactive graphics [J]. IEEE Trans. on Visualization and Computer Graphics, 17 (12): 2545-2554.

Smolak K, Kasieczka B, Silanowicka K, et al. 2018. Urban hourly water demand prediction using human mobility data [C] //International Conference on Big Data: 213-214.

Srikrishna P, Avinash S B. 2014. Application of polyglot persistence to enhance performance of the energy data management systems [C] //2014 International Conference on Advances in Electronics Computers and Communications. Bangalore, India: IEEE, 2014: 1-6.

Strauch C. 2012. NoSQL Database [EB/OL]. http: //www. christof- strauch. de/nosqldbs. pdf [2020-04-19].

Sundaram N, Satish N, Patwary M M A, et al. 2015. GraphMat: high performance graph analytics made productive [J]. Proceedings of the VLDB Endowment, 8 (11): 1214-1225.

Telea A, Ersoy O. 2010. Image- Based edge bundles: Simplified visualization of large graphs [J]. Computer Graphics Forum, 29 (3): 843-852.

Tobler W. 1987. Experiments in migration mapping bycomputer [J]. The American Cartographer, 14 (2): 155-163.

Tominski C, Schumann H, Andrienko G, et al. 2012. Stacking- Based visualization of trajectory attribute data [J]. IEEE Trans. On Visualization and Computer Graphics, 18 (12): 2565-2574.

Turkay C, Lundervold A, Lundervold A J, et al. 2012. Representative factor generation for the interactive visual analysis of highdimensional data [J]. IEEE Trans. on Visualization and Computer Graphics, 18 (12): 2621-2630.

Viegas F B, Wattenberg M, Feinberg J. 2009. Participatory visualization with wordle [J]. IEEE Trans. on Visualization and Computer Graphics, 15 (6): 1137-1144.

Viegas F B, Wattenberg M. 2008. Tag clouds and the case for vernacular visualization [J]. Interactions, 15 (4): 49-52.

Wang J, Chen S, Xia T. 2010. Environmental risk assessment of heavy metals of Bohai Sea, North Chian [J]. Procedia Environmental Sciences, 2: 1632-1642.

Westervelt J. 2001. Simulation modeling for watershed management [M]. Springer Science & Business Media.

White T. 2012. Hadoop: The definitive guide [R]. O'Reilly Media, Inc..

Wu Y, Provan T, Wei F, et al. 2011. Semantic- Preserving word clouds by seam carving [J]. Computer Graphics Forum, 30 (3): 741-750.

Xiao C C, Chang M, Guo P K, et al. 2019. Characteristics analysis of industrial atmospheric emission sources in Beijing- Tianjin- Hebei and Surrounding areas using data mining and statistics on different scales [J]. Atmospheric Pollution Research, 40 (3): 528-540.

Xin R S, Gonzalez J E, Franklin M J, et. al. 2013. GraphX: a resilient distributed graph system on Spark [C] // Proceedings of the 1st International Workshop on Graph Data Management Experiences and Systems. New York, NY: ACM, 2013: 2

Yang J, Hubball D, Ward M S, et al. 2007. Value and relation display: Interactive visual exploration of large data sets with hundreds of dimensions [J]. IEEE Trans. on Visualization and Computer Graphics, 13 (3): 494-507.

Yong S. 2014. Big Data history, current status, and challenges going forward [J]. The US National Academy of Engineering, 88 (4): 6-11.

Yu Y, Isard M, Fetterly D, et al. 2008. DryadLINQ: A system for general- purpose distributed data- parallel computing using a high-level language [C] // In: Proc. of the 8th USENIX Conf. on Operating Systems Design and Implementation. USENIX Association Berkeley: 1-14.

Zaharia M, Chowdhury M, Das T, et al. Resilient distributed datasets: A fault-tolerant abstraction for in-memory cluster computing [C] //In: Proc. of the 9th USENIX Conf. on Networked Systems Design and Implementation. San Jose: USENIX Association Berkeley, 2012. 1-14.

Zaharia M, Chowdhury M, Franklin M J, et al. 2010. Spark: Cluster computing with working sets [C] //In: Proc. of the 2nd USENIX Conf. on Hot Topics in Cloud Computing (HotCloud 2010). Berkeley: USENIX Association.

Zhao J, Chevalier F, Collins C, et al. 2012. Facilitating discourse analysis with interactive visualization [J]. IEEE Trans. On Visualization and Computer Graphics, 18 (12): 2639-2648.

Zhou H, Yuan X R, Qu H M, et al. 2008. Visual clustering in parallel coordinates [J]. Computer Graphics Forum, 27 (3): 1047-1054.

第4章　智慧水利大数据平台构建方法

4.1 引　言

在大数据时代，各类基础通信设施及技术的高速发展引发了众多行业的根本性变革。与此同时，随着水利信息化的高速发展，水利数据也逐渐形成自己的特点，而这些数据的存储及处理也都具有明显的行业特性（刘颖等，2019）。水利数据除了常规的业务数据以外，还包括多种海量多媒体数据，如GIS、视频影像和高分遥感等数据（叶茂等，2018）。伴随物联网、卫星遥感、视频监控等监测终端的普及应用，水利信息数据呈指数级增长（Cui and Li，2018），数据分析处理能力落后与数据快速增长之间的矛盾将更加突出。随着数据量、数据类型的增多，也出现数据分析性能瓶颈、缺少数据分析挖掘的高级方法、非结构化数据尚缺乏有效利用等问题，制约了“数字水利”向“智慧水利”的发展。

多年来水利行业信息资源建设已具备一定的基础。一是通过防汛抗旱指挥系统等重大项目，建设了实时水雨情、水利工程等数据库；二是通过多年的水文观测，积累了系列的水文、水质等数据，并在流域和地方建设了基础水文数据库等；三是通过不定期的水资源调查评价、水资源规划、防洪规划、水能资源调查评价、水土保持遥感调查、灌区发展规划等业务，积累了较为丰富的水资源、水土流失、水能资源、灌区等方面的基础数据；四是通过各种月报、年报、公报以及不定期调查报告，积累了多方面的业务数据。分散建设的业务应用系统和数据库导致了信息资源开发利用程度不高、技术条件差异很大、形式与结构的异构现象严重、发展极不平衡等问题。业务功能层次提升困难，业务协同难以实现的问题已经显现。特别是围绕单一业务应用需求建设的数据库不能适应水利业务协同与功能提升的需求，并逆向制约水利信息化发展的问题日益严重。另外，各级水利涉水事务的社会管理和公共服务对各类水利信息的需求十分迫切，已建的水利信息资源无论是综合程度、共享条件、技术水平和服务方式均难以满足需求（成建国等，2008）。有效存储和应用水利大数据，已成为智慧水利建设面临的关键技术之一。然而，现有水利数据中心的技术定位与基本体系，在处理大量的水利数据，特别是图像和数据流等半结构化、非结构化数据方面，还存在能力、技术等多方面的不足（莫荣强等，2013）。因此，需要开展水利大数据平台建设，全面整合分散的各类水利信息资源，实现资源共享，并对其进行深度挖掘，以满足水利业务和事务发展的需要。

水利大数据平台是大数据应用的基础和技术支撑，为水利大数据应用提供数据基础以及存储、计算、分析等能力，因此大数据平台是大数据应用真正落地的有力支撑（朱朝阳等，2015）。由于水利大数据应用与其他行业大数据应用的差异性，当前一些大数据平台并不能完全适用于水利行业，因此研究与开发水利大数据平台，以此支撑水利大数据应用，显得非常必要且迫切。水利大数据平台的研究与开发是一个系统性工程，涉及水利大数据平台建设、水利大数据收集与整理、水利大数据汇聚与融合、水利大数据分析挖掘等几个步骤和环节。这几个步骤既彼此独立，又相互关联，形成一个统一的整体，而每一个环节又涉及很多具体的细节，需要总体考虑（王继业，2017）。

4.2 水利大数据平台建设

建设智慧水利大数据平台是一个复杂迭代、灵活多变的过程，其间会面临各种难题，这些问题尤其存在于平台架构设计、多源异构数据采集与存储适配、多类型组件兼容适配及融合、平台统一权限管理、存储及采集组件标准化等方面。要解决这些难题，需要以业务需求为驱动、以技术探索为手段，逐层推进，分步实现（王继业，2017）。

智慧水利大数据平台建设首先要综合分析业务需求，梳理业务应用对数据采集、数据存储、数据处理计算、分析挖掘及可视化展现的共性需求；其次要明确建设目标、设定建设原则及制定建设方案；最后进行平台开发、测试及部署。平台建设过程如图 4-1 所示。

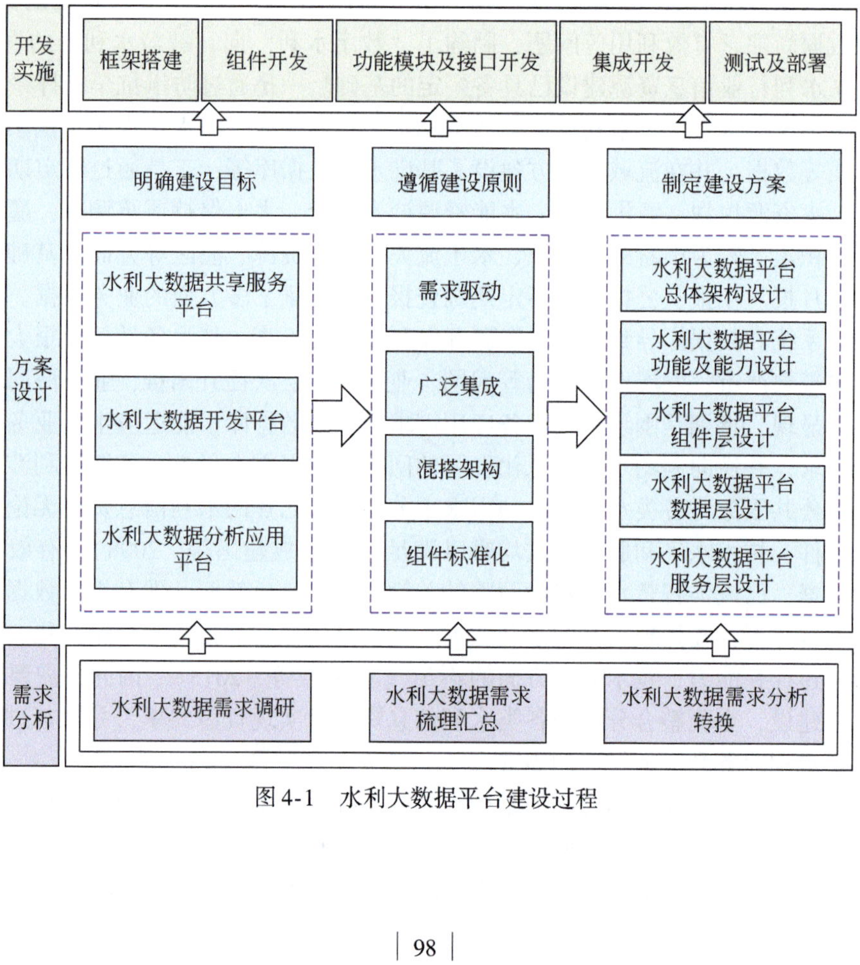

图 4-1 水利大数据平台建设过程

4.2.1 需求分析

以江河湖泊、水利工程、水利活动等为对象，开展面向水灾害、水资源、水生态、水环境、水工程等水利业务领域的需求调研，了解这些业务在数据来源、数据类型及容量、数据存储方式和速度、数据采集频率及传输方式、数据计算模式及复杂度、分析挖掘算法、可视化形式等方面的需求。梳理汇总调研成果，分析提炼出共性、可量化、可实施的水利大数据需求，为水利大数据平台建设方案的制定提供依据。数据需求分析可以采用信息资源规划方法，考虑到信息资源规划方法是基于业务需求驱动的，难免受到职能部门分割带来的视野局限性的影响，因此在数据需求分析时，也要兼顾水循环的系统性和整体性的特点，数据要能够全景描绘水循环及其伴生过程的“空间–时间–属性–业务”的“画像”。

数据来源主要来水利部门的传感器采集数据、调查统计数据、业务数据以及共享交换数据。以水资源为例，传感器采集数据包括降水量数据、径流量数据、供水量数据、用水量数据、土壤含水量数据等；调查统计的数据包括三次全国水资源调查评价数据等；业务数据包括取水许可、水资源论证、水权交易等业务数据；共享交换数据包括卫星遥感图形、社会经济等数据。

数据类型包括结构化数据和非结构化数据。结构化数据包括传感器采集数据、业务管理活动中产生的数据。非结构化数据包括视频、卫星遥感数据、网页、文本、图片等数据。数据容量的计算可以采用采集的数据类型、数据覆盖范围、数据采集频次等来计算数据存储所需的容量。根据不同的数据类型，选用不同的数据存储方式，对于结构化数据，选用关系型数据库，对于非结构化数据，选用 NoSQL 数据库及其他存储方式。

4.2.2 方案设计

水利大数据平台以构建“水利大数据共享、水利大数据开发、水利大数据分析”三位一体平台为建设目标，一是作为水利数据资源共享平台，能够对各类水利数据进行有效的融合，并为各专业提供数据共享；二是作为水利大数据应用的开发与运行平台，具备为水利大数据应用提供存储、计算、分析等能力，让水利大数据应用的开发者只需要专注于业务，而不需要关注底层使用的云计算与大数据相关的细节，简化大数据应用的开发；三是作为水利大数据分析的应用平台，可以直接为水利大数据分析提供各类数据分析的工具，完成数据分析任务。

水利大数据平台建设原则为：广泛集成、混搭架构、组件标准化、先进性、安全性、可管理性。①广泛集成：整合集成水文水资源、防汛抗旱、水利工程、水土保持、农村水利、水库移民与扶贫、水行政执法、水利安全监管与水利规划等各类水利数据资源，有效集成各类基础数据、业务数据、管理数据、成果资料和统计数据，健全水利数据资源体系，汇聚形成布局合理、规模适度、保障有力、绿色集约的水利数据资源，实现对各类水利数据的统一管理和应用。②混搭架构：平台采用混搭架构来满足不同类型的数据存储和不同业务的不同数据处理要求。③组件标准化：国内外已形成了基础设施、数据采集、数据存储、数据分析、数据服务等大数据应用组件，系统所采用的组件必须与国际标准相符合，同时确保组件具有良好的开放性，能够实现与多种技术和软硬件平台的有机集成。④先进性原则：系统采用主流、符合发展方向的、先进成熟的技术和设备，以及系统集成化、模块化的理念，以保障系统具有高效、全面和稳定等良好品质。总体架构为先进成熟的 SOA 体系架构，技术为目前主流的 J2EE 等，数据接口基于 XML 标准。⑤安全性原则：平台建设要充分考虑数据的安全性，应具有完整、全面的安全体系，能够提供信息保密性、数据完整性、身份识别和数字认证、防抵赖性等安全保障措施。充分考虑并科学设计不同应用场景、用户角色的操作权限，确保系统的安全运行。⑥可管理性原则：系统应具有良好的可管理性，允许管理人员通过管理工具实现系统的全面监控、管理和配置，为系统故障的判断、排错和分析提供支撑，并可进行简易、灵活地定制和调整，同时对系统运行情况能够实时统计分析、报表展示。

在遵循上述建设原则基础上，制定详细的平台建设方案，涉及应用架构设计、平台功能及能力设计、平台组件层设计、平台数据层设计、平台服务层设计等五个方面。

4.2.2.1 平台架构设计

水利大数据平台采用松耦合的混搭架构，以元数据驱动各模块进行数据采集、存储及计算，以满足海量多源异构数据的批量和实时采集、数据快速存储及查询、数据批量快速处理、实时在线处理等需求；采用分布式处理和流处理等技术，实现数据的高效和流程化处理。参考水利大数据的架构体系，水利大数据平台将传统数据仓库与新型数据处理融合在一起，以支撑不同类型的业务应用。数据驱动的工作流可以通过统一控制接口的方式将离线计算、流式计算、内存计算等不同的计算引擎有效组织起来，对外提供分析挖掘服务、数据共享服务及数据交互服务。

4.2.2.2 平台功能及能力设计

根据水利大数据平台的目标定位，水利大数据平台要为各类水利应用提供海量数据采集、存储、计算、分析、展现、安全等基础性支撑功能。在水利大数据平台功能设计基础上打造水利大数据平台的核心能力，使水利大数据平台具备对离线与实时水利数据的采集能力，具备对各类水利数据（结构化、非结构化、半结构化）的存储、处理、计算（流式计算、离线计算、内存计算）、分析挖掘及可视化能力。

1）数据采集方面。提供强大的数据抽取、转换和加载能力。适配多种数据源（数据库/文件/日志/数据流），适配多种数据抽取方式（离线/实时/近线），可配置采集策略，支持集群方式运行，可以对采集过程进行监控和详细的日志记录。

2）数据存储方面。提供低成本、高扩展性的数据存储，支持结构化、非结构化、半结构化数据等存储需求。支持结构化数据和半结构化数据低时延即席查询，可以对大吞吐量高效地批量加载与处理非结构化数据。

3）数据计算方面。提供海量异构数据实时、批量处理分析，构建在线监测、在线分析和在线计算等实时数据处理平台。利用大数据的批量计算、内存计算等技术，综合各类业务逻辑和算法，实现海量数据的离线分析与处理能力。

4）数据分析方面。可提供跨业务的分析模型和数据挖掘算法，设计大数据关联分析模型库和算法库，可实现数据分析模型和算法的灵活配置和扩展。对于常用的数据分析方法可实现并行化，提升数据分析性能。

5）数据展现方面。支持灵活可定制的可视化展现，可实现数据可视化及分析可视化。支持移动终端（含手机、平板电脑）、桌面终端、监控大屏等多种终端展示。

6）数据安全方面。可实现不同业务流、不同人员数据的逻辑隔离，确保数据的授权访问。具备对数据进行隐私保护的手段。

7）应用服务接口方面。应实现对大数据应用提供数据共享服务、数据计算服务、数据分析挖掘服务、数据可视化服务等，提供统一的应用服务接口（Application Programming Interface，API）。

8）平台管理方面。可以对平台的数据、存储、服务器、软件组件、任务进行全面的监控与管理。通过可配置工作流方式实现工作任务的灵活可定制。

在水利大数据平台功能及能力设计中，一是要结合水利业务的需求和各功能的应用特性，设计各功能模块的合理化结构，二是要从功能构成的整体性、相关性和层次性的角度，优化各功能组成以及相互关系之间的协调，从更大范围内、从更高层次上发挥水利大数据平台的最大价值。

4.2.2.3 平台组件层设计

大数据生态圈经过十余年的指数式发展，形成了大数据基础架构阵营、大数据分析阵营、大数据应用阵营、架构与分析跨界阵营、大数据开源阵营、数据源与 API 阵营和孵化器与培训阵营等七大阵营。通过这些不同阵营的合作，可以为企业和组织提供端到端的完整大数据解决方案。

大数据技术本质上是解决数据采集、存储、计算、查询、挖掘 5 个核心问题，因此组件类别分为采集类、存储类、计算类、查询类、挖掘类以及协调以上各类技术组件协同工作的协调类组件。采集类技术组件主要包括 Flume、Logstash 等，用来解决海量的数据快速批量的采集的问题。存储类技术组件主要包括 Hive、HDFS、Kafka 等，用来解决海量的数据可靠的存储问题。计算类技术组件主要包括 MapReduce、Spark、Spark Streaming、Storm、Flink 等，用来解决海量的数据快速准确计算的问题。查询类技术组件分为 NoSQL 和 OLAP，其中 NoSQL 主要解决随机查询，包括 Redis、Hbase、Cassandra 等；OLAP 技术主要解决关联查询，包括 Kylin、implad 等；同时基于索引技术实现快速查询的技术也很成熟，如 Lucence 和 Elasticsearch 等。挖掘类组件主要指机器学习和深度学习等技术组件，包括 Spark ML、TensorFlow、Caffe、Mahout 等，用来解决从海量数据中挖掘出隐藏知识的问题。协调类组件主要包括 Yarn 和 ZooKeeper 等。

在建设水利大数据平台前，根据水利领域不同业务的实际需求，需要对各种类型技术的分析和实际测试，综合考虑组件的技术先进性、稳定性、兼容性、可扩展性，以及对平台的整体架构性能提升，完成满足水利领域需求的大数据组件选型。

每一类型的技术组件都含有相应的特性和局限性，应根据特定应用领域选择相应的组件版本类型，主要包括开源版本和商用版或发行版。考虑到水利大数据应用很少会介入核心组件的改造或优化工作，并且，开源组件还涉及与开源社区后续版本的兼容性问题，因此，不建议选择开源版本搭建水利大数据平台。水利大数据平台对组件容错性、鲁棒性要求极高，建议优先选择商用版或发行版，同时也要注意，无论是 CDH/HDP 还是国内的发行商，都是基于开源社区的组件进行集成，所选取的范围有区别，要根据单位的自身需要进行衡量，但从功能上总体差别不大。更重要的是进行技术服务能力的评估，目前大数据厂商的支持能力相对传统厂商的成熟度还是要差些，单位自身或集成商要具备较强的能力。此外，如果进行了定制化的改造，要考虑产品厂商是否有能力将其推入社区或持续跟进。

在选用技术组件时，考虑大数据技术组件的更新特别频繁，要屏蔽各组件因版本变更对业务应用的影响，就要实现组件标准化，确保针对不同的水利业务场景，“插件式”组件可以嵌入平台上。此外，还要评估组件的性能、兼容性和可靠性，可以适当地根据应用场景，做一些原型测试或产品选型测试。具体到不同的技术组件，可以参考一些官方的测评结果，但由于测评组织者的倾向性和产品调优程度不同，还要充分判断测试结果是否有参考价值。考虑到场景的数据使用模式比较有限，也可以在互联网或者领先企业的应用中找到实践样例。

选定组件之后，要制定水利大数据平台内集成采集、存储、计算、分析、可视化类组件的调度指令和数据通信规范，将各类组件能够深度融合及组件资源的统一调度，构建集数据采集、存储、计算及分析挖掘等于一体的标准化功能组件，能够高效支撑水利领域应用。

4.2.2.4 平台数据层设计

为了能够适配智慧水利领域多源异构数据的采集和存储，水利大数据平台根据采集的数据类型、采集频次、传输和存储方式，集成不同类型的采集和存储组件，通过标准化接口协议进行融合，水利大数据平台数据层架构设计如图 4-2 所示。

水利大数据平台接入的数据可以分为实时数据、离线数据及非结构化数据（文件），针对不同数据类型应选择相应的 ETL 组件，包括 Flume、Sqoop 及 Kettle。Flume 采集实时数据到消息队列 Kafka 中，通过配置相应的持久化策略将数据同步到数据仓库中；业务系统的离线数据通过 Sqoop 抽取到数据仓库的同步库中，根据统一数据模型、数据规则映射模型持久到统一库中，再根据不同的主题建立不同的数据域，对外提供数据访问服务。

在线应用区包括 NoSQL 数据库、关系数据库、MPP 数据库、内存数据库和图数据。这些数据库根据水资源、水灾害、水生态、水环境、水工程等业务域的应用的需求存储相应的数据，通过接口适配器提供查询服务。

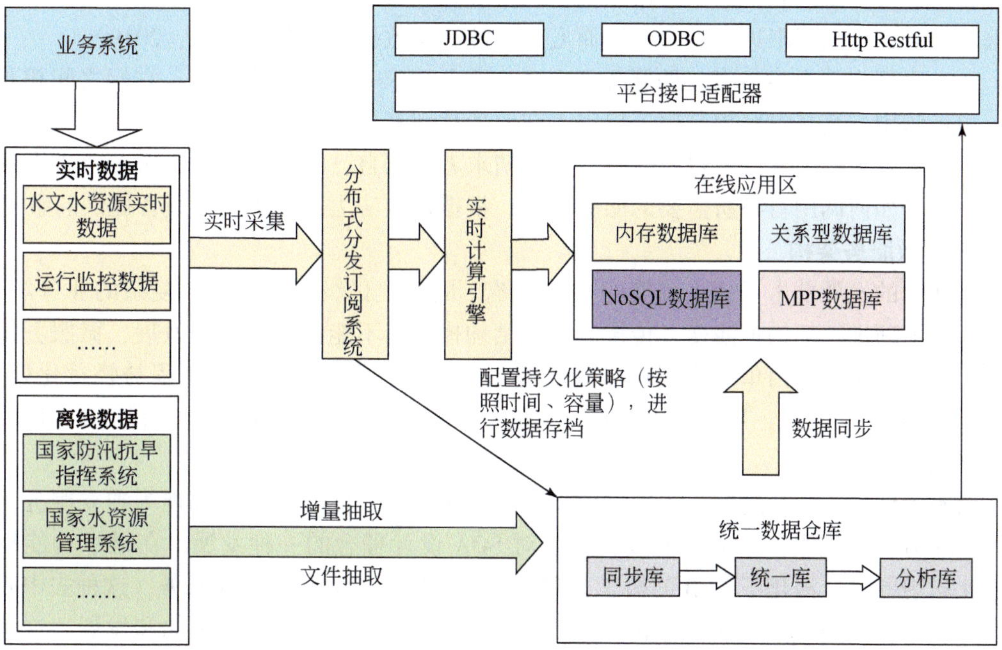

图 4-2　水利大数据平台数据层架构

4.2.2.5　平台服务层设计

针对数据采集、数据存储、数据计算、数据分析挖掘、数据可视化展示、工作流等服务，水利大数据平台提供丰富协议、标准化的对外的分析模型调用接口、数据存储访问接口、任务调用接口等服务接口封装，接口方式以 Http RESTful、Java SDK、Web Service 为主，以满足开发人员、分析人员等不同用户使用需求。平台服务层的设计可以选用传统的 SOA 架构和微服务架构。

（1）SOA 架构

平台服务层设计采用面向服务架构 SOA（service-oriented architecture），SOA 是一种架构模型，它是一个组件模型，通过构建模型可以以分布式的粗粒度进行有效的组合以方便调用（凌晓东，2007；刘迪，2019）。它的基础是服务，具有粗粒度、松耦合的特性，通过对不同的对象设计统一的简单、标准化的通信接口，实现不同服务的方便调用。

SOA 的核心技术是 Web Services，其可以轻松实现不同平台之间的连接，它是一种标准的编程模型，可以给松耦合、异构平台提供交换信息的标准。此外，Web Service 通信采用通用的 HTTP 协议和 XML 格式，其请求和调用在防火墙允许的范围内，这样就避免了通过特殊端口进行通信而被防火墙阻拦的情况。Web Service 是一个开放的技术协议，能够实现异构平台之间的交互（潘可佳等，2017）。

SOA 的主要思想是服务，即所有的动作都是服务，分析需求，将一个个服务发布的细节封装，然后提供 API，供请求者调用。通过分析 SOA 的特性，可以充分利用其来构建水利大数据平台。将水利行业的数据以统一的标准和接口进行封装，发布服务，通过不同的需求对服务进行调用来进行整合，进而实现多源异构数据的融合（刘迪，2019）。

SOA 主要有 3 个参与者，即服务发布者、服务请求者和服务代理者，它们之间相互沟通、相互作用。其基本思想是服务提供者在服务代理者处发布服务，服务代理者将不同的服务发布者发布的服务编成目录索引，服务请求者根据自己的需求去检索服务代理者的目录，查找出如何调用自身所需要的服务方法，根据该方法去调用服务发布者提供的服务。

（2）微服务架构

互联网的发展催生了超大规模的在线系统。面对上亿级的访问量，复杂的业务场景，这些系统不断进行架构把演变。传统的单体结构模式已不能适应业务的发展，微服务架构应运而生。微服务是由单一应用程序构成的小服务，自己拥有自己的行程与轻量化处理，服务依业务功能设计，以全自动的方式部署，与其他服务使用 API 通讯（Fowler and Lewis，2014）。

微服务体现了业务逻辑为主的设计理念，将每一个具体业务功能都视为独立服务，对外以 API 方式提供服务。本质上微服务是对 SOA 设计理念的一种发展，在继承功能模块组件化思想同时，淡化了 ESB 的概念，将各个功能模块视为相互独立服务。这种去中心化的设计思想，使得服务之间切分和组合更为灵活，更容易应对业务的变化和发展。这种设计思想的优点包括以下五方面（承林等，2018）。

1）逻辑清晰。微服务架构将独立逻辑单元抽象成一个服务，降低逻辑单元之间的耦合程度，体现了复合软件工程的设计思想，不仅业务单元可抽象成服务，其他的基础功能，例如任务调度、系统配置也可抽象成独立的服务，使得系统得到彻底解耦。

2）开发迭代速度快。每个项目可以独立发布部署，极大提高项目的迭代速度。

3）维护方便。在微服务架构中，每一个独立的服务被视为一个独立的系统，由专门的团队来维护，一个服务进行变更并不需要其他服务同步更新。

4）伸缩性好。微服务可以单独扩展，如果一个服务出现负载过高等性能瓶颈的时候，只需要针对这个服务扩展资源，利用服务注册和发现技术可以实现平滑的水平扩展，无须重启服务。

5）容错性好。微服务架构里各个服务是独立部署的，服务与服务之间是相互独立的，一个服务出现异常，并不会造成整个系统的崩溃。

微服务实施过程中，牵涉到通信技术协议、负载均衡、服务注册和发现、容错管理机制、监控技术选型策略、参数优化等诸多关键技术点（承林等，2018）。

1）通信技术协议。RestFul 和 RPC 是微服务中有两种常用的通信方式。REST（representational state transer）严格来说是一种网站设计模式，它规定了客户端通过 HTTP 协议与服务端进行通信（冯新扬和沈建京，2010）。RPC（remote procedure call）是一个计算机通信协议。该协议允许运行于一台计算机的程序调用另一台计算机的子程序，而程序员无须里外地为这个交互作用编程（王伟和余利华，2013）。RPC 和 RestFul 在实践中各有优势。RestFul 是基于 HTTP 的，易于调试和实现，开发成本也较低，也较为容易穿越防火墙，它是基于文本协议。RPC 像可以本地调用一样调用远程服务，RPC 在实践中多采用二进制协议。

2）服务注册与发现机制。在实施微服务系统中，客户端和服务端通过服务注册和服务发现互相寻找到对方，服务方服务器通过“服务注册”注册于服务管理系统，客户端通过“服务发现”发现注册于管理系统的服务方，当遇到服务端新增或者下线服务器的时候，能够通知客户端进行变更。

3）负载均衡机制。在微服务架构中，为了防止个别服务器因过载而产生崩溃的情况，需要让流量分配更加的均匀，这种技术叫负载均衡。实现负载均衡技术有很多，有软件实现的、也有硬件实现的，根据应用场景不同，可选取不同的负载均衡技术（薛军等，2003）。

4）容错管理机制。当系统实现了微服务而获得解耦后，单体系统被拆解为多个服务之间的相互调用，因网络或其他原因引起服务不可用的情况不可避免，所以如果系统不能对这些情况进行容错，将会出现雪崩效应，熔断和限流是两种常用的容错手段。前者是指，在服务方出现严重延迟、宕机的时候，调用方应该能将出现问题的服务器从服务列表中摘除，避免整个系统受到影响；当服务恢复的时候，应该能及时发现，并保存起来以供重新调用。后者是指，系统需要对流量进行限制，避免在流量高峰时，因过载造成整个微服务系统崩盘，常用的限流算法有时间窗口法、漏桶法、令牌桶法等（承林等，2018）。

5）监控技术选型策略。微服务系统监控也是微服务的一个重要方面，通过系统状态采集和可视化手段展现出来，实现对系统运行状态的实时监控。通过设置阈值触发报警，对问题及时发现及时处理。①监控数据采集：主要可以通过在程序里设计探针，也可以日志收集方式实现。一般来说对于微服务系统，比较关心平均响应时间、单位时间失败次数、CPU 和网络负载等信息。②实时计算：将监控数据推送到监控中心，进行实时计算，统计每秒查询率（QPS）、平均/最大响应时间、平均错误数等数据通过阈值决定是否发送报警。③可视化界面：选用较为常见的监控可视化工具，可以以免编程的方式实现实时图表，动态反映出系统的趋势。

6）参数优化。参数优化牵涉到连接数目、超时时间、线程数等参数设置。通常采用自动化方式优化实验参数的手段，可以归纳为以下步骤（承林等，2018）：①设定 1 个参数区间，②设定 N 个参数探测点，③对 N 个探测点进行实验，④统计结果最优的探测点。

4.2.3 平台开发

水利领域长期的信息化实践积累了大量的数据资源，从采集的方式视角归纳如下（冯钧等，2014）：实时监测信息，包括水文观测（地表地下水水量水质状态等信息）、水利设施在线运行状态、用水户取用水、排水等信息以及通过卫星遥感和视频监控获取的信息；通过自身业务办理过程搜集整理或不定期专项调查获得的信息，如水资源调查评价、水资源规划、防洪规划、山洪灾害调查评价、水土保持遥感调查、灌区发展规划等业务产生的信息；通过与气象、自然资源、生态环境、农业农村、统计、电力、工业信息化等政府涉水部门交换获得的信息资源；还有通过互联网获取的有关水利管理信息。国家防汛抗旱指挥系统、国家水资源监控能力建设、国家地下水监测工程等项目的实施，为水利数据提供了持续更新的能力。

水利大数据平台分为多个子系统，包括安装部署子系统、数据采集子系统、存储与计算子系统、管理子系统、接口服务子系统、工作流子系统、分析挖掘子系统及可视化子系统，这些子系统之间通过 JDBC/ODBC、Http RESTful 标准接口及 iFrame 框架进行数据集成和页面集成（王继业，2017）。

基于用户界面（user interface，UI）设计规范开发平台的人机界面，利用 J2EE 开发框架进行水利大数据平台后台开发，通过集中式认证服务（central authentication service，CAS）框架，以业务应用对权限管理的要求为依据，实现水利大数据平台的功能和数据的统一认证、权限管理，其中功能权限的颗粒度可以到按钮级，数据权限的颗粒度到表级。对平台进行功能、性能及安全测试，测试通过之后通过专用网络进行集群式部署。

在水利大数据平台开发中，要对集群操作系统、磁盘和网络等硬件资源配置进行优化（王继业，2017）。对于操作系统的优化，以 Linux 操作系统为例，选择 Ext4 文件系统对磁盘进行格式化，避免使用逻辑卷进行磁盘管理；需要关闭 Swap 分区，以减少数据的内存与交换分区之间交换传输的次数，降低对 Java 虚拟机（Java virtual machine，JVM）性能的影响，保证集群的整体性能。对于磁盘的优化，计算节点的磁盘配置过程中，选用使用 noatime 选项挂载磁盘，并使用两块 SAS 盘做独立冗余磁盘阵列（redundant array of independent disks，RAID），用于安装操作系统，避免出现因一块磁盘损坏而宕机的情况；另外使用多块 SATA 盘不做 RAID，直接挂载到不同目录下，在 hdfs-site. xml 配置文件中通过 dfs. data. dir 参数配置这些数据目录，提升集群磁盘读写性能。对于网络的优化，计算节点之间有数据的传输与频繁指令交互，因此计算节点之间应采用万兆网络交换机进行连接，提高其计算效率。

4.3 水利大数据的收集与整理

4.3.1 需求分析

众所周知，数据是资源，伴随着大数据时代支撑数据交换共享和数据服务应用的技术发展，不断积淀的数据开始逐渐发挥它的价值（中国信息通信研究院云计算与大数据研究所等，2019）。“用数据说话、用数据决策、用数据管理、用数据创新”，会给水利治理方式带来根本性变革（蔡阳，2017），数据成为智慧水利大数据应用的基础。随着我国水利信息化建设的开展，数据监测、采集、传输、存储与管理等方面的基础设施逐步完善，水利领域积累的数据量越来越大且每年仍大量增加（程益联等，2014）。此外，要适应社会经济发展和水利综合管理，水利大数据体系的构建还必须进行关联性数据的扩充，包括相关行业及互联网数据（杨宇等，2018）。

水利行业内数据涉及水利管理、水利工程设施、水文气象、基础空间地理等水利静态数据，含包括实时水雨情、水文水质、水闸泵站、水资源等动态数据信息，以及水利工程、水资源、防汛抗旱、水政执法等大量水利业务管理数据。

水利行业外数据涉及气象、自然资源、生态环境、农业农村等其他政府部门的数据。主要包括 5 类（杨宇和谈娟娟，2018）：①人口、GDP、城市绿地面积、节水指标等统计数据；②降雨、气温、蒸发、湿度、历史台风数据等气象数据；③水质监测、排污、水土保持、污水治理等生态环境数据；④排水、供水、排涝、管网分布、雨污分流等市政管理数据；⑤灌溉面积、作物、养殖、农药化肥使用、农村饮用水等农村农业数据。

互联网为发挥社会公众共同治水提供了渠道，社会其他部门、相关团体和公民也越来越多地通过互联网参与或涉及水利监督和管理（刘予伟等，2015），由此产生的与水利有关的（包括系统和非系统的、间接相关的）数据，比如通过互联网以网站、论坛、微信、微博和博客等方式发布的有关信息，可以被利用和挖掘。

这些水利数据来源多样、数据量大、数据类型复杂，涉及业务也相互交叉，如何清晰掌握水利数据情况、管理原始水利数据、加工水利过程数据与水利成熟数据，以及如何实现水利数据共享，是智慧水利大数据管理的一个基础性问题。针对上述问题，需要将水利数据作为一种资产进行管理，主要包括两项工作：一是建立一套水利数据资产管理规范；二是建设水利数据资产管理软件系统，对水利数据资产全生命周期管理。

4.3.2 数据资产管理规范

水利数据资产管理规范包括水利数据描述规范和水利数据流程管理规范两部分，是水利大数据数据管理的基础。

水利数据描述规范是建立水利数据分类、水利数据编码、水利元数据、水利主数据等规范。水利数据分类规范是遵循《水利信息分类》（SL701—2014）[①] 标准推定的分类原则和方法，依据水利信息属性或特征，采用面分类方法，按照水利业务、水利政务和业务阶段三个主维度进行划分，每个维度包含若干类目，形成一个多维的分类体系，每个维度可以再进行第二级划分。基于水利数据分类，参照《水利信息分类》（SL701—2014）编码规范，对所有水利数据设置唯一标识，用于追溯水利数据属性信息。水利元数据规范是基于对水利数据属性的描述，通过分析水利及相关数据资源特征及共享服务机制，依据《水利信息核心元数据》（SL 473—2010）和《水利地理空间信息元数据标准》（SL 420—2007），构建水利数据资产元数据模型，建立非空间数据和空间数据相结合的水利元数据的描述规范，实现对结构化水利数据（数据库、报表、文件、接口、视图等）和非结构化水利数据的统一管理和存储描述。以水利元模型为驱动，实现对水利数据管理、运维、应用的一体化管理。水利主数据规范是对水利核心业务对象的描述，在水利管理中表现为水利对象，通过建立对水利对象的分类和编码，实现对自然和人工水利对象的统一管理。

① 该标准现行为 2015 年 2 月 4 日实施。水利数据分类应遵循该标准最新修编稿。

水利数据流程管理规范是对水利数据加工过程、水利数据接入、水利数据共享等进行规范，形成水利数据加工规范、水利数据入库规范、水利数据出库规范、水利数据安全管理规范等，实现对原始数据、过程数据、成熟数据和数据共享的管理。

4.3.3 数据资产管理系统

水利数据资产管理系统具有数据多维属性描述功能，并可实现对数据资产的全生命周期管理和各类人员权限分配及数据管理操作。系统依据数据资产管理规范进行设计，利用云计算或大数据平台存储数据资产，方便大数据应用开发和数据共享。系统建设包括需求分析、软件设计、软件开发、软件实施等过程（王继业，2017）。建设数据资产管理系统，可将数据作为资产进行管理，方便地展现数据资产全景图，同时实现数据全生命周期管理等功能，为开展大数据分析提供数据资产和共享服务。

目前的大数据平台采用的是集中式的管理方法。完整的数据资产管理应覆盖数据的创建、采集、组织、存储、利用、清除各个环节，由于水利大数据的数据源分布范围广、产生数据量大、监测数据产生速度快，单纯靠集中式的管理方法对整个流程进行管理难度加大，仍然无法解决数据收集质量、数据分享、数据安全性等问题，阻碍了更方便快速地进行水利大数据的分析应用。而区块链技术的产生，给水利大数据的数据资产管理提供了一条新的技术路径。区块链是在数字加密货币的应用基础之上发展起来的一种分布式数据库技术，具有去中心化、不可篡改、分布共识、可溯源和最终一致性等特点，这使其可以用于解决不可信环境下数据管理问题（于戈等，2020）。通过采用分布式共识机制、链式区块结构、非对称加密算法等技术可实现区块链去中心化、去信任、信息可溯源以及信息难以篡改等特点，与水利大数据的数据特点以及管理需求十分吻合，故可基于区块链技术制定水利大数据资产管理的解决方案。解决方案可从数据资产的记录、分享和安全 3 个方面进行制定（张俊和王飞跃，2018）。

（1）数据资产的记录

水利大数据传统的数据资产管理办法在数据记录质量上出现问题的根本原因在于其层级式的管理架构，导致信息无法顺畅传递，信息在传递过程中容易失真。因此，要解决数据资产记录质量上的问题，首先要打破这种层级式的管理架构，采用扁平的分布式管理架构。通过区块链式存储结构和共识机制使系统中数据记录过程受整个区块链系统中所有的节点共同监督。

（2）数据资产的分享

传统数据资产管理体系中，在节点间的数据分享过程往往由于信任和权限问题，需要耗费大量时间和资源进行权限审查和数据校验，严重影响水利数据价值挖掘工作。可采用非对称加密技术，解决节点之间的信任问题，并确保数据在传输过程中的安全性。基于区块链的数据分享过程在节点之间直接进行，不需要第三方的接入，数据分析流程如图 4-3 所示。

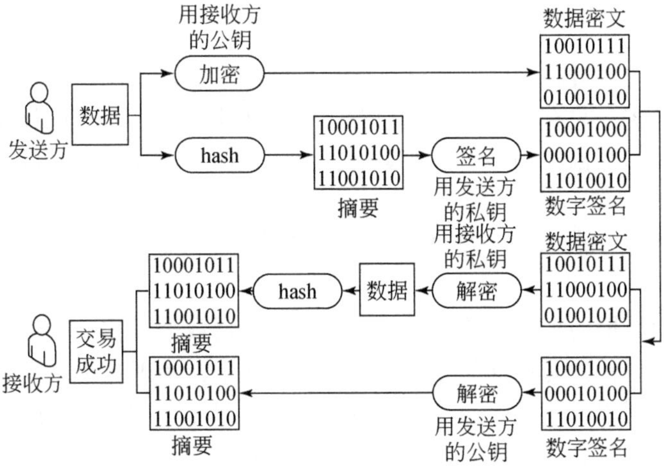

图 4-3　数据分享流程（张俊和王飞跃，2018）

在交易中，数据发送方用接收方的公钥对数据进行加密产生数据的密文，确保除拥有私钥的接收方外，其他节点均不可对加密数据进行解密，以此保证数据在传输过程中的安全性。同时数据通过 hash 函数计算得到数据的摘要，并用自己的私钥对摘要进行数字签名。数据发送方将数据密文和数字签名一起发送给接收方，接收方收到后用发送方的公钥对数字签名解密得到数据摘要，验证发送方身份。同时用自己的私钥解密数据密文得到原始数据，并通过 hash 函数计算出数据的摘要，通过对比 2 份摘要快速验证数据的完整性。验证通过，则整个交易流程完成，交易信息按照数据记录的方法通过共识机制得到系统中所有节点的认可并记录在区块链中。

区块链中每条数据记录的公钥完成数据资产的确权工作，每条数据由哪个节点上传，归属权为哪个节点，均可靠公钥信息进行验证，方便查找交易对象或者进行虚假数据问责。此外，由于区块链的去中心化及全网数据同步的特性，在不通过第三方中介的情况下，各节点均可对数据资产进行溯源，从每条数据的数据源、产生时间，到该数据经过哪些操作，均可在区块链中查询，交易与数据一旦被记录在链上，便不能被随意篡改，保证了数据的唯一性，遏制了在数据分享过程中的造假行为。

（3）数据资产的安全

水利大数据的数据资产安全可分为数据存储安全及数据传输安全，数据存储安全又分为数据在数据库中的安全以及数据在区块链上的记录安全。

通过非对称加密技术，将数据用数据所有者的公钥加密存储于数据库中，即使数据被黑客入侵，盗取了加密存储的数据密文，没有数据所有者独有的私钥便无法对密文进行解密，防止了数据的外泄。同时，由于每份数据均进行了备份，并存储于分布在不同区域的存储单元中，对单一或少数几个数据库的攻击或毁坏并不会影响整体数据的使用和恢复。另外，由于区块链的链式记录结构以及分布式的管理结构，一旦数据信息或交易信息被写入区块链中，任何对区块链中记录的更改都会导致更改点及之后的所有信息的改变，而系统中所有节点均有一份完整的区块链账本，能够十分方便地查验出记录的更改并修正，所有对单一或几个节点所拥有的账本的更改并不能篡改整个系统共同维护的记录，从而保障数据记录的安全性。

而数据在数据传输过程中的安全性可参加数据分享的流程图，数据发送方用接收方的公钥对数据进行加密，只有通过接收方独有的私钥才能解密，而在网络中进行传输的只有密文，并不会将原始数据在网络中进行传输，从而保证了数据在传输过程中的安全。

4.4 水利大数据共享与融合

在智慧水利中数据的来源比较分散，如涉水传感器数据、移动网络数据、互联网数据和各种信息系统数据，如何将这些分散的数据互联起来，实现数据共享和融合，提高数据利用率，是智慧水利中亟待解决的核心问题（陈军飞等，2017）。数据融合技术是指整合表示同一个现实世界对象多个数据源和知识描述，形成统一的、准确的、有用的描述过程（高翔和王勇，2002）。水利数据融合工作就是针对自然类和非自然类水利对象（程益联和付静，2014），在不改变现有系统软件架构的前提下，打破多个水利行业内外信息系统之间的割裂状态，建立统一的数据共享和融合模型，整合水利行业内外信息系统数据，实现水利对象的空间特征、业务属性、对象关系和时态信息的完整描述和一体化管理，在平台资源动态支撑基础上，完成高级的应用分析功能。

基于统一的数据共享和融合模型的水利大数据应用架构分为源数据层、同步层、统一层、互联层、业务层、展示层，如图 4-4 所示。

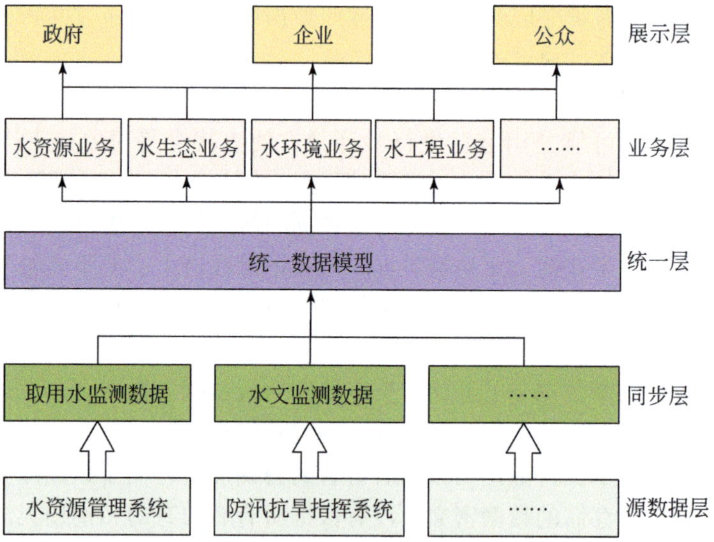

图 4-4　水利大数据应用层级架构方案

1）源数据层：分布于不同软硬件系统中的水利数据，如防汛抗旱指挥系统、水资源管理系统、农村水利系统、水土保持系统以及其他相关的业务系统。

2）同步层：通过封装关系数据库数据采集、实时数据采集、文件数据采集等采集接口，构建分布式、多源的数据采集能力，满足感知设施数据以及传统数据库数据的实时和离线采集，将源数据层的数据整合处理，按照不同的数据类型和不同的处理需求，将其存储在关系型数据库、NoSQL 数据库、内存数据库和图数据库中。

3）统一层：为了实现数据共享和融合，该层将同步层不同存储形式的数据转换为统一的图模型描述，为数据共享和融合提供统一的数据描述。可采用的技术主要有两种：一种针对结构化数据采用 RDF 映射技术，另一种针对非结构化数据采用 RDF 标注方法（陈真勇等，2014）。

RDF 映射技术（RDB2RDF）是关系型数据库映射到图数据结构的方法。根据创建映射方式分为自动创建映射和领域语义驱动创建映射；根据映射方式分为静态映射和动态映射。不同映射方式会有不同的映射规则。W3C 于 2012 年推出了 RDB2RDF 标准语言 R2RML（Das et al.，2012）和 RDB2RDF 直接映射标准（W3C Consortium，2012），R2RML 是可定制的 RDB2RDF 标准，可以将数据库中的属性映射到领域本体，因此可以利用 R2RML 进行 RDB2RDF 工程（陈真勇等，2014）。

RDF 标注方法是将数据标签采用语义化描述，数据标签技术包括数字水印、多媒体标注、文档标注等（熊璋等，2015）。数据标签按照存储形式可分为嵌入式数据标签、独立数据标签、自动数据语义标签（熊璋等，2015），其中：①嵌入式数据标签将数据标签和数据自身都一起存储在文件中，标签中存储数据唯一标识符 URI，通过 URI 进行数据间的互联实现数据共享。②独立数据标签将数据标签和数据存储分离，通过数据标签中的关联信息与数据间的互联，数据标签可存储在数据库或文件中。③自动数据标签是近年来较新颖的语义标注技术，很多研究者提出了不同的自动标注框架，但这些框架都局限在特定数据的语义标注上。利用这些已有的特定领域的自动标注技术实现数据语义描述，通过数据语义标注标签进行数据关联，是实现自动数据语义标注标签的有效方式。

4）互联层。统一的数据描述通过数据关联形成互联数据网络，即为数据互联层。数据互联层是智慧水利实现数据共享和融合的核心和基础，其作用形成数据网络、自动维护数据关联，为数据共享和融合提供互联数据基础。数据互联层互联数据网络中的每个节点代表智慧水利中不同的数据集，如各种信息系统数据、水利采集数据等，具有自动变化、自动维护数据关联关系等智能行为。

数据互联层参考 Linked Data 技术使用 HTTP URI 来唯一标识数据，使用 HTTP 协议作为获取数据的协议，获取和发布数据采用如 RDF/XML 等格式，描述和查询数据可采用 RDF、RDFS、OWL、OWL、SPAQL 等语言。RDF 描述对象间的关系，允许用户自定义连接类型（本体），而 RDFS 和 OWL 是本体定义语言，SPAQL 是 RDF 标准数据的查询语言。在定义本体时，既要定义标准本体映射，也要兼容本地和其他标准本体，从而解决分散数据互联问题。在上传数据时上传者首先要注册，判断数据安全性，利用智能算法对数据进行排序依次处理，防止数据冲突。再采用智能活化思想使得每个数据集都能智能处理数据互联关系，使得数据真正达到互联。

5）数据共享层。数据共享汇聚是智慧水利的目标，为系统应用奠定基础。它的主要任务是利用数据互联层中的数据为用户提供数据应用、服务、共享接口。从用户角度分析，接口可分为管理类接口和应用类接口。管理类接口主要提供给注册授权的用户和开发者，为数据互联和数据转换、标注服务。应用类接口主要提供给业务层。

6）业务层。业务层面向各个应用，根据业务主题，利用数据共享层提供接口，提取响应的数据并进行重组。业务分析层则直接面向分析与展示，库表设计上更具有定制化特性。

不同数据层之间存在“清洗”“转移”“融合”等操作，这些操作通过 ETL（extract-transform-load）实现。ETL 过程中，先从源系统抽取数据，然后为下游处理和分析用途做数据转换，最后把转换后的数据加载到目标系统中（数据仓库或者大数据应用的 Hadoop 集群等）。ETL 指数据的抽取、转换、加载，是实现数据整理的主要技术，是实现数据规范化、标准化的主要手段。在 ETL 过程中，数据清洗是个关键过程，清洗校验的规则种类如表 4-1 所示。

表 4-1　智慧水利大数据清洗校验规则种类

规则类型	具体描述
数据不完备	描述信息缺失；运行数据缺失
数据不正确	坏数据；数据突变/噪声/连续性错误，超过阈值或违反业务逻辑；畸变数据；偏离阈值统计范围
数据格式不正确	数据格式不正确导致显示错误、计算错误或查询低效
数据之间的自洽	数据表的索引、主外键设计与管理，数据之间的逻辑关系
数据生成规则错误	统一标识等新数据错误
数据不一致	相互关联的数据在逻辑上不一致，关联错误
数据时效不正确	量测数据时间戳或时间拉链信息缺失、错误

现在一些企业提供了 ETL 工具来自动化完成抽取、转换和加载的工作。在选择 ETL 工具处理数据集成任务的时候，优先考虑成熟的大的供应商提供的完整的集成套件，例如 Sqoop、Informatica、DataX、Canal、Flume、Logstash、kettle、DataStage、Talend 等，其中常用的工具有 kettle、DataStage、Informatica。支撑的开发语言有 SQL、Shell、Python、Java、Scala 等。

4.5　水利大数据分析与应用

智慧水利应用的终极目标就是保障自然水循环和社会水循环的健康发展（张杰和李冬，2010，2012；张杰和刘俊良，2011；王浩和蒋云钟，2016；王建华，2016），让每条江河成为造福人民的幸福河，这也是水利大数据分析与应用的核心目标，具体表现为防洪保安全、优质水资源、健康水生态、宜居水环境、先进水文化五个层次（鄂竟平，2020；陈茂山等，2020）。

1）防洪保安全。江河安澜关系人民群众生命财产安全，是幸福的基本保障。洪水有效防御，就是要着眼于保障江河长治久安，加快实施防汛抗旱水利提升工程，完善防洪减灾工程体系，提高江河洪水的监测预报和科学调控水平，全面提升水旱灾害综合防治能力，实现洪涝无虞，提高沿岸人民群众的安全感，为高质量发展保驾护航。

2）优质水资源。安全清洁的供水是人类安全和生命健康的基本保障，也是经济社会发展的基本需要。供水安全可靠，就是要统筹生活、生产、生态用水需求，兼顾上下游、左右岸、干支流、地表地下，建立科学完备的水资源宏观配置工程体系、安全可靠的供用水工程网络，通过强化节水、严格管控、优化配置、科学调度，可持续地供给优质水资源，让人民群众喝上洁净的放心水，让经济发展用上合格稳定的供水，让农业生产用上有保障的灌溉水，为经济社会高质量发展提供优质的水资源保障。

3）健康水生态。健康的河流生态系统事关生态安全，更是为人类提供优质生态环境和社会公共服务功能的客观要求。河流生态系统是河流内生物群落与河流环境相互作用的统一体，具有资源供给、栖息地功能、过滤作用、通道作用等多种功能（陈茂山等，2020）。维护健康水生态，就是要把河流生态系统作为一个有机整体，坚持山水林田湖草综合治理、系统治理、源头治理，坚持因地制宜、分类施策，统筹做好水源涵养、水土保持、受损江河湖泊治理等工作，保障河湖水域不萎缩、功能不衰减、河道不断流、生态不退化，促进河流湖泊生态系统健康。

4）宜居水环境。水是人民生活的必需品，水环境因而成为生活品质的重要组成部分。改善和提升水环境质量，就是要通过部门、流域和区域的联防联控、共保共治，进一步加大江河湖泊的监管力度，着力减少进入河湖污染负荷量，提升河湖水体水质，努力实现河畅、水清、岸绿、景美，打造人民群众的美好家园，建设美丽河湖。

5）先进水文化。在长期的治水实践中形成的丰富水文化，已成为中华文化和民族精神的重要组成部分（陈茂山等，2020）。一条河流上独特的自然景观和地域文化，是生长在此的每一个人的成长的记忆，更是记得住乡愁的精神家园。要在流域生态保护和治理中，加强水文化挖掘、保护和弘扬，加强水知识、水文化科普和宣传教育，营造公众共同参与的良好氛围，打造有文化气息的河流，满足人民日益提高的文化生活需求。

针对上述的应用目标，在实际应用中，智慧水利大数据分析按照数据产生时间与利用时间的相互关系可以分为以下四类：①规律分析：对水利系统中产生的历史数据进行分析，一般用于分析过去实际发生了什么，发生事件的时空特征是什么。②态势研判，对水利系统中实时数据进行在线分析，诊断是否预处告警状态，如果告警，分析发生的原因是什么。③趋势预测：对水利系统中的实时数据和历史数据进行分析，预测什么将会发生。④决策优化：对水利系统中的实时数据和历史数据进行分析，并对将来可能出现的场景进行预测，分析什么应该发生，如何使它发生，以及发生时应采取的最优对策。

开发一个成功的水利大数据分析应用，一般流程可以归纳为“三阶段、五步骤”（刘广一等，2016）。三阶段指定义、验证和交付阶段，五步骤指每阶段包括五个步骤。

（1）定义阶段

定义阶段分为5个步骤（图4-5）。①确定分析需求：水利大数据分析项目开始于业务需求分析。数据开发人员要学习并理解业务领域的相关知识，与业务人员和关键利益相关方进行多次分析讨论共同制定业务需求，形成业务问题。②定义输出结果：与项目业主共同确定项目的分析目标，即最终要实施的应用场景，并编制相应的功能设计方案。③确定数据处理和分析控制点：评估可用于项目实施的人员、技术、时间和数据。④确定所需分析的类型：判定要分析的问题是属于规律分析、态势研判、趋势预测，还是决策优化。⑤确定自动化的程度：确定整个分析流程是完全自动化、半自动化，还是要完全靠人工来实现。

图 4-5　定义阶段大数据分析应用的过程

（2）验证阶段

验证阶段也分为 5 个步骤（图 4-6）。①定义假设：水利专家根据先验知识，同时考虑到数据分析存在着超越先验知识的可能性，提出科学假设。②确定所需要的数据集：根据业务需求分析结果，潜在的数据源进行调研，并根据业务规则对可获得的数据进行理解，结合分析目标，分析数据需求和可能用到的水利系统内外数据。③确认条件、标准和场景：根据数据源特征选择对应的采集工具进行数据抽取、转换及加载。由于设备异常、传输干扰或人为因素等造成智慧水利大数据的数据质量参差不齐，存在大量的空值、异常值和错误值等情况，因而数据预处理成为智慧水利大数据分析挖掘的决定性工作。数据准备是需要结合业务规则和数据分布情况对数据进行清洗；基于统一数据模型对数据进行集成和融合。确定分析的场景，选择相应的分析挖掘方法，对清洗的数据进行规约、变换、离散化等预处理，以提高分析算法的性能。④原型开发和测试：根据分析假设和数据情况，对初步确定的分析方法进行模型训练、参数调优和算法验证。通过数据探索和变量选择，进行描述性统计分析和探索性建模分析以理解变量之间的关系。利用传统分析挖掘工具对少量抽样数据进行统计分析并构建模型。基于分析假设、分析目标和数据探索情况，选择一种或一类具体的分析方法，针对大规模全量数据进行分析挖掘时，采用新型分析挖掘工具中的分布式算法，进行模型训练。在分析挖掘过程中，很多机器学习算法需要进行并行化改造和实现。在模型训练过程中，需要根据分析方法的结果对模型参数进行调优。在该步骤中，可以考虑与机理模型相互校验。机理模型计算结果也可以作为分析模型的重要数据源。⑤确定是否满足设计要求：根据分析模型验证的结果，判断是否满足设计要求，如果满足设计要求，则进入交付阶段，否则重新建模分析。

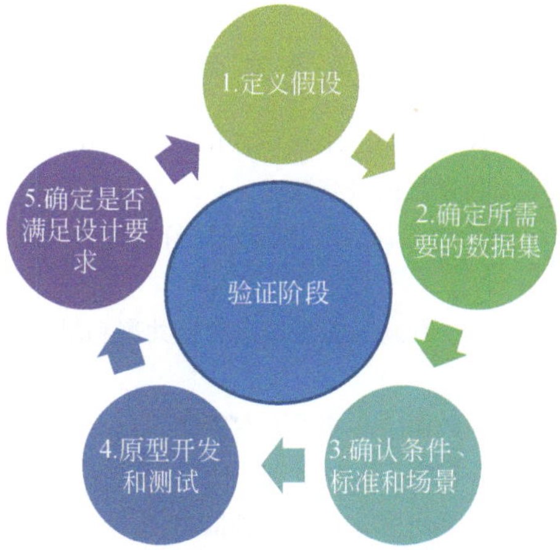

图 4-6　验证阶段大数据分析应用的过程

（3）交付阶段

交付阶段同样也分为 5 个步骤（图 4-7）。①定义运营规则、要求和技术设计规范：将分析流程和分析方法等固化为大数据平台的分析场景应用模块，提供标准 I/O 接口与业务系统进行互联，因此需要提供集成操作规则、数据计算和平台的要求以及所需要的技术支撑工具。②定义控制和误差管理方法：对数据源质量进行控制，并分析误差的传播规律，提出误差管理的方法。③建立测试、实现和实施方案。④执行和验证分析结果：此步骤是在实际数据（非训练时采用数据）上对分析方法进行验证，根据验证结果迭代优化分析挖掘模型。结合项目分析目标和设计的业务场景，对数据维度或属性进行筛选，根据目的和

图 4-7　交付阶段大数据分析应用的过程

用户群选用相应的展现方式，阐述项目的发现和成果。⑤学习、改进和优化分析过程：根据分析项目需求，采取先试点应用再全面推广的实施策略。在实施过程中收集反馈信息，并根据结果反馈情况确定是否需要进行模型修正。

参考文献

蔡阳．2017. 以大数据促进水治理现代化［J］. 水利信息化，(4)：6-10.

陈军飞，邓梦华，王慧敏．2017. 水利大数据研究综述［J］. 水科学进展，28 (4)：622-631.

陈茂山，王建平，乔根平．2020. 关于“幸福河”内涵及评价指标体系的认识与思考［J］. 水利发展研究，20 (1)：3-5.

陈真勇，徐州川，李清广，等．2014. 一种新的智慧城市数据共享和融合框架—SCLDF［J］. 计算机研究与发展，51 (2)：290-301.

成建国，钱峰，艾萍．2008. 国家水利数据中心建设方案研究［J］. 中国水利，(19)：32-34.

承林，王海宁，高春成．2018. 微服务在电力交易系统中的应用研究［J］. 电网技术，42 (2)：441-446.

程益联，付静．2014. 水利数据整合共享研究［J］. 水利信息化，(6)：13-17.

鄂竟平．2020. 谱写新时代江河保护治理新篇章［J］. 水利发展研究，20 (1)：1-2.

冯钧，唐志贤，盛震宇，等．2014. 水利数据中心数据交换平台设计探讨［J］. 水利信息化，(1)：15-19.

冯新扬，沈建京．2010. REST 和 RPC：两种 Web 服务架构风格比较分析［J］. 小型微型计算机系统，7 (7)：1393-1395.

高翔，王勇．2002. 数据融合技术综述［J］. 计算机测量与控制，10 (11)：706-709.

凌晓东．2007. SOA 综述［J］. 计算机应用与软件，(10)：122-124，199.

刘迪．2019. 基于 SOA 的长江水文数据共享服务平台的建设构想［J］. 水利水电快报，40 (1)：57-60.

刘颖，叶茂，王耀鲁，等．2019. 分级存储技术及其在水利大数据处理中的应用［J］. 水利信息化，(6)：18-22.

刘广一，朱文东，陈金祥，等．2016. 智能电网大数据的特点、应用场景与分析平台［J］. 南方电网技术，10 (5)：102-110.

刘予伟，刘东润，陈献耘，等．2015. 大数据在水资源管理中的应用展望［J］. 水资源研究，4 (5)：470-476.

莫荣强，艾萍，吴礼福，等．2013. 一种支持大数据的水利数据中心基础框架［J］. 水利信息化，(3)：16-20.

潘可佳，王鑫，杨帆，等．2017. 面向电力大数据的多源异构数据融合技术研究［J］. 机械与电子，35 (9)：7-11.

王浩，蒋云钟．2016-06-25. 生态海绵流域建设理念与思路［N］. 黄河报，(001)．

王继业．2017. 智能电网大数据［M］. 北京：中国电力出版社．

王建华．2016. 以构筑健康水循环系统探求水生态文明实践范式［J］. 中国水利报，(003)．

王伟，余利华．2013. RPCI：面向互联网的 RPC 框架［J］. 计算机工程与应用，49 (21)：106-110.

熊璋等．2015. 智慧城市［M］. 北京：科学出版社．

薛军，李增智，王云岚．2003. 负载均衡技术的发展［J］. 小型微型计算机系统，24 (12)：2100-2103.

杨宇，谈娟娟．2018. 水利大数据建设思路探讨［J］. 水利信息化，(2)：26-30，35.

叶茂，夏润亮，刘颖，等．2018. 基于大数据的省级水利数据中心体系设计［J］. 计算机与网络，

44 (17): 60-62.
于戈，聂铁铮，李晓华，等. 2020. 区块链系统中的分布式数据管理技术-挑战与展望 [J/OL]. 计算机学报. http://kns.cnki.net/kcms/detail/11.1826.tp.20191029.1604.004.html [2020-04-29].
张杰，李冬. 2010. 城市水系统健康循环理论与方略 [J]. 哈尔滨工业大学学报，42 (6): 849-854，868.
张杰，李冬. 2012. 水环境恢复与城市水系统健康循环研究 [J]. 中国工程科学，14 (3): 21-26，53.
张杰，刘俊良. 2011. 追求健康水循环　避免水资源危机——评《水资源危机产生与管理》[J]. 南水北调与水利科技，9 (6): 10.
张俊，王飞跃. 2018. 基于区块链的电网大数据数字资产管理架构 [J]. 电力信息与通信技术，16 (8): 1-7.
中国信息通信研究院云计算与大数据研究所，CCSATC601 大数据技术标准推进委员会. 2019. 数据资产管理实践白皮书. 4.0 版 [R]. 北京: 中国信息通信研究院.
朱朝阳，王继业，邓春宇. 2015. 电力大数据平台研究与设计 [J]. 电力信息与通信技术，13 (6): 1-7.
Cui H T, Li S S. 2018. Research on dynamic migration strategy of big data hierarchical storage based on value-decision tree [C]//2018 International Conference on Information, Electronic and Communication Engineering (IECE 2018). Beijing: DEStech Publications.
Das S, Sundara S, Cyganiak R. 2012-09-27. R2RML: RDB to RDF mapping language [EB/OL]. http://www.w3.org/TR/2012/REC-r2rml-20120927/[2013-07-22].
Fowler M, Lewis J. 2014-03-25. Microservices-a definition of this new architectural term [EB/OL]. http://martinfo wler.com/articles/microservices.html [2017-06-18].
W3C Consortium. 2012-09-27. A direct mapping of relational data to RDF [EB/OL]. http://www.w3.org/TR/2012/REC-rdb-direct-mapping-20120927 [2013-07-22].

第5章 智慧水利大数据智能应用模式

5.1 复杂水利系统与决策管理

5.1.1 水利系统的复杂性

水利系统是以水为纽带构成的复杂巨系统，其中关键组成是水资源系统和洪水系统，这两个系统也是开放的复杂性系统。

水资源系统不仅仅是研究自然界水循环、水利工程、城市农村用水和排水的系统，它是以水资源可持续开发为核心，考虑环境、经济、人为等因素的复杂系统（高飞等，2012）。人类对水资源的利用与人类社会的发展相伴而生的，从人类对水资源系统的认识和水资源的利用模式角度讲，水资源系统经历了从循水而居、工程水利、资源水利、生态水利的进化阶段（赵建世，2003；左其亭，2015），呈现出开放的复杂巨系统的特点（赵建世，2003）：①系统组成要素的多层次和大规模。水资源系统涉及气候、水文、地理、生态、社会、经济等众多子系统，其中的任何一个子系统都又包含众多要素和下一级子系统，如此逐层分解，形成了规模庞大的多层次结构。②水资源系统各要素之间或各子系统之间的关联形式多种多样，这种关联的复杂性表现在结构上是各种各样的非线性关系，表现在内容上是物质、能量和信息的交换。③水资源系统的开放性导致系统演化的复杂性。作为开放的系统，系统环境的不断变化将导致系统的不断演化，这种演化一方面表现为系统从一种相对平衡状态向另一种相对平衡状态转移的过程，另一方面表现为系统功能、结构和目的的变化。在系统演化的过程中，系统会出现复杂系统演化特有的现象，如路径相依、多重均衡、分岔、突变、锁定、复杂周期等。④水资源系统的空间结构具有复杂性。系统涉及的各个子系统都具有空间结构的复杂性，均衡水量分配的空间差异是水资源优化配置的重要目的之一，因此各子系统的空间结构复杂性决定了系统结构、功能和目的的复杂性。⑤水资源系统的复杂性与人类社会的复杂性紧密相关。水资源是人类社会发展不可或缺的资源，水资源配置的最终目的是为人类社会的可持续发展服务，人类社会本身是一个极其复杂的系统，这是水资源系统复杂性的根本原因之一。⑥以上几个方面因素的综合作用，最终形成了水资源系统的复杂性。

洪水灾害的发生、发展及消亡的整个演化过程都是人与自然关系的一种表现。由于洪水灾害的最终承受体是人类及人类社会中的集合体（承灾体），因而，只有对承灾体的部分或整体造成直接或间接损害的洪水称之为灾害性洪水。一般而言，形成洪水灾害必须具有两个条件（周寅康，1995）：一是存在诱发洪水的因素（致灾因素）及其形成洪水灾害的环境（孕灾环境）；二是洪水影响区有人类居住或分布有社会财产（承灾体）。致灾因素、孕灾环境、承灾体三者之间相互作用的结果形成了通常所说的灾情。从系统论的观点来看，孕灾环境、致灾因子、承灾体及灾情之间相互作用、相互影响、相互联系，形成了一个具有一定结构、功能及特征的复杂洪水灾害系统（魏一鸣和金菊良，1997）。该系统具有以下突出特点（魏一鸣和杨存建，1999；魏一鸣等，2001）：①系统组成的高维特性洪水灾害系统是由孕灾环境子系统、致灾因子子系统，承灾体子系统及灾情子系统四个子系统组成，而每一个子系统又包括其各自的子系统。例如，承灾体子系统又包括人类子系统、建筑群子系统、工业子系统、农业子系统等子系统。如此逐层分解，形成了洪水灾害的庞大的层次结构，显然，洪水灾害系统是一个“人-自然-社会”系统，它具有极高的维数。②子系统之间关联复杂洪水灾害系统内各个子系统或局部子系统之间相互作用，相互联系，形成了复杂的关联。这种关联的复杂性不仅表现在结构上，而且可以表现在内容上，例如它们可以是物质、能量或信息的关联，也就是说各子系统之间的关联的形成是多样的。③影响因素繁多、层次不明确洪水灾害的形成受多种因素的影响，每一种因素又包含众多的表现形式，形成了洪水灾害系统内各因素之间复杂的因果表达关系，从而使得系统内部因素间因果层次关系不明确。例如，降雨作为直接影响径流的重要因素之一，由于其时空分布的不同对经济的影响作用也不同。④洪水灾害系统的不确定性包括随机性、模糊性、灰色性与混沌性等方面的内容。⑤系统的开放性。洪水灾害系统是一个“人-自然-社会”系统，这一系统不断地与其环境发生着物质能量和信息的交换，体现了这一系统的开放性。一方面，洪水灾害的形成，需要一定的条件。另一方面，由于洪水灾害的发生，又对其外部环境系统产生影响，甚至产生或引起其他灾害，例如，大气环流的变化，可以引起地面的洪水灾害，同时其可能导致泥石流、滑坡等灾害的发生。洪水灾害系统是一个开放系统。⑥洪水灾害系统的动态性。洪水灾害系统随时间而不断地发生变化。这是由于它的周围环境系统不断地发生变化，引起了洪水灾害系统的输入输出强度与性质不断地变化，并进一步引起洪水灾害系统的结构与功能的变化，从而使洪水灾害系统呈现出显著的动态性。⑦洪水灾害系统的非线性。这就是指洪水灾害系统的输出特征，对于输入特征的响应不具备线性叠加性质。例如，相同强度的洪水，在经济发展水平相近的地域，其规模量级大小与损害数量程度方面具有一定的对应关系，但其由于不同地域的背景条件，人口密度，经济发展水平等方面有差异，所以自然事件的规模和造成的损失之间不可能构成线性函数关系。⑧综上所述特点，突出了反映了洪水灾害系统的高维性、复杂性、开放性以及动态性。因此，从系统科学的观点来看，洪水灾害系统是一个动态复杂大系统（魏一鸣和杨存建，1999）。

5.1.2 决策管理流程

对复杂水利系统产生的问题，其决策管理以水事件为核心，可以借鉴军事领域的 ODDA 循环理论，形成具有自己特色的决策流程。

5.1.2.1 OODA 循环理论

美国空军上校约翰·博伊德基于作战实践创建了 OODA 循环理论，如图 5-1 所示，OODA 循环包含“观察（observe）—判断（orient）—决策（decide）—执行（act）”四个过程（Brehmer，2005），简称 OODA，是信息战领域的一个概念，已被引入到软件开发设计和商业竞争中（王旭和黄炎焱，2018）。OODA 循环首先以观察到的情报进行分析与研判，然后给出解决策略，进而做出行动，完成一次 OODA 过程；收集初次 OODA 过程产生的新情报，分析判断已有决策的成效，反馈指导制定进一步的解决方案，进行决策修正与再次行动，完成二次 OODA 过程；反复多次的 OODA 过程形成 OODA 循环。即 OODA 循环强调通过闭环迭代，以高度的灵活性应对挑战。其中“判断”是整个循环的核心，若“判断”有误，即错误理解情报信息，那么必将导致决策错误，作战成本增加。通过闭环迭代可以积累“判断”的经验，提高“决策”的能力，进而持续优化决策科学性和执行效率，快速且高质量地结束 OODA 循环，这是降低作战资源消耗的关键。

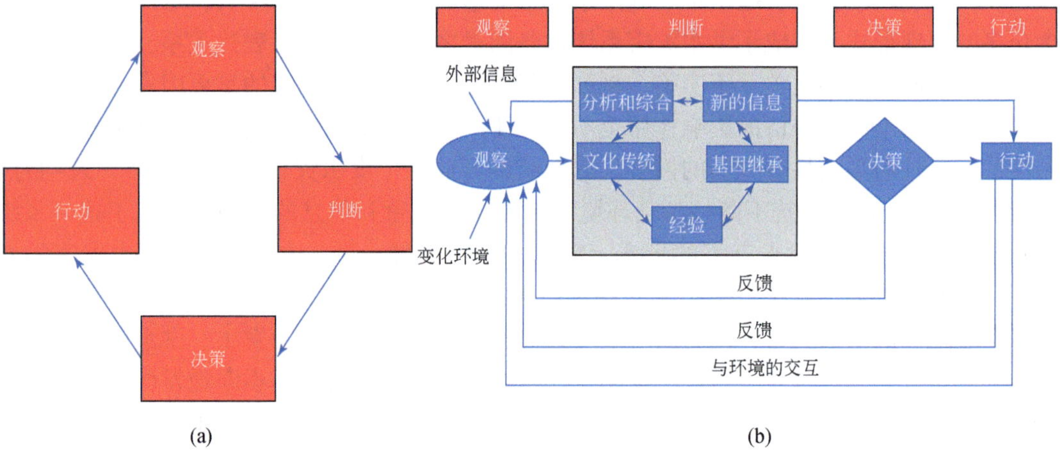

图 5-1 OODA 循环过程

5.1.2.2 水利决策管理流程

水利决策与管理以事件为中心，事件是指影响正常运行的问题。水利决策与管理的一项主要工作是敏锐地发现事件、了解事件、给出事件解决方案并落实解决事件。这一过程与 OODA 循环模型中的四个基本要素高度契合，因此可以将 OODA 循环理论的思想引入到水利决策与管理理论框架的研究中来。目前的水利决策与管理正是缺少完善通用的框架，据此将 OODA 循环理论与水利决策与管理相结合，有助于明晰水利决策与管理的秩序，规范水利决策与管理的流程，推动水利决策与管理有序、保质、高效地进行。

在基于 OODA 循环理论的水利决策与管理中，将“observe”过程抽象为事件收集。事件收集是感知各种态势的过程，其来源包括主动感知的物联网如视频、各类传感器等，被动接收的互联网或政务网等。具体的事件收集是在监测中进行，包括气象监测、径流监测、污染物监测、互联网监测、公众监测等。事件收集贯穿了城市运行管理的全生命循环周期，全面、翔实、实时的信息跟踪收集为后续事件的定向、决策的制定及修正提供强有力的数据支持。将“orient”过程抽象为事件研判。通过分析收集到的事件的相关信息——类型、时间、地点、发生原因、发生过程、影响范围、关联影响等综合研判事件的严重程度，确定亟待解决的关键问题等。将“decide”过程抽象为事件决策。在水利决策与管理新模式下决策的核心是预案。预案是为保障迅速、有序、有效地处理事件而预先制定的有关计划，是对各部门的职责目标、人员配备、技术装备、设施物质及其指挥行动预先做出的具体安排。以往发生过的所有事件以及对事件的处理过程是制定预案的样本。通过上一步的事件研判完成事件归集，在这一步进行相关预案的选择和调用。将“act”过程抽象为事件处置，即预案执行。执行过程中，各管理部门通过协同联动实现互相配合、信息共享、功能互补，从而形成处置合力，有效提高事件处置效果。

下一个 OODA 过程在上一个 OODA 过程的预案执行后实时开展，形成 OODA 循环。基于“oberve”的事件收集环节会及时跟踪并反馈事件情况及需求变化；基于“orient”的事件研判环节会在考量未解决的问题和出现的新问题后依据预案决定下一步行动的内容并再次执行。基于水利事件的收集、研判、决策和处置的循环迭代，构成了水利决策与管理新模式，推动事件最终解决（林贤，2018）。

从整个决策流程来看，情报的收集是关键，只有获取大量的、充分的、可靠的情报信息，才能使判断、决策、行动等有效，而大数据为此提供了有力的支撑。

5.2 平行系统的基础理论和架构

水利决策与管理流程为现代化治水提供了宏观指导。为了使上述流程有效，需要一套科学的方法论-平行系统理论来支撑。

5.2.1 平行系统的基础理论

平行系统是应对复杂系统难以建模与实验不足等问题，首次提出的集人工系统（artificial systems，A）、计算实验（computational experiments，C）、平行执行（parallel execution，P）为一体的原创性技术体系（王飞跃，2004a，2004b），即 ACP 方法。它通过实际系统与人工系统之间的虚实互动，对二者的行为进行对比、分析和预测，相应地调整实际系统和人工系统的管理和控制方式，实现对实际系统的优化管理与控制、对相关行为和决策的实验与评估、对有关人员和系统的学习与培训（杨林瑶等，2019a），为兼具高度社会和工程复杂性的复杂问题提供解决方案。

ACP 方法以大数据、云计算、物联网、深度学习等技术为支撑，以社会物理信息系统（cyber physical social system，CPSS）（Wang，2010a）为基础设施，最终实现从知识表示、决策推理到场景自适应优化的闭环反馈（周敏等，2019）。平行系统技术在实践中不断得以完善，逐渐发展出了平行感知、平行学习、平行区块链等相关理论和方法，在交通、医疗、自动驾驶、军事、化工等多个领域得到了广泛研究，并取得了良好的效果（杨林瑶等，2019a）。

平行系统是复杂自适应系统理论和复杂性科学在 CPSS 中的延展和创新（Wang et al., 2016a），是整体和还原相结合、实际和人工相结合、定性和定量相结合的新型技术框架（袁勇和王飞跃，2017）。平行系统将强调宏观层面高层涌现与演变规律的整体建模与注重微观个体层面特征刻画与行为交互的还原建模有机结合（王晓等，2018），通过全面、准确地刻画参与个体的特征、行为和交互机制，实现对复杂整体的建模，进而涌现和演变出复杂系统的规律；基于虚拟场景，利用自适应演化等方法驱动实验，评估各类参数配置、技术方案的效果，实现对人和社会对系统影响的建模；通过实际与人工系统协同演化、闭环反馈和双向引导（周敏等，2019），实现对实际系统的目标优化。平行系统的本质就是把复杂系统中“虚”和“软”的部分，通过可定量、可实施、可重复、可实时的计算实验，使之硬化，以解决实际复杂系统中不可准确预测、难以拆分还原、无法重复实验等问题（王坤峰等，2017a；孟祥冰等，2018）。

平行系统的核心是 ACP 方法，其框架如图 5-2 所示，主要由三部分组成。①由实际系统的小数据驱动，借助知识表示与知识学习等手段（李力等，2017），针对实际系统中的各类元素和问题，基于多智能体方法构建可计算、可重构、可编程的软件定义的对象、软件定义的流程、软件定义的关系等（王飞跃，2015a；吕宜生等，2009），进而将这些对象、关系、流程等组合成软件定义的人工系统（A），利用人工系统对复杂系统问题进行建模。②基于人工系统这一“计算实验室”，利用计算实验（C），设计各类智能体的组合及交互规则，产生各类场景，运行产生完备的场景数据（Wang et al., 2016b；刘烁等，2018；Wang，2010b），并借助机器学习、数据挖掘等手段，对数据进行分析，求得各类场景下的最优策略。③将人工系统与实际系统同时并举（Wang，2015；杨林瑶等，2019b；王飞跃等，2018；王飞跃等，2017a），通过一定的方式进行虚实互动，以平行执行（P）引导和管理实际系统。从流程上而言，平行系统通过开源数据获取、人工系统建模、计算实验场景推演、实验解析与预测、管控决策优化与实施、虚实系统实时反馈、实施效果实时评估的闭环处理过程（袁勇等，2017），实现从实际系统的“小数据”输入人工系统，基于博弈、对抗、演化等方式生成人工系统“大数据”（Chen et al., 2018；Chen et al., 2019），再通过学习与分析获取针对具体场景的“小知识”，并通过虚实交互反馈逐步精细化针对当前场景的“精准知识”的过程。

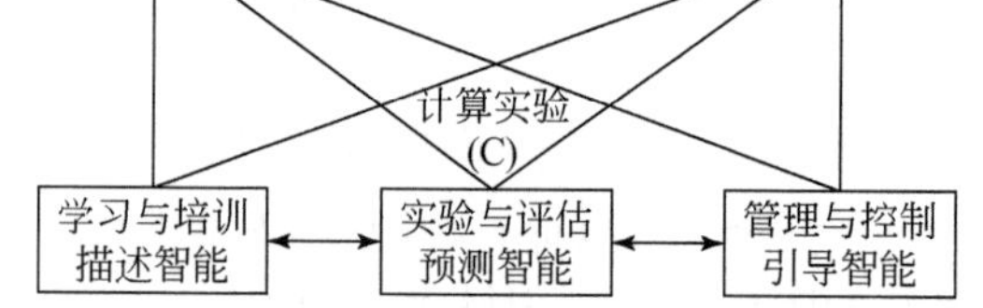

图 5-2　基于 ACP 的平行系统架构体系

在数据层面，平行系统基于实际系统数据，借助生成式对抗网络（王坤峰等，2018；林懿伦等，2018；郑文博等，2018；王坤峰等，2017b）等计算实验手段生成相对完备的“海量数据”，通过对海量数据的学习、训练求解系统优化解并进行优化解评估，使之具有更广泛的适用性；在控制层面，平行系统利用人工系统与实际系统的虚实交互、双向验证，实现两者的协同进化以及对整个系统的多目标优化管理与控制（杨林瑶等，2019b）。它不仅可以优化整个系统，还可以主动学习与评估系统管控效果并自适应调整未来策略。

计算实验以智能体代替实际系统中的各种元素，使各种因法律、道德、成本等现实因素限制无法在实际系统中进行的实验得以实施，突破了无法通过重复实验获取知识与经验的局限（王飞跃等，2010）。计算实验与动态行为模拟的仿真方法有着本质不同，其目标不是以仿真系统逼近实际系统，而是把“仿真”结果视作一种可能的现实（Wang et al.，2017）。在计算实验中，传统计算模拟变成了“计算实验室”里的“试验”过程，成为生长培育各种复杂系统的手段，而实际系统只是计算实验的一种可能而已（Wang et al.，2016c）。

计算实验具有可设计性、可反复进行等特点。它通过对实际系统进行各种关于性能、可靠性、方案鲁棒性及正确性等同一条件下短时间内大量反复的“加速”实验、“压力”实验、“极限”实验等，对各种可能的系统场景进行“试错”实验（王飞跃等，2017b；王飞跃，杨坚等，2016），并进一步对人工系统涌现出的复杂系统行为和系统现象进行标定分析与统计分析，按照一定的指标体系对各种解决方案进行学习与评估，进而全面、准确、及时、量化地获得对复杂系统问题的最优控制方案。计算实验通过实际系统与人工系统之间的相互连接，对二者的行为进行对比、分析、预测与评估，完成对各自未来状况的“借鉴”和预估，相应地调节各自的管理和控制方式，它主要包含三种实现方式（Almalaq et al.，2019）。

1）学习与培训：在这种方式中，人工系统执行对复杂系统的学习和培训的管理与控制功能。通过实际系统与人工系统的适当连接组合，以安全、灵活、低成本的方式使相关人员在人工系统中快速掌握复杂系统的各项操作并了解其可能的结果，量化考核学习与培训的实际效果（袁勇和王飞跃，2017）。以与实际相当的管理与控制方法运行人工系统，使有关人员学习预判系统的可能状况及对应的行动。同时，人工系统的管理与控制方案也可以作为实际系统的预案，增强其运行的可靠性和应变能力。

2）实验与评估：在这种方式中，人工系统被用作进行各种由于成本、安全等原因无法进行的重要破坏性实验和创新性实验，分析系统的行为和反应，并对不同的解决方案的效果进行评估，从而为量化评估系统要素、实现控制方案创新提供依据（王飞跃，2004b）。

3）管理与控制：这种方式的目标是以虚实互动的方式实现复杂系统的管理与控制。一方面，通过测量实际系统与人工系统评估状态之间的差别，产生误差反馈信号，对人工系统的参数进行修正，减少差别，通过循环往复的交互尽可能地使人工系统模拟实际系统（王迎春等，2019）；另一方面，实际系统中的新问题、新需求和新趋势可以实时导入人工系统，通过在人工系统中的实验、测评和完善，获得优化的新解决方案，并据此引导实际系统的发展和演变，从而以“实际逼近人工”的方式实现复杂系统的“创新”功能（沈震等，2019）。

5.2.2 平行系统架构

平行系统是由物理子系统、描述子系统、预测子系统、引导子系统构成的数字四胞胎架构，其基础架构如图 5-3 所示（杨林瑶等，2019a）。它通过计算实验、平行执行等手段，以虚拟的人工系统描述、预测、引导实际物理系统，使物理系统自动逼近更优的人工系统，实现物理系统的自适应优化。

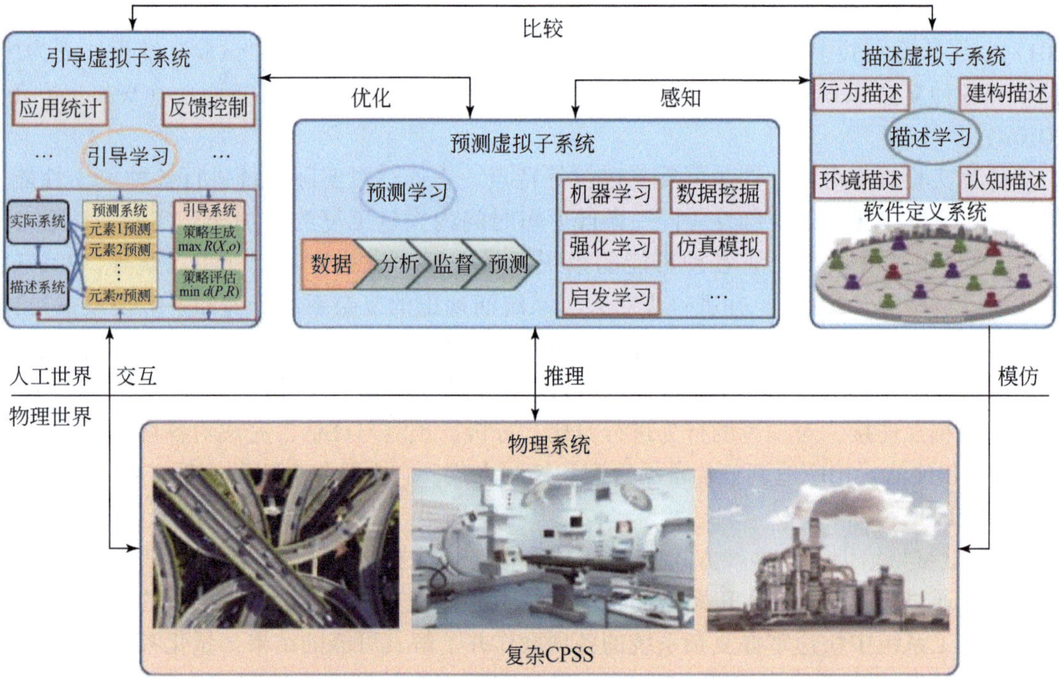

图 5-3 平行系统架构（杨林瑶等，2019a）

5.2.3 基于 ACP 的大数据解析思路

西方管理学界有两句名言（王飞跃等，2015）：其一为现代管理科学（特别是质量工程）的重要奠基人戴明（William Edwards Demin）所说的“除了上帝，其他任何人都必须用数据说话”；其二为提出“知识工人（knowledge worker）”和“信息社会”概念的现代管理之父德鲁克（Peter Feridinand Drucker）所说：“预测未来最好的方法，就是去创造未来”。为在创新社会管理流程中有效地落实“数据说话”“预测未来”“创造未来”（Wang，2012），必须以可描述、可实验、可执行的手段完成从数据、信息、知识到智慧的解析，而基于 ACP 的社会计算方法即为沿此方向的有效尝试。社会计算利用大数据解析复杂系统的基本思路为（Wang，2012；王飞跃，2012）：利用人工系统对复杂社会单元、过程及系统进行建模，通过计算实验对复杂社会场景进行分析和评估，借助平行执行对复杂问题进行引导和管理。其实质就是以 ACP 为手段，三位一体落实（王飞跃，2006）：①描述解析（descriptive analytics），理清已经掌握的知识、信号和情报；②预测推理（predictive inference），理清可能出现的事件及其引发的后果；③诱导学习（prescriptive learning），理清希望的目标并诱导现实，推动目标的实现（图 5-4）。

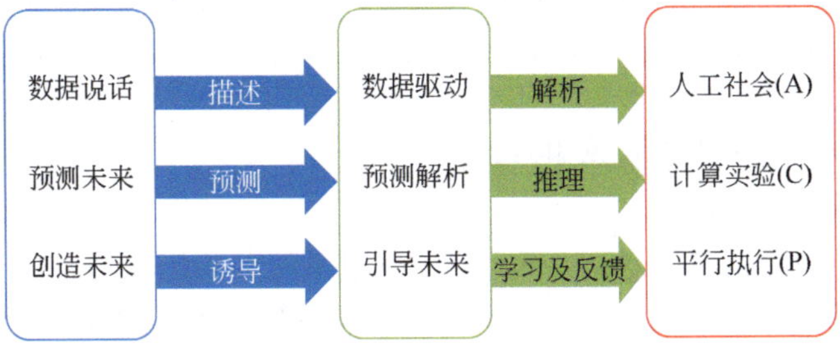

图 5-4　基于 ACP 的大数据解析思路（王飞跃等，2015）

基于 ACP 的社会计算方法以人为中心，充分考虑物理世界、网络世界与社会的融合，以自底向上的人工社会建模方法对基础设施、楼宇、街道、社区、城市逐层建模，同时以真实社会的统计特征为参数进行人口合成、场景搭建以及“社会实验室”的设计；在以软件定义的“社会实验室”中对社会系统中由个体因素引发的群体行为、社会过程以及社会影响等宏观现象进行计算、实验及解析，从而有效并合理地预测系统中水状态，尽早发现社会系统中潜在的各种问题。同时，通过构造由实际系统和人工系统组成的平行系统，通过虚实系统的互动演化、反馈调节，为社会系统的管理和控制提供决策依据和智慧支持。

5.3　大数据驱动平行水利基本架构

5.3.1　大数据驱动平行智能实现

随着社交媒体、移动互联网、通信技术、传感技术、物联网、云计算、大数据等的发展，尤其大数据成为新兴的技术和方向，成为人工系统建模的主导与驱动因素，换言之，人工系统就是大数据驱动的系统（王飞跃，2015b）。现实世界中的实际系统与计算机中的人工系统联系越来越紧密，促使人工系统发生由被动到主动、由静态到动态、由离线到在线、由独立运行到共同运行以及由短期存在到全寿命周期存在的角色转变。利用数据驱动、机理、知识建模等方法可以对物理世界中的系统进行建模，形成软件定义的系统，即人工系统。实际系统和软件定义的人工系统连接，形成一个闭环的数据、信息、控制交互过程。其中，软件定义的人工系统是基础，通过人工系统可以进行自我运行、超前运行、自我评估、自我博弈等，从而产生海量的大数据，用于平行学习，实现平行智能。

平行智能的基本流程包含三个步骤（吕宜生等，2019）：①构建与实际复杂系统对应的软件定义的人工系统；②利用计算实验方法进行实际复杂系统的实验、预测与评估；③通过互联人工系统与实际复杂系统进行虚实互动与相互借鉴，从而实现复杂系统的平行控制与管理。也就是说，平行智能的核心是构建由实际系统与人工系统组成的平行系统，并通过虚实互动实现对实际系统的引导、控制与管理，驱使实际系统向人工系统逼近。这样，平行智能使得复杂系统研究面临的不定性（uncertainty）、多样性（diversity）、复杂性（complexity）挑战转化成具有深度知识支持的灵捷（agility）、通过实验解析的聚焦（focus）、能够反馈互动自适应的收敛（convergence），从而实现对复杂系统的管理与控制。

5.3.2 平行水利系统基本框架

平行水利系统是指由实际水利系统和人工水利系统共同组成的系统。其中，人工水利系统是实际水利系统的软件化定义，不仅是对实际系统的数字化和虚拟化“仿真”，也是实际水利系统的替代版本，使计算机成为“活”的水利实验室，是水利模拟仿真系统在更高层次、更广视野上的拓展。平行水利系统将水利模拟仿真从单纯的水循环过程模拟，扩展为对整个社会背景下人的行为和活动的模拟，从而使水利的计算机仿真升华为水利的计算实验；在此基础上，通过计算实验探究在正常与异常状态下系统各要素的相互作用关系及演化规律，模拟并“实播”系统的各种状态和发展特性；最后，采用虚实互动与平行执行对比并分析人工水利系统与实际水利系统的运转行为差异，从而实现二者对未来状况的“借鉴”与“预估”，进而分别调整各自的控制与管理模式。

平行水利系统的框架如图5-5所示，包括实际水利系统、人工水利系统，以及其运行的三种模式——管理与控制、实验与评估、学习与培训。需要特别指出的是，一个实际水利系统可与多个人工水利系统平行互动，需针对不同的任务和目的，创建不同的人工水利系统。

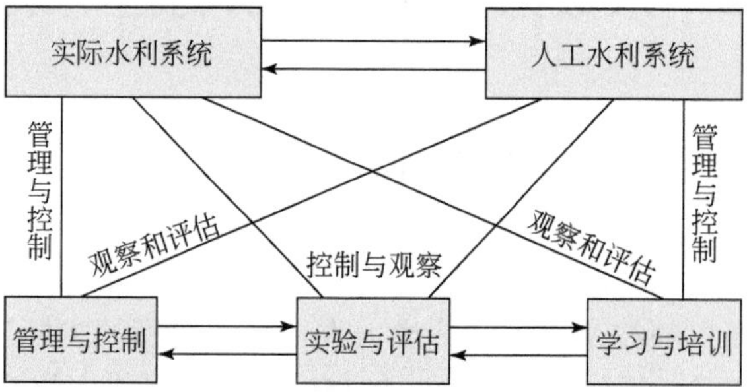

图5-5　平行水利系统的框架

平行水利系统的运行模式包括以下三种。

1）学习与培训：在这种模式下，以人工水利系统为主并将其作为水利管理部门运营的学习与培训中心。通过学习与培训，人工水利系统构建实际水利系统中的模型，使之逼近实际水利系统，建立对实际水利系统的全面、真实、准确的描述，形成“描述智能”。

2）实验与评估：在这种模式下，主要进行基于人工水利系统的计算实验，一方面可探究与分析实际水利系统在特定场景下的不同状态与反应，另一方面可将不同水利方案的试验结果作为效果评估依据并用于管理实际水利系统。人工系统通过计算实验对实际水利过程进行分析预测，并给出最佳水利方案，实现“预测智能”。

3）管理与控制：在这种模式下，人工水利系统可与实际水利系统进行实时地平行互动与相互借鉴，平行水利系统通过平行执行实现系统的有效管理与控制。人工水利系统计算实验生成的解决方案诱导实际水利系统，两者虚实互动，平行执行，反馈调节，形成循环滚动的过程，实现“引导智能”。

平行水利系统框架将人工智能、计算智能、云计算、大数据、物联网、信息物理系统（cyber physical systems，CPS）、信息物理社会系统（cyber physical social systems，CPSS）等概念、方法和技术融于一体，从而提高现有智能交通技术的性能和可靠度。平行水利系统逻辑和原理如图 5-6 和图 5-7 所示。

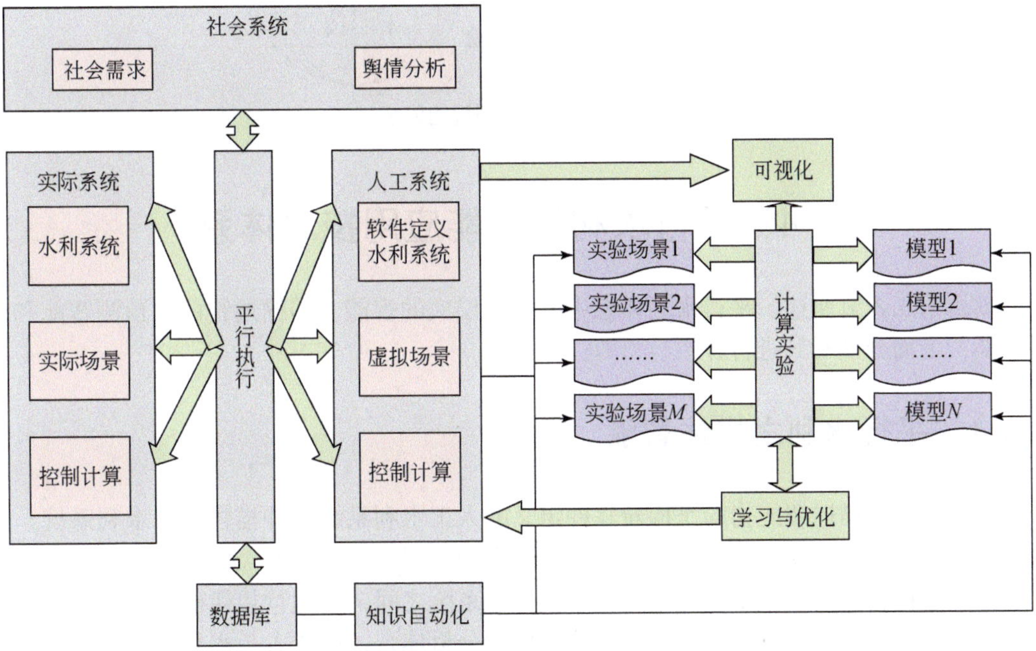

图 5-6　平行水利系统的逻辑

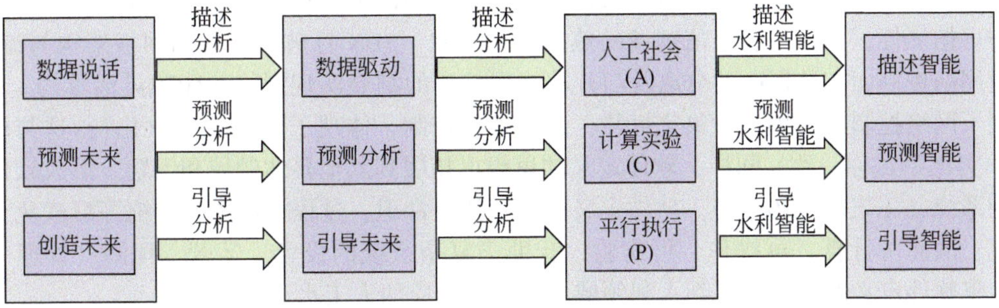

图 5-7　平行水利系统原理

与传统方法不同，平行水利系统综合运用理论研究、科学实验与计算技术三种科研手段，兼顾“表象”和“实质”水利信息，统筹系统的“控制”和“服务”功能，实现“以人为本”的水利管理。平行水利系统的实现，将增加对社会性要素的控制与管理，从而提高对水利系统动态演化机理的认识能力，以及对系统处于正常和异常状态下的管控能力。

水利人工系统的构建与实际系统的平行执行涵盖了描述智能、预测智能、引导智能三个层次，如图 5-8 所示。

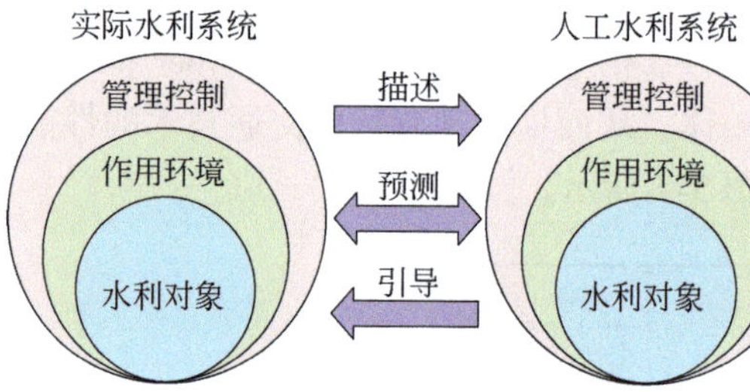

图 5-8 平行水利智能体系

5.4 平行水利的智能应用技术体系

据本书 5.3 节所述，平行水利体系中有三个层次的智能，即描述智能、预测智能和引导智能，下面分别对其进行介绍。

5.4.1 平行水利之描述智能

平行水利之描述智能指的是构建软件定义的人工水利系统，并描述实际水利系统。水利系统是典型的开放复杂巨系统，涉及几乎所有的工程学科，以及经济、人口、生态、资源和法律等社会学科，介于纯工程系统与纯社会系统之间，其运行规律极其复杂。针对具体任务和目标，构建相应的人工水利系统建模和分析体系，搭建人工水利系统模型生成的支持环境和解析工具。

近年来兴起的软件定义网络（software defined network，SDN）显著提高了网络的灵活性与可拓展性，成为信息通信领域的热点讨论对象。SDN 打破了常规的网络架构与流程，通过网络控制面和数据面的分离及与开放编程接口的结合实现网络功能的灵活重构。SDN 实现了网络控制的解耦、抽象化封装、逻辑集中控制，体现了硬件的“软化”，这与虚拟的“实化”目标一致。同样，软件定义的思想可拓展到其他具体领域和问题，形成软件定义的系统（王飞跃，2015a）。软件定义的系统使得常识、过程、功能、系统等形式化、软件化，从而可计算、可操作、可实验，有助于复杂系统的设计、运营、预测、管理与控制。将软件定义的思想拓展到水利领域，可构建相应的人工水利系统。

软件定义的人工水利系统，是实现平行智能的基础。接下来，为方便起见，如无特殊说明，本书不对软件定义的人工水利系统、软件定义的水利系统、人工水利系统加以区分。软件定义的水利系统可认为是对传统数学解析建模的扩展，是广义的模型，包括机理、数据、知识模型等。构建软件定义的人工水利系统的方法和技术有很多，例如仿真模型、数据驱动方法、语言动力学方法、深度学习和模糊逻辑等计算智能方法，高性能计算，可视化技术等（吕宜生等，2019）。根据由实际水利系统所得的真实检测数据标定人工水利系统，可增强人工水利系统的可信度，即人工水利系统能满足特定任务或场景需求的系统建模描述能力。利用人工水利系统可进行离线或在线计算实验，从而分析、预测、推演复杂水利系统的状态和特性，以及评估和优化复杂水利决策。

针对水利系统的工程复杂性和社会复杂性特征，选取典型任务或场景，分别构建机理、数据和知识驱动的多尺度、多分辨率的水利模型，如水资源配置模型、降水预测模型、水文模型、水动力学模型、水质模型、元胞自动机模型等。随着水利数据源、量以及形式的丰富，基于数据驱动的水利模型兴起（廖明等，2019；Huang et al.，2019；Li et al.，2020）。生成对抗式思想也可以用于水利数据的生成、建模、预测等（王坤峰等，2018；林懿伦等，2018；王守相等，2019）。为了解决输入数据及模型结构本身的不确定性会导致模拟误差在模型运行过程中不断积累导致模拟精度无法保证的问题，在考虑模型结构及模型输入数据的不确定性基础上，通过利用数据同化技术将模型与观测数据结合，在观测时刻实时修正模型状态变量，为水利模型的高精度模拟提供了一条途径（陈鹤等，2016）。数据同化的核心思想是误差估算及误差模拟，即在动力学模型框架下，融合不同来源、不同时空分辨率、不同精度的观测数据，根据不同观测之间的误差关系，通过数学算法对模型中的状态变量和参数进行优化，以期提高模拟预测精度（Margulis et al.，2002）。定义数据同化包括四个基本要素（马建文和秦思娴，2012）：模拟自然界真实过程的动力模型；状态量的直接或间接观测数据；通过数据同化算法不断将新观测的数据融入过程模型中，校正模型参数，提高模型模拟精度；定量分析模型和预测值的不确定性。数据同化算法作为数据同化的重要组成部分，是连接观测数据与模型模拟预测精度的关键核心部分。按数据同化算法与模型之间的关联机制，数据同化算法大致可分为顺序数据同化算法和连续数据同化算法两大类（李新和摆玉龙，2010）。常见的数据同化算法有变分算法、滤波算法和贝叶斯算法等（马建文和秦思娴，2012）。

（1）机理驱动的模型

基于机理的模型，亦称为白箱模型。根据水利对象、水循环过程的内部机制或者物质流的传递机理建立起来的精确数学模型。它是基于质量平衡方程、能量平衡方程、动量平衡方程、相平衡方程以及某些物性方程、化学反应定律等而获得对象或过程的数学模型。机理模型的优点是参数具有非常明确的物理意义。模型参数易于调整，所得模型具有很强的适应性。其缺点是对于某些对象，还难以写出它的数学表达式，或者表达式中的某些系数还难以确定时，就不能适用。机理模型往往需要大量的参数，这些参数如果不能很好地获取，也会影响到模型的模拟效果。水利领域常用的机理模型包括水动力物理模型、集总水利领域常用的机理模型是水动力物理模型、集总概念水文模型和分布式水文模型（夏军等，2019）。①水动力学模型包括水动力水质耦合模型，QS 模型，Wallingford 模型，

SWMM 模型，MIKE-SWMM 模型以及 HSPF 模型等，这些模型可建立适用于研究区域的面雨量与河流实时水文特征（流量、水位等）的定量关系，来实时模拟降水产生的径流过程（夏军等，2019）。②集总概念性模型将流域作为一个整体来描述或者模拟降雨径流形成过程，它所利用的是一些简单的物理概念和经验关系，将物理现象进行合理概化，结构简单，对输入资料要求不高，在实际应用中得到大量应用。很多流域水文模型都属于概念性水文模型，如 Craford 和 Linsley 提出的斯坦福模型，菅原正己提出的水箱模型（Tank），美国天气局 Sitten 提出的 API 模型，Bernash 提出的萨克门托模型，爱尔兰国立大学工程水文系研制得 SMAR 模型，国内由赵人俊教授提出的新安江模型，意大利 Todini 提出的 Arno 模型等（夏军等，2019）。③分布式水文模型是按流域各处气候信息和下垫面特性要素信息的不同，将流域划分为若干小单元，在每个单元上用一组参数反映其流域特性，具有从机理上考虑和下垫面条件空间分布不均匀对流域降雨径流形成影响的功能。与传统的集总式水文模型相比，分布式模型用严格的数学物理方程表述水文循环的各子过程，参数和变量中充分考虑空间的变异性，并考虑不同单元间的水平联系，能描述水文循环的时空变化过程，同时可以及时地模拟人类活动和下垫面因素变化对流域水文循环过程的影响，因此可以更加真实地模拟流域产汇流过程的空间变化。在水资源可持续利用、非点源污染、全球变化对水文循环影响等研究需求的推动下，作为探索与发现复杂水文现象机理与规律有效途径之一的分布式流域水文模型受到了极大的关注，在建模思想、理论和技术等方面有了长足的发展（Dooge，1999），涌现了一批分布式水文模型。这些模型包括 TOPMODEL（TOPgraphy based hydrological MODEL）、SHE、DHSVM（Distributed Hydrology Soil Vegetation Model）、VIC（Variable Infiltration Capacity）、SWAT（Soil and Water Assessment Tool）、HMS（Hydrologic Model System）、SVAT（Soil-Vegetation-Atmosphere Transfer model）等（徐宗学和程磊，2010）。

（2）数据驱动的模型

数据驱动方法是对复杂系统历史观测获取的输入和输出数据之间直接建模，通过一定的方式构造出某种已知关系的预测方程，如线性多元回归、非线性回归、人工神经网络、支持向量机等，再将当前值代入预测方程后得到对未来的预测，也可以称为经验模型和非机理模型。数据驱动模型法不考虑物理过程，以数据为驱动，故一般模型结构简单，数据和计算要求都低于机理模型。传统的模型是浅层学习模型，依靠人工经验抽取样本特征，而强调模型主要分类或预测，但网络模型学习后获得是没有层次结构的单层特征（Lowe，2004；Dalal and Triggs，2005；Ojala et al.，2002）。而深度学习是通过构建具有很多隐层的机器学习模型和海量的训练数据，来学习更有用的特征，从而最终提升分类或预测的准确性。所以“深度模型”是手段，“特征学习”是目的。区别于传统的浅层学习，深度学习的不同在于（余凯等，2013）：①强调了模型结构的深度，通常有 5 层、6 层、甚至 10 多层的隐层节点；②明确突出了特征学习的重要性，也就是说，通过逐层特征变换，将样本的空间的特征表示变换到一个新特征空间，从而分类或预测更加容易。与人工规则构造特征的方法相比，利用大数据来学习特征，更能够刻画数据的丰富内在信息。可以预见，深度学习在智慧水利建设中有着广阔的应用前景。数据驱动模型在水利领域的主要应用于径流预测、水资源需水预测、水资源配置和水库群调度。

由于降水等因素的动态变化，径流时间序列呈现非平稳特征，具有高度非线性的行为特征。在应用数据驱动模型法进行径流预测过程中，数据驱动模型算法要有较强的实时跟踪能力，以适应径流运动变化过程的要求。以输入数据不同，径流模拟又可以分为两类（廖明等，2019）：第 1 类为基于历史径流数据的时间序列高精度建模方法；第 2 类从径流影响因素到径流的过程建模方法。第 1 类方法以径流历史数据为输入数据，基于辨识模型法对径流时间序列的变化规律进行分析与建模，如 Carlson et al.（1970）、郭俊等（2010）、赵雪花等（2014）利用 ARMA、支持向量机、神经网络及其组合方法进行了大量研究。该类研究较为广泛，将径流数据看作一组数值，利用数学分析方法来模拟水文过程中蕴含的非平稳特征，其优点是历史径流数据精度高，数学模型在各流域的普适性较好，但因其在数学分析方法中未充分利用引起水文过程不确定性的径流变化影响因素数据，建模结果的精度不稳定。第 2 类方法以径流变化影响因素为数据驱动，基于辨识模型法对影响因素到径流的过程进行建模，如胡平（2004）、汪丽娜等（2009）、Wu 等（2010）、Machado 等（2011）、梁珂等（2016）、初海波等（2018）、廖明等（2019）利用神经网络、支持向量机、DBN（深度信念模型）、RNN（循环神经网络）等开展了降水影响径流的相关研究，以降水为驱动因素模拟预测径流过程。

水资源需求机理比较复杂，需要将人工智能和大数据等技术充分融合，建立性能更好、精度更高的数学模型（杨少康，2020）。常用数据驱动的方法来描述。Alcamo 等（2003）建立了 WaterGAP2 用水模型，分别预测生活、农业、工业需水量，将生活用水过程用 Sigmoid 曲线表示，工业用水过程用双曲线表示。Kim 等（2014）开发了一种需求预测模拟器，采用多层感知开发了 1 个需求预测模块和 1 个供应设施运行仿真模块来实施多种水资源的需求预测。Rathnayaka 等（2017）针对城市住宅需水提出了 1 种涵盖多重时空尺度的随机模型，该模型可对城市住宅最终用水需求进行预测。Vijai 和 Sivakumar（2018）集合了人工神经网络（ANN）、深度神经网络（DNN）、极限学习机（ELM）、最小二乘支持向量机（LSSVM）、高斯过程回归（GPR）、随机森林（RF）和多元回归方法建立模型，并展现出良好的性能。Wang 等（2018）将萤火虫算法这一群体智能算法引入水资源预测实践中，成功地解决了多种实际工程问题。Zubaidi 等（2018）针对市政水务基础设施建设，通过评估气候因素，结合预处理信号技术、混合粒子群优化算法、奇异谱分析（SSA）技术和人工神经网络（PSO-ANN）等技术对 6 个气象变量的耗水量进行分解和重构，得到了一种可靠的水资源需求预测模型，同时该模型也揭示了气候变量是人类对水资源的需求变化的重要驱动因子。Li 等（2019）建立了城市水循环系统动力学模型，研究了整个水循环在社会–经济–生态系统中的相互作用，并对未来城市水需求进行了模拟预测。Perea 等（2019）针对农业短期用水需求预测问题，结合大数据和信息通信技术（ICT）、贝叶斯框架与遗传算法（GA）通过耦合动态人工神经网络（ANN）结构开发了新的模型，并预估了日灌溉的供水数量。张灵等（2009）结合需水预测中的高维非线性和非正态问题，采用投影寻踪技术设立搭建了需水预测模型，运用免疫进化算法进行选取模型中的相关参数，这种方式便于计算，预测的结果也较容易实现，同时表现出了较强的适用性。符传君等（2010）搭建了GM灰色理论模型，展开了针对海口市的工业、农业、第三产业发展及人口增长趋势的预测分析，通过分析结构，实现了灰色理论与神经网络的有机结合。王坚（2016）采用了模糊反馈法进行直接改进熵值法，通过此种方法来确定组合模型的加权系数，通过引进反馈和演化机制手段，能够让使用者通过调整求解精度以控制算法的收敛速度。

水资源配置就是考虑各类规范性要求，在自然条件、工程条件、用户需求特性等各类限制性约束条件下，寻求社会经济和生态环境因素在内的综合效益最大目标下的水量分配方案。随着水和社会关系日趋紧密，不仅用水需要配置，用水导致的污染排放、节水与开源等诸多关系都需要综合分析。因此，水资源配置从水量分配逐渐发展到协调考虑经济、环境和生态各方面需求的流域水量综合调控。在水利规划中，它既是宏观决策和方案比选的工具，也是分析水资源承载能力、确定以水定发展、完成水权初始分配和制定分水方案等重要决策过程的核心工作。水资源配置不仅包括区域与行业间的水量分配，同时还包括水资源需求分析、水资源保护方面的内容，也蕴含了水利工程的运行调度，需要在水资源评价等基础工作上由不同专业人员协作完成。由于水资源配置的复杂性，通常需要采用数学分析模型集成不同类别的信息进行计算和综合评价，形成可供决策参考的方案结果。通过配置分析工作，在需求方面确定调整产业结构和生产力布局，抑制不合理的需水增长，以适应水资源条件；在供给方面协调各项竞争性用水，通过工程措施改变水的天然时空分布来适应生产力布局，实现区域的发展模式与水资源条件相适应，达到可持续发展的目标。

由于入库径流的随机性，决策过程的动态性、实时性和数学模型、优化技术的局限性，使得水库调度决策问题呈现出非结构化的特点，水库群联合调度决策是一个非常复杂的过程。水库群联合优化目标必须尽可能满足国民经济和社会发展的各项具体要求或目的，如防洪、发电、灌溉、供水和生态等能以定量指标表示的具体目标。在以发电为主的水库群系统中，常以发电量最大、总出力最大或发电效益最大等为目标函数；在以防洪为主的水库群系统中，常以最大削峰准则、最大防洪安全保证准则和最短洪灾历时准则等作为目标函数。在不同类型水库的调度中，发电、灌溉及供水一般主要是兴利调度对象，防洪是各水库在汛期的主要调度对象，灌溉、供水、航运、泥沙、防凌和生态调度等主要是在兴利调度中通过给定限制条件来实现的。近年来随着水资源可持续发展观念的日益加强，综合考虑水资源经济、环境、生态和社会的和谐发展，水库群联合调度已经成为多目标调度问题（郭文献等，2009；梅亚东等，2009）。处在同一流域的梯级水电站不仅有水量水头的联系，也有电力方面的联系。由不同调节性能和不同入库径流特性的水库组成的水电站群，约束条件常用上下游水位、水头、水电站出力、额定用水、下泄流量等指标组成等式或不等式表示。对于具有防洪、发电、灌溉、航运及生态等任务的水库群系统，如果各目标效益可以公度则其运行调度可采用单一经济目标的优化模型；若不能公度则需转化为多目标问题来处理。水库群联合优化调度模型的求解一般采用优化算法，它是通过确定决策变量的取值，使目标函数在特定约束条件下搜寻到最优解的方法。目前优化调度最优决策方法主要有线性规划、非线性规划、网络流法、动态规划法、大系统方法和启发式算法等。改进的动态规划算法（POA 和 DSPA）可以求解数量不多的水库群系统，但对于复杂的水库群联合优化调度模型，动态规划改进算法在处理多水库多目标任务时还会出现的“维数灾”问题。启发式进化算法（GA 和 ANN）不依赖于目标函数的梯度信息，尤其适于处理传统搜索方法解决不了的复杂问题和非线性问题，具有较快的收敛速度和较高的求解精度。因此建议采用改进的动态规划算法和启发式进化算法及其混合算法，求解复杂的水库群联合优化调度问题（郭生练等，2010）。

（3）知识驱动的模型

基于知识驱动的模型主要是利用人工智能的方法（包括模糊逻辑、因果分析、专家系统、深度学习等），构造某些系统功能以模仿和实现人类（熟练操作人员、技术人员、专家）在诊断、预测、推理、调度、控制过程中的某些思维和行为，自动完成整个诊断、预测、推理、调度、控制等过程。基于知识驱动模型方法不需要对象的精确数学模型，因此具有很大生命力，其中的专家系统由于具有启发性、透明性和灵活性的特点，特别善于解决特定领域内需要大量专门知识才能求解的问题。

知识图谱技术为知识驱动模型的构建提供了动力。知识图谱是结构化的语义知识库，用于以符号形式描述物理世界中的概念及其相互关系，其基本组成单位是“实体-关系-实体”三元组、实体及其相关“属性-值”对，实体之间通过关系相互联结，构成网状的知识结构。通过知识抽取、知识融合和知识加工三步将水利知识转化为完备知识图谱。知识抽取是从各种数据源中提取实体、属性及实体之间的相互关系，并在此基础上形成本体化的知识表达。知识融合是在获得新知识后需要对其进行整合，以消除矛盾和歧义。知识加工是对经过融合的新知识经过质量评估之后，将合格的知识加入到知识图谱中，以确保知识图谱的质量。知识图谱的表示一般通过本体网络语言（OWL）和资源描述框架（RDF）实现。RDF 是 W3C 公布的一种对于网络资源描述的资源框架。OWL 则是在 RDF 的基础上，提供语义丰富的描述框架。知识图谱的逻辑结构分为数据层和模式层：数据层用于存储具体的知识；模式层在数据层之上，用于存储经过提炼的知识。模式层相当于知识库的模具，是知识图谱的核心，通常采用本体库以管理。

5.4.2 平行水利之预测智能

平行水利之预测智能是建立在描述智能基础上的对水利系统的评估、预测和优化，实现了对水利状态的估计预测、水利管理与控制方案的测试与评估、水利诱导与控制策略的优化等。预测智能是基于计算实验实现的（朱正威等，2016；王飞跃和张俊，2017），反映的是基于当前和过去的规律的对未来的认识。

相比于实际实验，计算实验具有成本低、速度快、实验环境搭建简单的优势，更重要的是计算实验实现了原本无法进行的实际实验，利用计算实验可以反复实验、方便地研究实验系统的参数和行为变化对实验结果的影响，使一些实际中的不可控因素变为可控因素，从而增加人们对实验对象的认识。此外，计算实验还具有自动化、集成化的特点。通过计算实验，可以大批量、大规模地进行实验，并能够自动处理、分析实验结果。

计算实验利用实验设计、数据驱动、知识自动化、机器学习等方法，达到可计算、可学习、可优化、实时性等要求。利用计算实验方法在人工水利系统上进行各种实验或试验，对复杂水利系统的行为进行预测和分析。计算实验设计遵照随机化原则、重复原则、区组原则。依据计算实验的任务和目的，计算实验可以分为比较计算实验、优化计算实验、探索计算实验、验证计算实验、演示计算实验、学习计算实验。

平行水利预测智能框架如图 5-9 所示。

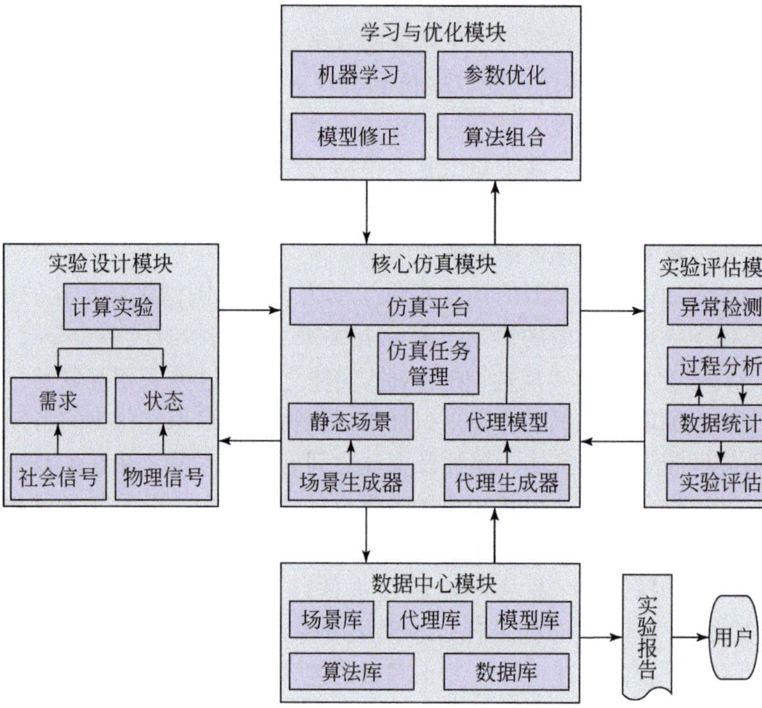

图 5-9　平行水利预测智能框架

要实现期望的目标，归根到底要解决如何对水利进行更好的管理和控制的问题。预测智能通过计算实验，对不同层面的管理进行预估和优化，认识实际系统各要素间的关系。实际上，水利系统每天都在产生并存储大量的数据，这些数据包含为江河湖泊水系、水利工程设施和水利管理活动的重要信息。利用大量的离线、在线数据和知识，实现面向计算实验的人工系统的分析和评估、控制器优化。同时实现计算实验的方案设计和验证，利用计算实验实现实际水利系统组成与行为的主动辨识和控制。

计算实验包含 5 个功能模块，即核心数值仿真模块、数据中心模块、实验设计模块、学习与优化模块、实验评估模块，通过模块间的协同，最终实现闭环交互。

（1）核心数值仿真模块

经过可信度验证的人工水利系统，加载各类模型，添加各种假设和可能的情况到场景库，通过计算实验来验证。统计分析各个阶段的数据，反馈至系统初始建模阶段以提高平行水利的仿真模拟效果。将虚实系统的单一组件或多组件相连，同时保持整体一致性，通过人工系统与实际系统的比较，动态修正人工水利系统模型。常用的动态修正模型状态变量和参数的方法是卡尔曼滤波、集合卡尔曼滤波、粒子滤波等数据同化方法或参数辨识方法。

（2）数据中心模块

为了弥补实际数据在时间、空间、来源等方面的不足，在水利实际数据的基础上，通过计算实验，自我生成虚拟大数据，采用对偶方式进行虚实互动，修订、补足和平滑数据。通过多次迭代，逐步逼近实际分布，逐渐完备数据。虚拟数据是大数据，其大小由耦合关系和实验规模决定。

从产生数据到解决问题，每条数据会经历多次循环往复，每次循环过程包括 6 个阶段：数据获取、数据清洗、数据表示、数据解析、数据智能、数据引擎。数据集在各阶段的表现不同，从获取问题相关的数据集，到解决问题的数据集，数据集的动态反映为一个动力学轨迹，该轨迹包含了实际数据集、虚拟数据集、智能数据集的动态变化过程。经过多次扩张收敛、循环往复，最终收敛为水利系统的各类解决方案。

（3）实验设计模块

利用水利相关信息，为水利设计各类实验情景，以计算机为试验场，进行各类软性实验。通过计算实验的场景生成、驱动机制、结果分析和实验评估等关键技术（并在此基础上针对特定的水利领域设计多种场景化实验），研究动态演化规律及其常规和非常规管控策略。

在人工系统上进行各种水利异常情况下的计算实验是平行控制的特色。通过复杂水利系统异常情况下的计算实验，对系统的事件行为进行预测和分析，以形成应急预案，提前演练，减少实际系统发生事件的可能性和危害。在人工建模与验证研究的基础上，利用计算实验方法各种各样的事件实验，分析复杂系统的演化结果，形成正常情况与应急情况下的应对方案，以指导复杂水利系统的安全、高效、可靠运行。

计算实验在数据处理阶段，从原始数据中选取特定的“小数据”，结合先验知识，并将其输入人工系统。结合特定的原始小数据与人工系统，使用预测学习的方法产生大量的新数据，构成解决问题所需要的“大数据”。在行动学习中段运用强化学习思想，使用迁移学习来描述系统的动态变迁，通过指示学习的方式在人工核电系统中对行动空间进行探索。通过学习提取，得到小知识，用于场景的精准知识，并将其应用于平行控制。而平行控制对引导系统进行特定的数据采集，获得新的原始数据，并再次进行新的平行学习，使系统在数据和行动之间得到优化（刘腾等，2019）。

（4）学习与优化模块

学习与优化模块用于在计算实验中选择并训练算法，也可用于实际运行算法的优化。此处的学习与优化模块泛指使用机器学习或其他优化方法，可以是模糊规则推理、遗传算法、蚁群算法等控制领域的优化方法，也可以是强化学习、深度学习、迁移学习等人工智能方法（孙秋野等，2015）。

（5）实验评估模块

平行系统通过计算实验对不同的水利方案进行试验结果评估，如运行方案的有效性、事件反映方案的合理性、水利规划的效益性等。有效解决方案的试验评估方式包括专家经验评估方式和模糊评估方案等。充分利用在计算实验设计、统计学习与数据挖掘方面的研究基础，研究基于实验数据的系统内在特性分析方法。采用贝叶斯网络模型、马尔可夫随机场模型、随机森林模型等，描述大规模复杂过程水利系统各要素间可能存在的相互关系，利用基于子空间分解的大规模智能优化算法的研究成果，实现超高维图概率模型的高效构建。在此基础上，研究基于关联存储的遗传规划技术，辅以响应面分析，从大规模复杂过程水利系统的各要素中发现那些对系统有重要影响的敏感要素，为系统预测与引导提供参考（王飞跃等，2012）。

5.4.3 平行水利之引导智能

引导智能（prescriptive intelligence）是通过描述智能与预测智能找到有利的或优化的策略。在平行执行过程中，平行与实际系统持续相互反馈、相互引导，不仅要利用当前和过去的数据，而且还要综合考虑期望结果、所处环境、资源条件等更多影响因素，在不停地对比分析所有可能方案的基础上，提出可以直接用于决策的建议或方案。通过提高人工系统的地位与作用，构建实际系统与人工系统之间交互运行和过程演化的平行控制系统，采用可计算、可实验、可操作的方法，并采用传统的滚动优化与综合集成研讨厅的方法研究复杂系统中的科学决策问题，按照“不断探索和改善”的原则实现对智能的引导（张俊等，2019；杨克巍等，2013；Zhang et al.，2017；李力等，2017；Xin and Wang，2017）。

在水利领域，主要通过对实际系统和平行系统进行行为对比分析，完成对各自未来状况的预测，相应地调整控制方式，达到共同优化控制的目的。水利的引导智能包括平行水利系统的交互执行与过程演化策略。通过人工系统和实际系统之间的平行引导方式、相互作用机理和协议、交互学习控制策略，以及平行系统的交互执行和过程演化，解析各系统的动态，并对各种方案的执行效果进行评估，作为依据用于支撑控制决策。通过观察对评估方式或参数进行修正，并迭代进行优化和评估，实现滚动优化引导。与此同时，在引导过程中对平行控制系统的稳定性进行及时有效的评估，保证平行执行过程的可控性和可靠性（Wang et al.，2017；刘昕等，2017；苏罡等，2016；李鹏程等，2016；朱正威等，2016）。平行水利引导智能框架如图 5-10 所示。

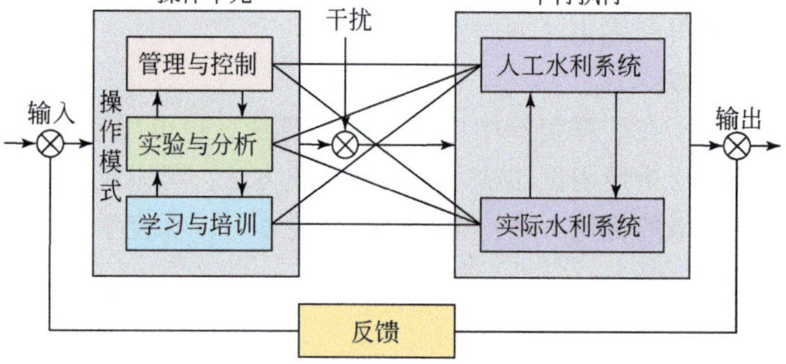

图 5-10　平行水利引导智能框架

通过牛顿系统，对水利系统的各项参数进行控制，进而进行引导以及虚实交互。主要是选取各类指标，引导执行控制效果。从众多控制 Agent 中选取最适合用于平行执行的 Agent，通过基于 Agent 控制产生的数据，采用基于数据方法分析评价函数的 Lyapunov 性质对系统进行稳定性引导，同时对实际系统演化过程的评价函数进行迭代，采用基于数据的值迭代与策略迭代方法对系统最优性进行引导。

通过引入社会因子的默顿系统引导智能，实现水利系统的“数信协同”、“感控协同”和“知智协同”。通过多层次协同，海量的知智实体、感控实体、数信实体组成了由知识联结的复杂系统，依据一定的运行规则和机制，形成社会化的自组织、自运行、自优化、自适应、自协作的大水利组织，最大限度地解决了对水利系统中最关键的“人”的管控的难题，充分发挥平行系统的引导优势。通过引导，实现仿真人群体向真人的在线学习，从而实现虚实结合的自我探索学习（王飞跃和张俊，2017；熊刚等，2011；熊刚等，2012；王飞跃，2015b；白天翔等，2017）。

参考文献

白天翔，王帅，赵学亮 . 2017. 平行武器：迈向智能战争的武器 [J]. 指挥与控制学报，2（10）：89-98.

陈鹤，杨大文，刘钰，等 . 2016. 集合卡尔曼滤波数据同化方法改进土壤水分模拟效果 [J]. 农业工程学报，32（2）：99-104.

初海波，魏加华，王东方，等 . 2018. 基于预报因子聚类分级的日径流预报深度信念模型及应用 [J]. 应用基础与工程科学学报，26（5）：929-939.

符传君，马超，许栋 . 2010. 基于灰色理论和神经网络的海口市水资源需求预测 [J]. 水资源与水工程学报，21（5）：96-98.

高飞，甄祯，何士华，等 . 2012. 基于 CAS 范式的水资源系统复杂性分析 [J]. 长江科学院院报，29（9）：9-13.

郭俊，周建中，张勇传，等 . 2010. 基于改进支持向量机回归的日径流预测模型 [J]. 水力发电，36（3）：12-15.

郭生练，陈炯宏，刘攀，等 . 2010. 水库群联合优化调度研究进展与展望 [J]. 水科学进展，21（4）：496-503.

郭文献，夏自强，王远坤，等 . 2009. 三峡水库生态调度目标研究 [J]. 水科学进展，20（4）：554-559.

胡平 . 2004. 降雨径流组合预测理论及其应用研究 [D]. 武汉：华中科技大学硕士学位论文 .

李力，林懿伦，曹东璞，等 . 2017. 平行学习——机器学习的一个新型理论框架 [J]. 自动化学报，43（1）：1-8.

李鹏程，张力，戴立操，等 . 2016. 核电厂数字化主控室操纵员的情景意识可靠性模型 [J]. 系统工程理论与实践，36（1）：243-252.

李新，摆玉龙 . 2010. 顺序数据同化的 Bayes 滤波框架 [J]. 地球科学进展，25（5）：515-522.

李力，林懿伦，曹东璞，等 . 2017. 平行学习—机器学习的一个新型理论框架 [J]. 自动化学报，43（1）：1-8.

林贤 . 2018. 基于 OODA 循环理论的城市运行管理系统 [J]. 福州大学学报（哲学社会科学版），32（3）：67-71.

林懿伦，戴星原，李力，等 . 2018. 人工智能研究的新前线：生成式对抗网络 [J]. 自动化学报，

44 (5): 775-792.
梁珂，阚光远，李致家 . 2016. 新型耦合数据驱动模型在降雨径流模拟中的应用研究 [J]. 水文，36 (4): 1-7
廖明，詹总谦，呙维，等 . 2019. 动态数据驱动模式下的湖泊流域降雨径流模拟 [J]. 遥感学报，23 (5): 911-923.
刘烁，王帅，孟庆振，等 . 2018. 基于 ACP 行为动力学的犯罪主体行为平行建模分析 [J]. 自动化学报，44 (2): 251-261.
刘腾，王晓，邢阳，等 . 2019. 基于数字四胞胎的平行驾驶系统及应用 [J]. 智能科学与技术学报，1 (1): 40-51.
刘昕，王晓，张卫山 . 2017. 平行数据：从大数据到数据智能 [J]. 模式识别与人工智能，8 (9): 673-681.
吕宜生，欧彦，汤淑明，等 . 2009. 基于人工交通系统的路网交通运行状况评估的计算实验 [J]. 吉林大学学报 (工学版)，39 (S2): 87-90.
吕宜生，陈圆圆，金峻臣，等 . 2019. 平行交通：虚实互动的智能交通管理与控制 [J]. 智能科学与技术学报，1 (1): 21-33.
马建文，秦思娴 . 2012. 数据同化算法研究现状综述 [J]. 地球科学进展，27 (7): 747-757.
梅亚东，杨娜，翟丽妮，等 . 2009. 雅砻江下游梯级水库生态友好型优化调度 [J]. 水科学进展，20 (5): 721-725.
孟祥冰，王蓉，张梅，等 . 2018. 平行感知：ACP 理论在视觉 SLAM 技术中的应用 [J]. 指挥与控制学报，3 (4): 350-358
沈震，罗璨，商秀芹，等 . 2019. 空间平行机器与平行制造 [J]. 空间控制技术与应用，45 (4): 80-90.
苏罡 . 2016. 中国核能科技“三步走”发展战略的思考 [J]. 科技导报，34 (15): 33-41.
孙秋野，滕菲，张化光 . 2015. 能源互联网动态协调优化控制体系 [J]. 中国电机工程学报，35 (14): 3667-3677.
王飞跃 . 2004a. 人工社会、计算实验、平行系统—关于复杂社会经济系统计算研究的讨论 [J]. 复杂系统与复杂性科学，1 (4): 25-35.
王飞跃 . 2004b. 平行系统方法与复杂系统的管理和控制 [J]. 控制与决策，19 (5): 485-489.
王飞跃 . 2006. 关于复杂系统的建模、分析、控制和管理 [J]. 复杂系统与复杂性科学，3: 26-34.
王飞跃，邱晓刚，曾大军，等 . 2010. 基于平行系统的非常规突发事件计算实验平台研究 [J]. 复杂系统与复杂性科学，7 (4): 1-10.
王飞跃 . 2012. 知识产生方式和科技决策支撑的重大变革：面向大数据和开源信息的科技态势解析与决策服务 [J]. 中国科学院院刊，27: 527-537.
王飞跃，李晓晨，毛文吉，等 . 2012. 社会计算的基本方法与应用 [M]. 杭州：浙江大学出版社 .
王飞跃 . 2015a. 软件定义的系统与知识自动化：从牛顿到默顿的平行升华 [J]. 自动化学报，41 (1): 1-8.
王飞跃 . 2015b. 指控 5.0：平行时代的智能指挥与控制体系 [J]. 指挥与控制学报，1 (1): 107-120.
王飞跃，王晓，袁勇，等 . 2015. 社会计算与计算社会：智慧社会的基础与必然 [J]. 科学通报，60: 460-469.
王飞跃，杨坚，韩双双，等 . 2016. 基于平行系统理论的平行网络架构 [J]. 指挥与控制学报，2 (1): 71-77.
王飞跃，张俊 . 2017. 智联网：概念、问题和平台 [J]. 自动化学报，43 (12): 2061-2070.

王飞跃，张梅，孟祥冰，等 . 2017a. 平行手术：基于 ACP 的智能手术计算方法［J］. 模式识别与人工智能，30（11）：961-970.
王飞跃，杨柳青，胡晓娅，等 . 2017b. 平行网络与网络软件化：一种新颖的网络架构［J］. 中国科学（信息科学），47（7）：811-831.
王飞跃，张梅，孟祥冰，等 . 2018. 平行眼：基于 ACP 的智能眼科诊疗［J］. 模式识别与人工智能，31（6）：495-504.
王迎春，韩双双，胡成云，等 . 2019. 基于 ACP 方法的平行手机信令数据分析系统［J］. 自动化学报，45（5）：866-876.
王坤峰，鲁越，王雨桐，等 . 2017a. 平行图像：图像生成的一个新型理论框架［J］. 模式识别与人工智能，30（7）：577-587.
王坤峰，苟超，段艳杰，等 . 2017b. 生成式对抗网络 GAN 的研究进展与展望［J］. 自动化学报，43（3）：321-332.
王坤峰，左旺孟，谭营，等 . 2018. 生成式对抗网络：从生成数据到创造智能［J］. 自动化学报，44（5）：769-774.
王守相，陈海文，潘志新，等 . 2019. 采用改进生成式对抗网络的电力系统量测缺失数据重建方法［J］. 中国电机工程学报，39（1）：56-64.
王旭，黄炎焱 . 2018. 基于 OODA 环的城市内涝灾害应急联动体系建模［J］. 南京理工大学学报（自然科学版），42（2）：234-242.
王晓，要婷婷，韩双双，等 . 2018. 平行车联网：基于 ACP 的智能车辆网联管理与控制［J］. 自动化学报，44（8）：1391-1404.
王坚 . 2016. 基于改进组合神经网络的水资源预测研究［J］. 计算机科学，43（Z6）：516-517.
汪丽娜，李粤安，陈晓宏 . 2009. 基于支持向量机的降雨—径流预测研究［J］. 水文，29（1）：13-16.
魏一鸣 . 1999. 洪水灾害研究的复杂性理论［J］. 自然杂志，21（3）：139-142.
魏一鸣，范英，金菊良 . 2001. 洪水灾害风险分析的系统理论［J］. 管理科学学报，4（2）：7-11.
魏一鸣，金菊良 . 1997. 洪水灾害评估体系研究［J］. 灾害学，12（3）：1-5.
魏一鸣，杨存建 . 1999. 洪水灾害分析与评估的综合集成方法［J］. 水科学进展，10（1）：25-30.
夏军，王惠筠，甘瑶瑶，等 . 2019. 中国暴雨洪涝预报方法的研究进展［J］. 暴雨灾害，38（5）：416-421.
熊刚，侯家琛，刘胜，等 . 2011. 控制科学与工程学科发展报告［M］. 北京：中国科学技术出版社 .
熊刚，王飞跃，侯家琛，等 . 2012. 提高核电站应急可靠性的平行系统方法［J］. 系统工程理论与实践，32（5）：1018-1026.
徐宗学，程磊 . 2010. 分布式水文模型研究与应用进展［J］. 水利学报，41（9）：1009-1017.
杨克巍，李明浩，鲁延京 . 2013. 基于平行执行的装备体系涌现行为导向性方法［J］. 系统工程与电子技术，6（8）：1218-1225.
杨林瑶，陈思远，王晓，等 . 2019a. 数字孪生与平行系统：发展现状、对比及展望［J］. 自动化学报，45（11）：2001-2031.
杨林瑶，韩双双，王晓，等 . 2019b. 网络系统实验平台：发展现状及展望［J］. 自动化学报，45（9）：1637-1654.
杨少康 . 2020. 水资源需求预测的研究进展［J］. 农业与技术，40（1）：39-42.
余凯，贾磊，陈雨强，等 . 2013. 深度学习的昨天、今天和明天［J］. 计算机研究与发展，50（9）：1799-1804.

袁勇，王飞跃．2017．平行区块链：概念、方法与内涵解析［J］．自动化学报，43（10）：1703-1712．
张俊，王飞跃，方舟，等．2019．社会能源：从社会中获取能源［J］．智能科学与技术学报，1（1）：7-20．
张灵，陈晓宏，刘丙军，等．2009．免疫进化算法和投影寻踪耦合的水资源需求预测［J］．自然资源学报，24（2）：328-334．
赵雪花，陈旭，袁旭琦．2014．基于 EMD 的数据驱动模型在径流预测中的应用［J］．系统工程，（9）：150-154．
赵建世．2003．基于复杂适应理论的水资源优化配置整体模型研究［D］．北京：清华大学博士学位论文．
郑文博，王坤峰，王飞跃．2018．基于贝叶斯生成对抗网络的背景消减算法［J］．自动化学报，44（5）：878-890．
周敏，董海荣，徐惠春，等．2019．平行应急疏散系统：基本概念、体系框架及其应用［J］．自动化学报，45（6）：1074-1086．
周寅康．1995．洪水灾害风险评价［J］．大自然探索，14（2）：48-52．
朱正威，王琼，吕书鹏．2016．多元主体风险感知与社会冲突差异性研究——基于 Z 核电项目的实证考察［J］．公共管理学报，2：97-106．
左其亭．2015．中国水利发展阶段及未来“水利 4.0”战略构想［J］．水电能源科学，33（4）：1-5．
Alcamo J，Döll P，Henrichs T，et al. 2003. Development and testing of the WaterGAP 2 global model of water use and availability［J］．Hydrological Sciences Journal，48（3）：317-337．
Almalaq A，Hao J，Zhang J，et al. 2019. Parallel building：a complex system approach for smart building energy management［J］．IEEE/CAA Journal of Automatica Sinica，6（6）：1452-1461．
Brehmer B. 2005. The dynamic OODA loop：Amalgamating Boyd' s OODA loop and the cybernetic approach to command and control［C］//In Proceedings of the 10th international command and control research technology symposium (pp. 365-368)，June，2005．
Carlson R F，MacCormick A J A，Watts D G. 1970. Application of linear random models to four annual streamflow series［J］．Water Resources Research，6（4）：1070-1078．
Chen Y Y，Lv Y S，Wang X，et al. 2018. Traffic flow prediction with parallel data［C］//Proceedings of the 21st International Conference on Intelligent Transportation Systems（ITSC）．Maui，USA：IEEE．
Chen Y Y，Lv Y S，Wang F Y. 2019. Traffic flow imputation using parallel data and generative adversarial networks. IEEE Transactions on Intelligent Transportation Systems，DOI：10.1109/TITIS.2019.2910295．
Dalal N，Triggs B. 2005. Histograms of oriented gradients for human detection［C］//In 2005 IEEE computer society conference on computer vision and pattern recognition（CVPR'05）（Vol. 1，pp. 886-893）．IEEE．
Dooge J C I．1999. The emergence of scientific hydrology in the twentieth century［J］．Advances in Water Science，10（3）：202-214．
Huang H，Liang Z，Li B，et al. 2019. Combination of multiple data-driven models for long-term monthly runoff predictions based on Bayesian model averaging［J］．Water Resources Management，33（9）：3321-3338．
Kim J Y，Jung J H，Yoon Y H，et al. 2014. Development of demand prediction simulator based on multiple water resources［J］．APCBEE Procedia，10：224-228．
Li T，Yang S，Tan M. 2019. Simulation and optimization of water supply and demand balance in Shenzhen：A system dynamics approach. Journal of Cleaner Production，207：882-893．
Li W，Kiaghadi A，Dawson C N. 2020. High temporal resolution rainfall runoff modelling using Long-Short-Term-Memory（LSTM）Networks［J］．arXiv preprint arXiv：2002.02568．

Lowe D G. 2004. Distinctive image features fromscaleinvariant keypoints [J]. International Journal of Computer Vision, 60 (2): 91-110.

Machado F, Mine M, Kaviski E, et al. 2011. Monthly rainfall- runoff modelling using artificial neural networks [J]. Hydrological Sciences Journal, 56 (3): 349-361.

Ojala T, Pietikainen M, Maenpaa T. 2002. Multiresolution gray- scale and rotation invariant texture classification with local binary patterns [J]. IEEE Transactions on Pattern Analysis and Machine Intelligence, 24 (7): 971-987.

Perea R G, Poyato E C, Montesinos P, et al. 2019. Optimisation of water demand forecasting by artificial intelligence with short data sets [J]. Biosystems Engineering, 177: 59-66.

Rathnayaka K, Malano H, Arora M, et al. 2017. Prediction of urban residential end- use water demands by integrating known and unknown water demand drivers at multiple scales II: Model application and validation [J]. Resources, Conservation and Recycling, 118: 1-12.

Vijai P, Sivakumar P B. 2018. Performance comparison of techniques for water demand forecasting [J]. Procedia Computer Science, 143: 258-266.

Wang F Y. 2010a. The emergence of intelligent enterprises: From CPS to CPSS [J]. IEEE Intelligent Systems, 25 (4): 85-88.

Wang F Y. 2010b. Parallel control and management for intelligent transportation systems: concepts, architectures, and applications [J]. IEEE Transactions on Intelligent Transportation Systems, 11 (3): 630-638.

Wang F Y. 2012. A big data perspective on AI: Newton, Merton, and analytics intelligence [J]. IEEE Intelligent Systems, 12: 1-3.

Wang F Y. 2015. Scanning the issue [J]. IEEE Transactions on Intelligent Transportation Systems, 16 (5): 2310-2317.

Wang F Y, Zhang J J, Zheng X H, et al. 2016a. Where does AlphaGo go: from church-turing thesis to AlphaGo thesis and beyond [J]. IEEE/CAA Journal of Automatica Sinica, 3 (2): 113-120.

Wang F Y, Wang X, Li L X, et al. 2016b. Steps toward parallel intelligence [J]. IEEE/CAA Journal of Automatica Sinica, 3 (4): 345-348.

Wang F Y, Yang L Q, Cheng X, et al. 2016c. Network softwarization and parallel networks: beyond software-defined networks [J]. IEEE Network, 30 (4): 60-65.

Wang F Y, Zheng N N, Cao D P, et al. 2017. Parallel driving in CPSS: a unified approach for transport automation and vehicle intelligence [J]. Acta Automatica Sinica, 4 (11): 577-587.

Wang H, Wang W, Cui Z, et al. 2018. A new dynamic firefly algorithm for demand estimation of water resources [J]. Information Sciences, 438: 95-106.

Wu C L, Chau K W, Fan C. 2010. Prediction of rainfall time series using modular artificial neural networks coupled with data-preprocessing techniques [J]. Journal of Hydrology, 389 (1/2): 146-167.

Xin H, Wang F Y. 2017. Generative adversarial networks: Introduction and outlook [J]. Acta Automatica Sinica, 4 (11): 588-598.

Zhang J, Zheng X H, Li L. 2017. PDP: Parallel dynamic programming [J]. Acta Automatica Sinica, 1 (5): 1-5.

Zubaidi S L, Dooley J, Alkhaddar R M, et al. 2018. A Novel approach for predicting monthly water demand by combining singular spectrum analysis with neural networks [J]. Journal of Hydrology, 561: 136-145.

第6章 智慧水利大数据规律分析应用

6.1 基于机器学习的短历时暴雨时空分布规律

6.1.1 研究背景

近年来，在我国由于暴雨引发的内涝已经成为影响城市生产生活运转的重要问题（王浩等，2017）。尤其是随着城市规模的快速扩大，人口和经济活动变得越来越集中，内涝灾害所造成的损失也被成倍放大，暴雨内涝对我国城市建设和运行的影响也越来越明显（张炜等，2012）。据不完全统计，2010 年 1 ~ 8 月底，我国遭受洪涝灾害的县级以上城市已经超过了 200 座，其中大多数为暴雨内涝（程晓陶，2010）。住房和城乡建设部 2010 年对 31 个省（自治区、直辖市）的 351 个城市内涝情况的调研结果显示，自 2008 年，62 % 的被调研城市都发生过不同程度的积水内涝（Xia and Shi，2016），“逢大雨必涝”已成为目前我国城市的通病。在极端天气多发、“逢大雨必涝”的背景下，城市内涝风险管理工作的水平亟待进一步提高。

城市内涝的风险管理依赖于准确的降雨预报，当前降雨预报的主要工具是数值天气预报模式，然而由于受整个学科水平的限制，要想在暴雨来临前对城市雨量及其时空分布进行精准预报十分困难，因此在实际工作中，降雨的数值预报可用性并不强。目前城市内涝的风险管理，更多的是依赖科学的市政工程措施和基于预案的应急管理手段。科学的工程措施与管理手段离不开对当地暴雨时空分布特征的深入了解，尤其是对降雨动态变化特征的深入了解。掌握短历时强降水时空分布特征和规律，在暴雨到来之前，根据历史规律提前预估降雨的动态发展趋势，即可根据历史上已出现过的内涝灾情预判不同地区的内涝风险，从而对内涝的风险管理具有重要意义。

城市内涝积水的具体情况与暴雨雨强和时空变化特征有直接关系（Rafieeinasab et al.，2015），在汇流历时内平均雨强相同的条件下，雨峰在中部或后部的雨型比均匀形雨型的洪峰大 30 % 以上（吴彰春等，1995）。传统的暴雨时空分布研究，主要针对单站（代表站）的雨型开展。Pilgrim 和 Cordery（1975）提出的雨型与实际降雨过程较为相似，其将雨峰时段放在出现可能性最大的位置上，雨峰时段在总雨量中的比例取各场降雨雨峰所占比例的平均值，再根据平均值由小到大的次序确定降雨强度从大到小的顺序，最后计算各时段内各场次降雨量占总降雨量百分比的平均值，代入确定的顺序中，由此得出雨型。Keifer 和 Chu（1975）根据强度–历时–频率关系得到了一种不均匀的设计雨型——芝加哥雨型，该雨型中任何历时内的雨量等于设计雨量。Huff（1967）通过研究美国伊利诺伊州的暴雨，将整个降雨历时平均分成四部分，依据降雨峰值出现的四个时段位置，将降雨划分为四种雨型。对每一类雨型，设计多种不同频率的分配过程。这些针对单站（代表站）的降雨雨型长期以来得到了广泛的应用，但令人遗憾的是，它们不能体现降雨过程在时间、空间上动态变化的综合特征。尤其大城市地区，热力、动力环境均存在明显的空间分异，传统的单站（代表站）暴雨雨型就更不能满足分析降雨时空分布特征的要求，很难对城市内涝积水风险的精细化管理形成有效支撑。

近十几年来，人工智能（artificial intelligence，AI）技术在计算机视觉、自然语言处理、机器翻译、医学成像、医疗信息处理、机器人与控制生物信息等领域已取得长足进展（LeCun et al.，2015），尤其在医疗诊断（王威等，2018）、无人驾驶等方面，表现不俗，而在图像识别、语音识别等方面，AI 更是超过人脑，识别的准确性更高。机器学习（machine learning，ML）是 AI 的核心组成部分，是实现人工智能的主要途径。机器学习的核心是让计算机自动“学习”的各类算法，可以帮助计算机对大量样本数据进行分析并获得规律，然后利用规律对未知数据进行分类或预测。机器学习已在许多领域引发了历史性的革命，在气象灾害识别预测上也已得到了较好的应用（张文海和李磊，2019）。同时，随着降雨数据采集和传输的发展，降雨数据更加丰富。基于大量降雨样本数据，利用机器学习技术对降雨的时空分布特征进行提取成为可能。

本节将机器学习引入到暴雨时空分布研究中，提出针对超大城市短历时强降雨时空分布模式研究方法。区别于传统的针对单站降雨雨型分析的方法，本节以整个研究范围内所有雨量站为研究对象，利用机器学习算法，提取出研究区域短时强降雨时空动态分布特征，可为城市降雨方案设计、城市内涝风险分析等提供借鉴与参考。

6.1.2 研究方法

6.1.2.1 方法流程

强降雨范围、暴雨主要落区移动路径、降雨量变化、最强时段出现时间等，都是暴雨的时空分布特征，了解这些特征，对于有针对性地防范暴雨对城市的冲击有重要意义。本节将这些降雨的时空特征用高维数组进行表达，利用机器学习算法，提取短时强降雨的时空分布特征。主要步骤如下：①数据采集和质量控制：对历史短历时强降雨数据进行质量控制，剔除不合理的数据。②降雨过程结构化：首先划分降雨场次，将连续的降雨资料划分为若干暴雨场次，并从中筛选出暴雨过程，作为研究样本；其次从时间维度和空间维度构建数组，将一场暴雨过程数字化。③聚类分析，特征提取：利用机器学习算法，对历史降雨样本集进行聚类分析和特征提取。

6.1.2.2 降雨过程结构化

对各场次降雨，从时间维度和空间维度构建高维数组。将一场降雨过程中每时段的降雨，用矩阵的方式描述。一场降雨有 n 个时段，就有 n 个矩阵。历史暴雨样本集中就有 N 场雨，那就有 N 个这样的高维矩阵。该高维矩阵包含这次降雨过程的时间特征和空间特征。

基于该方法，建立降雨过程样本集 Ω，实现了多场次降雨的结构化描述，见下式：

$$\Omega=\{\boldsymbol{Q}_1,\ \boldsymbol{Q}_2,\ \cdots,\ \boldsymbol{Q}_N\} \tag{6-1}$$

$$\boldsymbol{Q}_i=\begin{bmatrix} x_{1t1} & x_{2t1} & \cdots & x_{st1} \\ x_{1t2} & x_{2t2} & \cdots & x_{st2} \\ \vdots & \vdots & \ddots & \vdots \\ x_{1tm} & x_{2tm} & \cdots & x_{stm} \end{bmatrix} \tag{6-2}$$

式中，Ω 为历史暴雨样本集，包括 N 个暴雨场次；$\boldsymbol{Q}_i$ 为第 i 次降雨过程；x_{stm} 为第 s 个雨量站 tm 时刻的降雨量；$s=1,\ 2,\ 3,\ \cdots,\ S$；$tm=1,\ 2,\ 3,\ \cdots,\ m$；$s$ 为雨量站个数；m 为时段数。

6.1.2.3 动态聚类分析

本节所用的动态聚类算法属于人工智能技术中常见的经典聚类算法，是无监督的学习算法。动态聚类分析（杨明极等，2019）的基本思想是：通过迭代寻找 r 个聚类的一种划分方案，使得用这 r 个聚类的均值来代表相应各类样本时，所得的总体误差最小。即通过该算法，将总体样本集划分为 r 个子集，使得各子集内的样本近似，而各子集之间的样本不同。再提取各子集的均值，得到属于该子集的降雨特征。

分析时，先随机选择 r 个样本点，也就是 r 个降雨过程作为 r 个子集的初始聚类中心，计算所有样本与这 r 个初始聚类中心的距离，并把样本划分到与之距离最近的那个中心所在的子集中，使所有的样本根据距离，自动聚集到各个子集中，从而得到初始分类类型数以及初始子集。计算各子集所有样本的均值，得到新一代的聚类中心，再次计算所有样本与新的聚类中心的距离，自动聚集，得到新的聚类中心，计算各子集所有样本的均值。不断迭代，并比较第 p 代和第 $p+1$ 代聚类中心，如果相差在范围之内，则认为计算收敛，从而得到最终的子集及各子集的聚类中心。

该聚类方法收敛速度快，容易解释，聚类效果较好，适用于高维数据。但是该方法的聚类结果受初始聚类中心选择的影响较大。因此本文在迭代收敛后，通过与实际雨量空间特征不断的比较分析，判断子集数和初始子集中心是否合理，调整子集数以及子集的初始中心，以此反复进行聚类的迭代运算，直至确定合理的雨量空间分布特征类型数和聚类中心。计算步骤如下：

1）分析的样本集为 $\Omega=\{\boldsymbol{Q}_1,\ \boldsymbol{Q}_2,\ \cdots,\ \boldsymbol{Q}_N\}$，$m$ 为最大迭代次数，r 为初始划分的子集数，$C=\{C_1,\ C_2,\ \cdots,\ C_r\}$ 为 r 个子集。初始时 $C_j=\phi$，$j=1,\ 2,\ \cdots,\ r$；

2）从 Ω 中随机选取 r 个样本，作为初始 r 个子集的各中心向量 $Z_j^0=\{z_1,\ z_2,\ \cdots,\ z_r\}$（0 为迭代计算次数）；

3）对于 $n=1,\ 2,\ \cdots,\ N$，计算样本 $\boldsymbol{Q}_i$（$\boldsymbol{Q}_i\in\Omega$）与每个聚类中心 $Z_j=\{z_1,\ z_2,\ \cdots,\ z_r\}$ 的距离 $d_{ij}=\|\boldsymbol{Q}_i-z_j\|_2^2$，如果 $d_{ij}=\min\{d_{ij}\}$，$i=1,\ 2,\ \cdots,\ N$，则 $\boldsymbol{Q}_i\in C_j$。更新 $C_j=C_j\cup\boldsymbol{Q}_i$；

4）对于$j=1, 2, \cdots, r$，对C_j中的所有样本点，重新计算中心向量 $Z_j^1=\frac{1}{C_j}\sum_{Q_i\in C_j}Q_i$；

5）不断重复迭代，如果$Z_j^{p+1}\neq Z_j^p$，$j=1, 2, \cdots, r$，则回到步骤2)，重复迭代计算。如果$Z_j^{p+1}=Z_j^p$，$j=1, 2, \cdots, r$，运算结束；

6）输出各子集$C=\{C_1, C_2, \cdots, C_r\}$以及各子集的均值$Z_j^{p+1}=\{z_1, z_2, \cdots, z_r\}$。

6.1.3 计算实例分析

6.1.3.1 资料处理

北京作为超大规模城市，近30年经历了快速的城市化进程，同时内涝问题加剧。北京市主汛期（6～8月）降雨集中，汛期突发的强降雨基本占了全年降水量的大部分（刘熙明等，2006）。这种集中型的极端降雨，是北京严重城市内涝灾害的主要诱因。尤其2011年“6·23”与2012年“7·21”特大暴雨，北京全市发生了严重的洪涝灾害，并造成了重大人员伤亡和财产损失。2016年“7·20”暴雨，虽然降雨量与“7·21”暴雨相当，但历时较长，雨强减半，危害较轻，可见雨型时空分布有显著影响。

本节选取北京市水文总站提供的2004～2016年北京城区14个气象站，夏季（6～8月）5 min间隔降雨监测数据。在实际的监测降雨数据中，可能会受监测设备或者人为影响，出现非常不合理的数据，导致不能分析出合理的结果，或者根本不会出结果。因此在做分析之前，需要对实际的监测降雨数据进行质量控制，剔除不合理的数据。质量控制的标准如下：①单站5 min降雨量超过10 mm，且孤立存在，该站前后时间都没有降雨，则认为是不合理的记录；②某站5 km×5 km范围内的雨量站监测数据为0，而该站5 min降雨量超过10 mm，则认为是不合理的记录。对于单站不合理的记录，利用该站5 km×5 km范围内雨量站差值结果，代替该站不合理的记录。

将质量控制后的数据进行场次划分，筛选出短历时强降雨过程作为样本。首先，根据北京城区降雨的特点，连续超过2 h的5 min降雨量小于0.1 mm，则认为无有效降雨，按照该规则划分降雨场次。根据北京城区的暴雨蓝色预警指标：1 h降雨量达30 mm以上或6 h降雨量达50 mm以上（北京市气象局，2013），筛选出暴雨过程。按照上述标准和流程，在2004～2016年，共筛选出强降雨过程89场，将场次降雨划分为12个时段，构建高维数组样本库。

6.1.3.2 结果分析

本节于机器学习算法，提取北京城区夏季短历时强降雨的时空分布特征。经分析，北京夏季短历时强降雨过程可分为三类：第一类，暴雨中心自西北山区向城中心区移动；第二类，暴雨中心自西南经城区，向东北方向移动；第三类，暴雨集中在城区，基本不发生移动。

这三类降雨模式的雨量格局及发展过程存在明显差异，为了进行直观对比，以各站点各时段的降雨量为权重，计算了这三类降雨各时段的雨量重心点，结果见图 6-1。图 6-1 中，分别用不同颜色的正方形、圆形、三角形代表这三类降雨 $t1 \sim t12$ 时段的雨量重心点。从总体位置来看，第一类、第二类、第三类的重心点分别偏西北、西南、东南。从暴雨中心移动过程来看，第一类明显由西北向城区移动，第二类主要自西南地区向北部和城中心区移动，第三类基本集中在城中心区。其中第一类的暴雨过程，暴雨中心移动的距离较长，而第三类的暴雨过程，降雨比较集中，暴雨中心基本不发生移动。各类型降雨模式不同时刻的雨量分布格局，如图 6-2 ~ 图 6-4 所示。图中色块表示各时刻降雨空间分布情况。

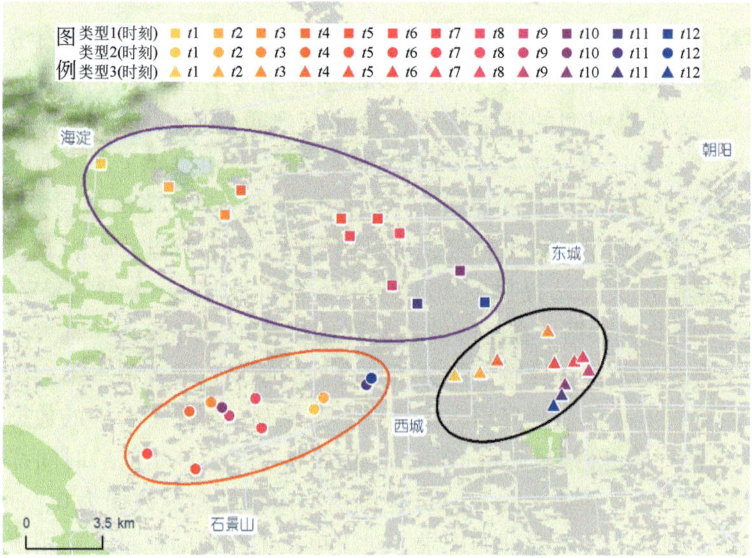

图 6-1　不同类型降雨重心点时空变化对比

1）第一类降雨。如图 6-2 所示。该类型降雨的时空分布特征为：降雨从西北部山区向城区中心区和城区东部扩散。降雨一开始都集中在西北部山区，城区其余各站基本没有降雨。而后降雨量逐渐分散，各站都有降雨发生，属于该类型的暴雨占统计样本数的 31.8 %。出现这类过程时，北京通常位于东移低涡前部的动力不稳定区域，高空大尺度低

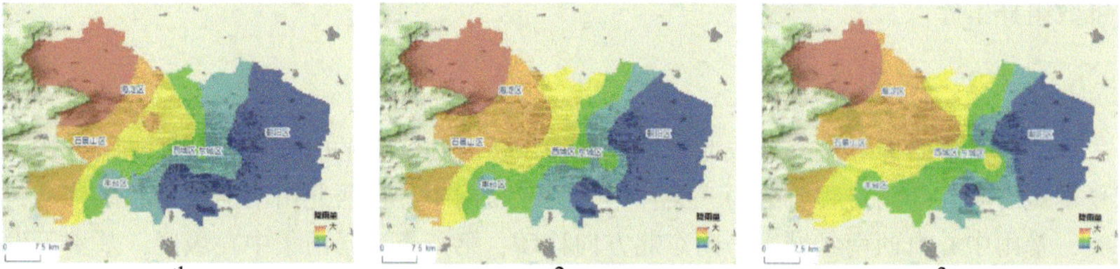

$t1$　$t2$　$t3$

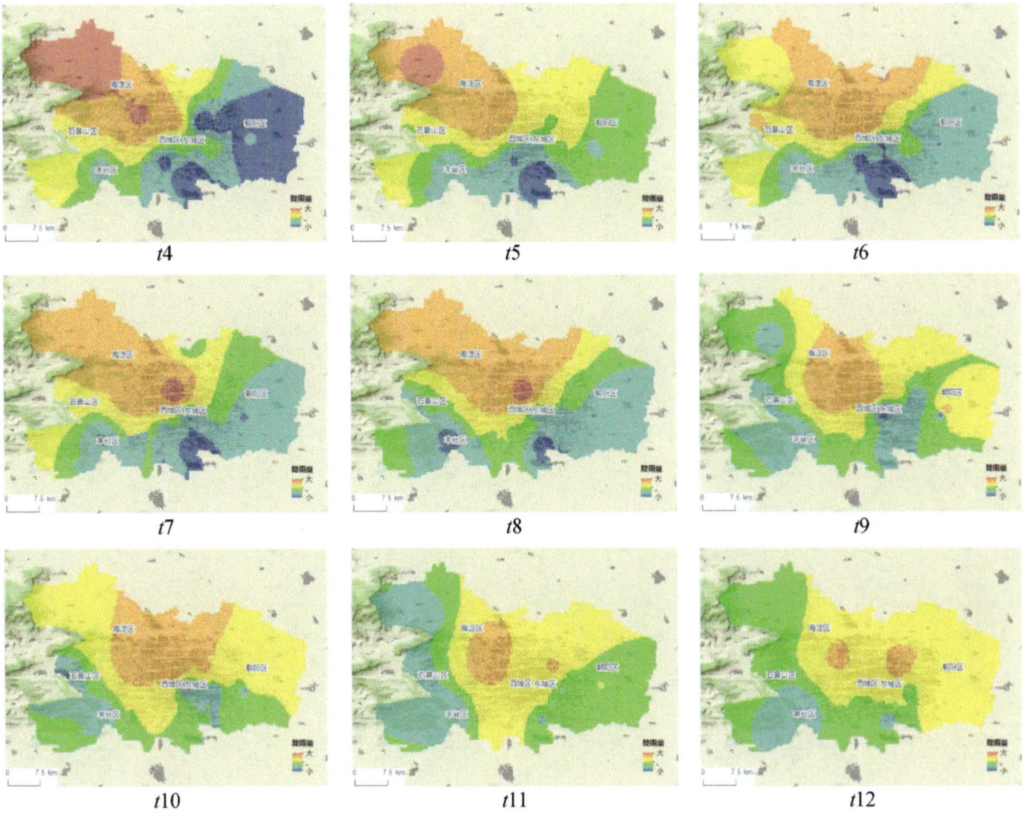

图 6-2　第一类降雨时空分布

涡自西北向东移动，当近地层水汽条件配合时，即会自西北向东南出现强降水。2011 年“6・23”大暴雨就属于该类型，该场大暴雨自西北部山区逐渐向城中心区移动，西北部地区降雨量较大（陈静等，2011），符合第一类降雨的时空分布规律。

2）第二类降雨。如图 6-3 所示。该类型降雨的时空分布特征为：主要降雨都集中在城区南部和西南部地区，逐渐向北部和城中心区扩散。属于该类型降雨占样本总数的 13.7 %，出现这种降雨时，北京通常处于槽前的西南暖湿气流里，或是位于偏南低空急流前部激发的强对流中，其本质是暖区强降水，因为湿度和对流不稳定条件好，降水强度大。

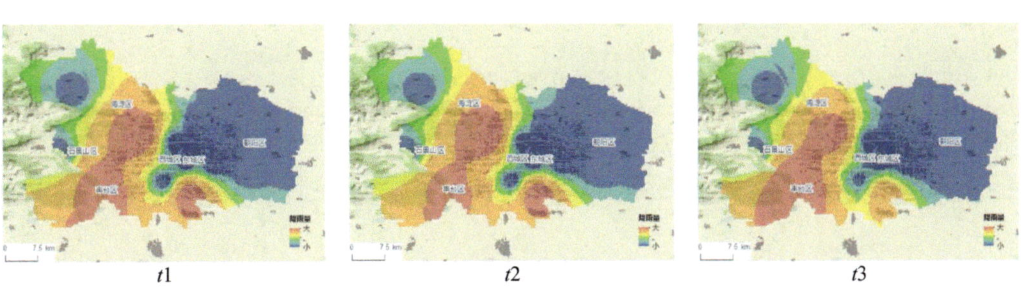

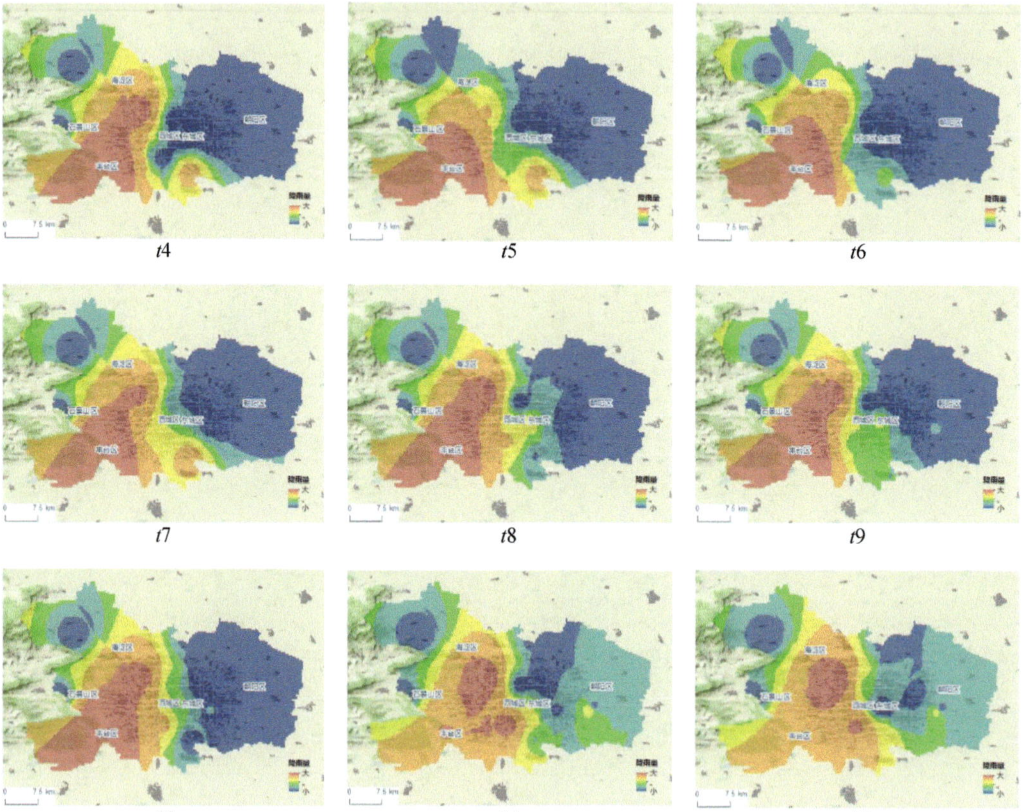

t4　t5　t6

t7　t8　t9

t10　t11　t12

图 6-3　第二类降雨时空分布

3）第三类降雨。如图 6-4 所示。该类型降雨的时空分布特征为：主要降雨集中在城区中心区和东部、南部地区，基本不发生移动，降雨集中。该类型降雨占样本总数的 54. 6 %。为北京城区夏季主要降雨类型，基本发生在午后到傍晚。2004 年“7・10”特大暴雨就是属于该类型的典型暴雨过程。该次暴雨中心位于城区中部和西部。城区平均降雨量为 81 mm，而全市平均降雨量 23 mm。市级报汛站中最大点天安门站降雨量达到 106 mm（化全利等，2005），符合该类型降雨的时空分布规律。属于该类型的暴雨过程，主要是受城市“雨岛效应”影响造成的，多为局地性降水。

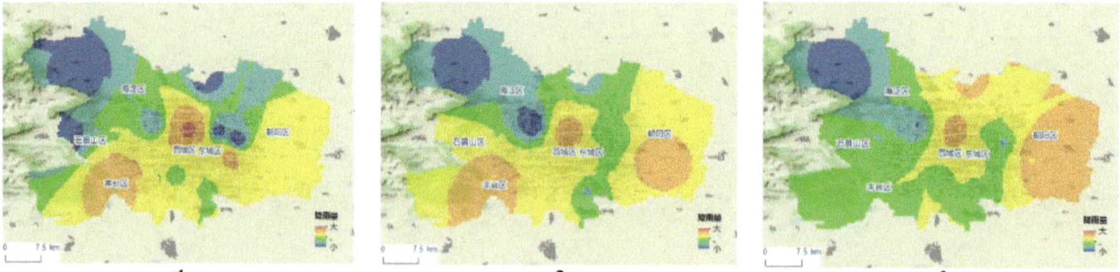

t1　t2　t3

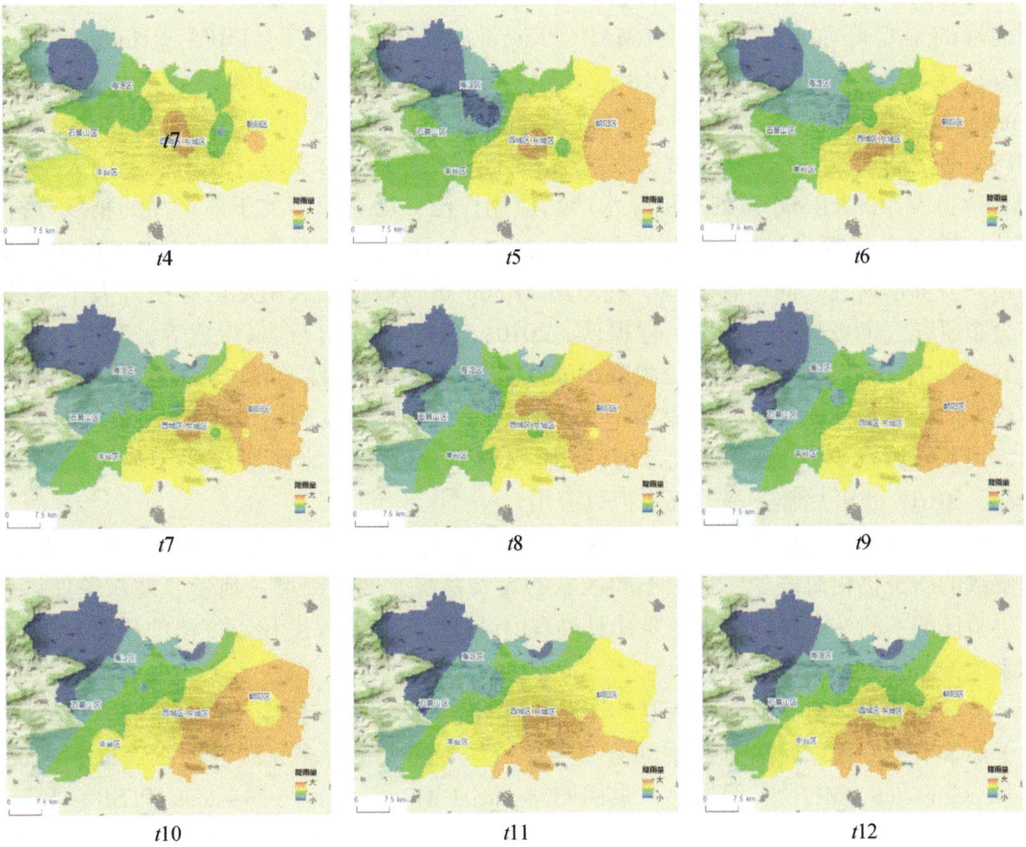

图 6-4　第三类降雨时空分布

综上所述，北京城区汛期短时强降雨过程时空分布特征可以归为三种类型，这三种类型的降雨时空分布特征与属于该类的实际降雨过程基本符合，而且这三种类型降雨时空分布特征，均有相应物理机制的解释。

6.2　基于卫星遥感的山区降水时空分布格局

6.2.1　研究背景

山区是河川径流的主产区，深入研究山地水循环机理具有重要意义。降水的准确估计对水循环过程的精准解析和涉水事务的科学决策至关重要。受山脉走向、地形坡度及水汽来源等多因素影响，山地水循环过程具有垂直地带性。然因高海拔地区观测站点较少、资料匮乏。通过插值算法获取的降水时空分布信息，由于缺少高海拔区域的观测资料验证，展布结果难以准确把握降水的空间分布特征。

遥感技术具有数据获取迅速、成本低、监测范围广和面上一致性高等优势。近年来不断涌现的卫星降水产品，包括 CMAP（Xie and Arkin，2002）、TMPA（Huffman et al.，2007）、GPCP（Adler et al.，2018）、CMORPH（Joyce et al.，2004）、PERSIANN-CDR（Ashouri et al.，2015）、NRL-Blend（Turk and Miller，2005），以及 GPM（Prakash et al.，2018）等，为缺资料高海拔区域的水文分析计算提供了有力支撑。其中，美国太空总署（NASA）发布的 TRMM 系列卫星降水产品应用广泛，已有较多关于该产品的精度分析与评估，如刘少华等（2016）、孙乐强等（2014），及其对实测降水替代性（唐国强等，2015）方面的研究。同样有一些学者使用 TRMM 系列数据在天山地区集中开展了降水时空分布研究（刘俊峰等，2011；穆振侠，2010；李慧等，2017；赵传成等，2011）。已有研究表明 TRMM 降水产品具备反映降水的空间分布和变异特性的能力，但在空间分辨率和精度方面仍有较大提升空间，应用中仍需要进行空间降尺度和精度校正。在校正方法方面，多元回归模型（Yan et al.，2016）应用较多，近年来地理加权回归模型（Lv and Zhou，2016）也开始被关注并逐步得以应用。

尽管前人的研究取得了很好的成果，但已有研究多集中在年尺度，在月、日尺度上更加细致的研究仍相对较少，且因不同区域的天气系统，气候类型，地形、地貌条件迥异，可供验证的实测站点少，仍有必要针对典型山区开展多种降尺度校正方法的比较分析以减少系统偏差，提升结果合理性。

为优选适用于典型山地区域卫星降水产品的空间降尺度和精度校正方法，并探究降水在干湿季节的变化以及沿垂直带的分布规律，本节建立包含多元线性回归（multivariable linear regression，MLR）、偏最小二乘回归（partial least squares regression，PLSR）和地理加权回归（geographical weighted regression，GWR）三种方法在内的降尺度校正模型，开展典型山区 TRMM 降水数据的空间降尺度与精度校正研究。

6.2.2 数据与方法

6.2.2.1 研究区概况与数据

太行山脉北起北京市西山，向南延伸至晋、豫交界地区的王屋山，西接山西高原，东临华北平原，呈东北—西南走向，绵延 400 余千米，系我国地形第二阶梯东缘。本节选取太行山区作为研究区。研究区概况如下：总面积约为 12.78 万 km^2，海拔区间为 −65 ~ 3059 m，纵跨北京、河北、山西与河南四省（直辖市），横贯海河、黄河两个一级流域；处于我国半湿润区与半干旱区过渡带，分布有常绿针叶灌木林、针阔混交林、落叶阔叶林、人工林、落叶灌丛和草坡等植被类型；属温带季风气候，夏季受暖湿的东南风影响而炎热多雨，冬季受干冷的西北风影响而寒冷少雨，年平均降水量在 400 ~ 600 mm；主要水系包括黄河流域的黄河干流和沁河、丹河等支流，以及属海河流域的潮白河、永定河、大清河、漳河等河流。

本节所用地形数据来自 NASA 和美国国家测绘局（NIMA）联合发布的 90 m×90 m 空

间分辨率的数字高程（DEM）数据集。选用的 137 个气象站点逐日降水数据来自中国国家气象局整编的 2000 ~ 2011 年气象资料数据集，其中海拔 500 m 以下的台站 70 个，海拔 500 ~ 1000 m 的台站共 48 个，海拔 1000 ~ 1500 m 的台站共 17 个，海拔 2000 m 以上的台站共 2 个，具有风向监测信息的台站共 30 个。所有 2000 ~ 2011 年逐月最大 MODIS 归一化植被指数 NDVI 数据来源于地理空间数据云，数据详见表 6-1。研究区的空间位置和测站分布见杜军凯等（2019）的研究论文。

表 6-1　研究所用数据

产品	时间序列（年–月）	空间分辨率	频次	来源
TRMM 3B42. V7 遥感降水产品	2000-01 ~ 2011-12	0. 25°	3 h	https://mirador. gsfc. nasa. gov/
DEM	—	90 m	—	http://srtm. csi. cgiar. org/
气象站观测降水	2000-01 ~ 2011-12	—	日	http://data. cma. cn/
归一化植被指数	2000-01 ~ 2011-12	500 m	月	http://www. gscloud. cn

6. 2. 2. 2　卫星降水产品降尺度校正模型

因高海拔区域监测站点稀少，导致卫星降水产品在低海拔区域可以充分验证，而在高海拔区域验证不足，鉴于此，研究针对性地建立了降尺度校正模型，其包括回归降尺度和精度评估两部分，前者由多元线性回归、偏最小二乘回归和地理加权回归三种方法（使用高斯函数法确定地理权重）组成，同步使用三种方法进行回归降尺度并进行方法优选，可有效规避系统误差，各方法特点见表 6-2；后者使用广泛用于插值方法有效性评估的交叉验证法，避免了将有限的实测数据再分割成建模部分和验证部分，而是通过交叉验证，增加数值实验的次数来保障分析结果的稳定性，具备最大限度地利用观测信息的优势。

表 6-2　三种回归方法的对比

方法	全局/局部	参数估计	计算量	优势
MLR	全局回归	普通最小二乘法	低	理论完善，计算量小
PLSR（Geladi and Kowalski，1986）	全局回归	普通最小二乘法	中	逐步建立因变量和自变量典型成分间的回归关系，重点解决变量存在多重共线性关系时 MLR 的失效问题
GWR（Brunsdon et al.，2010）	局部回归	加权最小二乘法	高	动态缩放建模窗口，逐点赋权，减少“关系微弱”数据点的干扰

交叉验证法（cross-validation）依次减少 1 个样本点，使用其余点进行建模并估算该点的降水量，选择决定系数、均方根误差和平均相对偏差 3 个检验指标：

$$R_j^2 = \frac{\sum_{i=1}^{N} (\hat{Y}_i - \overline{P_{\text{obs}}})^2}{\sum_{i=1}^{N} (P_{\text{obs}_i} - \overline{P_{\text{obs}}})^2} \quad j = 1, 2, \cdots, N \tag{6-3}$$

$$\mathrm{RMSE}_j = \sqrt{\frac{1}{N}\sum_{i=1}^{N}(P_{\mathrm{obs}_i} - \hat{Y}_i)^2} \quad j = 1, 2, \cdots, N \tag{6-4}$$

$$\mathrm{ARE}_j = \frac{\sum_{i=1}^{N}|P_{\mathrm{obs}_i} - \hat{Y}_i|}{N \times \overline{P_{\mathrm{obs}}}} \quad j = 1, 2, \cdots, N \tag{6-5}$$

式中，N 为实测站点个数，P_{obs_i}为第 i 个站点的实测降水量，$\overline{P_{\mathrm{obs}}}$为所有实测站点的平均降水量，$\hat{Y}_i$ 为第 i 个站点的校正降水量，R_j^2、RMSE_j和 ARE_j 分别为第 j 次验证的决定系数、均方根误差和平均相对偏差。

样本点个数为 N 时，共需 N 次交叉验证，最优方法选择标准如下：

$$\frac{1}{N}\sum_{i=1}^{N}R_j{}^2 \rightarrow \max; \quad \frac{1}{N}\sum_{i=1}^{N}\mathrm{RMSE}_j \rightarrow \min; \quad \frac{1}{N}\sum_{i=1}^{N}\mathrm{ARE}_j \rightarrow \min \tag{6-6}$$

6.2.2.3 研究区建模技术路线

考虑地形对湿润气流的阻挡、抬升而导致其冷凝致雨的过程，沿太行山区边界向外拓展0.5°，将临近的平原地带一并作为建模区域。该区域的地理范围包括：经度自 109°42′E 至 117°12′E，纬度自 34°6′N 至 41°18′N。原始 TRMM 产品的空间分辨率为 0.25°×0.25°，建模区域共覆盖 409 个地理网格，中心格点位置见杜军凯等（2019）论文中图 2（a）。本节所述的研究通过校正模型将原始 TRMM 产品降尺度校正到 0.05°×0.05°，共有 10 359 个网格。

模型因变量选取原则如下：①可最大限度地利用已有监测信息；②可综合发挥地面监测的点上优势（精度高、频次高）和遥感监测的面上优势（面上连续、一致性好）。因此，研究将拓展区域地面实测月降水量序列“嵌入”TRMM 网格，以观测降水量代替所在网格的遥感降水量，形成一套月降水量融合数据。融合降水数据的 409 个格点中，原始 TRMM 数据共有 272 个，占比为 66.5 %，实测数据共有 137 个，占比为 33.5 %。

模型自变量选择原则如下：一是所选变量与降水变化密切相关；二是变量具备相对较高的空间分辨率，便于结果从较低空间分辨率转换至较高的空间分辨率；三是所引入的辅助变量可通过卫星遥感途径获取，即其具备“空间分布”的特点和优势。根据上述原则，从地形分析，研究区的海拔高度、坡度、坡向分布对降水的影响不可忽视；从地理范围分析，经度越高的地区因海陆距离小，降水概率相对较大，而纬度较低的区域有着相对较高的温度和湿度，更易产生降水；从干湿程度分析，研究区处于半干旱区和半湿润区的过渡地带，水分是植被生长的关键制约要素之一，降水与植被长势关系密切；从气候类型分析，研究区属温带季风气候区，风向对降水同样有着重要的影响，但多数气象站点风向参数存在缺测。综合考虑，研究选择高程、坡度、坡向、经度、纬度和归一化植被指数（NDVI）作为校正模型的自变量。

降尺度校正模型建模技术路线如下：

1）数据时空尺度统一，将 DEM、坡度、坡向、NDVI 数据的时间分辨率统一到月，空间分辨率统一到 0.25°（建模数据集）和 0.05°（降尺度数据集）。

2）建立0.25°空间分辨率的因变量和自变量之间的MLR、PLSR和GWR回归关系，使用0.05°空间分辨率自变量分别采用三种方法进行单次降尺度校正。

3）采取交叉验证法，重复数值试验次数，根据式（6-4）优选方法并执行TRMM降水数据的降尺度校正；在此基础上，分析研究区降水的时空分布特征。

6.2.3 研究结果

6.2.3.1 降尺度校正方法优选

基于所构建的降尺度校正模型，将原始TRMM降水数据降尺度校正到0.05°×0.05°分辨率，交叉验证结果见表6-3和表6-4。通过校正前后几项指标的对比可知：①GWR的校正效果最好，所有月份的校正数据与站点实测数据系列的决定系数提高了20%以上，均方根误差降低了40%以上，平均相对偏差下降了50%以上；②PLSR的校正效果次之，该方法在降低均方根误差和平均相对偏差方面有效，但对决定系数并无明显的改善效果；③MLR的校正效果最差，三项检验指标均无明显改善。

表6-3 决定系数与均方根误差交叉检验结果

数据	决定系数（R^2）				均方根误差（RMSE）			
	原始TRMM	MLR	PLSR	GWR	原始TRMM	MLR	PLSR	GWR
1月	0.433	0.563	0.523	0.872	1.933	1.748	1.458	0.898
2月	0.516	0.751	0.748	0.924	2.303	1.713	1.867	0.906
3月	0.507	0.434	0.396	0.847	4.275	3.420	3.599	1.705
4月	0.354	0.243	0.232	0.823	4.210	4.599	4.060	2.010
5月	0.771	0.548	0.445	0.933	6.302	8.887	7.518	3.051
6月	0.564	0.322	0.284	0.834	8.619	10.356	8.555	5.053
7月	0.690	0.642	0.642	0.946	17.729	19.453	12.240	7.615
8月	0.555	0.298	0.298	0.909	15.696	17.616	13.825	6.700
9月	0.743	0.753	0.746	0.940	9.226	9.062	7.041	4.474
10月	0.748	0.571	0.559	0.941	5.656	6.633	6.520	2.450
11月	0.668	0.808	0.810	0.929	3.265	2.429	2.555	1.466
12月	0.564	0.600	0.599	0.863	2.092	1.533	1.829	0.907
平均值	0.593	0.544	0.524	0.897	6.776	7.287	5.922	3.103

表6-4 平均相对偏差交叉检验结果 （单位：%）

数据	原始TRMM	MLR	PLSR	GWR
1月	34.9	31.7	25.1	12.2
2月	20.8	16.2	17.6	6.8

续表

数据	原始 TRMM	MLR	PLSR	GWR
3 月	26.4	25.1	22.6	8.2
4 月	13.4	15.8	13.1	4.8
5 月	11.0	15.2	12.2	4.0
6 月	10.1	11.7	9.8	4.4
7 月	10.9	11.9	7.7	3.7
8 月	11.0	12.1	10.4	3.8
9 月	9.2	9.0	6.9	3.4
10 月	12.2	13.8	15.5	4.4
11 月	15.6	12.3	12.5	6.0
12 月	32.0	26.2	33.8	11.4
平均值	17.3	16.8	15.6	6.1

6.2.3.2 研究区年降水量空间分布

GWR 校正方案下研究区年均降水量空间分布见图 6-5，各流域最小、最大降水量和面雨量结果见表 6-5。研究区年均降水量等值线图总体上与山脉走势一致，呈南高北低、东高西低的特点，变化区间为 404.1 ~ 708.2 mm；其中东坡和南坡降水量较高，西坡和北坡降水量明显较低。

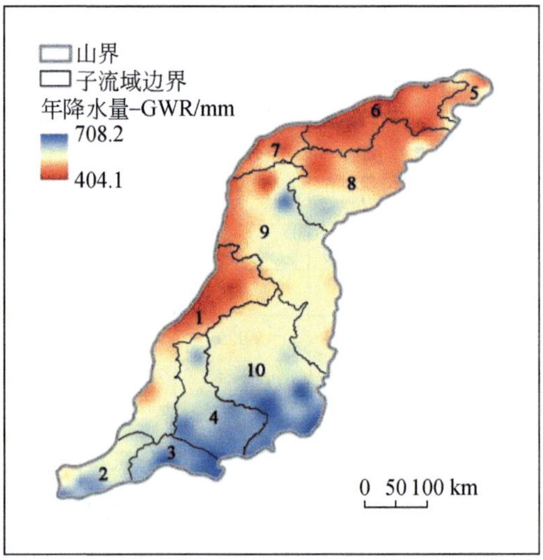

图 6-5 研究区年平均降水量空间分布（2000 ~ 2011 年）

表 6-5　集水区尺度年均降水量分布

子流域编号	年均降水量/mm			最大降水所在高程带/m
	最小值	最大值	面平均值	
1	409.4	636.8	508.3	1150 ~ 1350
2	523.8	671.1	588.1	350 ~ 600
3	586.2	691.6	640.4	300 ~ 500
4	515.0	681.7	611.5	1000 ~ 1400
5	457.3	586.2	509.8	150 ~ 500
6	404.1	556.3	461.0	150 ~ 400
7	405.4	541.0	479.9	1400 ~ 1800
8	437.3	607.9	515.9	300 ~ 700
9	421.6	658.8	543.7	1450 ~ 1850
10	507.4	708.2	590.5	1300 ~ 1500

从气候和地形分析，由于受季风气候影响，山区降水集中在夏季，来自东南方向的夏季风主导了夏季降水过程。因太行山呈东北—西南走向，相对夏季风而言，6 号和 7 号流域属背风坡，3 号、4 号、8 号和 10 号流域属迎风坡；相对来自西北方向的冬季风，情况则恰好相反。

研究区夏季风迎风坡的年降水量明显高于背风坡。区域最大降水带位于 10 号流域东南边缘海拔 1300 ~ 1500 m 的区域，亦即漳河中下游地区（上党盆地）。沁河中下游地区（4 号流域、晋城盆地）与黄河干流三门峡至小浪底区间（3 号流域）面雨量均高于 600.0 mm。大清河山区（8 号流域）所处纬度较高，年均面雨量为 515.9 mm。相比夏季风迎风坡而言，所处背风坡的流域年均面雨量均低于 500.0 mm。

6.2.3.3　研究区降水干湿季节分布

从像元尺度（0.05°×0.05°）分析，研究区月降水量的最小值为 1.2 mm，出现在 1 月，该月像元尺度降水数据系列的标准差为 1.4 mm；最大月降水量为 202.7 mm，出现在 7 月，相应标准差为 21.6 mm。研究区像元尺度多年平均月降水量的分布情况见图 6-6，特征值统计见表 6-6。

表 6-6　研究区像元尺度降水量特征值统计

时间	降水量/mm			标准差/mm
	最小值	最大值	平均值	
1 月	1.2	12.1	4.9	1.4
2 月	3.0	17.2	8.1	2.6
3 月	6.8	25.9	13.3	3.6
4 月	15.5	35.9	24.9	3.5

续表

时间	降水量/mm			标准差/mm
	最小值	最大值	平均值	
5 月	29. 7	77. 6	49. 8	7. 5
6 月	45. 0	101. 8	71. 8	10. 1
7 月	76. 4	202. 7	127. 6	21. 6
8 月	76. 0	160. 3	113. 3	16. 6
9 月	47. 3	121. 0	79. 7	14. 7
10 月	21. 0	66. 8	33. 3	8. 3
11 月	6. 5	30. 2	14. 7	4. 2
12 月	1. 4	19. 5	4. 8	2. 5

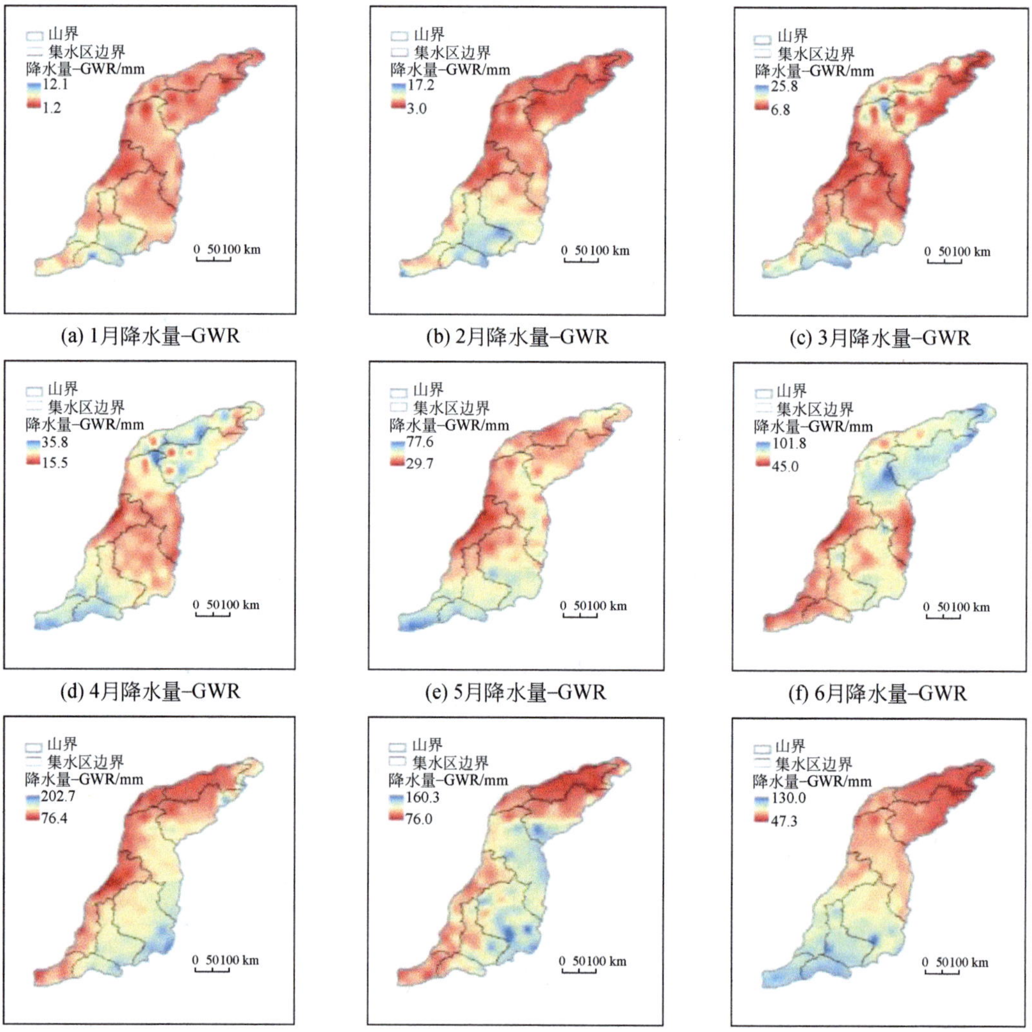

(a) 1月降水量-GWR (b) 2月降水量-GWR (c) 3月降水量-GWR

(d) 4月降水量-GWR (e) 5月降水量-GWR (f) 6月降水量-GWR

(g) 7月降水量-GWR (h) 8月降水量-GWR (i) 9月降水量-GWR

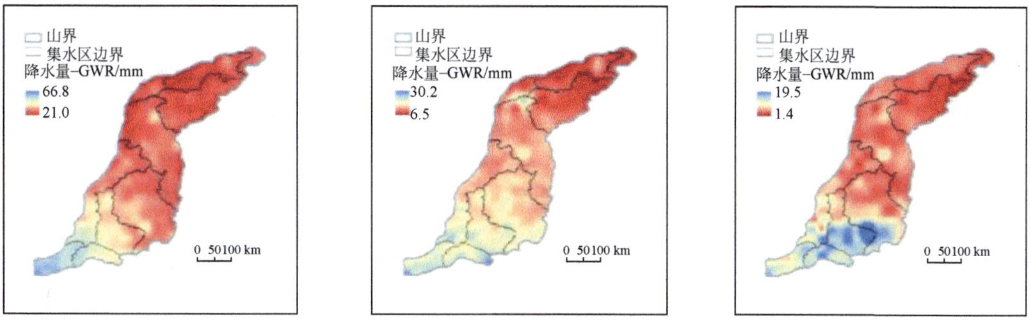

(j) 10月降水量-GWR　　(k) 11月降水量-GWR　　(l) 12月降水量-GWR

图 6-6　GWR 校正方案下研究区多年平均月降水量（2000 ~ 2011 年）

从集水区尺度分析，研究区多年平均月降水量最小值为 2.5 mm，出现在 12 月，该月降水系列的标准差为 2.2 mm，最小多年平均月降水量对应的是 5 号流域；最大多年平均月降水量为 150.1 mm，出现在 7 月，该月流域尺度降水数据系列的标准差为 17.1 mm，最大月降水量对应的是 3 号流域。各集水区尺度多年平均月降水量统计见表 6-7。选取降水量较高的 3 个月（7 ~ 9 月）、较低的 3 个月（12 ~ 2 月）进行对比，以两时期各集水区面雨量的比值为指标，分析干湿季节的变异情况：全区 7 ~ 9 月降水量 320.6 mm，为 12 ~ 2 月的 18.1 倍，各集水区该比值变化范围为 13.1 ~ 24.9，其中以 5 号流域最大，3 号流域最小。结合太行山脉走向可知（杜军凯等，2019），研究区西侧各集水区（1 号、2 号、6 号、7 号流域）干湿季节差异呈现比较明显的纬度地带性，纬度越高，差异越大；研究区东侧则呈现较强的经度地带性，经度越高，差异越大。

6.2.3.4　研究区降水的垂向分布特征

为探究月降水的垂向分布特征，本节分析了高程每增加 100 m 时所对应降水的变化量（图 6-7）。研究区月降水量垂向分布的空间差异较大，具有以下几个方面的特征：①月降水量沿高程变化梯度最小值为-5.20 mm/100 m，最大值为 6.72 mm/100 m；在海拔较高的区域，随着高程增加，降水多呈增加趋势；梯度取值为负的区域多分布于东坡和南坡的山

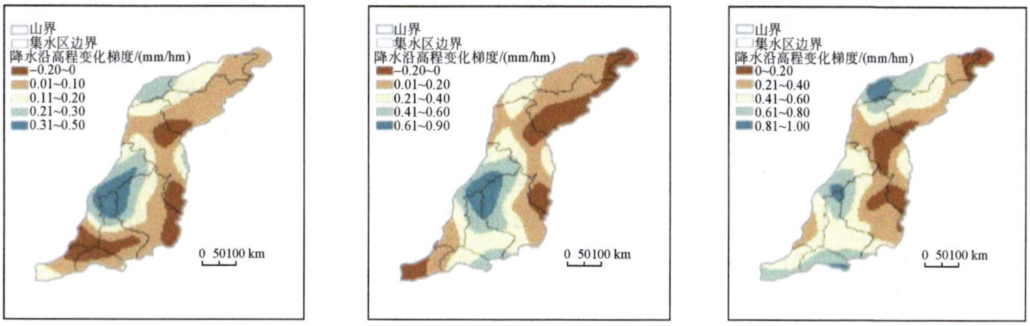

(a) 1月降水沿高程变化梯度　　(b) 2月降水沿高程变化梯度　　(c) 3月降水沿高程变化梯度

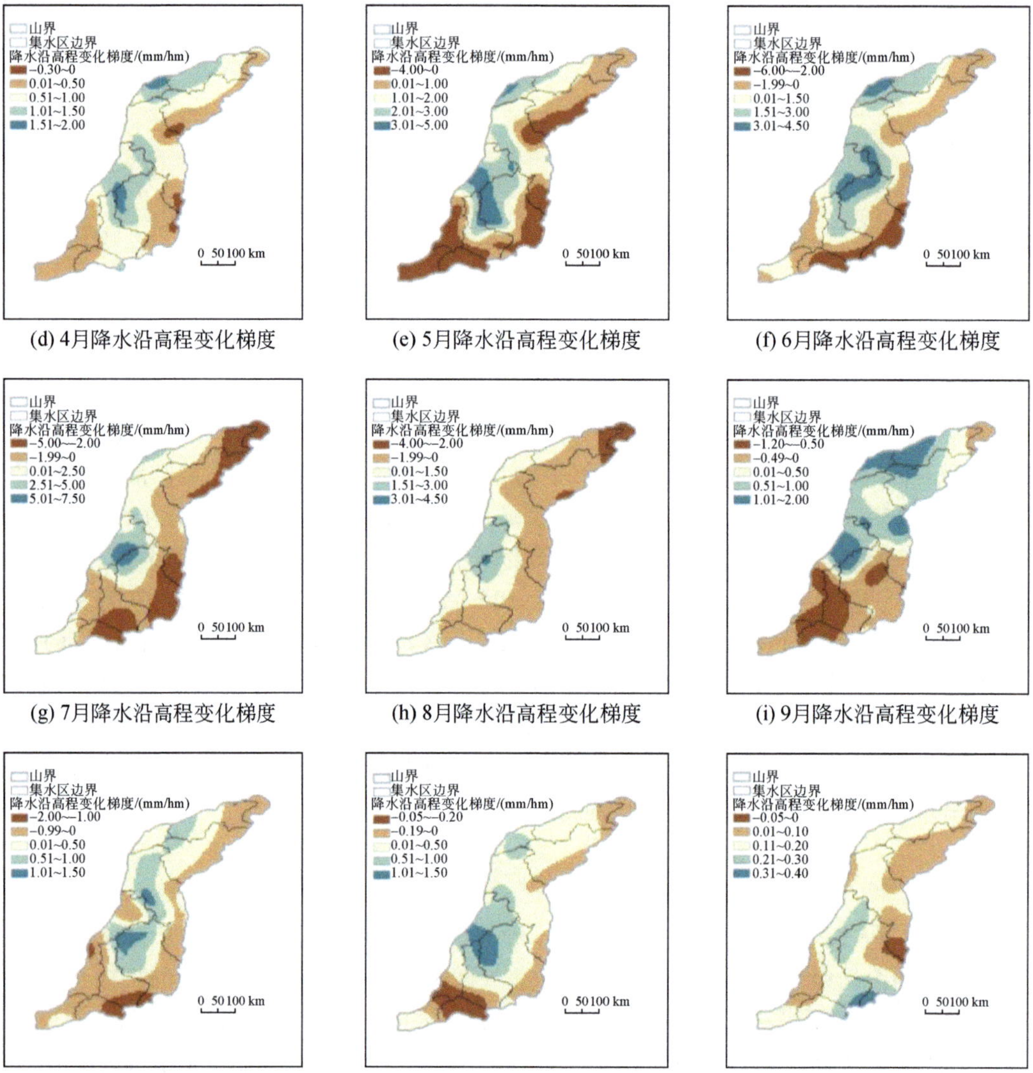

(d) 4月降水沿高程变化梯度　(e) 5月降水沿高程变化梯度　(f) 6月降水沿高程变化梯度

(g) 7月降水沿高程变化梯度　(h) 8月降水沿高程变化梯度　(i) 9月降水沿高程变化梯度

(j) 10月降水沿高程变化梯度　(k) 11月降水沿高程变化梯度　(l) 12月降水沿高程变化梯度

图 6-7　月降水量沿高程的变化梯度（2000～2011 年）

前平原地带；②黄河流域与海河流域分水岭，亦即 1 号、4 号与 10 号流域相接区域随着高程增加，各月降水均呈增加趋势；③在降水较多的月份，降水随高程变化的梯度值波动较强，以 7 月份最高，变化范围为-4.58～6.72 mm/100 m，12 月最小，变化范围为-0.05～0.39 mm/100 m；④夏季风迎风坡区域降水的垂向分布情况较背风坡复杂，如 6 号和 7 号流域在不同月份降水沿高程变化梯度多为正值，而位于迎风坡区域的 3 号、4 号、8 号和 10 号流域的差异较大。

表 6-7　研究区各集水区多年平均月降水量　　（单位：mm）

时间	集水区编号										全区
	1	2	3	4	5	6	7	8	9	10	
1 月	4.5	5.8	7.6	7.0	3.8	4.1	4.5	4.2	4.6	4.9	4.9
2 月	7.6	9.6	12.2	12.1	5.5	5.7	6.3	5.9	7.0	9.5	8.1
3 月	11.2	16.8	19.9	16.9	9.4	12.8	15.0	12.0	12.3	12.8	13.3
4 月	23.1	29.7	30.0	25.9	24.0	27.3	26.1	26.5	23.3	22.7	24.9
5 月	43.7	64.9	62.1	52.7	47.8	45.4	46.0	47.0	48.8	52.1	49.8
6 月	61.3	59.1	64.1	71.3	85.6	77.2	70.3	83.4	72.7	71.2	71.8
7 月	109.8	115.5	150.1	144.7	133.2	104.3	100.7	122.6	129.7	146.7	127.6
8 月	105.9	99.9	113.2	118.0	101.3	86.7	98.7	110.0	123.6	127.9	113.3
9 月	84.1	102.5	104.6	96.4	59.0	59.7	70.2	64.4	74.3	87.6	79.7
10 月	36.2	56.1	47.3	39.6	29.4	25.8	26.8	27.1	29.6	33.1	33.3
11 月	16.1	21.1	20.9	18.4	8.4	9.1	11.6	10.1	14.1	16.7	14.7
12 月	4.9	7.1	8.4	8.5	2.5	3.1	3.7	2.7	3.7	5.4	4.8
7 ~ 9 月	299.9	317.8	368.0	359.1	293.4	250.7	269.5	297.0	327.6	362.2	320.6
12 ~ 2 月	17.0	22.6	28.1	27.5	11.8	12.9	14.5	12.9	15.3	19.8	17.8
全年	508.3	588.1	640.4	611.5	509.8	461.0	479.9	515.9	543.7	590.5	546.1

6.2.4　分析与讨论

受山脉阻隔影响，暖湿气流越山时在山脉迎风坡上升，这种垂直运动会增加气团间的对流强度；同时，随着海拔的升高，气温降低，水汽更易凝结。越山气流的潮湿层越厚，层结越不稳定，气流越垂直于山脉，风速越大，地形坡度越大，则地形增加降水的效应越明显（林之光，1995）。气流翻过山岭后在背风坡下沉，按干绝热直减率增温，湿度减小，温度升高，降水相应减少，并容易形成干热的焚风。王宗敏等（2012）的研究指出，西北风越山后形成的焚风可导致太行山东麓两侧小时温差达到 8℃以上，且焚风出现区域与风向关系密切。除抬升以外，地形强迫辐合同样会导致降水增加效应，当湿润空气进入喇叭口谷地，由于两侧存在相对高度较高的山脉，其导致阻塞后的气流产生收缩，进而使水汽的水平辐合加大，气流被迫抬升而形成降水。

图 6-8 给出了研究区 30 个台站 2004 ~ 2011 年平均各月风向频率分布情况：11 月 ~ 次年 4 月以西北风为主；5 ~ 10 月以南风为主，其中 6 月、7 月、8 月东南风占绝对主导，5 月和 10 月西南风略强。

本节研究结果与上述机理分析比较吻合。研究区多年平均降水量高值（图 6-5）沿 3 号、4 号和 10 号流域的分水岭集中分布，这些流域恰好为喇叭口地形，地形强迫辐合效应系降水较高的主要原因。研究区月降水量的空间分布与风向关系紧密，11 月 ~ 次年 2 月研究区受干冷的西北风控制，降水主要产生在纬度较低的南部区域；春季 3～4 月，气温回升，空气湿度增加，研究区北坡为冬季风迎风坡，因此 6 号、7 号、8 号和 9 号流域分水岭附近区域降水较高；5 月北风减弱，东南和西南风渐强，降水集中在研究区东南和西南迎风坡侧；夏季 6～8 月东南风最强，降水集中在位于迎风坡 3 号、4 号、8 号和 10 号流域，其中 6 月南南东和南南西风向最强，与此二风向夹角最大的 5 号、6 号、8 号和 9 号流域降水最多；9 月和 10 月东南风减弱，西南风和西北风渐强，降水中心向西南侧移动。

研究进一步对比了季风和非季风区山地降水的时空分布的异同。习惯上我国将夏季风影响范围的最北界，即“大兴安岭—阴山山脉—贺兰山—乌鞘岭—巴颜喀拉山—唐古拉山—冈底斯山”沿线作为全国季风区与非季风区的分界线（何金海，2012）。据上述划分，太行山区位于季风区，天山山区位于非季风区。对比已有研究成果，首先，地形对季风和非季风区山地降水空间分布的影响具有一定的相似之处，如赵传成等（2011）同样得到天山山区降水的空间分布受地形显著影响的结论，张正勇等（2015）指出具有喇叭口地形的伊犁河流域系天山地区降水的高值区。其次，不同气候类型对山地降水分布格局有着不可忽视的影响，如天山山区水汽来源为来自西部巴尔喀什湖、黑海和大西洋的暖湿气流（穆振侠等，2010），其降水集中在西段，呈西高东低的趋势；东南方向的夏季风为研究区输送暖湿水汽，决定了研究区年降水量分布趋势为东南高、西北低。再者，季风区山地的风向变化增加了降水垂向分布的复杂性，天山地区降水随海拔升高呈先增后减的趋势（李慧等，2017），最大降水带位于 3000 m 的中山带，在此海拔以下，降水随高程增加而增加。研究区这一趋势并不统一，如迎风坡降水量并非随海拔上升而单调递增，且不同月份的降水中心并不固定在特定高程带（图 6-6）。

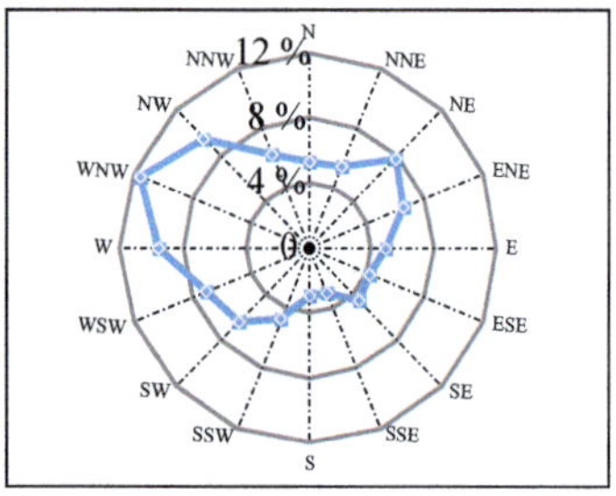

(a) 1月风向频率分布

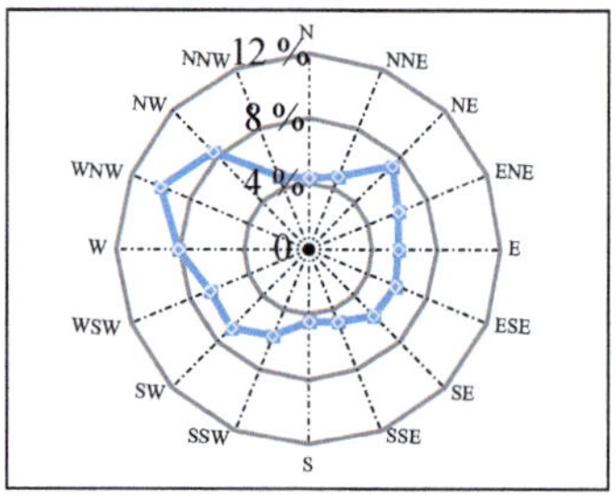

(b) 2月风向频率分布

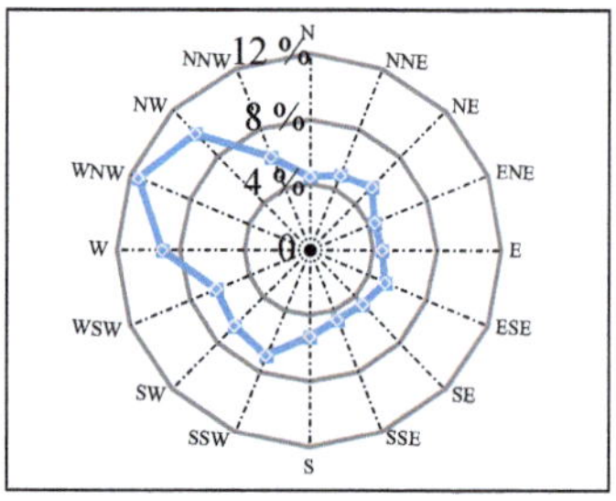

(c) 3月风向频率分布

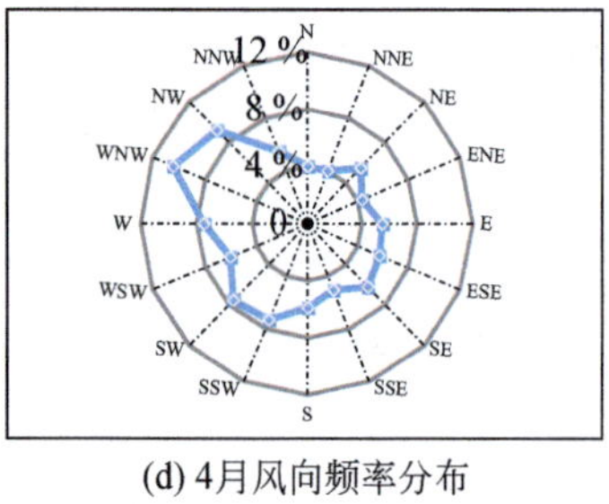

(d) 4月风向频率分布

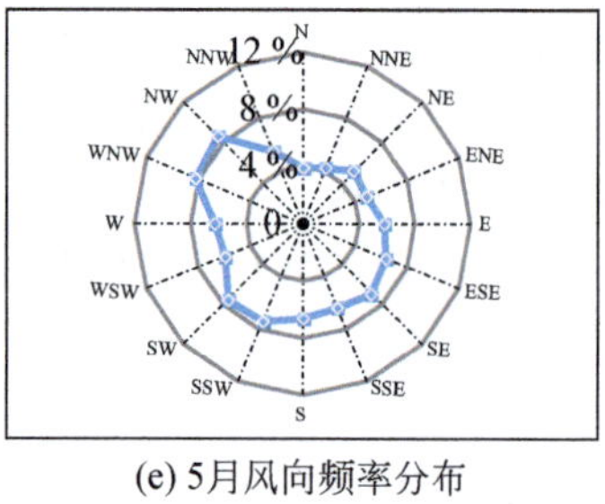

(e) 5月风向频率分布

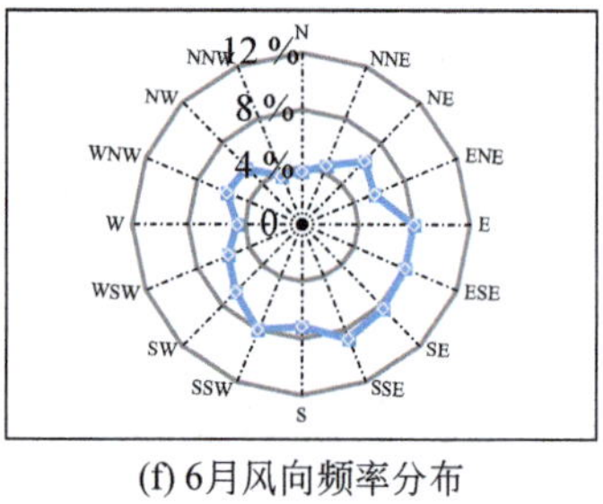

(f) 6月风向频率分布

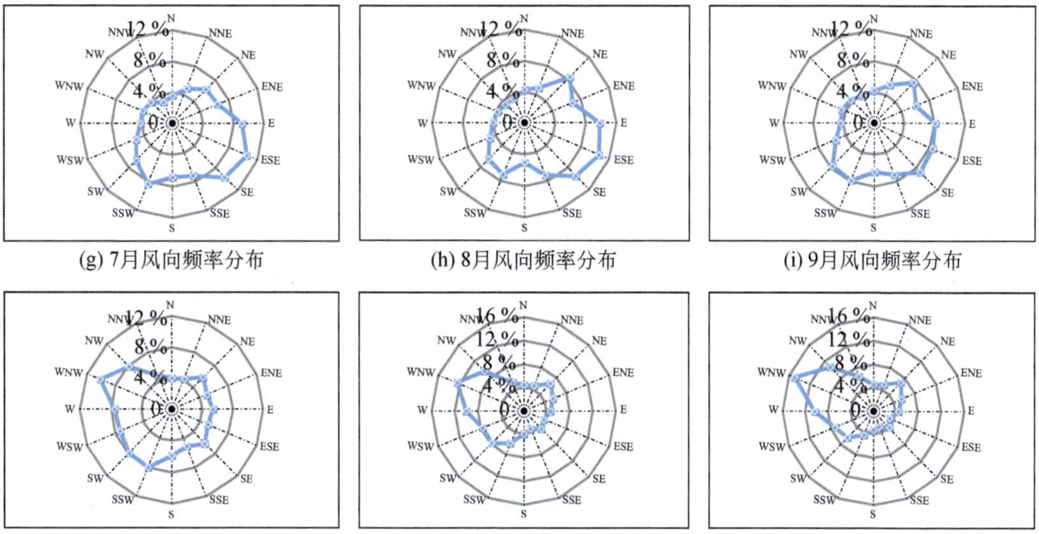

(g) 7月风向频率分布　(h) 8月风向频率分布　(i) 9月风向频率分布

(j) 10月风向频率分布　(k) 11月风向频率分布　(l) 12月风向频率分布

图 6-8　研究区 30 个站点各月风向频率统计（2004 ~ 2011 年）

山区地形起伏较大，人类活动相对较少，本节从物理成因上分析了与研究区降水时空分布有关的要素并开展了回归降尺度研究。与雷达降水常用的逐步订正法、最优插值法、小波分析法等数学方法相比，由于考虑了典型山区降水、地形、植被之间的关系，本节提出的基于回归的校正方法与山地降水时空分布机制更加符合，在研究山区降水时空分布方面具有一定的优势；方法劣势在于需要引入相应的辅助变量，分析结果受辅助变量分辨率和精度的影响。在精度方面，本节获取的海拔高于 1000 m 的气象台站共 19 个，高海拔区域校正效果的验证相对较少，研究结果仍有待于下一步工作的深入检验。

提出的校正方法本身具备一定的推广潜力，因采用融合降水开展典型山区 TRMM 卫星降水的降尺度研究，本节初步研究了实测站点数量对结果的影响，以融合 137 个实测站点校正得到的全区面雨量结果作为“真值”，依次随机减少部分站点，分析了不同实测站点个数与“真值”的吻合度。当实测站点数达到 66 个，即占比达到 16 %(66/409) 时，吻合度可达 95 %，实测站点个数达到 119 个时，吻合度可达 98 %。但正如前文所述，山区地形、水汽来源、风向变化等信息对降水的时空分布均有影响，因此，不同区域需根据实际情况进行针对性的分析。同时，如何合理选择辅助变量是应用该方法时需重点考虑的内容：如平原区降水和地形（海拔、坡度、坡向）之间联系微弱；灌区内植被生长更易受灌溉过程影响，其 NDVI 变化并非完全取决于降水。此外，研究使用了 SRTM 90 m 空间分辨率的 DEM 以及 MODIS 500 m 分辨率的 NDVI 数据作为辅助变量。近年来随着高分辨率卫星不断发射，更高空间分辨率的 DEM 数据以及多光谱影像数据越来越多，如 Landsat8（30 m）、高分一号（16 m）、资源三号（5. 8 m）等，因此可基于本文提出的方法进行更高分辨率的降尺度。

6.3 基于数据挖掘的人类活动影响下的水文效应

6.3.1 研究背景

洪水预报是水库防洪调度的基础。随着人类对大自然干预能力的加强，为缓解水资源缺乏和发展区域经济等问题，在流域内修建了大量的水利工程并改变了流域的下垫面条件，从而影响了蒸发、入渗、产流、汇流特性，传统的水文预报模型已经难以满足预报精度要求。若前期久旱无雨，降雨后人类会通过中小水库、塘坝等工程拦截大部分的地表径流，造成实际洪量小于预报值，从而可能使水库提前或加大泄流，而退水期又无水可蓄，一旦汛后无雨，将对水库来年的供水、发电等兴利效益的发挥带来严重的影响；若前期降雨较充足，一旦再降大雨，流域内的塘坝等小型水利工程可能出现泄流或溃坝情况，使预报洪量严重偏小，从而对水库的防洪安全产生威胁，使调度处于非常被动的局面。因此可以说在现阶段，人类活动对流域水循环的影响较大，流域洪水预报需考虑其影响。

国内外对于人类活动对流域水循环影响的研究（贾仰文和王浩，2006；王浩等，2003；王浩等，2004；贾仰文等，2006；郭生练等，2000；王纲胜等，2006；李艳等，2006；任立良等，2001；Barlage et al.，2002；Bronstert et al.，2002；Seguis et al.，2004；Yang et al.，2004），主要集中在两个方面：一方面为采用多种数理统计方法对影响要素的时间序列进行趋势分析，研究人类活动对要素的影响程度；另一方面为建立人类活动影响条件下的水文模拟模型，此类研究对于各类水文、气象、地理、环境方面资料的要求较高，且还只是集中在诸如黄河这样的大流域尺度下进行模拟，而较少研究人类活动对于流域内工程的影响以及在工程实时运用中如何考虑其影响。本节侧重于分析流域人类活动对流域水循环影响的变点，即在什么时期人类活动对流域水循环的影响开始相对稳定，然后利用数据挖掘的方法分析变点后人类活动影响的规律，得到相应的水文效应。

6.3.2 模型与方法

6.3.2.1 整体流程

分析人类活动影响下的水循环规律，首先要分析流域人类活动，找到较长时段内的显著变化点，然后针对变点后水文数据进行挖掘，分析人类活动相对稳定期的水文规律。本节先分别通过遥感分析、资料分析手段分析流域下垫面变化、水利工程运行影响变点，然后通过降雨径流趋势分析对变点进行验证，进而获得变点后的人类活动影响相对稳定期，最后采用决策树模型分析该时期的水循环规律。具体流程如图 6-9 所示。

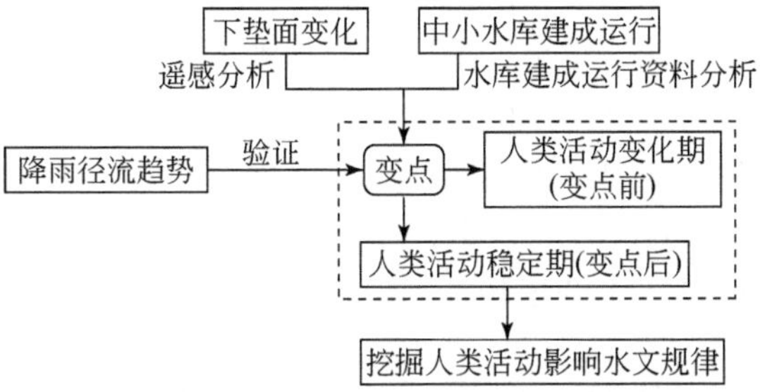

图 6-9　人类活动影响下的水文规律分析流程图

6.3.2.2　决策树模型

数据挖掘技术是当今信息科学领域中一门新兴的学科，从功能上分为聚类、分类、预测、关联分析和时间序列分析。本节采用的决策树技术即是在分类上比较常用的一种数据挖掘技术。决策树方法的图示形状像一棵树，它从根节点开始采用自顶向下的方式把给定的对象依据层次概念划分为较小的子集，并使叶节点属于单一的类。在树的每个节点上使用信息增益（information gain）度量选择测试属性。该属性使得对结果划分中的样本分类所需的信息量最小，并反映划分的最小随机性或不纯性。这种信息理论方法使得对一个对象分类所需的信息量最小，并确保找到一棵简单的（但不必是最简单的）树。下面对该方法做一简单介绍。

设 S 是 s 个数据样本的集合，每个数据样本包括流域平均前期影响雨量 P_a、流域平均降雨量 P、所处汛期阶段和拦洪比属性，每个数据样本就是一条记录。假定类标号属性（也称为决策属性，属性集合中除了决策属性外其余的都是条件属性）为拦洪比，具有 m 个不同值，定义 m 个不同类 C_i（$i=1, 2, \cdots, m$）。设 s_i是类 C_i中的样本数。对一个给定的样本分类所需的期望信息由下式给出（Han et al., 2001）：

$$I(s_1, s_2, \cdots, s_m) = -\sum_{i=1}^{m} p_i \log_2 p_i \tag{6-7}$$

式中，p_i是任意样本属于 C_i的概率，并用 s_i/s 估计。式（6-7）的物理意义是要将样本集合按照 m 个拦洪比类别分成 m 类的信息熵，即按照决策属性将所有样本集正确划分的期望信息，也可以说是决策属性对于样本集的分类能力，由完全二叉树的定义和特性推导而出。如果 $I(s_1, s_2, \cdots, s_m) = 0$，则说明样本集中所有记录的拦洪比类别（决策属性）有相同的值，决策属性对于样本集没有分类能力。

设条件属性 A 具有 v 个不同值 $\{a_1, a_2, \cdots, a_v\}$。可以用属性 A 将 S 划分为 v 个子集 $\{S_1, S_2, \cdots, S_v\}$，其中 S_j包含 S 中这样一些样本，它们在 A 上具有值 a_j。如果 A 选做测试属性（即分裂属性），则这些子集对应于由包含集合 S 的节点生长出来的分枝。设 s_{ij}是子集 S_j 中类 C_i 的样本数。按照 A 划分成子集的熵或期望信息由下式给出（Han et al., 2001）：

$$E(A) = \sum_{j=1}^{v} \frac{s_{1j} + s_{2j} + \cdots + s_{mj}}{s} I(s_{1j}, s_{2j}, \cdots, s_{mj}) \tag{6-8}$$

项（$s_{1j}+s_{2j}+\cdots+s_{mj}$）/$s$ 充当第 j 个子集的权，并且等于子集（即 A 值为 a_j）中的样本个数除以 S 中的样本总数。熵值越小，子集划分的纯度越高。式（6-8）的物理意义是按属性 A 分类之后决策属性对于样本集的信息熵。如果 E（A）$=0$，说明 A 对样本集分类之后决策属性已经没有了分类能力，决策属性完全依赖条件属性 A，在这种情况下，可以生成确定的规则。显然式（6-8）的值越小，进一步决定决策属性所需要的信息量就越少，也就是说决策属性对条件属性 A 的依赖性越强。对于给定的子集 S_j，

$$I(s_1,\ s_2,\ \cdots,\ s_m)=-\sum_{i=1}^{m}p_i\log_2 p_i \tag{6-9}$$

其中 $p_{ij}=s_{ij}/|S_j|$，是 S_j 中的样本属于类 C_i 的概率。

在 A 上分枝将获得的编码信息是（Han et al.，2001）：

$$G(A)=I(s_1,s_2,\cdots,s_m)-E(A) \tag{6-10}$$

换言之，G（A）是由于知道属性 A 的值而导致的熵的期望压缩。

通过式（6-10）计算每个属性的信息增益。具有最高信息增益的属性选做给定集合 S 的测试属性。创建一个节点，并以该属性标记，对属性的每个值创建分枝，并据此划分样本，形成按照洪水各种信息进行分类的决策树。

决策树模型最大的优点就是生成可以理解的规则，同时计算量不是很大。

6.3.3 应用实例

6.3.3.1 丰满流域人类活动影响

丰满库区历史上水土保持完好，从对库区淤积测量的成果看，前 30 a 淤积总量不足 1×10^8 m^3，进入 20 世纪 80 年代以后，由于上游地区经济发展，人类活动影响日趋严重，到 1996 年测量淤积量已达 2 亿多立方米。目前，丰满流域内的小型水利工程众多，小型水库近 2000 座，塘坝更是无以计数。2002 年，采用卫星遥感资料进行流域下垫面调查的方法，绘制了流域图和水系分布图。

根据识别，整个流域内水面面积大于 4000 m^2 的明水体个数达到 9335。由于小水库、塘坝和山塘的蓄水很难掌握，其随时会泄流甚至出现垮坝情况，人类活动的加剧使洪水预报和调度难度加大。在近几年的调度运行中发现，流域内人类活动的影响是巨大的，特别是在枯水年份，第一场洪水流域拦蓄严重，产流系数较低，只有 0.1 强；主汛后期的拦蓄也相当普遍，使流域产流系数只接近 0.2 强，较正常产流系数低一半。这些只是通常的一些情况，汛期大水年时，情况更为复杂，以 1995 年为例，上游小型水库、塘坝前期拦蓄，大洪水期间泄放出来的水量造成的“不明来水”达 4×10^8 m^3；这在汛期实时调度时，是难以判断和掌握的。

由于人类活动对丰满水库流域下垫面条件的影响不断加重，原有的洪水预报模型精度随之下降，且由于流域产、汇流规律的改变，给丰满水库的洪水预报与调度工作带来了很大的难度，直接影响着水库防洪与兴利效益的发挥。因此迫切需要量化各量级水库、塘坝

在不同条件下对丰满水库预报与调度的影响程度，并提出相应的改进方法以提高水库在此情况下的洪水预报与调度水平。

6.3.3.2 降雨径流关系的变点分析

首先对下垫面条件变化、水利工程运行影响变点进行区分分析，然后应用降雨径流趋势分析对区分所得变点进行验证。

（1）下垫面变化影响变点区分分析

本节研究流域地处我国吉林省中东部地区，由遥感图像可知，该地区1980～1995年，森林面积减少，斑块数量增加；1995年以后，森林面积不再减少，而且还有增加的趋势，斑块数量不再增加，而且还有减少的趋势（宋开山等，2005）。大量的采伐与人口增长对耕地的需求是林地在1980～1995年减少的主要原因，而国家相应林地政策的出台是1995年以后林地面积不再减少的直接原因。森林面积和斑块数量的变化是流域下垫面变化的反映，所以从遥感信息分析来看，1995年可以作为下垫面条件变化影响的变点，将1995年以后认为是下垫面条件变化相对稳定期。

（2）水利工程运行影响变点区分分析

由于上节将1995年作为下垫面条件变化影响的变点，本节有针对性地以1995年为分界点，分析全流域1995年以前和以后水利工程建设情况。目前，全流域中小型水库、塘坝的总库容为$7.05\times10^8\ m^3$，其中1995年以后建成部分的库容约为$0.2\times10^8\ m^3$，仅占总库容的2.84 %。从统计资料上来看，1995年以后建成的中小水库、塘坝较少，可以将1995年作为水利工程运行影响的变点，1995年以后认为是水利工程运行变化相对稳定期。

（3）降雨径流趋势分析——变点验证

资料采用丰满流域1943～2005年历年年平均降雨量、历年年径流量。通过降雨径流趋势分析对上述所区分出的变点进行验证。以1995年为界，分别做出流域1943～1994年、1995～2005年的年降雨径流相关图，如图6-10所示（H为径流深）。

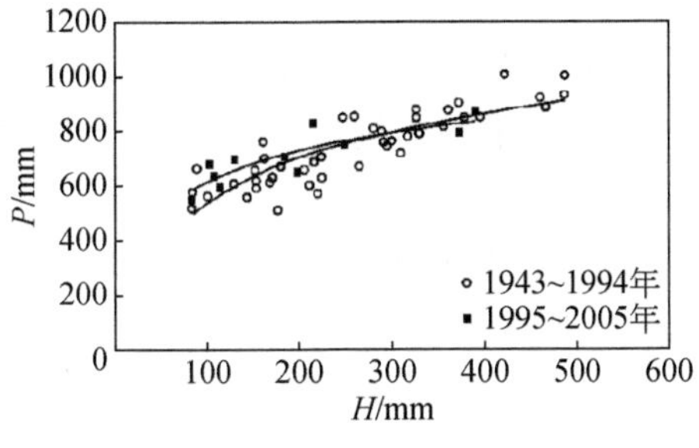

图6-10 丰满流域降雨径流相关图

从图6-10中可以看出，对于相同较低量级的降雨，1995～2005年对应的径流深明显小于1943～1994年对应的径流深，随着降雨量级的增加，两个时段的径流深差距有所减小。其原因有两个：一是1995年以后该流域的森林面积不再减少，甚至出现增加趋势，森林植被持水量的增加减小了径流量，但随着降雨量级的加大，植被持水影响减弱，使得两个时段的径流深差距有所减小；二是水利工程对较低量级降雨所产生径流的拦蓄作用是比较明显的，不过随着降雨量级的增加，径流拦蓄作用相对减弱。1995 年以后流域内大部分水利工程均已建设完成并稳定运行，对于相同较低量级的降雨，径流拦蓄量较 1995 年以前大，但对于相同较高量级降雨，两段时期的径流拦蓄量差距较小。经降雨径流趋势分析验证，将 1995 年作为人类活动对流域水循环影响的变点是合理的。

6.3.3.3 应用数据挖掘方法建立水库拦洪比推理模式

应用数据挖掘方法中的决策树模型建立丰满上游水库对丰满入流影响的推理模式。模式输出为水库拦洪比，即可通过推理模式得到在前期影响因子的共同作用下，丰满上游水库对场次洪水的拦洪比例，进而量化其影响程度。

（1）推理模式影响因子与数据的选取

场次洪水的水库拦洪比取决于面临时刻水库蓄水状态及本次洪水径流量。其中，水库蓄水状态由其实际运行规律所决定，而这一规律的变化与所处汛期阶段相关，如汛初和汛末阶段分别考虑农业灌溉用水和来年生活及工业生产用水的需要，水库蓄水量较大，拦洪库容相对较小；汛中阶段天然降雨较多，水量丰沛，蓄水量较小，拦洪库容相对较大。而洪水的径流量主要由流域平均前期影响雨量 P_a 和流域平均降雨量 P 决定。为此，所选与水库拦洪比相关的因子有场次洪水所处汛期阶段（汛初为 1，汛中为 2，汛末为 3）、场次洪水流域平均前期影响雨量 P_a、场次洪水流域平均降雨量 P。采用聚类方法对历史多场洪水水库拦洪比资料进行分析，将水库拦洪比分为 5 类：类别 1 拦洪比<0，类别 2 拦洪比范围为［0，3 %），类别 3 拦洪比范围为［3 %，7 %），类别 4 拦洪比范围为［7 %，10 %），类别 5 拦洪比≥10 %。

由于将 1995 年作为人类活动对流域水循环影响的变点，参与建模和检验的各场次洪水均选自 1995 年以后（包括 1995 年）。

（2）推理模式的建立

按 6.3.2.2 节方法，采用 1995 ~ 2003 年 44 场实测洪水资料作为训练数据集建立决策树模型。模型结构如图 6-11 所示。参加训练的 44 场洪水中有 40 场检验合格（推理拦洪比类别与实际拦洪比类别一致），合格率达到 90.9 %，不合格的四场洪水推理拦洪比与实际拦洪比也仅相差 1 类。

图中矩形框为推理属性，菱形框为判断条件，椭圆形框为推理结果。以带有箭头指向的一枝为例，将其概化为推理规则推理条件：当“汛期阶段”为汛中，“流域平均降雨量”≤73 mm 并且“流域平均 Pa”>87 mm；推理结果：水库拦洪比处于［3 %，7 %）。

（3）推理模式的检验

采用 2004 ~ 2005 年 10 场洪水资料对所建立决策树模型进行检验，合格（推理拦洪比类别与实际拦洪比类别一致）率达到 90 %，不合格场次洪水仅有 1 场，检验结果见表 6-8。由表 6-8 可见，本文所建推理模式是有效的。7 号洪水（不合格场次洪水）的水库拦洪比推理类别与实际类别仅相差 1 类，而且通过分析 7 号洪水的流域降雨资料得知该场洪水的流域降雨分布非常不均，推理误差可能是由该因素所引起。

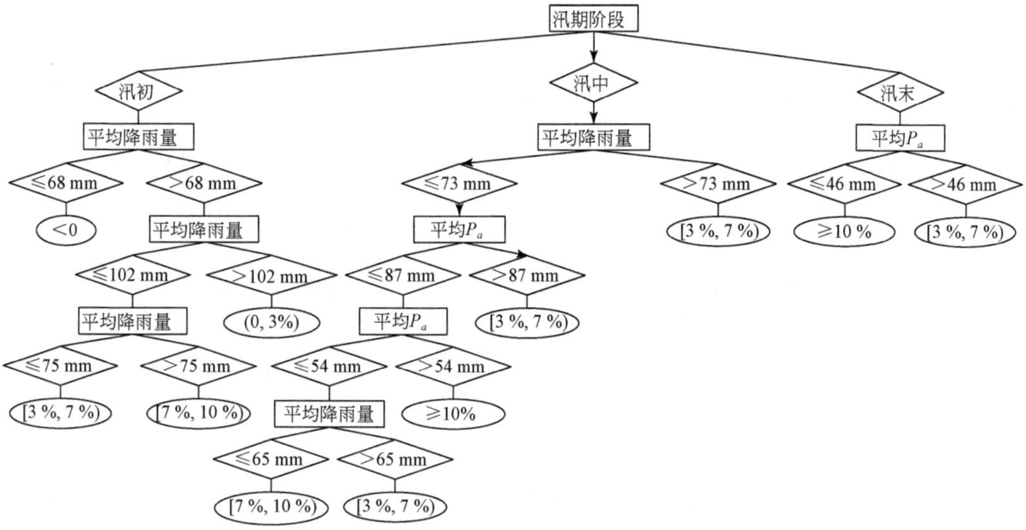

图 6-11　水库拦洪比推理决策树模型

表 6-8　推理模式检验结果

序号	场次洪水编号	平均 P_a/mm	平均降雨量 /mm	汛期阶段	实际拦洪比/ %	实际拦洪类别	推理拦洪比类别	是否合格
1	20040618	16. 0	59. 6	1	-8. 39	1	1	是
2	20040630	39. 9	88. 4	1	9. 30	4	4	是
3	20040718	46. 5	170. 9	2	5. 05	3	3	是
4	20040912	45. 3	53. 2	3	11. 85	5	5	是
5	20050621	53. 7	49. 4	1	-2. 20	1	1	是
6	20050701	58. 1	140. 5	1	1. 71	2	2	是
7	20050710	94. 2	84. 8	2	1. 23	2	3	否
8	20050729	66. 6	79. 1	2	3. 81	3	3	是
9	20050806	92. 5	51. 1	2	3. 30	3	3	是
10	20050819	91. 0	99. 3	2	3. 35	3	3	是

6. 3. 3. 4　流域洪水洪量预报修正

应用 6. 3. 3. 3 节建立的水库拦洪比推理模式对流域不同类型场次洪水洪量预报结果进行修正，大洪水选取“19950724”洪水，中小洪水选取“20040912”洪水，两场洪水洪量预报修正后与原预报结果对比如表 6-9 所示。

表 6-9　场次洪水洪量预报修正后与原预报结果对比

场次洪水编号	平均 P_a/mm	平均降雨量/mm	汛期阶段	推求拦洪比区间	采用拦洪比/%	实际洪量 /$10^6 m^3$	原预报		预报后修正	
							洪量 /$10^6 m^3$	相对误差 /%	洪量 /$10^6 m^3$	相对误差 /%
19950724	38.3	273.1	汛中	[3 %, 7 %)	5	2399.00	2553.79	6.45	2426.10	1.13
20040912	45.3	53.2	汛末	≥10 %	10	133.56	151.52	13.45	136.37	2.10

由水库拦洪比推理模式推求“19950724”洪水、“20040912”洪水的拦洪比所在区间分别为“[3 %, 7 %)”“≥10 %”；“19950724”洪水的拦洪比近似取3 中间值5 %；对于“20040912”洪水，其拦洪比所在区间“≥10 %”没有上限，但从所有场次洪水实际拦洪比来看，处在区间“≥10 %”的拦洪比最大不超过 12 %，多数小于 11 %，所以“20040912”洪水的拦洪比近似取 10 %。

通过修正，两场洪水洪量的预报误差分别由 6.45 %、13.45 %降低为 1.13 %和 2.10 %，预报精度明显提高，所以该水库拦洪比推理模式适用于流域不同类型（大、中、小）场次洪水的预报修正。

6.4　基于统计分析的行业用水变化规律及归因

6.4.1　研究背景

天津市当地水资源匮乏，2012 年全市常住人口人均水资源量为 112 m^3，是我国人均水资源量最少的城市之一。在资源胁迫下，天津市大力提高水资源利用效率，已经是我国水资源利用效率最高的地区，2011 年万元 GDP 用水量 20 m^3，不到全国平均值 1/6，万元工业增加值用水量 9 m^3，仅为全国平均值 1/9。尽管开源节流双管齐下，天津市依然面临供水保证率低、深层地下水超采、水体严重污染、水生态环境脆弱等一系列问题。为缓解天津市经济社会发展与水资源需求矛盾，合理配置区域内可用水资源，需要深入分析天津市用水现状，准确把握未来用水变化。

目前地区（城市）分类用水及用水规律研究已有较多成果，这些研究主要集中在用水趋势规律总结和影响因素识别方面。李庆航等（2012）分类研究了 20 世纪 80 年代以来长江流域的行业用水总量、行业用水和水平变化，获取了长江流域供用水组成与变化趋势特征。沈杰等（2014）分析了上海市各行业的水资源利用效率变化，认为上海市工业用水效率会进一步提升，而生活用水和生态环境用水效率有可能会出现下降。李保国和黄峰（2010）宏观分析了全国 1998 ~ 2007 年四种主要粮食作物（水稻、小麦、玉米和大豆）的农业用水、耗水以及水分生产力现状和变化趋势。翟兴涛等（2013）研究了山东省南四湖流域总体用水与三次产业值、降雨、人口、农业灌溉等因素之间的关系。葛学伟等（2012）使用在线监测的居民用水量数据，分析了不同建筑供水系统和运行方式变化对居民住宅用水的影响。张瑞她等（2014）使用 2001 ~ 2010 年用水量数据，分析了山东省未来用水变化趋势，获取了影响用水变化的关键因素。

本节参考上述研究方法，以 2011 年为研究水平年，主要使用 2001 ~ 2011 年天津市供用水数据，分析天津市社会经济结构调整对行业用水的变化，为加强天津市水资源管理，促进水资源可持续利用及水生态文明城市建设提供参考。

6.4.2 用水总量及变化分析

6.4.2.1 天津市用水总量

整理天津市水资源公报 2000 ~ 2011 年资料，绘制天津市用水总量变化图，如图 6-12 所示。12 年来，天津市用水总量变化幅度不大，用水最多年份（2007 年）总用水量达 23.377 亿 m^3，用水最少年份（2001 年）总用水量为 19.15 亿 m^3，两者相差 22.0 %；2001 ~ 2007 年 8 年间用水呈缓慢上升趋势，2008 年以后用水量上下波动但变幅不大。

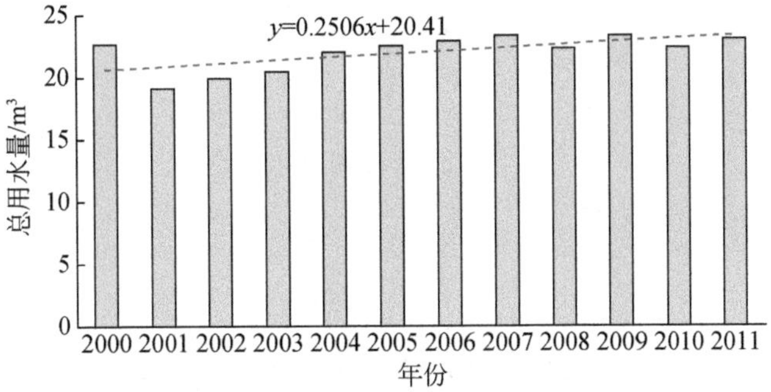

图 6-12　2000 ~ 2011 年天津市用水总量变化

6.4.2.2 天津市用水结构及其变化

天津市总用水量共分为城镇公共用水、生态环境用水、居民生活用水、工业用水、林牧渔畜用水和农田灌溉用水六部分，根据天津市 2012 年水资源公报可知 2011 年城镇公共用水 1.59 亿 m^3、生态环境用水 1.13 亿 m^3、居民生活用水 3.57 亿 m^3、工业用水 5.01 亿 m^3、林牧渔畜用水 0.46 亿 m^3、农田灌溉用水 11.34 亿 m^3（图 6-13）。

由图 6-13 可见，天津市的水资源主要用于农田灌溉、工业用水和居民生活用水三者之和约占总用水的 90 % 左右，尤其以农田灌溉用水量最大，达到将近总用水量的一半，其他方面用水量甚微。根据数据绘制 2000 ~ 2011 年的分类用水数据折线图如图 6-14 所示。

从折线图可以看出，2000 ~ 2011 年各大类用水量变化幅度不大，农业灌溉用水量呈现出先增长后降低的趋势，但是农业灌溉用水在总用水中比重一直很大的情况没有改变。

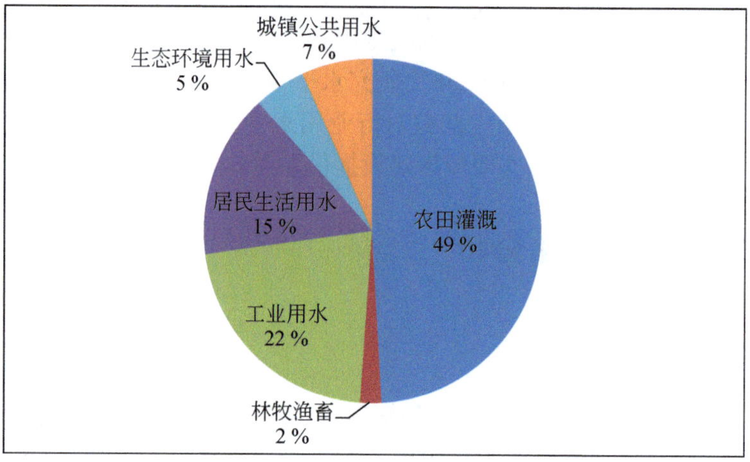

图 6-13　2011 年天津市分类用水占比

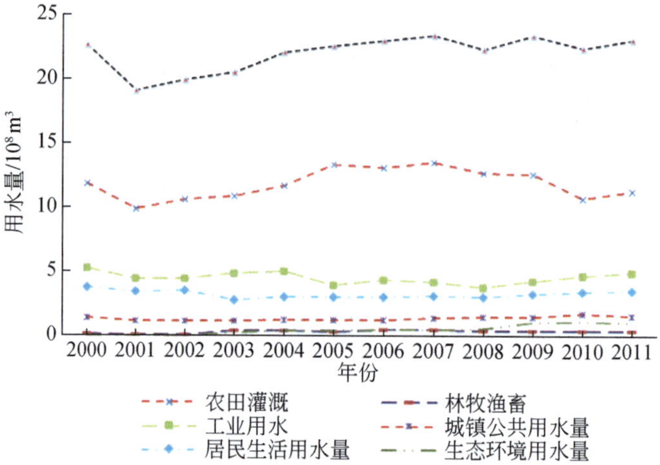

图 6-14　天津市分类用水变化

6.4.3　生活用水及其变化分析

为分析天津市生活用水变化，绘制出居民生活用水量与常住人口数之间的关系图(图 6-15)。从《天津市统计年鉴 2012》得到 1997 ~ 2011 年常住人口数，由《天津市水资源公报》得到天津市 1997 ~ 2011 年历年生活用水总量。文中所指生活用水为大生活，由城镇公共用水、城镇居民生活用水和农村居民生活用水三部分构成。

由图 6-15 可见，天津市 15 年来人口数量逐渐增加，由 1997 年的 952.59 亿增加到 2011 年的 1354.58 亿，增长 42.2 %，用水大致经历两个阶段：1999 ~ 2003 年，居民生活用水量先增加后减少；2004 ~ 2008 年，居民生活用水量持续稳步增加并趋于平稳，人口的

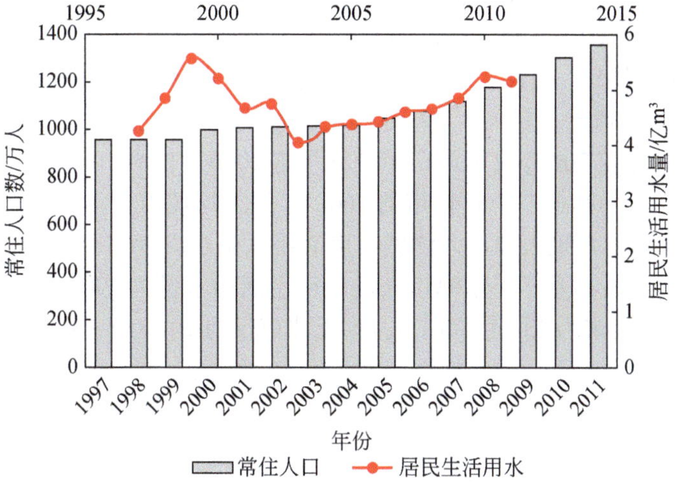

图 6-15　1997～2011 年常住人口与生活用水（大生活）

快速增加带来生活用水的刚性快速增长，用水量最大值出现在 1999 年，用水量为 5.58 亿 m^3，最小值出现在 2003 年，用水量为 5.5751 亿 m^3。

从 1997～2003 年常住人口稳步增加，而居民生活用水却呈现出先增后减的趋势。居民生活用水的调整，可以归功于天津市的水价改革（刘伟忠，2010）。为避免居民生活用水浪费，天津市从 1996 年以来先后 12 次调整居民用水价格，由 1997 年的 0.65 元/m^3 提高到 2012 年的 4.9/m^3 元，翻了 7 倍。1996～2012 年天津市水价调整情况见表 6-10 和图 6-16。可以认为，水价的提高也进一步促进了市民节水意识的提升，天津市城市生活用水量得到有效的控制。

表 6-10　1996～2012 年天津市水价　　（单位：元/m^3）

年份	1996	1997	1998	1999	2000	2001	2002	2003	2005	2009	2010	2012
水价	0.65	0.78	0.98	1.4	1.8	2.2	2.6	2.9	3.4	3.9	4.4	4.9

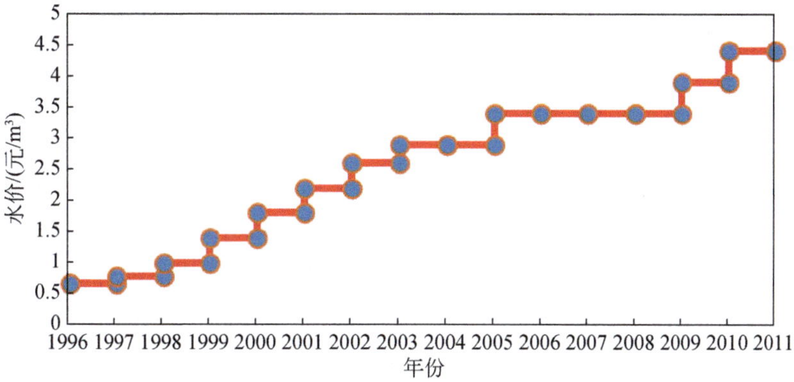

图 6-16　天津市 1996～2011 年水价调整图

将 1997 ~ 2011 年的常住人口数量和居民用水数据做散点图，进一步分析两者的相关性。绘制出常住人口与居民生活用水（大生活）相关关系图。

由图 6-17 可以看出：随着人口增加，人口数量与用水量线性关系明显，相关系数高达 88 %，随人口迅速增长，居民生活用水有小幅增加，用水呈现刚性增长趋势。另外，通过了《北京市统计年鉴 2009》《上海市市统计年鉴 2009》《重庆市市统计年鉴 2009》和各市的水资源公报，得到其他三个直辖市的 2008 年的人均城市生活用水量，与天津市进行横向对比（图 6-18），发现天津市人均城市生活用水量在直辖市中是最低的，可见天津市节水工作达到了国内较高水平。上海市人均城市生活用水量为 290 L/(d·人)；北京市为 211 L/(d·人)；重庆市为 157 L/(d·人)；天津市仅为 101 L/(d·人)，不足北京和上海的一半。

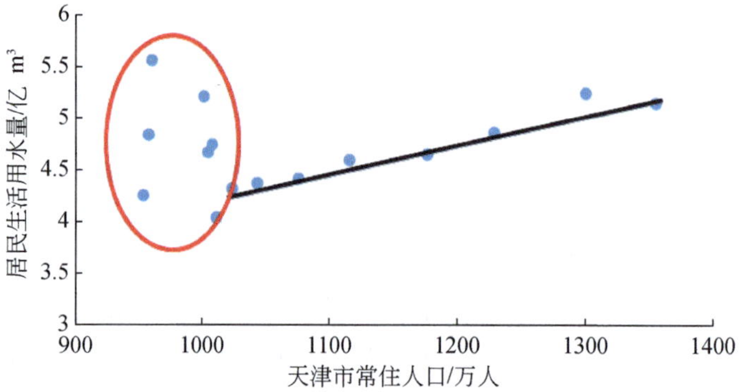

图 6-17　1997 ~ 2011 年常住人口与居民生活用水（大生活）相关关系图

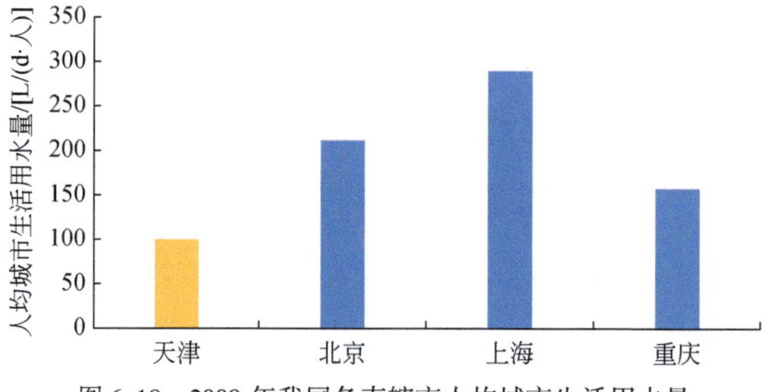

图 6-18　2008 年我国各直辖市人均城市生活用水量

初期，天津市通过水价改革，促进了水资源优化配置，增强了群众节水意识，提高了水资源利用效率，推动了科学用水和节约用水。不过，随着后期人口进一步增加，居民生活用水总量与常住人口增加呈现线性刚性增长。这种增长是刚性的，通过节水来降低人均用水指标可能性很小，而且随着生活水平的提升，未来天津市居民生活用水将会继续增加。水资源配置的任务，更多的是侧重于提供更优质的服务，包括充足的水量和优良的水质。

6.4.4 工业用水及其变化分析

6.4.4.1 天津工业大事记

自改革开放以来，天津市工业经历了多次大规模大幅度的产业结构调整，图 6-19 记录了天津发生的工业大事。1978 年，天津市开始实施工业开放带动战略。重点发展机械与汽车、冶金、化工及电子行业，重工业比例超过轻工业。1984 年，成立天津市经济技术开发区。1994 年，实施“嫁接，改造，调整（嫁、改、调）”，开始了工业结构第一优化调整。2003 年，提出了“三步走”和五大举措实施战略东移，开始了新一轮的工业产业结构优化调整，促进形成了合理的产业链和具有明显优势的产业群。

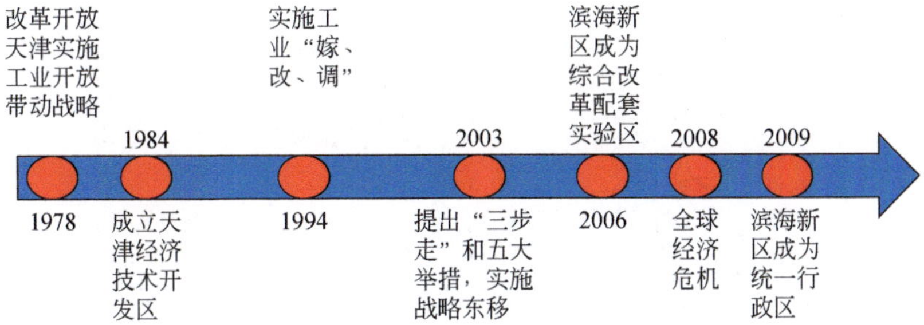

图 6-19 天津市工业大事记

通过两轮的“嫁、改、调”及产业结构优化升级，天津工业结构发生了根本性的变化。工业用水总量得到控制，节水型高新产业快速发展，高耗水产业得以有效抑制。尤其是，在第二轮的产业结构调整过程中（暨工业布局的战略东移），天津市制定出“发展壮大优势产业，不断改造提升产业，严格限制高取水工业，发展优质、低耗、高附加值产品，优化产品结构”。

6.4.4.2 工业调整过程分析

从《天津市统计年鉴》得到天津市 1978 ~ 2011 年三次产业比例变化数据，绘制出改革开放以来，天津市三次产业变化比例图（图 6-20）和轻、重工业占比图（图 6-21）。

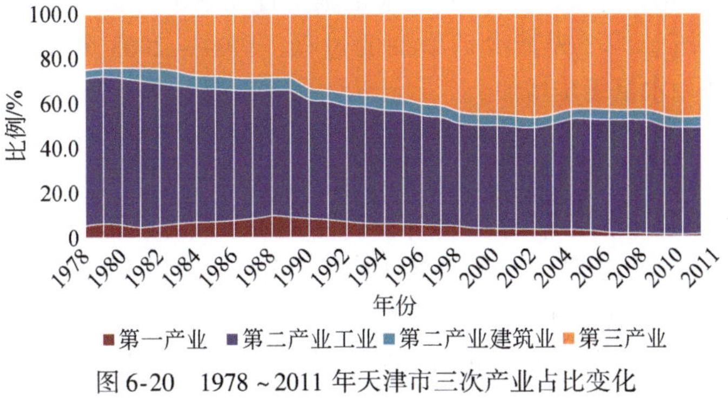

图 6-20 1978 ~ 2011 年天津市三次产业占比变化

由图6-20可以看出，改革开放以来，第一产业（农业）比例明显下降，由1988年的10.1％下降至2011年的1.4％，第二产业（工业+建筑业）、第三产业（服务业），尤其是第三产业增长迅速，由1978年的24.3％增加至2011年的46.2％。工业规模占比从1978年到1997年经历了一个明显下降过程，1997年之后到2008年，工业规模稳定发展，占比保持稳定。受2008全球经济危机影响，天津市工业规模没有显著增加，工业占比略有下降。

由图6-21可以看出，轻工业由1996年的46.6％下降到2011年的17.4％，重工业则由1996年的53.4％上升到2011年的82.6％，16年间重工业得到了长足发展所占比例稳步提升，两者的比例在2008年后趋于平衡。通过以上分析找到了天津市工业结构变化趋于阶段性稳定的拐点，下面我们将根据政策分析结果对工业结构调整过程中的用水进行分析，找出其用水变化的原因。

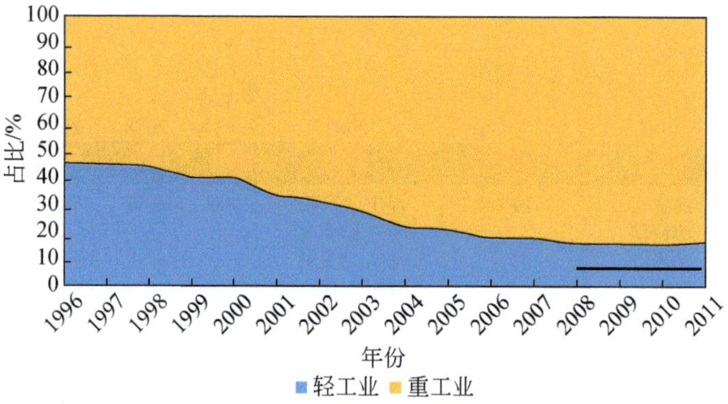

图6-21　天津市1996～2011年的轻重工业所占比例变化

6.4.4.3　工业调整过程中的用水分析

从《天津市统计年鉴2012》和《2011年天津市水资源公报》获取1997～2011年天津市工业总产值和总用水量，绘制出工业产值、用水对比图（图6-22），以直观展示结构调整下天津市工业用水变化。

如图6-22所示，1997～2011年工业生产总值在迅速增加，由1997年的不足1000亿元增长到2011年的5000多亿元。工业用水量则呈现明显的分段特征，1999年、2008年是两个转折点；经历了一个先减少后增加的过程，1999～2003年工业用水快速减少，2008～2011年工业用水量缓步增加。

利用产值和用水的长系列数据绘制散点图，寻求用水和产值之间的关系，相关关系图如图6-23所示。

由图可见，整体工业总产值与工业用水线性关系不明显，但按工业总产值的高低分段，可见三个明显的相关阶段，当总产值很低时，总产值与用水量呈负相关，这段时期天津市正在进行工业结构调整；中间阶段，产值一直在升高，而用水量却没有显著变化，这是节水效率提高和产业规模扩大的共同结果；最后阶段两者呈正相关关系，工业产值增

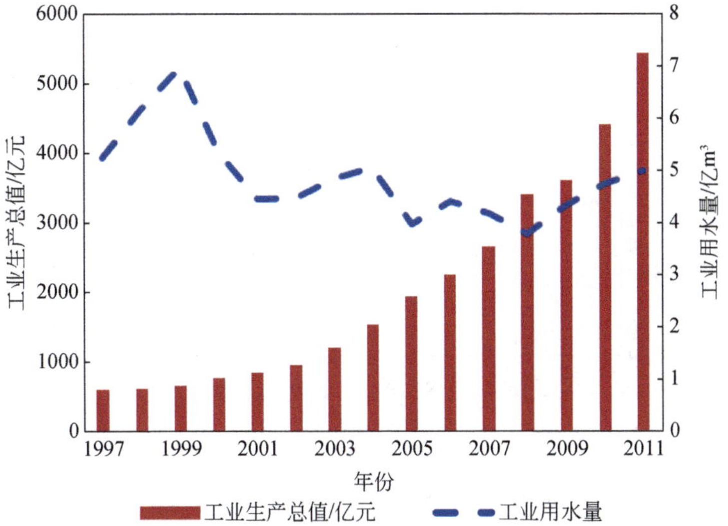

图 6-22　天津市工业总产值、总用水量对比图

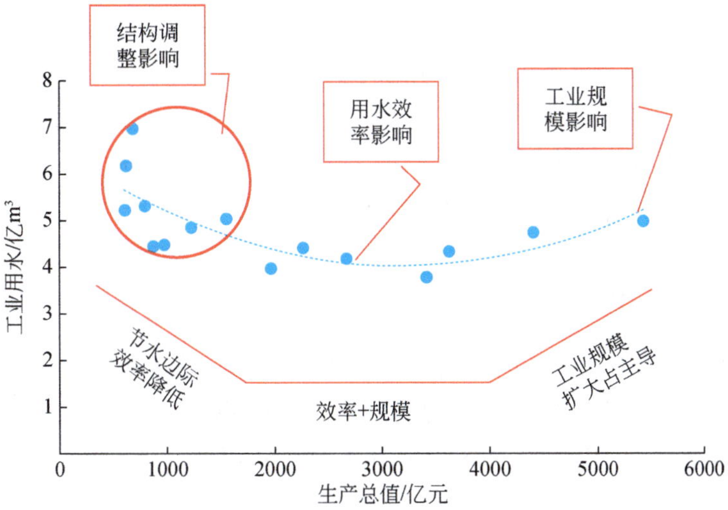

图 6-23　工业产值与工业用水相关关系

加，用水量也在增加，这是因为节水空间已经很小，产业规模扩大导致用水量迅速增加。

6.4.5　农业用水及其变化分析

农业用水包括灌溉用水和林牧渔业用水两部分，其中灌溉用水占农业用水的 90 % 以上，这部分用水主要受耕地面积、节水灌溉面积、降雨、农业产业结构调整等因素的影响。

6.4.5.1 农业用水情况

从《天津市水资源公报》获取农业用水数据，绘制农业用水变化图，如图6-24所示。

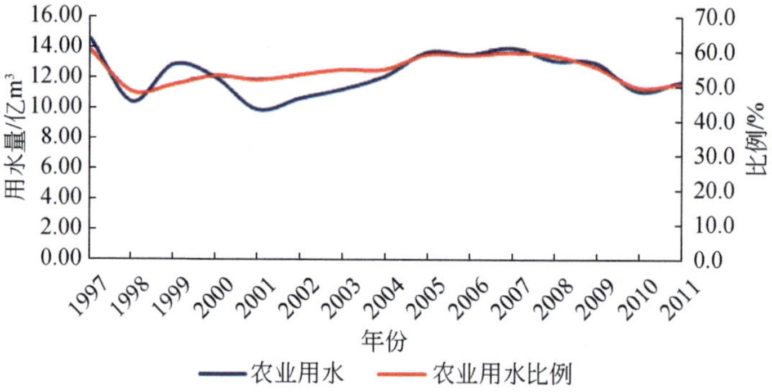

图6-24 1997～2011年农业用水情况

由图6-24看出，1997～2011年，农业用水变化规律呈三个阶段变化：①1997～2000年，农业用水呈下降趋势，从1997年的14.63亿m³下降到2001年的9.97亿m³；②2001～2005年间，农业用水不断上升，到2007年农业用水量达到14.06亿m³；③2006～2011年，农业用水又呈下降趋势，但变化幅度不大，平均用水量为12.32亿m³。

1997～2011年天津市农业用水量在全市总用水量中的比例变化情况分为两个阶段：①1998年农业比例比上一年减小11.9%后，至2007年，总体呈上升趋势，其中2005～2007年连续三年比例近60%；②2008～2011年农业用水比例呈下降的趋势，近两年用水比例在50%左右。

6.4.5.2 农业用水影响因素分析

为识别影响天津农业用水的关键影响因素，从历年《天津市水资源公报》和《天津市统计年鉴》获得农田面积、降雨和农业种植结构调整等分析诸要素。利用年末常用耕地面积、有效灌溉面积和节水灌溉面积数据，绘制出历年天津各项面积变化情况，如图6-25所示。

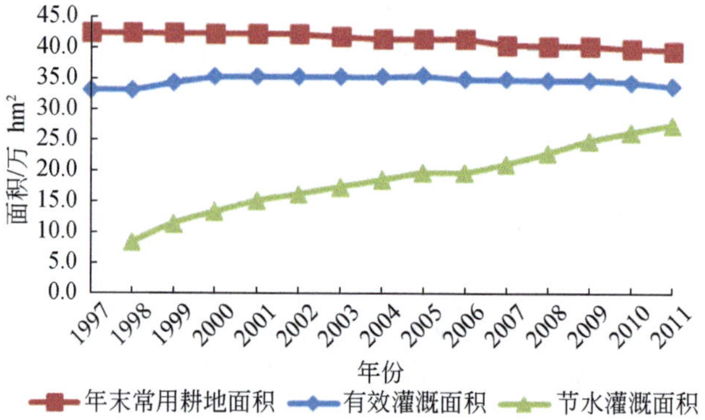

图6-25 天津市1997～2011年各项面积情况

总体看来，天津市常用耕地面积呈逐年减少趋势，有效灌溉面积变化不大，而节水灌溉面积以年均 1.476 万 hm^2 的速度快速增长，到 2010 年节水灌溉面积占有效灌溉面积的 76 %，比重较大。灌溉用水占农业用水份额较大，随着节水灌溉面积及其占有效灌溉面积比例的逐步增加，使得农业总用水量出现显著减少。天津市的农业用水主要来源于地表水，农业灌溉主要是以供定灌，是缺水型灌溉。因此，降雨量的大小主要对农业用水量有较大的影响。绘制出天津市降雨和农业用水图，如图 6-26 所示。

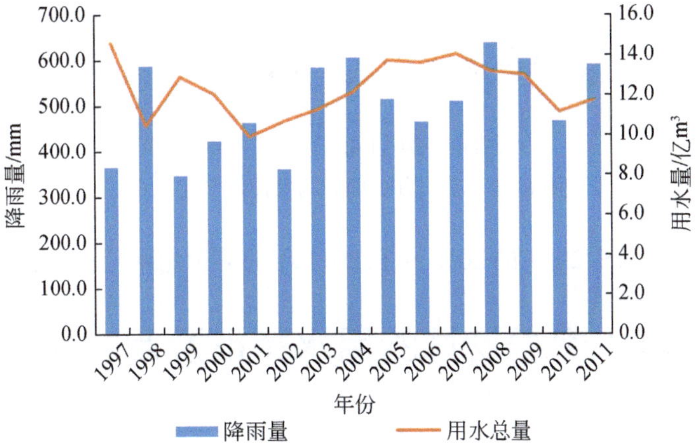

图 6-26　天津市降雨量和农业用水量

由图 6-26 可以看出，天津市农业用水和降雨整体上呈现显著正相关关系。实际上，不仅降雨影响农业灌溉用水，其用水量的变化与种植结构也密切相关。给出天津市水田和菜田的用水，如图 6-27 和图 6-28 所示。

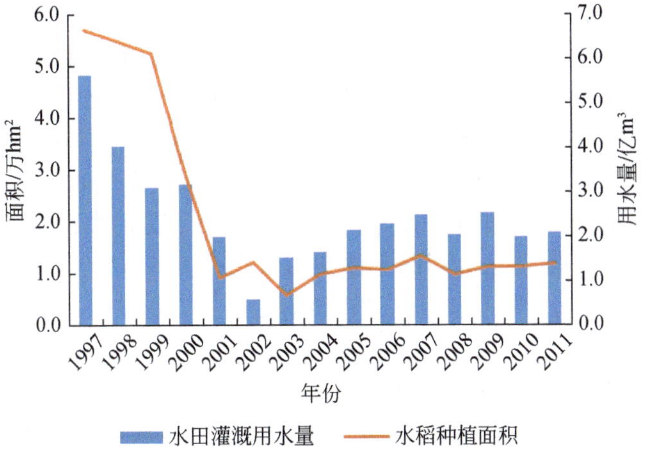

图 6-27　水稻种植面积与水田灌溉用水量

菜田用水量主要来源于蔬菜种植，其用水量的主要影响因素为种植面积和栽培技术，未来天津市会进一步发展设施农业，虽然种植面积在未来会趋于稳定的发展，但是用水量

图 6-28　菜田种植面积与菜田灌溉用水量

会有增加趋势，这在图 6-29 中的 2010 年和 2011 年的菜田用水量增加有所反映。

6.5　基于数据挖掘的用水特征及用水模式分析

6.5.1　研究背景

水资源是生产生活中不可或缺的战略性资源，在促进经济社会可持续发展中具有不可替代的作用（李慧等，2019；李原园等，2018；王喜峰和张景增，2018）。我国面临着水资源供需矛盾突出、用水效率不高等问题（严登华等，2017），严峻的水资源形势迫使我们必须从战略高度上充分认识节水管理工作的重要性。

目前，我国节水管理主要面临着以下问题（安正本，2018）：在法律法规层面，可操作性不强、约束力度不大；在政策体制层面，难以形成以经济化手段为核心的市场管理制度；在计量监测层面，缺乏针对性；在产业结构层面，难以发挥水资源的调控作用。节水管理涉及的行业广泛、主体多元，从工农业用水到生活生态用水，从企业单位到机关学校，不同用水主体的行为习惯和用水特点各不相同（安正本，2018；陈茂山和陈博，2018）。因此，节水管理需要结合不同主体的用水模式，向有针对性的差异化、精准化管理转型，从宏观政策走向微观手段，从省市政府走向企事业单位，从“一刀切”方式走向个性化方式。

为满足节水管理新需求，水利部于 2016 年首次在全国开展了企事业单位的用水监控工作，颁布了《国家重点监控用水单位名录（第一批）》（水利部综合事业局，2016）。该工作首次从微观层面和用户需求角度，客观考察和评估用水户的用水状况，共从全国约 800 家企事业单位收集到约 26 万个用水数据，需采用专门的数据分析技术从中提取节水管理需要的信息（姜华，2018；张小娟，2007），为改进以后的数据采集方式和数据采集标准提供理论依据，并为精准化、差异化节水管理奠定科学基础。

数据挖掘是通过对大量数据进行分析处理，并从中寻找出有意义的模式和有价值的信息的过程（Kantardz et al., 2005），具有面向数据量巨大、自动或半自动发现数据内在联系等特点（韩红旗，2010）。数据挖掘方法包括分类、估计、预测、聚类等分析模型（王光宏等，2004）。数据挖掘在水科学的诸多领域中发挥着重要作用（Kharroubi et al., 2013；周彦辰等，2017；李宏伟，2013；肖凯等，2012；张颖和高倩倩，2016），聚类分析能够在没有事先定义类别的前提下依据不同特征将主体划分为不同类型（张小娟，2007），在用水效率评价、水资源优化配置等领域应用已较为成熟（吴琼等，2018；邢辉，2018），但在用水模式划分领域的应用还相对缺乏。

综上，考虑到我国节水管理新需求，本文采用数据挖掘技术处理实测用水数据，提取特征信息，划分不同用水业务群，对精细化和差异化节水管理提出针对性建议，为提升水资源配置效率提供更加可靠的科学依据。

6.5.2 数据来源

本节选用《国家重点监控用水单位名录（第一批）》（以下简称《名录》）中各单位实际用水数据进行数据挖掘。《名录》基于水利部发布的《关于加强重点监控用水单位监督管理工作的通知》（水利部综合事业局，2016），该通知于 2016 年发布，2017 年末获得首批数据，实际取得 713 家单位的用水数据。数据集包含各单位的 2016 年实际用水量（WUact16）、2017 年预计用水量（WUpre16）以及 2017 年预计用水量（WUpre17），数据总量共计 26.02 万条，2017 年及以后数据的收集受机构改革影响而暂缓。用水单位行业分布如图 6-29 所示，用水单位地域分布与各地区生产总值如图 6-30 所示。

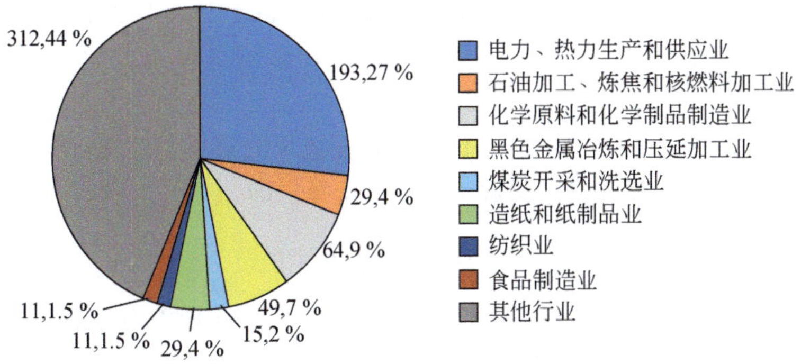

图 6-29 《名录》中用水单位行业分布

《名录》中单位行业划分参考《国民经济行业分类》（GB/T4754—2017）中的二级行业分类。从图 6-29 和图 6-30 可见，《名录》中单位行业类型齐全，电力、石化、钢铁、煤炭等高耗水行业（赵静静，2015）的单位数量较为丰富，在地域分布上与我国地方发展水平大体吻合，因此可以认为该数据在行业和空间分布上有很强的代表性。本文选用此数据能够从水资源需求取向入手，站在企事业单位的微观层面，提取用水特征，从而区分不同用水模式，为差异化节水管理提供科学依据。

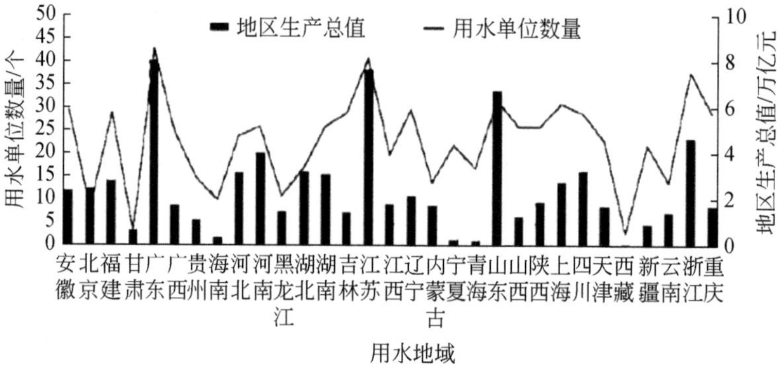

图 6-30 《名录》中用水单位地域分布与各地区生产总值

6.5.3 研究方法

本节采用数据挖掘技术中的聚类分析方法，对不同用水模式进行分类、确定不同用水业务群，从而进行差异化节水管理。聚类分析是将数据集中的样本划分为若干个不相交的类或簇，使得类别之外的数据差别尽可能大，类别之内的数据差别尽可能小，是一种不依赖预先定义类的非监督学习过程（王光宏和蒋平，2004）。

由于用水特征与用水模式先前未知，具体算法选用基于 DBindex 准则进行特征选择的 k-means 算法。该方法是一种基于非监督学习的特征选择方法，试验结果表明该算法具有时间复杂性低、执行效果好等特点（张莉等，2004）。特征选择是从原始数据中提取特征的过程，选择效果会直接影响分析模型的性能（Zheng and Casari，2017）。

6.5.3.1 DBindex 准则

依据 DBindex 准则（张莉等，2004）进行特征选择的核心思想是：利用类间距离和类内离散度，构建 DBindex 作为判断函数用于特征选择，即

$$DB_k = \frac{1}{k}\sum_{i=1}^{k} R_i \tag{6-11}$$

式中，$R_i=\max((S_i+S_j)/d_{ij})$（$j=1, \cdots, k, j\neq i$），$S$ 用来衡量类内离散度，d 用来衡量类间距；k 为分类数目；DB_k的值越小则说明特征选择效果越好。

进行特征选择的过程如下：构建特征集 F，从 F 中依次删除一个特征 x_{i1}，利用剩余特征计算相应的 DB_k（i）值。当 DB_k（i）最大时证明被删除的特征 x_{i1} 对于聚类效果影响程度最大，因而被筛选出来。重复上一步直至选择出 m 个特征，即对全部特征进行排序，选择排序靠前的特征应用于聚类模型。

6.5.3.2 k-means 算法

k-means 算法针对给定样本集 $D=\{x_1, x_2, \cdots, x_m\}$ 和所得类别划分 $C=\{C_1, C_2, \cdots,$

$C_k\}$ 构建判别函数 E 用于衡量类别内部的分散程度，即

$$E = \sum_{i=1}^{k} \sum_{x \in C_i} \| x - \mu_i \|^2, \quad \mu_i = \frac{1}{|C_i|} \sum_{x \in C_i} x \tag{6-12}$$

式中，μ_i为类别 C_i的均值向量，即分类中点。直观看来，式（6-12）刻画了类别内部各个样本围绕分类中心的紧密程度，E 值越小则各类别内部样本相似度越高，即样本之间的分异程度越接近。类别数 k 的确定方法采用 A（k）作为判断函数，即

$$A(k) = \frac{\mathrm{DB}_{k+1} - \mathrm{DB}_k}{\mathrm{DB}_k} \tag{6-13}$$

当使 A（k）达到一个较小的值或接近于 0，此时 k 为合适的类别数。

6.5.4 计算结果

将原始用水数据进行缺失值补充等数据预处理后，应用多项式、指数函数、对数函数等非线性数据变换等手段，提取、构建出用水数据的 10 维特征集，然后基于 DBindex 准则对特征集进行特征选择，将筛选出来的合适特征应用到 k-means 算法，进行用水模式的聚类。其结果为差异化节水管理提供科学依据。

6.5.4.1 特征选择

特征选择结果如表 6-11 所示。将特征集输入，用水类型划分为 5 类，即 $k=5$ 时满足 A（k）最小，以随机抽取 10 % 的训练集作为测试样本，测试的分类结果与训练集的分类结果不同（混淆矩阵中非对角线上的值）计为分类错误，经过多次测试，分类错误率趋于 0. 1267，验证了该方法在本文数据集上的可用性。最先筛选出的特征如表 6-12 所示。

表 6-11 特征选择结果

数据集	特征维数	样本数	类别数 k	选择特征顺序	分类错误率
训练集	10	713	5	9, 7, 6, 3, 10, 2, 8, 1, 5, 4	0. 1267

注：分类错误率＝分类错误的样本总数/（测试样本总数×抽取次数）。

表 6-12 最先筛选出的特征

顺序	特征	选择的特征过程	公式	特征名称	最小值	最大值	均值	标准差
1	$F9$	x_1/x_2	式（6-14）	现状特征	0. 0380	2. 8338	0. 8254	0. 2847
2	$F7$	x_3/x_2	式（6-15）	愿景特征	0. 0000	4. 5625	0. 9901	0. 3024
3	$F6$	$S(x_1)/\overline{x_1}$	式（6-16）	波动特征	0. 0000	3. 3166	0. 2145	0. 3281

式中，WSE 为 2016 年实际用水与 2016 年预计用水比率；EW 为 2017 年预计用水与 2016 年预计用水比率；Cv 为 2016 年实际用水变异系数；字符带横线为平均值。

如表 6-11、表 6-12 所示，最先被筛选出来的特征分别是 $F9$，$F7$，$F6$。其中 2016 年实际用水占预计用水的比率为

$$\mathrm{WSE}=\frac{\mathrm{WUact16}}{\mathrm{WUpre16}} \tag{6-14}$$

式中，式（6-14）可从总体上衡量用水单位在2016年实际节水情况的现状特征。

2017年预计用水占2016年预计用水比率为

$$\mathrm{EW}=\frac{\mathrm{WUpre17}}{\mathrm{WUpre16}} \tag{6-15}$$

式（6-15）可反映出单位综合考虑了本年度实际用水情况和对于单位第二年发展情况的预计用水量变动情况，也就是单位节水的愿景特征。

实际用水量的变异系数（Cv）为

$$\mathrm{Cv}=\frac{S(\mathrm{WUact16})}{\mathrm{WUact16}} \tag{6-16}$$

式（6-16）可用于衡量各单位在实际用水过程中的波动特征。

在*F*6被提取出后，3个特征涵盖了数据集中的大部分信息，因此可以将其后筛选出的特征进行舍弃。计算各个特征之间的相关系数，形成特征相关性热力图如图6-31，图中颜色越深表示相关系数越高。经计算3个特征之间的相关系数为{0.23，0.31，0.17}，相关性程度不高，在热力图上属于颜色较浅的低谷区，独立性强。从物理意义来看，筛选出来的特征可以分别表征重点监控用水单位的现状特征、愿景特征以及波动特征。因此可以认为，无论是从信息保留率、特征相关性，还是从物理意义上来讲，特征筛选效果较好，筛选出的特征可用于表征各单位的实际用水情况。

结合表6-12和杨小柳等（2019）论文中的图4，得到现状特征均值为0.8254，全国大多数城市的用水单位将实际用水量控制在计划用水量之内，现状特征值主要集中在[0.7，0.9]；广西百色、贵州毕节、西藏昌都等个别西南地区或有极大值出现，节水能力稍弱。愿景特征均值为0.9901，全国大多数单位的愿景特征集中在[0.8，1.0]之间，

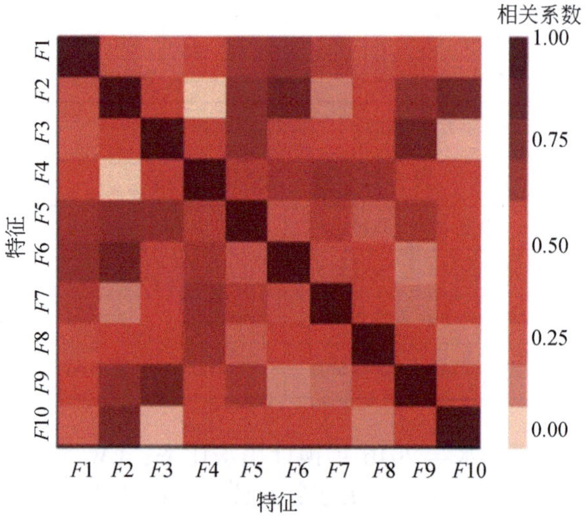

图6-31　特征相关性热力图

预期节水意愿充足；东北、东南部等个别城市愿景特征稍弱。波动特征均值为 0.2145，多数单位波动特征集中在［0.1，0.5］之间；东南沿海地区用水均匀，中西部和部分东北城市用水波动性较高。

6.5.4.2 用水模式分异

应用特征选择结果采用 k-means 算法进行聚类，将各用水单位划分为 5 种用水模式，*F* 检验的通过再次验证了聚类结果的可靠性，聚类结果如表 6-13。

表 6-13 聚类结果

用水特征	各用水模式的中心坐标特征值					*F* 检验统计量	显著性
	均衡扩张型	均衡紧缩性	集中稳定型	波动收缩型	波动扩张型		
波动特征	0.07	0.04	1.63	0.30	0.18	26.59	0
现状特征	1.04	0.60	0.30	0.70	0.75	11.18	0
愿景特征	1.02	0.66	1.00	0.93	1.08	12.79	0

从表 6-13 结果看出，用水模式被划分成 5 种，依据中心坐标的特征值将各用水模式命名为：均衡扩张型、均衡紧缩型、集中稳定型、波动收缩型和波动扩张型。由表 6-14 可知，用水模式属于均衡紧缩型和集中稳定型的行业较少，代表性有待考证；用水类型为波动收缩型的行业数量最多，包括黑色金属冶炼和压延加工业、化学原料和化学制品制造业等，该类型包括了大多数产能过剩的高耗水行业；用水类型属于波动扩张型的行业有商业服务业、公共设施管理业、生物科技与生物化工等。

从杨小柳和范佳慧（2019）所得出的用水模式地域分布来看，绝大多数单位的用水模式是波动收缩型，波动扩张型集中在北京、上海、山西、新疆等地，均衡扩张型用水单位分布在上海、广西、江西、青海等地，均衡紧缩型与集中稳定型的用水模式在全国范围内分布极少。

表 6-14 各用水模式下的用水单位所属行业

用水模式	用水单位所属行业
均衡扩张型	运输设备制造业、计算机、通信和其他电子设备制造业、水上运输业、有色金属矿采选业、农副食品加工业
均衡紧缩性	房地产业、橡胶、塑料制品业
集中稳定型	农、林、牧、渔业
波动收缩型	黑色金属冶炼和压延加工业、建筑材料、化学原料和化学制品制造、金属制品业、有色金属冶炼和压延加工业、造纸业、石油加工、炼焦和核燃料加工业、纺织业、电力、热力生产和供应业、医药制造业、铁路运输业、黑色金属矿采选业、非金属矿物制品业、食品制造业、卫生
波动扩张型	商务服务业、生物科技与生物化工、酒、饮料和精制茶制造业、通用设备制造业、动力*、公共设施管理业、煤炭开采和洗选业、教育、水利管理业、工业园区*

*代表用水单位的行业划分参考《国民经济行业分类》（GB/T 4754—2017），个别用水单位业务涵盖多个行业，无法做具体区分。

6.5.5 分析讨论

用水特征上，全国大多数城市的用水单位节水现状较好，有一定的预期节水意愿，波动特征大体呈现由东南沿海向内地增加的趋势，可能与各地水资源禀赋和降水模式有关。

用水模式上，绝大多数单位的用水模式属于波动收缩型，其次为波动扩张型与均衡扩张型。从行业分布来看，波动收缩型主要涵盖产能过剩的钢铁、化工、石化、金属等高耗水行业，均衡扩张型与波动扩张型多为高新科技与服务业。在地域分布上，由于《名录》本身在农业、服务业的单位数量分布相对较少，因而全国各地的用水模式构成较为单一，没有明显的分布规律。

产业结构上，农业的用水模式为集中稳定型，工业的用水模式有其他 4 种用水类型，但主要的用水类型是波动收缩型，服务业的用水模式为波动扩张型。随着我国经济发展和产业结构升级，用水模式结构势必会随之变化。但由于首批获得的用水数据在行业分布、数据维度和时间跨度上都不够丰富，算法本身只能得到一个局部最优解而导致数据挖掘的结果具有一定的局限性（张莉等，2004）。因此希望后续研究能够在算法选择和数据丰富度方面加以改进，得到更多维度的用水特征，刻画出更为完善的用水模式，建立起行业、产业结构与用水模式之间更为稳定的映射关系，探究各行业用水模式发展变化趋势，据此来判断各单位在所在行业中用水模式的相对位置，评价各省市用水模式的相对优劣，并提出针对性的奖罚措施，为差异化节水管理提供科学依据。

参考文献

安正本 . 2018. 我国水资源管理模式分类及效果比较研究 [J]. 科技创新与应用，(34)：195-196.

北京市气象局 . 2013. 北京市气象灾害预警信号与防御指南 [M]. 北京：气象出版社 .

陈静，刘琳 . 2011. 年汛期北京城市暴雨特征及其灾害成因初步分析 [J]. 暴雨灾害，30 (3)：282-287.

陈茂山，陈博 . 2018. 关于运用精准思维推进精准节水的思考 [J]. 中国水利，(23)：1-3.

程晓陶 . 2010. 城市型水灾害及其综合治水方略 [J]. 灾害学，25 (S1)：10-15.

杜军凯，贾仰文，李晓星，等 . 2019. 基于 TRMM 卫星降水的太行山区降水时空分布格局 [J]. 水科学进展，30 (1)：1-13.

葛学伟，刘志强，刘洪海，等 . 2012. 天津地区住宅建筑用水规律的研究 [J]. 给水排水，38 (9)：149-152.

国家统计局 . 2017. GB/T 4754—2017 国民经济行业分类 . 北京：中国质检出版社 .

郭生练，王金星，彭辉，等 . 2000. 考虑人类活动影响的丰满水库洪水预报方案 [J]. 水电能源科学，18 (2)：14-17.

韩红旗 . 2010. 数据挖掘技术在水利工程管理中的应用研究 [J]. 中国管理信息化，(4)：76-79.

何金海 . 2012. 大气科学概论 [M]. 北京：气象出版社 .

化全利，吴海山，白国营 . 2005. 2004 年 7 月 10 日北京城区暴雨分析及减灾措施 [J]. 水文，25 (3)：63-64 .

贾仰文，王浩 . 2006. "黄河流域水资源演变规律与二元演化模型" 研究成果简介 [J]. 水利水电技术，37 (2)：45-52.

贾仰文，王浩，严登华 . 2006. 黑河流域水循环系统的分布式模拟（Ⅰ）—模型开发与验证［J］. 水利学报，37（5）：534-542
姜华 . 2018. 基于数据挖掘的水务信息管理系统与决策平台［D］. 北京：北京邮电大学硕士学位论文 .
李保国，黄峰 . 2010. 1998—2007 年中国农业用水分析［J］. 水科学进展，21（4）：575-583.
李宏伟 . 2013. 基于关联规则的数据挖掘技术在中长期水文预报中的应用［J］. 人民珠江，34（6）：21-25.
李慧，杨涛，何祺胜，等 . 2017. 新疆天山山区 TRMM 卫星降水数据的复合校正方法［J］. 干旱区研究，34（3）：585-590.
李慧，丁跃元，李原园，等 . 2019. 新形势下我国节水现状及问题分析［J］. 南水北调与水利科技，17（1）：202-208.
李庆航，钱凯霞，肖昌虎，等 . 2012. 长江流域用水趋势及用水总量控制指标研究［J］. 人民长江，43（2）：12-15.
李艳，陈晓宏，王兆礼 . 2006. 人类活动对北江流域径流系列变化的影响初探［J］. 自然资源学报，21（6）：910-916.
李原园，曹建廷，黄火键，等 . 2018. 国际上水资源综合管理进展［J］. 水科学进展，29（1）：127-137.
林之光 . 1995. 地形降水气候学［M］. 北京：科学出版社 .
刘俊峰，陈仁升，卿文武，等 . 2011. 基于 TRMM 降水数据的山区降水垂直分布特征［J］. 水科学进展，22（4）：447-454.
刘少华，严登华，王浩，等 . 2016. 中国大陆流域分区 TRMM 降水质量评价［J］. 水科学进展，27（5）：639-651.
刘伟忠 . 2010. 天津市水价改革探讨［J］. 水利经济，28（3）：36-38，76.
刘熙明，胡非，李磊，等 . 2006. 北京地区夏季城市气候趋势和环境效应的分析研究［J］. 地球物理学报，49（3）：689-697 .
穆振侠，姜卉芳，刘丰 . 2010. 基于 TRMM/TMI 与实测站点的降水垂直分布差异性探讨［J］. 干旱区研究，27（4）：515-521.
任立良，张炜，李春红，等 . 2001. 中国北方地区人类活动对地表水资源的影响研究［J］. 河海大学学报（自然科学版），29（4）：13-18.
沈杰，杨大庆，邱卫国 . 2014. 上海市水资源利用效率及其驱动因子分析［J］. 人民长江，45（9）：48-50，54.
水利部综合事业局 . 2016. 关于加强重点监控用水单位监督管理工作的通知［R］. 北京：水利部综合事业局 .
宋开山，张柏，段洪涛，等 . 2005. 近 20 年吉林中东部地区林地的时空变化及成因浅析［J］. 资源科学，27（2）：77-82
苏龙强 . 2010. 福建省近 10 年用水结构变化及驱动力分析［J］. 水资源与水工程学报，21（1）：101-104.
孙乐强，郝振纯，王加虎，等 . 2014. TMPA 卫星降水数据的评估与校正［J］. 水利学报，45（10）：1135-1146.
宋君，李克勋，穆东雪，等 . 2010. 天津市工业用水现状及节水分析［J］. 水资源与水工程学报，21（3）：148-151.
唐国强，李哲，薛显武，等 . 2015. 赣江流域 TRMM 遥感降水对地面站点观测的可替代性［J］. 水科学进展，26（3）：340-346.

王纲胜，夏军，万东晖，等．2006. 气候变化及人类活动影响下的潮白河月水量平衡模拟［J］. 自然资源学报，21（1）：86-91.
王光宏，蒋平．2004. 数据挖掘综述［J］. 同济大学学报（自然科学版），32（2）：246-252.
王浩，雷晓辉，秦大庸，等．2003. 基于人类活动的流域产流模型构建［J］. 资源科学，25（6）：14-18.
王浩，梅超，刘家宏．2017. 海绵城市系统构建模式［J］. 水利学报，48（9）：1009-1014，1022.
王浩，王成明，王建华，等．2004. 二元年径流演化模式及其在无定河流域的应用［J］. 中国科学（E辑），34（S1）：42-48
王威，李郁，张文娟，等．2018. 深度学习技术在疾病诊断中的应用［J］. 第二军医大学学报，39（8）：852-858.
王喜峰，张景增．2018. 水资源管理的供给侧结构性改革研究［J］. 水利经济，36（1）：42-45.
王宗敏，丁一汇，张迎新，等．2012. 太行山东麓焚风天气的统计特征和机理分析（I）：统计特征［J］. 高原气象，31（2）：547-554.
吴琼，常浩娟，刘昭．2018. 基于聚类的我国各地区水资源利用效率分析［J］. 人民长江，49（14）：55-60.
吴彰春，岑国平，安智敏．1995. 坡面汇流的试验研究［J］. 水利学报，（7）：84-89．
席锐超，李继清，王勇．2011. 天津市水资源承载力的变化及驱动力研究［J］. 水力发电，37（10）：22-24，27.
肖凯，魏菲，彭昌水．2012. 基于 R 语言的数据挖掘在水环境管理中的应用［J］. 长江科学院院报，29（9）：91-94.
邢辉．2018. 基于模糊聚类法在康平县水资源优化配置中的应用［J］. 黑龙江水利科技，46（7）：159-162.
严登华，王浩，张建云，等．2017. 生态海绵智慧流域建设：从状态改变到能力提升［J］. 水科学进展，28（2）：302-310.
杨明极，马池，王娅，等．2019. 一种改进的 K- means 聚类的 FCMM 算法［J］. 计算机应用研究，36（7）：2007-2010.
杨小柳，范佳慧．2019. 数据挖掘技术在节水管理中的应用［J］. 长江科学院院报，36（7）：1-6.
翟兴涛，张庆华，蒋磊，等．2013. 山东省南四湖流域 2001-2010 年用水趋势与影响因素分析［J］. 水利经济，31（4）：59-61，72.
张莉，孙钢，郭军．2004. 基于无监督学习的特征选择方法［C］//张嗣瀛，王福利．2004 中国控制与决策学术年会论文集．沈阳：东北大学出版社．
张瑞她，张庆华，蒋磊，等．2014. 山东省 2001 年-2010 年用水趋势与影响因素分析［J］. 南水北调与水利科技，12（2）：37-40.
张炜，李思敏，时真男．2012. 我国城市暴雨内涝的成因及其应对策略［J］. 自然灾害学报，21（5）：180-184.
张文海，李磊．2019. 人工智能在冰雹识别及临近预报中的初步应用［J］. 气象学报，77（2）：282-291.
张小娟．2007. 数据挖掘技术在水资源领域的应用研究［D］. 北京：中国水利水电科学研究院硕士学位论文．
张颖，高倩倩．2016. 基于随机森林分类算法的巢湖水质评价［J］. 环境工程学报，10（2）：992-998.
张正勇，何新林，刘琳，等．2015. 中国天山山区降水空间分布模拟及成因分析［J］. 水科学进展，26（4）：500-508.
赵传成，丁永建，叶柏生，等．2011. 天山山区降水量的空间分布及其估算方法［J］. 水科学进展，

22 (3): 315-322.
赵静静 . 2015. 我国工业节水考核指标和评价机制研究 [D]. 杭州: 浙江理工大学硕士论文 .
周彦辰, 胡铁松, 陈进, 等 . 2017. 耦合动态方程的神经网络模型在水质预测中的应用 [J]. 长江科学院院报, 34 (9): 1-5.
Adler R, Sapiano M, Huffman G, et al. 2018. The Global Precipitation Climatology Project (GPCP) monthly analysis (new version 2. 3) and a review of 2017 global precipitation [J]. Atmosphere, 9 (4): 138.
Ashouri H, Hsu K L, Sorooshian S, et al. 2015. PERSIANN-CDR: Daily precipitation climate data record from multisatellite observations for hydrological and climate studies [J]. Bulletin of the American Meteorological Society, 96 (1): 69-83.
Barlage M J, Richards P L, Sousounis P J, et al. 2002. Impacts of climate change and land use change on runoff from a Great Lakes watershed [J]. Journal of Great Lakes Research, 28 (4): 568-582.
Bronstert A, Niehoff D, Bürger G. 2002. Effects of climate and land- use change on storm runoff generation: Present knowledge and modelling capabilities [J]. Hydrological Processes, 16 (2): 509-529.
Brunsdon C, Fotheringham A S, Charlton M E. 1996. Geographically weighted regression: a method for exploring spatial nonstationarity [J]. Geographical Analysis, 28 (4): 281-298.
Geladi P, Kowalski B R. 1986. Partial least- squares regression: A tutorial [J]. Analytica Chimica Acta, 185: 1-17.
Han J, Kamber M, Pei J. 2006. Data mining: concepts and techniques [M]. San Francisco: Morgan Kauffman.
Huff F A. 1967. Time distribution of rainfall in heavy storms [J]. Water Resources Research, 3 (4): 1007-1019.
Huffman G J, Bolvin D T, Nelkin E J, et al. 2007. The TRMM multisatellite precipitation analysis (TMPA): Quasi-global, multiyear, combined-sensor precipitation estimates at fine scales [J]. Journal of Hydrometeorology, 8 (1): 38-55.
Joyce R J, Janowiak J E, Arkin P A, et al. 2004. CMORPH: A method that produces global precipitation estimates from passive microwave and infrared data at high spatial and temporal resolution [J]. Journal of Hydrometeorology, 5 (3): 487-503.
Lv A, Zhou L. 2016. A rainfall model based on a geographically weighted regression algorithm for rainfall estimations over the arid Qaidam Basin in China [J]. Remote Sensing, 8 (4): 311.
Kantardz M, Zurada J, Shore K. 2005. Data Mining Concepts, Models, Methods, and Algorithms [J]. IEEE Transactions, 36 (5): 495-496.
Keifer C J, Chu H H. 1957. Synthetic storm pattern for drainage design [J]. Journal of the Hydraulics Division, 83 (4): 1-25.
Kharroubi O, Blanpain O, Lallahem S. 2013. ANN modeling for flood prediction in the upstream Eure's catchment (France) [C] //EGU General Assembly Conference Abstracts.
LeCun Y, Bengio Y, Hinton G. 2015. Deep learning [J]. Nature, 521 (7553): 436-444.
Pilgrim D H, Cordery I. 1975. Rainfall temporal patterns for design floods [J]. Journal of the Hydraulics Division, 101 (1): 81-95.
Prakash S, Mitra A K, AghaKouchak A, et al. 2018. A preliminary assessment of GPM-based multi-satellite precipitation estimates over a monsoon dominated region [J]. Journal of Hydrology, 556: 865-876.
Rafieeinasab A, Norouzi A, Kim S, et al. 2015. Toward high- resolution flash flood prediction in large urban areas- Analysis of sensitivity to spatiotemporal resolution of rainfall input and hydrologic modeling [J]. Journal

of Hydrology, 531: 370-388.

Seguis L, Cappelaere B, Milési G, et al. 2004. Simulated impacts of climate change and land-clearing on runoff from a small Sahelian catchment [J]. Hydrological Processes, 18 (17): 3401-3413.

Turk F J, Miller S D. 2005. Toward improved characterization of remotely sensed precipitation regimes with MODIS/AMSR-E blended data techniques [J]. IEEE Transactions on Geoscience and Remote Sensing, 43 (5): 1059-1069.

Xia J, Shi W. 2016. Perspective on water security issue of changing environment in China [J]. Journal of Water Conservancy, 47 (3): 292-301.

Xie P, Arkin P A. 1997. Global precipitation: A 17-year monthly analysis based on gauge observations, satellite estimates, and numerical model outputs [J]. Bulletin of the American Meteorological Society, 78 (11): 2539-2558.

Yan D, Liu S, Qin T, et al. 2016. Evaluation of TRMM precipitation and its application to distributed hydrological model in Naqu River Basin of the Tibetan Plateau [J]. Hydrology Research, 48 (3): 822-839.

Yang D, Ye B, Shiklomanov A. 2004. Discharge characteristics and changes over the Ob River watershed in Siberia [J]. Journal of Hydrometeorology, 5 (4): 595-610.

Zheng A, Casari A. 2017. Mastering Feature Engineering Principles and Techniques for Data Scientists [M]. Sebastopol, CA: O' Reill Media Publishing.

第7章 智慧水利大数据态势研判应用

7.1 基于可变模糊集理论的旱涝态势评价

7.1.1 研究背景

旱涝灾害是世界上发生最为频繁、对农业危害最为严重的自然灾害。在全球范围内，每年都有不同程度的旱涝灾害发生，且其发生越来越频繁，影响范围越来越广，造成的损失越来越严重（张继权和李宁，2007）。据统计，中华人民共和国成立以来，因洪涝灾害年均农田受灾面积约为667万hm^2，大约两年左右发生一次较大洪灾，1990年以来全国年均洪涝灾害损失在1100亿元左右，约占同期全国GDP的2%；中国年平均受干旱影响面积为2140万hm^2，其中成灾面积为920万hm^2，全国平均每年因干旱损失粮食约为142亿t（彭克强，2008）。因此，加强对旱涝灾害的研究已经成为促进农业经济发展的重要课题。旱涝灾害评价是在已有的旱涝评估指标值的基础上，通过建立旱涝评价模型，对旱涝影响及其破坏程度进行评价。旱涝灾害评价是一个比较复杂的问题，它是揭示致灾因子在灾害影响中的作用，为制定减灾对策提供合理可靠的依据。以往的研究方法，很多是采用单指标法进行旱涝灾害评价的，如从气象角度出发的标准化降水指标（standard precipitation index）（国家科委全国重大自然灾害综合研究组，1993；Mc Kee，1993），从农业角度考虑的土壤含水率（孙荣强，1994）和作物水分指数（赵同应等，1998），以及从水文角度出发的水库蓄水量指标的旱涝评价等。由于影响旱涝的因素很多，属于多指标、多级模糊评价问题，仅选择一种指标作为评价标准，不能反映实际情况，多指标综合评价方法便应运而生。如神经网络评价法（冯平等，2000）、灰色模糊聚类评价法（陈南祥等，2007）、模糊综合评价法（王艳玲，2007）及马尔科夫链法（陈育峰，1995）等。但以上方法各有利弊，神经网络存在收敛速度慢、稳定性差的缺点；灰色模糊聚类中关联系数的选取存在不确定性；模糊综合评价的模型优化准则参数和距离参数唯一，使得评价结果不够稳定。

本节针对上述旱涝特点及其自身概念的模糊性，应用陈守煜教授于2005年创立的可变模糊集理论（陈守煜，2005），采用多种模型参数组合，以山东省1996~2003年全年为例，从气象和水文角度出发进行旱涝评价，探讨可变模糊集理论在旱涝评价中的可行性，为旱涝灾害的综合评价提供一种新的思路。

7.1.2 可变模糊集理论

7.1.2.1 可变模糊集定义

可变模糊集理论是在工程模糊集理论的基础上建立起来的，是一个比较系统的可变模糊集体系（陈守煜，1998）。可变模糊集合定义为设论域 U 上的一个模糊概念（事物、现象）$\underset{\sim}{A}$，对 U 中的任意元素 $u(u\in U)$，在相对隶属函数的连续数轴任一点上，u 对表示吸引性质 $\underset{\sim}{A}$ 的相对隶属度为 $\mu_{\underset{\sim}{A}}(u)$，对表示排斥性质 A^c 的相对隶属度为 $\mu_{\underset{\sim}{A}^c}(u)$，设

$$D_{\underset{\sim}{A}}(u)=\mu_{\underset{\sim}{A}}(u)-\mu_{\underset{\sim}{A}^c}(u) \tag{7-1}$$

$D_{\underset{\sim}{A}}(u)$ 称为 u 对 $\underset{\sim}{A}$ 的相对差异度。映射

$$\begin{cases} D_{\underset{\sim}{A}}: D\rightarrow[-1,1] \\ u\mid\rightarrow D_{\underset{\sim}{A}}(u)\in[-1,1] \end{cases} \tag{7-2}$$

称为 u 对 $\underset{\sim}{A}$ 的相对差异函数。根据对立模糊集（陈守煜，2007）可得

$$A_+=\{u\mid u\in U,\mu_{\underset{\sim}{A}}(u)>\mu_{\underset{\sim}{A}^c}(u)\} \tag{7-3}$$

$$A_-=\{u\mid u\in U,\mu_{\underset{\sim}{A}}(u)<\mu_{\underset{\sim}{A}^c}(u)\} \tag{7-4}$$

$$A_0=\{u\mid u\in U,\mu_{\underset{\sim}{A}}(u)=\mu_{\underset{\sim}{A}^c}(u)\} \tag{7-5}$$

式中，$\underset{\sim}{V}$ 为模糊可变集合；A_+、A_-、A_0 为分别为模糊可变集合 $\underset{\sim}{V}$ 的吸引（为主）域、排斥（为主）域和渐变式质变界。

7.1.2.2 相对差异函数模型

设 $X_0=[a,b]$ 为实轴上模糊可变集合 $\underset{\sim}{V}$ 的吸引（为主）域，即 $\mu_{\underset{\sim}{A}}(u)>\mu_{\underset{\sim}{A}^c}(u)$ 区间，$X=[c,d]$ 为包含 $X_0(X_0\subset X)$ 的某一上下界范围域区间，如图 7-1 所示。

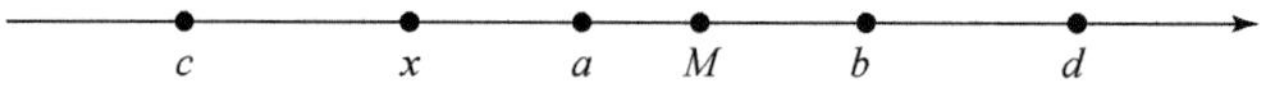

图 7-1 点 x,M 与区间 $[a,b]$，$[c,d]$ 的位置关系

根据模糊可变集合定义可知 $[c,a]$ 与 $[b,d]$ 均为其排斥域，即 $\mu_{\underset{\sim}{A}}(u)<\mu_{\underset{\sim}{A}^c}(u)$ 区间。设 M 为吸引（为主）域区间 $[a,b]$ 中 $\mu_{\underset{\sim}{A}}(u)=1$ 的点值，M 不一定是区间 $[a,b]$ 的中点值。x 为 X 区间内的任意点的量值，则 x 落入 M 点左侧时的相对差异函数模型可为

$$\begin{cases} D_{\underset{\sim}{A}}(u)=\left(\dfrac{x-a}{M-a}\right)^{\beta}; & x\in[a,M] \\ D_{\underset{\sim}{A}}(u)=-\left(\dfrac{x-a}{c-a}\right)^{\beta}; & x\in[c,a] \end{cases} \tag{7-6}$$

则 x 落入 M 点右侧时的相对差异函数模型可为

$$\begin{cases} D_{\underset{\sim}{A}}(u)=\left(\dfrac{x-b}{M-b}\right)^{\beta}; & x\in[M,b] \\ D_{\underset{\sim}{A}}(u)=-\left(\dfrac{x-b}{d-b}\right)^{\beta}; & x\in[b,d] \end{cases} \tag{7-7}$$

$$D_{\underset{\sim}{A}}(u)=-1;\quad x\notin(c,d) \tag{7-8}$$

式（7-6）和式（7-7）中β为非负指数，通常可取$\beta=1$，即相对差异函数模型为线性函数，式（7-6）和式（7-7）满足：①当$x=a$，$x=b$时，$\mu_{\underset{\sim}{A}}(u)=\mu_{\underset{\sim}{A}^c}(u)=0.5$；②当$x=M$时，$\mu_{\underset{\sim}{A}}(u)=1$；③当$x=c$，$x=d$时，$\mu_{\underset{\sim}{A}}(u)=0$。为了得到各指标的综合相对隶属度，应用式（7-9）模糊可变评价模型（陈守煜，2005）：

$$u_{hj}=\frac{1}{1+\left\{\dfrac{\sum_{i=1}^{m}[w_i(1-\mu_h(u_{ij}))]^p}{\sum_{i=1}^{m}(w_i\mu_h(u_{ij}))^p}\right\}} \tag{7-9}$$

式中，u_{hj}为综合优属度；α为模型优化准则参数，$\alpha=1$为最小一乘方准则，$\alpha=2$为最小二乘方准则；w_i为指标权重；m为评价指标数；p为距离参数，$p=1$时为海明距离，$p=2$时为欧氏距离。

通常式（7-9）中α、p的有4种搭配组合：$\alpha=1$、$p=1$，$\alpha=1$、$p=2$，$\alpha=2$、$p=1$，$\alpha=2$、$p=2$。当$\alpha=1$，$p=1$时，式（7-9）变为模糊综合评判模型，是一个线性模型；当$\alpha=1$，$p=2$时，式（7-9）变为理想变点模型，或理想点模型，它是模糊识别可变模型的一个特例：当$\alpha=2$，$p=1$时，是一个非线性的模型；当$\alpha=2$，$p=2$时，式（7-9）变为模糊优选模型。在研究中，可以通过改变参数α和p，进行模型模糊可变识别，以获得稳定的评价结果。

7.1.3 实例分析

本节以山东省抗旱预案为例，应用可变模糊集理论，对山东省1996～2003年全年的旱涝程度进行评价，借以说明可变模糊集理论在旱涝等级评价中的适用性。

7.1.3.1 引用资料可行性分析

（1）指标选取

旱涝灾害是一个受天气、水文、地理等因素综合作用的结果。影响旱涝的因素很多，如降水、蒸发、气温、土壤墒情、土壤性质、灌溉条件、社会经济结构等因素。对于旱涝评价指标的选取，分别从水文、气象、农业、社会经济角度出发建立评价指标体系。本节研究中不考虑作物需水情况，也不考虑社会经济影响因素，而是从水文气象角度出发，选取水库蓄水量、地下水埋深、土壤含水率及降水量4个指标，对山东省的旱涝状况进行评价，研究全年的水文气象因素变化对山东省造成的旱涝影响。

(2) 资料可行性分析

采用的资料选自王艳玲（2007）中数据，因此要对所用资料的可用性进行分析。

由于山东省每年的汛期为6月1日至9月30日，之后的降水较少，对后期的地下水位埋深、土壤含水率影响较小，基本不形成有效降水，水库的蓄水量也基本达到稳定，因此，本节研究中资料选取时段为每年10月份。

数据情况如下：①水库蓄水量，将大型水库10月1日的蓄水量按市分别整理，最后算出全省水库蓄水量。②地下水埋深，以各市多年平均地下水资源量为权重，采用加权平均法计算全省历年平均地下水埋深值，推求的历年10月6日全省地下水埋深值。③土壤含水率，采用历年10月6日实测资料，每个县（市）至少选一个代表站，各点采用2009年层（0.1 m、0.2 m、0.4 m）的土壤含水率平均值作为该点土壤含水率值。④降水量，把省内年降水总量作为本次评价的降水量指标。由于山东省的年降水量大多集中在6～9月，10月之后的降水极少，几乎不能影响水库蓄水量、地下水埋深及土壤含水率的变化。因此，虽然降水量采用的全年数据与其他3个指标的时间不一致，但是对于评价结果不会造成影响。

根据上述分析，将所选资料应用于山东省全年的旱涝等级评价是可行的。本节研究将上述第1和第4个指标的距平值及第2和第3个指标作为本次评价的输入因子，如表7-1所示。其中，蓄水量距平=(蓄水量-多年平均蓄水量)×100 %/多年平均蓄水量

降水量距平=(降水量-多年平均降水量)×100 %/多年平均降水量

表7-1　1996～2003年山东省指标特征值

年份	蓄水量距平/%	地下水埋深/m	土壤含水率/%	降水量距平/%
1996	29.37	4.285	18.45	-1.5
1997	17.84	4.149	14.80	-16.0
1998	55.52	4.055	15.10	17.3
1999	9.88	4.013	18.89	-19.6
2000	-17.37	4.211	18.00	-4.2
2001	52.49	4.198	14.93	-10.4
2002	-20.03	4.878	14.61	-34.8
2003	73.55	3.498	19.98	39.6

注：数据选自国家科委全国重大自然灾害综合研究组（1993）研究成果。

7.1.3.2　旱涝划分标准

根据国家防洪抗旱总指挥部《抗旱预案编制导则》（国家防汛抗旱总指挥部办公室等，1997）中的规定，将旱涝程度划分为9个等级，即：特大干旱、严重干旱、中度干旱、轻度干旱、正常、轻度洪涝、中度洪涝、严重洪涝、特大洪涝。旱涝评价分类标准，如表7-2所示，其中旱涝等级为Ⅴ级对应的年份为正常，Ⅰ级特大干旱，Ⅸ为特大洪涝。

表 7-2　旱涝评价分类标准

蓄水量距平/%	地下水埋深/m	土壤含水率/%	降水量距平/%	旱涝等级
(-∞,-80)	[4.425,+∞)	(-∞,12.79)	(-∞,-28)	特大干旱Ⅰ
[-80,-50)	[4.211,4.425)	[12.79,13.91)	[-28,-20)	严重干旱Ⅱ
[-50,-30)	[3.997,4.211)	[13.91,15.03)	[-20,-12)	中度干旱Ⅲ
[-30,-10)	[3.782,3.997)	[15.03,16.15)	[-12,-4)	轻度干旱Ⅳ
[-10,10)	[3.568,3.782)	[16.15,17.42)	[-4,4)	正常Ⅴ
[10,30)	[3.354,3.568)	[17.42,18.83)	[4,12)	轻度洪涝Ⅵ
[30,50)	[3.140,3.354)	[18.83,20.25)	[12,20)	中度洪涝Ⅶ
[50,80)	[2.926,3.140)	[20.25,21.66)	[20,28)	严重洪涝Ⅷ
[80,+∞)	(-∞,2.926)	[21.66,+∞)	[28,+∞)	特大洪涝Ⅸ

7.1.3.3　基于可变模糊集理论的旱涝综合评价

根据表 7-1 和表 7-2，可得到特征值矩阵 $\boldsymbol{Z}$ 和标准制矩阵 $\boldsymbol{Y}$

$$\boldsymbol{Z}=(z_{ij})=\begin{bmatrix} 29.37 & 17.84 & 55.52 & 9.88 & -17.37 & 52.49 & -20.03 & 73.55 \\ 4.285 & 4.149 & 4.055 & 4.013 & 4.211 & 4.198 & 4.878 & 3.498 \\ 18.45 & 14.8 & 15.1 & 18.89 & 18 & 14.93 & 14.61 & 19.98 \\ -1.5 & -16.0 & 17.3 & -19.6 & -4.2 & -10.4 & -36.4 & 39.6 \end{bmatrix}$$

$$\boldsymbol{Y}=(y_{ij})=\begin{bmatrix} -80 & -80\sim-50 & \cdots & 80 \\ 4.425 & 4.425\sim4.211 & \cdots & 2.926 \\ 12.79 & 12.79\sim13.91 & \cdots & 21.66 \\ -28 & -28\sim-20 & \cdots & 28 \end{bmatrix}$$

式中，$i=1$，2，3，4 为指标号；$j=1$，2，…，8 为分段号。王艳玲（2007）尚未给出各指标值的上限和下限，本节结合指标的物理意义，给出了蓄水量距平百分率和土壤含水率的下限及地下水埋深的上限，对其他未给出的上限和下限以原来的间距进行延伸。参照指标的标准值矩阵 $\boldsymbol{Y}$ 和山东省的实际情况，确定旱涝评价的可变集合的吸引域矩阵 $\boldsymbol{I}_{ab}$ 与范围域矩阵 $\boldsymbol{I}_{cd}$ 以及点值 $\boldsymbol{M}_{ih}$ 的矩阵分别为

$$\boldsymbol{I}_{ab}=\begin{bmatrix} [-100,-80] & [-80,-50] & [-50,-30] & \cdots & [30,50] & [50,80] & [80,100] \\ [4.639,4.425] & [4.425,4.211] & [4.211,3.997] & \cdots & [3.354,3.140] & [3.140,2.926] & [2.926,0] \\ [0,12.79] & [12.79,13.91] & [13.91,15.03] & \cdots & [18.83,20.25] & [20.25,21.66] & [21.66,23.80] \\ [-36,-28] & [-28,20] & [-20,-12] & \cdots & [12,20] & [20,28] & [28,36] \end{bmatrix}$$

$$\boldsymbol{I}_{cd}=\begin{bmatrix} [-100,-50] & [-100,-30] & [-80,-10] & \cdots & [10,80] & [30,100] & [50,100] \\ [4.639,4.211] & [4.639,3.997] & [4.425,3.782] & \cdots & [3.568,2.926] & [3.354,0] & [3.140,0] \\ [0,13.91] & [0,15.03] & [12.79,16.15] & \cdots & [17.42,21.66] & [18.83,23.08] & [20.25,23.08] \\ [-36,-20] & [-36,-12] & [-28,-4] & \cdots & [4,28] & [12,36] & [20,36] \end{bmatrix}$$

$$
M_{ih}=\begin{bmatrix}-100 & -100 & -80 & -50 & 0 & 50 & 80 & 100 & 100\\ 4.639 & 4.639 & 4.425 & 4.211 & 3.6755 & 3.140 & 2.926 & 0 & 0\\ 0 & 0 & 12.79 & 13.91 & 16.93 & 20.25 & 21.66 & 23.08 & 23.08\\ -36 & -36 & -28 & -20 & 0 & 20 & 28 & 36 & 36\end{bmatrix}
$$

式中，$h=1$，2，…，9 为级别号。

利用矩阵 $\boldsymbol{I}_{ab}$、$\boldsymbol{I}_{cd}$ 和 $\boldsymbol{M}_{ih}$ 判断样本特征 x_{ij} 在 $\boldsymbol{M}_{ih}$ 点的左侧还是右侧，据此选用式（7-6）或（7-7）计算差异度 $D_{\underset{\sim}{A}}(x_{ij})_h$ 再计算指标对 h 级的相对隶属度 $\mu(x_{ij})_h$。为了得到各指标的综合相对隶属度，应用式（7-9）模糊可变评价模型 u_{hj} 计算，得山东省旱涝各指标综合相对隶属度，再将其归一化，即可得到综合相对隶属度值。

在分析 4 个指标对旱涝程度影响的过程中，本节应用陈守煜（1998）中提出的重要性语气算子与模糊标度、相对隶属度关系，根据理论经验及咨询专家意见，对各因素的重要性进行二元定量对比，认为水库蓄水量、地下水埋深、降水量 3 个指标同等重要，而在 10 月后的土壤含水率已趋于稳定，虽然也是旱涝变化的一个重要影响因素，但由于 10 月之后的山东省降水量极少而变化极小，相对应条件下的土壤含水率对旱涝状况累计反应远不如其他 3 个指标相比明显，因此，它与其他 3 个指标对旱涝影响很小。从而得到重要性二元对比矩阵为

$$
\boldsymbol{F}=\begin{bmatrix}0.5 & 0.5 & 1 & 0.5\\ 0.5 & 0.5 & 1 & 0.5\\ 0 & 0 & 0.5 & 0\\ 0.5 & 0.5 & 1 & 0.5\end{bmatrix}
$$

根据简化的模糊层次分析确定权重公式 $w_i=\dfrac{\sum_{j=1}^{n}a_{ij}+\left(\dfrac{n}{2}-1\right)}{n(n-1)}$，确定各指标权重，得

$$
w_1=0.3,\ w_2=0.3,\ w_3=0.1,\ w_4=0.3
$$

即：$w=(0.3\quad 0.3\quad 0.1\quad 0.3)$

式中，a_{ij} 为 $\boldsymbol{F}$ 矩阵中的元素，n 为矩阵行数列数。以模型优化准则参数 $\alpha=1$，距离参数 $p=2$ 为例，将相关参数代入，解得综合相对隶属度矩阵为

$$
\boldsymbol{U}'=\begin{bmatrix}0.0030 & 0 & 0 & 0 & 0 & 0 & 0.6923 & 0\\ 0.0435 & 0.0533 & 0.0018 & 0.0319 & 0.0302 & 0.0282 & 0.0004 & 0\\ 0.0601 & 0.3932 & 0.0716 & 0.2682 & 0.0653 & 0.2948 & 0.0237 & 0\\ 0.0131 & 0.0341 & 0.0475 & 0.0290 & 0.1944 & 0.1145 & 0.0727 & 0\\ 0.1121 & 0.0918 & 0 & 0.0310 & 0.1210 & 0.0010 & 0.0065 & 0.0124\\ 0.2062 & 0.0456 & 0.0028 & 0.0568 & 0.0041 & 0 & 0 & 0.0484\\ 0.0470 & 0.0039 & 0.1843 & 0.0029 & 0.0004 & 0.0249 & 0 & 0.0311\\ 0 & 0 & 0.1445 & 0 & 0 & 0.0338 & 0 & 0.1112\\ 0 & 0 & 0.0008 & 0 & 0 & 0.0002 & 0 & 0.3401\end{bmatrix}
$$

对其进行归一化处理后的相对隶属度矩阵为

$$
\boldsymbol{U}=\begin{bmatrix}
0.0062 & 0 & 0 & 0 & 0 & 0 & 0.8702 & 0 \\
0.0897 & 0.0857 & 0.0040 & 0.0760 & 0.0727 & 0.0567 & 0.0005 & 0 \\
0.1240 & 0.6323 & 0.1578 & 0.6389 & 0.1573 & 0.5929 & 0.0297 & 0 \\
0.0269 & 0.0548 & 0.1048 & 0.0690 & 0.4679 & 0.2303 & 0.0914 & 0 \\
0.2312 & 0.1476 & 0 & 0.0739 & 0.2912 & 0.0019 & 0.0081 & 0.0228 \\
0.4251 & 0.0733 & 0.0063 & 0.1352 & 0.0098 & 0 & 0 & 0.0892 \\
0.0969 & 0.0063 & 0.4065 & 0.0069 & 0.0011 & 0.0500 & 0 & 0.0572 \\
0 & 0 & 0.3188 & 0 & 0 & 0.00679 & 0 & 0.2047 \\
0 & 0 & 0.0018 & 0 & 0 & 0.0003 & 0 & 0.6261
\end{bmatrix}
$$

7.1.3.4 干旱综合评价结果分析

根据模糊概念在分级条件下最大隶属度原则的不适用性，应用陈守煜（1998）提出的级别特征值，对样本进行级别评价。得到山东省旱涝级别特征值向量

$$
\boldsymbol{H}=[1\quad 2\quad \cdots\quad 9]\begin{bmatrix}
0.0062 & 0 & \cdots & 0 \\
0.0897 & 0.0857 & \cdots & 0 \\
\vdots & \vdots & & \vdots \\
0 & 0 & \cdots & 0.6261
\end{bmatrix}
$$

$$
=[5.1\quad 3.5\quad 6.4\quad 3.6\quad 4.0\quad 3.7\quad 1.4\quad 8.3]^{\mathrm{T}}
$$

根据 $\boldsymbol{H}$ 对该地区的旱涝级别进行综合评价，由式（7-9）分别取线性参数组合 $\alpha=1$，$p=1$ 非线性参数组合 $\alpha=1$，$p=2$；$\alpha=2$，$p=1$；$\alpha=2$，$p=2$，分别对其进行评价，评价结果见表 7-3。

表 7-3　1996～2003 年山东省全年旱涝等级模糊可变集合评价结果

α 值和 p 值	1996 年	1997 年	1998 年	1999 年	2000 年	2001 年	2002 年	2003 年
$\alpha=1$，$p=1$	4.6	4.0	5.8	4.0	3.9	4.4	2.2	7.6
$\alpha=1$，$p=2$	4.5	4.2	5.8	4.1	3.9	4.6	2.4	7.5
$\alpha=2$，$p=2$	4.6	4.0	6.2	3.7	3.8	4.2	1.7	8.0
$\alpha=2$，$p=1$	5.1	3.5	6.4	3.6	4.0	3.7	1.4	8.3
评价均值	4.7	3.9	6.0	3.9	3.9	4.2	1.9	7.9
评价结果	Ⅴ	Ⅳ	Ⅵ	Ⅳ	Ⅳ	Ⅳ	Ⅱ	Ⅷ

由表 7-3 可以看出，采用多种模型参数的组合，对旱涝等级评价的结果稳定在一定范围之内。因此将 4 种模型参数组合的评价均值作为本评价的最终值，结果更稳定，可信度更高。

本节选用的基本数据与王艳玲（2007）和秦冰（2007）的研究结果一致，不同之处是，王艳玲（2007）是对山东省的春旱、夏旱分别评价，而非对全年旱涝做评价，秦冰（2007）是对全年做评价。因此，将本文可变模糊集合对 1996～2003 年山东省全年旱涝等

级的评价结果与秦冰（2007）的研究结果中模糊综合评价结果进行比较，见表7-4。

表7-4　可变模糊集合与模糊综合评价结果比较

项目	1996 年	1997 年	1998 年	1999 年	2000 年	2001 年	2002 年	2003 年
可变模糊集合	Ⅴ	Ⅳ	Ⅵ	Ⅳ	Ⅳ	Ⅳ	Ⅱ	Ⅷ
模糊综合评价	Ⅴ	Ⅲ	Ⅶ	Ⅲ	Ⅳ	Ⅳ	Ⅰ	Ⅸ

注：模糊综合评价结果选自秦冰（2007）。

由上述比较可看出，虽然两次评价中采用的方法不同，在旱涝Ⅳ、Ⅴ等级的结果完全一致，其他等级略差一级。在评价不同的结果中，可变模糊集的评价结果比模糊综合评价结果更趋于正常年份。也就是说，当评价结果为旱时，可变模糊集的结果比模糊综合评判结果大一级；当评价结果为涝时，可变模糊集的结果比模糊综合评判结果小一级。究其原因：这并不是因为可变模糊集理论对极端状况响应慢，主要是由评价的区域和时段决定的。若对某一时段某一小单元进行评价，出现旱涝的极端结果会多些，而对全省全年的总体情况而言，考虑的是全省全年的总体情况，部分地区在某时段出现旱涝评价，其他地区不一定出现。全省全年出现极端现象的概率很小，也就是出现Ⅰ级特旱及Ⅸ特涝情况的概率非常低。

以2002年和2003年为例，根据中国水利年鉴和山东省发布的水资源公报，2002年全省平均降水量为420.2 mm，折合降水总量为644.1亿m^3，属枯水年。但全省降水量时空分布很不均匀，最小点雨量为207.7 mm，最大点雨量为1405.3 mm，对全省全年旱涝做出极端干旱的评价结果显然不符合山东省全年旱涝实际情况。2003年是个丰水年，降水相对集中，全年65.2 %的降水集中在汛期6～9月，加之2002年是枯水年，造成前期土壤墒情差、可用水量少，春旱大面积发生。1月1日，全省各类水利工程蓄水仅31亿m^3，黄河分配山东省春季的可引水量仅20亿m^3，均比历年同期减少50 %以上。因此，若对汛期做出特涝的评价也许符合，但综合全年情况做出此种评价很明显不正确。综上研究，应用可变模糊集合对山东省2002和2003年全年旱涝做出Ⅱ级和Ⅷ级的评价，更符合客观实际情况。

7.2　基于多源卫星数据的水体蓝藻水华联合监测

7.2.1　研究背景

湖泊和水库是我国主要的水源地类型，为全国85 %以上的人口提供饮用水源。但是，近几十年来湖泊和水库水质明显下降，有1/3的水库水质达到富营养化水平，先后发生了蓝藻水华（韩博平，2010）。太湖、巢湖、三峡水库、广东汤溪水库和长春石头口门水库等，都频频暴发水华，危害饮用水安全，造成了不可估量的损失（赵孟绪和韩博平，2005；崔广柏等，2009；谢平，2009）。事实上，2007年太湖蓝藻水华引起的水危机事件之后，蓝藻灾害的整体应对策略已经从“被动应急”转为“主动防控”（孔繁翔等，2009）。主动防控需要及时掌握湖库蓝藻水华状况，在发生危机之前及时采取措施，卫星遥感监测的支持尤为关键。

卫星遥感技术具有监测范围广、周期性重复和成本低等特点，因此利用卫星遥感技术可以全面快速地获取蓝藻水华的时空分布，有效实现动态监测。目前大型湖泊蓝藻水华监测，主要采用 MODIS 数据，在太湖、巢湖等获得广泛应用。段洪涛等（2008）基于多源卫星利用单波段和波段比值的方法得到太湖蓝藻水华监测的普适模式；李旭文等（2011）利用归一化植被指数（normalized difference vegetation index，NDVI）对太湖蓝藻水华强度进行了划分；Hu（2009）和 Hu 等（2010）利用 MODIS 的瑞利反射率数据（rayleigh-corrected reflectance，R_{rc}）提出浮游藻类指数（floating alage index，FAI），并应用于太湖蓝藻水华的监测中；Zhang 等（2014）针对 MODIS 数据提出了基于亚像元算法估计蓝藻水华覆盖面积的研究。事实上，目前已经形成基于 MODIS 数据的太湖和巢湖等大型水体蓝藻水华业务化监测方案，这主要由于其空间分辨率虽然适中（500m 左右），但时间分辨率高，一天可以实现 2 次监测，对于快速变化的蓝藻水华来说，是相对理想的数据源。

相对于太湖等大型水体，水域面积较小的水体，MODIS 数据空间分辨率显然无法满足要求；但我国的高分 1 号卫星（GF-1 WFV）、环境卫星（HJ-1A/B CCD），以及美国的陆地卫星（Landsat-8 OLI）等数据的空间分辨率优于 30m，可有效提高小型水体蓝藻水华的监测精度。事实上，由于蓝藻水华变化快，卫星监测既要能看得见藻华，也要高频监测，特别是业务管理部门希望最好每天都有数据。但是，这些高分辨率卫星数据，一般重返周期比较长，短则 2～3 天，长则半个月，再加上云雨等气象因素影响，使得单个传感器监测无法满足水华高频监测要求（李晓俊等，2016）。因此，采用多个高空间分辨率卫星传感器进行蓝藻水华联合监测，就成为必然的选择。

在实际使用中，由于不同卫星传感器数据性能和波段等不一致，必然导致蓝藻水华监测的一致性问题；特别是空间分辨率不同引起的空间尺度效应。本节选择小型水体——天津于桥水库，利用 HJ-1A/B、GF-1 和 Landsat-8 等高分辨率卫星，尝试对其蓝藻水华进行日常监测，主要目标包括：①评估不同卫星的蓝藻水华监测能力；②研制不同卫星的水华监测算法，评估其水华产品一致性；③分析于桥水库 2016 年长时间序列蓝藻水华时空分布规律。总体上，本文一方面提出了适合小型水体的蓝藻水华卫星监测方案，有助于更多小型水体得到有效监测；另一方面，对于桥水库蓝藻水华发生历史进行追溯，有利于当地管理部门更好治理蓝藻水华等水环境问题。

7.2.2 研究区域与数据

7.2.2.1 研究区概况

于桥水库（39°99′71″N～40°07′44″N，117°43′09″E～117°68′26″E）位于天津市蓟州区，最大回水东西长约为 30 km，南北宽为 8 km，最大淹没面积为 250 km^2（正常蓄水位时淹没面积为86.8 km^2）（周绪申等，2015），总库容为15.59亿 m^3，1983年成为“引滦入津输水工程”中重要的调蓄水库，是天津市主要饮用水源地之一（常淳等，2015）。于桥水库控制流域面积为2060 km^2，占州河总流域面积的96 %；州河由沙河、淋河和黎河三大支流汇合而成即入库河流，各支流上游沟涧甚多，支流分散成辐射状汇集于州河盆地，水库库区即位于该盆地。近年来，由于上游潘家口和大黑汀水库水质严重恶化，加上流域内入库河流污染物的汇入，致使大量营养盐在于桥水库积累（李雪娇等，2013），超出水库水体的自净能力，破坏水库的生态平衡，造成于桥水库藻类水华频繁爆发（刑海燕等，2009），直接威胁天津市的供水安全。

7.2.2.2 遥感数据

卫星遥感具有监测范围大、资料获取方便和动态监测等特点，因此越来越受到人们的重视。本节选择了可获取的8种国内外卫星数据用于于桥水库蓝藻水华的监测和评价，具体参数见表7-5。另外，选取了于桥水库历年卫星影像，发现2016年于桥水库开始大规模暴发蓝藻水华，因此，本节研究集中于2016年的卫星数据。

表7-5 主要卫星参数

卫星	传感器	空间分辨率/m	重返周期/d	波段数	光谱范围	数据可获取性
TERRA/AQUA	MODIS	250/500/1000	1~2	36	412~1050nm	免费下载
GF-4	PMI	50	20	5	450~900nm	免费下载
Landsat-8	OLI	15/30	16~18	7	430~1380nm	免费下载
HJ-1A/B	CCD	30	4	4	蓝、绿、红、近红外	免费下载
CBERS-04	MUX	20	26	4	450~890nm	免费下载
GF-1	WFV	16	4	4	蓝、绿、红、近红外	免费下载
ZY-3	MUX	6	5	4	450~890nm	付费下载
ZY-1 02C	MUX	5/10	3	4	510~890nm	付费下载

（1）卫星数据筛选标准

蓝藻水华变化快，数据需求急，对时间和空间分辨率的要求都很高。本节对当前可用的主要8种卫星，根据其空间分辨率、时间分辨率、波段设置以及数据可获取性四方面，对数据进行评价和筛选，用于于桥水库蓝藻水华监测。

（2）卫星遥感数据遴选

目前最为常用的MODIS数据，虽然具有较高的时间分辨率和光谱分辨率，被广泛应用于大型内陆湖泊的蓝藻水华监测（马荣华等，2008）；但是其空间分辨率低（250 m、500 m和1000 m），在小型水域的识别能力上，藻华提取精度存在明显的误差［图7-2（a）］。高分四号卫星（GF-4）是地球同步轨道卫星，可实时观测研究区动态变化，较多的波段设置能满足蓝藻水华动态监测的需求，但是50 m的空间分辨率不能满足于桥水库的水华识别［图7-2（b）］。Landsat-8拥有30 m的空间分辨率，可以清楚看到蓝藻水华；但其16 d的重访周期，限制了对于桥水库水华的动态监测能力［图 7-2（c）］。这也说明，80km^2 左右大小的于桥水库，至少需要 30m 以上的空间分辨率。高于 30m 空间分辨率的卫星还有 5 种，都拥有近红外和可见光波段，可用于水华监测（表 7-5）；但是其重返周期普遍在 3 天以上；另外，分辨率在 10m 以上的 ZY-3、ZY-1 02C MUX 数据都需要另外付费购买，数据获取不方便。因此，综合考虑空间、时间、光谱范围和数据可获取性 4 个因素（表 7-6），可以用于于桥水库水华监测的主要卫星有 Landsat-8、HJ-1A/B 和 GF-1 三种；但其重返周期都无法实现每天覆盖，满足业务管理部门要求的蓝藻水华高频观测需求，因此本文决定联合使用这 3 颗卫星用于蓝藻水华遥感监测，弥补时间分辨率不足，共选取 2016 年无云或少云影像 66 景（表 7-7）。

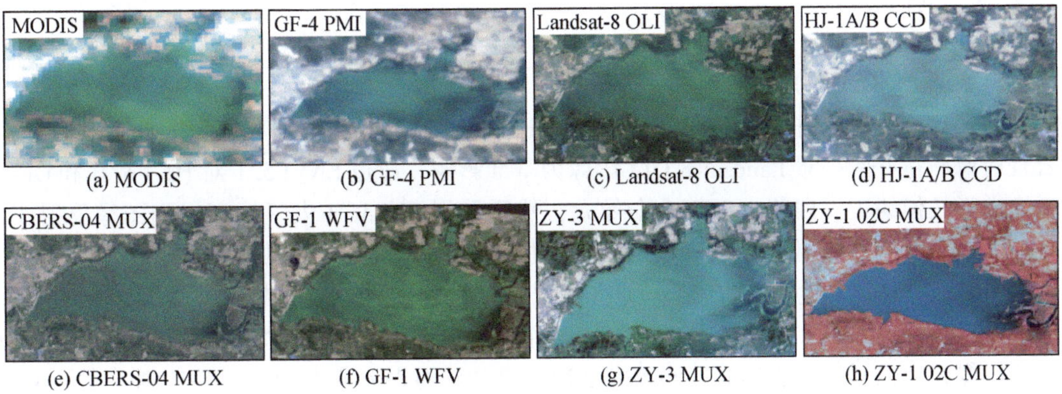

图 7-2 卫星真彩色合成图对比

ZY-1 02C MUX 只有假彩色合成波段

表 7-6 卫星遥感数据筛选

卫星	传感器	空间分辨率/m	重返周期/d	光谱范围/nm	数据可获取性
TERRA/AQUA	MODIS		√	√	√
GF-4	PMI		√	√	√
Landsat-8	OLI	√		√	√
HJ-1A/B	CCD	√	√	√	√
CBERS-04	MUX	√	√	√	
GF-1	WFV	√	√	√	√
ZY-3	MUX	√	√	√	
ZY-1 02C	MUX	√	√	√	

注：√代表该卫星影像数据指标满足水华动态监测的需要，空白表示不满足。

表 7-7 2016 年卫星影像获取时间

卫星	传感器	时间（月-日）
HJ-1A/B	CCD	02-29，03-20，03-25，04-03，04-18，05-04，05-18，05-22，05-26，06-16，07-06，07-27，08-08，08-21，09-09，09-19，10-01，10-17，11-08，11-15，11-24，11-28，12-09，12-10，12-14，12-15

续表

卫星	传感器	时间（月-日）
GF-1	WFV	02-24，03-11，03-23，04-01，04-09，04-25，04-30，05-08，05-28，05-29，06-05，06-22，07-05，08-22，08-26，08-27，09-08，09-19，09-20，09-28，09-29，10-03，10-14，10-23，10-28，11-16，12-16
Landsat-8	OLI	02-23，03-10，04-11，04-18，05-04，05-13，05-29，07-16，08-08，09-09，09-18，10-11，12-14

7.2.3 研究方法

（1）蓝藻水华提取方法

首先对相关影像进行辐射定标和几何纠正，选择经过实测地理数据坐标校正过的，无云且成像质量好的一景 Landsat-8 OLI 影像为基准影像，通过 ENVI 5.1 对 HJ-1A/B 和 GF-1 影像进行几何纠正，误差小于 0.5 个像元，然后采用 FLAASH 大气校正得到图像反射率；并在 ERDAS 中利用于桥水库矢量边界，通过掩模技术提取于桥水域，去除于桥水库周边及其植被。具体流程为（图 7-3）：①将多源高分辨数据进行遥感图像预处理，再利用处理后的影像计算 NDVI 指数，并统计藻华和非藻华的 NDVI 阈值；②利用藻华和非藻华阈值参与像元生长算法迭代运算，当连续 2 次计算的绝对误差或者相对误差达到一个最小值时，循环结束；③利用尺度转换重采样对计算结果进行转换，最后输出面积分布图。

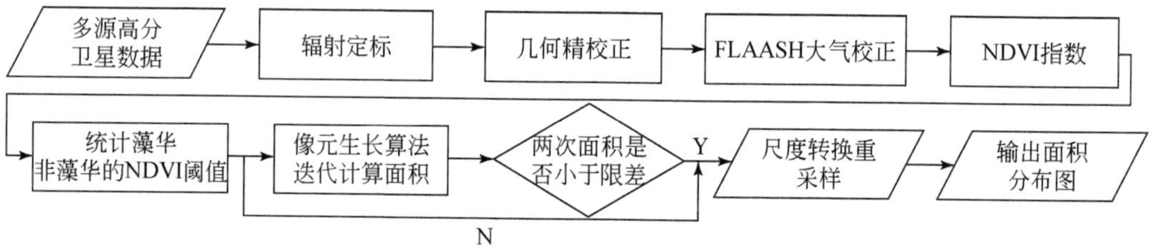

图 7-3　算法流程图

综合考虑 3 种卫星数据波段设置，NDVI 指数对植被敏感，以及蓝藻水华在近红外波段具有类似于植被光谱曲线特征的“陡坡效应”（张娇等，2016）。本节研究中对大气校正的绝对准确度的要求并不重要（Xing et al.，2016），因为使用红和近红外波段可以有效减少使用蓝绿波段时大气的影响和有色溶解性有机物（CDOM）的干扰问题（佴兆骏等，2016），因此选择 NDVI 指数作为监测蓝藻水华暴发情况的基本指数。

$$\mathrm{NDVI}=\frac{\rho_{\mathrm{nir}}-\rho_{\mathrm{red}}}{\rho_{\mathrm{nir}}+\rho_{\mathrm{red}}} \tag{7-10}$$

式中，ρ_{nir}和ρ_{red}分别代表近红外波段和红光波段的反射率。

由于藻华区域与水体光谱特征通常存在较大差别，在蓝藻水华和非水华的边界区域，

NDVI 结果会有较大的差异，像元变化率也较大（张娇等，2016）；因此通过计算 NDVI 卫星产品的像元坡度，统计坡度最大处的 NDVI 值，并利用均值减去 2 倍标准差，即可确定水华阈值。实际上该方法已经在太湖等区域成功实践（佴兆骏等，2016）。本文以 HJ-1A/B CCD 卫星影像为例，依据坡度与统计分析的方法求出每幅影像的阈值，作出统计直方图，得出单景 2016 年 9 月 12 日影像藻华阈值为 0.085 [图 7-4（a）]；然后对 HJ-1A/B 统计的 26 景影像阈值进行平均处理，最终得到区分蓝藻水华与清洁水体的统一阈值为 -0.064 [图 7-4（b）]，该阈值即为算法中纯蓝藻水华像元的输入阈值。同理，GF-1 藻华的统一阈值为-0.083 [图 7-4（d）]；Landsat-8 由于影像数量限制，无法确定统一阈值，但在实际使用中为保证精度，每一景单独确定阈值。

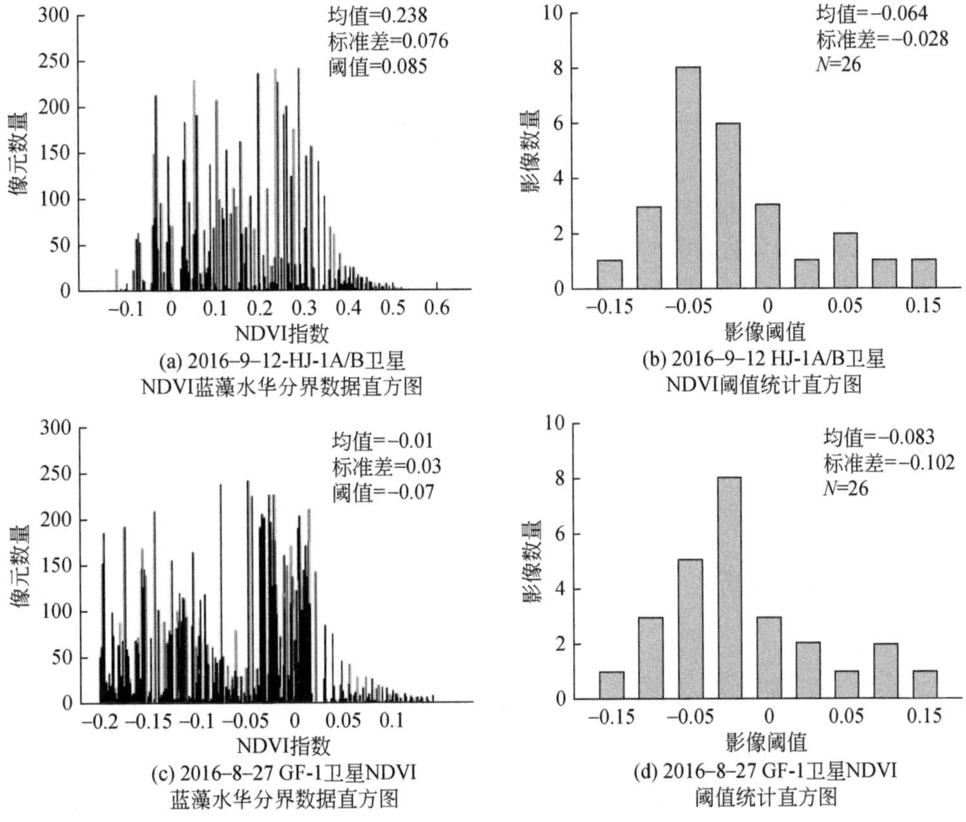

图 7-4　2016-9-12 HJ-1A/B 和 2016-8-27 GF-1 卫星 NDVI 蓝藻水华分界数据直方图（a，c）、NDVI 阈值统计直方图（b，d）

此外，采用等间隔方法确定藻华聚集强度分级阈值，将于桥水库蓝藻水华区分成低强度聚集区和高强度聚集区，可以为蓝藻水华高强度聚集区的重点治理提供参考。

（2）像元生长算法统计面积

由于于桥水库水域面积较小，虽利用环境卫星藻华平均阈值 $NDVI_{algae}=-0.064$ 提取出了高浓度蓝藻水华（以 HJ 卫星为例），但依然存在着许多水和蓝藻混合的像元，利用像元生长算法可有效提高统计蓝藻水华的面积精度。像元生长算法（algae pixel-growing algorithm，APA）是通过判定卫星影像中的藻华“生长点像元”，采用临近像元相关和逐渐扩展的思路，从而精确计算出混合像元的藻华盖度，这里所说的盖度是指某一混合像元中藻华完全覆盖的面积占该像元面积的百分比；具体计算过程见参考文献（佴兆骏等，2016）。

（3）不同影像水华提取结果尺度转换

尺度转换是指将某尺度上所获取的知识和信息扩展到其他尺度上的过程（邬建国，2000）；事实上，即使是相同时相的相同地物，由于尺度效应，不同卫星提取的水华信息也不尽相同。本节研究联合 HJ-1A/B CCD、GF-1 WFV 和 Landsat-8 OLI 3 个不同空间分辨率的卫星传感器监测蓝藻水华，通过重采样将不同卫星空间分辨率转换到同一标准。

选择双线性内插法重采样，该方法具有平均化的滤波效果，图像边缘受到平滑作用，而产生一个连贯的输出影像，辐射保真度较好。根据双线性内插法，将 NDVI 结果重采样至 30m，重新利用算法计算藻华盖度，当循环满足条件时，即输出经重采样转换后的藻华分布图。

采用均方根误差（root mean square error，RMSE）和相对误差（relative error，RE）对 APA 算法得到的结果精度进行评判：

$$\mathrm{RMSE} = \sqrt{\frac{\sum_{i=1}^{n} (d_{p,i} - d_{m,i})^2}{n}} \tag{7-11}$$

$$\mathrm{RE} = \frac{1}{n} \sum_{i=1}^{n} \frac{|d_{p,i} - d_{m,i}|}{d_{m,i}} \times 100\ \% \tag{7-12}$$

式中，$d_{p,i}$和 $d_{m,i}$分别代表第 i 个模拟值和实测值，n 为样点总数。

7.2.4 结果与分析

7.2.4.1 于桥水库蓝藻水华提取结果评价

（1）不同影像提取结果

为了验证 APA 算法在不同卫星传感器的提取结果，选取 HJ-1A/B CCD、Landsat-8 OLI 和 GF-1 WFV 提取结果与原影像假彩色合成图进行对比（图 7-5）。可以看出，APA 算法在不同卫星传感器上得到的藻华面积分布图与原始影像中，藻华空间分布情况基本一致。

由于个别影像的蓝藻水华阈值与统一的蓝藻水华阈值有较大差异，为了更好地对提取结果进行验证，随机选取 6 组 HJ-1A/B CCD、GF-1 WFV 影像，采用坡度分析与目视解译相结合方法确定出 CCD、WFV 单景影像藻华阈值和清洁水体阈值，然后根据单景的阈值确定出藻华面积对 APA 算法提取的结果进行验证，6 组单景阈值的藻华面积介于 4.48 ~ 22.83 km^2。APA 算法得到的结果与 CCD、WFV 影像单景阈值提取的结果较为接近，根据公式（7-11）、(7-12）分别得到 RMSE 为 0.78 km^2、0.75 km^2，RE 分别为 4.6 %、4.9 %

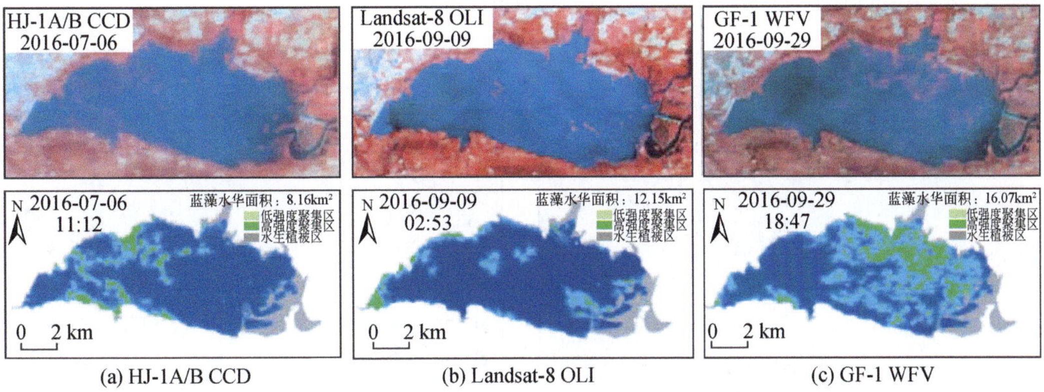

图 7-5　APA 算法与假彩色影像对比图

（图 7-6）。本节所提出的算法相较于传统的目视解译的方法，不但降低了人为因素的干扰，而且统一的阈值提升了业务效率，更能够精确提取出混合像元中的蓝藻水华，藻华面积监测结果更加精确。另外，由于 Landsat-8 OLI 影像数量较少，本节不做分析。

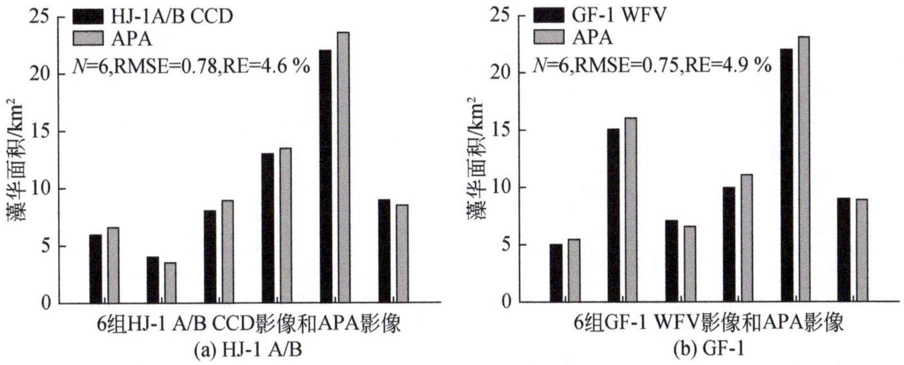

图 7-6　随机 6 组单景阈值提取结果与 APA 算法提取结果对比

（2）不同影像提取结果对比

选择 HJ-1A/B 影像提取的藻华结果为基准，对 Landsat-8、GF-1 提取的藻华结果进行验证。图 7-7 分别是 Landsat-8、GF-1 和 HJ-1A/B 同一天影像 APA 算法藻华面积结果与假彩色合成图的对比，可以看出像元生长算法得到的藻华面积分布图与原影像中藻华空间分布情况一致，纹理清晰，表明像元生长算法计算的藻华面积与实际情况相符，结果准确。同样采用验证藻华提取结果的方法，假设 HJ-1A/B 卫星提取蓝藻水华面积为真值，验证 GF-1、Landsat-8 卫星提取精度，得出 Landsat-8 卫星与 HJ-1A/B 卫星藻华面积均方根误差 RMSE 为 0.03 km^2，RE 为 0.1 %；GF-1 卫星与 HJ-1A/B 卫星藻华面积均方根误差 RMSE 为 0.12 km^2，RE 为 0.5 %. 但是从空间分布来看，Landsat-8 卫星和 HJ-1A/B 较为相似，而 GF-1 卫星和 HJ-1A/B 差别较大，前者的时间分别为当日 02:18 和 02:53 时间跨度小，藻华空间分布不会有较大影响；而后者的时间分别为当日 11:13 和 15:04 时间跨度较大，再加上风力和日照等因素的影响，藻华空间分布有较大的差异。

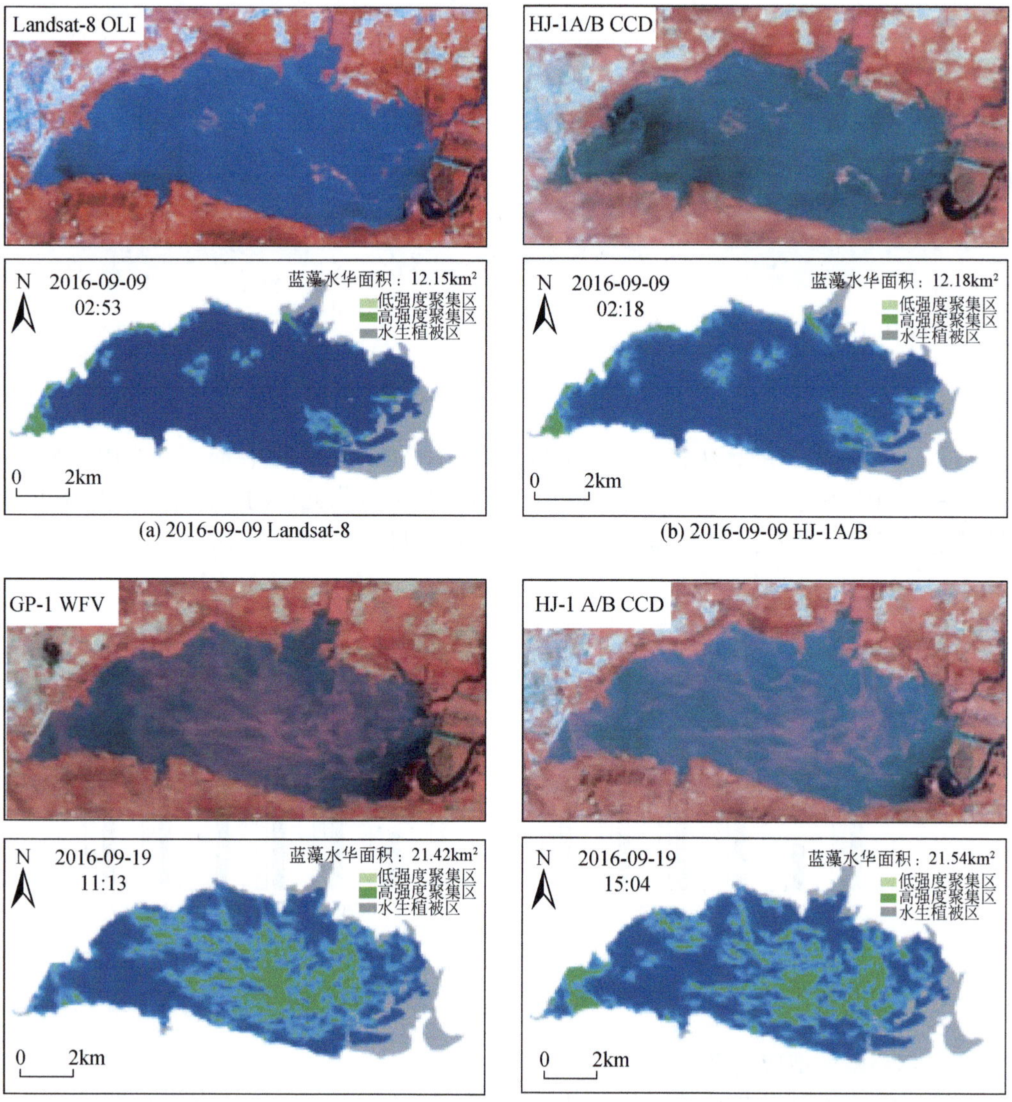

(a) 2016-09-09 Landsat-8

(b) 2016-09-09 HJ-1A/B

(c) 2016-09-19 GF-1

(d) 2016-09-19 HJ-1 A/B

图 7-7 Landsat-8、HJ-1A/B 和 GF-1、HJ-1A/B 藻华面积对比

（3）验证尺度转换的一致性

不同卫星不同传感器之间存在一定的误差，得到的藻华结果势必不尽相同。同样以数据较多的环境卫星数据为基准，将 2016 年 9 月 9 日 Landsat-8 影像提取藻华结果和 2016 年 9 月 19 日 GF-1 影像提取藻华结果，经过重采样尺度转换后，再次计算基准影像提取结果和校正后的影像结果。其中 2016 年 9 月 09 日基准影像 HJ-1A/B 水华面积为 12.18 km^2，Landsat-8 转换前原始提取水华面积为 12.15 km^2，转换后为 12.17 km^2；2016 年 9 月 19 日

基准影像 HJ-1A/B 水华面积为 21.54 km^2，GF-1 转换前原始提取水华面积为 21.42 km^2，转换后为 21.52 km^2。综上所述，2 种卫星 RE 均小于 0.1 %，且转换卫星藻华空间分布情况与基准卫星藻华分布情况基本一致，通过纹理的局部放大图可以看到，校正后的影像结果更为准确（图 7-8、图 7-9 分别是 Landsat 卫星、GF-1 卫星转换后的藻华面积空间分布情况）。

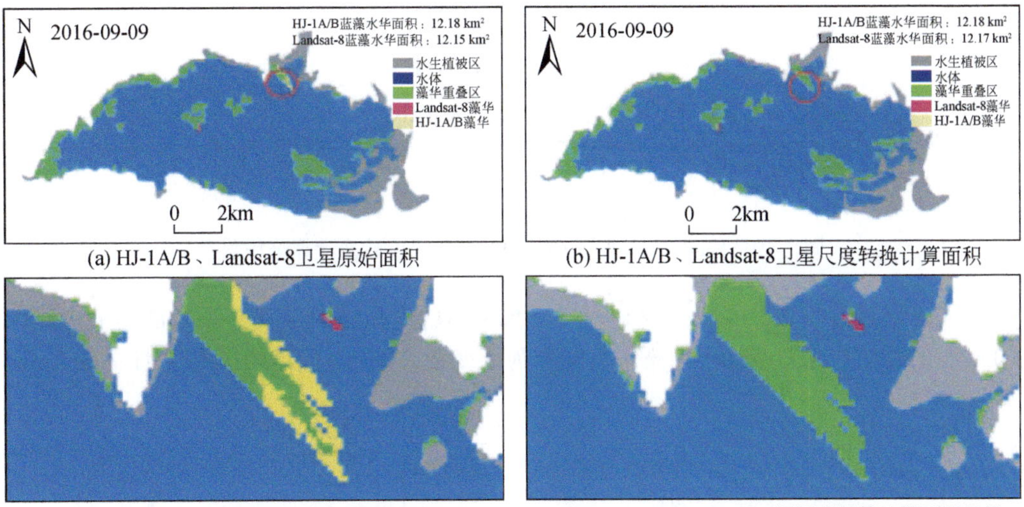

(a) HJ-1A/B、Landsat-8卫星原始面积　(b) HJ-1A/B、Landsat-8卫星尺度转换计算面积

(c) HJ-1A/B、Landsat-8卫星原始面积局部　(d) HJ-1A/B、Landsat-8卫星尺度转换计算面积局部

图 7-8　Landsat-8 卫星转换后的藻华面积空间分布

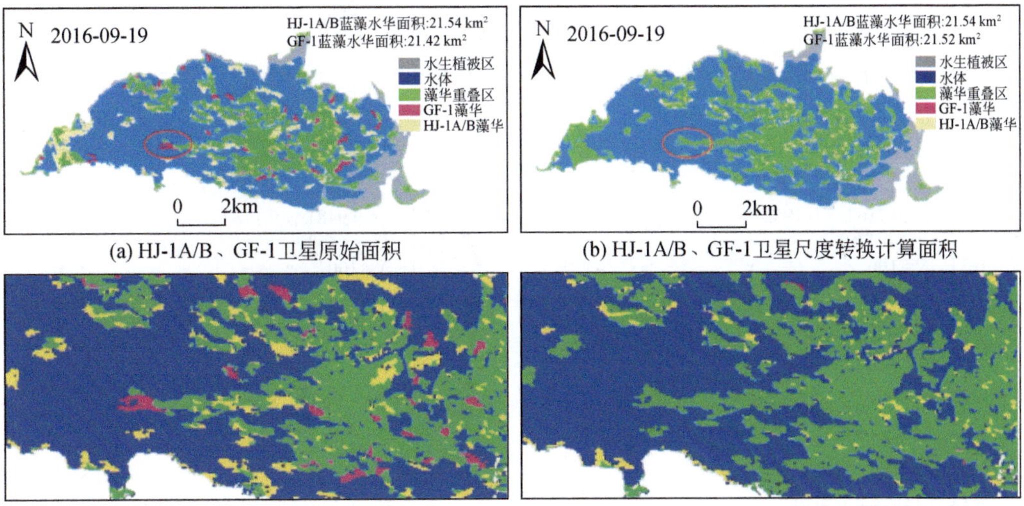

(a) HJ-1A/B、GF-1卫星原始面积　(b) HJ-1A/B、GF-1卫星尺度转换计算面积

(c) HJ-1A/B、GF-1卫星原始面积局部　(d) HJ-1A/B、GF-1卫星尺度转换计算面积局部

图 7-9　GF-1 卫星转换后的藻华面积空间分布

此外，将 Landsat-8、GF-1 卫星都转换到 HJ-1A/B 卫星基准，对 Landsat-8、GF-1 藻

华盖度结果进行比较（图 7-10），可以看出两者曲线趋势基本一致；但当盖度小于 20 % 时，卫星之间产生的误差较大，这可能是混合像元的影响。其中，灰色曲线为 HJ-1A/B 藻华盖度结果，蓝色曲线为重采样后 Landsat-8、GF-1 藻华盖度结果。

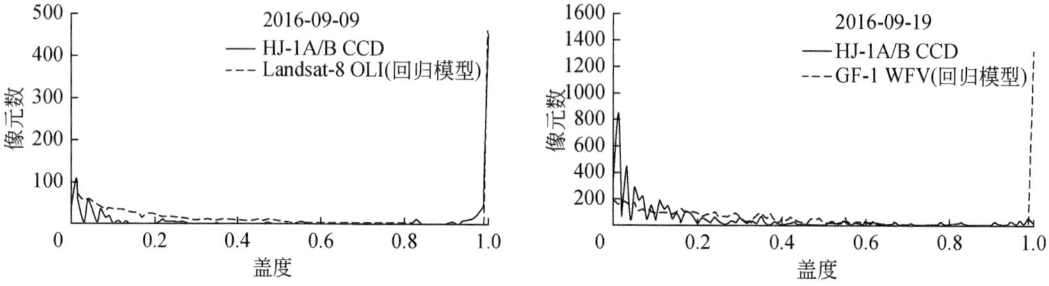

图 7-10　Landsat-8 OLI、GF-1 WFV 经尺度转换计算藻华盖度

分别统计对应位置 Landsat-8 和 GF-1 影像的 NDVI 和藻华盖度，作为自变量，并计算 HJ-1A/B 影像对应位置 NDVI 和藻华盖度作为因变量。图 7-11 为 2016 年 9 月 9 日 Landsat-

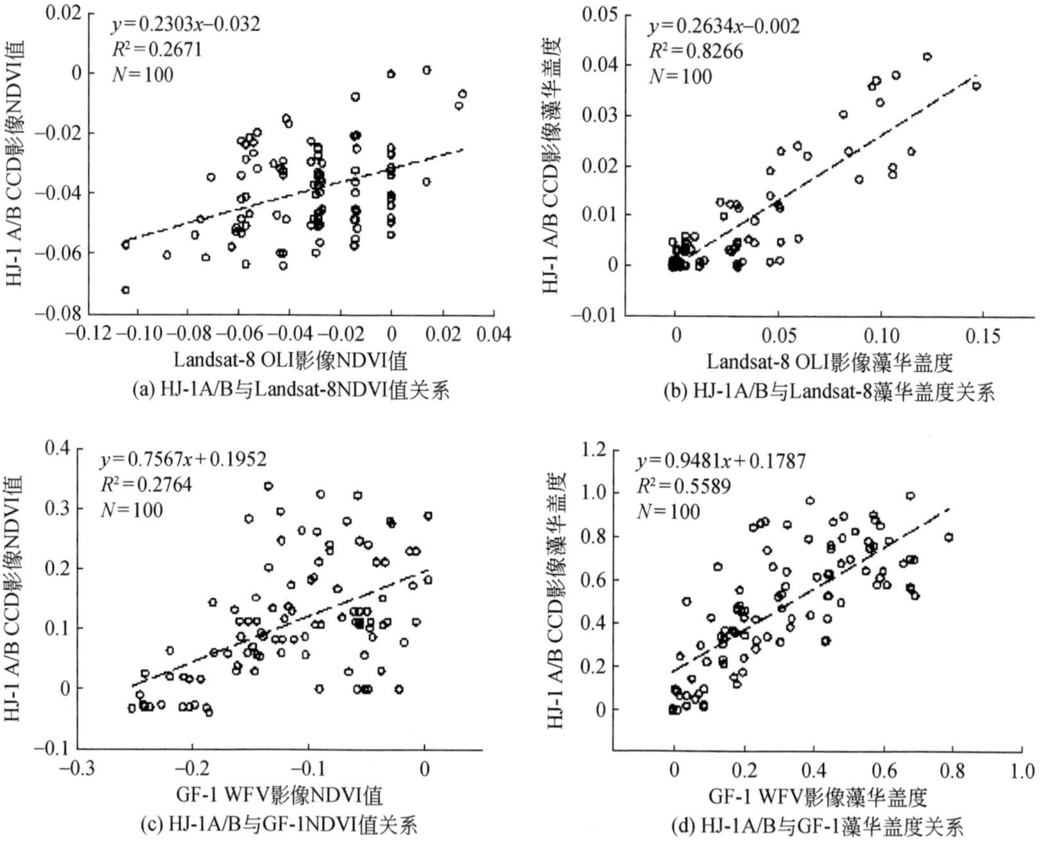

图 7-11　HJ-1A/B 与 Landsat-8、GF-1 NDVI 值关系、藻华盖度关系

8 卫星 NDVI、藻华盖度与 HJ-1A/B 卫星相对应的指数的线性关系和 2016 年 9 月 19 日 GF-1 卫星 NDVI、藻华盖度与 HJ-1A/B 卫星相对应的指数的线性关系。通过对比结果发现，HJ-1A/B 与 Landsat-8 和 GF-1 NDVI 的相关性都很低，R^2 分别为 0.27 和 0.28，这是由于不同空间分辨率影像所获取的 NDVI 是受非线性的计算方法和地物的空间异质性影响（李晓俊等，2016）；而不同卫星藻华盖度之间的相关性很好，R^2 分别为 0.83 和 0.56。通过对此套算法结果的验证和精度分析，说明此套算法精度较高，可用于于桥水库多源卫星联合监测和长时间序列动态监测藻华面积服务。

7.2.4.2 于桥水库蓝藻水华时空分布

根据统计于桥水库 2016 年蓝藻水华情况，水库大部分水域都暴发过蓝藻水华，且蓝藻水华最大面积暴发发生在秋季。从蓝藻水华分布的空间可以看出，库北和库南发生水华频次最高，严重时涉及整个水库。其中库北受入库水源，上游的潘家口和大黑汀水库源水水质恶化的影响，库南和库东受人类活动的影响，此外水体表层的藻类因风浪影响，藻类和污染物容易堆积，导致水质恶化，水体富营养化加剧导致居民用水无法饮用。

选取 2016 年内遥感卫星监测到的较大型蓝藻水华进行对比，5、6 月水库藻华暴发面积较小，水体状况较好（图 7-12）。监测 2016 年一整年的影像数据得到，冬季藻华暴发面积最小，春季藻华暴发面积开始增大，一直到秋季 9、10 月达到藻华暴发面积的最大值。

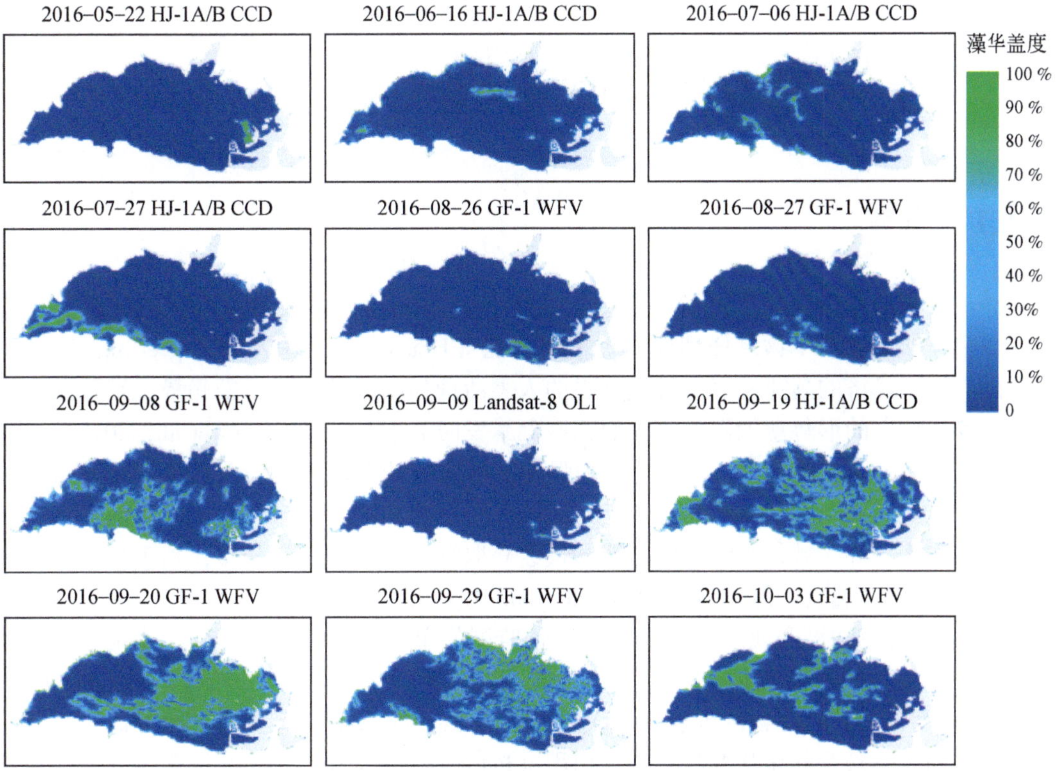

图 7-12　高分辨率卫星联合监测 2016 年藻华最大暴发面积对比

这是由于冬季低温等环境因素使得水华蓝藻进入休眠，并且于桥水库在 12 月到次年的 3 月完全结冰，春季受光照和温度等有利因素的影响，蓝藻得以复苏，生物量逐渐增加，夏季温度过高，蓝藻潜入水面以下，在秋季更加适宜的水文气象条件下，藻华暴发情况达到最严重状态。

从 2016 年月际间柱状图比较（图 7-13），排除冬季水库水面结冰，4 ~6 月水质状况较好，从 7 ~9 月开始于桥水库水质呈下降趋势，蓝藻水华暴发加剧，面积增大。

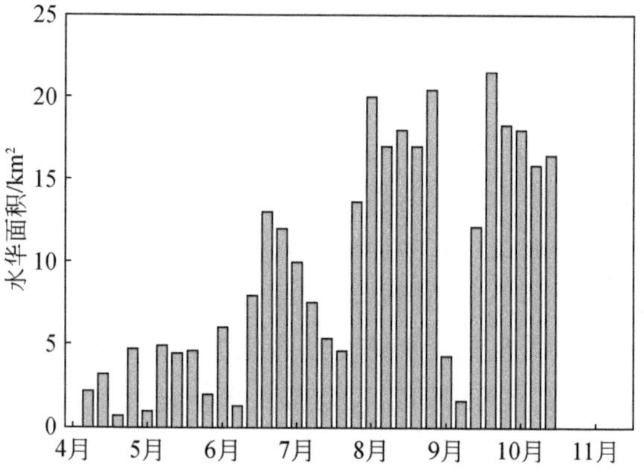

图 7-13　月际间蓝藻水华面积比较

7.3　草型湖泊悬浮物浓度和浊度联合监测

7.3.1　引言

湖泊水资源作为内陆水资源的重要组成部分，为人类提供大量水资源的同时具有防洪、养殖、航运以及生物多样性保护等重要功能（Hou et al., 2017；Wang et al., 2014）。然而随着社会经济的高速发展，日益增强的人类活动加剧了湖泊的污染趋势，导致湖泊呈现富营养化状态的形势愈加严峻，大面积蓝藻暴发时有发生（Matthews et al., 2010；朱庆等，2016；Duan et al., 2009）。因此，加强湖泊水质的动态监测对实现其精细化和科学化管理具有重要意义。

遥感作为一种区域化监测手段，能够快速获取湖泊水质的时空分布，越来越多地应用于湖泊水环境的监测和管理（Dörnhöfer and Oppelt, 2016；蒋云钟等，2010，2011，2014）。总悬浮物浓度和浊度是湖泊水质遥感监测的重用指标，其中总悬浮物是总氮、总磷和有机污染物的重要载体，同时影响着光在水中的衰减和垂直分布（Panigrahi et al., 2009）；浊度是和总悬浮物浓度密切相关的重要参数，能够影响光在水中的传播，对浮游植物生长和水体富营养化状况具有指示作用（Petus et al., 2010）。在叶绿素 a 浓度低的水体中，浊度主要由总悬浮物浓度决定（Güttler et al., 2013）。总悬浮物浓度和浊度遥感监测主要基于遥感反射率与总悬浮物浓度和浊度之间的统计关系构建经验模型（线性或非线性回归模型）（Shi et al.，2015；Zhang et al.，2014；Ali and Ortiz et al.，2014；Kim et al.，2016；Lobo et al.，2015；Hicks et al.，2013）和神经网络模型（Giardino et al.，2010；Matthews et al.，2010）或者基于辐射传输机理构建生物光学模型（如查找表法，矩阵反演算法）（Huang et al.，2014；Giardino et al.，2015；Dekker et al.，2011；张兵等，2009）来实现水质参数的动态监测。由于生物光学模型的复杂性，简单有效的经验模型成为总悬浮物和浊度遥感监测的常用模型。如 Shi 等（2015）基于 2003 ~ 2013 年的 MODIS 数据在 545nm 处的遥感反射率和实测太湖水体总悬浮物浓度之间的稳定关系，构建了太湖水体总悬浮物浓度反演的经验模型，分析了太湖水体总悬浮浓度的时空变异性；Lobo 等（2015）利用 1973 ~ 2013 年的 Landsat MSS/TM/OLI 影像获取的近红外波段反射率和实测矿坑水体总悬浮物浓度构建单波段指数模型，利用该模型对不同时间点矿坑水体总悬浮物浓度进行监测，在此基础上分析了矿坑水体总悬浮物浓度的时空变化规律及其驱动因素；Hicks 等（2013）利用新西兰怀卡托区域部分湖泊实测的总悬浮物浓度、浊度和透明度数据和时序 Landsat ETM+数据构建波段组合模型，对有观测的湖泊水体三种水质参数进行遥感监测，并将该模型应用于无观测的湖泊，弥补了无观测湖泊水质监测的空白；Ali 和 Ortiz（2014）利用 400 ~ 900nm 范围内的全部波段反射率和总悬浮物浓度分别作为自变量和因变量，构建水体总悬浮物浓度偏最小二乘反演模型，取得较高的反演精度。由于内陆水体光学特性的复杂性，经验模型的时空移植性较差，因此，针对特定湖泊需要构建适用于该湖泊水体总悬浮物浓度和浊度监测的遥感反演模型。

由于很多草型或者混合型湖泊中生长有大量的水生植物，水生植物会造成“水体-水生植物”混合像元问题，导致卫星传感器获取的水生植物生长区域的光谱信息为水体和水生植物的混合光谱，直接利用经验和半经验模型反演水生植物生长区域水质参数存在不确定性（李俊生等，2009；Giardino et al.，2015）。针对水生植物生长区域的水质反演，部分学者对水生植物生长区域不做特殊处理，直接利用水质遥感模型对水生植物生长区域水质进行反演，如 Shi 等（2015）和 Zhang 等（2014）利用遥感模型直接对东太湖水生植物生长区域水体总悬浮物浓度进行反演；还有部分学者利用目视解译（Birk et al.，2014）、光谱指数（如归一化植被指数和叶绿素 a 光谱指数）（Villa et al.，2013；朱庆等，2016）、监督或非监督分类方法（Hunter et al.，2010；Oppelt et al.，2012；Bolpagni et al.，2014；Cao et al.，2018）、生物光学模型和混合像元分解方法（Giardino et al.，2015；Brooks et al.，2015）将水生植物生长区域和水体区域分离，仅对水体区水质参数进行遥感监测（Giardino et al.，2015；Bolpagni et al.，2014；Cao et al.，2018）；此外，乔娜等（2016）将南四湖分为水生植物覆盖区和非覆盖区，利用水生植物对水质的指示作用对水生植物覆盖区总悬浮物浓度定性反演，但未考虑水生植物类型和水生植物生长状况对水质的影响。不同物候期的水生植物对水体组分的迁移转化的影响机制不同，处于生长期的水生植物能够吸收湖泊沉积物间隙水中氮磷等营养盐，抑制浮游植物生长和藻类水华过程（张云等；2008），此外，处于生长期的沉水植物可以吸附、固着和沉降水体中的悬浮物，其根部可以有效抑制沉积物的再悬浮（Zhang et al.，2014；Ellil et al.，2006），降低沉积物营养盐的释放，提高水体的透明度（常素云等；2016）；但处于衰亡期的水生植物，由于降解过程的氮磷代谢会导致水体氮磷浓度升高，加上衰亡过程产生的植物残体和厌氧条件，导致水体透明度下降，水质不断恶化（申秋实等，2014；Cao et al.，2018）。因此，如何实现不同物候期内水生植物生长水域的水质遥感监测对实现整个草型或混合型湖泊水质遥感监测至关重要。

本节基于分区反演思路将草型湖泊微山湖区分为水生植物覆盖区和水体区，针对水生植物覆盖区，利用时序 MODIS 植被指数（NDVI）产品识别微山湖典型水生植物的物候特征，基于不同物候期内水生植物对微山湖水体总悬浮物浓度和浊度的指示作用，对微山湖水生植物覆盖区水体总悬浮物浓度和浊度进行定性遥感监测；针对水体区，利用波段组合模型和偏最小二乘模型对微山湖水体总悬浮物浓度和浊度进行定量遥感监测。将定量和定性遥感监测方法相结合，对草型湖泊微山湖总悬浮物浓度和浊度进行遥感监测，分析了微山湖水体浮物浓度和浊度的时空变化规律。

7.3.2 材料和方法

7.3.2.1 研究区

微山湖地处 116°58′E ~ 117°21′E，34°27′N ~ 34°52′N，隶属于山东省济宁市微山县，与南阳湖、独山湖和昭阳湖一起称为南四湖，位于南四湖的最南端，是南四湖中面积最大的一个湖泊，面积达 660 km^2。微山湖平均水深不足 3 m，春夏湖泊中生长有各种水生植物，其中以光叶眼子菜、穗花狐尾藻和菹草为主，是典型的内陆浅水草型湖泊，此外，微山湖西南边界存在部分湿地和农田。

微山湖是中国北方最大的淡水湖，也是南水北调东线工程重要的湖泊水源地，同时具有防洪、灌溉、养殖和航运等生态系统服务功能，利用遥感手段动态监测微山湖水质对南水北调东线水资源监控管理具有重要意义。

7.3.2.2 数据获取和处理

2014 年 7 月 ~2015 年 6 月，在微山湖开展了 6 次野外试验，采用均匀布点原则在微山湖布置采样点。乘坐快艇到达预定位置，待水流平稳后利用采样瓶采集水样，对于水生植物生长茂密区域，采集表层水样［图 7-14（a）］；对于水植物生长相对稀疏区域，在水生植物生长空隙处采集水面以下 0.5 m 左右处的水样［图 7-14（b）］；对于水体区域则就近采集水面以下 0.5 m 左右处的水样［图 7-14（c）］，水样用锡纸包裹，冷藏后送回实验室分析，利用称重法计算水体总悬浮物浓度。采集水样的同时，利用美国哈希 HACH 浊度仪 1900C 现场测定水体浊度。具体采样时间、采样点个数、总悬浮物浓度和浊度统计结果如表 7-8 所示。由表 7-8 可以看出，微山湖水体总悬浮物浓度和浊度具有显著的时空变异性，不同月份微山湖水体总悬浮物浓度和浊度最大值、最小值、均值和标准存在显著差异，其中 2014 年 7 月份微山湖水体最为浑浊，总悬浮物浓度和浊度四项统计指标均显著大于其他月份；而 2015 年 4 月份微山湖水体最为清澈，水体浊度四项统计指标均小于其他月份。从均值指标来看，微山湖水体总悬浮物浓度和浊度从 4 月份到 7 月份呈逐渐增加的趋势，随后逐渐降低。

从中国资源卫星应用中心网站（http://www.cresda.com/CN/）上下载和采样时间同步或准同步的 HJ-1A/B CCD 和 GF-1 WFV 数据，影像获取情况和拍摄时间见表 7-8。利用 ENVI 5.0 软件对获取的 HJ-1A/B CCD 和 GF-1 WFV 影像进行辐射定标、几何精校正和大气校正处理，获取微山湖水体遥感反射率；辐射定标利用资源卫星应用中心提供的定标系数，将影像中的 DN 值转换为辐亮度；几何精校正以 Landsat-8 影像作为基准影像，对 HJ-1A/B CCD 和 GF-1WFV 影像的几何形变进行纠正；大气校正采用的是 ENVI 5.0 软件中 FLAASH 模块，FLAASH 采用 MODTRAN 4 辐射传输模型，该模型是目前世界上发展较为完善的大气校正方法之一，可以快速有效的获取水体遥感反射率（朱云芳等，2017）。此外在 MODIS WEB 网站上（https://modis.gsfc.nasa.gov/）下载时序 MOD13A1 植被指数（NDVI）产品。

(a) 水生植物茂密区　(b) 水生植物稀疏区　(c) 水体区

图 7-14　现场采样照片

表 7-8　微山湖水体总悬浮物浓度和浊度统计

试验时间 /(年-月-日)	样点数 N	总悬浮物浓度 TSP（mg/L）				浊度（NTU）				卫星遥感数据源	
		最大值	最小值	均值	标准差	最大值	最小值	均值	标准差	HJ-1A/B	GF-1
2014-07-21 ~ 23	17	352.0	12.0	80.5	95.1	343.0	13.7	77.2	98.8	—	2014-07-21
2014-08-29	11	76.0	3.0	42.7	23.2	78.7	3.0	40.1	24.4	2014-08-29	—
2014-11-17	13	42.0	5.0	18.1	9.1	39.9	3.8	17.2	8.5	—	2014-11-14
2015-04-06 ~ 09	31	—	—	—	—	30.4	1.5	9.0	6.1	2015-04-10	
2015-05-24	29	36.9	2.0	14.3	10.2	40.7	2.3	15.9	11.8	—	2015-05-25
2015-06-11 ~ 13	41	141.0	1.0	35.9	35.3	140.0	2.1	44.5	41.1	—	2015-06-06

注：—代表无有效数据。

7.3.3　草型湖泊水体总悬浮物浓度和浊度遥感监测方法

7.3.3.1　总体研究思路

基于分区思想，利用 NDWI 将微山湖区分为水生植物覆盖区和水体区；针对水生植物覆盖区，考虑水生植物的物候特征，利用水生植物对微山湖水体总悬浮物浓度和浊度的指示作用对微山湖水生植物覆盖区水体总悬浮物浓度和浊度进行定性监测；针对水体区，构建反演微山湖水体区总悬浮物浓度和浊度的经验模型，对微山湖水体区总悬浮物浓度和浊度进行定量反演。具体思路如图 7-15 所示。

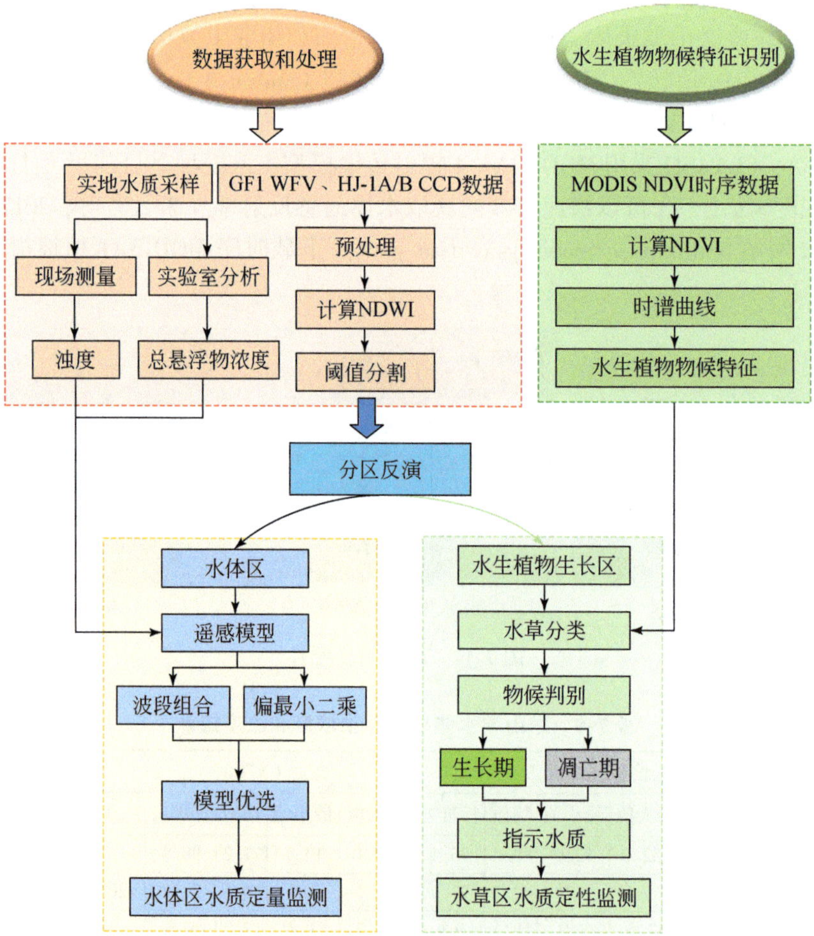

图 7-15　草型湖泊水体总悬浮度浓物和浊度遥感监测方法

7. 3. 3. 2　水生植物候特征识别

不同水生植物生长和凋亡的时间节点不同，即水生植物存在不同的物候特征（Hestir et al.，2015）。水生植物的生长周期可利用时序 NDVI 构建时谱曲线进行表征（李瑶等，2016）。选择 500 m 空间分辨率和 16 天时间分辨率的 MODIS NDVI 产品（MOD13A1）作为数据源，每年可以获取 23 个时相的 MODIS NDVI 数据，利用微山湖矢量数据对 2014 ~ 2015 年覆盖微山湖区域的 MODIS NDVI 产品进行裁剪，将不同时相的 NDVI 数据按时间顺序进行叠加，建立微山湖区 NDVI 时谱曲线。每一景 NDVI 图像相当于时谱曲线的一个

“波段”。不同地物的时谱曲线不同，从微山湖区时谱曲线中提取典型地物的时谱曲线。

7.3.3.3 水生植物遥感监测

归一化水体指数（normalized difference water index，NDWI）是提取水体的重要指数（Hou et al.，2017），可有效区分水体和水生植物。基于大气校正后的多光谱影像，计算微山湖区 NDWI 值。由于水生植物会增加对近红外波段的反射率，在假彩色影像（RGB：近红、红、绿）中往往呈暗红色，因此结合目视解译，设定阈值将影像中呈暗红色区域提取出来。

7.3.3.4 水体区总悬浮物浓度和浊度遥感模型构建

基于多光谱数据的水体总悬浮物浓度和浊度遥感监测模型以波段组合模型（Bonansea et al.，2015；Hicks et al.，2013）为主，该模型以多光谱波段组合和对应的总悬浮物浓度或浊度之间的相关分析为基础，选择和总悬浮物浓度或浊度相关系数最高的波段组合和水质参数之间建立统计回归模型。此外，偏最小二乘模型作为一种多元回归模型，可以同时利用多个波段信息构建水质参数的多元回归反演模型，目前多应用于高光谱水质遥感（刘忠华等，2011；Song et al.，2013；Cao et al.，2018）。本节中，偏最小二乘模型以 GF-1 WFV 和 HJ-1A/B CCD 的四个波段作为自变量，总悬浮物浓度和浊度作为因变量，建模详细步骤参考刘忠华等（2011）。

7.3.4 结果与讨论

7.3.4.1 水生植物物候特征识别

利用 2014 年 7 月至 2015 年 6 月的 MODIS 植被指数时序数据获取的微山湖区光叶眼子菜、菹草、水体、农田和湿地的时谱曲线如图 7-16 所示，其中穗花狐尾藻和光叶眼子菜的时谱曲线类似，将两者归为一类。由图 7-16 可以看出，不同地物时谱曲线存在显著差异（李瑶等，2016），说明不同地物具有不同的物候特征，其中，农田的时谱曲线具有双

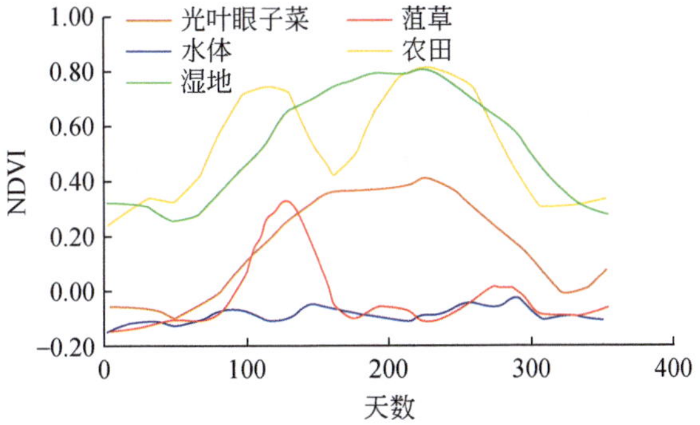

图 7-16 微山湖典型地物的时谱曲线

峰特征，夏季农作物的收割导致农田的时谱曲线在夏季存在一个低谷；湿地的 NDVI 从春季开始上升，到夏季末达到峰值，然后开始下降；光叶眼子菜和穗花狐尾藻的 NDVI 变化趋势和湿地的一致，也是从春季开始上升，到夏季末达到峰值，然后开始下降，但是 NDVI 的数值较小；菹草的 NDVI 从初春开始上升，到春末的时候达到峰值，然后急速下降，此后一直保持较低的状态；水体的 NDVI 一直保持较低的状态，且变化不大。

图 7-17（a）~图 7-17（k）为不同物候期内光叶眼子菜、穗花狐尾藻和菹草生长照片。由图 7-17（a）~图 7-17（h）可以看出光叶眼子菜和穗花狐尾藻在 4 月开始生长，分布零散，在 5~7 月期间内逐渐生长茂盛，成片的光叶眼子菜和穗花狐尾藻贴近甚至浮于水面，此后逐渐衰亡。由图 7-17（i）~图 7-17（k）可以看出菹草在 4 月开始迅速生长，成片的菹草逐渐贴近水面，到 5 月末开始，大片菹草贴近甚至浮于水面，此时水草进入凋亡期，到 6 月中旬，大片菹草迅速腐烂凋亡。利用 NDVI 获取的光叶眼子菜/穗花狐尾藻和菹草的物候特征和实地采样中观测到的光叶眼子菜/穗花狐尾藻和菹草的物候特征保持一致。

7.3.4.2 微山湖水生植物时空变化监测

利用时序 GF-1 WFV 数据和 HJ-1A/B CCD 数据计算微山湖区水体归一化水体指数，基于实地采样获取的水草分布，利用目视解译设定阈值，结合不同水生植物的物候特征得到 2014 年 7 月 21 日、2014 年 8 月 29 日、2014 年 11 月 14 日、2015 年 4 月 10 日、2015 年 5 月 25 日和 2015 年 6 月 6 日微山湖区光叶眼子菜/穗花狐尾藻（图 7-18）和菹草的时空变化图（图 7-19）。由图 7-18 可以看出，2014 年 7 月 21 日微山湖水生植物主要集中于西南湖区，此时光叶眼子菜和穗花狐尾藻长势茂盛，成片的贴于水面［图 7-17（d）］；到 2014 年 8 月底，光叶眼子菜和穗花狐尾藻逐渐开始进入衰亡期，但衰亡十分缓慢，直至 2014 年 11 月份才逐渐衰亡沉入水底［图 7-18（b）~图 7-18（d）］；到 2015 年 5 月底时，微山湖区西南角的光叶眼子菜和穗花狐尾藻开始进入生长期，部分光叶眼子菜和穗花狐尾藻长势茂盛，开始贴近水面［图 7-18（e）］，到 6 月份时，贴近水面的光叶眼子菜和穗花狐尾藻面积进一步扩大［图 7-18（f）］，和图 3 显示的光叶眼子菜和穗花狐尾藻的物候特征保持一致。由图 7-19 可以看出，2015 年 4 月 10 日，微山湖东北湖边附近的菹草迅速生长，逐渐贴近水面［图 7-17（i）］，到 2015 年 5 月份时，菹草生长区域基本覆盖了整个微山湖东北湖区，由于菹草的生长周期较短（图 7-16），到 2015 年 5 月底时，菹草进入衰亡期；菹草在 6 月份的时候开始迅速衰亡降解，湖山湖东北湖区的菹草覆盖面积迅速减少，部分菹草残体浮于水面［图 7-17（k）］。微山湖区水生植物具有明显的时空变化规律，菹草主

(a) 2015/04/08, 光叶眼子菜　(b) 2015/05/25, 光叶眼子菜　(c) 2015/06/12, 光叶眼子菜　(d) 2014/07/21, 光叶眼子菜

(e) 2015/04/08, 穗花狐尾藻　(f) 2015/05/25, 穗花狐尾藻　(g) 2015/06/12, 穗花狐尾藻　(h) 2014/07/21, 穗花狐尾藻

(i) 2015/04/08, 菹草　(j) 2015/05/25, 菹草　(k) 2015/06/12, 菹草

图 7-17　不同物候期内的光叶眼子菜、穗花狐尾藻和菹草照片

要生长于微山湖东北湖区，在 4 月份开始迅速生长，然后至 6 月份迅速衰亡腐烂；光叶眼子菜和穗花狐尾藻主要生长在西南湖区，从 5 月份开始进入生长期，到 7 月份基本遍布整个西南湖区，随后逐渐进入衰亡期，直至 11 月份才逐渐衰亡降解完全。

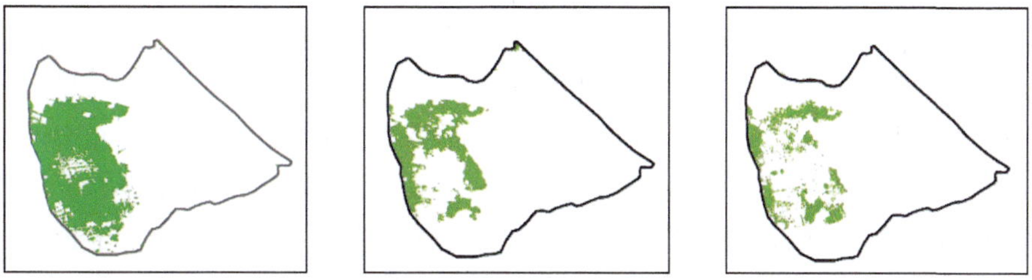

(a) 2014/07/21　(b) 2014/08/29　(c) 2014/09/30

(d) 2014/10/24　(e) 2015/05/25　(f) 2015/06/06

图例　微山湖区　光叶眼子菜(生长期)　光叶眼子菜(衰亡期)

图 7-18　微山湖光叶眼子菜时空变化图

7.3.4.3　水生植物对水质的指示作用

处于生长期的水生植物能够吸收沉积物和水体中的营养盐（黄亮等，2010），和浮游

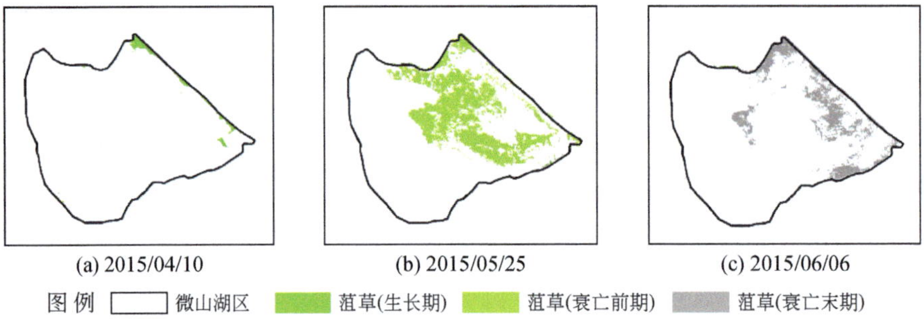

图 7-19　微山湖菹草时空变化图

植物形成竞争关系，同时会分泌抑制悬浮物生长的化感物质（Wu et al.，2009），可以有效抑制藻类生长；沉水植物枝叶对水体悬浮泥沙具有吸附、固着和沉降作用（Abo Ellil et al.，2006），通过改变水体上下水动力条件，沉水植物能够减小水体挟沙能力，且植物表面的分泌物能促使悬浮泥沙颗粒由分散的悬移质向絮凝团转化，当浮力小于重力时下降，悬浮泥沙将沉积于植物根部周围（郭长城等，2007），此外沉水植物根部可以固着底泥，防止底泥再悬浮（Zhang et al.，2014）；此外沉水植物光合作用增加了水中的溶解氧，可以促进微生物对污染物的分解作用（Srivastava et al.，2016）。因此，处于生长期的水生植物区域水质一般较好，水体透明度较高（秦伯强，2002）。微山湖中生长的光叶眼子菜、穗花狐尾藻和菹草均属于沉水植物，其中光叶眼子菜具有椭圆形的大叶片，茎粗壮；穗花狐尾藻具有穗状花序，生长茂密的碎花狐尾藻可以浮于水体表面；菹草叶片呈针形，先端钝圆，叶片边缘具有锯齿。沉水植物一般整个植株都处于水中，在生长高峰期可以接近或者浮于水体表面，表 7-9 和表 7-10 分别为微山湖区处于不同物候期的菹草、光叶眼子菜和穗花狐尾藻分布区域水体总悬浮物浓度和浊度的统计结果。可以看出处于生长期的三种沉水植物分布区域水体总悬浮物浓度和浊度均值均小于 10 mg/L（NTU），标准差均较小，水质整体较好。

由图 7-15 可以看出，菹草的时谱曲线在 6 月初急剧下降，菹草在短时间内迅速衰亡腐烂［图 7-17（c）］，菹草在生长期内吸收的营养盐重新释放进入水体［王锦旗等，2011］，造成严重的内源污染，此外水生植物衰亡过程产生的植物残体［图 7-17（c）］，导致水体悬浮物浓度上升，水体十分浑浊，水质短时间内迅速恶化（申秋实等，2014；Cao et al.，2018）。由表 7-9 可以看出，2015 年 4 月 6 ~ 9 日微山湖菹草生长区域水体总悬浮物浓度和浊度均小于 15mg/L（NTU），2015 年 5 月 24 日菹草分布区域水体总悬浮物浓度和浊度均值同样处于较低水平，但标准差较 2015 年 4 月份有所增加。根据菹草的物候特征可知，2015 年 5 月 24 日菹草已经开始衰亡，结合实地采样观察，此时菹草衰亡程度较低，菹草分布区域水质依旧较好，该区域总悬浮物浓度和浊度分别低于 20 mg/L 和 25NTU；2015 年 6 月 11 ~ 13 日微山湖区菹草分布区域水质显著变差，总悬浮物浓度和浊度均值均高于 60 mg/L（NTU），总悬浮物浓度和浊度最大值达到 140 mg/L（NTU）（表 7-9），此时微山湖区的菹草基本全部腐烂，部分残体浮于水面［图 7-17（c）］。相比于菹草，光叶眼子菜和穗花狐尾藻的生长衰亡周期较长（图 7-15），结合实地采样，发现 2014 年 11 月 17 日微山湖区光叶眼子菜和穗花狐尾藻已经腐烂沉降，此时微山湖西南湖区总悬浮物浓度和浊度均值均低于 30 mg/L（NTU），水质无明显恶化（表 7-10）。处于生长期的光叶眼子菜和穗花狐尾藻生长区域水体总悬浮物浓度和浊度范围分别为 0～15 mg/L 和 0～30 NTU，水质整体较好。

微山湖区光叶眼子菜、穗花狐尾藻和菹草在不同生长周期内对水质具有不同的指示作用。因此，基于不同水生植物的物候特征，可利用沉水植物对水质的指示作用对水生植物生长区域水质进行定性监测。其中处于生长期的光叶眼子菜和穗花狐尾藻分布区域水体总悬浮物浓度和浊度为 0～15 mg/L 和 0～30 NTU，处于生长期的菹草分布区域水体总悬浮物浓度和浊度分别为 0～15 mg/L（NTU）；处于衰亡前期的菹草分布区域水体总悬浮物浓度和浊度分别为 0～20 mg/L 和 0～25 NTU；处于衰亡末期的菹草分布区域水体总悬浮物浓度和浊度分别为 15～145 mg/L 和 30～140 NTU。由于缺乏处于衰亡期的光叶眼子菜和穗花狐尾藻分布区域水体总悬浮物浓度和浊度，处于衰亡期的光叶眼子菜和穗花狐尾藻对水质的指示作用需要后续研究。本研究中水生植物对水质的指示作用适用于水生植物分布区域，不包括水生植物分布边界以外水域，此外，由于大风或强降雨等恶劣天气条件会造成湖泊底泥的再悬浮，此时水体会变得浑浊，水生植物对悬浮颗粒的吸附和沉降需要一定的时间，所以恶劣天气过后短时间内不适合利用水生植物盖度的大小来指示总悬浮物浓度和浊度（乔娜等，2016）。

水生植物和水质的作用是相互的，沉水植物对水质具有净化作用，恶劣的水质同样影响着沉水植物的生长和分布（Shields and Moore，2016）。富营养化浅水湖泊中水生植物会逐渐减少或消失（Scheffer and Moore，2003），导致大面积的蓝藻水华爆发。因此，水生植物可以作为湖泊水环境水质状况的指示物。

表 7-9　微山湖区菹草生长区域水体总悬浮物浓度和浊度的统计结果

项目	2015/04/06～09		2015/05/24		2015/06/11～13	
	TSM（mg/L）	浊度（NTU）	TSM（mg/L）	浊度（NTU）	TSM（mg/L）	浊度（NTU）
最大值	12.0	13.1	20.0	23.3	141.1	140.0
最小值	4.0	4.6	3.2	2.7	19.0	34.5
均值	7.5	9.1	8.9	8.9	65.0	84.3
标准差	2.2	2.3	6.5	7.8	31.3	31.8
采样点个数	8		9		16	

表 7-10　微山湖区光叶眼子菜和穗花狐尾藻生长区域水体总悬浮物浓度和浊度的统计结果

项目	光叶眼子菜/穗花狐尾藻		光叶眼子菜		穗花狐尾藻	
	TSM（mg/L）	浊度（NTU）	TSM（mg/L）	浊度（NTU）	TSM（mg/L）	浊度（NTU）
最大值	19.0	23.6	6.9	12.8	13.1	26.30
最小值	5.0	3.8	2.0	2.1	1.1	4.3

续表

项目	光叶眼子菜/穗花狐尾藻		光叶眼子菜		穗花狐尾藻	
	TSM（mg/L）	浊度（NTU）	TSM（mg/L）	浊度（NTU）	TSM（mg/L）	浊度（NTU）
均值	12.6	12.2	3.8	6.4	6.6	9.6
标准差	5.0	6.6	1.6	3.4	3.7	7.1
样点数	5		6		6	
采样时间	2014/11/17		2015/06/11～13		2015/06/11～13	

7.3.4.4 微山湖水质时空变化分析

针对水生植物覆盖区，利用不同生长期内不同水草对水质的指示作用对微山湖水生植物覆盖区水体总悬浮物浓度和浊度进行定性反演；针对水体区，基于2014年7月～2015年6月在微山湖区6次试验获取的微山湖区水体总悬浮物浓度、浊度和准同步的GF-1和HJ-1A/B多光谱影像，分别构建水体区总悬浮物浓度和浊度单波段/波段组合模型和偏最小二乘反演模型，不同模型决定系数如表7-11所示。选择决定系数最高的单波段/波段组合模型或偏最小二乘模型对微山湖水体区总悬浮物浓度和浊度进行定量反演。2014年7月～2015年6月微山湖水草区总悬浮物浓度的定性监测结果和水体区总悬浮物浓度的定量监测结果如图7-20和图7-21所示，其中2015年4月总悬浮物浓度测量数据无效，共5组反演结果；2014年7月～2015年6月微山湖水草区浊度的定性监测结果和水体区浊度的定量监测结果如图7-22和图7-23所示。由于缺少处于衰亡期的光叶眼子菜和穗花狐尾藻对水体总悬浮物浓度和浊度的具体指示作用，未对2014年8月29日光叶眼子菜和穗花狐尾藻覆盖区水体总悬浮物浓度和浊度进行定性监测。

由图7-20和图7-21可以看出，微山湖水体总悬浮物浓度具有显著的时空变异性。如图7-20（a）所示，2014年7月21日，位于微山湖区东北方向的菹草全部腐烂，生长期内吸收的大量营养盐集中释放，同时生成用于繁殖的鳞枝（张敏等，2015），导致微山湖水体总悬浮物浓度显著增高，由定量监测结果可以看出微山湖区东北方向水体总悬浮物浓度普遍高于100 mg/L［图7-21（a）］，而西南湖区水体总悬浮物浓度整体较低，总悬浮物浓度大都低于20 mg/L［图7-20（a）］，这是因为此时该区域长有光叶眼子菜和穗花狐尾藻等沉水植物，沉水植物对悬浮物具有吸附和沉降作用（Ellil et al.，2006），同时抑制因风浪等原因造成的底泥的再悬浮（Zhang et al.，2014），降低了沉水植物生长区域水体总悬浮物浓度；如图7-21（b），2014年8月29日，微山湖东北湖区水体总悬浮物较2014年7月21日有明显的降低，菹草短期内迅速降解造成的悬浮物浓度上升的持续时间较短，随着时间的推移，菹草衰亡产生的鳞枝和悬浮颗粒最终沉降至湖底（张敏等，2015），总悬浮物浓度逐渐降低；由图7-21（c）可以看出，2014年11月14日微山湖区基本已无水草，加上悬浮物的沉降作用，水体总悬浮物浓度处于较低水平；图7-20（b）可以看出，2015年4月10日微山湖东北边界处菹草开始快速生长，到2015年5月25日时，微山湖整个东北湖区均被大量的菹草覆盖，西南湖区中的光叶眼子菜和穗花狐尾藻也开始生长，整个湖区的悬浮物浓度均处于较低水平［图 7-20（c）和图 7-21（d）］；由于菹草的生长周期较短，到 6 月初，微山湖区菹草迅速衰亡降解，导致微山湖东北区域总悬浮物浓度急剧上升，水质短时间内迅速恶化，而此时微山湖西南湖区长有大量的光叶眼子菜和穗花狐尾藻，总悬浮物浓度均处于较低水平［图 7-20（d）和图 7-21（e）］。

对比图 7-20 和图 7-22 以及图 7-21 和图 7-23，可以看出微山湖水体浊度的时空变化规律和总悬浮物浓度变化规律具有一致性，这是因为微山湖水体总悬浮物浓度和浊度具有显著的相关性，相关系数达 0.9 以上，微山湖水体浊度主要由总悬浮浓度主导（Cao et al., 2018）。微山湖水体总悬浮物浓度和浊度具有明显的时空变化规律，西南湖区生长着具有较长生长周期的光叶眼子菜和穗花狐尾藻，该区域水体总悬浮物浓度和浊度长期保持着较低水平，而东北湖区在 6 月之前长有大量的菹草，水质整体较好，但菹草在 6 月初会迅速衰亡降低，短期内产生大量的植物残体，导致该区域水质急剧恶化，随后菹草的降解完全，东北湖区的悬浮物浓度会逐渐降低。

表 7-11　微山湖水体区总悬浮物浓度和浊度反演模型

项目	20140721		20140829		20141117		20150410		20150525		20150606	
	B3/B4^{e}	PLS	B2^{1}	PLS	B3/B1^{1}	PLS	—		B3/B1^{1}	PLS	B3^{e}	PLS
总悬浮物浓度	0.60	**0.63**	0.76	**0.73**	**0.69**	0.72	—		0.74	**0.83**	**0.83**	0.67
浊度	0.60	**0.84**	0.90	**0.91**	**0.72**	0.67	**0.68**	0.64	0.75	**0.79**	**0.79**	0.63

注：e 代表指数拟合，1 代表线性拟合，粗体代表最终采用的模型。

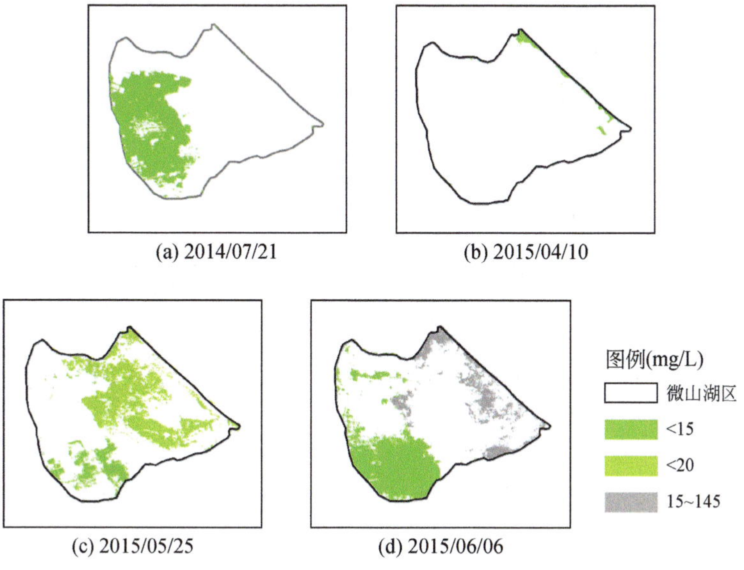

图 7-20　微山湖水生植物覆盖区总悬浮物定性监测结果

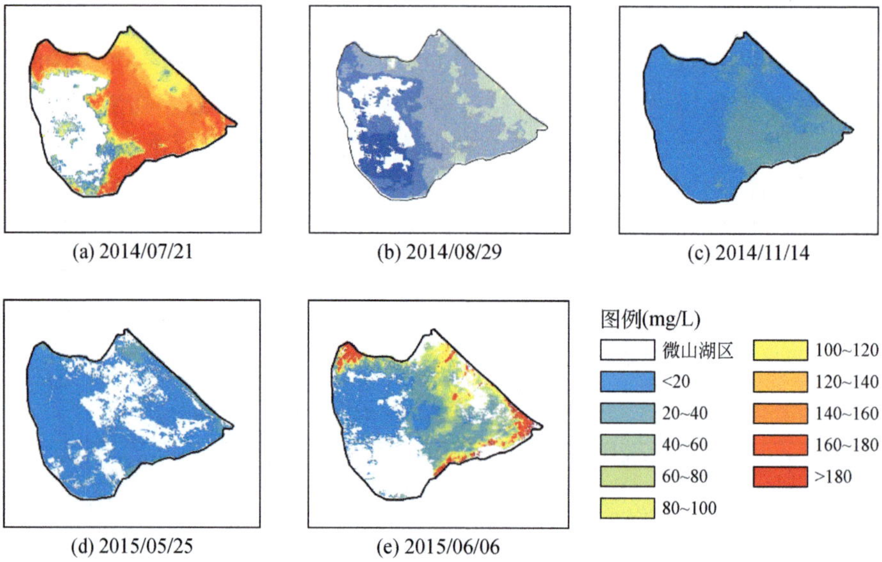

图 7-21　微山湖水体区总悬浮物定量监测结果

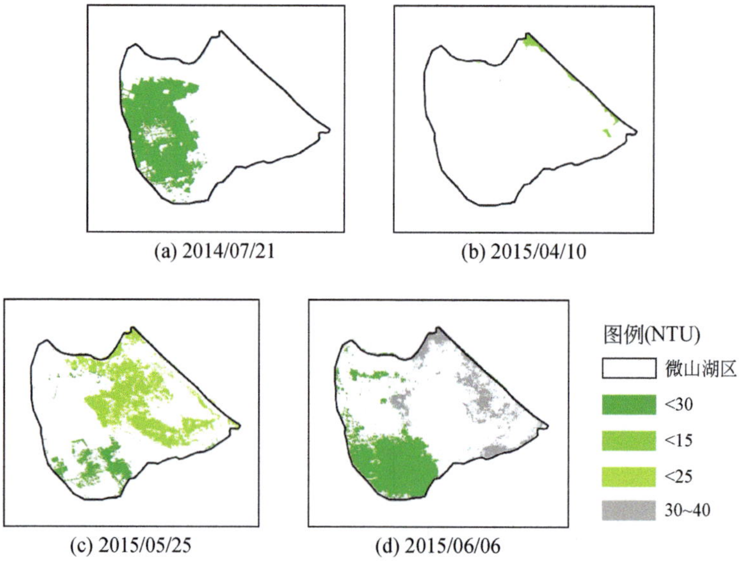

图 7-22　微山湖水生植物覆盖区浊度时空变化图

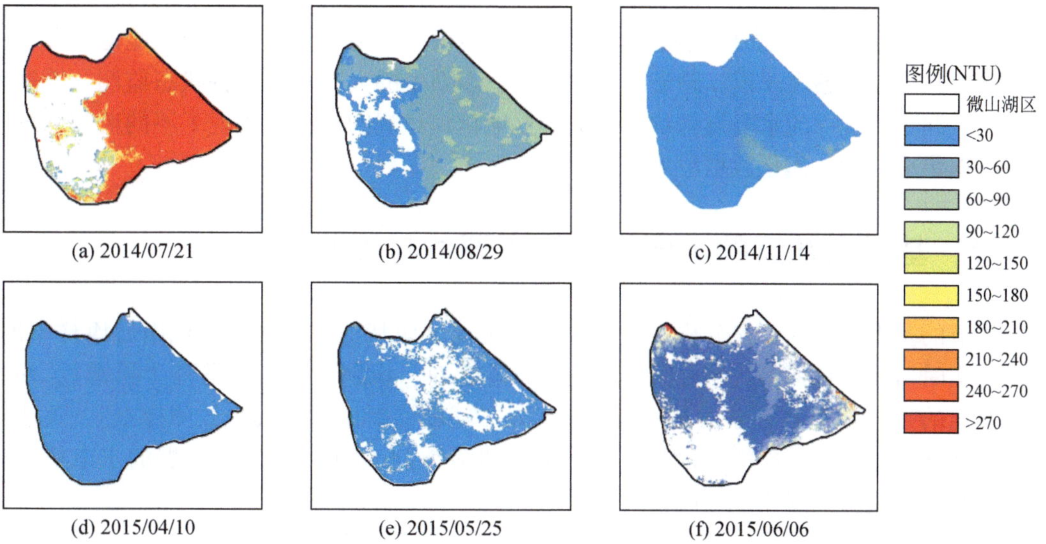

图 7-23 微山湖水体区浊度定量监测结果

7.4 基于大数据的多维度水电机组健康评估与诊断

7.4.1 研究背景

水电作为经济可靠的可再生能源，为促进经济发展及节能减排起到重要作用（潘罗平，2013；An et al.，2014）。水电机组是发挥水利枢纽工程安全和经济效益的核心设备，机组运行产生的激振力（包括流道内部压力脉动）将通过压力管道、蜗壳钢衬、座环、顶盖和尾水管等，向厂房结构传递并作用于厂房结构，可能会引起厂房结构的整体或局部震动。巨型机组由于水头高、能量大，振动问题一旦发生，危害性可能更为严重。因此，巨型水轮发电机组在多约束条件下的安全运行及调控技术是保障特大水利枢纽安全的重要基础，且对于提高水资源利用率、促进国民经济发展、保证电站下游生态用水均具有重要意义。

随着水电机组容量和尺寸的增大，机组设备的运行稳定性对电站及互联电网安全的影响越来越大。水电发展“十三五”规划指出，我国将建设“互联网+”智能水电站。因此，迫切需要实时掌握机组设备真实的运行状况，从而科学合理地确定机组运维方式，实现机组智能化运维管理，同时可集中专家的优势，对分散的电站群通过远程诊断会商方式判断和指导特殊故障的检修，使机组更加安全高效运行。

本节通过开展巨型机组启动试验、全水头稳定性和能量特性试验，利用机载测试技术开展转轮动应力、主轴及导叶扭矩等关键旋转部件的力特性试验，在全面掌握机组运行特性和规律基础上，基于试验、监测及维护等大数据，探寻机组特征参数与运行工况参数之间耦合关系，提出基于健康样本的多维度水电机组健康评估、异常检测与性能退化非线性预测模型；建立了超大规模、跨流域、多机组、多系统的大型水电设备状态监测与诊断系统平台；制定了统一的水电设备状态监测数据通信接口规约标准，实现了不同监测系统之间的数据集成，为一体化数据集成提供了典范。

7.4.2 基于大数据的水电机组健康评估与诊断

本节的基本思路为首先分析水电机组正常工况健康特征，其次建立机组健康样本库，再次将实时监测的特征参数与健康样本进行跟踪比对，识别运行状态是否“异常”，最后对检测出的“异常”状态输入到诊断系统或人工辅助诊断后可形成“故障样本”，逐步完善故障样本库，从而实现精确诊断。技术路线如图 7-24 所示，基于大数据的水电机组健康评估与诊断流程如图 7-25 所示。

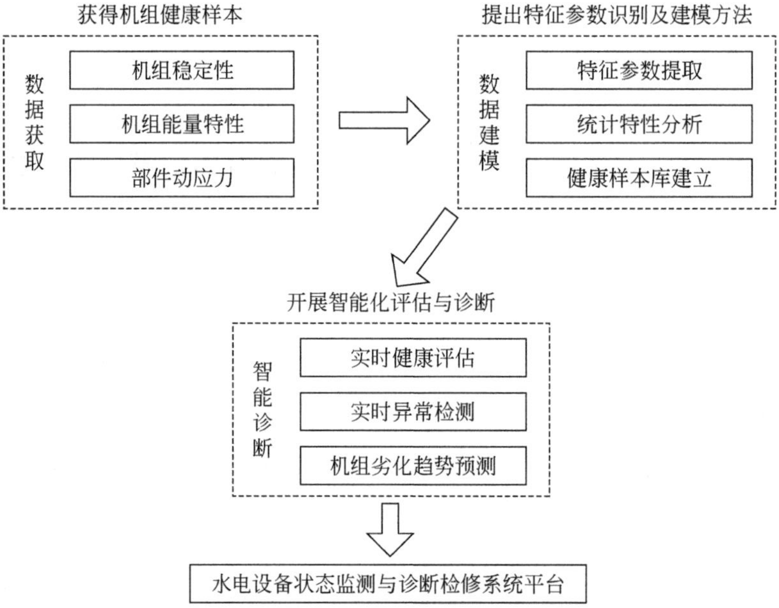

图 7-24　研究技术路线

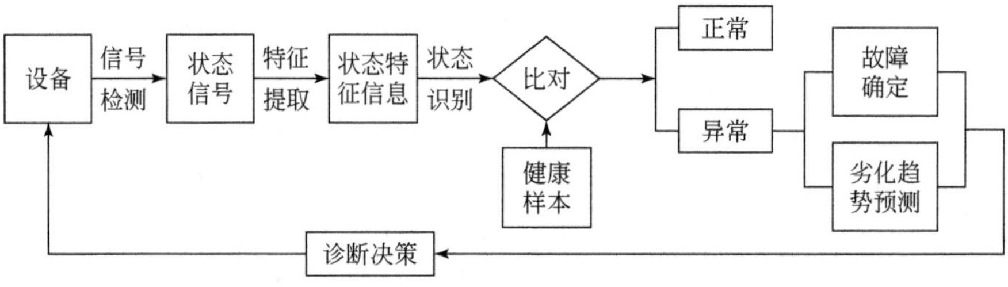

图 7-25　基于大数据的水电机组健康评估与诊断

目前，国内外现有的故障诊断理念是基于故障征兆，其策略为利用状态监测数据计算得到的特征参数与故障知识库中的故障征兆进行比对和分类，来识别设备故障，判断设备发生故障的性质和程度，以及产生原因、发生部位等，并预测故障的发展趋势（潘罗平，2013；An et al.，2014）。由于水电机组的特殊性，其“故障”表现可能多种多样，使现阶段根本无法健全故障样本，进而导致基于水电机组故障特征和故障样本的诊断方法很难在短期内取得实用成果。这也是近十年来的故障诊断理论和诊断方法很难在工程实际应用的主要原因。

针对水电机组水机电耦合、运行工况的时变性等导致机组运行状态不能进行精确数学描述的难题，本研究从分析水电机组运行状态健康标准入手，以概率论与数理统计理论为基础，确定了机组健康指标及控制界限值，提出了基于健康样本的机组健康状态评估与异常检测模型，发明了机组动态特征提取及异常检测方法，实现了复杂、时变环境下水电机组运行状态实时准确评价和性能退化预测（潘罗平，2013；An et al.，2014；An and Pan，2015；An et al.，2015）。

当前对机组海量在线监测数据进行统计分析的研究非常少。通过对数据进行统计分析，能更好地掌握机组运行的整体情况，进而可以对数据异常的信号给出提示，指导监控人员进行原因分析，发现机组运行中存在的潜在问题，及时采取相应措施，进行风险管控。

某水电机组上导摆度 *Y* 向水平振动峰峰值的实测数据如图 7-26 所示，从图 7-26 可以看出，由于机组结构复杂、工况转换频繁，使得振动参数时间序列非常复杂，难以从图中准确地分析机组实际运行状态。图 7-27 为图 7-26 数据的频数分布图及概率密度图，该图具有明显的非对称性，且中心偏右，说明该振动明显受机组工况等相关因素影响。从图中可以看出，若要获取机组更精确的实时运行特性，需要尽可能地找出影响其振动变化的关键因素。

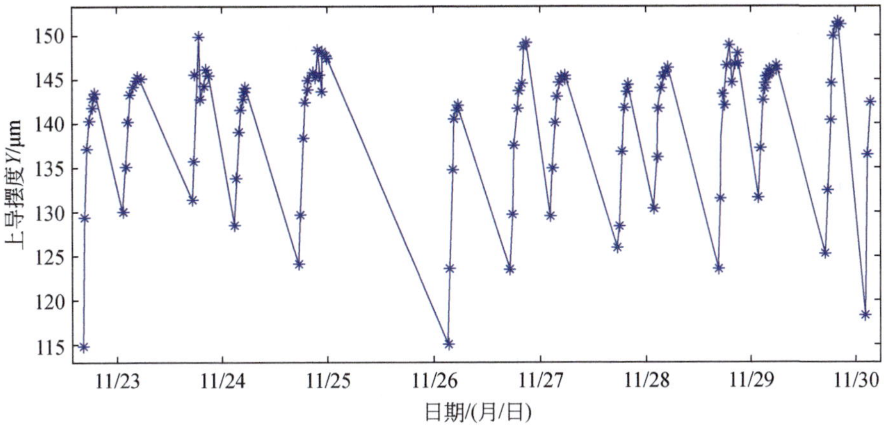

图 7-26　水电机组上导 *Y* 向摆度数据

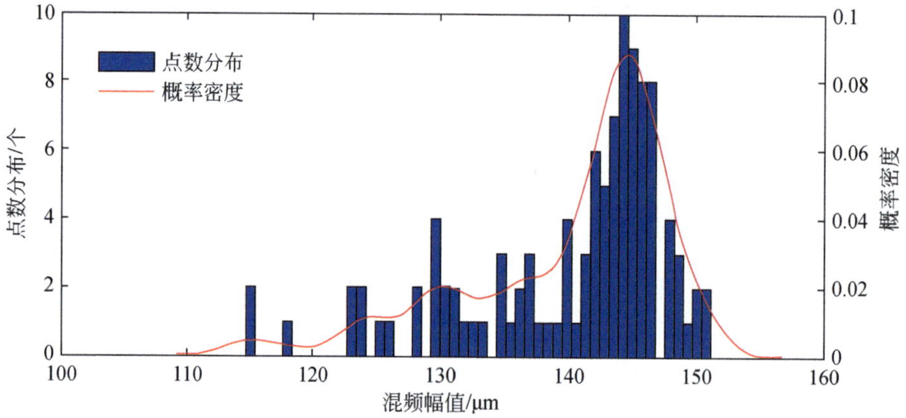

图 7-27　水电机组上导 Y 向摆度数据频数分布

采用机组运行初期运行状态良好的无故障数据，建立机组健康状态下振动标准模型。该模型已经比较充分地考虑到工况参数等外界因素对机组特性的影响，较好地反映了该参数与机组工况之间的耦合关系。某电站机组基于现场实际状态监测振动数据进行健康评估结果如图 7-28 所示，展示了机组健康状态和当前状态下的振动偏差概率密度曲线。从图中可知，在机组经过 2 年运行后，机组振动概率密度曲线发生明显变化。其主要体现在曲线的宽度明显增大，峰值对应偏差值往右侧明显偏移，且明显减小。同时当前工况下的振动偏差概率密度曲线已经不具有明显的对称性。上述现象说明机组经过 2 年运行，运行状态已明显偏离最优健康状态，约已偏离 20 %，且左右波动范围加大。

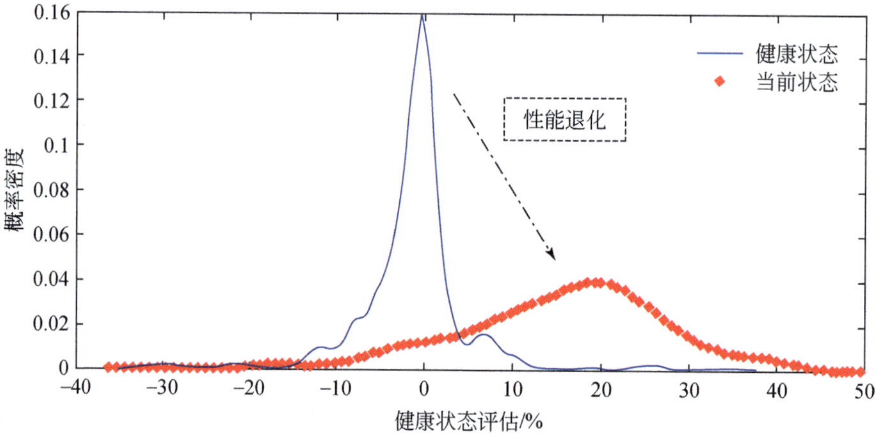

图 7-28　水电机组健康评估结果

水电机组各设备随着累积运行时间的增加，其性能将不断劣化，使得机组效率下降和振动加剧，若不及时采取检修措施将可能引发故障。如何准确、有效地确定机组的真实状态，预测机组劣化趋势，以便及时发现机组异常并合理安排检修，是水电机组由计划检修向状态检修转变的重要课题。

据此，本节提出了基于健康样本的水电机组劣化趋势非线性预测模型（An et al., 2014；An and Pan，2015；An et al.，2015；安学利等，2013）。该模型主要思路为：首先建立综合考虑有功功率、工作水头耦合作用的水电机组状态退化趋势模型；然后将状态退化趋势时间序列分解成若干个平稳分量，并根据其不同特性分别建立不同预测模型；最后将所有分量的预测结果进行重构获得水电机组最终的状态退化程度。由水电机组实际状态监测数据分析结果，如图 7-29 所示（安学利等，2013）。由图可见，研究所提模型能有效地预测机组运行状态的劣化趋势，为水电机组的运行维护提供了一种新的思路。

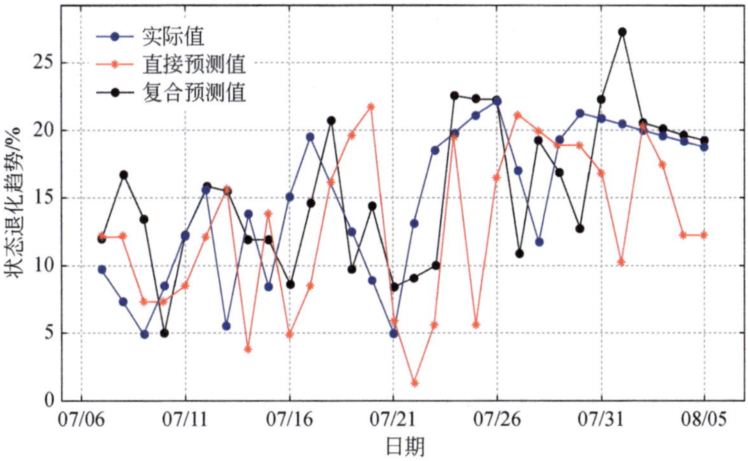

图 7-29　水电机组状态退化趋势预测结果（2011 年）

7.4.3　基于规则和故障树的水电机组智能诊断与故障识别

结合水电机组具体特点，充分考虑到水电机组状态监测技术已得到广泛应用（桂中华等，2018；杨虹等，2014；谢国财等，2013；孙慧芳等，2014），而现阶段水电机组故障样本较少等实际情况，本研究提出了通过建立健全的监测特征量指标健康样本来实现水电机组的健康诊断（安学利等，2013；安学利等，2015；于晓东等，2017；丁光等，2017；An et al.，2017；An and Zeng，2015）。该诊断方法侧重于设备运行状态的实时评估（健康诊断），而不是过多地去关注故障原因、故障机理等，重点在于监测异常及严重程度，一旦发现异常再启动系统智能诊断或其他辅助手段来完成故障分析。同时，对于故障机理已经研究透彻的水电机组常见或一般故障，则建立确定的诊断规则，根据明确的故障征兆，利用基于规则的故障树诊断方法开展这类故障的智能诊断与自动识别。图 7-30 给出了智能诊断系统总体结构。

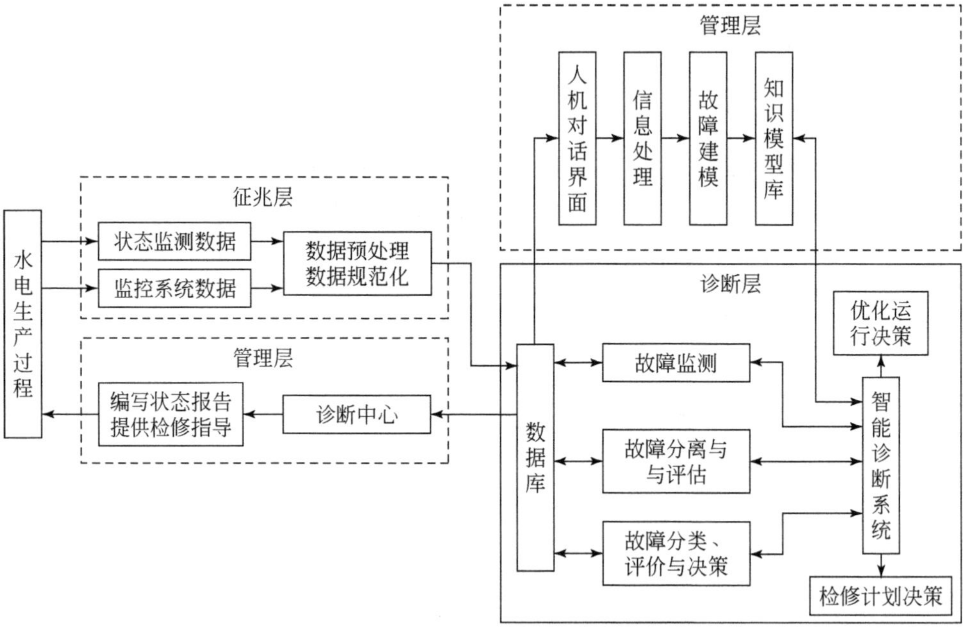

图 7-30　智能诊断系统总体结构

7.4.4　大型水电机组安全稳定运行分区准则

本节通过水电机组全水头稳定性及能量特性试验，提出了大型水电机组安全稳定分区准则；通过开展大型混流式和轴流转桨式水轮机转轮叶片动应力测试，研究转轮叶片在不同工况下的动应力和静应力水平分布情况及动应力的频率特征，分析动应力成因及对转轮叶片寿命影响，为转轮裂纹机理研究以及指导大型水电机组的安全高效运行提供参考。

三峡电厂上游水库分别于 2003 年 11 月 6 日蓄水至 139 m 水位、2006 年 10 月 25 日蓄水至 156 m 水位、2008 年 11 月 4 日蓄水至 172 m 水位、2010 年 10 月 26 日蓄水至 175 m 水位，先后完成了 135 ~ 139 m（2003 年）、135 ~ 156 m（2006 年）、145 ~ 172 m（2008 年）、170 ~ 175 m（2010 年）、145 ~ 175 m（2011 年，地下电站 31 号机）、145 ~ 175 m（2012 年，地下电站 28 号机）升水位过程中的机组稳定性和能量特性试验，试验水头 68 ~ 110 m，每隔 1 m，对机组效率及稳定性进行了全面实测，积累了机组全水头运行稳定性及能量特性数据，为保障机组安全稳定和高效运行提供了真实可靠的资料，具有重要意义（中国水利水电科学研究院水力机电研究所，2008a，2008b，2008c；张飞等，2011）。

根据运行标准、稳定性试验以及国内外相关研究成果（王正伟等，2010），提出了机组稳定运行分区原则：①空载工况下机组能稳定运行；②机组振动、摆度和噪声满足运行标准要求；③压力脉动小于 4 %，或在 4 % ~ 6 % 之间无水力共振，无卡门涡共振；④关键部件的动态应力应小于 10 MPa。基于运行标准和上游水位上升（145.5 ~ 172.1 m）过程中机组运行稳定性试验，根据水电机组能量特性、水压脉动特性、振动摆度特性和关键部件动应力特性，确立特性限值与约束条件，实施分区。如图 7-31 所示，机组运行区域划分为 4 个区：空载运行区、稳定运行区、限制运行区和禁止运行区。

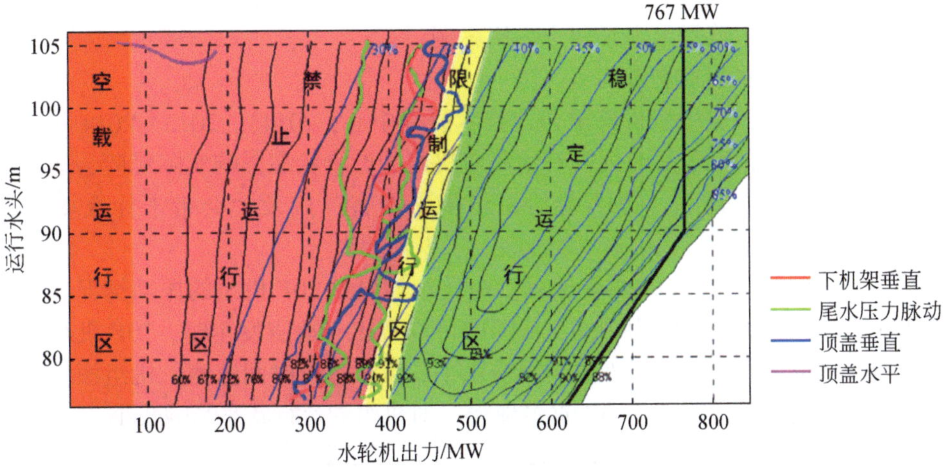

图 7-31　26F 运行区域

7.4.5　大型水电设备状态监测与诊断系统平台

本节以三峡电站、葛洲坝电站、溪洛渡电站和向家坝电站为对象，通过分析集中控制的远程状态监测和故障诊断技术，探究大容量监测数据的高效读取与处理方法；提出多监测系统集成统一的设备状态监测数据接口规约，实现了不同厂家、不同监测设备的数据格式统一，制定了规约标准；建立了超大规模、跨流域、多机组、多系统的水电机组状态监测与故障诊断中心。对水轮机、发电机及其辅机运行状态进行全面监测与诊断，为三峡集团公司实现状态检修的目标奠定了坚实基础。该平台涉及 2 个流域，4 个巨型电站（三峡、葛洲坝、溪洛渡、向家坝），81 台机组，装机容量 4549 万 kW，18 种机型，21 类监测子系统、24.9 万个测点。

由于监测与诊断平台涉及多地域、多机组、多系统，按照区域级–电厂级–机组级–监测子系统级（模块级）这 4 个层次进行设计和开发，图 7-32 给出了诊断中心监测主界面。区域级显示模块的是监测诊断中心能监测到的所有电厂位置。厂级监测模块显示的某一个厂级的所有机组的运行状态，如停开机状态、报警状态和水头、转速、有功等每一台机组的状态特征数据。机组级监测模块显示的是某一厂级的某一台机组的所有监测模块的特征状态数据，可以整体评估某台机组的运行情况。监测子系统模块显示的某一厂级的某一台机组的某一个监测模块的详细监测信息，如稳定性监测模块，会给出频谱分析、棒图、表格、波形等多种分析方法。监测子系统模块包括机组稳定性、效率、噪声、温度、发电机气隙与磁场强度、主变局放等监测模块。

目前已在该平台开展了机组运行状态报告编制，累计出具各类评价和研究报告6000余台份；已诊断出了转子质量不平衡、卡门涡共振、座环导流板撕裂、伸缩节导流板撕裂、转轮上止漏环脱落、极频振动与气隙不均、主变运行异常等7大项故障；提升了机组运行效率；为保障公司机组安全、稳定、高效运行正逐步发挥积极的作用并提供技术支撑。限于篇幅关系，本节只给出了两个应用案例。

(1) 地震对机组的影响分析

经分析（中国长江电力股份有限公司技术研究中心，2014），2013～2014年，西南地区多次发生有感地震，由于行业内没有地震对机组的健康状态影响实际经验，运行单位及设备制造商等各方都对地震“是否会给机组带来损害”以及“会带来什么损害”非常关注。

图7-32为2014年“9·12永善地震”时溪洛渡电站20F机组的振动情况。该地震震级为里氏5.0级，震源深度约为7km。从图中可以看出，地震发生时，20F机组的振动明显增大，地震结束后，振动迅速恢复到震前水平，且经过长时间监测，机组振动水平与震前相比没有明显变化，说明“9·12永善地震”对机组的运行状态影响较小。

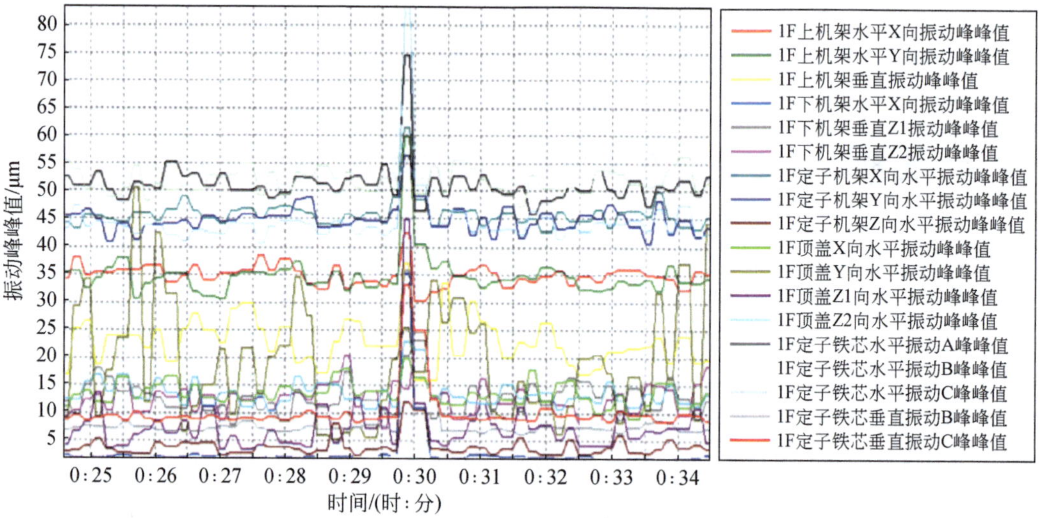

图7-32　地震过程中机组稳定性变化情况

通过及时分析三峡诊断中心的监测数据，及时了解地震级别和电站距离震中距离给机组振动带来的影响，并对设备状态及时评估，为生产决策提供数据支持。通过大数据分析，得出以下结论：①地震对机组的振动影响较大，对摆度、压力及瓦温影响较小；②震后振动能迅速恢复到震前水平；③在震前震动水平相当的情况下，除个别测点外，6.3级地震比5.8级地震震时振动值高2～5倍。

(2) 机组运行工况建议

经分析（中国长江电力股份有限公司技术研究中心，2015），水电机组在设计和制造阶段，厂家会提供机组运行范围区域图；另外，在机组投运初期，一般在升降水位过程中会进行稳定性和能量特性测试，进一步复核厂家提供的运行范围，并形成用以指导机组实际运行的运转特性曲线。

设计阶段的运行范围是综合理论计算及模型试验结果得到的，而变水位过程中的真机试验，一般按等间隔水头进行试验，试验过程并不能全覆盖机组的所有运行水头和出力。另外，随着机组运行时间的改变或者机组检修工作的实施，当前机组的状况相对于初始状态已发生了改变，导致厂家给出的运行范围及投运初期真机试验得到的运行范围可能与实际情况有所变化。

在中国长江三峡集团公司水电机组状态监测与故障诊断中心统一平台上，由于对机组稳定性参数进行了实时测量，能够及时反映机组的实际状态，因此通过对该平台中实时数据的分析，可以更加准确的绘制机组稳定运行范围，为指导机组的安全稳定运行提供参考。图 7-33 为 2014 年三峡电站某台机组实测数据绘制的稳定运行范围，蓝色部分为稳定运行区，红色部分为超标运行工况。

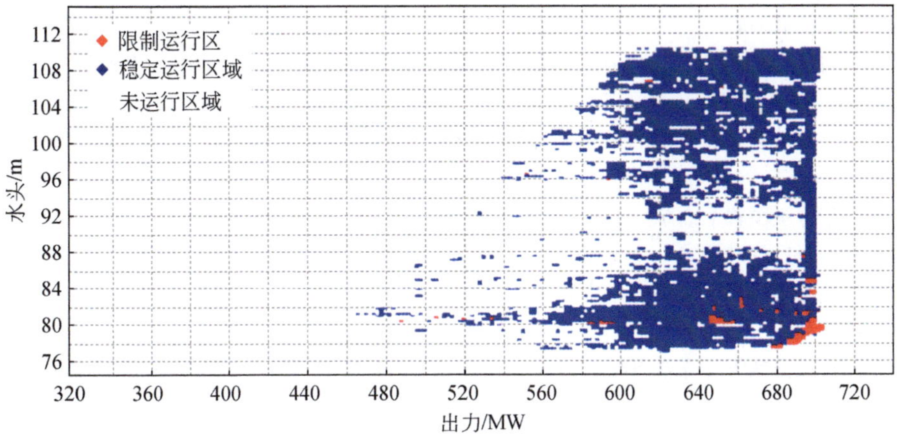

图 7-33　三峡电站某机组稳定运行范围

通过对实时运行数据的分析，可以更加精确地查找机组设备的稳定运行工况和超标运行工况，为机组的运行提供参考建议，避免机组在非稳定运行工况下长期运行，从而确保机组安全、稳定和可靠运行。

参 考 文 献

安学利，潘罗平，张飞，等 . 2013. 水电机组状态退化评估与非线性预测［J］. 电网技术，37（5）：1378-1383.

安学利，唐拥军，王允 . 2015. 基于健康样本的风电机组滚动轴承状态评估［J］. 中国水利水电科学研究院学报，13（1）：48-53.

常淳，冯平，孙冬梅，等 . 2015. 基于逐步聚类分析的水库浮游藻类生长预测［J］. 中国环境科学，35（9）：2805-2812.

常素云，吴涛，赵静静 . 2016. 不同沉水植物组配对北大港水库水体净化效果的影响［J］. 环境工程学报，10（1）：439-444.

陈南祥，杨莉，邵玉冰．2007. 灰色模糊聚类理论在干旱评价中的应用［J］. 灌溉排水学报，28（2）：4-7.
陈守煜．1998. 工程模糊集理论与应用［M］. 北京：国防工业出版社．
陈守煜．2005. 工程可变模糊集理论与模型：模糊水文水资源学数学基础［J］. 大连理工大学学报，45（2）：308-312.
陈守煜．2005. 水资源与防洪系统可变模糊集理论与方法［M］. 大连：大连理工大学出版社．
陈守煜．2007. 可变模糊集合理论：兼论可拓学的数学与逻辑错误［J］. 大连理工大学学报，47（4）：618-624.
陈育峰．1995. 我国旱涝空间型的马尔科夫概型分析［J］. 自然灾害学报，4（2）：66-72.
崔广柏，刘凌，姚琪，等．2009. 太湖流域富营养化控制机理研究［M］. 北京：中国水利水电出版社．
丁光，安学利，王开，等．2017. 抽水蓄能机组水轮机工况启动时机组及厂房振动时频分析［J］. 中国水利水电科学研究院学报，15（6）：444-448.
段洪涛，张寿选，张渊智．2008 太湖蓝藻水华遥感监测方法［J］. 湖泊科学，20（2）：145-152.
佴兆骏，段洪涛，朱利，等．2016. 基于环境卫星 CCD 数据的太湖蓝藻水华监测算法研究［J］. 湖泊科学，28（3）：624-634.
冯平，钟翔，张波．2000. 基于人工神经网络的干旱程度评估方法［J］. 系统工程理论与实践，（3）：141-144.
桂中华，张浩，孙慧芳，等．2018. 水电机组振动劣化预警模型研究及应用［J］. 水利学报，49（2）：216-222.
郭长城，喻国华，王国祥．2007. 菹草对水体悬浮泥沙及氮、磷污染物的净化［J］. 水土保持学报，21（3）：108-111，117.
国家防汛抗旱总指挥部办公室，水利部南京水文水资源研究所．1997. 中国水旱灾害［M］. 北京：中国水利水电出版社．
国家科委全国重大自然灾害综合研究组．1993. 中国重大自然灾害及减灾对策（分论）［M］. 北京：科学出版社．
韩博平．2010. 中国水库生态学研究的回顾与展望［J］. 湖泊科学，22（2）：151-160.
黄亮，吴乃成，唐涛，等．2010. 水生植物对富营养化水系统中氮、磷的富集与转移［J］. 中国环境科学，30（S1）：1-6.
蒋云钟，冶运涛，王浩．2010. 基于物联网理念的流域智能调度技术体系刍议［J］. 水利信息化（4）：1-5，10.
蒋云钟，冶运涛，王浩．2011. 智慧流域及其应用前景［J］. 系统工程理论与实践，31（6）：1174-1181.
蒋云钟，冶运涛，王浩．2014. 基于物联网的河湖水系连通水质水量智能调控及应急处置系统研究［J］. 系统工程理论与实践，34（7）：1895-1903.
孔繁翔，马荣华，高俊峰，等．2009. 太湖蓝藻水华的预防、预测和预警的理论与实践［J］. 湖泊科学，21（3）：314-328.
李俊生，吴迪，吴远峰，等．2009. 基于实测光谱数据的太湖水华和水生高等植物识别［J］. 湖泊科学，21（2）：215-222.
李晓俊，马泽忠，周志跃．2016. 一种蓝藻水华提取空间尺度效应分析［J］. 遥感信息，31（5）：108-113.
李旭文，牛志春，姜晟等．2011. 基于卫星影像的太湖蓝藻水华遥感强度指数和等级划分算法设计［J］. 环境监测管理与技术，23（5）：23-30.

李雪娇，孙翔宇，孔庆杰 . 2013. 于桥水库水污染因素调查分析［J］. 海河水利，（6）：27-28.
李瑶，张立福，黄长平，等 . 2016. 基于 MODIS 植被指数时间谱的太湖 2001 年-2013 年蓝藻爆发监测［J］. 光谱学与光谱分析，36（4）：1406-1411.
刘忠华，李云梅，吕恒，等 . 2011. 基于偏最小二乘法的巢湖悬浮物浓度反演［J］. 湖泊科学，23（3）：357-365.
马荣华，孔繁翔，段洪涛，等 . 2008. 基于卫星遥感的太湖蓝藻水华时空分布规律认识［J］. 湖泊科学，20（6）：687-684.
潘罗平 . 2013. 基于健康评估和劣化趋势预测的水电机组故障诊断系统研究［R］. 北京：中国水利水电科学研究院 .
彭克强 . 2008. 旱涝灾害视野下中国粮食安全战略研究［J］. 中国软件科学，（12）：6-17，36.
乔娜，黄长平，张立福，等 . 2016. 典型浅水草型湖泊水体悬浮物浓度遥感反演［J］. 湖北大学学报（自然科学版），38（6）：510-516.
秦冰 . 2007. 模糊综合评价法在城市旱情评价中的应用［J］. 水利规划与设计，（2）：25-28.
秦伯强 . 2002. 长江中下游浅水湖泊富营养化发生机制与控制途径初探［J］. 湖泊科学，14（3）：193-202.
申秋实，周麒麟，邵世光，等 . 2014. 太湖草源性“湖泛”水域沉积物营养盐释放估算［J］. 湖泊科学，26（2）：177-184.
孙慧芳，潘罗平，张飞，等 . 2014. 旋转机械轴心轨迹识别方法综述［J］. 中国水利水电科学研究院学报，12（1）：86-92.
孙荣强 . 1994. 旱情评定与灾情指标之探讨［J］. 自然灾害学报，（3）：49-55.
王锦旗，郑有飞，王国祥 . 2011. 菹草种群对湖泊水质空间分布的影响［J］. 环境科学，32（2）：416-422.
王艳玲 . 2007. 区域干旱模糊综合评价研究［D］. 济南：山东大学硕士学位论文 .
王正伟，秦亮，曾季弟，等 . 2010. 基于不定场流动及动力响应分析的水轮机运行区划分［J］. 中国科学（技术科学），40（2）：186-195.
邬建国 . 2000. 景观生态学：格局、过程、尺度与等级［M］. 北京：高等教育出版社 .
谢国财，李朝晖 . 2013. 基于 CommunityIntelligence 的水电机组融合监测方法［J］. 电力自动化设备，33（1）：153-159.
谢平 . 2009. 翻阅巢湖的历史：蓝藻、富营养化及地质演化［M］. 北京：科学出版社 .
刑海燕，暴柱，宁文辉 . 2009. 潘家口、大黑汀水库水源地水质现状评价与保护对策［J］. 海河水利，24（4）：24-27.
杨虹，刘刚，刘旸，等 . 2014. 水电机组状态监测现状及发展趋势分析［J］. 中国水利水电科学研究院学报，12（3）：300-305
于晓东，潘罗平，安学利 . 2017. 基于 VMD 和排列熵的水轮机压力脉动信号去噪算法［J］. 水力发电学报，36（8）：78-85.
张兵，申茜，李俊生，等 . 2009. 太湖水体 3 种典型水质参数的高光谱遥感反演［J］. 湖泊科学，21（2）：182-192.
张飞，高忠信，潘罗平，等 . 2011. 混流式水轮机部分负荷下尾水管压力脉动试验研究［J］. 水利学报，42（10）：1234-1238.
张继权，李宁 . 2007. 主要气象灾害风险评价与管理的数量化方法及其应用［M］. 北京：北京师范大学出版社：123-124.

张娇，陈莉琼，陈晓玲，等 . 2016. HJ-1B 和 Landsat 卫星蓝藻水华监测能力评估［J］. 水资源与水工程学报，27（4）：38-43.

张娇，陈莉琼，陈晓玲 . 2016. 基于 FAI 方法的洱海蓝藻水华遥感监测［J］. 湖泊科学，28（4）：718-725.

张敏，尹传宝，张翠英，等 . 2015. 沉水植物菹草的生态功能及其应用现状［J］. 中国水土保持（3）：50-53.

张云，王圣瑞，段昌群，等 . 2018. 滇池沉水植物生长过程对间隙水氮、磷时空变化的影响［J］. 湖泊科学，30（2）：314-325.

赵孟绪，韩博平 . 2005. 汤溪水库蓝藻水华发生的影响因子分析［J］. 生态学报，25（7）：1554-1561.

赵同应，王华兰，魏宗记，等 . 1998. 山西省农业干旱预测模式［J］. 中国农业气象，（3）：42-47.

中国长江电力股份有限公司技术研究中心 . 2014. 地震对水轮发电机组稳定性指标的影响［R］. 宜昌：中国长江电力股份有限公司 .

中国长江电力股份有限公司技术研究中心 . 2015. 长江电力 2015 ~ 2016 年度岁修检修计划建议报告［R］. 宜昌：中国长江电力股份有限公司 .

中国水利水电科学研究院水力机电研究所 . 2008a. 三峡右岸电站追踪上游水位（145.5 ~ 172.4m）26F 机组稳定性与能量特性试验报告［R］. 北京：中国水利水电科学研究院 .

中国水利水电科学研究院水力机电研究所 . 2008b. 三峡左岸电站追踪上游水位（155.5 ~ 172.4m）8F 机组稳定性与能量特性试验报告［R］. 北京：中国水利水电科学研究院 .

中国水利水电科学研究院水力机电研究所 . 2008c. 三峡右岸电站追踪上游水位（145.5 ~ 172.4m）16F 机组稳定性与相对效率试验报告［R］. 北京：中国水利水电科学研究院 .

周绪申，计亚丽，孔凡青，等 . 2015. 基于水质现场监测参数的于桥水库水体分层特征初步研究［J］. 海河水利，（2）：19-21.

朱庆，李俊生，张方方，等 . 2016. 基于海岸带高光谱成像仪影像的太湖蓝藻水华和水草识别［J］. 遥感技术与应用，31（5）：879-885.

朱云芳，朱利，李家国，等 . 2017. 基于 GF-1 WFV 影像和 BP 神经网络的太湖叶绿素 a 反演［J］. 环境科学学报，37（1）：130-137.

Abo El-lil A H. 2006. Evaluation of the Efficiency of Some Hydrophytes for Trapping Suspended Matters from DifferentAaquatic Ecosystems［J］. Biotechnology，5（1）：90-97.

Ali K A，Ortiz J D. 2016. Multivariate Approach for Chlorophyll-a and Suspended Matter Retrievals in Case II Type Waters Using Hyperspectral Data［J］. Hydrological Sciences Journal，61（1）：200-213.

An X L，Pan L P，Yang L. 2014. Condition parameter degradation assessment and prediction for hydropower units using Shepard surface and ITD［J］. Transactions of the Institute of Measurement and Control，36（8）：1074-1082.

An X L，Pan L P，Zhang F. 2017. Analysis of hydropower unit vibration signals based on variational mode decomposition［J］. Journal of Vibrationand Control，23（12）：1938-1953.

An X L，Pan L P. 2015. Characteristic parameter degradation prediction of hydropower unit based on radial basis function surface and empirical mode decomposition［J］. Journal of Vibration and Control，21（11）：2200-2211.

An X L，Yang L，Pan L P. 2015. Nonlinear prediction of condition parameter degradation trend for hydropower unit based on RBF interpolation and wavelet transform［J］. Journal of Mechanical Engineering Science，229（18）：3515-3525.

An X L, Zeng H T. 2015. Pressure fluctuation signal analysis of a hydraulic turbine based on variational mode decomposition [J]. Journal of Powerand Energy, 229 (8): 978-991.

Birk S, Ecke F. 2014. The potential of remote sensing in ecological status assessment of coloured lakes using aquatic plants [J]. Ecological Indicators, 46: 398-406.

Bolpagni R, Bresciani M, Laini A, et al. 2014. Remote sensing of phytoplankton- macrophyte coexistence in shallow hypereutrophic fluvial lakes [J]. Hydrobiologia, 737 (1): 67-76.

Bonansea M, Rodriguez M C, Pinotti L, et al. 2015. Using multi- temporal Landsat imagery and linear mixed models for assessing water quality parameters in Río Tercero reservoir (Argentina) [J]. Remote Sensing of Environment, 158: 28-41.

Brooks C, Grimm A, Shuchman R, et al. 2015. A satellite- based multi- temporal assessment of the extent of nuisance Cladophora and related submerged aquatic vegetation for the Laurentian Great Lakes [J]. Remote Sensing of Environment, 157: 58-71.

Cao Y, Ye Y T, Zhao H L, et al. 2018. Remote sensing of water quality based on HJ- 1A HSI imagery with modified discrete binary particle swarm optimizationpartial least squares (MDBPSO-PLS) in inland waters: A case in Weishan Lake [J]. Ecological Informatics, 44: 21-32.

Dekker A G, Phinn S R, Anstee J, et al. 2011. Intercomparison of shallow water bathymetry, hydro-optics, and benthos mapping techniques in Australian and Caribbean coastal environments [J]. Limnology and Oceanography: Methods, 9 (9): 396-425.

Duan H T, Ma R H, Xu X F, et al. 2009. Two-decade reconstruction of algal blooms in China's Lake Taihu [J]. Environmental Science and Technology, 43 (10): 3522-3528.

Dörnhöfer K, Oppelt N. 2016. Remote sensing for lake research and monitoring - Recent advances [J]. Ecological Indicators, 64: 105-122.

Giardino C, Bresciani M, Valentini E, et al. 2015. Airborne hyperspectral data to assess suspended particulate matter and aquatic vegetation in a shallow and turbid lake [J]. Remote Sensing of Environment, 157: 48-57.

Giardino C, Bresciani M, Villa P, et al. 2010. Application of remote sensing in water resource management: the case study of Lake Trasimeno, Italy [J]. Water Resources Management, 24 (14): 3885-3899.

Güttler F N, Niculescua S, Gohinb F. 2013. Turbidity retrieval and monitoring of Danube Delta waters using multi-sensor optical remote sensing data: An integrated view from the delta plain lakes to the western- northwestern Black Sea coastal zone [J]. Remote Sensing of Environment, 132: 86-101.

Hestir E L, Brando V E, Bresciani M, et al. 2015. Measuring freshwater aquatic ecosystems: The need for a hyperspectral global mapping satellite mission [J]. Remote Sensing of Environment, 167: 181-195.

Hicks B J, Stichbury G A, Brabyn L K, et al. 2013. Hindcasting water clarity from Landsat satellite images of unmonitored shallow lakes in the Waikato region, New Zealand [J]. Environmental Monitoring and Assessment, 185 (9): 7245-7261.

Hou X J, Feng L, Duan H T, et al. 2017. Fifteen- year monitoring of the turbidity dynamics in large lakes and reservoirs in the middle and lower basin of the Yangtze River, China [J]. Remote Sensing of Environment, 190: 107-121.

Hu C M, Lee Z P, Ma R H, et al. 2010. Moderate Resolution Imaging Spectroradiometer (MODIS) observations of cyanobacteria blooms in Taihu Lake, China [J]. Journal of Geophysical Research, 115: 4002-4020.

Huang C C, Li Y M, Yang H, et al. 2014. Assessment of water constituents in highly turbid productive water by optimization bio- optical retrieval model after optical classification [J]. Journal of Hydrology, 519: 1572-1583.

HuCM. 2009. A novel ocean color index to detect floating algae in the global oceans [J]. Remote Sensing of Environment, 113: 2118-2129.

Hunter P D, Gilvear D J, Tyler A N, et al. 2010. Mapping macrophytic vegetation in shallow lakes using the Compact Airborne Spectrographic Imager (CASI) [J]. Aquatic Conservation: Marine and Freshwater Ecosystems, 20 (7): 717-727.

Kim W, Moon J E, Park Y, et al. 2016. Evaluation of chlorophyll retrievals from Geostationary Ocean Color Imager (GOCI) for the North-East Asian region [J]. Remote Sensing of Environment, 184: 482-495.

Lobo F L, Costa M P F, Novo E M L M. 2015. Time- series analysis of Landsat- MSS/TM/OLI images over Amazonian waters impacted by gold mining activities [J]. Remote Sensing of Environment, 157: 170-184.

Matthews M W, Bernard S, Winter K. 2010. Remote sensing of cyanobacteria- dominant algal blooms and water quality parameters in Zeekoevlei, a small hypertrophic lake, using MERIS [J]. Remote Sensing of Environment, 114 (9): 2070-2087.

Mc Kee T B, Doesken N J, Kleist J. 1993. The relationship of drought frequency and duration to time scales [C] // American Meteorological Society. Boston: Massachusetts.

Oppelt N M, Schulze F, Doernhoefer K, et al. 2012. Hyperspectral classification approaches for intertidal macroalgae habitat mapping: a case study in Heligoland [J]. Optical Engineering, 51 (11): 111703.

Panigrahi S, Wikner J, Panigrahy R C, et al. 2009. Variability of nutrients and phytoplankton biomass in a shallow brackish water ecosystem (Chilika Lagoon, India) [J]. Limnology, 10 (2): 73-85.

Scheffer M, Szabó S, Gragnani A, et al. 2003. Floating plant dominance as a stable state [C] //Proceedings of the National Academy of Sciences of the United States of America, 100 (7): 4040-4045.

Shi K, Zhang Y L, Zhu G W, et al. 2015. Long-term remote monitoring of total suspended matter concentration in Lake Taihu using 250m MODISAqua data [J]. Remote Sensing of Environment, 164: 43-56.

Shields E C, Moore K A. 2016. Effects of sediment and salinity on the growth and competitive abilities of three submersed macrophytes [J]. Aquatic Botany, 132: 24-29.

Song K S, Li L, Tedesco L P, et al. 2013. Remote estimation of chlorophyll- a in turbid inland waters: Three-band model versus GA-PLS [J]. Remote Sensing of Environment, 136: 342-357.

Srivastava J K, Chandra H, Kalra S J S, et al. 2017. Plant-microbe interaction in aquatic system and their role in the management of water quality: A review [J]. Applied Water Science, 7 (3): 1079-1090.

Villa P, Laini A, Bresciani M, Bolpagni R. 2013. A Remote Sensing Approach to Monitor the Conservation Status of Lacustrine Phragmites Australis Beds [J]. Wetlands Ecology and Management, 21 (6): 399-416.

Wang J D, Sheng Y W, Tong T S D. 2014. Monitoring Decadal Lake Dynamics across the Yangtze Basin Downstream of Three Gorges Dam [J]. Remote Sensing of Environment, 152: 251-269.

Wu Z B, Wang Y N, Liu B Y, et al. 2009. Allelopathic Effects of Phenolic Compounds Present in Submerged Macrophytes on Microcystis Aeruginosa [J]. Allelopathy Journal, 23 (2): 403-410.

Xing Q, Hu C. 2016. Mapping macroalgal blooms in the Yellow Sea and East China Sea using HJ-1 and Landsat data: Application of a virtual baseline reflectance height technique [J]. Remote Sensing of Environment, 178: 113-126.

Zhang Y C, Ma R H, Duan H T et al. 2014. A novel algorithm to estimate algal bloom coverage to subpixel resolution in Lake Taihu [J]. IEEE Journal of Selected Topics in Applied Earth Observations and Remote Sensing, 7 (7): 3060-3068.

Zhang Y L, Shi K, Liu X H, et al. 2014. Lake topography and wind waves determining seasonal-spatial dynamics of Total Suspended Matter in Turbid Lake Taihu, China: Assessment using long-term high-resolution MERIS data [J]. PLoS One, 9 (5): e98055.

第 8 章　智慧水利大数据趋势预测应用

8.1　基于海温多极指标的长期降水预报

8.1.1　研究背景

长期定量降水预报是指预报时段为 1 个月或以上的降水量预报（余胜男等，2016）。准确的月降水预报对水库防洪兴利综合调度具有重要的理论价值和现实意义。但由于气候及天气系统本身的随机性及混沌性，随着预见期延长，其影响因素的不确定性增大，其预报难度也越大（祝诗学等，2016）。当前世界各地气候、气象中心的定量降水预报业务主要侧重于预报时段为 15 d 以内的数值天气预报，很少涉及对长期降水形势的预测，难以有效指导生产实践（雷晓辉等，2018；Chen and Dudhia，2001；Yu et al.，1999；邱辉等，2017）。因此，研究长期定量降水预报技术仍然是一项艰巨而很有必要的任务。国内外学者对长期定量降水预报技术进行了诸多探索，提出了不同的预报方法，大体上可分为动力数值方法和数理统计法两大类（林沛榕等，2017）。动力数值方法是指借助海陆热动力模型模拟未来气候及天气条件状况，进而进行降水预报的方式，其物理机制明确，但程序相对复杂，操作不便，而且在局部地区的降水预报上仍然存在较大偏差（Van Oldenborgh et al.，2005；Deng and Ke，2013）。数理统计方法则是从统计学角度出发，通过构建气候因子与降水之间的统计关系，或分析降水序列自身特性（如趋势和周期）来推测未来降水量（Zwiers et al.，2004）。相比于复杂的动力数值方法，数理统计方法相对简单，可操作性强，预报精度可达到甚至超过动力数值方法的预报水平，因而受到许多专家学者的青睐（王富强和霍风霖，2010）。

大量研究表明，海洋表面温度场（SST）能有效指示大气环流的变化规律，是影响地区降水特征的重要信号甚至是第一强信号（Frankignoul，1985；平凡等，2006；Guo et al.，2017）。多数学者采用 SST 作为预报因子推求长期降水量，取得了一定的进展（Chen and Georgakakos，2015；张成扬等，2015；Sharma，2000；Colman and Davey，1999）。但这些研究大多采用固定海域（如厄尔尼诺活动区域）的 SST 作为预报因子，无法从全球角度分析不同海域 SST 信号对地区降水的影响。另外，现有研究很少考虑不同海域 SST 之间的关联。实际上，在气候变化的大背景下，影响地区降水变化的海域可能是变化的，并且不同区域的 SST 很可能存在一定的相关性（Chen and Georgakakos，2014；Saji et al.，1999）。鉴于此，本节提出一种基于海温多极指标的长期降水预报方法，并以长江上游区间为例进行应用，预报区间汛期（5～10 月）的月降水量，论证方法的合理性和优势，同时为三峡防洪和兴利综合调度提供科学决策依据。

8.1.2 原理与方法

8.1.2.1 海温多极指标

有关研究指出，SST 的空间分布格局及变化通常具有单极、偶极或多极的特征。本节从该观点出发，定义 SST 多极指标（SSTM）作为降水预报因子：

$$\mathrm{SSTM} = \sum_{i=1}^{n} \psi_i \mathrm{Avg}[K_i] \tag{8-1}$$

式中，符号 Avg 代表空间平均；K_i 为第 i 处海域的 SST；ψ_i 为联合系数，其值取−1、0 或+1。

从式（8-1）可知，SSTM 融合了多处海域的 *SST* 信号，ψ 值反映了不同海域 SST 之间的关联形式，即差异（$\psi=-1$）或叠加（$\psi=+1$）关系。$\psi=0$ 表示预报模型中不考虑该处海域 SST。

8.1.2.2 海域识别与筛选

计算 SSTM 需确定出用于降水预报的海域，以及不同海域之间的关联形式（ψ 值）。鉴于现有的 SST 数据基本上为格点数据，海域的识别和筛选程序如下。

1）通过线性相关分析，挑出与降水变量显著相关（>95 % 显著性水平）的海洋格点。

2）判断识别出的格点是否相邻（上、下、左、右格点），并将相邻格点合并为一个独立的海域，如图 8-1。

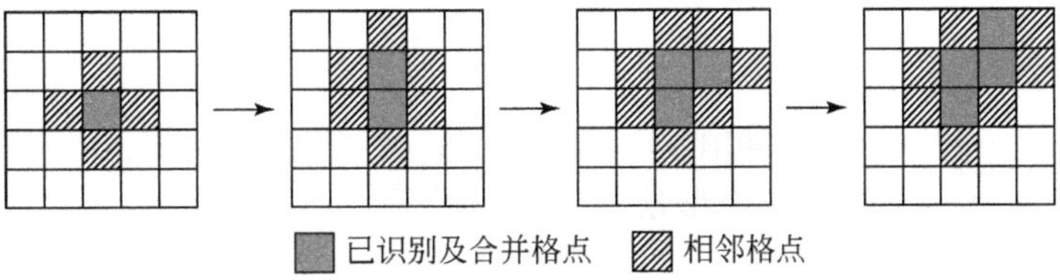

图 8-1 海域识别与筛选过程

3）对每一个独立海域，计算其平均 SST，并用线性相关方法判断平均得到的 SST 是否仍然与降水序列有显著相关。如相关不显著，则该海域不纳入预报模型中（即 $\psi=0$）。

8.1.2.3 预报模型构建

选取线性回归模型表征 SSTM 和降水的关系：

$$P(t)=a \cdot \mathrm{SSTM}(t)+b+\varepsilon \tag{8-2}$$

式中，$P(t)$ 为降水距平序列；a、b 为线性模型的斜率和截距参数；ε 为噪声项。

结合式（8-1）和式（8-2）可知，预报模型包含3类参数，即 a、b 和联合系数 ψ，其确定过程如下。

1）采用穷举法，将每一处海域的联合系数 ψ 值分别赋值-1，0和+1，计算出SSTM集合［n 处海域理论上有（3^n-1）/2种情形，为避免计算量过大，当 $n>15$ 时取 $n=15$，具体为与降水的线性相关程度最高的前15处海域］。

2）对每一组SSTM与降水序列建立线性回归模型，得到参数 a 和 b 的集合。通过“留一法”交叉检验，挑选出交叉检验误差最小的SSTM［对应一组确定的 ψ_i（$i=1, 2, \cdots, n$）值］和最优 a、b 值。此时，预报模型3类参数均确定。

8.1.2.4 降水预报评估指标

《水文情报预报规范》（SL250—2008）规定，中长期定量降水预报误差在多年变幅的20％范围内为合格，用合格率（P）评估定量降水预报精度：

$$P=\frac{B}{A}\times 100\ \% \tag{8-3}$$

式中，B为合格样本个数；A为样本总数。

合格率P达到85％及以上为甲等预报水平，70％~85％为乙等水平，60％~70％为丙等水平。

除合格率之外，文献中较为常用的指标有相关系数（R）和平均绝对误差（MAE）等（孙照渤等，2013；杜雅玲等，2017）。两个指标的表达式分别如下：

$$R=\frac{\sum_{i=1}^{m}(f_i-\bar{f})(o_i-\bar{o})}{\sqrt{\sum_{i=1}^{m}(f_i-\bar{f})^2\sum_{i=1}^{m}(o_i-\bar{o})^2}} \tag{8-4}$$

$$\mathrm{MAE}=\frac{1}{m}\sum_{i=1}^{m}|f_i-o_i| \tag{8-5}$$

式中，f_i 为预报值；$\bar{f}$ 为预报平均值；o_i 为实测值；$\bar{o}$ 为实测平均值；m 为序列长度。

本节将采用上述3个指标对模型预报精度进行评定。

8.1.3 实例应用

选取长江上游区间作为研究区域，对区间汛期（5~10月）的月降水量进行预报。分别以预报对象（月降水量）的前1、2和3个月SST为预报因子，考查采用海温多极指标预报月降水量的合理性和精度。

8.1.3.1 研究区域与概况

长江上游区间面积约为100万km^2（24°N~36°N，90°E~112°E），自东向西跨过三大地形阶梯，上下游落差约为5800 m，下游出口为三峡大坝（吴旭树等，2018）。区域内降水均汇入长江，最后从三峡汇出。区域大部分处于亚热带季风气候区，干湿季分明，80 %以上的年降水量集中在汛期 5 ~ 10 月份。因此，每年汛期的降水对三峡水库有明显的影响，发布准确的月降水预报，对三峡水库调度具有十分重要的意义。

8.1.3.2 数据来源

研究数据包括长江上游降水数据和全球 SST 数据。降水数据为中国地面降水日值 0.5°×0.5°格点数据集（V2.0），来源于中国气象局（CMA，http://www.cma.gov.cn/）。表 8-1 为该数据集关于长江上游汛期月降水量的基本统计值。SST 数据为 5°×5°的 Kaplan Extended SST V2 逐月数据集，来源于美国大气与海洋管理局（NOAA，https://www.esrl.noaa.gov/psd/data/gridded/tables/temperature.html）。数据时间跨度均为 1961 ~ 2017 年。将数据资料分为率定期（1961 ~ 2000 年共 40 年）和检验期（2001 ~ 2017 年共 17 年），分别用于率定和检验模型。

表 8-1 长江上游汛期月降水量统计（1961 ~ 2017 年）（单位：mm）

统计值	5 月	6 月	7 月	8 月	9 月	10 月
多年均值	85.78	134.87	160.64	138.78	108.40	56.41
标准差	14.86	17.38	27.00	30.72	19.89	12.64
变幅	66.40	80.71	155.24	138.28	102.00	56.84

8.1.3.3 结果与分析

表 8-2 为模型三类参数的率定结果，对应的模型计算结果列于表 8-3。由表 8-3 可知，率定期模型合格率绝大部分超过 80 %，其中 7 月和 9 月的合格率超过 85 %，即达到甲等预报水平。预报与实测序列呈高度相关，特别是 6 月和 8 月，相关系数基本在 0.7 以上。5 ~ 6 月份、9 ~ 10 月份预报的平均绝对误差为 7 ~ 12 mm，7 ~ 8 月份的平均绝对误差为 14 ~ 18 mm，说明模型精度良好，表 8-2 中的模型参数选取合理，可用于后续检验预报。

表 8-4 为模型检验期的计算结果。对比率定期模拟结果发现，主汛期 6 ~ 8 月份模型预报效果有所下降，但仍保持乙等以上预报水平；5 月、9 ~ 10 月预报效果有所提高，大部分为甲等预报水平。相关系数除 8 月外，其余均超过 0.7，表明预报与实测序列高度相关。5 ~ 6 月份、9 ~ 10 月份的平均绝对误差均在 11 mm 以下，7 ~ 8 月份的平均绝对误差在 18 ~ 21 mm。总体而言，模型在检验期仍有良好的预报能力，论证了海温多极指标预报降水的合理性。

表 8-2 预报模型参数率定结果

参数	SST 领先时间	5 月	6 月	7 月	8 月	9 月	10 月
a	前 1 个月	9.01	12.93	13.15	25.72	12.56	5.96
	前 2 个月	10.45	4.69	18.92	26.27	9.98	8.76
	前 3 个月	9.40	5.38	8.69	19.94	3.62	8.24

续表

参数	SST 领先时间	5 月	6 月	7 月	8 月	9 月	10 月
b	前 1 个月	0.43	0.57	5.91	-1.05	6.40	2.25
	前 2 个月	1.54	-1.69	8.99	4.74	12.74	-1.25
	前 3 个月	-0.88	-0.68	2.74	9.65	15.26	5.96
ψ^*	前 1 个月	3/3	3/7	5/9	2/2	7/4	5/5
	前 2 个月	3/4	4/6	2/10	3/2	6/4	5/7
	前 3 个月	3/2	2/5	4/6	3/3	7/6	5/7

注：ψ^* 一栏数值中，/左边为 $\psi=+1$ 的海温极子数目，右边为 $\psi=-1$ 的数目（$\psi=0$ 数目不作展示）。限于篇幅，海温极子的空间分布信息不做展示。

表 8-3　率定期（1961～2000 年）预报模型的月降水预报结果

指标	SST 领先时间	5 月	6 月	7 月	8 月	9 月	10 月
P/%	前 1 个月	72.5	90.0	92.5	85.0	87.5	75.0
	前 2 个月	70.0	82.5	85.0	82.5	87.5	77.5
	前 3 个月	70.0	85.0	85.0	87.5	92.5	82.5
R	前 1 个月	0.586	0.781	0.610	0.776	0.614	0.628
	前 2 个月	0.554	0.723	0.598	0.747	0.624	0.634
	前 3 个月	0.520	0.695	0.606	0.776	0.657	0.660
MAE/mm	前 1 个月	9.112	8.285	13.821	17.103	11.813	8.149
	前 2 个月	9.218	9.658	16.334	17.457	11.245	7.854
	前 3 个月	9.775	10.148	16.000	15.254	10.774	7.070

表 8-4　检验期（2001～2017 年）预报模型的月降水预报结果

指标	SST 领先时间	5 月	6 月	7 月	8 月	9 月	10 月
P/%	前 1 个月	88.2	76.5	76.5	70.6	88.2	88.2
	前 2 个月	82.4	76.5	70.6	76.5	88.2	94.1
	前 3 个月	82.4	70.6	76.5	76.5	88.2	94.1
R	前 1 个月	0.769	0.776	0.795	0.408	0.708	0.766
	前 2 个月	0.733	0.748	0.744	0.421	0.724	0.798
	前 3 个月	0.715	0.723	0.766	0.453	0.746	0.848
MAE/mm	前 1 个月	6.866	10.160	17.751	20.642	9.932	7.224
	前 2 个月	7.232	10.558	18.364	20.330	9.647	6.988
	前 3 个月	7.779	10.842	18.058	20.211	9.340	6.659

比较表 8-3 和表 8-4 中的前期 1～3 个月模型预报能力发现，针对 5～7 月的月降水预报，前 1 个月的预报精度最优，而 8～10 月则为前 3 个月的预报（以下称最优海温多极指标预报）。图 8-2 为最优海温多极指标预报结果。由图 8-2 可知，最优海温多极指标预报总体上能反映月降水量的年际波动，模型仅在 1997 年及 1983 年的 5 月，2012 年及 2015 年的 7 月和 1998 年 8 月的降水预报上表现出相对较大的偏差，其余预报效果良好。另外，从实测结果来看，9 月降水量自 1980 年以后呈现明显的下降趋势，模型无论在率定期或是检验期均能较好地捕捉这一趋势。图 8-3 绘出最优海温多极指标预报对应的 SSTM 时间序列。图 8-3 中 9 月的 SSTM 序列呈显著下降趋势，其余序列均在零值上下波动，与图 8-2 中相对应的降水量年际波动规律基本一致，说明 SSTM 对降水具有较好的指示作用。

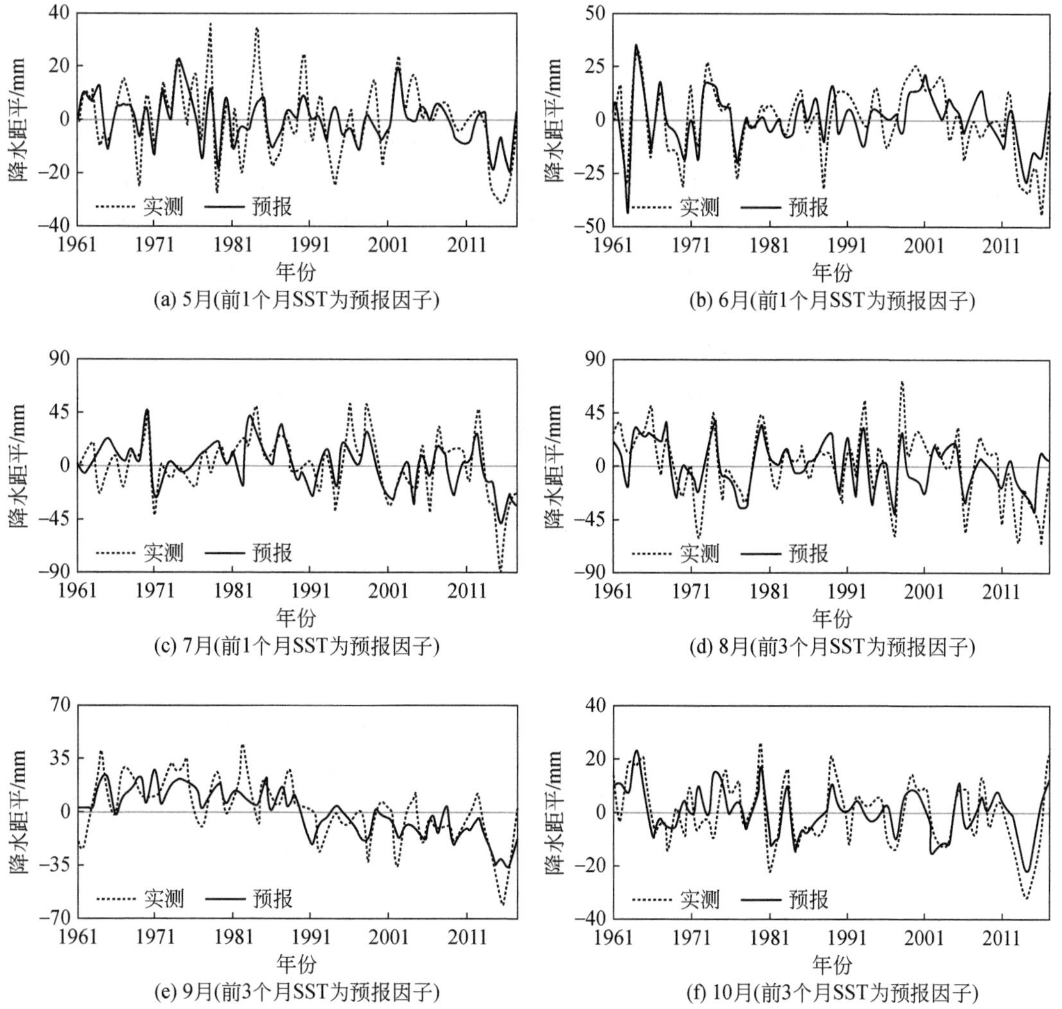

(a) 5月(前1个月SST为预报因子)

(b) 6月(前1个月SST为预报因子)

(c) 7月(前1个月SST为预报因子)

(d) 8月(前3个月SST为预报因子)

(e) 9月(前3个月SST为预报因子)

(f) 10月(前3个月SST为预报因子)

图 8-2　最优海温多极模式对长江上游 1961～2017 年汛期的月降水预报结果

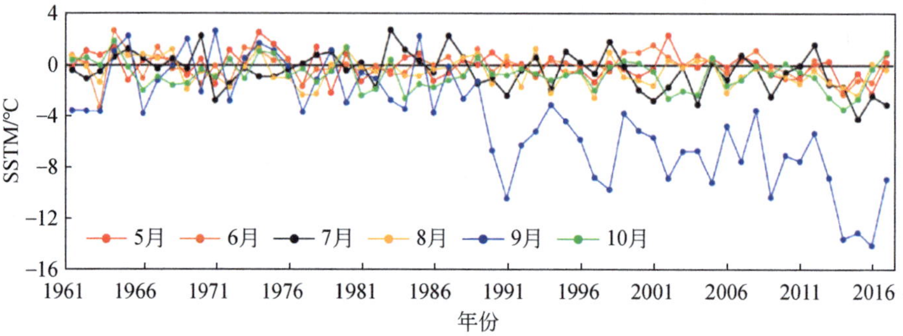

图 8-3　最优海温多极指标预报对应的 SSTM 序列

吴旭树等（2018）给出了汛期不同月最优海温多极指标预报对应的海温极子空间分布格局及联合系数。可知，5 月的海温极子主要分布在印度洋西南地区和大西洋低纬区域，而 6 月则多分布在南海、澳大利亚周边海域以及北大西洋中纬地区。7 ~ 8 月的海温极子较为分散，大体分布在太平洋和北大西洋。相比于其他月，9 月的海温极子分布广泛，特别是印度洋和东太平洋低纬地区的海温极子，空间跨度广、面积大。此外，海温极子还分布在西太平洋和大西洋中纬等地区。10 月的海温极子则主要集中在东太平洋及大西洋中低纬地区。

上述结论表明，印度洋、东太平洋中低纬地区以及北大西洋的 SST 对长江上游汛期降水有较好的指示作用，与现有相关研究基本一致（平凡等，2006；董祝雷，2016），证明了运用海温多极指标预报降水具有一定的物理意义。

8.1.3.4　方法比较

为进一步验证海温多极指标在长期定量降水预报中的可行性和优势，另外选取单元线性回归（LR）、多元线性回归（MLR）和典型相关分析法（CCA）三种较为普遍应用的传统方法对长江上游汛期的月降水进行预报（Chen and Georgakos，2014；Wang et al.，2017）。LR 方法的预报因子为 nino3. 4 指数，MLR 采用北大西洋海温三极子（NAT）、副热带南印度洋偶极子（SIOD）和北太平洋年代际涛动指数（PDO）作为预报因子；CCA 预报因子则为太平洋低纬区间 SST（空间分辨率为 5°×5°，覆盖范围 15°N ~ 15°S，120°E ~ 90°W）。三种因子的数据时间跨度均为 1961 ~ 2017 年，来源于国家气候中心（http://cmdp. ncc-cma. net/）。与海温多极指标相同，预报因子与预报对象之间滞时为 1 ~ 3 个月，分别采用 1961 ~ 2000 年和 2001 ~ 2017 年资料率定和检验模型。

选取检验期（2001 ~ 2017 年）每种方法的最佳预报结果进行比较（以下称最优 LR、最优 MLR 和最优 CCA），见表 8-5。最优海温多极指标预报总体上要比其他 3 种方法稳健，除主汛期 6 ~ 8 月为乙等预报水平外，其余全部为甲等水平，而最优 LR、最优 MLR 和最优 CCA 方法均为乙等及以下水平，其中最优 LR 方法对预报 5 月、8 月和 10 月降水效果较差，仅为丙等水平。除 8 月相关系数低于最优 CCA，平均绝对误差高于最优 CCA 外，其余月份最优海温多极指标预报结果的相关系数为最高，平均绝对误差也最小。总体而言，最优海温多极方法精度高于其他三种方法，特别是 5 月、图 8-2 最优海温多极模式对长江上游 1961 ~ 2017 年汛期的月降水预报结果 9 ~ 10 月，其预报能力明显高于最优 LR、MLR 和 CCA。这说明基于海温多极指标的预报方法能更好地预报长江上游初汛及后汛期的降水量。

表 8-5　检验期（2001 ~ 2017 年）不同方法在长江上游汛期月降水预报上的精度

月份	指标	方法			
		SSTM	LR	MLR	CCA
5 月	*P*/%	88.2（1）	64.7（1）	76.5（1）	82.4（1）
	R	0.769	−0.399	0.659	0.722
	MAE/mm	6.866	11.035	8.954	7.753
6	*P*/%	76.5（1）	70.6（2）	76.5（1）	76.5（2）
	R	0.776	−0.485	0.652	0.737
	MAE/mm	10.16	13.937	11.91	10.847
7 月	*P*/%	76.5（1）	70.6（1）	70.6（2）	82.4（1）
	R	0.795	−0.443	0.537	0.709
	MAE/mm	17.751	19.568	18.609	18.155
8 月	*P*/%	76.5（3）	64.7（1）	70.6（1）	82.4（2）
	R	0.453	−0.404	0.526	0.637
	MAE/mm	20.211	21.387	20.886	19.344
9 月	*P*/%	88.2（3）	70.6（3）	76.5（3）	76.5（3）
	R	0.746	−0.462	0.664	0.701
	MAE/mm	9.34	14.162	13.122	11.111
10 月	*P*/%	94.1（3）	64.7（1）	76.5（1）	82.4（3）
	R	0.848	−0.368	0.686	0.759
	MAE/mm	6.659	9.878	8.764	7.484

8.2　基于随机森林模型的长江上游枯水期径流预报

8.2.1　研究背景

径流预报是水文学的重点与难点之一。基于有效预报手段延长径流预见期、提高径流预报精度对于水库调度及干旱、洪水时水资源应急调度等有着重要意义（Sankarasubramanian et al.，2009；Cloke and Pappenberger，2009）。对于长期径流预报，由于缺乏相应预见期的可靠气象预报资料，其主要以未来径流与前期径流自相关关系及其与海平面气温、海平面气压、大气环流指数等大尺度水文-气象指标间遥相关关系为基础进行（夏军等，1993；赵永龙等，1998；林剑艺和程春田，2006；Kalra et al.，2009；Xu et al.，2007）。相比传统基于径流自相关关系的径流预报，水文-气象遥相关关系的引入为长期径流预报提供了一定气象学基础，使其具有更长预见期和更高精度（Kalra and Ahmad，2009；Xu et al.，2007）。

受水循环影响，流域径流与全球水文-气象因子间存在广泛关联关系，各水文-气象因子间相互影响共同决定流域径流丰枯等水文特征。从诸多水文-气象因子中为特定流域选取合适预报因子集合，并构建预报模型对预报因子集合与流域径流间关系进行拟合是长期径流预报的两大难点（夏军等，1993；赵永龙等，1998；林剑艺和程春田，2006；Kalra and Ahmad，2009；Xu et al.，2007）。目前，预报因子选取主要依靠经验进行，常用预报因子有前期径流、厄尔尼诺-南方涛动指数等；常用的预报模型有时间序列模型、多元线性模型等统计模型和神经网络、支持向量机等人工智能模型。

本节采用随机森林模型从当年1月至10月长江实测径流和国家气候中心编制的74项全球水文-气象特征因子（http://ncc.cma.gov.cn/FCKeditor/userimages/ncc-20050719105708.doc.）共750个变量中选取预报因子集合对长江上游屏山站、寸滩站枯水期（当年11月至次年5月）径流预报进行了研究，并对预报的不确定性进行了初步分析。

8.2.2 研究方法

8.2.2.1 随机森林模型

长期径流预报中，预报模型可以分为统计模型和人工智能模型两大类（Breiman，2010）。统计模型需要事先假设径流与前期径流或前期水文-气象因子间关联关系，基于训练样本拟合自回归模型（自相关关系）、多元线性模型（多元线性相关关系）等，从而进行径流预报（Xu et al.，2007）；人工智能模型直接通过训练样本确定模型结构、参数，对变量间依赖关系进行拟合（Breiman，2010）。由于径流与前期径流及水文-气象因子间关联关系难以满足统计模型假设条件，统计模型仅能反映未来径流的均值、方差等整体统计特征，难以准确预报径流实时变化；人工智能模型具有强大的拟合能力，在径流预报中得到广泛采用，但其容易过拟合（Breiman，2010；Tiwari and Chatterjee，2010）。

针对人工智能模型过拟合等问题，Breiman（1996）从统计学角度提出了袋装法对其进行改进。袋装法计算流程如图8-4所示，其基本原理在于：①人工智能模型能有效拟合包含于训练样本集中的变量关联关系；②训练样本中的随机误差导致了人工智能模型的过拟合；③通过随机采样选取多组训练样本集训练多个子人工智能模型，集成各子模型预报结果，随机误差将相互抵消，过拟合也将得到缓解（Breiman，1996；Tiwari and Chatterjee，2010）。袋装法中随机采样选用自举法（bootstrapping），结果集成（aggregating）采用算术平均值（Breiman，1996）。袋装法能充分利用人工智能模型拟合能力强的优点，其在人工智能领域被广泛用于改进或开发预报模型。

Breiman（2001）基于袋装法改进回归树模型（图 8-4 中子预报模型采用回归树模型），提出了随机森林模型。该模型在生态、地理等领域被广泛用于挖掘目标变量与众多解释变量间关联关系，如分析植被分布与水文、地质等因素间关系（Peters et al.，2007）；模拟天然径流与气候、地形、土壤等因素间关系并基于随机森林模型评估人类活动对天然径流影响（Carlisle et al.，2010）。

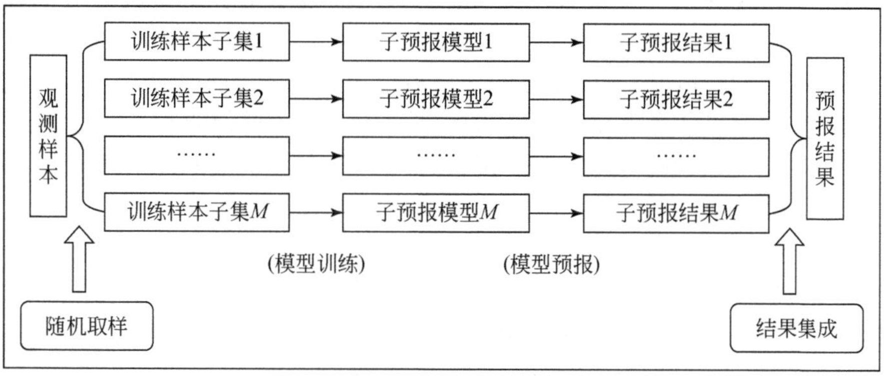

图 8-4　袋装法计算流程框架图

除了预报，随机森林模型还能用于评价解释变量的重要性（Breiman，2001）。随机森林各子预报模型构建过程中，总样本分为被袋装法选中的训练样本（袋中样本）和未选中的检验样本（袋外样本）两类。随机森林模型对所有袋外样本的拟合误差是其预报误差的无偏估计（Breiman，1996，2001；Peters et al.，2007）。对于解释变量重要性，一个直观的评价标准是，该变量越重要，其对预报结果的影响也越大。随机森林模型的解释变量重要性评价采用类似标准：对所有检验样本，随机打乱某一解释变量取值，采用原随机森林模型对检验样本进行再次预报，袋外拟合误差增加愈多，该解释变量愈重要。袋外拟合误差增加量可用于定量评价解释变量重要性（Breiman，1996，2001；Peters et al.，2007）。

8.2.2.2　径流预报方案

为服务气象预报及相关研究，国家气候中心自 1951 年开始对印缅槽强度、东亚槽强度、北半球极涡强度、南方涛动指数等全球 74 个水文-气象特征量进行记录。本研究以这 74 个水文-气象特征量和前期径流作为预报因子，分别对长江屏山站和寸滩站枯水期（当年 11 月～次年 5 月份）逐月径流和总径流进行了预报研究。数据年限为 1951～2008 年，共 57 组观测样本。径流预报分两步进行，以屏山站次年 1 月径流预报为例。

1）预报因子选取：以当年 1 月～10 月的屏山站逐月径流和 74 个水文-气象特征量逐月观测值共 750 个水文-气象特征量作为备选解释变量，以次年 1 月屏山站径流作为目标变量。将所有观测样本作为训练样本集，构建随机森林模型对解释变量进行重要性评价。对解释变量依据其重要性进行降序排列，选取前 5 个变量作为最终预报因子。

2）预报模型构建：以上一步选取的 5 个预报因子作为解释变量，以屏山站次年 1 月径流作为目标变量。划分训练期和检验期，以训练期样本构建预报模型对检验期样本进行预报，并对检验期径流预报结果进行精度评价。

本节研究基于R语言随机森林程序包（http://cran. r-project. org/）进行径流预报研究。随机森林模型包含2个参数，子预报模型数量 M（图8-4）和回归树节点划分待选变量数 N（Breiman，2001）。M 越大，随机森林模型过拟合效应越小；N 越大，子预报模型间差异性越小。一般的，M 取值应较大，N 取值应接近总解释变量数的1/3（Breiman，2001；Peters et al.，2007；Carlisle et al.，2010）。本节预报因子选择阶段，M 取值为20000，N 取值为250；预报模型构建阶段，M 取值为2000，N 取值为2。

对于长江屏山站和寸滩站枯水期径流，由随机森林模型评价的5个重要预报因子分别如表8-6、表8-7所示。由表8-6可知，屏山站当年11月~次年1月径流与其当年8月~10月径流密切相关；类似的，寸滩站当年11月~12月径流与其当年8月~10月径流密切相关。对于两站次年2月及以后的径流及枯水期总径流，当年1月~10月水文-气象特征因子较之同时期径流表现出更强关联关系。这种差异性表明径流自相关关系随预见期增加而减弱；随预见期增加，水文-气象遥相关关系逐渐强于径流自相关关系。

表8-6　长江屏山站枯水期径流预报因子

径流	预报因子名称及月份
当年11月径流	屏山站径流（10月），屏山站径流（9月），屏山站径流（8月），亚洲区极涡面积指数（8月），大西洋东部欧洲环流型（4月）
当年12月径流	屏山站径流（10月），屏山站径流（9月），屏山站径流（8月），亚洲区极涡面积指数（8月），东亚槽强度（10月）
次年1月径流	屏山站径流（9月），屏山站径流（10月），屏山站径流（8月），大西洋副高北界（2月），大西洋副高北界（3月）
次年2月径流	大西洋副高北界（2月），屏山站径流（2月），大西洋副高北界（3月），屏山站径流（8月），屏山站径流（3月）
次年3月径流	南海副高北界（2月），屏山站径流（2月），屏山站径流（3月），大西洋副高北界（2月），大西洋副高北界（2月）
次年4月径流	南海副高北界（6月），大西洋区极涡强度指数（7月），东太平洋副高脊线（5月），北半球极涡强度指数（7月），屏山站径流（2月）
次年5月径流	亚洲区极涡面积指数（10月），北半球极涡面积指数（9月），北美区极涡面积指数（9月），北半球极涡中心位置（3月），大西洋欧洲区极涡面积指数（9月）
枯水期总径流	屏山站径流（9月），亚洲区极涡面积指数（8月），屏山站径流（10月），屏山站径流（2月），太平洋副高脊线（10月）

在表8-6、8-7所示预报因子的基础上，本节进一步构建随机森林模型对长江屏山站、寸滩站枯水期各月径流和总径流进行了预报研究。预报精度评价指标为NS效率系数、相关系数、平均相对误差和均方根误差。

8.2.3 径流预报结果

8.2.3.1 屏山站径流预报

以 1952 ~ 1993 年样本训练随机森林模型对 1994 ~ 2008 年枯水期径流进行预报研究，逐月径流及枯水期总径流预报精度评价结果如表 8-8 所示。从 NS 系数看，当年 11 月、12 月径流及枯水期总径流预报精度较高；次年 3 月径流预报效果最差，NS 系数为-0.68。从相关系数看，预报结果均与实测结果呈强相关关系，其中枯水期总径流预报结果与实测值相关系数高达 0.93。对于平均相对误差，逐月径流及总径流预报均在 20 % 以内。

表 8-7 长江寸滩站枯水期径流预报因子

径流	预报因子名称及月份
当年 11 月径流	寸滩站径流（10 月），太平洋副高脊线（9 月），大西洋区极涡强度指数（10 月），寸滩站径流（9 月），北美区极涡强度指数（10 月）
当年 12 月径流	寸滩站径流（10 月），寸滩站径流（9 月），大西洋副高北界（9 月），太平洋副高脊线（9 月），大西洋欧洲区极涡面积指数（8 月）
次年 1 月径流	北半球副高脊线（9 月），寸滩站径流（10 月），北半球极涡强度指数（6 月），大西洋副高北界（9 月），北半球极涡强度指数（7 月）
次年 2 月径流	北半球极涡强度指数（7 月），北半球副高脊线（5 月），太平洋副高脊线（9 月），大西洋副高北界（9 月），北美区极涡面积指数（9 月）
次年 3 月径流	北美区极涡面积指数（9 月），亚洲区极涡面积指数（5 月），大西洋欧洲区极涡强度指数（3 月），北半球极涡强度指数（7 月），西藏高原指数（北非副高脊线 N-35N，80E-100E）（2 月）
次年 4 月径流	北美区极涡面积指数（9 月），亚洲区极涡面积指数（5 月），大西洋区极涡强度指数（4 月），大西洋欧洲区极涡面积指数（4 月），东太平洋副高脊线（9 月）
次年 5 月径流	北非大西洋北美副高脊线（3 月），北非副高脊线（3 月），北美大西洋副高脊线（10 月），大西洋欧洲区极涡面积指数（4 月），南海副高脊线（2 月）
枯水期总径流	太平洋副高脊线（9 月），北美区极涡面积指数（9 月），寸滩站径流（10 月），寸滩站径流（9 月），太平洋副高北界（9 月）

表 8-8 屏山站径流预报精度评价（训练期 1952 ~ 1993 年；检验期 1994 ~ 2008 年）

项目	11 月	12 月	次年 1 月	次年 2 月	次年 3 月	次年 4 月	次年 5 月	枯水期
NS 系数	0.59	0.58	-0.20	-0.47	-0.68	-0.16	0.16	0.32
相关系数	0.81	0.86	0.68	0.74	0.55	0.65	0.47	0.93
平均相对误差	0.08	0.06	0.14	0.17	0.18	0.14	0.12	0.09
均方根误差/(m^3/s)	408.33	220.98	354.61	387.55	427.71	335.06	349.18	250.82

图 8-5 点绘了训练期和检验期的次年 3 月份径流、枯水期总径流预报结果。由图 8-5

可知，2000 年后，长江屏山站 3 月径流较 2000 以前有显著增加；枯水期总径流较 2000 年以前也呈现增加趋势。据调查，长江上游雅砻江二滩水电站于 1998 年投产，1999 年建成，其控制流域面积达 11.64 万 km^2，占屏山站控制流域面积 25.37 %。图 8-5 所示的屏山站次年 3 月份及枯水期总径流增加可能与二滩水电站枯水期补偿调度有关。

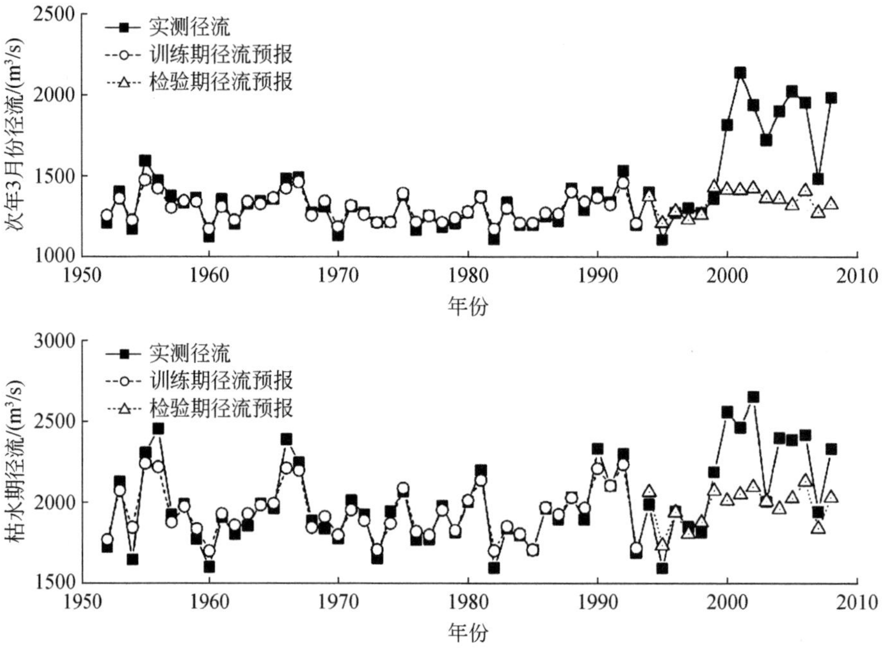

图 8-5　屏山站次年 3 月份、枯水期径流预报（训练期 1952 ~ 1993 年；检验期 1994 ~ 2008 年）

本节进一步以 1952 ~ 1983 年为训练期，1984 ~ 1998 年为检验期，对屏山站枯水期逐月径流、总径流预报进行探讨。检验期径流预报精度评价如表 8-9 所示，NS 效率系数、相关系数显著高于表 8-8，平均相对误差、均方根误差显著低于表 8-8。其中，次年 3 月份径流预报 NS 系数由 -0.68 增至 0.66。图 8-6 点绘了以 1952 ~ 1983 年为训练期、1984 ~ 1998 年为检验期的次年 3 月份径流、枯水期总径流预报结果，预报过程与实测过程基本相同。

表 8-9　屏山站径流预报精度评价（训练期 1952 ~ 1983 年；检验期 1984 ~ 1998 年）

项目	11 月	12 月	次年 1 月	次年 2 月	次年 3 月	次年 4 月	次年 5 月	枯水期
NS 系数	0.68	0.64	0.73	0.69	0.66	0.05	0.39	0.71
相关系数	0.91	0.89	0.87	0.84	0.87	0.26	0.65	0.89
平均相对误差	0.08	0.06	0.04	0.04	0.04	0.10	0.09	0.04
均方根误差/(m^3/s)	306.09	151.71	81.58	64.38	61.87	259.73	281.99	107.93

8.2.3.2　寸滩站径流预报

以 1952 ~ 1993 年为训练期，1994 ~ 2008 年为检验期，本节对寸滩站枯水期逐月径流、

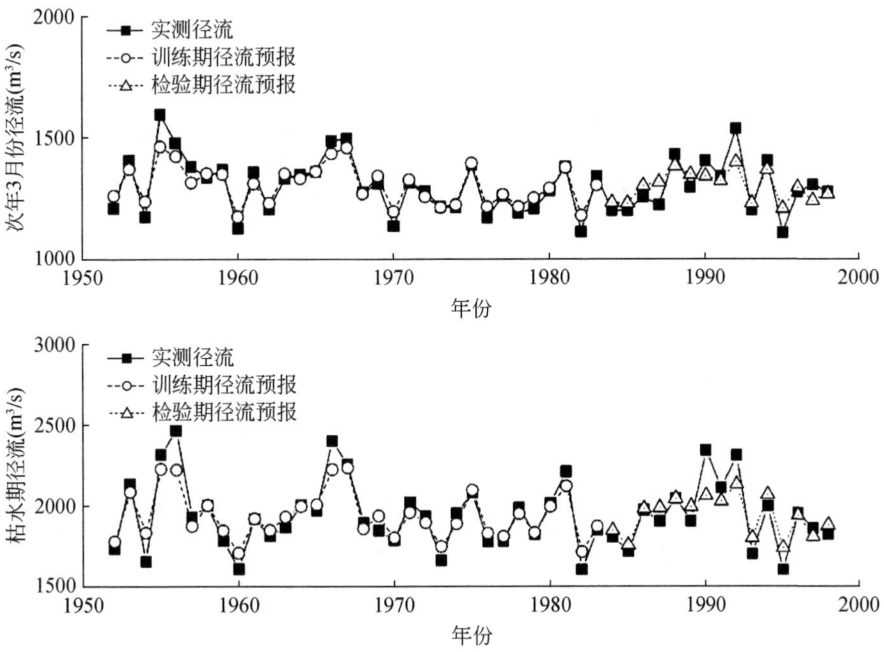

图 8-6　屏山站次年 3 月份、枯水期径流预报（训练期 1952～1983 年；检验期 1984～1998 年）

总径流进行了预报研究。径流预报精度评价如表 8-10 所示。对比表 8-8，寸滩站径流预报精度高于屏山站径流预报。除次年 1 月，其余各期径流预报 NS 系数均为正值，其中枯水期总径流预报 NS 系数达 0.68。各期预报结果均与实测结果呈显著线性相关关系，且平均误差均在 15 % 以内。图 8-7 点绘了寸滩站 1 月和枯水期总径流实测过程与预报过程，1 月径流预报与实测值存在一定差别，枯水期径流预报与实测值基本相同。对于寸滩站实测长江 1997 年、2003 年、2007 年枯水，其相对误差均在 10 % 以内。

表 8-10　寸滩站径流预报精度评价等

项目	11 月	12 月	次年 1 月	次年 2 月	次年 3 月	次年 4 月	次年 5 月	枯水期
NS 系数	0.46	0.45	-0.09	0.36	0.22	0.51	0.08	0.68
相关系数	0.69	0.78	0.72	0.84	0.61	0.85	0.37	0.82
平均相对误差	0.10	0.06	0.08	0.07	0.12	0.14	0.14	0.05
均方根误差/(m^3/s)	860.37	329.46	370.77	297.48	580.60	647.82	1153.81	294.46

8.2.3.3　径流预报不确定性分析

在 8.2.3.1 和 8.2.3.2 小节确定性径流预报基础上，本小节研究采用自举法进行径流预报不确定性分析（Tiwari and Chatterjee，2010），其流程如下：①从所有样本中随机选取 80 % 的样本作为训练样本，余下 20 % 的样本作为检验样本；②基于训练样本构建随机森林模型对检验样本进行预报；③重复以上步骤 500 次，汇总所有检验样本，统计各样本

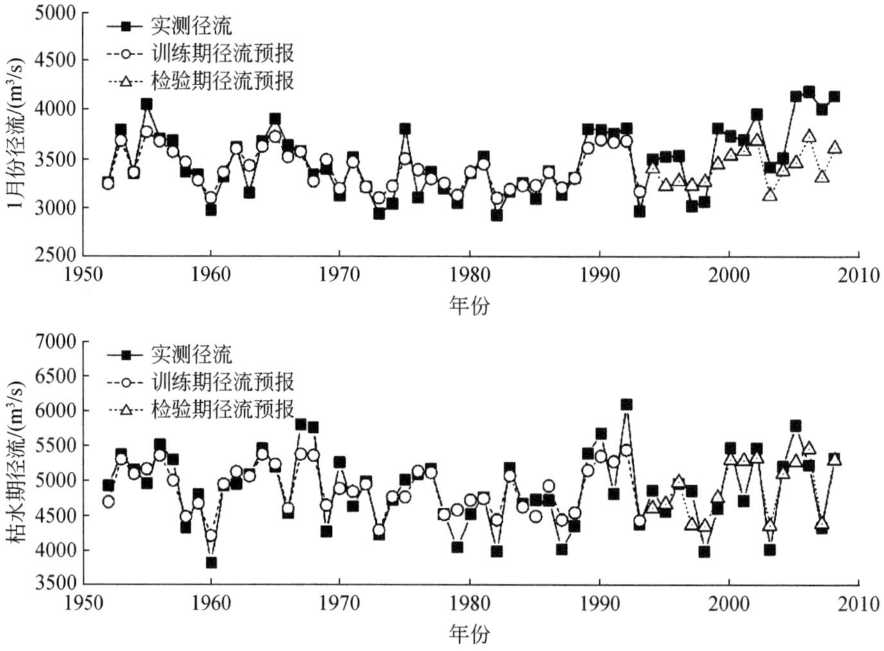

图 8-7　寸滩站次年 1 月份、枯水期径流预报（训练期 1952 ~ 1993 年；检验期 1994 ~ 2008 年）

（每一个样本被检验次数的期望为 500×20 % = 100 次）径流预报的 50 % 置信区间、90 % 置信区间和 50 % 中位数（径流预报值）。

屏山站次年 3 月份、枯水期径流（样本年限 1952 ~ 1998 年，共 47 组样本）和寸滩站次年 1 月、枯水期径流（样本年限 1952 ~ 2008 年，共 57 组样本）的预报不确定性分析结果如图 8-8、图 8-9 所示。由图可知，在屏山站、寸滩站径流预报不确定性分析中，50 % 中位数能有效预报径流变化趋势，但其与实测径流存在一定差距。通过划分 50 % 置信区间、90 % 置信区间对径流预报不确定性进行评价，50 % 置信区间包含了 60 % 左右的实测径流样本，90 % 置信区间基本包含了所有的实测径流样本。这说明随机森林模型除了有效预报径流变化趋势，还能用于预报径流丰枯概率。

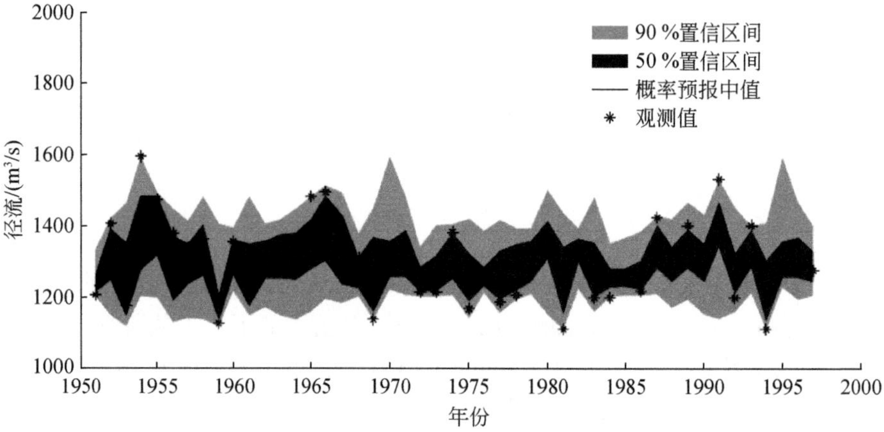

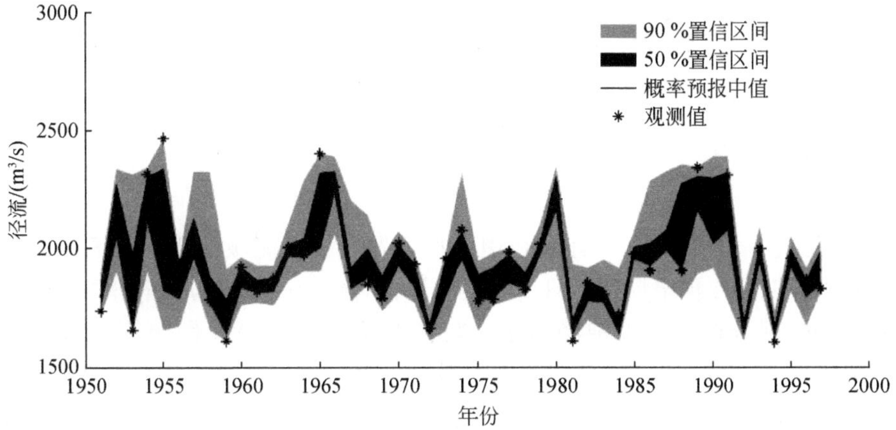

图 8-8　屏山站次年 3 月份、枯水期径流预报不确定分析

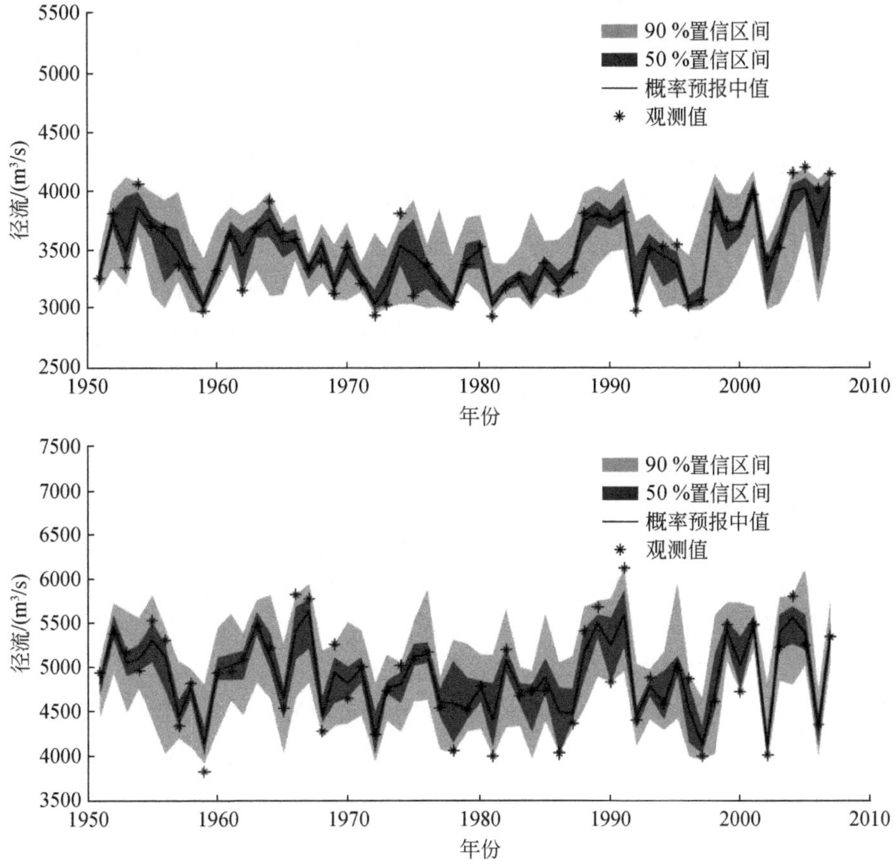

图 8-9　寸滩站次年 1 月份、枯水期径流预报不确定分析

8.3 基于多模型预报信息融合的中长期径流预报

8.3.1 研究背景

中长期径流预报对水资源的有效利用、水力发电、跨流域调水等起着重要的指导作用。近年来中长期径流预报模型的研究发展较快，有传统的成因分析和水文统计方法，也有比较新颖的模糊分析、人工神经网络、灰色系统等方法等（邵骏等，2010；张俊等，2010；梁国华等，2009a）。各方法具有自己独到之处，且相互无法完全地取而代之，在不同的情况下，各模型表现出各自的优势，因此，在流域中长期径流预报中，通过对多模型预报信息的融合来提高预报的稳定性和精度，是一个可取的途径。

与传统采用单一模型预报（邵骏等，2010；张俊等，2010；梁国华等，2009a）和分类预报（王本德和张静，2008；徐炜等，2013）的思路不同，多模型信息融合的思想在于通过多模型的组合获得比单模型更全面更准确的信息，实现多模型间的相互协调和性能互补。多模型方法是目前混合系统估计的一类主要方法。Mazor 等（1998）在广义伪贝叶斯的基础上提出的交互式多模型滤波器（IMM）使多模型并行工作，并考虑各模型间的相互跳动切换。Xiong 等（2001）采用 Takagi-Sugeno 系统对三个降雨径流模型预报值进行洪水组合预报。张弛等（2008）以嫩江河道洪水演进为例采用多目标模糊优选方法进行多模型组合预报。

中长期径流具有更强的随机性和非平稳性，与短期洪水预报相比，中长期组合预报研究较少，因此有必要针对中长期径流的组合预报算法展开深入研究。刘冀等（2009）采用贝叶斯平均模型以二滩水电站为例建立了月径流组合预报模型。冉笃奎等（2010）采用加权平均和最小二乘法对丹江口水库月径流进行预报，但指出其算法的严密性还有待于进一步分析。张强等（2010）采用类比合成算法将单要素模糊推理和 ARMA 模型进行组合，并应用于碧流河水库年径流预报。景亚平和张鑫（2012）基于修正组合预测的思想，借助马尔科夫链对灰色模型 GM（1，1）、BP 神经网络及组合灰色神经网络模型预测的误差序列进行了修正处理，并通过分析比较修正单一模型与修正简单组合模型在中长期径流预测精度上的差异，提出了基于修正组合模型的河川径流中长期预报方法。

本节在分析已有算法优缺点的基础上，采用自适应联邦滤波算法构建了中长期多模型径流组合预报框架。自适应联邦滤波算法在分布式传感器、分布式雷达等领域已得到应用，具有严密的数学理论，该框架可扩展性和容错性强，能自适应校正各子预报模型误差与实测径流测量误差，并根据各子预报模型预报精度与稳定性实时更新分配权重。

8.3.2 中长期径流预报模型建立

采用多元线性回归、BP 神经网络、季节自回归和新安江模型分别建立旬径流预报模型。其中季节自回归模型不考虑降雨预报信息，即只考虑统计信息；多元线性回归与BP神经网络以上旬的后 k 天径流量、上旬后 m 天和本旬 $10\sim m$ 天降雨量作为影响因子，建立旬径流预报模型（梁国华等，2009a；梁国华等，2009b），并通过分析1968年到2000年各旬的历史资料，以相关因子最大的原则来确定 k 和 m；新安江模型是通过模拟未来旬各日的径流，来累加得到旬径流量。

由于各预报模型的模型结构不同、预报信息采用的方式不同，所以模型参数的率定与估计的误差也不相同，即各时段预报的精度是多样的，可能有的模型在某些时段预报精度较高，而其他模型在别的时段预报精度较高，所以本节通过自适应联邦滤波算法对多模型预报结果进行融合，来改善预报结果的精度与稳定性。多模型组合预报结构如图8-10所示。

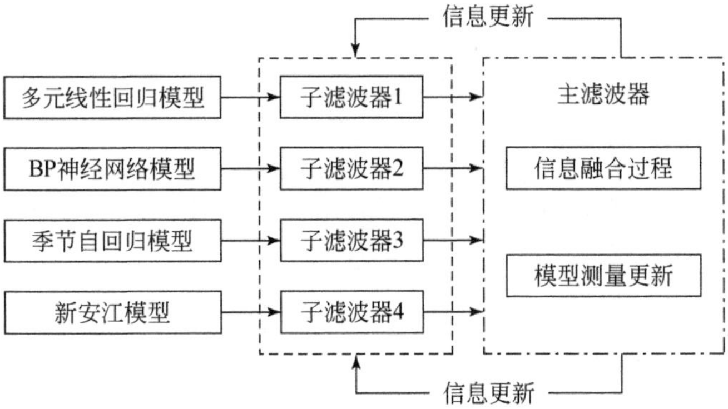

图8-10　多模型预报信息融合结构图

采用流域1968～2000年的实测降雨和径流资料率定模型参数，作为模型参数率定期；2001～2010年实测降雨和径流资料对径流预报模型和融合模型进行预报能力和可靠性验证，作为模型验证期。以上工作主要是力求所建径流预报模型能够较真实的描述该流域的产、汇流特征和统计规律。在此基础上采用2001～2010年美国国家天气局的全球预报系统（GFS）发布的未来10天降雨预报信息进行预报，作为模型预报期。

8.3.3　信息融合模型及评价准则

8.3.3.1　信息融合算法计算步骤

融合模型由子滤波器和主滤波器构成，计算流程如图8-11所示。计算步骤如下。

步骤一：各子滤波器采集径流预报模型信息经子滤波器公式（8-8）计算后，将 k 时段径流估计值 $X^j_{k/k-1}$ 和状态预测误差协方阵 $P^j_{k/k-1}$ 传入主滤波器。

步骤二：将各子模型传入的 $P^j_{k/k-1}$ 采用主滤波器公式（8-11）评价各子模型的预报误差大小，动态分配相应的融合系数 β_j（蔡毅等，2009；王宇飞等，2000），根据公式（8-12）

和（8-13）分别获得融合估计值 $X_{k/k-1}$ 和联邦滤波器融合预测误差协方阵 $P_{k/k-1}$（王宇飞等，2000）。

步骤三：通过步骤二得到 k 时段融合估计值 $X_{k/k-1}$、融合预测误差协方阵 $P_{k/k-1}$ 和子模型融合系数 β_j。经测量得到径流测量值 z_k，采用公式（8-19）对模型测量误差协方阵 R_{k-1} 更新得到 R_k（王宇飞等，2000）；并采用公式（8-14）和（8-15）更新主滤波器融合滤波增益矩阵 K_k 和状态滤波误差协方阵 $P_{k/k}$。利用公式（8-16）在融合估计值和径流测量值基础上更新融合估计值得到融合滤波解。根据融合系数 β_j 采用公式（8-17）分配各子模型状态滤波误差协方阵 $P^j_{k/k}$，将融合滤波解作为时段 k 的真实值同 $P^j_{k/k}$ 传回各子模型。

步骤四：通过主滤波器对输入信息融合与校正后将更新信息返回各子滤波器，各子模型根据返回的校正值 $X^j_{k/k}$ 与子模型估计值 $X^j_{k/k-1}$ 采用公式（8-10）对子模型预报误差协方阵 Q^j_{k-1} 进行校正更新得到 Q^j_k（肖龙远等，2008）。然后公式（8-8）采集 k+1 时段径流预报模型预报值进行估计计算，并采用公式（8-9）在更新后的 Q^j_k 基础上更新得到 $P^j_{k+1/k}$，将 $P^j_{k+1/k}$ 与 $X^j_{k+1/k}$ 传入主滤波器进行 k+1 时段的校正融合。

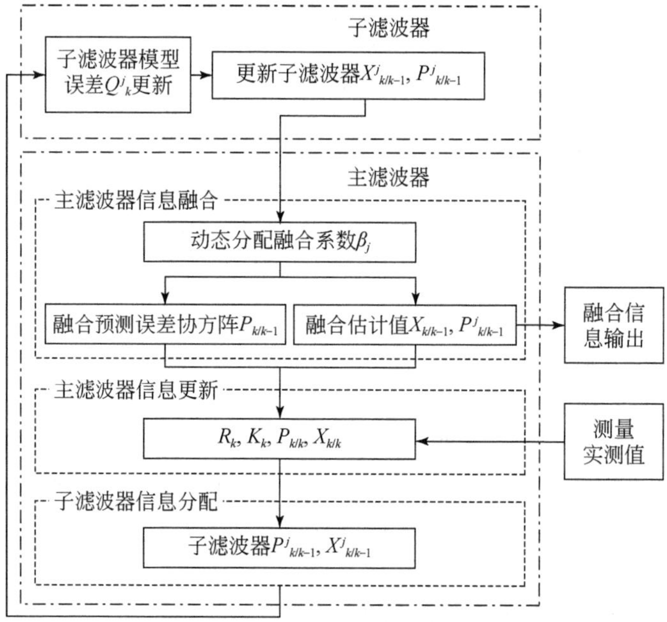

图 8-11　联邦滤波算法流程图

8.3.3.2　自适应子滤波器

利用具有严密数学理论的 Kalman 滤波算法作为联邦滤波器子算法，解决联邦滤波器所面临的数学模型和噪声统计特性不精确的困难，具体表现在对模型噪声和观测噪声的自适应计算，保证联邦滤波器的稳定、克服滤波发散（肖龙远和曾超，2008）。采用本时段预报值、上时段预报值和上时段校正值建立各中长期径流预报模型的估计与校正方程，如式（8-6）和（8-7），其中公式（8-8）为公式（8-7）的矩阵表达形式。

$$X_k^j = \bar{X}_k^j + \lambda \times (\tilde{X}_{k-1}^j - \bar{X}_{k-1}^j) \tag{8-6}$$

$$X_{k,k-1}^j = \begin{bmatrix} 1 & \lambda & -\lambda \\ 0 & 1 & 0 \\ 0 & 0 & 1 \end{bmatrix} \begin{bmatrix} \bar{X}_k^j \\ \tilde{X}_{k-1}^j \\ \bar{X}_{k-1}^j \end{bmatrix} \tag{8-7}$$

子滤波器状态方程为

$$X_{k/k-1}^j = AX_{k-1/k-1}^j \tag{8-8}$$

子滤波器状态预测误差协方阵为

$$P_{k/k-1}^j = AP_{k-1/k-1}^j A^{\mathrm{T}} + Q_{k-1}^j \tag{8-9}$$

子滤波器模型误差自适应估计为

$$\begin{cases} V_k = X_{k/k}^j - X_{k/k-1}^j \\ q_k^j = (k-1)/kq_{k-1}^j + 1/kV_k \\ Q_k^j = (k-1)/kQ_{k-1}^j + 1/k(V_k - q_k^j)(V_k - q_k^j)^T \end{cases} \tag{8-10}$$

式中，j 表示参与信息融合的子模型，即中长期径流预报模型编号；X_k^j 表示时段 k 子滤波器的状态预测值；$\bar{X}_k^j$ 表示 k 时段中长期预报模型 j 的计算结果；$\tilde{X}_{k-1}^j$ 表示 $k-1$ 时段联邦滤波融合模型校正值；λ 表示待定系数，即上时段预报误差影响度；A 表示状态转移矩阵；$X_{k/k-1}^j$ 表示子滤波器 j 的预测值；$P_{k/k-1}^j$ 表示状态预测误差协方阵；$P_{k-1/k-1}^j$ 表示滤波误差协方阵；Q_{k-1}^j 表示模型误差协方阵；$X_{k/k}^j$ 信息融合返回子模型 j 的估计值。

8.3.3.3 自适应联邦滤波器信息融合

联邦滤波器对子滤波器的估计信息进行融合，各子滤波器以平行结构形式与联邦滤波器结合。子滤波器在自适应 Kalman 算法的基础上，分别调整模型预报误差协方阵。通过改进的自适应 Kalman 算法与联邦滤波算法相结合，形成一种基于联邦滤波的自适应算法。该算法使各子滤波器能够随条件变化实时调整各自状态。

1）信息融合过程

$$\beta_j = \frac{\mathrm{tr}\Lambda_j}{\mathrm{tr}\Lambda_1 + \mathrm{tr}\Lambda_2 \cdots \mathrm{tr}\Lambda_N} \tag{8-11}$$

$$P_{k/k-1}^{-1} = \sum_{j=1}^{N} P_{k/k-1}^{j-1} \tag{8-12}$$

$$X_{k/k-1} = \sum_{j=1}^{N} \beta_j X_{k/k-1}^j \tag{8-13}$$

2）测量更新过程

Kalman 滤波算法状态滤波更新：

$$K_k = P_{k/k-1} H_k^T [H_k P_{k/k-1} H_k^T + R_{k-1}]^{-1} \tag{8-14}$$

$$P_{k/k-1} = [I - K_k H_k] P_{k/k-1} \tag{8-15}$$

$$X_{k/k}=X_{k/k-1}+K_k[z_k-H_kX_{k/k-1}] \tag{8-16}$$

$$P_{k/k}^{j-1}=\beta_jP_{k/k}^{-1} \tag{8-17}$$

$$X_{k/k}^j=X_{k/k} \tag{8-18}$$

根据实测信息更新模型测量误差（蔡毅等，2009）：

$$\begin{cases}\tilde{Z}_k=H_kX_{k/k}-z_k\\ r_k=(k-1)/k\times r_{k-1}+1/k\times\tilde{Z}_k\\ R_k=(k-1)/k\times R_{k-1}+1/k(\tilde{Z}_k-r_k)(\tilde{Z}_k-r_k)\end{cases} \tag{8-19}$$

式中，β_j为子滤波器j信息融合系数，Λ_j为子模型j的状态预测误差协方阵对角阵，$\mathrm{tr}\Lambda_j$为Λ_j的迹；$X_{k/k-1}$为融合估计值；$P_{k/k-1}$为融合预测误差协方阵；K_k为融合滤波增益矩阵；$P_{k/k}$为状态滤波误差协方阵；z_k为k时段径流测量值；R_k为测量误差协方阵，H_k为观测矩阵。

8.3.3.4 模型精度与稳定性评价指标

冉笃奎等（2010）在对多个模型预报结果独立分析中发现，在模拟精度和预报精度都相近的情况下，不同模型的预报稳定性仍然有较大的差别。多模型组合预报要求预报结果在减小误差，提高精度的条件下，考虑稳定性的提高。即将稳定性和精度作为评价模型预报能力的指标。预报精度由绝对误差平均值和相对误差均方根表示；稳定性由误差波动幅度和整体误差波动性体现，误差波动幅度计算公式如下：

$$\begin{cases}\tilde{Z}_k=H_kX_{k/k}-z_k\\ r_k=(k-1)/k\times r_{k-1}+1/k\times\tilde{Z}_k\\ R_k=(k-1)/k\times R_{k-1}+1/k(\tilde{Z}_k-r_k)(\tilde{Z}_k-r_k)\end{cases} \tag{8-20}$$

整体误差波动性通过比较预报结果的相对误差变化幅度，采用公式（8-21）进行计算。

$$\begin{cases}\tilde{Z}_k=H_kX_{k/k}-z_k\\ r_k=(k-1)/k\times r_{k-1}+1/k\times\tilde{Z}_k\\ R_k=(k-1)/k\times R_{k-1}+1/k(\tilde{Z}_k-r_k)(\tilde{Z}_k-r_k)\end{cases} \tag{8-21}$$

式中，E_b为波动幅度；$D_{\max}$，$D_{\min}$分别为相对误差最大值和最小值；E_t为整体波动幅度；D_i，D_j为预报的第i、j月份的相对误差，n为预报时段数。

8.3.4 研究实例

浑江桓仁水库流域地处我国东北暴雨中心北部边缘，长白山西坡，多山地，山势陡峭，植被良好，多年平均年雨量为860 mm，70 %的雨量集中在5～10月，大洪水发生在7月下旬至8月中旬。冬季一般从11月开始到翌年3月末或4月初结束，期间主要以降雪为主，在 3 月末或 4 月初开始融雪，河流开始解冻，形成桃汛。

根据桓仁水库流域的水文特点，以 5 月和 11 月为节点，将旬径流预报模型分为丰水期和枯水期两个阶段分别建立模型。桓仁枯水期径流量小，且有较好的相关性；枯水期的信息融合模型采用多元线性回归、BP 神经网络和季节自回归。丰水期径流主要受降雨影响，径流相关性低，陡涨陡落，因此丰水期的信息融合模型采用多元线性回归、BP 神经网络、季节自回归和新安江模型。

8.3.4.1 单模型误差分析及预报能力评价

通过历史降雨与径流资料对枯水期和丰水期建立多种中长期径流预报模型。利用 1968 ~ 2000 年的实测降雨与径流资料建立模型和率定各径流预报模型参数，并采用 2001 ~ 2010 年实测降雨模拟计算旬径流量，验证各预报模型的效率及预报误差分布。统计分析实测径流与各模型模拟计算结果，其各旬模拟计算绝对误差均值与误差最小的模型见统计表 8-11 和表 8-12。从表 8-11 可以看出，枯水期径流量小，3 种预报模型的误差均值相差不大，但 4 月下旬受融雪影响径流突变，误差增加；从表 8-12 可以看出，丰水期径流由于受降雨影响较大，所以季节自回归模型模拟精度相对其他三个模型较差。

由表 8-11 和表 8-12 可知，在旬径流预报过程中，误差最小模型并不是单一模型，而是多模型相互交叉，各模型在不同条件下预报能力各异。将多种预报模型的预报信息进行融合，使各模型达到互补的效果。表 8-11 和表 8-12 显示季节自回归模型预报能力较差，通过多组模型的组合比较，当有季节自回归模型参与时，组合预报效果最好，说明其预报信息在融合中起到了正面效果。但各模型在组合预报中的重要性和对组合预报值的贡献度可以通过组合权重体现出来。对 2001 ~ 2010 年各模型对实测降雨模拟结果的组合权重平均值统计如表 8-13 所示，其权重均值反映了各模型的总体预报能力。

表 8-11　2001 ~ 2010 年枯水期模拟计算绝对误差均值比较

月/旬	多元线性回归	BP 神经网络	季节自回归	误差最小模型
1/上	2. 83	2. 84	4. 25	多元线性回归
1/中	1. 65	1. 60	3. 02	BP 神经网络
1/下	1. 39	1. 51	2. 50	多元线性回归
2/上	0. 94	0. 91	2. 17	BP 神经网络
2/中	2. 45	2. 43	3. 43	BP 神经网络
2/下	7. 44	7. 44	8. 29	多元线性回归
3/上	6. 19	6. 19	7. 03	多元线性回归
3/中	19. 04	19. 04	24. 65	多元线性回归
3/下	27. 96	27. 96	37. 08	多元线性回归
4/上	42. 64	38. 47	59. 04	BP 神经网络
4/中	36. 26	38. 43	64. 06	多元线性回归
4/下	89. 72	87. 36	143. 17	BP 神经网络

续表

月/旬	多元线性回归	BP 神经网络	季节自回归	误差最小模型
11/上	25.66	17.54	26.94	BP 神经网络
11/中	14.91	20.60	22.46	多元线性回归
11/下	12.78	11.83	22.48	BP 神经网络
12/上	9.41	9.33	18.98	BP 神经网络
12/中	4.10	3.69	11.70	BP 神经网络
12/下	3.63	3.92	7.64	多元线性回归

表 8-12　2001 ~ 2010 年丰水期模拟计算绝对误差均值比较

月/旬	多元线性回归	BP 神经网络	季节自回归	新安江模型	误差最小模型
5/上	57.11	85.20	195.13	76.91	多元线性回归
5/中	48.95	38.13	82.83	58.96	BP 神经网络
5/下	78.64	69.60	109.81	57.10	新安江模型
6/上	69.66	50.31	87.04	87.46	BP 神经网络
6/中	88.94	83.35	126.73	96.35	BP 神经网络
6/下	80.74	82.32	116.77	74.54	新安江模型
7/上	138.50	149.95	201.49	178.89	多元线性回归
7/中	156.75	168.87	173.79	179.21	多元线性回归
7/下	183.95	175.16	368.12	169.64	新安江模型
8/上	288.73	326.86	341.70	206.76	新安江模型
8/中	244.33	295.81	286.08	252.13	多元线性回归
8/下	189.96	155.39	325.27	187.29	BP 神经网络
9/上	86.86	57.74	139.12	91.39	BP 神经网络
9/中	30.00	28.28	76.48	21.84	新安江模型
9/下	42.72	75.57	75.95	35.88	新安江模型
10/上	22.95	22.52	42.21	16.25	新安江模型
10/中	16.72	39.51	23.37	21.28	多元线性回归
10/下	21.34	24.81	22.41	24.48	多元线性回归

表 8-13　多模型组合预报权重均值

项目	多元线性回归	BP 神经网络	季节自回归	新安江模型
非汛期	0.39	0.37	0.24	—
汛期	0.28	0.26	0.19	0.27

8.3.4.2 多模型信息融合的组合预报

由于各单一预报模型的建模和参数选择或多或少存在误差，采用联邦滤波算法将多个单模型预报信息进行融合，要求结果在提高预报精度的同时还需增强模型的稳定性。统计分析其预报精度和稳定性指标发现，融合后的预报结果精度和稳定性均有提高。表 8-14 中枯水期绝对误差较小，但波动幅度较大，主要原因是 3 月下旬至 4 月上旬为桓仁水库流域融雪期，融雪产生的径流量与过程受冬季降雪量和当前温度等因素影响，受资料的限制，对该时间段的径流预报较困难。丰水期桓仁流域径流量主要受降雨和下垫面的影响，在预报中采用 2001 ~ 2010 年 GFS 发布的降雨信息预报未来旬的径流量，预报误差主要来源于降雨预报误差和模型误差。在单模型中，多元线性回归预报效果要优于新安江模型，主要原因有两点：①新安江模型采用 GFS 发布的降雨过程作为模型降雨信息输入，多元线性回归采用预报累积量作为输入，降雨累积量可在一定程度上减少降雨过程预报不准确带来的误差；②新安江模型对前期影响雨量和流域蒸发较为敏感，在预报过程中对二者的计算存在误差。利用信息融合技术将各模型预报结果进行组合可在一定程度上降低各模型误差带来的影响，并能有效地提高模型的稳定性。根据《水文情报预报规范》SL250—2000 规定径流中长期预报误差以多年变幅的 20 % 作为评定标准。2001 ~ 2010 年汛期与非汛期各旬预报合格率如表 8-15 和表 8-16 所示。

表 8-14 模型预报精度及稳定性评价指标

项目		多元线性回归	BP 神经网络	季节自回归	新安江模型	组合
枯水期	平均绝对误差	16.61	17.05	24.38	—	15.95
	均方误差	34.72	35.39	48.20	—	32.21
	波动幅度	428.70	458.40	402.50	—	333.78
	整体波动	65.83	63.69	69.65	—	63.50
丰水期	平均绝对误差	98.71	104.97	155.24	106.46	90.60
	均方误差	176.43	199.26	263.32	179.16	163.46
	波动幅度	1617.90	2152.00	2281.00	1783.34	1446.39
	整体波动	160.98	165.89	176.07	154.77	150.41

表 8-15 2001 ~ 2010 年非汛期各旬径流预报合格率 （单位:%）

月/旬	多元线性回归	BP 神经网络	季节自回归	组合预报
1/上	90	90	90	80
1/中	100	100	90	90
1/下	100	100	80	100
2/上	90	100	60	90
2/中	80	80	60	80
2/下	70	70	40	80

续表

月/旬	多元线性回归	BP 神经网络	季节自回归	组合预报
3/上	80	60	70	70
3/中	60	60	60	60
3/下	70	80	60	70
4/上	60	70	70	70
4/中	90	80	90	90
4/下	80	80	60	80
11/上	100	100	90	90
11/中	90	90	70	90
11/下	90	90	70	90
12/上	80	70	40	80
12/中	80	70	40	80
12/下	90	90	70	90

表 8-16　2001 ~ 2010 年汛期各旬径流预报合格率　(单位:%)

月/旬	多元线性回归	BP 神经网络	季节自回归	新安江模型	组合预报
5/上	70	60	10	70	70
5/中	70	90	50	70	80
5/下	80	80	30	80	90
6/上	70	80	60	70	80
6/中	80	70	50	70	80
6/下	80	80	80	80	80
7/上	60	50	50	50	70
7/中	70	50	70	50	70
7/下	80	80	60	80	80
8/上	100	80	70	100	100
8/中	60	70	70	70	70
8/下	70	80	60	60	90
9/上	90	90	30	90	90
9/中	90	90	40	100	90
9/下	80	80	30	80	80
10/上	90	90	80	90	90
10/中	90	70	90	80	90
10/下	90	100	100	90	100

8.3.4.3 预报结果对比分析

对比分析基于 GFS 降雨预报信息的各单一预报模型在 2001 ~ 2010 年各旬径流预报结果，通过自适应联邦滤波算法将各模型预报信息进行融合，可在一定程度上减小预报误差，如图 8-12 所示。在图中 2001 年和 2007 年丰水期通过各模型预报结果自适应分配权重，组合预报值精度相对多元线性回归、BP 神经网络和季节自回归有明显提高。从整体上来看，组合预报有利于预报精度的提高和抗预报误差波动。当 GFS 发布的降雨预报信息误差较大时，各模型预报值均相应的偏大或偏小。如 2007 年 7 月下旬降雨预报偏大，3 个考虑降雨信息的预报模型均预报偏大；该时段季节自回归模型预报值偏小，组合后预报值误差减小，由表 8-13 模型权重分布可知季节自回归模型影响程度较低，但仍起到了积极作用。

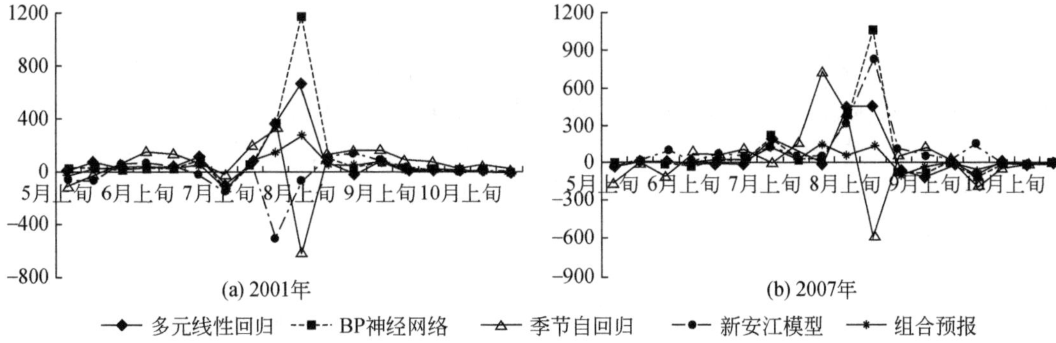

图 8-12 2001 年和 2007 年各预报模型旬径流预报误差

8.4 基于模糊推理和关联规则分析的河道洪水预报

8.4.1 研究背景

在较大流域范围内，对于天然河道情况比较复杂的河系，在已知上游各测站流量水位时，如何利用河道洪水预报模型及时准确地预报下游河道特征值是一个实践性很强的重要问题。例如，1998 年松花江流域大洪水中，哈尔滨站发生的 50 年一遇的大洪水，就是由嫩江流域 7 月、8 月初、8 月中旬的 3 次洪水传入松花江而引起（水利部松辽水利委员会，2002）。目前河道洪水预报的方法主要分为三类：一是以河道汇流机制为基础的概念预报模型，如马斯京干法（赵人俊，1984）；二是以对历史洪水资料分析和模拟为主，而对洪水成因考虑比较少的黑箱预报模型，如神经网络法（朱星明等，2005；Kim Barros，2001）；三是建立在对水流一维或二维概化基础上的数学预报模型（Aronica et al.，1998）。这三类方法各有特点。概念预报模型物理概念明确，精度可靠且操作方法简单，但许多环节上要借助于概念性元素的模拟或基于经验函数关系，而这些关系难以反映复杂的水文现象和物理作用机制。黑箱预报模型在历史数据的基础上通过复杂的非线性计算对洪水传播过程进行模拟，建模简单，可以通过自学习的方法识别某条河道的洪水演进规律，但黑箱模型由于自身对数据的依赖性比较强且缺乏明显的物理关系，容易出现水文峰值预报不准、内部过于复杂导致计算时间过长等问题。基于概化数值计算的数学预报模型近年取得了较大的发展椴但对于支干汇流频繁交汇的河系仍很难模拟。

本节介绍的模糊推理预报方法的基本思想是：根据模糊控制理论，将流量用模糊语言描述；通过历史数据的关联规则分析确定模糊推理规则集，建立基于 IF-THEN 规则的模糊推理机；然后再通过对历史洪水资料的分析得出相应参数从而建立模糊推理洪水预报模型；最后根据已知和未知的模糊关系来预报未来出现的流量数值。

8.4.2 T-S 模糊推理

模糊控制的主要优势是可以将一些模糊的概念用科学的更符合逻辑的模糊方法来表述。目前模糊控制领域应用最为广泛的推理方法是 Mamdani 模糊推理（Mamdani and Assilian，1975）和 T-S 模糊推理（Takagi et al.，1985），前者主要分为三个清晰阶段：模糊化、模糊逻辑推理、反模糊化，即 Mamdani 模糊规则推理得到的是一个模糊集，必须通过第三个阶段将它反模糊化，从而得到一个数值型的清晰的结果，T-S 模糊推理和前者的不同之处在于它将前者的第二、三阶段合二为一，即模糊规则的结论部分是一个由多个输入值组合的数值型清晰结果，由于河道洪水从成因上分析是由上游各支流洪水传播及流域区间降雨径流组合引起的，这与 T-S 模型的结构比较类似，本章选用 T-S 模糊推理方法进行河道洪水预报。

对于 T-S 模糊推理方法，模糊推理机的控制规则如下：

$$\begin{aligned}&\mathrm{Rr}:\mathrm{IF}(x_1 \text{ is } A_r^{(1)}, x_2 \text{ is } A_r^{(2)}, \cdots, x_p \text{ is } A_r^{(p)})\\&\mathrm{THEN}\ y_r = f_r(x_1, x_2, \cdots, x_p)\end{aligned} \tag{8-22}$$

式中，Rr 表示第 r 个规则；x_1，…，x_p表示 p 个输入变量；$A_r^{(1)}$，…，$A_r^{(p)}$为每个输入变量的模糊子集；y_r为第 r 个推理规则的输出，可以用各个输入的线性组合来表示，如

$$y_r = f_r(x_1, x_2, \cdots, x_p) = b_r(0) + b_r(1)x_1 + \cdots + b_r(p)x_p \tag{8-23}$$

整个模糊推理系统的最终输出利用重心法得出为

$$y = \frac{\sum_{r=1}^{k} \alpha_r y_r}{\sum_{r=1}^{k} \alpha_r} = \frac{\sum_{r=1}^{k} \alpha_r f_r(x_1, x_2, \cdots, x_p)}{\sum_{r=1}^{k} \alpha_r} \tag{8-24}$$

式中，α 为第 r 个模糊规则与模型输入的贴近度，由第 r 个规则的 p 个输入值的相对应的 p 个模糊隶属度取小得到；k 为模糊规则数目。

8.4.3 基于关联规则分析的模糊规则确定方法

目前椴模糊推理应用中存在的一个主要问题是模糊规则会随着输入变量的增加而导致

指数级增长，过多的规则不仅使模型复杂，计算时间过长，而且对提高精度不一定有显著的作用。例如，Russell 和 Campbell（1996）提出了一种模糊推理模型来推求水库最有效运行规则，并认为模糊推理在水库调度中有发展前途，但易受到“维数灾”的影响。在实际控制系统中，并不是所有的组合都会出现，有不少组合不会出现，还有一些组合出现但对应用没有意义。因此如何在保证模糊推理精度的前提下尽可能减少模糊规则数，使控制算法简单、可行，是应用中的一个重要问题。

关联规则分析是数据挖掘研究的一个重要分支。该问题由 Agrawal 等（1993）在对市场购物篮问题进行分析时首次提出，用以发现商品销售中的顾客购买模式。本文从河道洪水的历史资料中进行预报关联挖掘，尝试得到合理的上游各支流河道流量和下游干流河道的流量相关性信息，从而建立简化的模糊规则集合。

8.4.4 基于模糊推理的河道洪水预报模型

基于模糊推理的河道洪水预报模型主要分为三个部分：一为数据预处理阶段，即将河道历史流量或水位数据处理为符合预报要求提前时段的数据集；二为模型模糊规则集和模型参数的生成阶段，即基于历史数据利用优化方法将规则库中相应规则的参数生成；三为基于模糊推理机利用输入的上游河道流量（水位）推理下游流量（水位）的推理过程，最终生成预报结果。在应用过程中，洪水传播时间随流量而变化，汇流预报时考虑上游一个流量系列往往更合理，但是对影响下游某时段流量（水位）的时间系列长度往往很难确定，因此本文的规则参数取的是洪水平均传播时段前的流量（水位）及相应变化趋势，从成因角度分析，通过不同的涨落变化趋势结合不同的流量（水位）来考虑洪水传播能在一定程度上解决传播时间难以确定的问题，同时又对模型作了相应简化。整个过程流程图如图 8-13 所示。

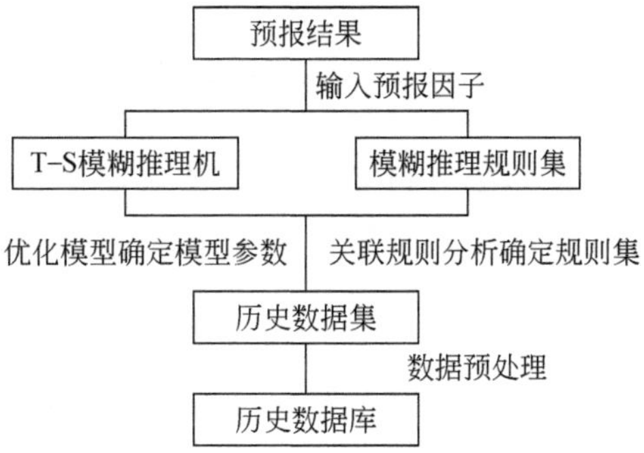

图 8-13　基于模糊推理的河道洪水预报流程

下面以一个简单的河道洪水传播为例来介绍模型如何运行。假如 a 河流来水主要受上游编号为 1，2，…，n 的 n 条河流来水的影响。现已有部分这 $n+1$ 条河流的历史数据，已知一个时段前的上游 n 条河流控制站的流量，预测 a 河的某控制站一个时段后（为简化介绍，假设各支流到 a 河洪水传播时间相同，都为一个时段）的流量，过程如下。

（1）确定上游条河流控制站流量的各个模糊子集的隶属度函数

将流量分为三个模糊子集：低流量、中流量和高流量。假设经过对历史数据的聚类分析，棳模糊隶属度函数如下式：

$$f_i(Q_i)=\begin{cases} m_1^i(Q^i) \\ m_m^i(Q^i) \\ m_h^i(Q^i) \end{cases} \tag{8-25}$$

其中，$m_1^i(Q^i)$、$m_m^i(Q^i)$、$m_h^i(Q^i)$ 分别代表第 i 条支流控制站流量属于低、中、高流量的隶属度函数。

（2）确定模糊规则集

n 条河流，3 种模糊状态，共有 3^n 条模糊规则，部分如下：

R_1：IF（Q^1是低流量，Q^2是低流量，…，并且 Q^n 是低流量）THEN Q^a是……；

R_2：IF（Q^1是低流量，Q^2是中流量，…，并且 Q^n 是低流量）THEN Q^a是……；

…

R_{3^n}：IF（Q^1是高流量，Q^2是高流量，…，并且 Q^n 是高流量）THEN Q^a是……；

规则中 Q^1，Q^2，…，Q^n，Q^a分别代表支流 1，支流 2，…，支流 n 和干流 a 相应控制站的流量。现将 n+1 条河流的历史流量信息利用隶属度式（8-25），同时基于最大隶属度原则将数据整理后列入表 8-17。表中每条记录对应一个历史时间 t，n 条支流的流量即是 t 时刻该河的流量，而 a 河流的流量是 $t+\Delta t$ 时刻后的流量。

表 8-17　河流历史流量记录

记录数	支流 1	支流 2	…	支流 n	河流 a
1	高	中	…	高	高
2	高	低	…	中	中
⋮	⋮	⋮	…	⋮	⋮

利用关联规则分析的主要算法 Apriori（Agrawal et al.，1993），对数据集挖掘步骤如下。

步骤 1：设 $I=\{i_{11}, i_{12}, i_{13}, i_{21}, i_{22}, i_{23}, \cdots, i_{n1}, i_{n2}, i_{n3}, i_{01}, i_{02}, i_{03}\}$ 是项的集合，每一项依次代表支流 1，支流 2，……，支流 n，河流 a 的流量高、中、低的属性。将整理后的数据记录放入数据集 D 中，D 中的每条记录 T_j是一个项集，$T_j \subseteq I$ 且 $j\in\{1, \cdots, N\}$，其中 N 为所有的记录数。例如表 8-17 中的第 1 条记录 $T_1=\{i_{13}, i_{22}, \cdots, i_{n3}, i_{03}\}$，代表 T_1时刻支流 1 为高流量，支流 2 为中流量，……，支流 n 为高流量，河流 a 在 $T_1+\Delta t$ 时刻后为高流量，其中 Δt 为预见期。数据集 D 中共有 N 条记录 $\{T_1, \cdots, T_N\}$。

步骤 2：指定要挖掘出的规则的约束条件，即制定规则形式，本例中指定规则后项为河流 a 的流量。确定最小支持度 min_sup 和信任度 min_conf。

步骤 3：逐层迭代生成频度项集。根据最小支持度，首先扫描所有记录，找出所有的频度 1 项集 $L=\{i_{kl}\}$，即满足条件 $\sum T_{kl}/N > \text{min\_sup}$，其中 $\sum T_{kl}$ 为所有记录中包含 ikl 的记录个数，$k\in\{1, \cdots, n\}$，$l\in\{1, 2, 3\}$。然后在 1 项集的基础上依次扫描所有记录，依次生成所有的频度项集 L_1，…，L_m，其中 m 为频度项集中项的个数。

步骤 4：针对每个频度项集 l，产生 l 的所有非空子集。对于 l 的每个非空子集 s，如果 $\text{support}(l)/\text{support}(s)\geqslant \text{min\_conf}$，则输出规则为 $s\Rightarrow(l-s)$，其中 $\text{support}(l)$ 和 $\text{support}(s)$ 分别代表所有记录中包含两个项集的记录数。

步骤 5：评估所有生成的规则，分析水文信息关联性。

关联规则挖掘算法主要目的是从历史数据的角度分析 a 河流一般在上游各支流分别处在什么条件下，也就是在什么样的推理规则下容易频繁出现高流量情况，从而对推理规则集进行优化，将对洪水传播意义不大的规则组合进行删除或合并，将 3^n 条规则简化为 M 条规则，$M<3^n$，最大限度地减少规则集合的数目，从而解决模糊推理中规则数过多的问题。

(3) 确定各模糊规则中河流 a 流量 $Q^{\rm a}$ 的表达式

由式 (8-23) 看出，在 T-S 模糊推理模式中，a 河的流量可以认为主要是由上游 n 条支流汇流以及各支流测站至 a 河测站间的降雨汇流组成，这里 $p=n$。为简化问题，假设忽略河段间区域的降雨汇流，即常数项 $b_r(0)=0$。则式 (8-23) 简化为

$$
\begin{aligned}
&\mathrm{R}_1: Q_1^{\rm a}=x_{11}Q_1^1+x_{12}Q_{\rm m}^2+\cdots+x_{1n}Q_{\rm m}^n\\
&\mathrm{R}_2: Q_2^{\rm a}=x_{21}Q_{\rm m}^1+x_{22}Q_{\rm m}^2+\cdots+x_{2n}Q_{\rm m}^n\\
&\qquad\vdots\\
&\mathrm{R}_M: Q_M^{\rm a}=x_{M1}Q_{\rm h}^1+x_{M2}Q_{\rm h}^2+\cdots+x_{Mn}Q_{\rm h}^n
\end{aligned}
\tag{8-26}
$$

以上是简化后的 M 条规则的表达式，x_{23} 代表第 2 条规则中支流 3 流量的权重参数。其中 Q_1、$Q_{\rm m}$、$Q_{\rm h}$ 分别代表低、中、高流量。式中各子式得到的结果为在各个规则下 a 河的流量输出值。

(4) 整理历史数据集

整理历史数据集为 $\{Q_i^1, Q_i^2, \cdots, Q_i^n, Q_i^{\rm a}, \alpha_{1i}, \alpha_{2i}, \cdots, \alpha_{ki}, \cdots, \alpha_{Mi}\}$，$i=1, \cdots, N$，其中 Q_i^1，Q_i^2，…，Q_i^n 代表第 i 条历史记录中支流 1，支流 2，……，支流 n 在 t 时刻的真实流量；$Q_i^{\rm a}$ 代表第 i 条历史记录中，a 河流在 $t+\Delta t$ 时段后的真实流量；N 为历史记录的个数，α_{ki} 为第 i 条记录属于第 k 个规则 ($k=1, \cdots, M$) 的隶属度，用下式求得：

$$
\alpha_{ki}=\min\{\alpha_{ki}^1,\alpha_{ki}^2,\cdots,\alpha_{ki}^n\} \tag{8-27}
$$

其中，α_{ki}^1，α_{ki}^2，…，α_{ki}^n 分别代表各支流流量分别属于规则 k 中相应支流流量级别的隶属度，用式 (8-25) 求出。

(5) 建立针对各个规则的优化模型，解出各个规则中各支流的流量权重参数。

如针对规则 $k(k=1, \cdots, M)$，建立基于最小距离平方和的约束优化模型：

$$
\min\sum_{i=1}^{N}\alpha_{ki}^2\,(Q_i^{\rm a}-x_{k1}Q_i^{\rm a}-x_{k2}Q_i^{\rm a}-\cdots-x_{kn}Q_i^n)^2 \tag{8-28}
$$

通过式 (8-28) 解出针对规则 k 的各支流流量权重参数 x_{k1}，x_{k2}，…，x_{kn}，即为

式（8-26）中第 k 行的参数；同理可求出式（8-26）中所有权重参数。

（6）运用模型进行预报

模型输入信息为 t 时段的各支流的流量 Q^1，Q^2，…，Q^n，利用式（8-25）、（8-26）可得到 α_1，α_2，…，α_M；将 $\{\alpha_1 Q^1, \alpha_1 Q^2, \cdots, \alpha_1 Q^n\}$，…，$\{\alpha_M Q^1, \alpha_M Q^2, \cdots, \alpha_M Q^n\}$ 的值与步骤（5）中得到的参数代入式（8-24）中的各个子式，可分别得到 Q_1^a，Q_2^a，…，Q_M^a，将 α_1，α_2，…，α_M 及 Q_1^a，Q_2^a，…，Q_M^a 代入式（8-22），得结果 Q^a，即最终预报结果。

以上模型介绍时，为了简化描述，采用了一些假设，如各支流洪水传播时间假定相同、没有考虑水势变化等，在实例研究中都详细地给予考虑。

8.4.5 应用实例

本节以嫩江流域的诺敏河上的古城子、讷谟尔河上的德都、嫩江干流上游的阿彦浅 3 个河道控制站为对象，研究嫩江干流下游同盟的河道洪水预报。同盟站来水主要由以上 3 个干支流洪水传播产生，因此选取干支流上具有代表性质的三站进行分析。由于与诺敏河、讷谟尔河、嫩江干流上游流域比较，从古城子、阿彦浅、德都到同盟站之间的流域面积比较小，忽略了此区间的降雨对同盟站的影响。选取该流域历史上相对丰水年 1973 年、1978 年、1979 年、1980 年、1984 年、1988 年的汛期四站径流为训练数据建立预报模型，使用分别代表小、中、大、特大洪水级别的 1982 年、1983 年、1989 年、1969 年的汛期四站径流数据对模型进行检验。其中提前时间段为该河段的河道洪水平均传播时间，预报时段长为 1 d。

本节将训练数据中阿彦浅、古城子、德都的流量分别进行聚类分析，利用 C-means 法将三站流量分别聚为低、中、高流量。以得到的聚类中心为参考，三站的流量隶属度函数均采用线性函数表示，如图 8-14。

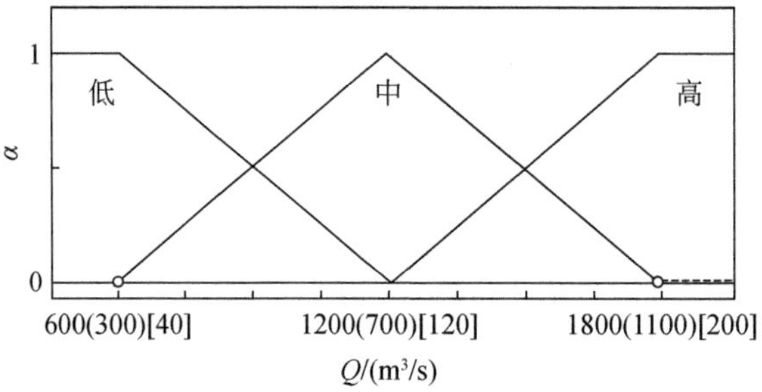

图 8-14　三站隶属度函数图

上游各河道不同的流量变化趋势必然导致下游组合洪水的不同特性，因此把流量变化因素引入属性中无疑是更合理的。本节进一步考虑流量的变化，各河道流量与上一个时段的流量比较，根据经验将流量增加大于 5 %、在 5 % 和−5 %、小于−5 % 分别设为流量涨、平、落。前三站的流量级别通过最大隶属度的原则确定，同盟站的流量级别通过聚类方法得到。

利用整理后的数据进行关联规则挖掘，挖掘在何种组合下，同盟站可能出现高流量情况。不同的应用具有不同的特点，例如在商品零售业的关联挖掘中，一般最小支持度设在 2 %~5 %，最小置信度在 60 % 左右。对于本例来说，如果最小支持度和最小置信度设得偏小，会使挖掘的规则数过多从而达不到简化的目的；如果最小支持度和最小置信度设得偏大，又会使挖掘的规则集过于简化，使模糊推理的精度降低。本例根据洪水传播特点，利用多种最小支持度、最小置信度的组合进行挖掘，最后得出最小支持度为 5 %，最小置信度为 60 % 时挖掘的规则集较好。通过此方法得到的结果部分如下：

阿彦浅中流量 and 古城子高流量=>同盟高流量

阿彦浅高流量 and 古城子中流量=>同盟高流量

阿彦浅高流量 and 古城子高流量=>同盟高流量

阿彦浅中流量 and 古城子中流量=>同盟高流量

德都高流量 and 阿彦浅高流量 and 古城子低流量=>同盟高流量

阿彦浅涨水 and 古城子涨水=>同盟高流量

…………

从挖掘结果可以看出这样一些特点：①由于流量量级小，德都站的流量对同盟洪峰影响不大。②阿彦浅和古城子的洪峰组合往往引起同盟的洪峰。③在趋势组合中，德都的趋势可以忽略不计，阿彦浅和古城子最多的组合是同涨或同落，其次是涨平、落平等组合；涨落和落涨的组合很少。

鉴于以上特点，对规则集进行如下的简化：①将德都的流量级别重新划分为 2 种：一种为中低流量、一种为高流量。同时德都的流量趋势因为对下游影响较小，在规则中不予考虑。②将阿彦浅和古城子的流量组合简化为高中、中高、高高、中中、中低、其他等 6 种组合。③将阿彦浅和古城子的流量趋势组合分为涨涨、落落、平落或涨平、平涨或落平、其他等 5 种组合。根据以上 3 条原则确定的规则共有 $2\times6\times5=60$ 条，远小于原来的 3 条支流、3 个流量等级、3 种趋势所组成的 729 条规则。部分规则如表 8-18 所示。

使用带有约束的优化模型确定模型参数，部分规则见表 8-19。

表 8-18　模糊推理规则集

规则	德都		阿彦浅		古城子	
	流量	趋势	流量	趋势	流量	趋势
⋮	⋮		⋮	⋮	⋮	⋮
6	高		中	落	高	落
7	高		中	落或平	高	平或涨
8	高		中	平或涨	高	落或平
9	中或低		高	涨	中	涨
10	中或低		高	落	中	落
⋮	⋮		⋮	⋮	⋮	⋮

表 8-19　模糊推理洪水预报规则

规则	IF			THEN
	德都 Q_1	阿彦浅 Q_2	古城子 Q_3	同盟
⋮	⋮	⋮	⋮	⋮
17	中低	高（涨）	高（涨）	$1.1067Q_1+1.1878\ Q_2+0.6646\ Q_3$
18	中低	高（落）	高（落）	$0.9723Q_1+1.1680\ Q_2+1.0206\ Q_3$
19	中低	高（落、平）	高（平、涨）	$0.7682Q_1+0.8906\ Q_2+1.1924\ Q_3$
20	中低	高（平、涨）	高（落、平）	$0.9765Q_1+1.193\ Q_2+0.8850\ Q_3$
⋮	⋮	⋮	⋮	⋮

选取洪水峰值分别在 1500～2000 m³/s 的 1982 年汛期、3000～4000 m³/s 的 1983 年汛期、6000～8000 m³/s 的 1989 年汛期和 8000 m³/s 以上的 1969 年汛期作为模型检验数据集。利用模糊规则集分别对这 3 个汛期同盟流量进行模糊推理，得到结果见图 8-15。为了便于比较，将分段马斯京根法的预报结果与实测流量值也绘于图 8-15。两种方法预报的结果见表 8-20。

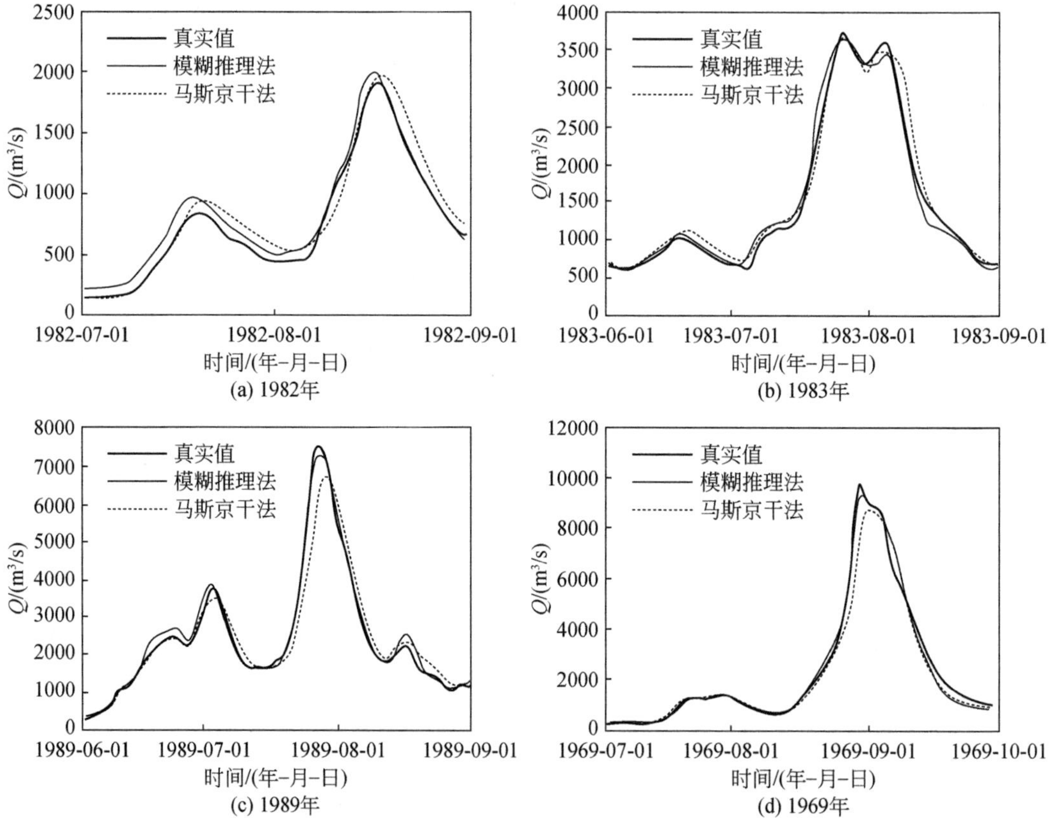

图 8-15　1982 年、1983 年、1989 年、1969 年汛期同盟站流量预报结果对比

表 8-20 模糊推理法与马斯京根法洪水预报成果

峰值范围/(m^3/s)	洪号	模糊推理法			马斯京根法		
		峰值相对误差/%	峰现时间相对误差/时段数	洪水总量误差/%	峰值相对误差/%	峰现时间相对误差/时段数	洪水总量误差/%
0～3000	19820707	15.55	-1	22.89	13.23	0	20.67
	19820804	5.73	-1	4.59	3.26	1	5.79
	19830610	5.02	0	2.89	6.54	3	6.03
	19890605	7.96	0	9.20	0.59	1	0.33
	19890813	11.28	0	8.07	0.63	1	8.95
3000～5000	19830706	-2.52	0	3.65	-2.11	1	-1.34
	19830802	-4.74	1	-5.82	0.28	1	3.53
	19890629	2.82	0	2.23	-7.46	1	3.28
>5000	19690811	-4.75	1	-1.78	-10.69	2	-5.99
	19890717	-3.67	1	-0.10	-10.50	2	-5.15

从图 8-15 与表 8-20 可以看出，在本节例中，模糊推理预报高流量过程精度要好于马斯京根法，但对低流量过程的预报精度和马斯京根法差不多，其重要原因是模糊规则集简化确定的原则减少了对低频率、低流量预报结果的精度。而对于基于水量平衡方程和槽蓄方程的马斯京根法而言，在本例中一是由历史资料率定的参数不是很稳定，二是因参数的均化及演算方法本身的原因，造成演算的出流过程存在着一定的系统偏差，表现为有一定的滞后性，但马斯京根法相对简单实用，当参数率定较准时，在河流交汇不频繁的流域仍有一定的应用空间。

8.5 多维复杂关联因素下的大坝变形动态建模与预测分析

8.5.1 研究背景

我国大坝建设取得了举世瞩目的成就，目前已有三峡、锦屏等一批大型水电工程（Jia，2016；顾冲时等，2018）。大坝数量急剧上升，大坝溃决造成的损失亦随之增加，这将加强大坝安全管理摆到了更为重要的位置。大坝安全监测是大坝安全管理的重要内容，同时是掌握大坝运行性态的主要手段（吴中如，2003；李雷，2006）。鉴于此，对安全监测资料进行综合分析是评判大坝安全状况的最直接有效的方法之一。其中，大坝变形观测资料易于获取，能直观可靠地反映大坝服役性态，故常运用数学模型和坝工理论构建大坝变形监控模型（Li et al.，2019）。建立可靠的大坝变形监控模型对于及时发现安全隐患、保障大坝稳定运行具有重要意义。

大坝与基岩有机构成一个复杂时变的动力系统，其变形、渗流等效应量（又称响应变量）自身具有不确定性、高度非线性等特征（李萌等，2016；吴斌平等，2016）。在系统内部，各变形监控点观测数据序列之间往往存在交叉相似性，尤其是同一坝段不同高程的变形数列。此外，大坝在服役期间始终受到降水、库水位、坝址气温等外部环境因子（又称解释变量）的耦合作用，即具有多诱因性（刘晗等，2019；吴中如和陈波，2016）。因子间亦存在显著的交互效应（简称因子相关性），例如库区降水量、气温势必会影响上下游水位变幅，进而引起变形性态的变化。就整体而言，关于大坝变形的复杂关联性主要体现在单一因子内部、多因子之间、变形与因子之间、单一变形数列内部以及多测点变形数列之间等 5 个维度上。需要说明的是，单一环境因子内部的关联性并不属于大坝安全监控研究的范畴，至于单一变形数列内部的关联性，可李明超等（2018）的贝叶斯框架下的大坝变形交互式时变预测模型的研究。因此，本节将重点对多因子之间、变形与因子之间以及多测点变形数列之间的关联性在大坝变形动态建模中的应用展开研究。

大坝变形监控模型是多维复杂关联性以数学形式表达的集成载体。目前，国内外常用的数学建模方法主要包括数理统计法、时序分析法和因果建模法等（李富强，2012；魏博文等，2015）。因果建模法由于适合处理复杂输入-输出关系且能够整合多元监测信息，现已成为应用最广泛的大坝变形数学建模方法。该方法一般根据历史监测资料找出响应变量与其解释变量之间的因果关系来建立相应的数学模型，然后通过求解对效应量作出估计（梅泽宇，2013；Bui et al.，2018）。例如，张豪和许四法（2011）根据各因子的特性，利用经验模态分解和支持向量机（support vector machine，SVM）构建出多尺度大坝变形监控模型。Kang 等（2017）提出了一种基于极限学习机的混凝土坝变形监控模型，并通过实例证明了该模型的有效性。Su 等（2018）采用相空间重构、改进粒子群优化小波支持向量机等算法建立了大坝变形组合预报模型，并将其应用于实际工程。总而言之，大坝变形与环境因子间的因果关系是构建上述模型的基础。然而，多数因果模型赋予不同因子的输入权重几乎一致（李麟玮等，2018），实则各因子对于大坝变形的影响程度是不同的，并且会随着时间的推移而不断变化。Dai 等（2018）借助统计模型优化随机森林的方法证实了这一观点，但其仍着重于静态差别，而未顾及因果关系的动态演化过程。

大坝变形数学建模仅考虑动态因果关系是不够的。因子相关性会对模型的准确性和稳定性产生影响，特别是统计模型（杨杰等，2004）。尽管运用简单剔除（Wei et al.，2018）（如逐步回归）、合并降维（刘昊元，2014）（如主成分分析）等方法可以减小其影响，但仍未从根本上解决该问题。从模型角度考虑，以 SVM 为代表的非线性模型（如随机森林等）不易受因子相关性的影响（尚珂，2015），进一步体现出非线性因果建模的优越性。此外，监测信息利用不充分，比如忽略多测点变形数列之间的相似性，会导致多测点监控模型的泛化能力不足。文献调研发现，目前国内外有关多测点变形数列相似性的研究相对较少，已有研究多集中于插值填补（柯善亮等，2012）、异常检测（郑付刚，2016）等方面，这足以说明直接将序列相似性应用于数学建模尚未引起学术界的广泛关注。于是，本节将因子相关性和序列相似性纳入到大坝变形动态监控模型之中。

综上，本节拟开展综合考虑动态因果关系、因子相关性以及序列相似性等多维关联性影响下的大坝变形动态建模及应用研究，其主要包括以下四个方面的内容：①传统因果建模中，各环境因子与大坝变形间的因果关系多用静态线性相关系数来量化，难以体现两者间的动态非线性演化过程为真实反映因果关系，提出一种动态非线性因果关系检验方法（dynamic nonlinear causality test，DNCT）；②针对如何衡量多测点变形数列间的相似性以及如何将其应用于大坝变形数学建模等问题，分别提出标准化动态时间规整算法（normalized dynamic time warping，NDTW）和交叉多输出模型改进措施；③为验证考虑因子相关性的必要性，引入一种耦合方差扩大因子（variance inflation factor，VIF）和条件数（condition index，CI）的相关性诊断方法（VIF and CI- based coupling collinearity Test，VCCT）；④结合工程实例，就如何将上述复杂关联性集成于同一大坝变形数学模型中这一难题，总结提出一种兼顾相关性和相似性的大坝变形动态监控模型（causal model combining correlationwith similarity，CMCS），并将其与传统常用模型进行对比。

8.5.2 总体框架

根据环境因子及多测点变形数列等监控资料，在充分考虑动态因果关系、因子相关性以及序列相似性等多维关联性影响的前提下构建大坝变形动态监控模型（CMCS），并将该模型应用于实际工程，研究框架如图 8-16 所示。

1）在维度层面上，建立因子集是探讨多维复杂关联性的基础，遂以坝工理论和数理统计方法为依据对环境因子进行合理筛选。

2）在关联层面上，将多维关联性细分为动态因果关系、因子相关性以及序列相似性等三个维度，从而降低数学建模的复杂度。

3）在检验层面上，为全面验证考虑多维复杂关联性的必要性，从上述三个维度出发提出对应关联性的检验方法。

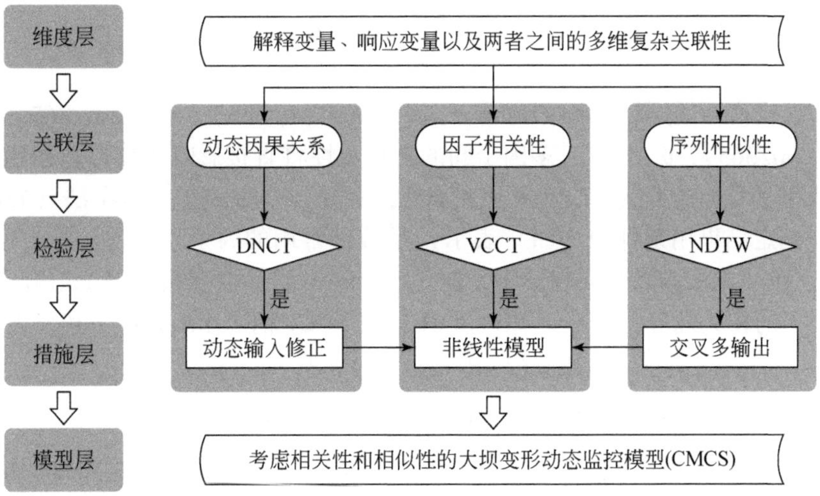

图 8-16　大坝变形动态监控模型总体框架

4）在措施层面上，本节着重研究三种关联性并存的最复杂情况，为此分别提出相应的数学建模方法。

5）在模型层面上，将多种建模方法集成在同一模型中，随即得到考虑相关性和相似性的大坝变形动态监控模型。

6）以某混凝土重力坝为例，先构建各坝段的变形监测数据库，后将所提模型应用于该项工程，并通过对比分析来验证所提模型的有效性和准确性。

8.5.3 多维复杂关联性检验及动态建模方法

8.5.3.1 多因子相关性

大坝变形除受库水压力（水压）影响外，还受到温度、渗流以及时效等因素的影响，其中水压由上游来水量、库水位、库水比重等因素确定，温度由季节变化、气象条件等因素确定，上述因子影响层级呈现树状结构（孙小冉等，2012）。鉴于此，从众多影响因子中提炼出少量能够反映大坝变形信息的因子就成为大坝变形数学建模的关键。目前发展较成熟且应用较多的变形监控模型主要有统计模型和确定性模型。与确定性模型相比，统计模型拟合精度较高，尽管没有考虑大坝及坝基的物理特性，但已囊括大部分环境和结构信息，因而可据其建立因子集。具体来说，大坝变形 δ 按其成因可分为水压分量 δ_H、温度分量 δ_T和时效分量 δ_θ，仅有气温资料时，变形统计模型（吴中如，2003）可表示为

$$\delta = \delta_H + \delta_T + \delta_\theta = a_0 + \sum_{i=1}^{n} a_i H^i + \sum_{i=1}^{n}\left(b_{1i}\sin\frac{2\pi it}{365} + b_{2i}\cos\frac{2\pi it}{365}\right) + c_1\theta + c_2\ln\theta \quad (8\text{-}29)$$

式中，a_0为常数项；H 为上游水深；n 为坝型系数，对于不同坝型，n 取值不同，其中重力坝一般取 3，拱坝宜取 4 或 5；i 为周期，对于年周期 $i=1$，对于半年周期 $i=2$；t 为监测日到基准日的累计监测天数，其中 $\theta=t/100$；m 通常取 1 或 2；a_i、b_{1i}、b_{2i}、c_1和 c_2均为未知系数。

由此，可将因子集拟定为 $\{H, H_2, H_3, \sin(2\pi t/365), \cos(2\pi t/365), \sin(4\pi t/365), \cos(4\pi t/365), \theta, \ln\theta\}$。多因子间的强相关性将直接影响到变形监控模型的效果，相关性诊断和模型选择自然就成为大坝变形建模的重点。方差扩大因子法（VIF）和特征根判定法（判定结果用条件数（CI）表示）是两种常用的因子相关性诊断方法（何晓群等，2015）。单一方法难以全面判诊相关性，如 VIF 不能寻求强相关因子组合、CI 无法准确量化各因子的相关性等，遂基于 VIF 和 CI 提出 VCCT 耦合诊断方法，其公式如下：

$$\begin{cases} \mathrm{VIF}_i = (1-R_i^2)^{-1}, \ i=1, 2, \cdots, p \\ \mathrm{CI}_j = \sqrt{\lambda_m/\lambda_j}, \ j=0, 1, 2, \cdots, q \end{cases} \quad (8\text{-}30)$$

式中，VIF_i 为自变量 x_i 的方差扩大因子；CI_j为特征根 λ_j的条件数；R_i^2为自变量 x_i 对其余 $p-1$ 个自变量的复决定系数；λ_m 为矩阵 X^TX 的最大特征根（何晓群和刘文卿，2015），X 为自变量构成的矩阵。通常，当 $\mathrm{VIF}_i \geqslant 10$ 且 $\mathrm{CI}_j \geqslant 100$ 时，认为各因子间存在较为严重的相关性。

一般统计模型不适合处理因子相关性问题。此外，构建统计模型需要大量监测数据，其预测效果亦不理想。机器学习建模方法现已成功应用于大坝变形性态分析，尤以神经网络和支持向量机（SVM）为甚。其中，SVM 在解决小样本、非线性及高维数问题中表现突出，并且不易受到因子相关性的影响，因而本文将基于 SVM 进行大坝变形动态建模。SVM 模型基本原理和具体计算方法 Cortes 等（1995）的研究。

8.5.3.2 动态因果关系

作为一种输入-输出模型，SVM 常用来反映环境因子与大坝变形间的因果关系，但其在应用中仍存在固有问题，即模型对各个归一化输入因子的精度要求以及偏离精度要求的惩罚是一视同仁的（杜树新和吴铁军，2004）。实际上，不同环境因子对变形产生的影响往往有所不同，故需将这种“区别对待”引入模型中。诸多学者对此开展了广泛研究，其中利用静态线性相关系数（如 Pearson 相关系数（李泽峰等，2017）、统计模型回归系数（Dai et al.，2018）等）对不同因子分别进行加权处理是最常用的方法。该方法在一定程度上解决了这一问题，但用一定值量化因子与变形间的长期因果关系显然是不合理的。大坝服役性态并非是一成不变的，水位、气温等环境因子在其运行中也是不断改变的，据此断定因子与变形间的因果关系始终处于动态变化中，且属于非线性关联。因此，有必要采用一种动态非线性方法对模型输入进行适当修正。

滚动时间窗口算法（rolling time window，RTW）（Zivot et al.，2006）是一种动态序列分析技术，可直接反映因子对变形所施加作用的动态特性。最大信息系数（maximal information coefficient，MIC）（Reshef et al.，2011）不仅可以度量两变量间的线性和非线性关系，还可以探索两者潜在关联性，如函数叠加等。为此，整合 RTW 和 MIC 提出一种动态非线性因果关系检验方法（DNCT），进而实现对 SVM 模型的动态输入修正。现给定因子集 $\{A_1, A_2, \cdots, A_m, \cdots, A_M\}$ 和多测点变形数列集合 $\{B_1, B_2, \cdots, B_n, \cdots, B_N\}$，分别选定因子 $A_1=(a_1{}^1, a_2{}^1, \cdots, a_i{}^1, \cdots, a_k{}^1)$ 和变形数列 $B_1=(b_1{}^1, b_2{}^1, \cdots, b_i{}^1, \cdots, b_k{}^1)$ 作为初始解释变量和响应变量，那么 DNCT 具体实现过程如下。

1）步骤 1。全部输入因子 $A_m(m=1, 2, \cdots, M)$ 均作同维规范化处理，以消除各个因子量级不同所带来的影响（周志华，2016）。此外，从 A_1、B_1 开始，根据监测数据量 k 分别设置其滚动窗口大小为 ω_{A_m} 和 $\omega_{B_n}(\omega=\omega_{A_m}=\omega_{B_n})$。

2）步骤 2。在同一时间窗口内，给定有序对组成的有限集合 $D=\{(a_i^m, b_i^n)\}$，$i=1, 2, \cdots, k$，对 A_m、B_n 构成的散点图中不同区域 G 进行 x 列 y 行网格化（允许某些网格为空集），并通过概率质量函数 $D|G$ 求出所有网格 G 在 D 上的最大互信息值 $\mathrm{MI}^*(D, x, y)$，即：

$$\begin{cases}\mathrm{MI}(A_m,B_n)=\sum\limits_{a_i^m\in A_m}\sum\limits_{b_i^n\in B_n}p(a_i^m,b_i^n)\log_2\dfrac{p(a_i^m,b_i^n)}{p(a_i^m)p(b_i^n)}\\ \mathrm{MI}^*(D,x,y)=\max\mathrm{MI}(D|G)\end{cases}\tag{8-31}$$

式中，$\mathrm{MI}(A_m, B_n)$ 为 A_m、B_n 的互信息值；$p(a_i^m, b_i^n)$ 为 A_m、B_n 的联合概率密度；$p(a_i^m)$、

$p(b_i^n)$ 分别为 A_m 和 B_n 的边缘概率密度；$MI(D \mid G)$ 为 D 对 G 的互信息。

3）步骤3。对集合 D 上不同网格 G 的所有最大互信息值进行归一化，得到特征矩阵 $M(D)_{x,y}$：

$$M(D)_{x,y}=\frac{MI^*(D,x,y)}{\log_2 \min\{x,y\}} \tag{8-32}$$

4）步骤4。通过穷举搜索获取特征矩阵中的最大归一化互信息值，也就是最大信息系数 $MIC(D)$，$0 \leqslant MIC(D) \leqslant 1$。值得一提的是，$MIC(D)$ 不受解释变量（即 A_m，$m=1$，2，…，M）间显式函数关系的影响。

$$MIC(D)=\max_{xy<B(k),B(k)=k^{0.6}}\{M(D)_{x,y}\} \tag{8-33}$$

5）步骤5。利用嵌套循环计算全部环境因子 A_m（$m=1$，2，…，M）与多测点变形数列 B_n（$n=1$，2，…，N）的动态最大信息系数 $DMIC_i^{m\times n}$（$i=1$，2，…，k），其中循环次数 C 由因子数量 M 和测点个数 N 确定。

6）步骤6。将因子序列中各个时间点的监测量（或派生量）a_i^m 乘以对应动态最大信息系数 $DMIC_i^{m\times n}$，以获得动态修正后的输入因子集 $\{A'_m$，$m=1$，2，…，$M\}$。

8.5.3.3 多测点相似性

多测点变形数列间的相似性目前在大坝变形建模中的应用相对较少，本文将对此进行初步探讨。一方面，不同于动态因果关系，序列相似性一般较为稳定，故可用一定值来量化。另一方面，仅用定值表示变形数列相似性，并将其与SVM相衔接，显然未考虑多测点变形数列间的交叉（即一对多）关系。为此，分别提出标准化动态时间规整算法（NDTW）和交叉多输出改进措施。动态时间规整算法（DTW）（Morel et al.，2018）是一种衡量时间序列相似度的经典方法，常用于语音识别、手势辨认和信息检索等领域。然而，在利用DTW度量变形数列相似性时，尺度不一（如某测点变形 $\delta<10$ mm，而另一测点变形 $\delta'>20$ mm）致使难以对度量结果进行横向比较，遂先利用标准化将各因子数值限定于既定范围（0，1），后采用DTW度量其相似性，其求解步骤详见Li等（2019）的研究。另外，鉴于序列相似性存在交叉关系，多测点变形数列必须同时进行外推预测方能顾及响应变量间的关联性，特将SVM由独立单输出改进为交叉多输出模式，主要改进如下所述。

本节引入一种分层贝叶斯方法（Arora et al.，1998；Heskes，2000），将多测点变形数列间的交叉相似性集成于常规SVM中，以改善因子集 $A\in R^M$ 到多测点变形量 $B\in R^N$ 的映射关系。与常规SVM相仿，通过求解权函数 $W=(w_1, w_2, \cdots, w_N)\in R^{n_h\times N}$ 和偏差向量 $b=(b_1, b_2, \cdots, b_N)\in R^N$ 即可完成数学建模。现假设 $w_i=w_0+v_i$，$w_i\in R^{n_h}$，$i\in R_N$，其中 $v_i\in R^{n_h}$ 承载"相似信息"，序列相似性愈高，v_i 值愈小；反之，则承载"共性信息"的平均向量 $w_0\in R^{n_h}$ 值愈小。据此，最小化下列带有约束条件的目标函数，如式（8-34）所示，以同时解得 w_0、b 和 $V=(v_1, v_2, \cdots, v_N)\in R^{n_h\times N}$：

$$\begin{aligned}&\min_{w_0\in R^{n_h},V\in R^{n_h},b\in R^N} J(w_0,V,\Xi)=\frac{1}{2}w_0^{\mathrm{T}}w_0+\frac{1}{2}\frac{\lambda}{N}trace(V^{\mathrm{T}}V)+\frac{1}{2}\gamma trace(\Xi^{\mathrm{T}}\Xi)\\&\text{s. t.}\quad Y=Z^{\mathrm{T}}W+repmat(b^{\mathrm{T}},l,1)+\Xi\end{aligned} \tag{8-34}$$

式中：Ξ 为松弛变量；Z 为将输入因子集 $A \in R^M$ 映射到 n_h 维希尔伯特空间（即特征空间）的函数；$W=(w_0+v_1, w_0+v_2, \cdots, w_0+v_N) \in R^{n_h \times N}$；$\gamma$、$\lambda \in R^+$ 均为正则化参数。

通过构造拉格朗日函数，结合 Karush-Kuhn-Tucher 条件，简化得到下列等价优化问题，其约束条件仅涉及 V 和 b：

$$\begin{aligned}&\min_{V \in R^{n_h}, b \in R^N} J(V,\Xi) = \frac{1}{2}\frac{\lambda^2}{N^2} V I_N {I_N}^{\mathrm{T}} V^{\mathrm{T}} + \frac{1}{2}\frac{\lambda}{N} trace(V^{\mathrm{T}} V) + \frac{1}{2}\gamma trace(\Xi^{\mathrm{T}}\Xi) \\ &\text{s. t.} \quad Y = Z^{\mathrm{T}} V + repmat\left(\frac{\lambda}{N} Z^{\mathrm{T}} V I_N, I, N\right) + repmat(b^{\mathrm{T}}, l, 1) + \Xi\end{aligned} \tag{8-35}$$

式中，$I_N = [1, 1, \cdots, 1] \in R^N$。

式（8-35）尝试在每个输出的小样本向量 $trace(V^{\mathrm{T}} V)$ 和所有向量与平均向量的接近度 $V I_N {I_N}^{\mathrm{T}} V^{\mathrm{T}}$ 之间找到一种平衡，以此顾及多个输出量间的关联性。

通过引入核函数（满足 Mercer 定理）、消除 W 和 Ξ 得到线性方程组（Xu et al., 2013），并设方程组解为 $\alpha * = (\alpha_1^{*\mathrm{T}}, \alpha_2^{*\mathrm{T}}, \cdots, \alpha_N^{*\mathrm{T}})^{\mathrm{T}}$ 和 b^*，最终获得多输出模式下的决策函数 $f(x)$：

$$\begin{aligned}f(x) &= \varphi(x)^{\mathrm{T}} W^* + b^{*\mathrm{T}} = \varphi(x)^{\mathrm{T}} \mathrm{repmat}(w_0^*, 1, N) + \varphi(x)^{\mathrm{T}} V^* + b^{*\mathrm{T}} \\ &= \varphi(x)^{\mathrm{T}} \mathrm{repmat}\Big(\sum_{i=1}^{N} Z\alpha_{i'}^*, 1, N\Big) + \frac{N}{\lambda}\varphi(x)^{\mathrm{T}} Z A^* + b^{*\mathrm{T}} \\ &= \mathrm{repmat}\Big(\sum_{i'=1}^{N}\sum_{j=1}^{l} \alpha_{i',j}^* \kappa(x, x_j), 1, N\Big) + \frac{N}{\lambda}\sum_{j=1}^{l} \alpha_j^* \kappa(x, x_j) + b^{*\mathrm{T}} \\ &\text{s. t.} \quad Y = Z^{\mathrm{T}} V + \mathrm{repmat}\Big(\frac{\lambda}{N} Z^{\mathrm{T}} V I_N, I, N\Big) + \mathrm{repmat}(b^{\mathrm{T}}, l, 1) + \Xi\end{aligned} \tag{8-36}$$

式中，$\kappa(x, x_j)$ 表示核函数。

8.5.4 工程应用

基于上述动态建模方法，以某混凝土坝工程多测点变形监测数据为例，对 CMCS 模型进行有效性和准确性验证，旨在通过此实例说明 CMCS 在大坝变形建模方面的优越性。西南地区某水利枢纽主要由拦河大坝、右岸地下厂房及左岸坝后厂房、通航建筑物和两岸灌溉取水口组成，其控制流域面积为 45.88 万 km^2，总装机容量达 775 万 kW，具有发电、防洪、灌溉和拦沙等综合效益。其中，拦河大坝坝顶高程 384 m，最大坝高 162 m，坝顶全长 909.26 m，坝型为混凝土重力坝。现采用该坝某一坝段不同高程的垂线测点 PL6Y（高程 243 m）、PL6-1Y（高程 260 m）、PL6-2Y（高程 282 m）、PL6-3Y（高程 322 m）以及 PL6-4Y（高程 350 m）方向变形监测数据（Y 方向表示与坝轴线垂直的方向），变形监测时段为 2013 年 10 月 4 日 ~ 2017 年 7 月 9 日，共计 5×230 个实测变形数据。利用三次 Hermite 插值方法（李双平和张斌，2015）对所选测点的变形原型观测数据进行均匀化处理，得到平均每周一次数据采集的插值结果［即步长以周（w）为单位］，将其与环境量（如上游水位、气温等）监测数据汇总于图 8-17 中，以此为模型验证提供必要条件。

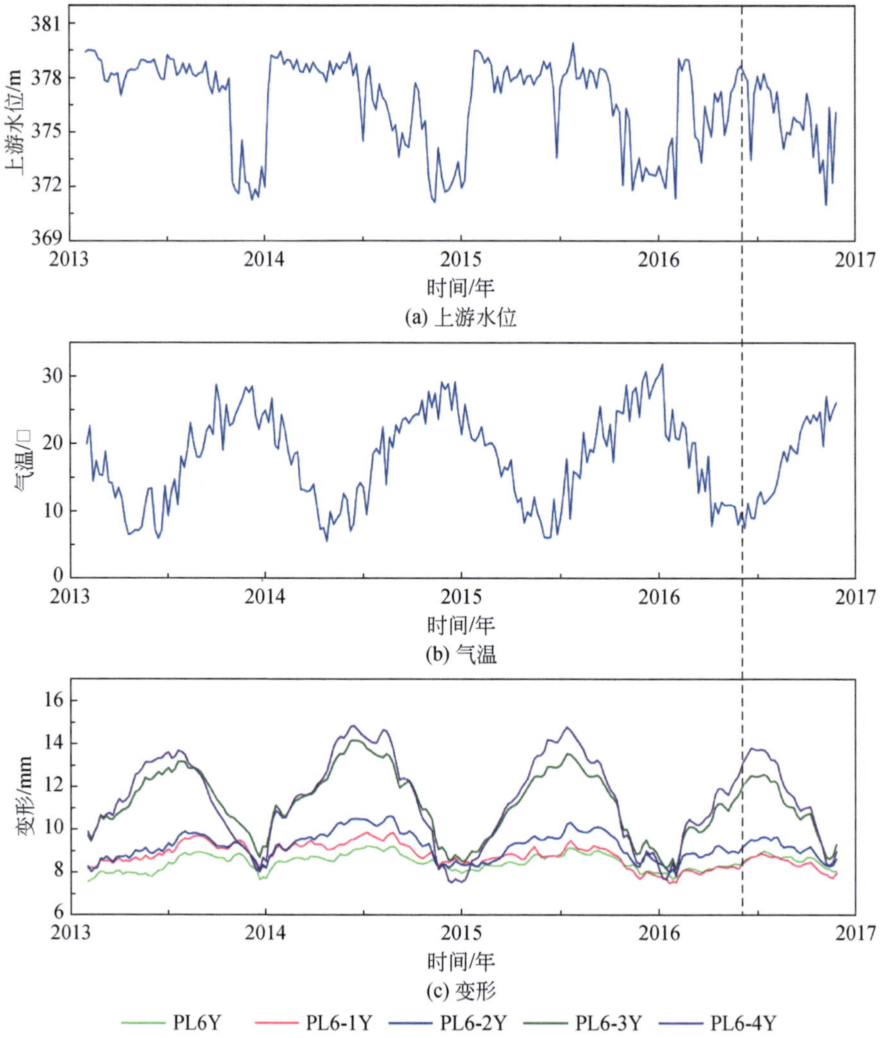

图 8-17　上游水位、气温及变形监测数据

8.5.4.1　复杂关联性检验

CMCS 模型主要针对 3 种关联性并存的最复杂情况进行分析，故复杂关联性检验是该模型应用的先决条件。为验证考虑多维复杂关联性的必要性，利用耦合相关性诊断方法、动态最大信息系数和标准化动态时间规整算法分别检验大坝原型观测数据中的因子相关性、动态因果关系和序列相似性。

(1) 因子相关性检验

根据式（8-30）计算得到的因子相关性耦合诊断结果见表 8-21。

表 8-21　因子相关性耦合诊断结果

环境因子	PL6Y		PL6-1Y		PL6-2Y		PL6-3Y		PL6-4Y	
	VIF	CI	VIF	CI	VIF	CI	VIF	CI	VIF	CI
H	52829.35	○	52829.35	○	52829.35	○	52829.35	○	52829.35	○
H^2	211460.02	○	211460.02	○	211460.02	○	211460.02	○	211460.02	○
H^3	2.30	○	2.30	○	2.30	○	2.30	○	2.30	○
$\sin(2\pi t/365)$	1.58		1.58		1.58		1.58		1.58	
$\cos(2\pi t/365)$	1.37		1.37		1.37		1.37		1.37	
$\sin(4\pi t/365)$	1.29		1.29		1.29		1.29		1.29	
$\cos(4\pi t/365)$	1.02		1.02		1.02		1.02		1.02	
θ	29.82	△	29.82	△	29.82	△	29.82	△	29.82	△
$\ln\theta$	29.79	△	29.79	△	29.79	△	29.79	△	29.79	△

采用特征根判定法（何晓群和刘文卿，2015）得到最大条件数为 223.83>100，显示因子间存在较为严重的相关关系。因子 H、H^2、θ 和 $\ln\theta$ 所对应的 VIF 值均大于 10，进一步说明因子相关性主要由上述 4 个解释变量所引起。经验证，H 和 H^2、θ 和 $\ln\theta$ 的简单相关系数分别为 0.99 和 0.98，呈现高度相关。此外，根据计算 CI 所得方差比例表（何晓群和刘文卿，2015），判定强相关因子组合有 $\{H, H^2, H^3\}$ 和 $\{\theta, \ln\theta\}$，在表 8-21 中分别用“○”和“△”两种符号表示。与 VIF 仅判定 H 和 H^2 为强相关因子有所不同，CI 计算结果断定 H^3 同为强相关因子，通过计算得知 H 和 H^3、H^2 和 H^3 的简单相关系数均为 0.99，最终证实 H^3 确实参与导致因子相关性。综上，所选多测点变形监测数据中存在严重因子相关性，同时说明耦合 VIF 与 CI 能有效提高因子相关性的诊断率。

（2）动态因果关系检验

不同环境因子与多测点变形数列间的动态因果关系度量结果如图 8-18 所示（由于 DMIC 不受解释变量间显式函数关系的影响，特将 H、H^2、H^3 和 θ、$\ln\theta$ 做统一展示）。DMIC 值越大，表示因果关系越显著。

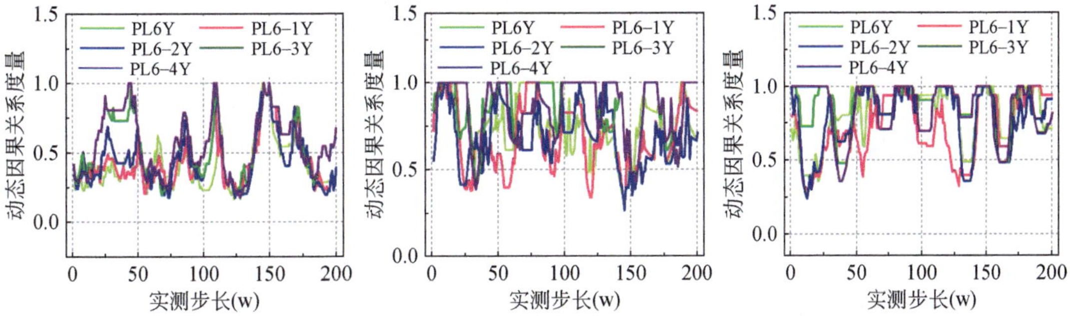

(a) H, H^2, H^3　(b) $\sin(2\pi t/365)$　(c) $\cos(2\pi t/365)$

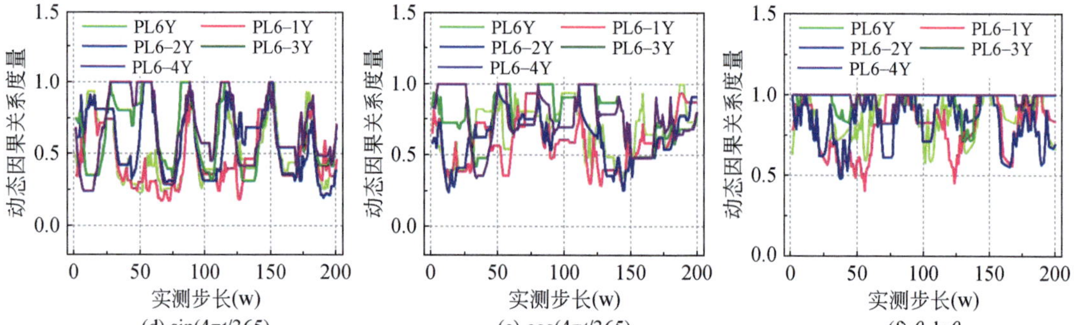

(d) sin(4πt/365)　(e) cos(4πt/365)　(f) θ, lnθ

图 8-18　不同环境因子与多测点变形数列间的动态因果关系度量结果

从图 8-18 中得知：

1）水位因子 H、H^2 和 H^3 与 5 个测点变形数列的动态演化过程基本一致。图形整体波动较大，多数 DMIC 值小于 0.5，说明水位对变形的影响相对较小，且持续时间较短。

2）温度因子 sin(2πt/365)、cos(2πt/365)、sin(4πt/365) 和 cos(4πt/365) 与各测点变形数列的动态演化过程存在差异，但总体上 PL6Y 和 PL6-1Y、PL6-3Y 和 PL6-4Y 演化过程较为接近，说明不同高程下温度对变形的影响虽有不同，却有规律可循。与图 9.5-3（a）相比，图形整体波动减小，DMIC 值增大，表明温度对变形的影响相对较大，且具有一定持续性。

3）时效因子 θ、$\ln\theta$ 与各测点变形数列的动态演化过程差异显著，表示不同高程下时效对变形的影响明显不同。图 8-18（f）中，图形整体波动进一步减小，DMIC 值大多维持在 0.75 以上，尤以 PL6-3Y 和 PL6-4Y 演化过程为甚，说明时效对变形的影响持续显著。较之于上述动态演化过程，静态因果关系 MIC 度量结果（表 8-22）仅能表明不同高程下时效因子 θ 和 $\ln\theta$ 对变形的影响较大。由此可见，通过度量动态因果关系能够提高环境因子量、变形等监测数据的潜在信息利用率。

表 8-22　静态因果关系 MIC 度量结果

项目	H	H^2	H^3	sin(2π*t*/365)	cos(2π*t*/365)	sin(4π*t*/365)	cos(4π*t*/365)	θ	$\ln\theta$
PL6Y	0.29	0.29	0.29	0.22	0.50	0.25	0.28	0.98	0.98
PL6-1Y	0.33	0.33	0.33	0.26	0.45	0.22	0.20	0.94	0.94
PL6-2Y	0.32	0.32	0.32	0.27	0.65	0.28	0.27	0.95	0.95
PL6-3Y	0.45	0.45	0.45	0.26	0.79	0.28	0.44	1.00	1.00
PL6-4Y	0.42	0.42	0.42	0.31	0.88	0.33	0.46	1.00	1.00

（3）序列相似性检验

多测点变形数列相似性度量结果如图 8-19 所示。NDTW 值越小，表示两变形数列间相似性越高。由图 8-19 可知，PL6-3Y 和 PL6-4Y 相似度最大，随后是 PL6-2Y 和 PL6-3Y，其余数列对 NDTW 值均介于 10 到 20。简言之，5 个测点变形数列中 PL6-2Y、PL6-3Y 和 PL6-4Y 三者较为相似，表明同一坝段不同高程的垂线测点变形数列存在明显交叉相似性。

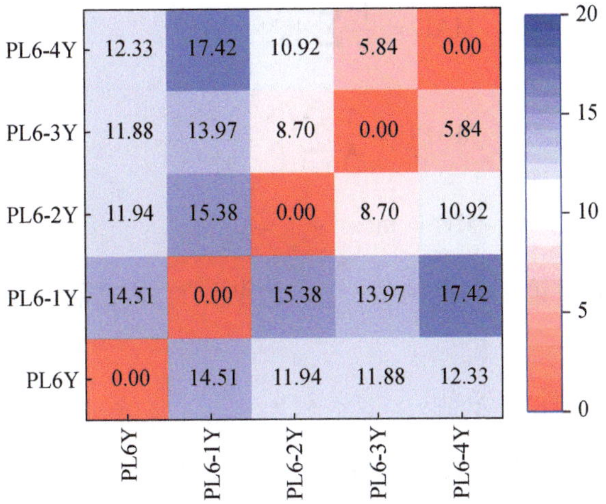

图 8-19　多测点变形数列相似性度量结果

8.5.4.2　CMCS 模型应用

由 8.5.4.1 可知，所选多测点变形监测数据中存在因子相关性和序列相似性，故采用 CMCS 模型对其进行大坝变形动态建模分析。根据 8.5.3.1 节统计理论推导，模型输入因子集统一确定为 $\{H, H^2, H^3, \sin(2\pi t/365), \cos(2\pi t/365), \sin(4\pi t/365), \cos(4\pi t/365), \theta, \ln\theta\}$，结合 8.5.3.2 节 DNCT 方法和 8.5.4.1 节动态因果关系度量结果，得到动态修正后的输入因子集分别为 $\{\mathrm{DMIC}^{1\times n}H, \mathrm{DMIC}^{2\times n}H^2, \mathrm{DMIC}^{3\times n}H^3, \mathrm{DMIC}^{4\times n}\sin(2\pi t/365), \mathrm{DMIC}^{5\times n}\cos(2\pi t/365), \mathrm{DMIC}^{6\times n}\sin(4\pi t/365), \mathrm{DMIC}^{7\times n}H\cos(4\pi t/365), \mathrm{DMIC}^{8\times n}\theta, \mathrm{DMIC}^{9\times n}\ln\theta$，$n=1, 2, \cdots, 5$，对应模型输出则为 PL6Y、PL6-1Y、PL6-2Y、PL6-3Y 以及 PL6-4Y 等 5 个测点的变形量。为验证 CMCS 模型的可行性和有效性，本文变形预测仿真实验设定实测步长为 200w（2013 年 10 月 4 日 ~2017 年 1 月 10 日，数据示于图 8-17 中竖线以左）、预测步长为 30w（2017 年 1 月 16 日 ~2017 年 7 月 9 日，数据示于图 8-17 中竖线以右），模型应用步骤简述如下：①输入因子集归一化处理；②选取径向基函数（radial basis function，RBF）作为核函数，即 $\kappa(x,x_j)=\exp(-||x-x_j||)^2/(2\sigma^2))$，初始化模型参数（$\gamma$，$\lambda$，$p$），其中 p 为正则化常数；③采用网格搜索和 10 折交叉验证拟合实测期数据以寻求最优参数组合（γ_{best}，λ_{best}，p_{best}），并求解超参数 α 和 b；④以交叉多输出模式为基础，利用预测期数据测试 CMCS 模型的多测点变形预报性能。

在大坝变形建模研究中，均方根误差（root mean squared error，RMSE）、平均绝对误差（mean absolute error，MAE）、平均绝对百分比误差（mean absolute percentage error，MAPE）和最大误差（maximum error，ME）是评价大坝变形监控模型性能较为常用的 4 项统计指标（李双平和张斌，2015；Li et al.，2014；Liang et al.，2018）。

$$\mathrm{RMSE}=\frac{1}{N}\sum_{i=1}^{N}\left(y_m^{(i)}-y_p^{(i)}\right)^2$$
$$\mathrm{MAE}=\frac{1}{N}\sum_{i=1}^{N}\left|y_m^{(i)}-y_p^{(i)}\right|$$
$$\mathrm{MAPE}=\frac{1}{N}\sum_{i=1}^{N}\left|\frac{y_m^{(i)}-y_p^{(i)}}{y_m^{(i)}}\right| \tag{8-37}$$
$$\mathrm{ME}=\max_{1\leqslant i\leqslant N}\left|y_m^{(i)}-y_p^{(i)}\right|$$

式中，$y_m^{(i)}$ 为测试样本中第 i 个实测值；$y_p^{(i)}$ 为测试样本中第 i 个预测值；N 为测试样本数。

8.5.4.3 多模型性能评估

为凸显 CMCS 模型的优势，现将其与同样基于 SVM 构建的时间序列模型（time series model，TSM）、常规因果模型（conventional causal model，CCM）进行性能对比，以上模型在 5 个测点变形预测中的性能对比结果如图 8-20 所示。从图 8-20 可以看出：

1）TSM 模型对 15w 内的整体趋势把图 8-20 多模型在不同测点变形预测中的性能对比结果把握较准，15w 外其预测趋势出现较大偏离。该模型预测变形曲线较为平滑，故其难以预测局部波动。

2）相比于 TSM 模型，CCM 模型变形预测值与实测值波动匹配度更高，但仍有部分时间段偏差较大。该模型预测变形曲线起伏较大，说明其对环境因子变化较为敏感。

3）三者中，CMCS 模型在整体趋势外推、局部波动拟合等方面的性能均比 TSM、CCM 模型优越，可见融合多维复杂关联性对于大坝变形监控模型性能的改善起到一定作用。上述三种模型在不同测点变形预测中的性能量化评估结果（表 8-23 和表 8-24）亦能证明这一观点。就本文所选变形监测数据，各模型对高程 300m 以下 PL6Y、PL6-1Y 和 PL6-2Y 三测点变形预测效果按照统计指标（表 8-23）从优到劣排序为 CMCS>TSM>CCM，而对高程 300m 以上 PL6-3Y 和 PL6-4Y 两测点变形预测效果按照统计指标（表 8-24）从优到劣排序为 CMCS>CCM>TSM。总体而言，考虑动态因果关系和序列相似性的 CMCS 模型对该坝段多测点变形监测数据的适应性尤佳。

表 8-23　多模型在测点 PL6Y、PL6-1Y 和 PL6-2Y 方向变形预测中的性能量化评估结果

项目	PL6Y			PL6-1Y			PL6-2Y		
	TSM	CCM	CMCS	TSM	CCM	CMCS	TSM	CCM	CMCS
MSE/mm^2	0.033	0.071	0.025	0.120	0.232	0.065	0.128	0.217	0.110
MAE/mm	0.155	0.203	0.124	0.280	0.403	0.207	0.300	0.401	0.303
MAPE/%	1.785	2.321	1.417	3.401	4.702	2.396	3.350	4.332	3.310
ME/mm	0.426	0.591	0.326	0.673	1.031	0.498	0.696	0.974	0.563

表 8-24　多模型在测点 PL6-3Y 和 PL6-4Y 方向变形预测中的性能量化评估结果

项目	PL6-3Y			PL6-4Y		
	TSM	CCM	CMCS	TSM	CCM	CMCS
MSE/mm^2	0.940	0.342	0.222	1.075	0.554	0.319
MAE/mm	0.810	0.478	0.424	0.798	0.629	0.506
MAPE/%	7.600	4.317	3.964	7.712	5.876	4.302
ME/mm	1.690	1.228	0.797	2.312	1.338	1.080

参考文献

蔡毅，张怡，杨舸，等.2009. 基于联邦滤波的自适应算法研究［J］. 计算机工程与应用，45（1）：108-110.

董祝雷.2016. 影响长江流域夏季降水的海温因子及水汽输送路径［D］. 合肥：中国科学技术大学硕士学位论文.

杜树新，吴铁军.2004. 回归型加权支持向量机方法及其应用［J］. 浙江大学学报（工学版），38（3）：302-306.

杜雅玲，陆桂华，吴志勇，等.2017. 基于 TIGGE 数据的中期降水预报在江苏省的应用效果评估［J］. 南水北调与水利科技，15（6）：17-25，44.

顾冲时，苏怀智，刘何稚.2018. 大坝服役风险分析与管理研究述评［J］. 水利学报，49（1）：26-35.

国家气候中心气候系统诊断预测室.2005-07-19. 74 项环流特征量序号及资料说明［EB/OL］. http://ncc.cma.gov.cn/FCKeditor/userimages/ncc-20050719105708.doc[2011-06-01].

何晓群，刘文卿.2015. 应用回归分析［M］. 北京：中国人民大学出版社.

景亚平，张鑫.2012. 基于修正组合模型的河川径流中长期预报［J］. 水力发电学报，31（6）：14-21.

柯善亮，邱卫宁，花向红.2012. 基于监测点相似性的变形监测预测模型与数据修复［J］. 勘察科学技术，（5）：9-11.

雷晓辉，王浩，廖卫红，等.2018. 变化环境下气象水文预报研究进展［J］. 水利学报，49（1）：9-18.

李富强.2012. 大坝安全监测数据分析方法研究［D］. 杭州：浙江大学博士学位论文.

李雷.2006. 大坝风险评价与风险管理［M］. 北京：中国水利水电出版社.

李麟玮，吴益平，苗发盛，等.2018. 基于变分模态分解与 GWO-MIC-SVR 模型的滑坡位移预测研究［J］. 岩石力学与工程学报，37（6）：1395-1406.

李萌，包腾飞，杨建慧，等.2016. 灰色模型改进的大坝变形分形几何监控模型［J］. 水利水运工程学报，（4）：104-110.

李明超，任秋兵，沈扬.2018. 贝叶斯框架下的大坝变形交互式时变预测模型及其验证［J］. 水利学报，49（11）：1328-1338.

李双平，张斌.2015. 基于小波与谱分析的大坝变形预报模型［J］. 岩土工程学报，37（2）：374-378.

李泽峰，陈洋波，李雪.2017. 柳江流域多时间尺度的降雨径流模拟分析［J］. 中国农村水利水电，（12）：64-69.

梁国华，王国利，王本德，等.2009b. 大伙房跨流域引水工程预报调度方式研究［J］. 水力发电学报，28（3）：32-36.

梁国华，习树峰，王本德.2009a. 基于 BP 神经网络的旬降雨径流相关预报模型［J］. 水力发电，

35 (8): 10-12.
林剑艺，程春田．2006. 支持向量机在中长期径流预报中的应用［J］．水利学报，37 (6): 681-686.
林沛榕，张艳军，冼翠玲，等．2017. 不同时间尺度的中长期水文预报研究［J］．水文，37 (6): 1-8.
刘晗，李明超，沈扬，等．2019. 混凝土坝长期运行安全的理想点法评价模型［J］．水利水电科技进展，39 (1): 70-75，81.
刘昊元．2014. 心墙堆石坝变形的组合预测模型与应用研究［D］．天津：天津大学硕士学位论文．
刘冀，王本德，周惠成，等．2009. 基于分期组合预报模型的水电站优化调度及其模糊风险分析［J］．水力发电学报，28 (6): 140-145.
梅泽宇．2013. 基于人工蜂群算法的大坝安全监测［D］．大连：大连理工大学硕士学位论文．
平凡，罗哲贤，琚建华．2006. 长江流域汛期降水年代际和年际尺度变化影响因子的差异［J］．科学通报，51 (1): 104-109.
邱辉，李春龙，张方伟．2017. 长江流域多模式降雨预报效果检验［J］．水利水电快报，38 (6): 39-42，46.
冉笃奎，李敏，吴胜，等．2010. 丹江口水库中长期径流量的多模型预报结果分析及综合研究［J］．水利学报，41 (9): 1069-1073.
尚珂．2015. 基于支持向量机回归的草地地上生物量遥感估测研究［D］．昆明：西南林业大学硕士学位论文．
邵骏，袁鹏，张文江，等．2010. 基于贝叶斯框架的 LS-SVM 中长期径流预报模型研究［J］．水力发电学报，29 (5): 178-182.
水利部松辽水利委员会．2002. 1998 年松花江大洪水［M］．长春：吉林人民出版社．
孙小冉，马福恒，张帅，等．2012. 基于因子分析法的大坝变形安全监控模型［J］．水电能源科学，30 (4): 34-37.
孙照渤，谭桂容，赵振国，等．2013. 中国东部夏季雨型的人工神经网络集合预测［J］．大气科学学报，36 (1): 1-6.
王本德，张静．2008. 考虑暴雨成因的大伙房水库洪水分类研究［J］．水文，28 (1): 15-20.
王富强，霍风霖．2010. 中长期水文预报方法研究综述［J］．人民黄河，32 (3): 25-28.
王宇飞，黄显林，胡恒章，等．2000. 组合导航系统中一种基于特征值分解的自适应信息融合滤波算法［J］．航空学报，21 (3): 274-276.
魏博文，彭圣军，徐镇凯，等．2015. 顾及大坝位移残差序列混沌效应的 GA-BP 预测模型［J］．中国科学（技术科学），45 (5): 541-546.
吴斌平，岳攀，鄢玉玲，等．2016. 考虑时间影响的神经网络组合模型对心墙堆石坝变形的预测研究［J］．水力发电学报，35 (9): 78-86.
吴旭树，郭生练，巴欢欢，等．2018. 基于海温多极指标的长期降水预报方法［J］．水利学报，49 (10): 1276-1283.
吴中如，陈波．2016. 大坝变形监控模型发展回眸［J］．现代测绘，39 (5): 1-3.
吴中如．2003. 水工建筑物安全监控理论及其应用［M］．北京：高等教育出版社．
夏军．1993. 中长期径流预报的一种灰关联模式识别与预测方法［J］．水科学进展，4 (3): 190-197.
肖龙远，曾超．2008. 基于自适应 Kalman 滤波算法的联邦滤波器［J］．火力与指挥控制，33 (12): 88-94.
徐炜，梁国华，王本德．2013. 基于二阶聚类与粗糙集的实时洪水分类预报模型研究［J］．水力发电学报，32 (2): 60-67.

杨杰，胡德秀，吴中如 . 2004. 大坝安全监控模型因子相关性及不确定性研究［J］. 水利学报，35（12）：99-105.

余胜男，陈元芳，顾圣华，等 . 2016. 随机森林在降水量长期预报中的应用［J］. 南水北调与水利科技，14（1）：78-83.

张成扬，蒋跃林，杨崧，等 . 2015. 5 月华南降雨前期海温信号特征分析［J］. 气象与环境科学，38（2）：29-35.

张弛，周惠成，王本德，等 . 2008. 河道洪水演进的分类多模型组合预报方法［J］. 哈尔滨工业大学学报，40（8）：1307-1310.

张豪，许四法 . 2011. 基于经验模态分解和遗传支持向量机的多尺度大坝变形预测［J］. 岩石力学与工程学报，30（S2）：3681-3688.

张俊，程春田，申建建，等 . 2010. 基于蚁群算法的支持向量机中长期水文预报模型［J］. 水力发电学报，29（6）：34-40.

张强，王本德，习树峰 . 2010. 基于类比合成的中长期径流组合预报方法［J］. 人民黄河，32（10）：55-59.

赵人俊 . 1984. 流域水文模拟–新安江模型与陕北模型［M］. 北京：水利电力出版社 .

赵永龙，丁晶，邓育仁 . 1998. 相空间小波网络模型及其在水文中长期预测中的应用［J］. 水科学进展，9（3）：252-257.

郑付刚 . 2016. 基于局部异常系数的混凝土坝变形异常分析方法［J］. 水电能源科学，34（6）：103-105，31.

周志华 . 2016. 机器学习［M］. 北京：清华大学出版社 .

朱星明，卢长娜，王如云，等 . 2005. 基于人工神经网络的洪水水位预报模型［J］. 水利学报，36（7）：806-811.

祝诗学，梁忠民，戴昌军，等 . 2016. 丹江口水库流域月尺度降雨与径流预报研究［J］. 南水北调与水利科技，14（1）：96-101.

Agrawal R，Imieliński T，Swami A. 1993. Mining association rules between sets of items in large databases［C］// Acm sigmod record. ACM，22（2）：207-216.

Aronica G，Tucciarelli T，Nasello C. 1998. 2D multilevel model for flood wave propagation in flood-affected areas［J］. Journal of Water Resources Planning and Management，124（4）：210-217.

Arora N，Allenby G M，Ginter J L. 1998. A hierarchical Bayes model of primary and secondary demand［J］. Marketing Science，17（1）：29-44.

Breiman L. 1996. Bagging predictors［J］. Machine Learning，24（2）：123-140.

Breiman L. 2001. Random forests［J］. Machine Learning，45（1）：5-32.

Breiman L. 2010. Statistical modeling：The two cultures［J］. Statistical Science，16（3）：199-215.

Bui K T T，Bui D T，Zou J，et al. 2018. A novel hybrid artificial intelligent approach based on neural fuzzy inference model and particle swarm optimization for horizontal displacement modeling of hydropower dam［J］. Neural Computting and Applications，29（12）：1495-1506.

Carlisle D M，Falcone J，Wolock D M，et al. 2010. Predicting the natural flow regime：Models for assessing hydrological alternation in streams［J］. River Research and Applications，26（2）：118-136.

Chen C，Georgakakos A P. 2014. Hydro- climatic forecasting using seasurface temperatures：Methodology and application for the southeast US［J］. Climate Dynamics，42（11/12）：2955-2982.

Chen C，Georgakakos A P. 2015. Seasonal prediction of East African rainfall［J］. International Journal of

Climatology, 35 (10): 2698-2723.
Chen F, Dudhia J. 2001. Coupling an advanced landsurface/hydrology model with the PennState/NCAR MM5 modeling system. Part I: Model description and implementation [J]. Monthly Weather Review, 129 (4): 569-585.
Cloke H L, Pappenberger F. 2009. Ensemble flood forecasting: A review [J]. Journal of Hydrology, 375 (3-4): 613-626.
Colman A, Davey M. 1999. Prediction of summer temperature, rainfall and pressure in Europe preceding winter North Atlantic Ocean temperature [J]. International Journal of Climatology, 19 (5): 513-536.
Cortes C, Vapnik V. 1995. Support-vector networks [J]. MachineLearning, 20 (3): 273-297.
Dai B, Gu C, Zhao E, et al. 2018. Statistical model optimized random forest regression model for concrete dam deformation monitoring [J]. Structural Control and Health Monitoring, 25 (6): e2170.
Deng T, Ke J. 2013. A comparison of statistical approaches for seasonal precipitation prediction in Pakistan [J]. Weather and Forecasting, 28 (5): 1116-1132.
Frankignoul C. 1985. Seasurface temperature anomalies, planetary waves, and air-sea feedback in the middle latitudes [J]. Review Geophysics, 23 (4): 357-390.
Guo Y, Li J, Zhu J. 2017. A moving updated statistical prediction model for summer rainfall in the middle-lower reaches of the Yangtze River Valley [J]. Journal of Applied Meteorology and Climatology, 56 (8): 2275-2287.
Heskes T. 2000. Empirical Bayes for learning to learn [C] //Proceedings of the Seventeenth International Conferenceon Machine Learning. SanFrancisco, CA: Morgan Kaufmann Publishers Inc.
Jan P. 2007. Random forests as a tool forecohydrological distribution modeling [J]. Ecological Modelling, 207: 304-318.
Jia J. 2016. A technical review of hydro-project development inChina [J]. Engineering, 2 (3): 302-312.
Kalra A, Ahmad S. 2009. Using oceanic-atmospheric oscillations for long lead time streamflow forecasting [J]. Water Resources Reseahrch, 45 (3): W03413.
Kang F, Liu J, Li J, et al. 2017. Concrete dam deformation prediction model for health monitoring based on extreme learning machine [J]. Structural Control and Health Monitoring, 24 (10): e1997.
Kim G, Barros A P. 2001. Quantitative flood forecasting using multisensor data and neural networks [J]. Journal of Hydrology, 246 (1-4): 45-62.
Li M, Miao L, Shi J. 2014. Analyzing heating equipment's operations based on measured data [J]. Energy and Buildings, 82: 47-56.
Li M, Shen Y, Ren Q, et al. 2019. A new distributed time series evolution prediction model for dam deformation based on constituent elements [J]. Advanced Engineering Informatics, 39: 41-52.
Liang G, Hu Y, Li Q. 2018. Safety monitoring of higharch dams in initial operation period using vector error correction mode [J]. Rock Mechanics and Rock Engineering, 51 (8): 2469-2481.
Mamdani E H, Assilian S. 1975. An experiment in linguistic synthesis with a fuzzy logic controller [J]. International Journal of Man-machine Studies, 7 (1): 1-13.
Mazor E, Averbuch A, Bar-Shalom Y, et al. 1998. Interacting multiple model methods in target tracking: a survey [J]. IEEE Transactions on aerospace and electronic systems, 34 (1): 103-123.
Morel M, Achard C, Kulpa R, et al. 2018. Time-series averaging using constrained dynamic time warping with tolerance [J]. Pattern Recognition, 74: 77-89.

Reshef D N, Reshef Y A, Finucane H K, et al. 2011. Detecting novel associations in large data sets [J]. Science, 334 (6062): 1518-1524.

Russell S O, Campbell P F. 1996. Reservoir operating rules with fuzzy programming [J]. Journal of Water Resources Planning and Management, 122 (3): 165-170.

Saji N H, Goswami B N, Vinayachandran P N, et al. 1999. A dipole mode in the tropical Indian Ocean [J]. Nature, 401 (6751): 360.

Sankarasubramanian A, Lall U, Devineni N, et al. 2009. The Role of monthly updated climate forecasts in improving intraseasonal water allocation [J]. Journal of Applied Meteorology and Climatology, 48 (7): 1464-1482.

Sharma A. 2000. Seasonal to interannual rainfall probabilistic forecasts for improved water supply management: part1- astrategy for system predictor identification [J]. Journal of Hydrology, 239 (1/4): 232-239.

Su H, Li X, Yang B, et al. 2018. Wavelet support vector machine-based prediction model of dam deformation [J]. Mechanical Systems and Signal Processing, 110: 412-427.

Takagi T, Sugeno M. 1985. Fuzzy identification of systems and its applications to modeling and control [J]. IEEE transactions on systems, man, and cybernetics, (1): 116-132.

Tiwari M K, Chatterjee C. 2010. Uncertainty assessment and ensemble flood forecasting using bootstrap based artificial neural networks (BANNs) [J] . Journal of Hydrology, 382 (1-4): 20-33.

Van Oldenborgh G, Balmaseda M A, Ferranti L, et al. 2005. Evaluation of atmospheric fields from the ECMWF seasonal forecasts over a 15-year period [J]. Journal of Climate, 18 (16): 3250-3269.

Wang Z, Xie P, Lai C, et al. 2017. Spatiotemporal variability of reference evapotranspiration and contributing climatic factors in China during1961-2013 [J]. Journal of Hydrology, 544: 97-108.

Wei B, Yuan D, Xu Z, et al. 2018. Modified hybrid forecast model considering chaotic residual errors for dam deformation [J]. Structural Controland Health Monitoring, 25 (8): e2188.

Xiong L H, Shamseldin A Y, O' Connor K M. 2001. A non-linear combination of the forecasts of rainfall-runoff models by the first-order Takagi-Sugeno fuzzy system [J]. Journal of Hydrology: 196-217.

Xu K, Brown C, Kwon H H, et al. 2007. Climate teleconnections to Yangtze river seasonal streamflow at the Three Gorges Dam, China [J] . International Journal of Climatology, 27 (6): 771-780.

Xu S, An X, Qiao X, et al. 2013. Multi-output least-squares support vector regression machines [J]. Pattern Recognition Letters, 34 (9): 1078-1084.

Yu Z, Lakhtakia M N, Barron E J. 1999. Modeling the river-basin response to single-storm events simulated by a mesoscale meteorological model at various resolutions [J]. Journal of Geophysical Research: Atmospheres, 104 (D16): 19675-19689.

Zivot E, Wang J. 2006. Modeling financial timeseries with S-Plus® [M]. Springer Science&Business Media.

Zwiers F W, Von Storch H. 2004. On the role of statistics in climate research [J]. International Journal of Climatology, 24 (6): 665-680.

第9章 智慧水利大数据决策优化应用

9.1 基于深度学习的高分辨率影像河流精细化识别

9.1.1 研究背景

随着我国航天技术的飞速发展以及高分系列卫星的成功发射，高分辨率遥感影像数据的可获取性日益增强。利用高分辨率遥感影像提取河流成为重要的应用之一。河流是地球地貌的重要组成部分，对生态环境、气候变化和人类生产活动具有重要的影响。河流信息提取对于河道规划建设、水土资源监测和流域综合治理具有重要的意义（Schumann et al., 2007）。

从研究方法来看，利用遥感影像提取河流的研究主要经历了两个发展阶段：一是早期基于像元的方法，二是近期基于面向对象的方法。

基于像元的方法把遥感影像中每一个像元点作为研究对象，用到的算法主要有最大似然法（Settle et al., 1987）、归一化差分水体指数法（NDWI）（McFeeters, 1996；Xu, 2006）、多波段谱间关系法（杨树文等，2010；Sheng et al., 2008）、决策树（都金康等，2001；杨甲等，2016）、支持向量机（SVM）（Pal and Mather, 2005；Liu et al., 2013）和BP神经网络（BPNN）（Kavzoglu and Mather, 2003；Gong et al., 2011）等。由于遥感影像中同物异谱和异物同谱现象较多，而基于像元的方法只考虑单个像元，没有考虑与周边其他像元之间的关系，所以对于河流与非河流的识别准确度不够理想，导致提取的河流中断，并且干扰物较多。

基于面向对象的方法考虑像元临近范围内的空间形态特征（Blaschke, 2010）。该方法把光谱相近的像元点聚集在同一簇，光谱差异大的像元点分在不同的簇，通过这种方式对影像进行分割。影像分割之后再应用不同的算法进行分类识别从而实现水体提取。Frohn等（2005）采用纹理分析、光谱变换和图像分割方法对热融湖进行分类。Pu等（2011）应用面向对象的图像分割算法对遥感图像进行分割，再用人工神经网络对分割后的图像进行分类，分类效果优于像元分类方法。Liu和Xia（2010）通过评估面向对象方法的优势和局限性，认为该方法的好坏依赖于分割尺度的大小。殷亚秋等（2015）利用面向对象的方法对SPOT5影像数据进行水体提取。李艳华等（2015）应用面向对象的方法对山区细小水体进行提取，针对提取的细小水体存在中断现象，利用形态学膨胀方法及细化算法进行后处理，但是这种方法对于中断较大的地方难以处理。黄帅等（2016）利用面向对象的方法对国产高分一号（GF-1）遥感影像的水体进行提取，提取效果优于最大似然分类法。付勇勇等（2017）以高分二号（GF-2）影像为数据源，采用面向对象的分析技术有效地提取了复杂水网平原水体。

由于高分辨率影像数据量较大，人工智能和大数据技术是分析高分辨率影像数据的有力工具。深度学习算法在图像识别领域已经得到非常成功的应用（Krizhevsky et al.，2012；Donahue et al.，2013）。近年来，深度学习算法也被用于遥感影像的水体提取，Yu 等（2017）应用卷积神经网络对 Landsat 影像的水体进行提取，提取效果优于支持向量机和人工神经网络。王雪等（2018）应用全卷积神经网络对遥感影像的水体进行提取，提取效果优于传统的阈值法和基于图论的 GrabCut 算法。何海清等（2017）把水体指数与卷积神经网络相结合，用于提取遥感影像中的水体，得到较高的水体识别准确率。

尽管面向对象的方法相对于像元方法在提取水体方面有所改进，但是对于河流提取仍然存在不足，提取的河流还是容易出现间断。本节提出将深度学习与多次棋盘分割法相结合的方法，用于高分辨率遥感影像河流提取。

9.1.2 研究方法

基于深度学习和多次棋盘分割法（deep learning and multiple chessboard segmentation，DL+MCS）的高分辨率遥感影像河流提取方法的技术路线如图 9-1 所示。

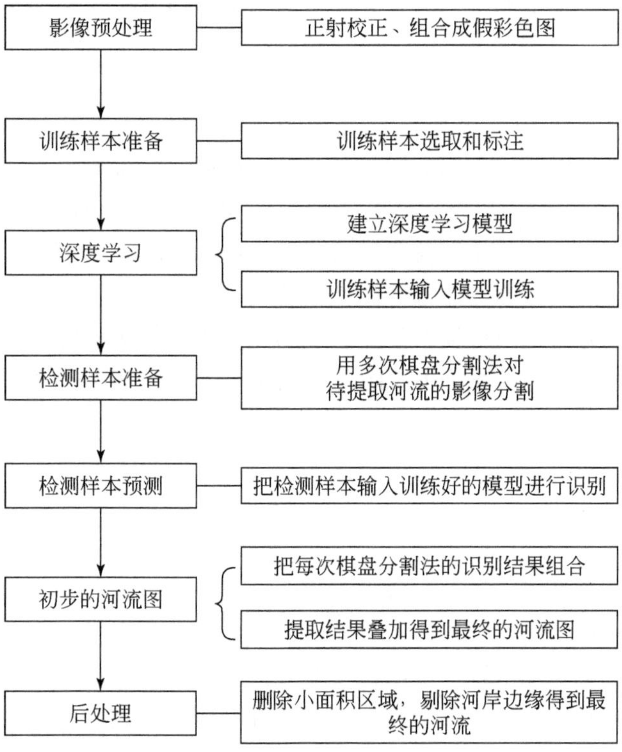

图 9-1　河流提取技术路线

9.1.2.1 数据预处理

高分二号 4 m 分辨率多光谱的波长范围为 0.45 ~ 0.52 μm（蓝光），0.52 ~ 0.59 μm（绿光），0.63 ~ 0.69 μm（红光），和 0.77 ~ 0.89 μm（近红外），依次记为第 1，2，3 和 4 波段。应用 ENVI 软件对遥感影像预处理。

通过 Matlab 读取遥感影像像元亮度值（digital number，DN）可以看出数值较大，而且不同影像差异较大。为了便于归一化，从 4 个波段任意选取 3 个波段组合成假彩色图并保存为 tif 格式，此时每张遥感影像的 DN 值最大为 255，归一化方法为每个像元 DN 值除以 255。

从 4 个波段选取 3 个可以有不同的组合方式，本节选第 4-4-2 波段顺序进行组合，在计算时采用第 2 和第 4 两个波段的数据，实验发现用这 2 个波段提取河流的准确度更高。

9.1.2.2 样本准备

样本准备包括训练样本和检测样本的准备。

训练样本选取是通过一个点选取一个矩阵，具体实现方法如下。

第一步，在 ENVI 软件下打开经过预处理的遥感影像，用鼠标双击影像中的样本点会显示横纵坐标，在 Excel 里记录样本点的横纵坐标。

第二步，基于 Matlab 软件，以样本点的横纵坐标为中心，选取中心点的前（$m/2-1$）行到后 $m/2$ 行、左（$m/2-1$）列到右 $m/2$ 列构成一个 $m \times m$ 方形邻域（m 为偶数）。本章 m 取为 16，即每个样本为 16×16 的矩阵。由于使用第 2 和第 4 两个波段的数据，因此每个样本为 16×16×2 的张量，为一个训练样本的输入数据。

第三步，训练样本标记，包括河流样本与非河流样本，采用 One-Hot 编码。河流样本记为（[1 0]），非河流样本记为（[0 1]），对应训练样本的输出数据。

本章对河流样本定义为位于河流或河流边缘选取的 16×16×2 样本，其中水体面积占样本面积一半以上。非河流样本为非水体图像，选取时尽量避开河流与水体。

检测样本的生成方法：以待提取河流区域的遥感影像作为研究对象，经过预处理，采用棋盘分割法将影像分割为一系列 16×16×2 的张量，作为检测样本的输入数据。可进行多次棋盘分割。

9.1.2.3 建立深度学习模型

卷积神经网络（convolution neural network，CNN）是首批表现良好的深度学习模型之一，专门用来处理具有类似网格结构数据的神经网络（Ian 等，2017）。

本节构建的卷积神经网络结构为 1 个输入层、1 个卷积层、1 个池化层、1 个全连接层和 1 个输出层。卷积神经网络输入层的每个输入样本为 16×16×2 的张量。卷积层中卷积核大小设为 3×3，在每个 3×3 的方阵中算出 32 个特征，激活函数采用 ReLU 函数。池化层采用最大值池化，采样大小设为 2×2。全连接层神经元个数设为 1024 个，激活函数用

ReLU。输出层采用 softmax 函数，由于是二分类，所以输出神经元个数为 2。

在 TensorFlow 框架下用 Python 语言实现卷积神经网络模型的训练和检测。

将训练样本输入到卷积神经网络模型进行训练，直到模型训练收敛之后保存。

本节分别实验了 8×8×2、16×16×2、32×32×2 和 64×64×2 共 4 个样本尺度，发现效果最好的为 16×16×2。

9.1.2.4 多次棋盘分割法

棋盘分割法（chessboard segmentation，CS）采用矩阵分块的原理，把一个大矩阵分割为多个大小相同的子矩阵。根据分割起始点位置的不同可以有不同的棋盘分割，相应的棋盘分割法记为 $F_{i,j}$，这里（i，j）为起始点位置。单次棋盘分割法（single chessboard segmentation，SCS），是对大矩阵只做一次棋盘分割。多次棋盘分割法（multiple chessboard segmentation，MCS）是对一个大矩阵采用多种不同的棋盘分割方法分别进行分割。

本节采用 12 种分割方法，分别是 $F_{1,1}$、$F_{1,5}$、$F_{1,9}$、$F_{1,13}$、$F_{5,1}$、$F_{5,5}$、$F_{5,9}$、$F_{5,13}$、$F_{9,1}$、$F_{9,5}$、$F_{9,9}$和 $F_{9,13}$。图 9-2（a）是棋盘分割法 $F_{1,1}$ 分割示意图，从第 1 行第 1 列的元素开始分割，分割后得到的每个子矩阵大小为 16×16 方阵。图 9-2（b）是棋盘分割法 $F_{5,5}$ 分割示意图，从第 5 行第 5 列的元素开始分割。除了棋盘分割法 $F_{1,1}$，其他棋盘分割法需要舍弃边界的部分元素。

单次棋盘分割法提取的河流容易出现中断现象，把多个单次棋盘分割法提取的河流进行叠加可得到比较连续的河流。这就是多次棋盘分割法的优点，也是本章的创新之处。

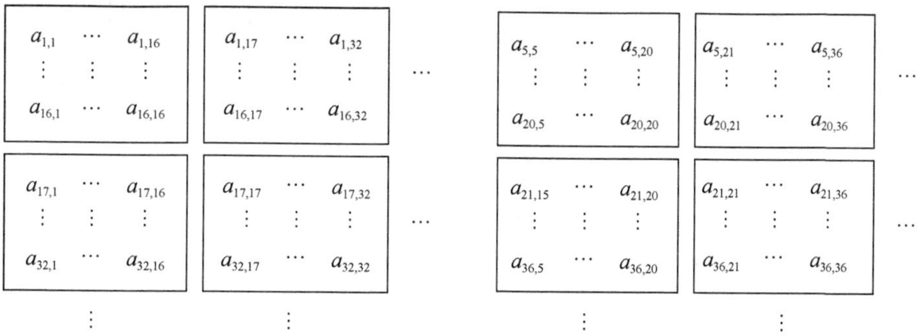

(a) $F_{1,1}$　　(b) $F_{5,5}$

图 9-2　棋盘分割法 $F_{1,1}$ 和 $F_{5,5}$

9.1.2.5 图像后处理

通过多次棋盘分割法提取的河流可能存在一些零散的小面积区域，通过算法删除小面积区域之后得到的图像主要是河流以及河岸边的景物，此时的河流连续性较好。进一步采用阈值法可去掉河岸的非水体部分，从而提取出单纯的河流水体。

9.1.3 试验结果与讨论

9.1.3.1 试验数据

选取 5 景高分二号多光谱遥感影像作为训练样本数据，每一景影像为 6000×6000 以上的矩阵，覆盖面积为 6000×6000×4 m^2 以上，从中选取 2 万个河流样本和 2 万个非河流样本，包含的景物有河流、湖泊、山脉、建筑、农田、公路和铁路等。这 4 万个训练样本景物可以确保训练好的模型具有较好的泛化能力，能够用于其他高分二号影像的河流提取。

选取 3 景高分二号遥感影像作为河流提取的测试数据，与训练数据相互独立，从每一景中选取 1600×1600 的影像进行实验分析，这 3 景的地理位置分别是江西吉安、湖南岳阳洞庭湖和北京市，记为第一景、第二景和第三景，分别代表山区、平原和城市，图 9-3 为 3 景影像的真彩色图，数据来自水利部信息中心。

(a) 第一景 (b) 第二景 (c) 第三景

图 9-3 待提取河流的影像

9.1.3.2 模型验证和比较

为了验证卷积神经网络（CNN）模型的有效性，把 CNN 与传统的 BP 神经网络（BPNN）和支持向量机（SVM）模型进行对比。

训练样本为 9.1.2.1 节的 5 景中选取的 4 万个样本，每个样本为 16×16×2 的张量。

检测样本从 9.1.2.1 节的 3 景中选取，每一景选取 200 个河流样本和 200 个非河流样本，共 1200 个样本，每个样本为 16×16×2 的张量。

3 种方法分类识别得到的结果以及准确率如表 9-1 和 9-2 所示。可以看出，基于卷积神经网络的深度学习模型识别准确率最高。

表 9-1　CNN、BPNN 和 SVM 方法得到的混淆矩阵

项目		CNN 预测		BPNN 预测		SVM 预测	
		河流	非河流	河流	非河流	河流	非河流
实际	河流	517	83	463	137	529	71
	非河流	3	597	29	571	62	538

表 9-2　不同方法的准确率和 Kappa 系数

项目	CNN	BPNN	SVM
准确率	0. 9283	0. 8617	0. 8892
Kappa 系数	0. 8699	0. 7766	0. 8148

9. 1. 3. 3　试验结果与分析

多次棋盘分割法通过集成多个单次棋盘分割法的实验结果，提取的河流更加连续，通过以下两类实验对比。本章对 3 景待提取河流的影像分别进行实验对比，以第一景影像为例。

试验一：卷积神经网络+单次棋盘分割法（CNN+SCS）。对第一景待提取河流的高分二号遥感影像，预处理后只做一次棋盘分割，得到 100×100 个检测样本，再用训练好的 CNN 模型对检测样本进行检测，把检测结果按分割时的顺序组合成完整的图，如图 9-4（a)所示。

试验二：卷积神经网络+多次棋盘分割法（CNN+MCS)。对第一景待提取河流的高分二号遥感影像，分别做 12 次不同的棋盘分割，分别是 $F_{1,1}$、$F_{1,5}$、$F_{1,9}$、$F_{1,13}$、$F_{5,1}$、$F_{5,5}$、$F_{5,9}$、$F_{5,13}$、$F_{9,1}$、$F_{9,5}$、$F_{9,9}$和 $F_{9,13}$。将 12 次分割得到的图像叠加，如图 9-4（b）所示。

由图 9-4（a）可看出，单次棋盘分割法提取的河流多处出现间断，还有较多零散的图像。图 9-4（b）的河流连续性较好。

由于 CNN 模型的识别准确率较高，所以图 9-4（b）中非河流图像往往不会超过河流图像，并且图 9-4（b）的河流连续性较好，连续的河流比非河流占更大的面积。利用此特点，通过删除小面积区域的算法，剔除非河流图像，算法采用的是 Matlab 的 bwareaopen 函数，阈值设为 10 000，结果如图 9-5 所示。

根据现实应用需求，在图 9-5 的基础上，采用阈值法去掉河岸的非水体部分，得到单纯的河流水体，如图 9-6 所示。

把提取的河流叠加到经过正射校正的遥感影像中，如图 9-7（a）所示，图中的河流用白色显示，可以看出提取的河流与遥感影像中的河流一致。对于图 9-7（a)，在 ENVI 软件下，通过放大图像可以看出提取的细小河流只占两个像元，因为所用的高分二号影像分辨率为 4 m，所以本章方法能够提取宽度为 8 m 的细小河流。

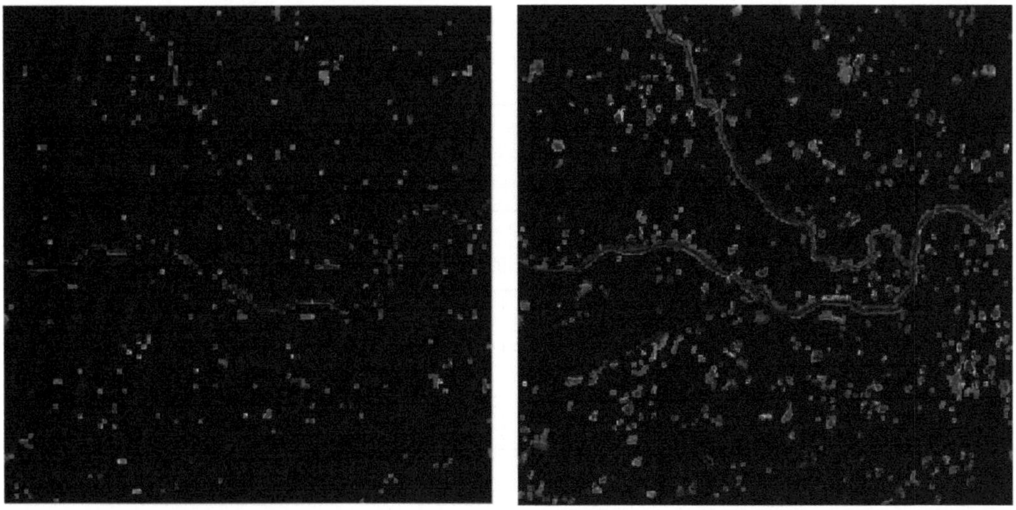

(a) CNN+SCS　　(b) CNN+MCS

图 9-4　两种棋盘分割法提取的河流

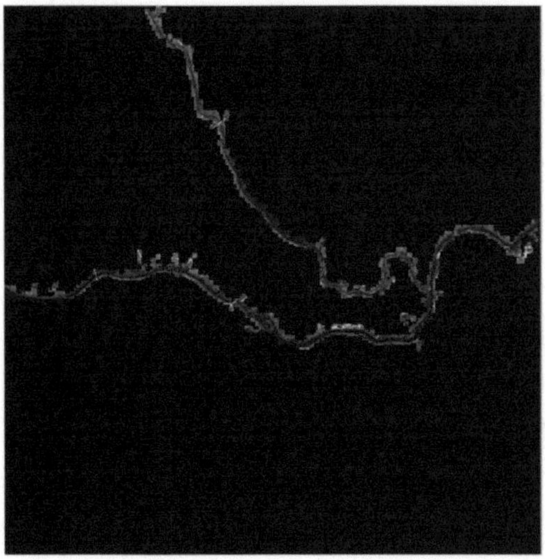

图 9-5　删除小面积区域后得到的河流

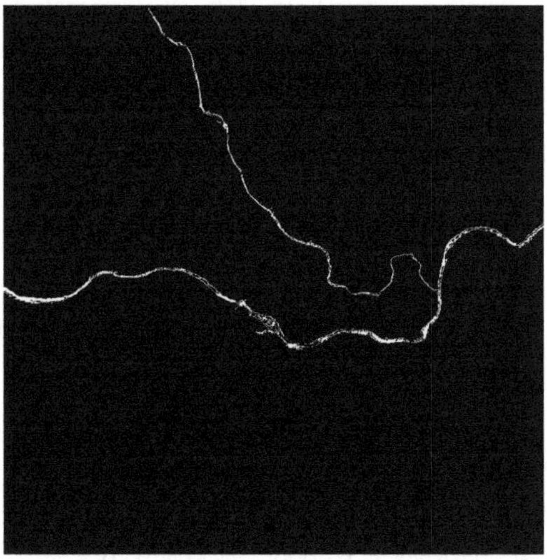

图 9-6　删除非河流图像后得到的河流

对于第二景和第三景遥感影像，采用同样的方法进行河流提取，结果如图 9-7（b）、图 9-7（c）所示。可以看出对于山区、平原和城市三种地貌的高分二号遥感影像，采用本章方法都能连续、完整、真实地提取出河流。

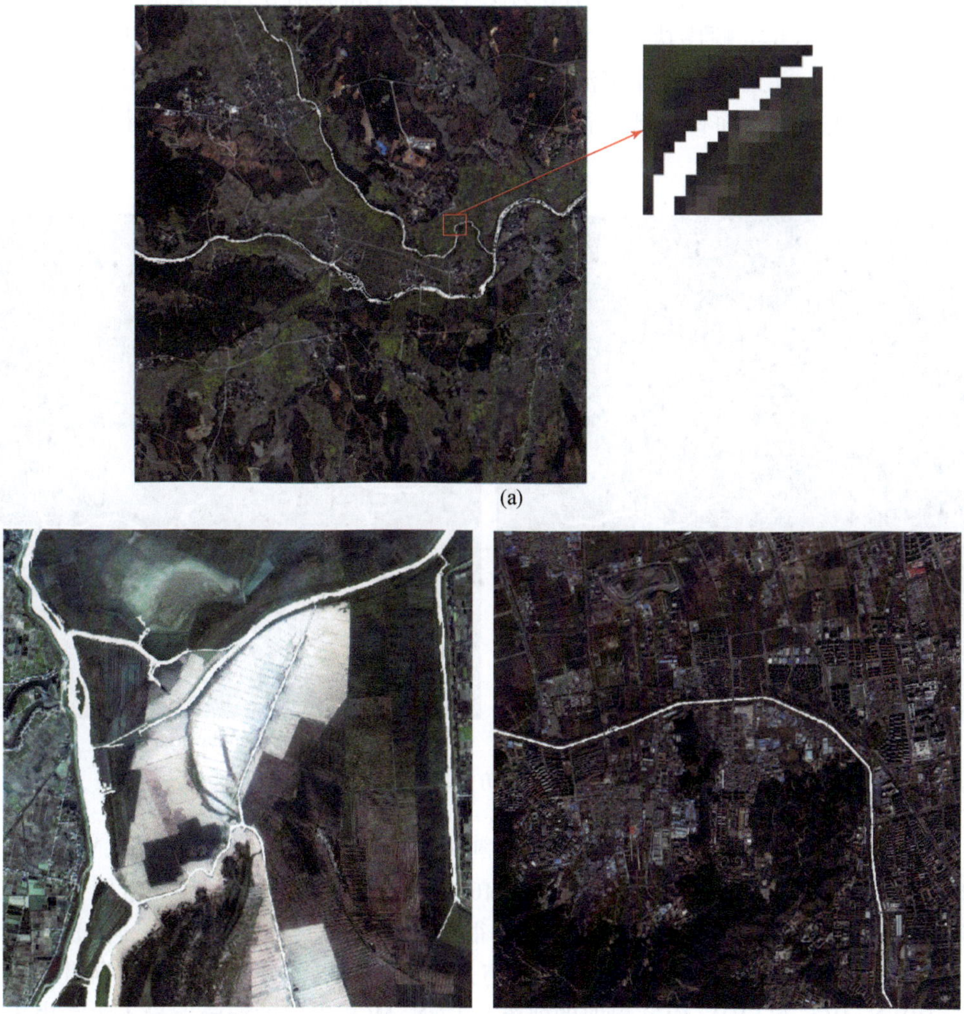

(a)

(b) (c)

图 9-7 提取的河流在影像上显示

9.1.3.4 方法对比

常规的河流提取方法主要包括基于像元的方法和面向对象的方法，相应的算法分别是归一化差分水体指数法（NDWI）和多尺度分割算法（multiresolution segmentation）。下面以第一景影像为例进行实验。

NDWI 法提取得到的河流如图 9-8（a）所示，存在较多非河流图像，有的水体没有被提取出来导致河流中断。

面向对象方法在 eCognition 软件下实现。首先用多尺度分割算法对影像分割，再将影像分为 3 类，类别 a 包括植被、建筑等非水体，分类条件为第 4 个波段的灰度值大于 103 或第 2 个波段的灰度值大于 160，颜色设置为黑色；类别 b 为水体，分类条件 NDWI

为0.1～1.0，颜色设置为白色；类别c为除了类别a和类别b外的其他景物，颜色设置为黑色。按类别a-b-c顺序执行，得到的河流如图9-8（b）所示，可以看出，河流仍有多处出现中断，并且有部分非河流图像。由于河流不连续，故不适合用删除小面积区域图像的算法去删除小面积区域，否则会把原本中断的河流删除更多，导致河流更加不连续。

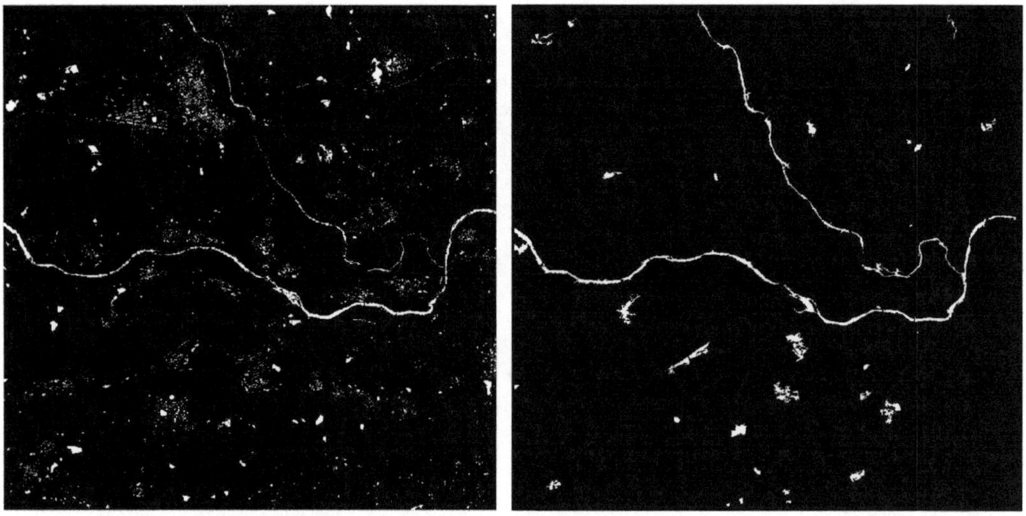

(a) NDWI方法　　(b) eCognition方法

图9-8　传统方法提取的河流

本节将基于卷积神经网络与多次棋盘分割法相结合（CNN+MCS），把CNN替换为传统的机器学习方法，再结合MCS如BPNN+MCS和SVM+MCS，在以上3景影像中分别进行实验。结果显示，提取的河流与本文方法很接近。由9.1.3.2节可知，与CNN模型相比，BPNN、SVM的识别准确率略低一点，但是结合多次棋盘分割法，在数据量不大的情况下，BPNN+MCS和SVM+MCS提取的河流与CNN+MCS提取的河流差异不大。由于深度学习在处理大数据方面有很大的优势，如果要进行更大工程实验，随着数据量的增加，CNN+MCS方法将优于BPNN+MCS和SVM+MCS方法。

9.2　基于卫星遥感和地面观测的水库库容曲线复核

9.2.1　研究背景

库容曲线是水库调度与运行管理的重要基础数据，曲线精度关系到水库发电、防洪和灌溉效益的有效发挥。我国各类水库大部分建于20世纪50～70年代，受当时基本图件、测量仪器及方法限制，库容曲线精度偏低；加上水库运行期间受到库区微地貌、淤积、土地利用变化等因素的影响，水库库容曲线难免会发生变化，直接影响到水库防洪计算及发电库容的调度运行（王国兴和李士鸿；1998），因而库容曲线复核是水库精细化运行管理中亟须解决的重要实际问题。传统的库容曲线复核方法主要是断面法测量，这种方法施测周期长、费用高、数据更新困难（杨中华和陈琳，2002）；之后，有专家学者提出了水量平衡法推算和修正库容曲线（王润存，1983；刘德忠，1999；苏业助和洪为善，1999），这种方法根据水量平衡原理，利用实测资料找出水位增量和库容增量的关系，推求库容曲线，方法受水库运行水位、选用资料的影响，一些均衡要素确定困难，在无断面测量时可作为间接手段；随着“3S”技术的发展应用，出现了采用全球定位系统（GPS）结合水下地形测量的方法（陆桂华等，1997；余赛英，2001；李俊，2010），这种方法相对提高了效率和精度，但也需要较多资金；同时还有基于遥感技术，利用遥感影像、DEM 等数据进行库容测算或复核的方法，已经在吉林丰满水库（陆家驹和何长利，2003）、新安江水库（王国兴和李士鸿，1998）、湖南铜仁桥水库（陈曦等，2013）、浙江百丈际水库（陆家驹等，1994）等大、中、小型水库以及湖泊（朱长明等，2015；齐述华等，2010）中得到了应用，该方法能快速、准确、高效地获取水库的库容曲线，并且节约成本、节省人力物力。柘林水库位于江西省九江市永修县、武宁县之间，是在永修柘林镇筑坝拦截修水而形成的大（Ⅰ）型狭长河道型水库，集水面积为 9340 km^2，是目前国内已建成土坝库容中最大的水库。柘林水库大坝于 1975 年末建成，水库死水位为 52.0 m，相应设计库容为 19.02 亿 m^3；正常蓄水位为 65.0 m，设计库容为 50.17 亿 m^3；设计洪水位为 70.13 m，设计库容为 67.71 亿 m^3；校核洪水位为 73.01 m，设计库容为 79.2 亿 m^3，百年一遇洪水时，最远可回水至距坝址 114 km 处。江西省柘林水库已运行达 40 年，水库周边地形较设计时变化较大，建库后仅在个别库区断面有断面实测资料，不能准确估计水库淤积和库容变化情况。为满足国家电网江西省电力公司柘林水电厂防洪、发电调度的基本要求，本文采用基于水体信息提取的遥感技术获取柘林水库的水位—面积曲线，进而推算和复核其库容曲线，为柘林水库精准运行调度提供基础资料。

9.2.2 基于卫星影像的水体信息提取

所采用的基于遥感技术的水库库容曲线获取方法思路为：首先根据选定并经过处理的遥感图像提取出研究区范围内的水面面积；其次查询影像成像时间对应的实测库水位值，利用统计原理拟合水库水位-面积曲线并获得曲线方程；然后根据曲线方程推求水库水位-库容曲线，并验证曲线精度；最后比较分析新、老库容曲线的差别，检验新曲线。基本流程如图 9-9 所示，其中关键步骤是水面面积的提取。

基于遥感影像提取水体信息的方法有基于影像光谱特征的提取方法和基于影像纹理特征的提取方法，还有两者相结合的提取方法，应用较多的是基于光谱特征的提取方法，该方法主要是基于水体和其他地物在各波段的光谱特征差异，利用单个或多个波段构造一定的水体提取模型来区分水体和其他地物，比较常用的方法有：单波段阈值法、多波段谱间关系法、水体指数法、比值法、差值法等，其中又以阈值法、多波段谱间关系法、水体指数法应用最为广泛。

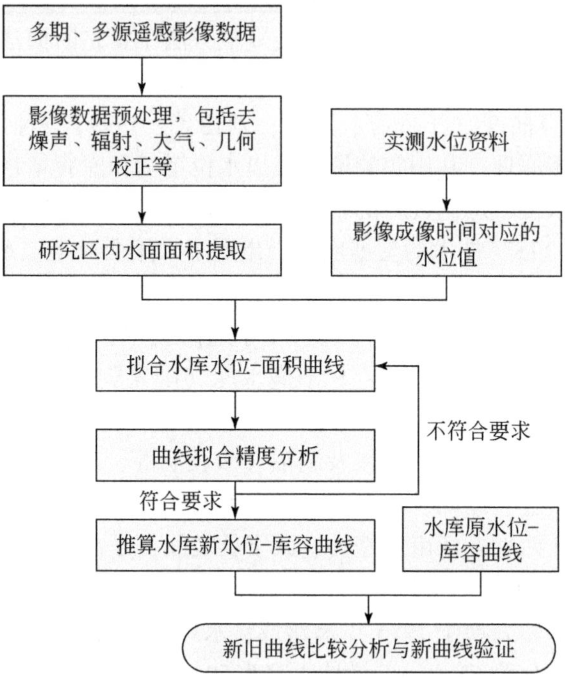

图 9-9　基于遥感技术的水库库容复核流程

单波段阈值法利用某种地物与某一波段上反射率的差异，确定某一数值为区分该地物和背景地物的方法。单波段阈值法原理简单，操作方便，关键的是阈值的确定，该方法在地物类型丰富、在所选波段地物灰度值接近的影像上精度不太高，适合在无地形起伏的平原地区。

谱间关系法是通过分析水体及其他地物的光谱特性曲线，找出最有利于提出水体的关系，设定阈值后提出水体。在 TM 或 ETM 影像上，通过分析水体及其他地物的光谱特性曲线，发现只有水体具有波段 2 灰度值加波段 3 灰度值大于波段 4 灰度值加波段 5 灰度值的谱间特征，利用其特征可提取水体，设定一个阈值后，在 TM 影像上利用谱间特征提取水体面积的模型如下：（TM2+TM3）－（TM4+TM5）>*T*。该方法综合利用了多个波段的光谱信息，提取效果优于单波段，尤其在山区，它能将水体和阴影很好地区分开。

水体指数是根据波段比值法原理，将水体反射强的波段和反射弱的波段分别作为分子和分母，通过比值运算进一步扩大二者的差距，使湿度信息明显的地物得到最大的亮度增强，其他背景地物受到抑制。由于水体在近红外波段和绿光波段光谱特征有着明显的差异，而且在近红外和中红外波长范围内的吸收性最强，而植被在近红外波段的反射率最强，McFeeters（1996）提出利用绿波段和近红外波段构建归一化水体指数 NDWI（normalized difference water index），可以最大限度地抑制地表植被信息，突出水体信息，此外还可有效区分水体和阴影等信息，利用归一化水体指数法提取 TM 影像的水体信息模型如下：（TM2-TM4）/（TM2+TM4）>*T*。水体指数法采用了归一化比值运算，能自动消除地形起伏的影响，能在一定程度上区分水体和阴影。柘林水库库区范围内有山体，本文在提取影像上的水体时综合运用了谱间关系法和水体指数法，选择两方法中提取效果较好的一个。

9.2.3 数据获取与处理

9.2.3.1 影像资料选取

从 20 世纪 70 年代美国 Landsat 卫星发射后，遥感影像已累积 40 余年，图像分辨率从上千米到分米级均有存档。考虑到柘林水库为狭长形，使整个库区尽量在一景内以保证水位一致，又考虑到图像分辨率尽量高，故采用中等分辨率的 MSS、TM、ETM 影像，且这些数据基本上具有免费获取渠道，可大大节约利用遥感技术实现水库库容曲线测定的费用。

本次共收集到柘林水库库区范围内的 MSS、TM、ETM 影像 110 幅，数据来源于中国科学院计算机网络信息中心地理空间数据云平台（http：//www. gscloud. cn）。此系列数据的产品类型为 Level1T 标准地形校正，即已经过系统辐射校正和并通过 DEM 进行了地形校正和几何粗校正。

9.2.3.2 影像数据处理

针对收集到的影像，首先分析整幅影像图中库区范围是否有云、云量多少、是否影响水体信息提取，确定该幅影像能否被利用；其次对影像进行几何精校正、图像拼接、灰度匹配、波段组合等基本操作；而后选择合适的计算模型提取水体信息。

数据处理主要用到 ArcGIS 和 ENVI 软件，采用归一化水体指数法和谱间关系法提取水面面积，基本步骤为：①利用 ENVI 软件首先对遥感影像进行几何精校正；②选择某一图像的 band2 ~ band5 四个波段进行谱间关系和 NDWI 指数运算，通过自动解算最佳阈值或人工判读的方式确定最佳阈值；③采用最佳阈值提取方式进行水体信息的提取，区分水体与其他地物，得到二值化的单波段影像；④通过一定的经验判断影像中是否存在误提部分，若存在转到步骤②，若提取正确，转到下一步⑤；⑤根据水库库区范围，利用 ArcGIS 软件制作一个 . shp 格式的面文件作为感兴趣区域裁切此单波段影像，并保证感兴趣区域能覆盖最高水位时水库的面积，最终得到水体范围栅格图，导入 ArcGIS 软件中；⑥利用 ENVI 软件将栅格图软件转化为矢量图，并将其投影统一转换为等面积 UTM 投影计算矢量图中水体的面积，形成各时期水体面积系列。水面面积提取步骤如图 9-10 所示。

对 110 幅 Landsat 影像数据分析后，剔除了有云覆盖库区和有条带的数据，选择了 71 幅 Landsat 影像数据进行分析，所选数据如表 9-3 所示。所获得的 Landsat 卫星影像数据已经过系统辐射校正和地面控制点几何校正，并且通过 DEM 进行了地形校正，但对于面积测量来说，仍须进行几何精校正，本次采用三次卷积法进行几何精校正，根据控制点选点原则，共选择了 16 个地面控制点，其大致位置见张莉芳等（2017）。经校正后，图像上点和校正点总均方根误差在 15 m 左右。

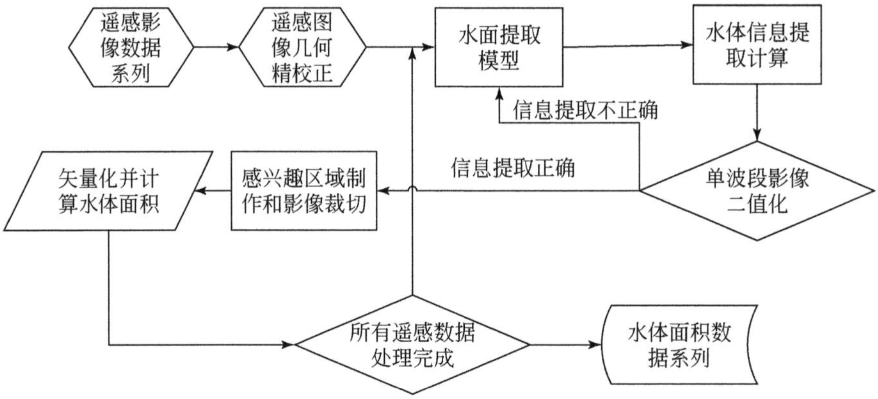

图 9-10　水面面积提取步骤

9.2.3.3　水位资料获取

柘林水库建有水情自动测报系统，同时有一段自计式水位计同期记录数据。由于未收集到其他遥测站的水位资料，根据 71 幅影像的成像时间，找出成像时间对应的坝前水位，并假设坝前水位能代表库区的平均水位。由于水情自动测报系统中坝前水位为每隔5 min 记录一次，两次记录间有数据跳变现象，在库水位变幅不大的情况下，取 8 时和 14 时两水位实测值的均值。在有同期自计式水位记录时，此实测均值与自计式水位记录纸上图像成像时间的水位值进行比较，两者相差在 0.001 m 左右。由于自计式水位记录数据不全，图像成像时间在 9：50～10：53，故采用 8 时和 14 时的水位实测值的均值作为图像成像时刻的水位值。

9.2.4　柘林水库水面积提取结果与讨论

9.2.4.1　水库面积提取结果

根据图 9-10 所示步骤将多期 Landsat 卫星遥感影像采用归一化水体指数或谱间关系模型，设定合理的阈值，经处理后，71 幅卫星影像图上库区水面面积提取结果见表 9-3。

表 9-3　柘林水库库区水面面积提取结果

序号	图像获取时间（北京时间）	坝前水位/m	面积/km²	序号	图像获取时间（北京时间）	坝前水位/m	面积/km²
1	2013-07-24T10：52	64.181	313.0026	5	2014-05-08T10：50	62.090	309.6287
2	2013-08-09T10：52	63.962	321.4431	6	2014-12-02T10：50	64.557	322.9894
3	2013-10-12T10：52	62.785	311.5782	7	2015-01-03T10：50	64.301	323.4834
4	2013-11-29T10：52	61.731	303.0404	8	2015-06-12T10：50	61.895	309.0154

续表

序号	图像获取时间（北京时间）	坝前水位/m	面积/km²	序号	图像获取时间（北京时间）	坝前水位/m	面积/km²
9	2015-08-31T10：50	63.734	324.5626	41	1992-07-14T10：13	64.765	333.9988
10	2015-10-02T10：50	63.470	321.1908	42	1992-10-18T10：12	62.105	272.7675
11	2015-10-18T10：50	63.915	317.5483	43	1994-10-24T10：06	62.152	298.6164
12	2016-02-07T10：50	60.774	294.0740	44	1995-06-05T09：57	64.152	336.0847
13	2016-05-13T10：50	60.756	292.3291	45	1995-10-27T09：50	61.164	293.1345
14	2016-06-14T10：50	61.584	299.5209	46	1995-11-12T09：50	60.544	275.3640
15	2016-08-01T10：50	64.445	317.9336	47	2000-05-17T10：26	57.584	246.9897
16	2016-08-17T10：50	64.326	320.4272	48	2000-06-18T10：27	61.136	299.5047
17	2016-09-02T10：50	64.216	328.1916	49	2000-10-08T10：29	59.056	269.9226
18	1999-09-28T10：43	63.309	312.5549	50	2000-12-27T10：30	55.971	237.7089
19	1999-12-17T10：43	58.271	255.0185	51	2001-07-23T10：31	60.067	267.8076
20	2000-09-14T10：41	61.085	288.6780	52	2001-09-09T10：30	60.281	270.2106
21	2001-05-12T10：40	58.137	263.0000	53	2002-07-10T10：26	61.974	301.5765
22	2001-06-29T10：40	60.273	285.5761	54	2002-10-14T10：23	63.391	310.4694
23	2001-09-17T10：39	60.257	277.3629	55	2003-07-29T10：27	63.664	324.5615
24	2001-10-19T10：39	60.218	272.5485	56	2004-09-17T10：34	62.681	313.1045
25	2002-05-31T10：39	61.834	300.9024	57	2004-12-06T10：36	59.242	277.7679
26	2002-09-04T10：38	64.055	330.5120	58	2005-07-18T10：38	64.020	332.6544
27	2002-11-07T10：38	63.262	316.0656	59	2005-11-07T10：38	62.967	311.3217
28	2003-05-02T10：39	59.376	277.9015	60	2006-06-19T10：43	61.850	294.6708
29	1981-05-08T00：00	54.508	218.4984	61	2006-07-05T10：43	62.989	320.7897
30	1979-07-03T00：00	53.946	209.8836	62	2006-09-23T10：44	61.929	295.1217
31	1979-10-01T00：00	55.799	231.5682	63	2007-08-09T10：44	63.393	315.7677
32	1979-10-19T00：00	54.612	228.5568	64	2009-01-02T10：35	64.061	335.8710
33	1979-11-06T00：00	53.360	211.3950	65	2009-04-08T10：37	61.579	304.2630
34	1980-05-22T00：00	54.050	224.8045	66	2009-06-27T10：39	62.357	284.1498
35	1980-11-18T00：00	58.014	245.9628	67	2009-10-17T10：40	62.011	305.6022
36	1981-10-26T10：09	54.750	221.6052	68	2009-11-02T10：41	61.420	297.1395
37	1982-07-05T10：13	55.958	226.1795	69	2010-03-26T10：41	62.118	300.8034
38	1982-08-10T10：13	52.338	200.4555	70	2010-04-27T10：41	61.426	291.3588
39	1984-08-01T10：15	60.216	296.8744	71	2011-08-20T10：39	64.491	340.7039
40	1993-01-30T10：03	57.729	250.4943				

9.2.4.2 特征曲线确定

上述图像成像时间对应水位值范围为 52.338 ~64.765 m，最低、最高水位分别接近水库死水位 50.0 m 和正常蓄水位 65.0 m。得到水库的水面面积及其对应的水位值后，利用两列数据拟合多项式，得到库区死水位-正常蓄水位高程范围内的水位-面积曲线，利用水位-面积曲线公式每隔 0.01 m 计算某水位下的库容，反推水库的水位-库容曲线。采用统计学原理配置三次多项式，得到水位、面积相关方程为

$$S=-0.022H^3+4.0549H^2-237.14H+4664.9 \tag{9-1}$$

式中，H 为水库水位，m；S 为水库水面面积，km^2，下同。两者复相关系数 $R^2=0.9646$。

利用式（9-1）计算的面积与图像提取出的面积相对误差最大值为 8.35 %，平均值为 1.74 %，拟合优度值为 0.9646，说明拟合程度很高。得到水库水位-面积曲线后反推水库的水位-库容曲线，反推时采用逐厘米推求，由于相邻之间的水位差仅有 1 cm，库容可由式（9-2）中任一公式推算：

$$\begin{aligned} V_i &= \frac{1}{2}\Delta h\ (S_{i-1}+S_i) \\ V_i &= \frac{1}{3}\Delta h\ (S_{i-1}+\sqrt{S_{i-1}S_i}+S_i) \end{aligned} \tag{9-2}$$

累计库容 V 由式（9-3）计算：

$$V=\sum_{i=1}^{n}V_i+V_0 \tag{9-3}$$

式中，V_i为两相邻水位之间的库容差（10^6m^3）；Δh 为两相邻水位的水位差（m），本次取 0.01 m；S_i、S_{i-1}分别为两相邻水位对应的水面面积（km^2）；i 为序数；n 为累计个数；V_0 为初始库容（10^6m^3）；V 为累计水库容积（10^6m^3）；下同。设定 52 m 时初始库容 V_0与原设计库容相同，根据推算的库容结果，点绘出水库的水位-库容关系曲线（见图 9-11 中新曲线），同样采用统计学原理配置出相应的三次多项式曲线方程：

$$V=0.0646H^3-5.8352H^2+283.8H-6163.1 \tag{9-4}$$

9.2.4.3 结果讨论

(1) 曲线精度

基于遥感影像提取水体信息的精度与几个方面的因素有关：遥感影像所用图幅多少、水体面积量算、曲线配准、水位值的准确度、影像分辨率大小等。

对于取用图幅，一般情况下所用卫星图像越多、相邻两幅图像之间的水位差越小，库容曲线精度越高。柘林水库水位变化基本在死水位 50.0 m 和正常蓄水位 65.0 m 之间，本章采用了 71 幅 Landsat 卫星影像图，按照其成像时间对应的水位从低到高的顺序排列后，只有 55 ~57 m 的 1 幅图像成像时间的水位差超过 1.5 m，52 ~53 m、54 ~55 m 的 2 幅图像水位差超过 1 m，3 幅影像图之间水位差超过 0.5 m，54.0 ~54.5 m 的 1 幅图水位差超过 0.4 m，其余各幅图像之间水位差均在 0.4 m 以内，且高水位对应的影像图之间水位差大多在 0.2 m 以内，所用图幅满足要求。

对于水体面积量算，理论上讲，美国陆地卫星 Landsat TM/ETM 数据与 1 : 50000 地形图（局部地区与 1 : 10 000 地形图）进行地理位置精校正后，无论是经纬度、地理坐标，还是公里网都与地形图相当，完全可以保证其量程误差保持在一个像元之内。本次所有影像几何精校正 *X*、*Y* 方向均方根误差控制在 15 m 左右，总体误差在 10 m 左右，因而，水面面积最终的总体误差也小于 30 m×30 m。即使实际上水面面积是不规则图形，依据网格平差理论，最终误差也是小于一个网格。

对于曲线配准问题，在得到水库水面面积和相应的水位后采用多项式方程拟合的方式得到水位–面积曲线，需要检验多项式方程的配置精度。本次采用三次多项式拟合水位、面积，根据曲线公式反推相应的水面面积，并与图上面积进行误差比较，71 个点平均绝对误差 4. 886 km^2，平均相对误差 1. 738 %，说明多项式方程具有较高的精度。

卫星图像的成像时间是否具有同步的水位值，水位值处理也是关系到曲线精度的主要因素之一。本次 71 幅卫星影像图成像时间基本在 9：50 ~ 10：53，对应时刻 5 min 内的水位值在柘林水库水情数据库中均有保存，所取 8 时和 14 时两水位实测值的均值与自计式水位计记录纸上对应时刻数据进行对比后，两者相差 0. 001 m，故水位值取值可靠。

影响曲线精度的因素还有图像的分辨率，即像元大小，本次采用的是 TM/ETM 数据像元大小为 30 m×30 m，MSS 影像数据（10 幅）为 60 m×60 m，面积提取误差均在一个像元范围内，影像图的分辨率基本能满足要求。

(2) 新老库容曲线差异

柘林水库死水位–正常蓄水位高程范围内整米水位时新、老库容曲线比较结果如图 9-11所示。

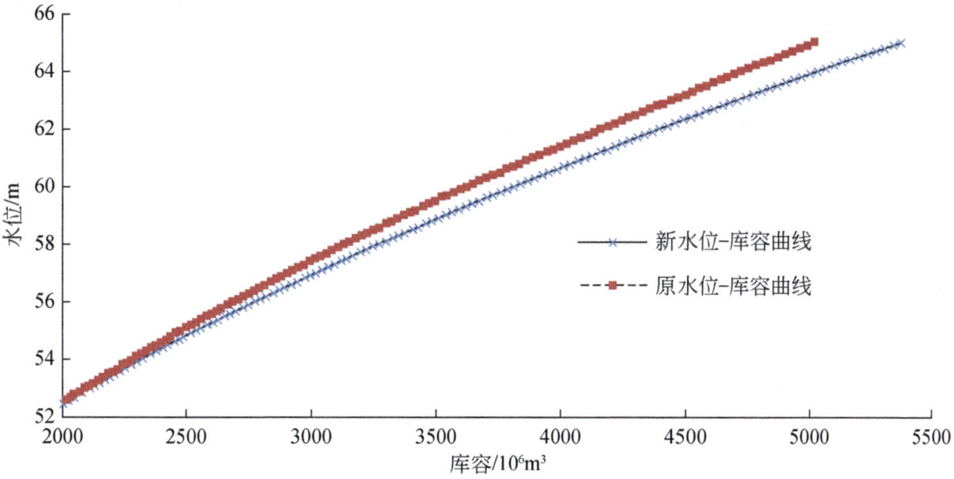

图 9-11　死水位–正常蓄水位部分新老库容曲线图

由图 9-11 可知，在死水位–正常蓄水位高程范围内，同一水位下，由本方法推算的库容比老库容大，两者 52 ~ 65 m 级库容绝对差平均值为 1. 58 亿万 m^3，相对差 4. 16 %，并且，随着水位的升高，两者库容相差越大，在 65 m 时，新老库容相差最大，相对差为 7.06 %。

出现此现象的原因分析如下：①淤积。柘林水库已运行 40 多年，库区周边多山体，库岸受长期风雨侵蚀，山坡存在水土流失，库底淤积会加大；库区沿岸工程施工或公路建设时，可能有土石方被推入水库，故高水位时库容应加大。②原始曲线。柘林水库原始库容曲线是建库时根据测绘所得的 1∶25 000 地形图点绘，受当时技术条件所限，所量得的结果与实际库容总有一定的误差，而利用遥感影像数据识别水体并统计面积可大大避免各种人为和外在因素影响，利用多项式拟合水位面积对应点，并通过精度检验后，多项式方程具有较高的精度；据此以极小间隔推算的库容也相对精确。事实上，在几个库容曲线校核的先例中，利用现代先进的超声波技术测量水库各个断面，推算出来的库容也比原始库容值大 7 % 左右。③动库容。从实测地形图上量测的水域面积是在某一等高线内的面积，而实际上水库某一时刻的水边线并非处于同一条等高线上，即所谓的静库容和动库容的差别（唐海华等，2009）。严格来说，本次采用遥感图像获取的水面面积应为动库容时面积，推算的库容应为动库容，而拟合库容曲线时采用的坝前水位为静水面时的水位值，对狭长形河道水库来说，相当于增大了一部分库容，因此比从等高线上获取的库容值略大一些应该是符合实际情况的，也是用传统方法难以实现的。

（3）曲线精度检验

新库容曲线是否准确还需要进行精度检验，一般可从卫星资料精度、水量平衡检验和实际运行检验三方面入手。对比经几何精校正的影像和 Google Earth 地图，两者的重合程度高，误差在半个像元内，说明影像精度可靠；水陆边界的检验可以通过实地测量的方式确定。水量平衡法与实际运行验证基本相同，是通过实际运行方式与老库容曲线比较，检验其合理性，也可以利用近一两年的资料进行复核计算，由于缺乏这方面的实测资料，本次未利用此两种方法检验。

9.3 基于卫星遥感数据的灌区灌溉面积监测管理

9.3.1 研究背景

准确监测灌溉面积对于预防干旱、优化灌区水资源利用和水资源调控配置具有重要意义。据统计，世界上约有农田 1.5 亿～1.7 亿 hm^2，约占地球陆地总面积的 17 %（Chen et al.，2015；Teluguntla et al.，2015），农业用水量约占人类用水的 92 %（Amprako，2015）。作为农业大国，我国灌溉面积约占总耕地面积的 50 %，在全球气候变暖、干旱等极端事件增加、经济发展用水需求猛增情况下，水资源短缺形势日趋严峻。准确监测灌溉面积时空分布及其变化，是掌握灌溉用水量、灌溉用水去向的关键，对监测灌溉系统运转、预防干旱、优化作物种植结构、提高灌溉用水效率、优化灌区水资源配置均具有重要意义。

国内外农业灌溉面积监测研究在决策树算法（Fries et al.，1998；Waldner et al.，

2015)、时空螺旋曲线与变化矢量分析（Thenkabail et al.，2005)、物候特征（Zhou et al.，2016)、支持向量机（Shao and Lune teea，2012)、自动农田算法（Thenkabail and Wu，2012)、光谱匹配（Thenkabail et al.，2007)、k-means 和 ISOCLASS 算法（Duveiller et al.，2015)、自动机器学习算法（Pantazi et al.，2016；Xu et al.，2019)、植被指数与干旱指数反演（Ghulam et al.，2007）等方法方面取得诸多进展。其中，光谱匹配技术（SMTs）能够提取长时间序列多期遥感影像的光谱反射率或特征指数变化特征，在周期性农业灌溉面积监测方面具有独特优势。Thenkabai（2007）最先应用这种方法开展土地类型识别与灌溉面积识别研究。2006 年，世界水资源管理研究所（IWMI）通过使用多种数据源组成的具有巨大数据量的数据集，根据降雨量与高程信息对全球范围区域进行分类，并使用非监督分类对区域进行聚类，而后使用光谱匹配技术对全球范围内的土地利用类型、灌溉面积分布进行了识别，发布了世界第一份 1 km 尺度全球灌溉区域图（GIAM）（Thenkabail et al.，2009)。2012 年，IWMI 又针对非洲和亚洲进行了重点研究，绘制了 250 m 空间分辨率的灌溉与雨养区分布图（Thenkabail and Wu，2012)。2016 年，Ambika 将这种方法应用到了印度，使用了 250 m 空间分辨率的 MODIS NDVI 数据（MOD13Q1)，先通过匹配计算分类，再使用决策树通过 NDVI 阈值划分灌溉区域，获得了印度 2000 ~ 2015 年的灌溉区域分布图（Ambika et al.，2016)，相比 IWMI 250 m 空间分辨率的灌溉产品提升了精度。Teluguntla 结合定量光谱匹配技术（QSMTs）与农田自动分类算法，使用连续 14 年的 250 m空间分辨率 MODISNDVI 产品数据对澳大利亚的灌溉信息与种植强度进行了提取(Teluguntla，2017)。

我国具有气候多样、农业种植结构复杂、田块破碎、灌区信息化水平不高等国情，农业统计缺乏空间信息，可公开获取的灌溉遥感产品缺乏且空间分辨率与精度难以满足我国实际需求（Ozdogan and Woodcock，2006)，我国灌溉面积遥感监测对数据空间分辨率要求更高，灌溉面积遥感监测技术需要取得进一步突破。本章将针对我国国情，应用较高分辨率的国产卫星遥感数据，通过光谱匹配方法像元尺度应用，并引入自适应阈值算法，构建高分辨率灌溉面积遥感监测新方法，对我国西北干旱半干旱区典型渠灌灌区开展灌溉面积遥感监测研究。

9.3.2 研究方法与数据来源

9.3.2.1 研究区域概况

东雷二期抽黄灌区位于东经 109°10′ ~ 110°10′，北纬 34°41′ ~ 35°00′，横跨陕西省富平、大荔、蒲城三县，属黄土波状台原区，海拔为 385 ~ 600 m，地势东南低，西北高。灌区属温带大陆性季风气候，春季温暖干旱，夏季多暴雨，并有短暂大风，冬季严寒干燥，雨雪稀少，年平均降水量为 519 ~ 552 mm，干旱年份仅为 360 ~ 390 mm，且降水时空分配不均衡，50 % 以上雨量集中在 7 ~ 9 月，年蒸发量约为 1700 ~ 2000 mm。灌区灌溉方式为抽取黄河水进行渠道引水漫灌。设计灌溉面积 8.5 万 hm^2，分春灌、夏灌和冬灌。主要作物为小麦和玉米，占灌区种植总面积的 90 % 以上。主要作物生长周期及灌溉时间详见表 9-4。

表 9-4　主要作物生长周期及灌溉时间

项目	播种期	出苗拔节	抽穗	成熟期	出苗	越冬期				返青期	拔节抽穗	成熟	收获
	6	7	8	9	10	11	12	1	2	3	4	5	6
玉米													
小麦													
灌溉次数（水）	2 ~3				2 ~3				2 ~3（干旱3 ~4）				

9.3.2.2　数据

（1）卫星遥感数据

数据源为2018 年高分一号 16 m 多光谱数据，来源为中国资源卫星公共网站平台（http：//www. cresda. com/CN/），详细参数见表 9-5。使用 2018 年研究区云覆盖量低于 15 % 的影像，并编译成由 92 个波段组成的数据集（共有 23 景数据，每景 4 个波段）。此数据集用于准确获取不同类别的时序光谱特征信息（Dheeravath et al.，2010；Gumma et al.，2011）。

对遥感数据进行辐射定标、几何校正、大气校正等预处理，并计算 NDVI 得到研究区各像元的 NDVI 时间序列曲线。NDVI 能够较好地反映植被生长状态，进行归一化处理后可以更好地限制数据范围，有利于后续的光谱匹配计算，用于提取灌溉信息。

表 9-5　高分一号多光谱传感器信息

	谱段范围/μm	空间分辨率/m	幅宽/km	侧摆能力	重访周期/d
多光谱相机	0. 45 ~0. 52	16	800（4 台相机）	±35°	2
	0. 52 ~0. 59				
	0. 63 ~0. 69				
	0. 77 ~0. 89				

（2）实测样点数据

像元尺度的光谱匹配算法需要端元光谱特征信息，即灌溉区域小麦和玉米的 NDVI 时间序列曲线，因此在研究区开展野外调研与采样工作，获得研究区主要地物的真实地面样点，用于提取灌溉面积及精度验证。

结合历史灌溉情况与卫星遥感影像，选择具有典型代表意义的灌溉区域与非灌溉区域，在选取灌溉区域时应注意避免附近有建筑物与道路的干扰，避开农田的边界处，以防在取点时样本点中同时包含农田与其他干扰地物。最终在研究区内共选取 225 个真实样点数据（图 9-12），主要记录样点位置、作物类型及灌溉情况等信息。

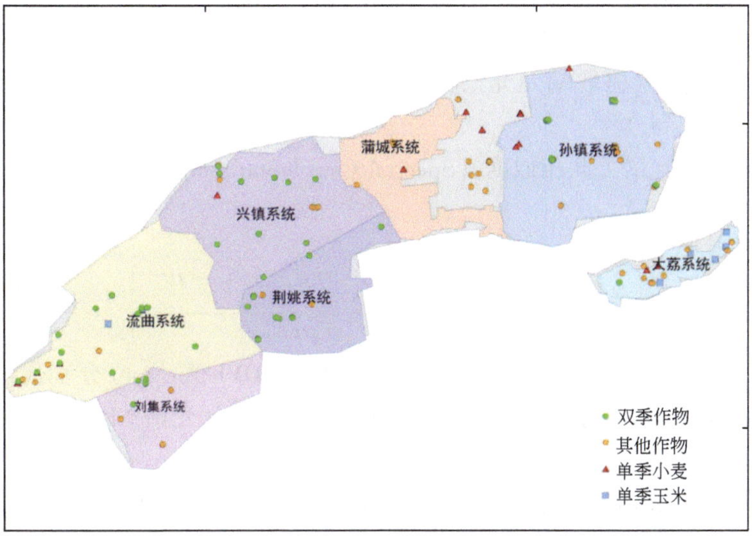

图 9-12　样点分布

(3) 灌溉产品

使用国际水管理研究所（international water management institute，IWMI）的数据产品 IWMI-Irrigated Area Map Asia（2000～2010）and Africa（2010）作为验证参考数据（http：//water. data. iwmi. org/）。该产品使用 250 m 空间分辨率 MODIS NDVI 合成数据（MOD13Q1），通过 ISODATA 算法进行非监督分类，之后依据各种类的 NDVI 时间序列曲线确定土地利用类型，得出亚洲和非洲的灌溉区域分布图。IWMI 灌溉产品将农业区域分为灌溉区和雨养区，并且根据作物种植强度将灌溉区具体划分成单季作物灌溉区域、双季作物灌溉区域和连续作物灌溉区域。

9. 3. 2. 3　研究方法

有别于 IWMI 采用的聚类光谱匹配，本节针对高分辨率遥感影像，将光谱匹配方法应用于像元尺度，保证所有像元的时序光谱曲线参与匹配计算，减少聚类过程造成的误差，并引入 OTSU 自适应阈值算法自动确定灌溉面积提取阈值。OTSU 算法的引入可保证每个像元计算相似度信息的同时，自动确定相似度合理变化范围，对于不同年份与不同数据情况有良好变动适应性，无须人为干预即可提取灌溉区域。基于像元尺度光谱匹配计算的灌溉面积遥感监测方法适用于高分辨率卫星遥感数据，满足提取小地块灌溉信息的需求，能够提高灌溉面积监测结果的精度。

(1) 光谱匹配方法

光谱匹配法是一种量化端元光谱（样本光谱）与目标光谱（待测光谱）相似度的方法。根据光谱匹配原理，光谱匹配计算方法可以分为统计算法、光谱波形特征算法、光谱编码匹配算法以及特征空间算法。本文使用同计算法和光谱波形特征算法计算光谱相似度，通过三个指标对研究区主要作物端元光谱与目标光谱匹配程度进行定量分析（Thenkabail et al.，2007），具体算法如下：

根据地面样点数据提取端元光谱 $C=(s_1, s_2, \cdots, s_n)$，从数据集中获取目标光谱 $X_{i,j}=(b_1, b_2, \cdots, b_n)$。

1）形状定量：光谱关联相似度（Spectral Correlation Similarity，SCS）。

SCS 计算公式如下：

$$\mathrm{SCS}=\frac{1}{n-1}\left[\frac{\sum_{i=1,\ j=1}^{n}(X_{i,\ j}-\mu_{i,\ j})(C-\mu_s)}{\sigma_X\sigma_C}\right] \tag{9-5}$$

式中，$X_{i,j}$为目标光谱的 NDVI 值；C 为端元光谱的 NDVI 值；i、j 分别代表第 i 行、第 j 列；n 为数据集层数；$\mu_{i,j}$为目标光谱 NDVI 均值；μ_s为端元光谱 NDVI 均值；σ_X为目标光谱的 NDVI 标准偏差；σ_C为端元光谱的 NDVI 标准偏差。

SCS 是衡量端元光谱与目标光谱 NDVI 时间序列曲线形状相似度的指标。SCS 值越高，端元光谱与目标光谱的 NDVI 时间序列曲线就越相似。当 SCS 值为 0 时，相似度最小；当 SCS 为 1 时，相似度最大，即两种光谱完全一致。所有 SCS 值在 0 ~ 1 之外的像元即可认为与端元光谱相似度差异过大，直接剔除。

2）距离定量：欧氏距离（Euclidian distance similarity，EDS）。

EDS 是用于衡量端元光谱与目标光谱在光谱空间中距离的指标，在光谱空间中距离越近则越相似。EDS 计算公式如下：

$$\mathrm{EDS}=\sqrt{\sum_{i=1,\ j=1}^{n}(X_{i,\ j}-C)^2} \tag{9-6}$$

通常欧氏距离越大则代表两种光谱差异性越大，反之则差异性越小。为方便计算，将上述公式获得结果归一化处理，将其标准范围处理至 0 ~ 1。具体公式计算如下所示：

$$\mathrm{EDS}_{\mathrm{normal}}=\frac{\mathrm{EDS}-m}{M-m} \tag{9-7}$$

式中，$\mathrm{EDS}_{\mathrm{normal}}$值的范围为 0 ~ 1，它从光谱特征空间距离上测量端元光谱与目标光谱 NDVI 时间序列曲线间相关性的大小。M、m 分别代表最大、最小的欧氏距离。通过对 EDS 的计算可以把 SCS 运算结果中满足条件像元点进行计算，理想状态下，0 表示二者完全一致，1 表示二者完全不相关。此外，EDS 受像元数量的影响，一旦有新的像元参与计算，该式中的 M 和 m 即可能会发生变化，对不同研究对象有较好的变动适应性。同时欧氏距离的局限性在于不同年份气候情况可能导致 NDVI 光谱曲线会发生上下平移，进而会影响判断结果的一致性。因此，仅使用光谱距离的特征描述往往还不足以较好地完成光谱匹配的工作，需要进一步对端元光谱与目标光谱的相似程度进行量化。

3）形状距离综合定量：光谱相似值（spectral similarity value，SSV）。

SSV 综合了 SCS（形状定量）与 EDS（距离定量）的特点，从 NDVI 时间序列曲线形状和光谱特征空间距离两方面衡量了端元光谱与目标光谱间的形似度，其计算公式如下：

$$SSV=\sqrt{(EDS_{normal})^2+(1-SCS)^2} \tag{9-8}$$

式中，SSV 值越小，光谱之间越相似，其范围通常为 0 ~ 1.414。不同作物之间，NDVI 时间序列曲线的差异较大，SSV 值高；对于同一种作物，灌溉区域的 NDVI 时间序列曲线比非灌溉区域具有更高的一致性，SSV 值更低。

(2) OTSU 算法

以实地采样获取的灌溉区域玉米和小麦的 NDVI 时间序列曲线分别作为端元光谱，利用上述衡量光谱相似度的指标计算研究区每个像元的 SSV 值。同类型的光谱相似度越高，SSV 值越低；不同类的光谱相似度越低，SSV 值越高。需要确定合理分割阈值，当 SSV 值小于该阈值时与端元光谱识别为同一类别。因此，引入 OTSU 自适应阈值算法计算 SSV 分割阈值来判断是否为小麦或玉米的灌溉区域，小于该阈值即为灌溉区域，从而识别研究区的灌溉面积空间分布情况，极大减少了人为干预造成的影响。

OTSU 算法是无参量的一种自适应阈值选取方法（Ohtsu，2007)，该方法可以给定一个临时阈值，然后计算阈值两侧范围的像元 SSV 的方差值，当方差达到最大所对应的像元 SSV 为最佳阈值，即目标区域与背景区域差异最大化，而后将相似度大于或等于该阈值的归并成一类，小于该阈值的归并成另一类，得到相应的二值化图像。具体原理算法如下：

当影像数据量级为 L（$G=0$，1，…，$L-1$）时，初始阈值 h 将图像分为目标区域 T 与背景区域 B 两部分，p_i代表 SSV 为 i 的像元出现的概率，n_i代表 SSV 为 i 的像元数量，N 代表像元总数，T、B 两部分概率为

$$P_T(h)=\sum_{i=0}^{h}\frac{n_i}{N},\ P_B(h)=\sum_{i=h+1}^{L-1}\frac{n_i}{N} \tag{9-9}$$

对应的 T、B 两部分的均值为

$$\mu_T(h)=\frac{\sum_{i=0}^{h} ip_i}{P_T(h)},\ \mu_B(h)=\frac{\sum_{i=h+1}^{L-1} ip_i}{P_B(h)} \tag{9-10}$$

则存在阈值 h_0即为最佳阈值：

$$h_0=\text{Argmax}\ (P_T P_B\ (\mu_T-\mu_B)^2) \tag{9-11}$$

9.3.3 结果分析

9.3.3.1 主要作物端元光谱

通过野外实地采样，获得了玉米与小麦灌溉区域的端元光谱（图 9-13)。图 9-13（a）为玉米灌溉区（6 ~ 10 月）9 个实测样本点的 NDVI 时间序列曲线，从中筛选 5 ~ 6 条相似程度最高的曲线作为端元参考光谱，然后再使用端元光谱均值化进行光谱匹配计算。均值化可以保证所获得的均值光谱在代表该种类光谱特征信息的同时减少数据波动对结果的影响，且进行种类光谱廓线匹配计算时缩小同类别差异性。同理，图 9-13（b）为小麦灌溉区 (10 ~ 6 月)共 10 个实测样本点的 NDVI 时间序列曲线，提取小麦端元光谱均值并计算。

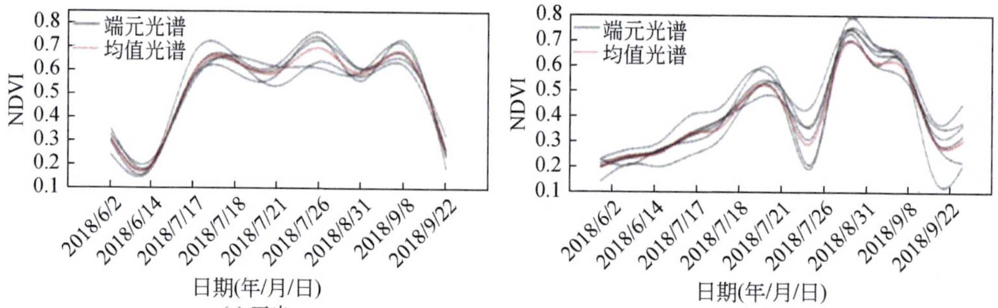

(a) 玉米

(b) 小麦

图 9-13　玉米与小麦端元光谱

9.3.3.2　主要作物灌溉区域相似性参数空间分布

根据像元尺度光谱匹配算法得到的主要作物灌溉区域识别相似性参数 SCS、EDS 和 SSV 分布如图 9-14 所示，研究区内未能灌溉到的地方主要位于灌区最北（区域 1）、中部（区域 2）与右下位置（区域 3）。根据实地调查了解，最北侧主要是由于没有渠系覆盖；而蒲城附近（区域 2）是由于靠近城镇，在进行城镇建设时灌溉渠系损坏导致灌溉情况较差；右下位置为大荔系统，以种植果树为主，主要作物种植面积相对较少。因此提取结果与实际情况相符。

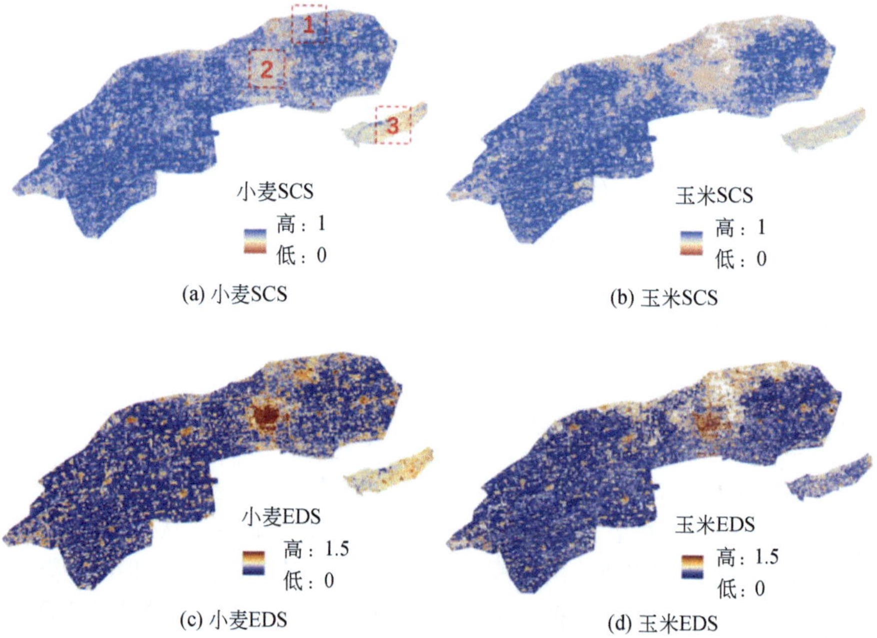

(a) 小麦SCS

(b) 玉米SCS

(c) 小麦EDS

(d) 玉米EDS

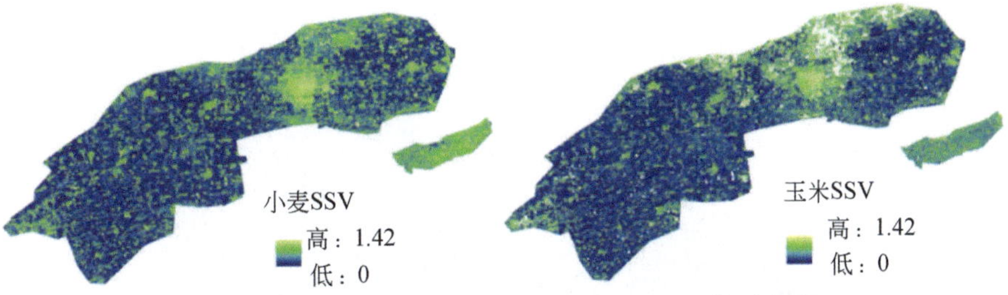

(e) 小麦SSV　　(f) 玉米SSV

图 9-14　主要作物灌溉区域相似性参数空间分布

9.3.3.3　灌溉区域相似性分割阈值

通过光谱匹配方法获得了研究区主要作物小麦与玉米相似度量化空间信息。进而对获得的量级分布直方图使用 OTSU 算法得到两种作物对应的相似度分割阈值（图 9-15），结果表明小麦灌溉区最佳分割阈值为 0.3985，玉米灌溉区最佳分割阈值为 0.4639。

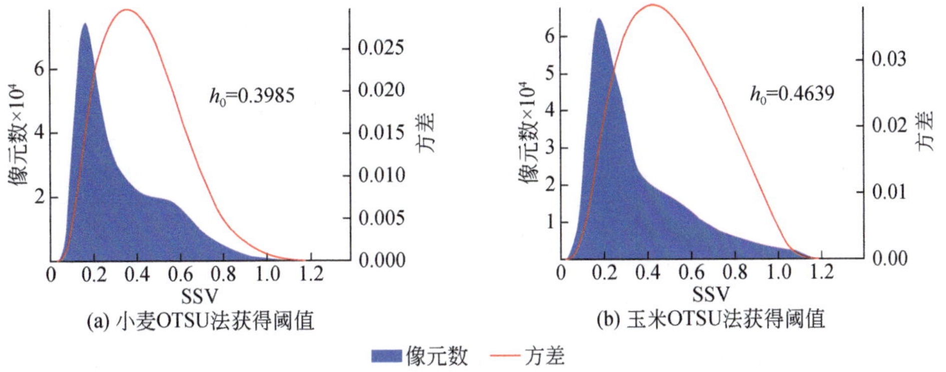

(a) 小麦OTSU法获得阈值　　(b) 玉米OTSU法获得阈值

图 9-15　OTSU 法计算直方图

9.3.3.4　主要作物灌溉区域分布应用

小麦和玉米灌溉区域相似性分割阈值，得到主要作物小麦和玉米的灌溉区域空间分布图（图 9-16）。根据作物种植强度情况，研究区内的灌溉区域可分为双季轮作灌溉区（小麦和玉米轮作）、单季小麦灌溉区和单季玉米灌溉区，以双季轮作灌溉区为主，单季作物灌溉区主要分布在城镇周围与渠系未灌溉区域，由于地块破碎、种植结构复杂造成。多数非植被覆盖区域（如城镇、村庄、渠道、道路等）识别效果较好，但在一些小的建筑物周围有小部分误识别区域，是由于混合像元所导致。

对灌区各灌溉子系统（图 9-12）的主要粮食作物小麦和玉米的灌溉面积进行统计（表 9-6）。各灌溉子系统灌溉面积由大到小依次是流曲、孙镇、兴镇、荆姚、刘集、蒲城和大荔。除大荔外，其他灌溉子系统均是小麦和玉米轮作灌溉区为主，占比大于 50 %，荆姚占比达到 81.72 %。大荔果树种植面积较大，粮食作物灌溉主要是单季小麦和单季玉米，小麦和玉米轮作灌溉较少。

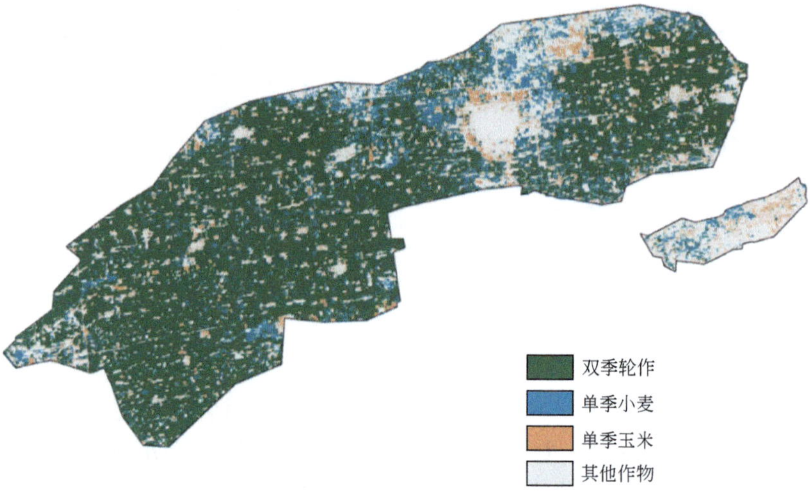

图 9-16　主要作物灌溉区域分布图

表 9-6　各灌溉子系统灌溉面积情况　（单位：hm^2）

项目	大荔	荆姚	刘集	流曲	蒲城	孙镇	兴镇
双季轮作灌溉区	88. 86	7 537. 61	5 981. 75	14 224. 79	3 836. 21	11 400. 83	11 282. 97
单季小麦灌溉区	533. 27	834. 46	909. 59	2 044. 77	2 413. 21	2 762. 44	2 267. 60
单季玉米灌溉区	495. 13	851. 74	728. 40	2 119. 96	951. 24	2 689. 33	1 588. 20
合计	1 117. 26	9 223. 81	7 619. 74	18 389. 52	7 200. 66	16 852. 60	15 138. 77

9. 3. 3. 5　精度验证

使用实测样点数据对提取结果进行混淆矩阵精度验证（表 9-7），使用高精度数据提取灌溉面积与种植强度结果的总体精度为 88. 27 %，Kappa 系数为 0. 8308。对于分布最广的双季轮作灌溉区域的提取效果最佳，精度达到 90. 14 %；非灌溉区域的提取精度为 89. 80 %，其主要与单季小麦、单季玉米灌溉区发生混淆，与单小麦灌溉区误差较大，种类错分误差为 13. 04 %；单季玉米灌溉区提取精度为 89. 47 %；单季小麦灌溉区的提取精度相对最差，为 78. 26 %。结果分析发现主要是混合像元对提取结果影响最大，单季小麦与单季玉米灌溉区主要分布在城镇附近，受人类活动影响，导致种植结构分布复杂且细小散碎，提取难度较大。

表 9-7　GF 基于实测样点的结果精度评价　　　　（单位：%）

项目	双季轮作	单季小麦	单季玉米	其他	错分误差	漏分误差	面积占比
双季轮作	90.14	4.35	0.00	2.04	3.03	9.86	40.74
单季小麦	5.63	78.26	5.26	4.08	28.00	21.47	15.43
单季玉米	4.23	4.35	89.47	4.08	26.09	10.53	14.20
其他	0.00	13.04	5.26	89.80	8.33	10.20	29.63

9.3.3.6　合理性分析

图 9-17 为国际水管理研究所（IWMI）发布的 MODIS-250 m 全球灌溉区域分布成果的研究区部分，是目前可公开获得精度较高的灌溉区域分布数据，对其重采样成 16 m 分辨率作为参考数据。东雷二期研究区总面积为 99 008.06 hm^2，IWMI 研究区灌溉面积结果统计为 82 745.37 hm^2，使用 GF-1 结果统计灌溉面积为 81 571.58 hm^2，二者计算灌溉面积结果差异为 1.42 %。对本研究获得的灌溉区域与 IWMI 灌溉区域数据进行空间比较，空间重叠率为 87.29 %。但二者在不同种植强度灌溉区类型及其分布方面提取结果存在较大差异，据灌区实际调研与本研究结果显示，研究区主要包括双季轮作（小麦和玉米轮作）灌溉区域与单季作物（小麦、玉米）灌溉区域，而 IWMI 发布的成果仅分为双季作物灌溉区域与三季/连续作物灌溉区域，本研究成果与实际情况相符，而 IWMI 成果有误。

如图 9-18 所示，本节研究成果与 IWMI-Irrigated Area Map Asia（2000-2010）相比，在空间分辨率与地物识别方面具有显著优势，可以更有效区分出建筑物、道路、渠道与田块信息；受数据分辨率限制，IWMI 结果无法获取灌溉田块分布细节，较多的建筑物与道路存在混淆错分情况。与 IWMI 结果比较，本节研究成果能更好地反映我国灌区实际灌溉情况，一方面是由于采用了更高空间分辨率的遥感数据，另一方面相较于基于聚类的光谱匹配计算方法，基于像元尺度的光谱匹配方法适用于较高空间分辨率的灌溉区域遥感监测研究。

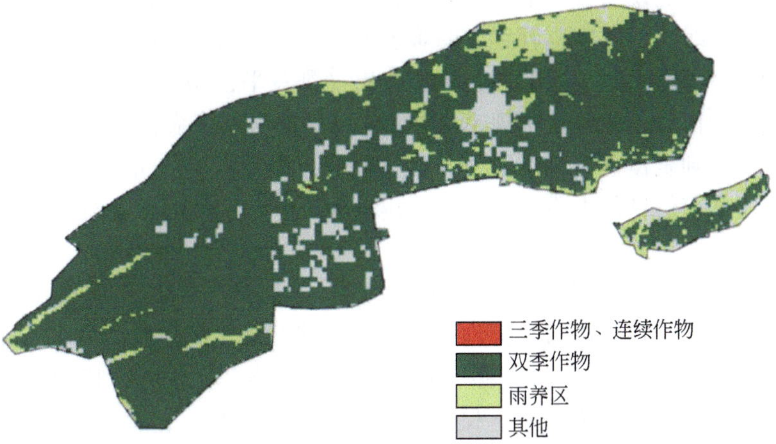

图 9-17　IWMI 发布的灌溉区域分布图

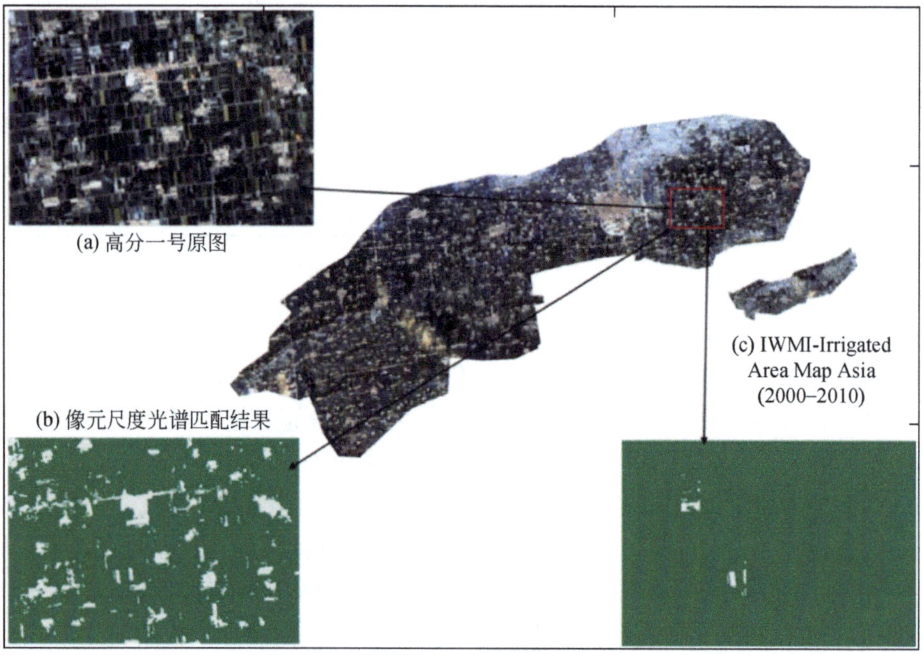

图 9-18　基于高分一号的灌溉面积监测结果与 IWMI 结果细节对比

9.4　基于天地立体的生产建设项目水土保持监管

9.4.1　研究背景

生产建设项目水土保持监管是落实水土保持法的一项重要工作内容，“放管服”改革的持续推进，给生产建设项目水土保持监督管理带来了新的挑战，一方面，生产建设项目类型多，点多面广线长，落实监管到位的难度大；另一方面，权限下放后，各级特别是基层水行政主管部门监管力量不足的问题更加突出（鄂竟平，2020；陆桂华，2020）。《生产建设项目水土保持信息化监管技术规定（试行）》指出，仅依靠传统的监管方式难以真正实现监管到位，做到全覆盖与精准监管，必须将日常监督检查与重点监督性监测相结合，充分利用卫星遥感等信息化手段，开展生产建设项目水土保持信息化监管（水利部水土保持司，2018）。

《生产建设项目水土保持信息化监管技术规定（试行）》对生产建设项目水土保持信息化监管进行了阐述，它是指用“天地一体化”方式开展生产建设项目水土保持监管，即综合应用 RS、GIS、GPS、无人机、移动通信、快速测绘、互联网、智能终端、多媒体等多种技术，开展的生产建设项目水土保持监管及其信息采集、传输、处理、存储、分析、应用的过程。自 2015 年水利部在全国启动生产建设项目水土保持“天地一体化”监管示范以来，对监管关键技术和方法的探索均得了阶段性进展（姜德文等，2016；亢庆等，2016；黄颖伟等，2018；徐晓伟等，2019；张雅文等，2017a，2017b）。随着探索的不断深入，生产建设项目水土保持监管技术已由传统的人工现场监管全面发展到现场监管、卫星遥感监管及无人机低空遥感监管相结合的立体化监管技术体系（许文盛等，2019；李智广和王敬贵，2016；沈雪建等，2017；王志刚等，2018）。然而，由于生产建设项目类型的多样性及水土流失的复杂性，遥感信息化技术在应用于生产建设项目水土保持监管时，还存有一些技术瓶颈，本节基于具体案例，在阐述水土保持信息化技术在生产建设项目监管中应用的同时，亦对该技术进行了深入探讨，以期为推动水土保持强监管总基调的进一步落实，提供相应的技术支撑。

9.4.2 数据与方法

9.4.2.1 数据获取

按照《生产建设项目水土保持信息化监管技术规定（试行）》（办水保〔2018〕17 号）要求，开展生产建设项目水土保持信息化监管所需要的资料包括生产建设项目水土保持方案资料、后续设计资料、监测资料、监理资料及水行政主管部门对生产建设项目的历次监督检查资料等。其中，水土保持方案资料包含方案报告书（报批稿）、登记表、批复文件、防治责任范围、水土保持措施布局图、水土流失防治分区图等资料；后续设计资料包含初步设计报告水土保持篇章、水土保持施工图等资料；监测资料包括监测实施方案、监测季度报告（表）、监测年度报告等资料；监理资料包括监理规划报告、监理实施方案、监理专题报告、监理定期报告等资料。本案例为武汉市某地产项目，相关资料均通过水行政主管部门协调相关生产建设单位提供。

遥感数据由水行政主管部门协调提供，或通过第三方购买，但如通过第三方购买，其影像质量应满足《生产建设项目水土保持信息化监管技术规定（试行）》相关要求。本案例使用的影像为 2019 年 4 月 1 日 2 m 分辨率的高分一号卫星，通过第三方购买。

9.4.2.2 方法简介

生产建设项目水土保持信息化监管主要包括资料准备、遥感监管、监管信息现场采集、成果整编与审核评价等 4 部分工作，技术路线见《生产建设项目水土保持信息化监管技术规定（试行）》。

（1）资料准备

通过武汉市水行政主管部门协调相关建设单位收集了生产建设项目水土保持信息化监管所需要的水土保持方案、后续设计、监测、监理及水行政主管部门历次监督检查的资料。根据收集到的资料，对原始遥感影像数据，进行格式转换、辐射定标、大气校正、正射校正、图像融合、图像增强、影像镶嵌和裁切等预处理，形成清晰度高、层次感强、色彩饱和度好、信息丰富度好的影像数据。

在预处理的基础上，结合 Google Earth 等地图软件，利用 ArcGIS 软件，在统一的坐标系下，经项目位置初步定位、防治责任范围图与遥感影像配准、防治责任范围边界勾绘、防治责任范围属性数据录入等环节，完成对监管项目防治责任范围图的矢量化，进而形成含有空间信息和属性信息的矢量图（黄颖伟等，2018；王新星等，2019）。

（2）遥感监管

基于预处理后的遥感影像，首先，通过解译结果和防治责任范围的空间叠加分析初步判断扰动合规性，初步判定项目建设状态和项目扰动合规性；其次，通过现场调查和矢量化的设计图件资料，建立生产建设项目水土保持措施遥感解译标志，采用人机交互方法开展生产建设项目水土保持措施、取弃土场图斑解译，并完成完善重点项目的防治责任范围图斑，完成属性录入工作，本案例解译后的扰动范围图如图 9-19 所示。最后，将解译后的生产建设项目扰动范围图与防治责任范围图进行对比，开展图斑合规性详查，包括水土保持变更情况、取弃土场选址情况以及水土保持措施落实情况。本案例主要根据项目扰动范围与防治责任范围相比是否增加 30 % 以上来判定生产建设项目扰动范围的合规性，结果如图 9-20 所示。

图 9-19　某生产建设项目扰动范围图

图 9-20　某生产建设项目扰动合规性判定

（3）监管信息现场采集

利用遥感监管成果，采用移动采集系统对该生产建设项目水土保持情况开展现场调查复核，判定生产建设项目水土保持方案落实情况。采用无人机航摄进行水土保持信息定量采集及调查取证，之后对无人机航摄数据进行处理，得到某生产建设项目的数字表面模型（DSM）和数字正射影像图（DOM）。本案例的 DSM 影像和 DOM 影像如图 9-21 与图 9-22 所示。

另外，在现场复核过程中，除了通过无人机航拍对获取生产建设项目扰动范围、水土保持措施分布以及地形因子等信息，并对遥感解译成果进行验证、复核外，还开展实地调查、收集相关证明材料、拍摄调查现场照片、填写生产建设项目现场复核信息表。

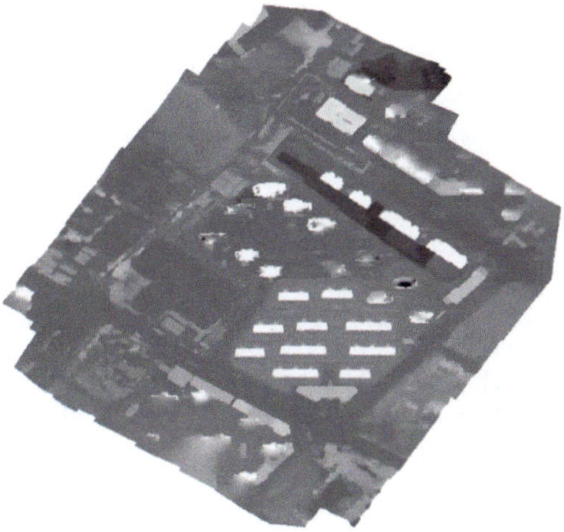

图 9-21　某生产建设项目项目 DSM 影像

图 9-22　某生产建设项目 DOM 影像

(4) 成果整编与审核评价

对遥感监管和监管信息现场采集成果进行分析与审核，将成果录入全国水土保持信息管理系统，编写总结报告，并对该生产建设项目形成整改意见。

9.4.3　结果与讨论

9.4.3.1　监管的范围

以往水土保持监管方法一般是实地勘测，具有外业工作量大，后期数据处理复杂，监管周期时间长等弊端，导致监管效率低下，监管人员需求量大、监管过程滞后，扰动区域无法全覆盖。对于建设周期长，线路跨度大的项目（大型铁路、公路等）问题尤为突出，信息化监管能克服传统监督检查方法带来诸多问题（姜德文等，2016；亢庆等，2016）。

基于遥感信息化的水土保持监管，通过高分系列卫星以及资源系列卫星等获取的遥感影像，结合项目水土保持方案和水土保持监测资料，建立建设项目遥感解译标志位，利用计算机遥感解译与人工判定相结合的方法，对项目区扰动合规性进行甄别，提前抽取项目现场重点监督检查对象，能在提高现场监督检查效率的同时，精确查找重点核查点。适当扩大项目区影像解译范围，进一步核实项目是否存在较难发现的违规情况，达到对项目监管的全覆盖，同时可以通过对比多期的卫星遥感影像，获取项目扰动全过程，实现项目的动态监管。解译判定与现场核查对比图如图 9-23 所示。本案例项目类型为房地产工程，占地面积有限，较易实现监管范围的全覆盖。

图 9-23　解译判定与现场核查对比图

9.4.3.2　监管的效率

在监管工作中，经常会采用“四不两直”的工作方式，即不发通知、不打招呼、不听汇报、不用陪同接待、直奔基层、直插现场。为提高监管的效率和准确度，对项目核查点的线路规划提出了更高要求。

基于遥感信息化的水土保持监管，通过资料筛选出重点核查点，将这些点标注在卫星地图上，生成 KML 文件并导入移动终端，在现场核查时，将卫星地图与移动终端软件进行整合，利用移动终端户外助手等软件进行导航，能直接导航直接到踏勘地点。该方法灵活便捷，比手持 GPS 更具优势。此外，该方法可根据线型项目的规模大小，将项目分割成若干段，在现场可直观、快捷、高效、省时地开展工作，同时，调查中的主要记录工作如拍摄照片、记录航迹、定位、路点标记等，均可以在移动终端设备上完成，高度集成化便于记录文件以及导入导出数据，提高现场核查以及后期资料整理效率。某线性工程核查点定点如图 9-24 所示，KML 文件移动终端导航界面如图 9-25 所示。

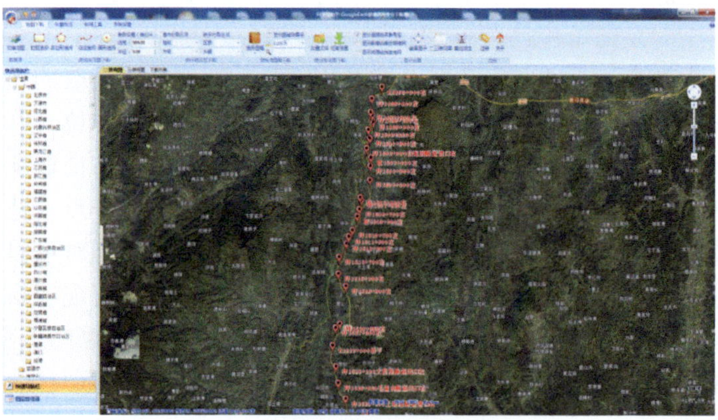

图 9-24　某线性工程核查点定点

图 9-25　某线性工程 KML 文件

9.4.3.3 监管的精准化

为规范和加强生产建设项目水土保持监督管理，《水利部办公厅关于印发生产建设项目水土保持监督管理办法的通知》（办水保〔2019〕172号）对水土保持违法情节及行政处罚自由裁量权提供了参照执行标准，高精度测量是处罚精细化的基础（姜德文等，2016）。生产建设项目具有点多面广、类型复杂、不断变化的特点，传统的全站仪等方法虽精度较高，但应对野外复杂环境存在作业难度大、周期长等问题。基于遥感信息化的水土保持监管，能克服交通中断、次生灾害危险等不利因素，采集区域航片及视频数据，并快速生产出项目区的正射影像、数字高程、重点区域720°全景影像和实景三维模型，可为生产建设项目监督管理提供方便快捷和精准的数据。

尤其通过对无人机航片数据拼接以及后期校正处理得到DOM以及DEM成果，利用ArcGIS软件提取计算成果数据算，可得到工程开挖方量和土地扰动面积，为水土保持监管由违法定性判断向处罚定量化转变提供了技术支撑（赵元凌，2017）。通过判别，本案例项目扰动范围合规，但绿化措施落后，项目现场仍有部分裸露区域。某项目扰动土地面积获取如图9-26所示，土石方挖填方量获取如图9-27所示，项目扰动三维效果如图9-28所示。

图9-26 某项目扰动土地面积获取

图9-27 某项目土石方挖填方量获取

图9-28 某项目扰动三维效果图

9.5 基于神经网络的水库供水调度规则优化

9.5.1 研究背景

日益严重的水资源短缺呼唤着更加高效的水资源管理。水库（系统）的优化调度作为水资源管理的一个重要内容一直备受研究关注。尽管诸多优化模型及方法被应用于水库调度（Yeh，1985；Wurbs，1993；Labadie，2004），但全运行期最优水库蓄泄决策的获得只是一种事后性的回顾（Philbrick and Kitanidis，1999）。现实不论是中长期还是实时水库调度都依赖于既定的调度规则，通过调度规则追求调度的次优解或满意解才是实际可行和可操作的。调度规则的获取通常有两种方式：一是直接假定某种形式的调度规则（含参数），利用水库模拟模型，或水库模拟与优化混合模型（后者更常见）去检验、评价和改进该调度规则（Perera and Codner，1996；Oliveira Loucks，1997；Neelakantan Pundarikanthan，2000）；二是利用水库全运行期的最优调度成果，通过统计回归等方法推求调度规则，如调度函数（卢华友和郭元裕，1998；雷晓云等，1996；Bouziane，1996）。随着新方法不断引入到水库调度之中，处理水库调度的多目标、多变量、非线性的能力日益增强，人们期待水库调度能考虑更多的影响因素，利用更大范围的信息量，且能融入决策者的经验与知识。这些都对调度规则的获取提出了更高的要求。

数据挖掘（data mining，DM）是一门新兴发展的学科，其功能在于从观测数据集（通常很庞大）提取隐藏的预测性信息，挖掘出数据间潜在的模式，找出有价值的信息和知识。数据挖掘一个比较合适的定义为：从数据集中识别出有效的、新颖的、潜在有用的、最终可以理解的模式的非平凡过程（Fayyad et al.，1996）。目前，数据挖掘已被广泛应用于商业、信息等领域。在水科学领域，开始出现将数据挖掘方法用于大坝监测（王超等；2003）和水文数据在线分析（艾萍等，2001）的研究。在长期的水库调度过程中，大量的数据资料和信息反馈积累起来形成了一个较为庞大的数据库。根据数据挖掘的特点，相信有可能利用数据挖掘充分发掘其中潜在的有价值的关系与模式，用以指导今后的水库调度。

本节旨在以水库供水调度为例，初步探讨数据挖掘在提取水库调度规则中的应用。具体步骤是，先利用动态规划模型求解水库供水调度，得到调度模式的最优结果；以最优调度模式及其对应的5个特征属性，构成样本数据集，然后利用RBF神经网络作为数据挖掘算法，从中提取调度规则的模式；最后将提取的调度规则与常规调度图及调度函数进行对比分析。

9.5.2 水库供水调度规则模式

当前我国许多综合利用水库的供水同时包括生活、工业、灌溉甚至生态环境用水，且各供水目标的优先级和保证率都不同。这种情况下，考虑水库有3个供水目标 $D_{i,t}$（$i=1$，2，3为供水序号；$t=1$，2，…，t 为时段序号），供水优先级从低到高依次为 $D_{1,t}$、$D_{2,t}$、$D_{3,t}$。在正常年份，若来水满足用水需求，水库可按需求正常供水；但是在枯水年份，供水不能完全满足需水要求时，根据尹正杰等（2005）提出的限制供水调度规则，从高到低依次将水库调度划分为3类限制供水模式。加上正常供水，这样水库在任一决策时段，就有4种可能的供水调度模式：①正常供水，$R_t=D_{1,t}+D_{2,t}+D_{3,t}$；②仅对 $D_{1,t}$ 限制供水，$R_t=(1-\alpha_1)D_{1,t}+D_{2,t}+D_{3,t}$；③同时限制 $D_{1,t}$ 和 $D_{2,t}$，$R_t=(1-\alpha_1)D_{1,t}+(1-\alpha_2)D_{2,t}+D_{3,t}$；④对所有需水限制供水，$R_t=(1-\alpha_1)D_{1,t}+(1-\alpha_2)D_{2,t}+(1-\alpha_3)D_{3,t}$。

R_t 为水库实际供水量；α_1，α_2，$\alpha_3\in(0,1)$ 分别对应不同需水的供水限制系数，其值可根据具体情况设定。理论上还存在一种水库无水可供的情况，即出现供水中断，但实际通过优化调度，预见性地提前限制供水，能避免这种情况的发生，所以不将其作为可选的调度模式。利用水库1956～2000年来的用水资料，以缺水指数（供需缺口的平方和）最小为供水调度目标建立模型。模型目标函数为

$$\min Z=\sum_{t=1}^{T}\left(R_t-\sum_{i=1}^{3}D_{i,t}\right)^2 \tag{9-12}$$

模型的决策变量为 R_t，即各时段的调度模式。采用动态规划求解该模型，状态转移方程为

$$S_{t+1}=S_t+I_t-R_t-L_t \tag{9-13}$$

主要约束为库容约束

$$S_{\min}\leqslant S_t\leqslant S_{\max} \tag{9-14}$$

式中，S_t、S_{t+1} 分别为第 t 时段初、末水库蓄水量；I_t 为径流量；L_t 为水库的蒸发渗漏损失量；$S_{\min}$、$S_{\max}$ 分别对应水库死库容和上限库容。递推关系式为

$$\begin{cases}Z_{t+1}=\min\{d_t(S_t,R_t)+Z_t\}\\ Z_1=0\end{cases} \tag{9-15}$$

其中，$d_t(S_t,R_t)$ 表示在 t 时段 S_t 库容状态下决策 R_t 的缺水指数。经编程计算获得运行期内水库逐时段调度模式的最优决策序列。

9.5.3 调度模式挖掘的数据选择

数据挖掘常被置于更广阔的数据库知识发现（knowledge discovery in databases，KDD）的大背景下，KDD源于人工智能，主要过程包括：数据选择、数据预处理、数据转换、进行数据挖掘以提取模式和关系。其中数据挖掘是KDD的核心，但数据的选择处理常影响数据挖掘效果的好坏，在数据选择时，要全面地考虑能反映事物本质的特征属性。对于水库调度，几个重要的数据是水库蓄水量 S、径流量 I、需水量 D、调度时段编号 N（按月 $N=1$，2，…，12）等，调度决策通常基于这些因素而做出。也可以说，水库某一时段的调度模式是由这些属性来描述的。在获得水库的最优调度序列后，通过对调度结果的统计分析，主要选择以下特征属性。

1）水库蓄水量 S：它是过去一段时期水库蓄泄水量的累积效应，也是当前时段水库状态的直接反映，是影响调度决策的最主要因素。

2）调度时段编号 N：它从综合意义上反映了径流以及需水的情况，根据径流的历史统计资料，径流在年内不同时期表现出明显的丰枯变化，不同时段平均径流量有较大差异；此外，需水也与时段编号明显相关，如农业灌溉用水就存在很强的季节特性。

3）径流量 I：尽管 N 与径流量有一定相关关系，但它反映的是时段径流的多年平均特征，实际径流量 I 由于变差较大，与多年平均值常有较大出入，所以单列作为一个属性。事实上时段的径流量常与水库蓄水量合起来作为水库的可供水量。

4）需水量 D：客观上需水量也影响调度模式的决策，因为各个时段的 D 并不均匀，特别是灌溉用水，大小有时相差数倍，调度模式的选择对需水量有一定的依赖性，因为限制供水多在需水量比较大的时段实施，而在需水较小的时段，限制供水的潜力有限。

5）水文年型 P：分析发现，调度期所处的水文年型对调度决策有很大的影响。因为径流是水库供水的主要来源，不同水文年型年径流量差异较大。在其他特征基本相似的情况下，不同水文年型的调度有明显区别。如在枯水年，在库蓄水量较多时，也应提早开始小额度的限制供水，而在丰水或偏丰水年份，则不必限制供水。本节水文年型由年径流量的排频定义，从低到高分别对应丰水年、平水年和枯水年。

上述5个特征属性（S，I，N，D，P）的某些组合常用于指导水库调度。如常规水库调度图，就是以水库蓄水和调度时段编号为特征属性的一种调度决策规则，表现形式为 $R_t=f(S, N)$，其特点是简单实用，但由于没有具体考虑时段的径流信息，调度结果稍显粗略；而水库调度函数，则是在调度图的基础上加上了径流量 I，表现形式为 $R_t=f(S, I, N)$，函数具体形式常通过多元线性回归方法获得。调度函数的缺点在于线性回归一定程度上掩盖了水库调度的复杂非线性关系，而且当变量较多时，很难保证精度较高的回归效果。

表 9-8　供水调度模式挖掘的数据集（部分）

样本序号	水库蓄水量 S /万 m^3	径流量 I /万 m^3	时段编号 N	需水量 D /万 m^3	年型 P /%	实际供水 R_t /万 m^3	调度模式
162	3796.8	711	6	864	37	694.4	④
163	3813.2	2702	7	1255	37	1017.1	③
164	5497.9	2837	8	1409	37	1106.5	③
165	7228.2	2484	9	967	37	838.5	②
166	8873.9	1172	10	568	37	567.7	①
167	9477.8	544	11	486	37	485.5	①
168	9536.3	162	12	417	37	416.7	①
169	9281.6	37	1	469	63	468.7	①

续表

样本序号	水库蓄水量 S /万 m^3	径流量 I /万 m^3	时段编号 N	需水量 D /万 m^3	年型 P /%	实际供水 R_t /万 m^3	调度模式
170	8849.9	13	2	471	63	471.1	①
171	8391.8	28	3	1211	63	1006.2	②
172	7413.8	1998	4	1228	63	102.3	②
173	8388.3	859	5	796	63	706.9	②

本节同时考虑 5 个特征属性，将其作为下一步数据挖掘的基本数据集。（S，I，N，D，P）构成一个多维状态空间，数据集中的每一个样本都是该状态空间内的一个点。利用最优调度结果，为数据集中的每个样本指定了一个分类模式 C。下一步的研究目的就是要通过某种具体的数据挖掘算法，在属性状态空间内找到某种划分，能将不同样本划归于少数几个事先确定的分类模式中，同时使分类错误率尽可能小。表 9-8 给出了数据集的部分。

9.5.4 调度模式的数据挖掘算法

数据挖掘用于模式分类时，通常采用的算法是决策树（decision tree）。决策树的基本思想是：递归地分裂输入变量（状态）空间的各个单元，直到每个叶子节点仅包括唯一的训练样本点或分裂不能进一步改善。Bessler 等（2003）在研究水库供水系统运行策略的数据挖掘时采用了决策树算法，尽管决策树有易于解释和推导的优点，但由于它只能做平行于坐标轴的线性划分，这限制了它在多维状态空间做最有效划分的能力。通常模式的分布是不规则的，这就要求所用的模式分类方法在状态空间内形成各种非线性分割平面。一般而言，神经网络模式分类能在模式空间形成各种复杂的判决平面，适合于不规则的多类模式划分（黄德双，1996）。以 2 维属性状态空间（A_1，A_2）为例，比较这两种模式分类算法，设“△”和“○”分别代表两种模式（图 9-29）。采用决策树方法在状态空间分类这两种模式需要做 6 次划分，而采用神经网络只需 2 次划分，这一简单的例子反映了两者在划分方式和划分能力上的差异。在多目标水库供水调度中，状态空间为多维空间，模式分布更不规则，决策树的多段线性划分过程复杂度加大。此时，无论从复杂度和划分效率，神经网络方法都具有优势。

神经网络中径向基函数（RBF）网络适合解决模式分类问题。与其他前馈网络相比，RBF 网络能避免反向传播烦琐、冗长的计算，训练速度也较快。对本研究，RBF 网络的输入层节点数为 5，输出层节点数 2，隐含层节点数根据经验结合试算确定为 18，网络的连接权和节点阈值的确定采用标准的 δ 规则。RBF 网络的结构如图 9-30 所示。为了消除输入数据由于量纲和单位不同的影响，对其进行归一化处理。除年型 P 外，对其他属性 A_i 的处理为

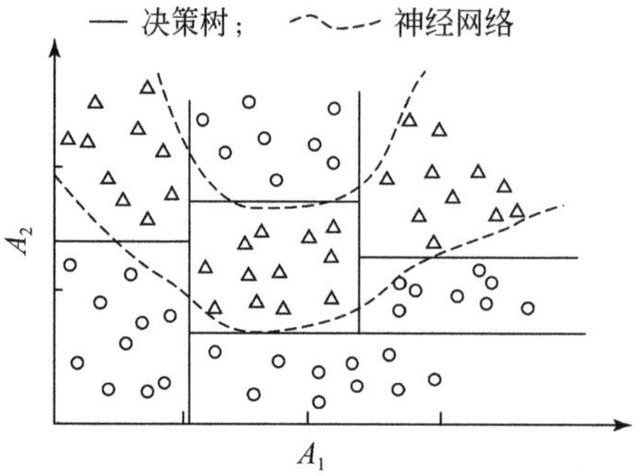

图 9-29　决策树和神经网络模式划分的对比

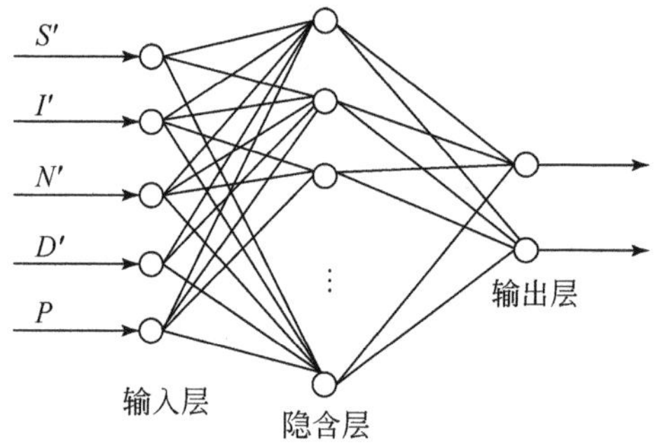

图 9-30　RBF 网络结构

$$A_i' = \frac{A_i - A_{i\min}}{A_{i\max} - A_{i\min}} \tag{9-16}$$

式中，$A_{i\min}$、$A_{i\max}$分别为属性 A_i的最小值和最大值；A_i'为规一化处理后的属性。网络的输出与调度模式的对应关系见表 9-9。

表 9-9　网络输出与调度模式的对应关系

输出	(0，0)	(0，1)	(1，0)	(1，1)
调度模式	①	②	③	④

网络进行模式分类的评分函数定义为

$$E = \frac{1}{n}\sum_{i=1}^{n} w_i I[C(i),\ C'(i)] \tag{9-17}$$

式中，n 为样本数目；i 为样本编号；$C(i)$ 、$C'(i)$ 分别为样本 i 的真实模式和分类模式；I（·）为“0–1”函数，当 $C(i) = C'(i)$ 时取 0，否则取 1；w_i为权重系数。一般情况下，对每个样本的分类误差被平等的对待，但对于供水调度，若将调度模式④误分为模式①，造成的后果较将模式④误分为模式③或②严重，这说明应区分不同的分类误差，所以本节对不同的分类误差加上权重系数 w_i：

$$w_i = d\,[C\ (i),\ C'\ (i)]^{\lambda} \tag{9-18}$$

式中，λ 为幂指数（$1 \leqslant \lambda \leqslant 2$）；$d$（·）为 C（i）与 C'（i）的误差距离，当两者相差 1 级时（如①与②或②与③）d（·）= 1，当两者相差 2 级时（如①与③或②与④）d（·）= 2，当两者相差 3 级时 d（·）= 3。

9.5.5　结果对比分析

数据集中前 30 年（1956 ~ 1985 年）的数据用于 RBF 网络训练，后 15 年（1986 ~ 2000 年）的数据用于检验。经试算对比取 $\lambda = 1$，表 9-10 和表 9-11 分别给出了 RBF 网络的训练分类误差和检验分类误差。根据动态规划的计算结果，在前 30 年里调度模式①共出现 179 次，调度模式②96 次，调度模式③68 次，调度模式④17 次，因为它们是最优调度模式，故称之为“真实模式”。从表 9-10 看出，对于模式①有 4 次将其误分为模式②，1 次误分为模式③；对所有模式，错误分类次数共计 19 次，分类正确率接近 95 %。当用 1986 ~ 2000 年的数据检验时，总体分类错误次数 29 次，分类正确率接近 84 %，相应的缺水指数 $Z=2.36$ （10^{14} m^6）；其中模式④的分类错误次数达 6 次，分类正确率仅 54 %（表 9-11）。对网络的模式分类在训练和检验中的差异，从两个方面解释：一方面，尽管检验期（1986 ~ 2000 年）的来用水情况能一定程度上保持训练期（1956 ~ 1985 年）的统计特征，但实际两者并不一致，而且当两者相差较大时，用训练好的网络去划分检验样本会出现很大的偏差，所以网络对训练样本的分类正确率高于对检验样本的分类正确率是合理的；另一方面，调度模式① ~ ④的次数呈依次减少，如调度模式④只有 17 次，由于样本数量对网络训练的影响，所以训练样本数量小的模式，在检验时分类正确率会低一些。

表 9-10　RBF 网络训练分类误差

真实模式	模式分类			
	①	②	③	④
①	174	4	1	
②	2	91	3	
③	1	2	62	3
④		1	2	14

表 9-11　RBF 网络检验分类误差

真实模式	模式分类			
	①	②	③	④
①	94	7	2	
②	2	32	4	1
③	1	2	18	4
④		2	4	7

为了便于本节方法与调度图及调度函数的对比，前 30 年的数据也用于推求供水调度图和调度函数。其中，优化调度图由尹正杰等（2005）提出的模拟优化混合模型计算得到，调度图按库蓄水量将水库划分为 4 个调度区，每个调度区对应一个调度模式。调度函数由多元线性回归方法获得，具体形式为

$$R_t^N = a^N S_t + b^N I_t + c^N \tag{9-19}$$

式中，a^N、b^N、c^N分别为对应时段 N 的回归系数。由于调度函数是一种连续型的调度规则，通过引入模糊数学，建立实际供水量对 4 种调度模式的隶属度函数，从而将连续型的供水转化为离散型的调度模式。调度图和调度函数的计算结果见表 9-12 和表 9-13。

表 9-12　调度图的分类误差表

真实模式	模式分类			
	①	②	③	④
①	78	20	5	
②	3	27	7	2
③		8	16	1
④		2	6	5

表 9-13　调度函数的分类误差

真实模式	模式分类			
	①	②	③	④
①	88	11	4	
②	3	29	5	2
③	1	3	16	5
④		2	3	8

从表 9-12 中可看出，按调度图的调度结果有 81 次调度模式①、57 次调度模式②、34 次调度模式③和 8 次调度模式④。和表 9-11 的实际分类结果相比，调度模式①少了，而调度模式②和③多了。这说明由调度图做出的决策偏保守，由于它没有考虑径流情况，对较大干旱的记忆较强。在 1956 ~ 1985 年间，出现过 1966、1967、1968 年和 1980、1981、1982 年两次三年连旱，干旱期间水库即使在较高的库蓄水量下也限制供水，即采取调度模式②或③。所以用此调度图指导后 15 年的供水调度时，为防止后期严重缺水或供水中断，很多情况下，水库将本该采用的正常供水模式判断为限制供水模式，也正因为如此才导致调度模式④（缺水相对较重）出现次数反而较少。较真实模式相比，调度图有 54 次分类错误，分类正确率为 70 %，缺水指数 $Z=2.57$（$10^{14}m^6$）。

表 9-13 给出了调度函数的结果经模糊处理后的分类误差，由于考虑了时段径流 I_t，调度模式的分类错误次数为 39，分类正确率较调度图提高到 78 %。分析发现，调度函数的分类错误多发生在时段径流出现异常的情况下，如丰水年某时段径流较小或枯水年某时段径流较大（相对于多年平均值），而由于径流变差很大，这类偶然情况在检验期确有发生，限于线性回归方法自身的缺点，从而导致了调度函数的结果较本节方法要差，其缺水指数 $Z=2.43$（$10^{14}m^6$）。在数据挖掘中，对水文年型（丰、平、枯）的考虑，能部分避免调度函数因异常径流而发生的误判，因为水文年型反映的是 12 个时段径流的总量，从而能一定程度地屏蔽部分时段异常径流的影响，这其中就体现了调度管理者的知识。

综合比较 3 种方法，调度模式分类正确率分别为 84 %、70 %、78 %；缺水指数分别为 2.36、2.57、2.43（$10^{14}m^6$）。从结果看，基于数据挖掘方法的调度规则较调度图和调度函数都要好。

9.6 基于数据挖掘的多年调节水库年末消落水位优选

9.6.1 研究背景

在利用确定性模型制定水电站的年（水文年）发电计划时，首先需要确定的是调度期内水库的始末水位。对于调节性能为年或年以下的水库来说，通常设置年末水位与年初水位一致或相差不大；对于多年调节水库来说，由于其调节周期较长，年末水位需要根据来水情况、电网调度情况综合分析才能确定，但由于国内外与之相关的研究成果较少，在制定年发电计划设置年末水位时，大都是凭借调度者的经验进行，缺乏科学的依据。

在梯级水库群中，多年调节水库通常位于龙头位置，且其调节库容相对较大，调节能力较强，是整个梯级中最高等级的补偿水库。它不仅可以“蓄丰补枯”将丰水年（期）多余的水蓄起来供枯水年（期）用，对下游水库进行径流补偿，而且可以对电力系统中的其他电站进行电力补偿，提高整个梯级的保证出力和发电效益。可以说，多年调节水库运行调度的好坏，不仅影响自身的利益，而且事关全局（整个梯级）的利益。因此含有多年调节水库的梯级水库运行调度的关键技术之一就是如何科学、合理的确定多年调节水库的年末库容及其所对应的水位。

在规划设计阶段，多年调节水库的兴利库容 $V_{兴}$ 通常可视为两部分组成，一部分用于调节年内的入库径流，将年内丰水期多余的水蓄起来供枯水期用，称之为年调节库容 $V_{年}$；另一部分用于调节年际间的入库径流，将丰水年多余的水蓄起来供枯水年用，称之为多年调节库容 $V_{多}$。但在实际的运行调度中，不能硬性地将 $V_{兴}$ 划分为 $V_{年}$ 和 $V_{多}$，一方面因为我们不可能对未来的入流和用水（电）需求做出准确的预测，另一方面是我们并不知道在什么样的来水和用水（电）组合下动用 $V_{年}$（或 $V_{多}$），动用多少。这给多年调节水库运行调度带来了诸多困难，因此，非常有必要研究多年调节水库合理的年末消落水位。

9.6.2 多年调节水库年末消落水位变化规律研究现状

从现有资料看，国内外关于多年调节水库年末消落水位研究的比较少。一方面是因为多年调节水库在我国大江大河中并不多见，另一方面是现行的调度体制通常是以年为单位评价调度的好坏，没有充分考虑多年调节水库年末消落水位对未来调度的影响，所以该项研究没有引起足够的重视。近年来，随着流域梯级的大规模开发，多年调节水库逐渐增多，调度人员对多年调节水库在梯级调度中补偿作用的认识逐渐加深，使得部分发电企业和科技工作者将多年调节水库年末消落水位的确定作为自己研究方向之一。

黄河上游的龙羊峡水库是我国目前已建成的库容最大、调节性能最好的多年调节水库之一，所以，关于多年调节水库年末消落水位的确定大都以龙羊峡水库为对象。西安理工大学田嘉宁等（1999）以黄河上游梯级水库为对象，研究了多年调节水库不同起调水位对联合调度的影响，提出了获取多年调节水库年末消落水位控制规则和风险分析方法。具体步骤是，首先，建立求解含有多年调节水库梯级水库群长系列模拟优化调度模型；其次，通过长系列的模拟调度，获得满意的长期运行策略；再次，应用多功能逐步回归分析方法，寻找影响多年调节水库年末水位的主要因素；最后，通过回归分析，建立决策变量多年调节水库年末消落水位 $Z_{末}$ 与主要因素之间的函数关系。该方法存在一个显著缺点是，在建立函数关系之前，必须事先假设函数的类型（即线性、非线性、指数或幂函数等），而多年调节水库年末消落水位 $Z_{末}$ 与主要因素之间关系有时很难用一个确定的函数式来描述，直接影响了该方法的准确性。针对上述问题，杨宗泽（2004）、张雯怡（2006）等对田嘉宁等（1999）提出的方法进行了改进，在确定决策变量与影响因素之间的关系时，没有采用显函数关系式，而是采用 BP 神经网络，将影响因素作为输入、决策变量作为输出，通过大量的模拟计算，得出输入与输出变量之间的隐函数关系式，这种方法从一定程度上可以克服田嘉宁等（1999）提出方法存在的问题。从上述成果来看，影响多年调节水库年末消落水位的主要因素主要有水库的年初水位，未来 3 ~ 5 年的入库径流量等，但目前水文和气象预报科学的发展水平，还很难对未来 3 ~ 5 年的径流趋势做出合理的判断，更谈不上对未来 3 ~ 5 年的入库径流量做出准确的预测，这直接影响了研究成果在生产实际中的应用。

针对目前关于多年调节水库年末消落水位确定研究中存在的问题，本节提出了一种基于数据挖掘技术的多年调节水库年末消落水位变化规律分析方法。

9.6.3 决策树算法原理

9.6.3.1 决策树的生成

决策树（decision tree）因其形状像树且能用于决策而得名。从技术层面讲，它是一个类似于流程图的树形结构，由一系列节点和分支组成，节点和节点之间形成分支，其中节点表示在一个属性上的测试，分支代表着测试的每个结果，而树的每个叶节点代表一个类别，树的最高层节点就是根节点，是整个决策树的开始（张云涛等，2004；薛惠锋等，2005）。

决策树技术是分类和预测的主要技术，最早出现在 Hunt 等人于 1966 年提出的概念学习系统中。当前最有影响的是 Quinlan 在 1986 年提出的 ID3 和 1993 年提出的 C4.5。ID3 是选择信息增益最大的属性来划分训练样本，其目的是进行分裂时系统的熵最小，从而提高算法的求解速度和求解精度，其主要缺陷是用信息增益作为分裂属性选择的标准时，有偏向于取值较多的属性的毛病，而在某些情况下，这类属性可能不会提供太多有价值的信息。C4.5 是 ID3 算法的改进，它不仅可以处理离散属性，还可以处理连续属性，它与 ID3 的主要区别是采用了信息增益比作为选择测试属性的标准。其他决策树方法还有分类于回归树（CART）（Breiman et al., 1984）、二叉决策树技术（QUEST）（Loh et al., 1997）、可伸缩的决策树技术（SPRINT）等。决策树的生成主要包括两个阶段：树构造（tree building）和树剪枝（tree pruning）。

（1）树构造

决策树采用自顶向下的递归方式，即从根节点开始在每个节点上按照给定标准选择测试属性，然后按照相应属性的所有可能取值向下建立分枝、划分训练样本，直到一个节点上的所有样本都被划分到同一个类，或者某一节点中的样本数量低于给定值时为止。这一阶段最关键的操作是在树的节点上选择最佳测试属性，该属性可以将训练样本进行最好的划分。在 ID3 或 C4.5 算法中，最佳测试属性的选择标准是信息增益或信息增益比率。

根据 Shannon 于 1948 年提出信息论理论，事件 a_i 的信息量 $I(a_i)$ 可度量如下：

$$I(a_i)=\log_b \frac{1}{p(a_i)} \tag{9-20}$$

式中，$p(a_i)$ 表示事件 a_i 发生的概率。

假设有 n 个互不相容的事件 $a_1, a_2, \cdots, a_n$，它们中有且仅有一个发生，则其平均信息量的可度量如下：

$$I(a_1, a_2, \cdots, a_n)=\sum_{i=1}^{n} I(a_i)=\sum_{i=1}^{n} p(a_i)\log_b \frac{1}{p(a_i)} \tag{9-21}$$

假设 A 是取有限个不同值 $a_1, a_2, \cdots, a_n$ 的变量，则其信息量可以通过其信息熵度量，A 的信息熵定义为

$$E(A)=\sum_{i=1}^{n} p(a_i)\log_b \frac{1}{p(a_i)} \tag{9-22}$$

式中，对数底数 b 可以是任何正数，不同的取值对应了熵的不同单位，但通常取 $b=2$；并规定当 $p(a_i)=0$ 时，可以得到：

$$p(a_i)\log_b \frac{1}{p(a_i)}=0$$

在决策树分类中，假设 S 是 n 个数据样本的集合，将样本集划分为 c 个不同的类 C_i $(i=1, 2, \cdots, c)$，每个类 C_i 含有的样本数目为 n_i。设 p_i 为 S 中的样本属于第 i 类 C_i 的概率，则 $C_i=n_i/n$。根据式（9-20）～（9-22），S 划分为 C 个类的信息熵或期望信息为

$$E(S)=\sum_{i=1}^{c} p_i \log_2 \frac{1}{p_i} \tag{9-23}$$

熵值是数据集中的不确定性、突发性和随机性程度的度量。当一个集合中的数据都属于同一类时，则没有不确定性，这种情况下的熵为零（Dunham，2003）。所以，在决策树分类中，当所有的样本都属于同一类时，$E(S)=0$。

一个属性的信息增益，就是用这个属性对样本分类而导致熵的期望值下降。因此，在决策树的每一个节点需要选择取得最大信息增益的属性。

假设属性 A 的所有不同值的集合为 Values (A)，S_v 是 S 中属性 A 的值的样本子集，即 $S_v=\{s\in S \mid A(s)=v\}$，在选择属性 A 后的每一个分支节点上，对该节点的样本集 S_v 分类的熵为 $E(S_v)$。选择 A 导致的期望熵定义为每个子集 S_v 的熵的加权和，权值为属于 S_v 的样本站原始样本 S 的比例 $|S_v|/|S|$（其中 $|\cdot|$ 表示样本个数），即期望熵为

$$E(S, A) = \sum_{v \in \text{Values}(A)} \frac{|S_v|}{|S|} E(S_v) \tag{9-24}$$

式中，$E(S_v)$ 是将 S_v 中的样本划分到 c 个类别的信息熵。

属性 A 相对样本集合 S 的信息增益 Gain（S，A）定义为

$$\text{Gain}(S, A) = E(S) - E(S, A) \tag{9-25}$$

式中，Gain（S，A）是指因为知道属性 A 的值后导致熵的期望压缩。Gain（S，A）越大，说明选择测试属性 A 对分类提供的信息越多。ID3 算法就是在每个节点选择信息增益 Gain（S，A）最大的属性作为测试属性。

构造决策树的具体步骤：

设训练样本集为 Samples，候选属性集合 attribute_ list

步骤一：创建节点 N；

步骤二：如果 Samples 都在同一类 C 中，则返回 N 作为叶节点，以类 C 标记；

步骤三：如果 attribute_ list 为空，则返回 N 作为叶节点，以 Samples 中最普遍的类标记（采用多数表决）；

步骤四：选择 attribute_ list 中具有最高信息增益的属性 test_ attribute，并以 test_ attribute 标记节点 N；

步骤五：对每一个 test_ attribute 的已知值 v，由节点 N 分出一个对应 test_ attribute $=v$ 的分支；

步骤六：令 S_v 为 Samples 中 test_ attribute $=v$ 的样本集合；

步骤七：如果 S_v 为空，则加上一个叶节点，以 Samples 中最普遍的类标记；否则，返回步骤四，直到样本都被划分到同一个类或则某一节点中的样本数量低于给定值时为止。

（2）树剪枝

在创建决策树时，由于训练样本数量太少或数据中存在噪声和孤立点，许多分枝反映的是训练样本集中的异常现象，建立的决策树会过度拟合训练样本集，即对训练数据的完全拟合反而不具有很好的预测性能。剪枝是解决决策树过度拟合问题常用的一种技术，同时它也使决策树得到简化而变得更容易理解。常有的有两种剪枝策略：预剪枝和后剪枝法。

1）预剪枝：预剪枝是指在决策树生成过程完成前进行剪枝。如事先限制决策生长的高度；Friedman 提出的限制最小节点大小的方法，即当节点处的例子数目小于阈值 k，就停止生长该节点；Quinlan 提出的不纯度阈值法，即划分该节点后的不纯度减小量低于某一阈值就停止生长该节点。这类算法的优点是在决策树生长的同时进行了剪枝，因而效率较高，但是它可能剪去了某些有用但还没有生成的节点，所以这类算法通常和其他方法一同使用。

2）后剪枝：后剪枝是指在当决策树的生长过程完成后再进行剪枝。基于代价成本的修剪算法就是一个后剪枝。被修剪（分枝）的节点就成为一个叶节点，并将其标记为它所包含样本中类别个数最多的类别。而对于树中每个非叶节点，计算出若该节点（分枝）被修剪后所发生的预期分类错误率；同时根据每个分枝的分类错误率，以及每个分枝的权重

(样本分布),计算若该节点不被修剪时的预期分类错误率;如果修剪导致预期分类错误率变大,则放弃修剪,保留相应节点的各个分枝,否则就将相应节点分枝修剪删去。在产生一系列经过修剪的决策树候选之后,利用一个独立的测试数据集,对这些经过修剪的决策树的分类准确性进行评价,保留下预期分类错误率最小的(修剪后)决策树。

9.6.3.2 决策树的应用

决策树所表示的分类知识可以被抽取出来并可用 IF-Then(如果-那么)分类规则形式加以表示。从决策树的根节点到任一个叶节点所形成的一条路径就构成了一条分类规则。沿着决策树的一条路径所形成的属性值就构成了分类规则条件部分(IF 部分)中的一个合取项,叶节点所标记的类别就构成了规则的结论内容(Then 部分)。IF-Then 分类规则表达方式易于被人理解,当决策树较大时,IF-Then 规则表示形成的优势就更加突出。

为了对每个分类规则的预测准确性进行评估,可以利用独立的测试数据集(没有参加归纳训练的数据集)对分类规则的预测准确性进行评估;也可以通过消去分类规则条件部分中的某个对该规则预测准确性影响不大的合取项,来达到优化分类知识的目的。由于独立测试数据集中的一些测试样本可能不会满足所获得的所有分类规则中的前提条件,因此还需要设立一条缺省规则,该缺省规则的前提条件为空(始终为真),其结论则标记为训练样本中类别个数最多的类别。

9.6.4 决策树技术在年末消落水位规律分析中的应用研究

在水库长期调度的过程中,大量的数据资料和调度信息反馈积累起来形成了一个较为庞大的数据库,根据数据挖掘技术中决策树算法的特点,可以利用决策树算法充分挖掘这些数据之间潜在的关系或模式,用以指导今后的水库调度。

多年调节水库年末消落水位的研究实质是研究影响多年调节水库年末消落水位的主要因素与年末消落水位之间的关系。从理论上将,多年调节水库年末消落水位 $Z_{年末}$ 的变化不仅与该库的年初水位 $Z_{年初}$,今后若干年的入库水量 W_{t+1},W_{t+2},…有关,而且还与库群中其他多年调节水库的上述指标有关,关系十分复杂。但从现有的水文预报手段和技术条件来看,要预测今后若干年的入库水量的可信度几乎为零,预测当年的年水量也不太准确,但可以肯定的是对当年的径流趋势预测比入库水量的预测要准确;另一方面,我国已建或在建梯级水库中,还没有一个梯级水库中包含两座多年调节水库。因此当忽略这些不可掌握的因素外,影响 $Z_{年末}$ 变化的主要因素有该水库的年初水位 $Z_{年初}$,当年的入库水量 W_t。若用更为准确的入库径流趋势 P_t 代替入库水量,那么 $Z_{年末}$ 的关系式可表示为

$$Z_{年末}=f(Z_{年初},P_t) \tag{9-26}$$

本节选用最为经典的决策树算法 ID3 进行年末消落水位变化规律的分析,为了应用该算法,首先做一些必要的数据说明。

样本集(Samples):历史上水库调度结果的集合。每个数据样本就是水库调度的一条记录(历史上已发生的或模拟的),它包括 $Z_{年末}$ 及其主要影响因素。

属性（Attributes）：反映年末消落水位变化规律本质的特征属性。样本集中的所有信息都必须以属性的形式给出。它可以是数字或被代表为非数字的、离散的分类，其数值可以是离散的或连续的。样本集中的同一属性必须是一致的。根据上述分析，选用年初水位 $Z_{年初}$和当年的入库径流趋势 P_t两个属性来构建决策树。

类（Class）：表示分类结果的特性。在样本集中，每个样本都必须对应于预先定义好的离散的分类。且分类必须明确的定义，即一个样本要么属于该类，要么不属于该类。类别种类一般控制在 2～10。通常情况下，确保数据挖掘应用成功的一个重要步骤是数据的预处理。可能出现的一个情况是一个问题最初分类是连续的，不得不进行模糊分类，而不是离散分类（所有、大部分、很少、没有）。在决策树的实际发展中为了内部处理，所有的连续属性都被离散化了。在多年调节水库年末消落水位变化规律分析中，需要为调度集中的每一个结果分类。调度结果水库水位是一个连续变量，本文采用等库容法将其离散化。

连续变量的离散化：从上述的两个属性来看年初水位是一个连续变量，因此必须将其离散化。本研究采用等库容法将其离散化。用决策树技术分析多年调节水库年末消落水位变化规律，样本集、属性、类如表 9-14 所示。

表 9-14　样本集、属性、类示意表

序号	属性		类
	年初水位 Z	来水频率 P	年末水位 ZZ
	离散后对应数值	离散后对应数值	离散后对应数值
1	Z（1）	P（1）	ZZ（1）
2	Z（2）	P（2）	ZZ（2）
…	…	…	…

建立多年调节水库年末消落水位变化规律决策树的具体步骤如下。

步骤一：根据具体问题，建立相应数学模型，进行模拟计算，将调度结果按表 9-14 所示形式进行整理；

步骤二：按 9.6.3.1 中所描述的步骤建立相应的决策树，并剪枝；

步骤三：对生成的决策树进行检验（可以进行样本检验，也可以按生成的规则，进行长系列模拟计算，将模拟结果的统计值与设计值进行比较）；

步骤四：年末消落水位变化规律分析提取。

9.6.5　应用实例

现以乌江上游洪家渡多年调节水库为对象进行实例研究。由于乌江梯级水库建成时间不长，没有足够的实际运行资料来建立多年调节水库年末水位变化规律决策树，因此，本节采用历史径流资料进行模拟调度，生成建立决策树所需的数据资料。

9.6.5.1 水库群联合调度模型的建立及求解

(1) 符号约定

为了描述方便，这里对本文采用的部分符号进行统一的约定，除有明确标注外，其余符号及其对应的解释如下。

m，M 分别表示水库编号及梯级水库数目（$M=4$）；t，T 分别表示时段及时段数；$k(m)$ 为第 m 电站的综合出力系数；$H(m, t)$ 表示 m 电站 t 时段的发电水头；$QI(m, t)$，$QF(m, t)$，$QC(m, t)$ 分别表示 m 水库 t 时段的入库流量、发电流量和出库流量；$QC_{max}(m, t)$，$QC_{min}(m, t)$ 分别表示 m 水库 t 时段最大出库流量限制及最小出库流量要求；$V(m, t)$，$Z(m, t)$ 分别表示 m 水库 t 末蓄水库容及其相应水位，$\underline{Z(m, t)}$，$\overline{Z(m, t)}$ 分别表示水库允许蓄水水位的上、下限；$N(m, t)$ 表示电站出力；$N_{min}(m, t)$ 表示电站出力最低要求；$N_{max}(m, t)$ 表示某一水头的最大允许出力。

(2) 数学模型

Ⅰ. 目标函数

乌江梯级水库群是一个以发电为主的水库群。就发电水库为主的水库群而言，目前常采用的最优调度准则有发电量最大、梯级枯水期最小出力最大等。考虑乌江梯级水电站的特点、梯级水库的主要功能以及贵州电网既缺调峰容量，又缺少电量的实际情况，本研究选取调峰容量最大和发电量最大两个目标。对调峰容量而言，要求梯级水库电站群在枯水年或枯水期均匀的、尽可能提高出力，故该目标可转化为梯级最小出力最大。因此，目标函数如下：

$$\max\left\{\min\sum_{m=1}^{M}N(m,\ t),\ t=(1,\ 2,\ \cdots,\ T)\right\} \tag{9-27}$$

上式所描述的目标函数直接求解比较困难。梯级水电站联合运行不仅要考虑径流补偿、电力补偿等，使调峰出力尽可能大，同时还要考虑水库蓄放水次序，使其在联合运行中的总发电量尽可能的大。梯级水库发电量尽可能的大，要求梯级水库在调度期产生总不蓄电能越大越好。所以式（9-27）目标函数可转化成水库群在运行调度期不蓄电能最大，并满足总出力平衡约束：

$$\text{Ob. max}\sum_{t=1}^{T}\sum_{m=1}^{M}k(m)\times \mathrm{QI}(m,\ t)\times H(m,\ t)\times\Delta t \tag{9-28}$$

$$\text{S. t.}\sum_{m=1}^{M}N(m,\ t)=\sum_{m=1}^{M}N(m,\ t+1)=\mathrm{NF}(k) \tag{9-29}$$

式中，Δt 为时间换算单位；$NF(k)$ 是梯级水库群为电力系统提供的均匀的出力，不同水文年，不同初始水位不尽相同，需要综合考虑电网电力电量平衡，经过大量试算才能获得。蓄水期和供水期的 $NF(k)$ 也不相同，这里设 $k=1$ 表示蓄水期的等出力，$k=2$ 表示供水期的等出力，且 $NF(1)\geqslant NF(2)$。

Ⅱ. 约束条件

水库水量平衡约束为

$$V\ (m,\ t+1)\ =V\ (m,\ t)\ +\ [\mathrm{QI}\ (m,\ t)\ -\mathrm{QO}\ (m,\ t)]\ \times\Delta t \tag{9-30}$$

水库蓄水水位约束为

$$\underline{Z\ (m,\ t)}\leqslant Z\ (m,\ t)\ \leqslant\overline{Z\ (m,\ t)} \tag{9-31}$$

出库流量约束为

$$\mathrm{QC}_{\min}\ (m,\ t)\ \leqslant\mathrm{QC}\ (m,\ t)\ \leqslant\mathrm{QC}_{\max}\ (m,\ t) \tag{9-32}$$

电站出力约束为

$$N_{\min}\ (m,\ t)\ \leqslant N\ (m,\ t)\ \leqslant N_{\max}\ (m,\ t) \tag{9-33}$$

梯级电站最大出力约束为

$$\sum_{m=1}^{M}N(m,\ t)\ \leqslant\ \mathrm{Sum}N \tag{9-34}$$

式中，Sum$N$ 电力系统所能接受的乌江梯级水电站提供最大平均出力。根据从相关部门调查资料所得，贵州电网所能接受乌江梯级水电站提供的月最大平均出力不超过 220 万 kW。

电量约束为

$$\sum_{t=1}^{T}\sum_{m=1}^{M}N\ (m,\ t)\ \times\Delta t\leqslant\mathrm{Sum}E \tag{9-35}$$

式中，Sum$E$ 为电力系统所能接受的乌江梯级水电站一年最大发电量。根据从相关部门调查资料所得，贵州电网所能接受乌江梯级水电站一年的最大发电量不超过 120 亿 kW · h。

(3) 求解方法

本节研究采用模拟优化方法求解上述目标函数。算法的具体思路是对任意一年，首先假设梯级水库群供、蓄水期的等出力值，以此为依据进行等出力补偿调节计算。当这一年计算结束后，输出调度结果，由决策者分析这一年的运行结果是否满意合理，若不满意，重新输入假设的等出力值，重新进行计算，直到决策者满意，计算结束，进行下一年计算。基于上述思路，详细的计算步骤如下。

步骤一：输入假设的供、蓄水期等出力值 NF（k）；

步骤二：考虑各电站的最小出力、最小出库流量等约束条件，计算各电站的水流出力以及梯级总的水流出力 $\sum_{m=1}^{M}N(m,\ t)$ ；

步骤三：判断 $\left|\mathrm{NF}(k)\ -\ \sum_{m=1}^{M}N(m,\ t)\right|\leqslant\varepsilon$（$\varepsilon$ 为事先给定的精度，本研究取 5MW），若不满足，转向步骤四，否则转向步骤五；

步骤四：若 $\left[\mathrm{NF}(k)-\sum_{m=1}^{M}N(m,\ t)\right]>\varepsilon$，则水库放水；若 $\left[\sum_{m=1}^{M}N(m,\ t)-\mathrm{NF}(k)\right]>\varepsilon$，水库蓄水，直至 $\left|\mathrm{NF}(k)\ -\ \sum_{m=1}^{M}N(m,\ t)\right|\leqslant\varepsilon$。具体的蓄放水次序求解流程图见 9-31，图中增加出库流量对应水库放水，减小出库流量对应水库蓄水。

步骤五：进行下一时段计算，转向步骤二，直至 $t=T$；

步骤六：输出运行结果，由决策者判断运行策略是否满意。满意程度除了看各水库放水、库水位变化外，主要看洪家渡的年末水位与乌江梯级的发电量。不满意，重新假设 NF（*k*），转向步骤一，进行下一轮计算，直至决策者满意。

9.6.5.2 补偿调节计算

(1) 补偿调节计算原则

1）洪家渡水库运行调度遵循“蓄丰补枯”原则，其蓄（放）水库流程如图 9-31 所示。丰水年在满足电网用电需求的情况下，将多余的水尽可能 F 蓄在洪家渡水库；中水年，一般按照来水量发电；枯水年，动用蓄存在洪家渡水库的水，提高梯级电站的最小出力及年发电量；

2）梯级电站出力最大破坏深度按 80 % 计，即梯级电站最小出力不得小于梯级保证出力 87.5 万 kW 的 80 %，即 70 万 kW；

3）经过大量模拟计算发现，若洪家渡水库的年初水位不低于 1094.70 m，任何来水年，梯级电站出力都满足梯级最小出力要求，且年末水位也不低于 1094.70 m。因此，初步确定，洪家渡年末水位不应低于 1094.70 m；

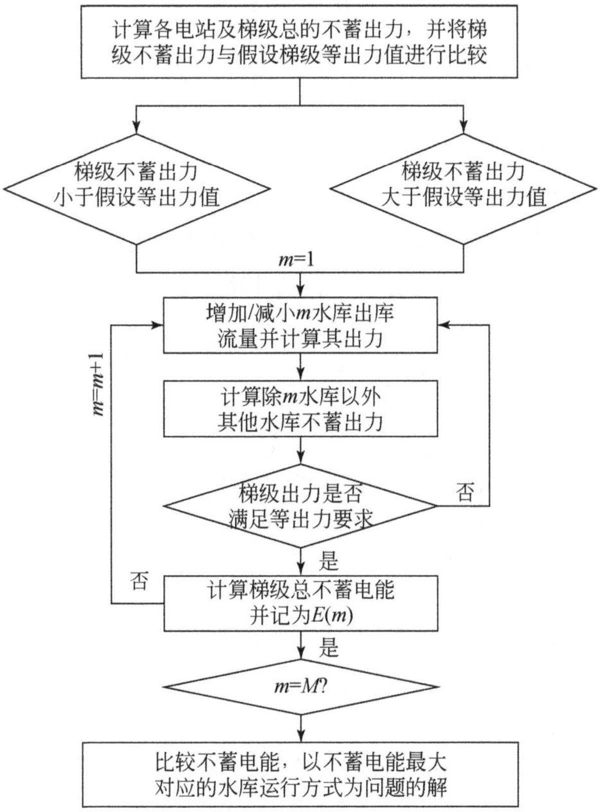

图 9-31　梯级水库蓄（放）水库流程图

4）经过大量模拟计算发现，若洪家渡水库年初水位不低于 1118. 35 m，95 %(梯级设计保证率）以内的来水年，梯级出力均能满足保证出力要求，且年末水位大于 1094. 70 m。因此，当年初水位大于或等于 1118. 35 m 时，首先以保证出力为等出力进行模拟计算，若年末水位小于 1118. 35 m，则梯级保证出力为该年等出力值；

5）即使各水库在汛末蓄水至正常蓄水位，若梯级按保证出力考虑运行，洪家渡年水库末水位都不大于 1135. 66 m，所以初步确定洪家渡水库年初最高水位为 1135. 66 m；

6）根据乌江渡、东风水库长系列实际运行资料来看，东风、乌江渡水库年初水位与年末水位基本一致，且东风水库年初水位在 950 m 附近，乌江渡水库年初水位在 745 m 附近，所以在进行洪家渡水库年末消落水位规律分析时，设置东风水库的年初（末）水位为 960 m，乌江渡水库年初（末）水位为 750 m；

7）借鉴水量模比系数概念，本研究定义电量模比系数，并且假设同一年的发电量模比系数与来水量模比系数相等。

$$\frac{W_t}{\overline{W}}=\frac{E_t}{\overline{E}} \tag{9-36}$$

由上式可得：

$$E_t=\overline{E}\times\frac{W_t}{\overline{W}} \tag{9-37}$$

因此，在判断模拟调度结果是否合理时，发电量大小可以参照上式并考虑“蓄丰补枯”等原则综合确定。

（2）连续变量的离散化

影响洪家渡年末水位 $Z_{年末}$ 变化的主要因素年初水位 $Z_{年初}$ 是一个连续变量，必须对其离散化。本研究采用等库容法进行离散化，将年初最低水位对应库容与最高水位对应库容之差，划分为 15 等份，计算等份点所对应库容及相应水位。划分结果见表 9-15。

表 9-15　年初水位离散结果

序号	1	2	3	4	5	6	7	8
水位/m	1094. 70	1098. 72	1102. 38	1105. 85	1109. 21	1112. 38	1115. 46	1118. 35
序号	9	10	11	12	13	14	15	
水位/m	1121. 13	1123. 76	1126. 30	1128. 78	1131. 15	1133. 42	1135. 66	

另一个主要影响因素入库径流频率。虽然入库径流频率是一个离散变量，但由于其离散过密，不利于分析计算，选择 10 % 为步长将其再次离散化。如入库径流频率 70 % $\leqslant P<$ 80 %，则将其按 70 % 计。

分类结果离散化。本研究将年末水位按等库容法，将其离散为 10 个类别。具体结果见表 9-16。

表 9-16　年末水位离散结果

水位/m	1090.5	1096.7	1102.4	1107.5	1112.4	1116.9	1121.1	1125.1	1128.8	1132.3	1135.7
类别	Class1	Class2	Class3	Class4	Class5	Class6	Class7	Class8	Class9	Class10	

(3) 计算结果

以表 9-15 中所列水位为初始水位，以 9.6.2.5 中选择的典型年为入库代表年。将不同初水位，不同入库径流频率相组合，以式（9-28）目标函数，采用 9.6.3.5 小节所描述求解方法进行补偿调节计算。由于计算结果较多，这里只给出年初水位为典型控制水位（1094.70 m、1118.35 m），不同来水频率下，洪家渡多年调节水库年末消落水位。

9.6.5.3　洪家渡水库年末水位变化规律决策树的建立及应用

表 9-17 和表 9-18 给出了样本集中的部分数据。如前所述，年初水位有 15 个，入库径流频率有 10 类，样本集的总记录数为 15×10=150，年末水位可分为 10 类，分别用 $c_1 \sim c_{10}$ 代替。样本集中，分类结果属于 c_1 的有 3 个；属于 c_2 的有 6 个；属于 c_3 的有 11 个；属于 c_4 的有 14 个；属于 c_5 的有 17 个；属于 c_6 的有 38 个；属于 c_7 的有 13 个；属于 c_8 的有 15 个；属于 c_9 的有 22 个；属于 c_{10} 的有 11 个。

表 9-17　年初水位 1094.70 m 不同来水频率计算结果表

序号	年初水位 Z/m	入库径流		计算结果	
		代表年	入库径流频率/P	年末水位/m	分类 C
1	1094.70	1966	95 %	1094.72	1
2	1094.70	1958	90 %	1102.10	2
3	1094.70	1962	80 %	1103.24	3
4	1094.70	1988	70 %	1104.03	3
5	1094.70	1959	60 %	1107.08	3
6	1094.70	1992	50 %	1107.30	3
7	1094.70	1956	40 %	1118.27	6
8	1094.70	1982	30 %	1120.80	6
9	1094.70	1974	20 %	1118.45	6
10	1094.70	1964	10 %	1125.55	8

表 9-18　年初水位 1118.35 m 不同来水频率计算结果表

序号	年初水位 Z/m	入库径流		计算结果	
		代表年	入库径流频率/P	年末水位/m	分类 C
1	1118.35	1966	95 %	1094.81	1
2	1118.35	1958	90 %	1107.56	4
3	1118.35	1962	80 %	1113.88	5
4	1118.35	1988	70 %	1113.53	5
5	1118.35	1959	60 %	1116.91	6
6	1118.35	1992	50 %	1117.81	6
7	1118.35	1956	40 %	1126.89	8
8	1118.35	1982	30 %	1129.20	9
9	1118.35	1974	20 %	1128.70	8
10	1118.35	1964	10 %	1134.30	10

1）计算给定样本分类所期望的信息熵 $E(S)$：

$$E(S) = -\sum_{i=1}^{10} p_i \log_2(p_i) = -\left(\frac{3}{150}\log_2\left(\frac{3}{150}\right) + \frac{6}{150}\log_2\left(\frac{6}{150}\right) + \frac{11}{150}\log_2\left(\frac{11}{150}\right) + \frac{14}{150}\log_2\left(\frac{14}{150}\right) + \frac{17}{150}\log_2\left(\frac{17}{150}\right) + \frac{38}{150}\log_2\left(\frac{38}{150}\right) + \frac{13}{150}\log_2\left(\frac{13}{150}\right) + \frac{15}{150}\log_2\left(\frac{15}{150}\right) + \frac{22}{150}\log_2\left(\frac{22}{150}\right) + \frac{11}{150}\log_2\left(\frac{11}{150}\right)\right) = 3.0728$$

2）计算各属性的熵。下面以入库径流频率为例计算个属性的熵。样本集中，入库频率为 95 % 的有 15 条记录，其中属于 c_1 的有 3 个，属于 c_2 的有 5 个，属于 c_3 的有 3 个，属于 c_4 的有 1 个，属于 c_5 的有 1 个，属于 c_6 的有 2 个，故有

$$E(P=95\%) = -\left(\frac{3}{15}\log_2\left(\frac{3}{15}\right) + \frac{5}{15}\log_2\left(\frac{5}{15}\right) + \frac{3}{15}\log_2\left(\frac{3}{15}\right) + \frac{1}{15}\log_2\left(\frac{1}{15}\right) + \frac{1}{15}\log_2\left(\frac{1}{15}\right) + \frac{2}{15}\log_2\left(\frac{3}{15}\right)\right) = 2.3657$$

同理可得：

$E(P=90\%) = 2.0923$；$E(P=80\%) = 1.8893$；$E(P=70\%) = 1.7698$；$E(P=60\%) = 1.5547$；$E(P=50\%) = 2.042$；$E(P=40\%) = 1.7233$；$E(P=30\%) = 1.5547$；$E(P=20\%) = 1.673$；$E(P=10\%) = 1.1033$。

因此属性为入库径流频率的期望熵为

$$E(S, P) = \frac{15}{150}E(P=95\%) + \frac{15}{150}E(P=90\%) + \cdots + \frac{15}{150}E(P=10\%) = 1.7951$$

入库径流频率 P 的信息增益为

$$\text{Gain}(S, P) = E(S) - E(S, P) = 3.0728 - 1.7951 = 1.2777$$

同理，可得年初水位 Z 的信息增益为

$$\mathrm{Gain}(S, Z) = E(S) - E(S, Z) = 3.0728 - 2.2517 = 0.8211$$

因为属性入库径流频率的信息增益最大，所以选择属性入库径流频率 P，作为根节点测试属性，并对应每个值在根节点向下创建分支，形成如图 9-32 所示的部分决策树。

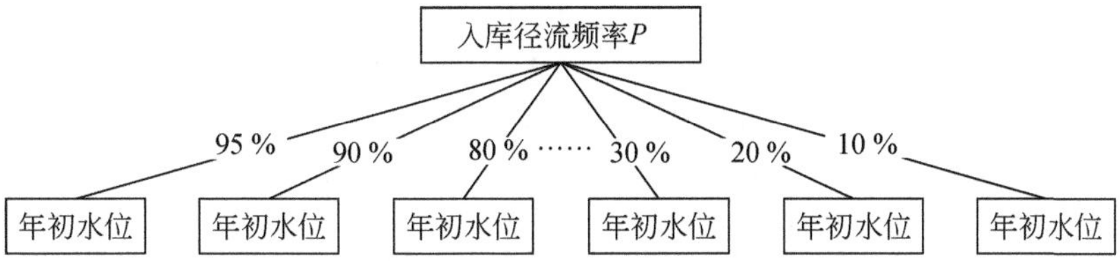

图 9-32　第一次迭代后形成的决策树

3）连续型属性分裂断点的选择。如前所述，本研究已对年初水位这个连续型属性按等库容法进行了离散化。记最大水位为 Z_{max}，最小水位为 Z_{min}，第 i 等分点所对应水位为 Z_i，利用式（9-23）~（9-25）分别计算把［Z_{min}，Z_i］和［Z_i，Z_{max}］（$i=1, 2, \cdots, 10$）作为区间时的信息增益，并进行比较；选择信息增益最大所对应的 Z_i 作为年初水位的分裂断点。逐层向下构建节点、分支，直到样本都被划分到同一个类或则某一节点中的样本数量低于给定值时为止。

4）树的剪枝。本研究采用后剪枝法进行剪枝。经过剪枝后的决策树如图 9-33 所示。

5）决策树的应用。首先对入库径流进行频率分析，选择相应的频率，在决策树中找到相应的分支；其次根据洪家渡水库的年初水位，顺着分支找到叶节点所对应的类别，按表 9-16 查找相应的水位，即为洪家渡水库年末水位的合理变化区间，在实际应用中，究竟采用区间中的那一个值，由调度者综合考虑确定。如图 9-33 中，沿着根节点到叶节点的每一条路径就对应一条规则，箭头所指示过程就是决策树的一次应用。

6）决策树的检验。生成决策树质量的好坏，必须接受事实的检验。本研究按图 9-23 所示的洪家渡多年调节水库变化规律进行长系列（1952 ~ 1996 年）模拟计算，将其统计结果与梯级水库相关设计值进行比较来衡量生成决策树质量的优劣。以决策树为依据，进行长系列模拟结果见表 9-19。

表 9-19　长系列模拟结果表

项目 \ 水库电站		洪家渡	东风	索风营	乌江渡	梯级
发电量/亿 kW · h	设计值	15.59	24.24	20.11	41.4	101.34
	计算值	15.40	26.50	20.20	41.9	104.00
	增 减	-0.19	2.26	0.09	0.05	2.66
保证出力/万 kW	设计值					87.5
	计算值					87.2
弃水量/亿 m^3	计算值	0.00	0.52	0.45	0.98	1.95

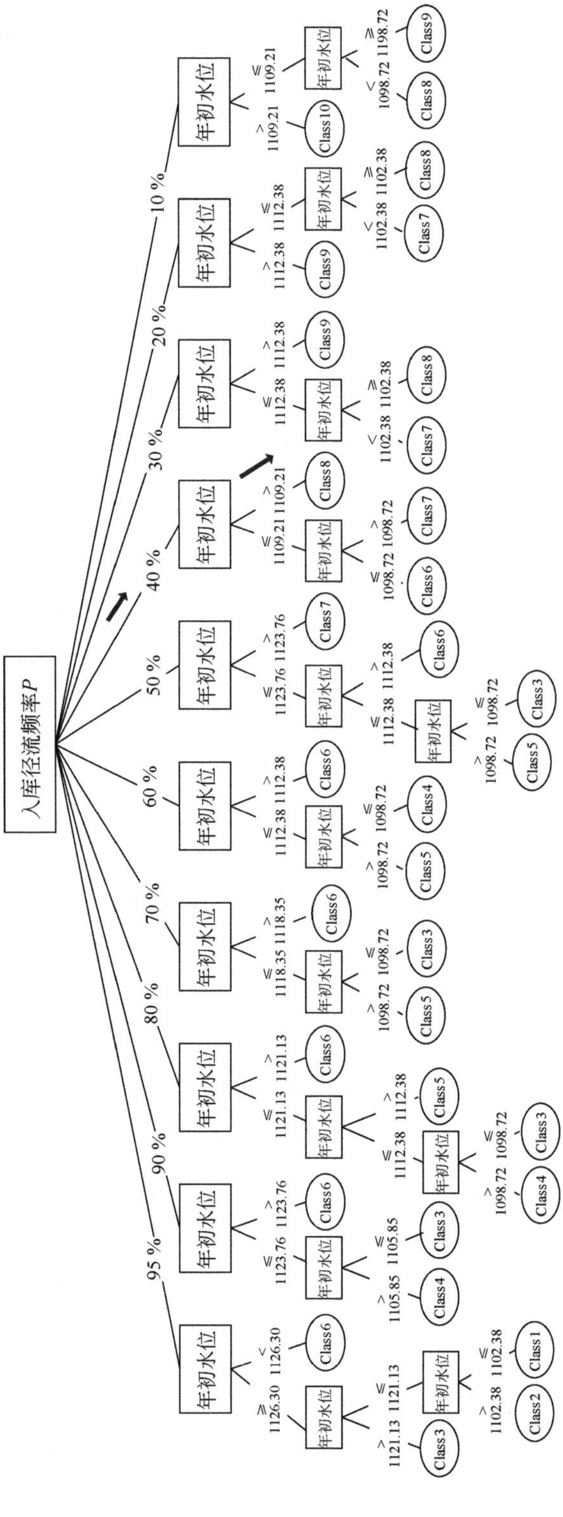

图 9-33　多年调节水库年末水位变化规律决策树

从表 9-18 可知，若用本研究建立的决策树确定洪家渡年末水位，并以此为据，指导乌江梯级水库运行调度，其多年平均发电量比梯级水库的设计多值增加了 2.66 亿 kW · h，主要原因是，该决策树是经过大量的模拟计算，考虑洪家渡不同初水位、不同来水情况组合下的调度结果归纳总结而得，考虑因素全面，避免了由于不合理的弃水而造成电量损失。虽然梯级水库多年平均弃水量达 1.95 亿 m^3，但这些弃水主要发生在来水特丰年，且来水比较集中的时段，如 1954 年的 7 月份，东风的天然入库流量达 1990 m^3/s，而东风水库的最大过机流量只有 600 m^3/s，这部分弃水在所难免。无论是从多年平均发电量、梯级保证出力等统计指标来看，还是从梯级水库运行调度结果来看，本研究确立的洪家渡年末水位变化规律是合理、可行的。该结果已经应用到生产实际中，接受生产实践的检验。

9.7 基于数据挖掘的梯级水电站群指令调度优化

9.7.1 研究背景

梯级水电站群短期优化调度是典型的离散、多维、非线性、大规模、多时空决策优化问题，其建模求解十分困难（Xu et al., 2015；Barros et al., 2003；武新宇等，2012；王金文等，2003；裴哲义等，2010）。特别是近些年，随着中国西南地区水电基地的流域梯级滚动开发和集中投产，水电调度规模急剧扩大，电网对水电的精细化要求日益提高，水电系统需要担负的调度任务和控制要求愈加复杂，构建能够切实反映工程实际的优化模型难度明显增大，按照常规的优化求解思路计算耗时亦会大幅增加，水电调度的时效性和结果可用性面临极大挑战。

自 20 世纪 40 年代以来，线性规划、非线性规划、混合整数规划、动态规划、拉格朗日松弛法等经典运筹学方法和遗传算法、粒子群算法等现代智能算法被不断应用于水电优化调度，先后取得了许多有重要价值的理论成果（Borghetti et al., 2008；曹辉等，2013；袁晓辉等，2001；Ma et al., 2013；贾江涛等，2009；Ge et al., 2014；Wu et al., 2008）。然而，已有方法仍然存在不同程度的缺陷，乏力应对大规模水电系统优化调度问题。例如：动态规划在离散精度足够高时可以获得全局最优解，但存在严重的维数灾问题；线性规划计算效率较高，但建模中需要采用线性或分段线性化处理非线性函数关系，难以保证结果可行性；非线性规划需要定量解析目标函数和约束条件，计算耗时、内存占用偏多，且难以处理离散变量；混合整数规划理论上相对完备，但是通常涉及大量决策变量，处理大规模水电调度问题时计算效率较低；拉格朗日松弛法利用拉格朗日乘子松弛耦合约束，降低了求解难度，但是乘子初值及其更新策略相对困难，且在迭代后期易出现振荡现象，影响搜索精度与计算效率；遗传算法等智能算法虽然能够获得相对满意的调度过程，但随机寻优机制使得种群易陷入局部最优，结果的可重现性差，限制了在实际工程中的应用范围。

事实上，水电调度问题是典型的工程问题，结果的实用性往往比数学上追求的最优性更为重要，特别是随着国内特大流域梯级水电规模进一步增大，以及需要考虑的运行条件和电网需求更加复杂，如何快速获得大规模水电系统运行的合理调度方案已成为一线工程技术人员和研究人员的关注重点。基于这一现实需求，本文通过分析实际水电工程调度特点，构建实用化的建模求解方法，目的是尽可能充分地考虑梯级水电站实际运行工况和生产调度习惯，提高调度结果的可用性和计算效率，促进结果真正落地。

结合上述思路，本节提出了基于数据挖掘的梯级水电站群指令调度优化方法。该方法采用聚类分析从大量的电站日发电数据中提炼出若干关键特性指标并聚类形成调度决策库；以此为基础，采用大系统分解协调方法对不同流域不同电站进行分层求解，并耦合逐步优化算法组合优选水电站群调度出力曲线及其变化幅值，快速得到调度决策。澜沧江中下游梯级水电站群调度结果表明，所提方法能够建立有效的梯级水电站典型出力曲线决策库，并结合调度指令在 5 ~ 10 s 内快速得到合理的梯级联合调度方案，为大规模水电短期优化调度提供了一种高效的实用化方法。

9.7.2 基于数据挖掘的调度决策库

本节拟从水电站日出力曲线中提炼出若干特性指标（孙璞玉等，2013）组成出力特征向量，以描述水电站日发电信息，并采用数据挖掘技术，分析得到对应于特定指标值组合的典型出力曲线（鞠平等，2006；李欣然等，2010），进而形成水电站的调度决策库（纪昌明等，2011；唐海华等，2008；马超，2013）。

9.7.2.1 典型日出力曲线特征描述

通过对梯级水电站群实际运行数据的统计分析（孙璞玉等，2013），并参照文献（电力工业部，1989）中对电力负荷特性分析指标的推荐，拟采用以下主要指标描述电站日发电出力过程。

1）日负荷率：描述水电站日内出力的不均衡性，日负荷率越高，表示水电站出力越稳定。

$$\alpha=\frac{p_{\text{avg}}}{p_{\max}} \tag{9-38}$$

式中，α 为水电站日负荷率；p_{avg}为水电站日平均出力；$p_{\max}$为水电站日最大出力。

2）日峰谷差率：描述水电站参与调峰的幅度，日峰谷差率越高，表示水电站参与调峰幅度越大。

$$\beta=\frac{p_{\max}-p_{\min}}{p_{\max}} \tag{9-39}$$

式中，β 为日峰谷差率；$p_{\min}$为水电站日最小出力。

3）日出力峰值个数：即电站出力过程出现尖峰时刻的点数。

$$\varepsilon=\begin{cases}N_{p_{l-\max}} & p>p_{\text{avg}}\\ 0 & p\leqslant p_{\text{avg}}\end{cases} \tag{9-40}$$

式中，ε 为日出力峰值个数；p 为任意一点出力值；$N_{p_{l-\max}}$ 为日出力局部最大值点的个数。

4）日出力峰现时刻：即日出力峰值点出现时刻。

$$\pi = T\ (p_{\max}) \tag{9-41}$$

式中，π 为日出力峰现时刻；$T\ (\cdot)$ 为某一出力值出现点对应时刻。

5）日出力周期数：表征日出力过程波动性的指标，周期数越大，出力过程波动越大。

$$\varphi = \frac{\sum_{x=1}^{X} |\tau(x) - \tau(x-1)|}{2} \tag{9-42}$$

$$\tau(x) = \begin{cases} 0 & p > p_{\max} - \theta(p_{\max} - p_{\min}) \\ 1 & p < p_{\min} + \theta(p_{\max} - p_{\min}) \end{cases} \tag{9-43}$$

式中，φ 为日出力周期数；$\tau\ (x)$ 为某时刻出力值的属性函数；X 为日出力过程时段总数；θ 为影响出力值属性的参数，一般取0.2～0.3。

基于以上特征指标，可得到每一条出力曲线对应的特征向量，记为

$$\xi = [\xi_1 \quad \xi_2 \quad \xi_3 \quad \xi_4 \quad \xi_5] = [\alpha \quad \beta \quad \varepsilon \quad \pi \quad \varphi] \tag{9-44}$$

9.7.2.2 基于数据挖掘的分类方法

上述出力特征指标赋予了电站每日出力曲线特定的描述，本节将结合数据挖掘技术，对大量实际运行数据进行聚类分析，以进一步得到具有代表性的典型日出力曲线。聚类分析是一种已经根植于诸多应用领域的有效的数据挖掘工具（Han and Kamber，2011；孙吉贵等，2008），本节以水电站历史运行数据计算所得出力曲线特征向量为样本，耦合模糊聚类方法（李培强等，2005）和轮廓系数法（刘本希等，2015）的分析方法实现典型出力曲线的分类。其中，模糊聚类方法用于实现典型出力曲线的聚类分析，轮廓系数法用于控制聚类分析粒度以评估聚类质量。

模糊聚类方法是一种采用模糊数学语言对事物按一定的要求进行描述和分类的数学方法（陈守煜等，2009）。本节以样本集对于全体类别的广义指标权距离平方和最小为目标，构建模糊聚类目标函数如下：

$$F(u,\ v,\ \omega) = \min\left\{ \sum_{k=1}^{K} \sum_{h=1}^{H} u_{hk}^2 \left[\sum_{j=1}^{J} (\omega_j\, | r_{jk} - v_{jh} |)^a \right]^{\frac{2}{a}} \right\} \tag{9-45}$$

式中，K 为样本总数；H 为聚类个数；u_{hk} 为样本 k 隶属于类别 h 的相对隶属度，且 $\Sigma u_{hk}=1$，$0 \leqslant u_{hk} \leqslant 1$，$\Sigma u_{hk}>0$；$J$ 为指标特征值的个数；ω_j 为指标 j 的权值，且 $0 \leqslant \omega_j \leqslant 1$，$\Sigma\omega_j=1$，本文采用等权重，即 $\omega_j=1/J$；r_{jk} 为第 k 个样本的第 j 个指标特征值；v_{jh} 为类别 h 指标 j 的聚类特征规格化数，$0 \leqslant \omega_j \leqslant 1$；$a$ 为可变距离参数，当样本间距离为欧氏距离时，$a=2$。

由于各特性指标的量级及量纲不同，直接进行聚类计算可能导致量级较大的特性指标对量级较小的特性指标的“镇压”，从而影响分类结果。因此，首先对各出力曲线的特征向量做归一化处理，将各指标值转换至［0，1］区间内后再进行聚类分析，目标函数可转化为

$$F(u, v, \omega)=\min\left\{\sum_{k=1}^{K}\sum_{h=1}^{H}u_{hk}^{2}\left[\sum_{j=1}^{J}\left(\omega_{j}\left|\frac{r_{jk}-r_{jk}^{\min}}{r_{jk}^{\max}-r_{jk}^{\min}}-v_{jh}\right|\right)^{a}\right]^{\frac{2}{a}}\right\} \tag{9-46}$$

式中，$r_{jk}{}^{\max}$和$r_{jk}{}^{\min}$分别为第k个样本的第j个指标特征值的最大值和最小值。

根据陈守煜（2009）的研究，通过构造拉格朗日函数求解上述目标，并得到模糊聚类循环迭代模型，经过循环迭代实现出力特性曲线的聚类。

$$u_{hk}=\left\{\sum_{m=1}^{H}\left[\frac{\sum_{j=1}^{J}\left(\omega_{j}\left|\frac{r_{jk}-r_{jk}^{\min}}{r_{jk}^{\max}-r_{jk}^{\min}}-v_{jh}\right|\right)^{2}}{\sum_{j=1}^{J}\left(\omega_{j}\left|\frac{r_{jk}-r_{jk}^{\min}}{r_{jk}^{\max}-r_{jk}^{\min}}-v_{jh}\right|\right)^{2}}\right]\right\} \tag{9-47}$$

$$v_{jh}=\frac{\sum_{k=1}^{K}\left(u_{hk}^{2}\frac{r_{jk}-r_{jk}^{\min}}{r_{jk}^{\max}-r_{jk}^{\min}}\right)}{\sum_{k=1}^{K}u_{hk}^{2}} \tag{9-48}$$

聚类分析的求解效果不仅受到聚类模型的影响，同时受到聚类数目的制约。因此，选择合适的聚类数目对聚类质量至关重要（周世兵等，2011）。一般而言，通过聚类结果的分离情况和紧凑情况进行聚类评估。轮廓系数法（Han and Kamber，2011）是由 Kaufman 等人提出的一种用于考察子类的分离和紧凑情况的方法，该方法原理简单，易于实现，不需要外部数据集作为基准，因此广泛应用于聚类评估和最佳聚类数目确定。本节采用轮廓系数实现最佳聚类数目的确定。

对于K个样本的数据集S，假设S被划分为H类，分别记作s_1，s_2，…，s_H。对于每个样本$k\in S$，计算k与k所属类的其他样本之间的平均距离$\delta(k)$，以及k与不属于k的所属类的最小平均距离$\sigma(k)$，$\delta(k)$和$\sigma(k)$分别反映k所属子类的紧凑情况和与其他子类的分离情况：$\delta(k)$越小，k所属类越紧凑；$\sigma(k)$越大，k所属类与其他类越分离。假设$k\in s_i$（$1\leqslant i\leqslant H$），则

$$\delta(k)=\frac{\sum_{k'\in s_i,\ k\neq k'}d(k, k')}{|s_i|-1} \tag{9-49}$$

$$\sigma(k)=\min_{s_j,\ 1\leqslant j\leqslant H,\ j\neq i}\left\{\frac{\sum_{k'\in s_j}d(k, k')}{|s_j|}\right\} \tag{9-50}$$

式中，$d(k, k')$为样本k与k'之间的欧氏距离。

对于样本k的轮廓系数，定义为

$$\eta(k)=\frac{\sigma(k)-\delta(k)}{\max\{\sigma(k), \delta(k)\}} \tag{9-51}$$

则H类的样本轮廓系数平均值为

$$\overline{\eta}(H)=\frac{1}{K}\sum_{k=1}^{K}\eta(k) \tag{9-52}$$

那么，最佳聚类数为：$\psi=\max_{H}\{\overline{\eta}(H)\}$。

9.7.2.3 构建水电站调度决策库的步骤

构建水电站日出力特征曲线调度决策库的主要步骤如下。

1）选取电站可用的实际日运行数据，并采用式（9-38）至式（9-43）逐一求解每日出力过程曲线的特征指标，获得其对应的出力特征向量，并进行归一化处理。

2）采用轮廓系数法确定最佳聚类类别。

3）在给定聚类类别的情况下，随机初始化各聚类中心，利用模糊聚类方法完成日出力曲线聚类分析。

4）计算结束，输出各聚类中心代表的典型日出力曲线。

5）标幺化处理，利用下式将典型日出力曲线标幺化，即将日出力曲线上每点出力除以当日最大出力得到标幺化日出力曲线：

$$p' = \frac{p}{p_{\max}} \tag{9-53}$$

式中，p'为任意一点标幺化出力值。

详细流程图见图 9-34。

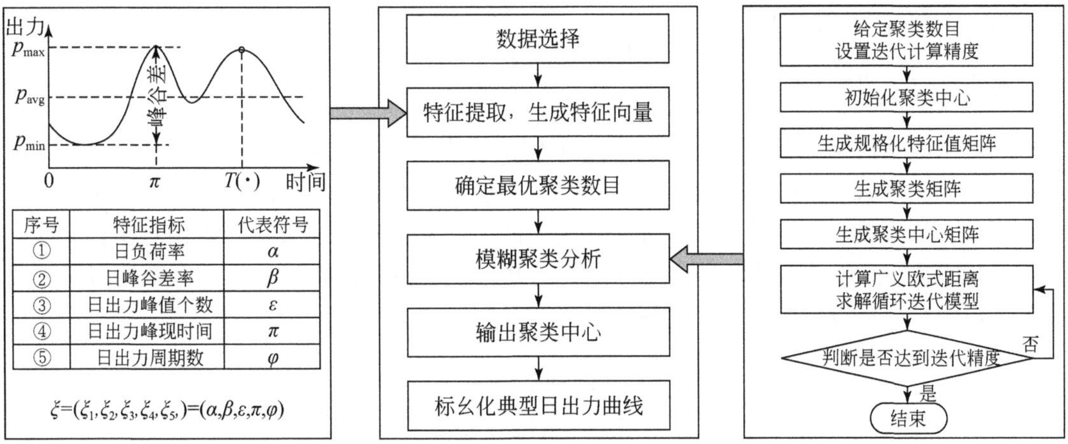

图 9-34 调度决策库构建流程图

9.7.3 梯级水电站群指令调度优化方法

梯级水电站群短期优化调度是一个典型的高维、多约束、非线性复杂系统优化问题，求解十分困难。同时，短期优化调度方案制定具有较强时效性需求，常规的优化调度方法计算过程复杂，尤其是在处理大规模水电系统问题时，耗时较长，所得优化结果往往无法充分考虑实际调度习惯和需求，可用性较差。因此，本节通过预先建立水电站调度决策库，给出各种可能的典型日出力特征曲线，通过指令调度简化优化调度建模和求解难度，有效均衡计算效率和结果质量。本小节将介绍模型构建及约束处理方法，然后重点介绍指令调度分层求解方法，并给出求解步骤和总体框架。

9.7.3.1 模型构建及约束处理方法

本章着力从水电调度实际数据中挖掘隐含的关联知识和潜在的运行规律以提高方法的计算效率和结果的实用性，属于一类具有较好通用性的计算框架，能够适用于发电量最大（袁晓辉等，2001；纪昌明等，2011）、调峰电量最大（武新宇等，2012；王金文等，2003）、梯级蓄能最大（曹辉等，2013）等多种调度模型。这些模型通常涉及水位限制、出力限制、流量限制、爬坡等多重复杂约束条件，具体数学表达可参见文献（Ma et al.，2013；纪昌明等，2011；唐海华等，2008；冯仲凯等，2016），如何对各类约束条件进行有效处理直接关系到结果的实用性。为此，本文以发电量最大模型为例，简要介绍所采用的约束处理方法：首先，依据预设知识规则将多种复杂约束统一转化为指定的决策变量约束，以获得梯级水电系统初始搜索空间（冯仲凯等，2016）；然后，在此空间内优选种类序号和出力幅值组合而成的决策向量，计算相应各电站的出力、水位过程与目标函数，并在各时段调节计算过程中强制满足水量平衡方程等；最后，对所得调度过程进行检查，若出力、水位、流量约束等发生破坏，则将其设置为边界值，而后以面临时段总电量与调度期内可用水量不变为原则，利用关联搜索机制与惩罚函数法进行动态调整，具体过程可参见文献（武新宇等，2012）。

9.7.3.2 指令调度分层求解方法

梯级水电站群指令调度优化方法主要采用基于大系统分解协调思想的分层求解思路，基本原理如图 9-35 所示。总体思路是：首先，通过聚类分析获得各电站的标幺化出力曲线；其次，依次改变各电站典型日标幺化出力曲线种类序号 μ 和实际出力相对于标幺化曲线的变化幅值 υ，获得不同组合对应的梯级调度过程；最后，以某一目标函数为导向，从中优选最优组合，以此快速制定梯级决策方案。

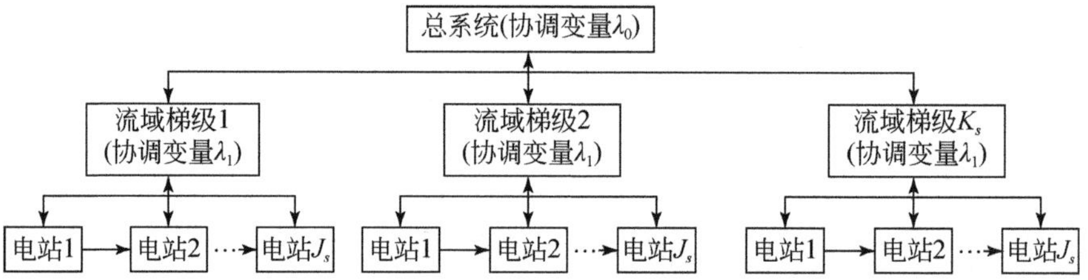

图 9-35 分层求解原理示意图

其详细计算流程主要包括两个部分：第一，根据参与计算电站的连接关系对总系统进行解耦分层，自上而下划分为总系统—流域梯级—电站等多级机构，上层通过优化目标和协调变量控制下层各对象的迭代计算；第二，采用优化方法对各层对象依次进行优化计算。具体步骤如下。

步骤 1：系统解耦分层。假设参与计算电站数目为 I，首先应用大系统分解原理将 I 座电站按照从属关系划分为三层，自上而下依次为总系统、流域梯级、电站。设定总系统层协调变量为 λ_0，表示总系统优化控制目标；流域梯级层协调变量为 λ_1，表示各流域梯级控制目标；电站层则以目标向量 $\Gamma_j=[\mu_j, \upsilon_j]^T$表征每个电站的优化对象，其中，$\mu_j$表示电站 j 典型日标幺化出力曲线种类序号，υ_j表示电站 j 实际出力相对于标幺化曲线的变化幅值，$j=1, 2, \cdots, J_s$，J_s表示每个流域梯级所包含的电站数目。另定义 K_s为每个总系统所含流域梯级的数目，k 为总系统中流域梯级的编号，$k=1, 2, \cdots, K_s$。设定 $j=1$，$k=1$。

步骤 2：目标向量优选。在给定的入库流量下，对电站 j 目标向量 Γ_j进行优选。对于电站 j 的每一种标幺化曲线，每给定一个实际出力相对于标幺化曲线的变化幅值，均调用电站 $j+1$ 目标向量优选步骤计算相应的最优目标函数值和对应的电站 $j+1$ 目标向量，直至输出电站 j 最优目标向量。

步骤 3：判断 $j+1\leqslant J_s$是否成立，若是，则令 $j=j+1$，返回步骤 2；否则，转至步骤 4。

步骤 4：已知电站 j（$j=1, 2, \cdots, J_s$）的最优目标向量，计算其出力过程，并利用“以电定水”确定相应水位过程；按照式（9-54）计算各电站目标函数之和并推送至上一层流域梯级。

$$f(k, J_s) = \sum_{j=1}^{J_s} e(j) \tag{9-54}$$

式中，$f(k, J_s)$ 为第 k 个流域梯级 J_s个电站的目标函数值；$e(j)$ 表示第 j 个电站的目标函数值。

步骤 5：利用流域梯级层协调变量 λ_1判断该流域梯级控制目标是否满足收敛条件，即 $\partial f(k, J_s)/\partial \lambda_1=0$ 是否成立，若是，则令 $k=k+1$，重复上述步骤 2 至 4 计算其他流域梯级，直至 $k=K_s$时，转至步骤 6；否则，重复步骤 2 至 4 对同一流域梯级进行迭代计算。

步骤 6：计算完成所有流域梯级控制目标值，按照式（9-55）计算各流域梯级目标函数之和并推送至总系统。

$$F(I, K_s) = \sum_{k=1}^{K_s} E(k) \tag{9-55}$$

式中，$F(I, K_s)$ 为总系统 K_s个流域梯级的目标函数值；$E(k)$ 表示第 k 个流域梯级的目标函数值。

步骤 7：利用总系统层协调变量 λ_0判断总系统目标是否满足收敛条件，即 $\partial F(I, K_s)/\partial \lambda_0=0$ 是否成立，若是，则输出各电站最优目标向量和调度方案；否则，返回步骤 2 重复迭代计算。

9.7.3.3 总体求解框架

综合上述水电站调度决策库和分解协调优化方法，可以给出梯级水电站群指令调度优化方法的总体求解框架，如图 9-36 所示。

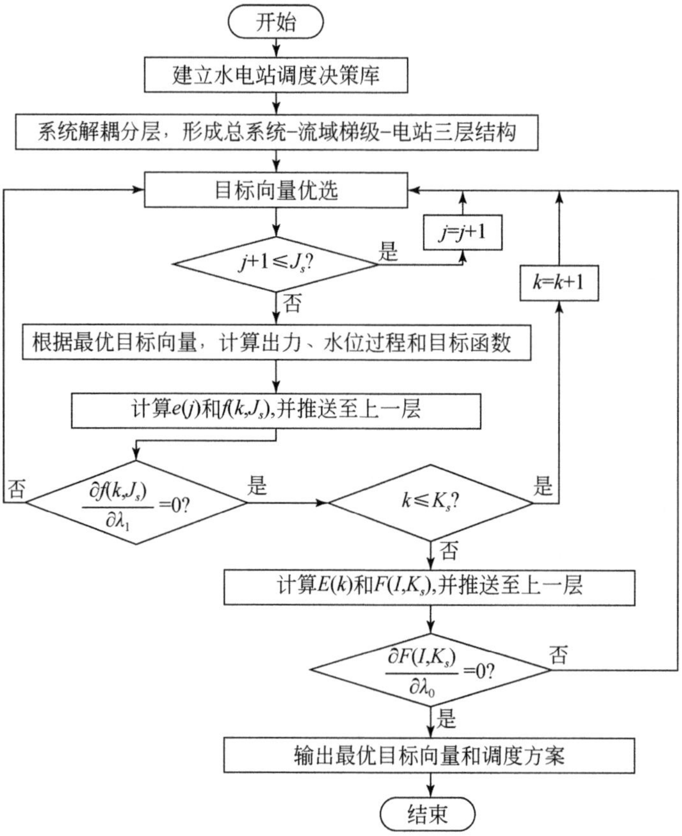

图 9-36　总体求解框架

9.7.4　应用实例

9.7.4.1　工程背景

本章以澜沧江中下游“二库六级”梯级水电站群为研究对象，采用本章方法进行 96 点日计划制作以验证方法的可行性和有效性。澜沧江流域是中国十三大水电基地之一，拥有水能资源蕴藏量约 36.56 GW，占全国的 5.4 %。其干流规划设计 25 座堤坝式电站，总装机规模约 25×664 MW。目前，仅中下游功果桥、小湾、漫湾、大朝山、糯扎渡、景洪 6 座水电站全部投产，累计装机容量 15×600 MW，各电站基础资料见表 9-20，梯级拓扑结构见图 9-37。

表 9-20　梯级水电站群基础资料列表

电站名称	死水位/m	正常高水位/m	装机容量/MW	出力系数	调节库容/亿 m^3	调节性能
功果桥	1303.00	307.00	900	8.5	0.49	日
小湾	1166.00	1240.00	4200	9.0	99.0	多年
漫湾	982.00	994.00	1550	8.5	2.6	季
大朝山	882.00	899.00	1350	8.5	3.7	年
糯扎渡	765.00	812.00	5850	9.0	113.3	多年
景洪	591.00	602.00	1750	8.5	3.1	季

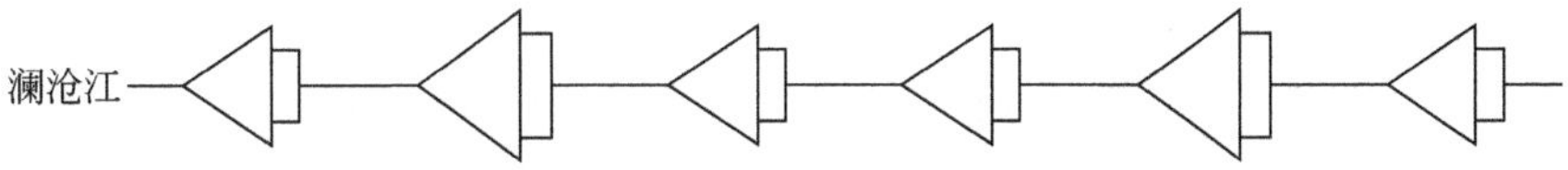

图 9-37　梯级水电站群拓扑结构图

9.7.4.2　典型出力曲线聚类分析

根据梯级各电站已有历史运行数据计算其日出力过程的日负荷率、日峰谷差率、日出力峰值个数、日出力峰现时刻、日出力周期数等聚类指标，并采用 9.7.3 节所述方法构建澜沧江中下游梯级水电站群调度决策库，获得各电站典型出力曲线计算结果。

首先利用轮廓系数法确定各电站日出力特征向量最优聚类数目，如图 9-38 所示。由图中各电站特征向量聚类的平均轮廓系数关于聚类数目的曲线分析可知，功果桥、小湾、漫湾、大朝山、糯扎渡、景洪电站分别具有 3 类、4 类、2 类、3 类、2 类和 2 类日出力特征曲线。聚类数目的多少表征电站日运行情景的变化情况。①对于调节性能较好的电站，聚类数目越多，代表该电站运行过程中承担的角色越多；聚类数目越少，则说明该电站承担任务集中，角色较少。②对于调节性能较差的电站，聚类数目越多，说明其入库过程变化越频繁；聚类数目越少，表示其入库过程相对平稳，其上游通常存在调节性能较好的电站。

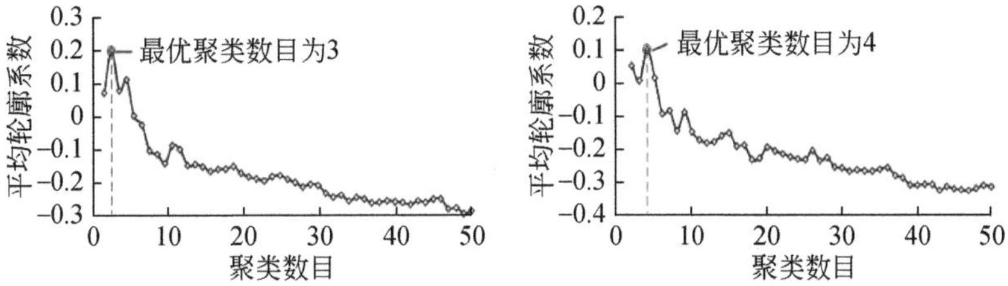

(a) 功果桥水电站　　(b) 小湾水电站

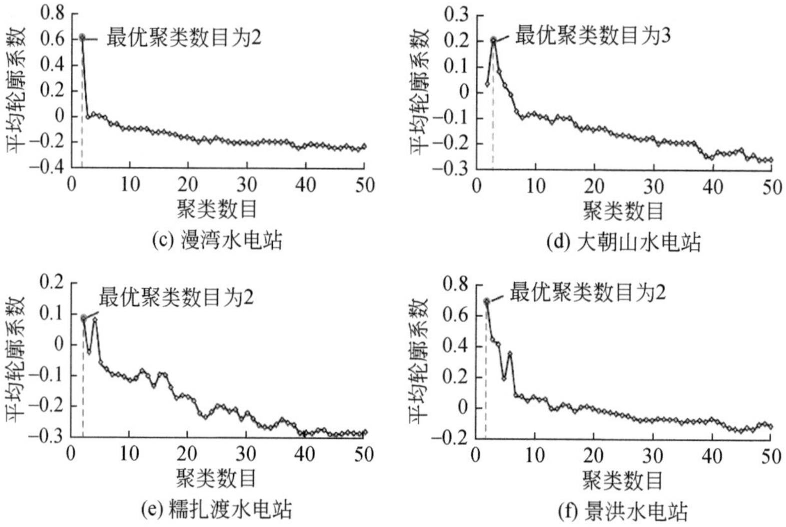

图 9-38　各电站日出力特征向量最优聚类数目确定方案

然后采用模糊聚类方法根据各电站最优聚类数目对历史运行数据进行聚类分析，获得其典型日出力特征曲线并进行标幺化处理，图 9-39 给出了各电站典型日出力特征曲线的标幺化类别。可以看出，除景洪外，各电站不同出力情景下峰、谷时间基本一致，峰段集中在时段 37 ~ 48 和时段 70 ~ 74，即 09：15 ~ 12：00 及 17：30 ~ 18：30；谷段集中在时段 10 ~ 28，即 02：00 ~ 07：00，与云南省全社会负荷曲线相适应，能够有效代表各电站在长期运行过程中形成的出力特征，同时间接表现了各电站在水电系统运行中的角色和任务。

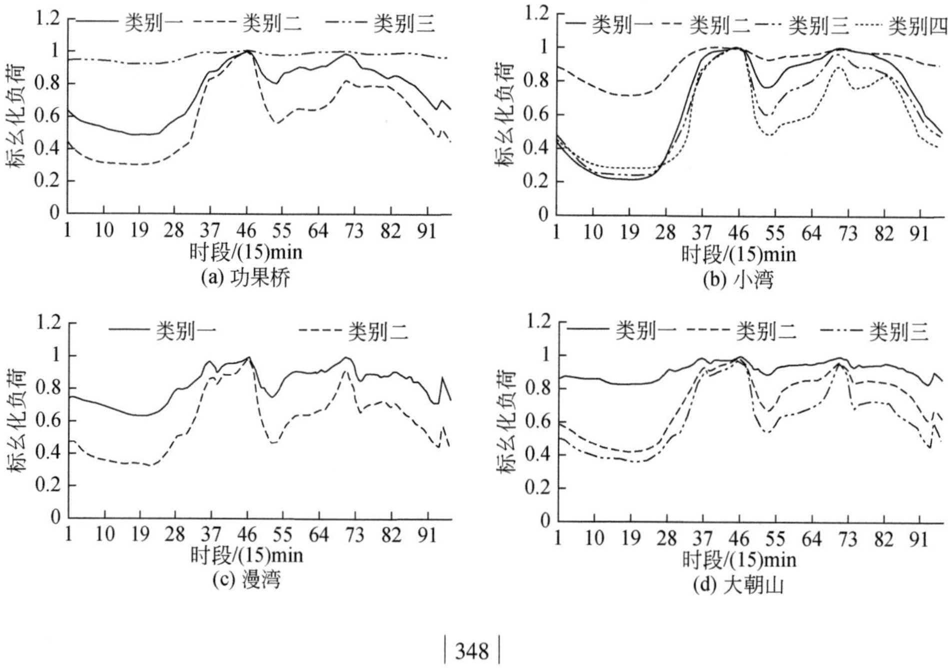

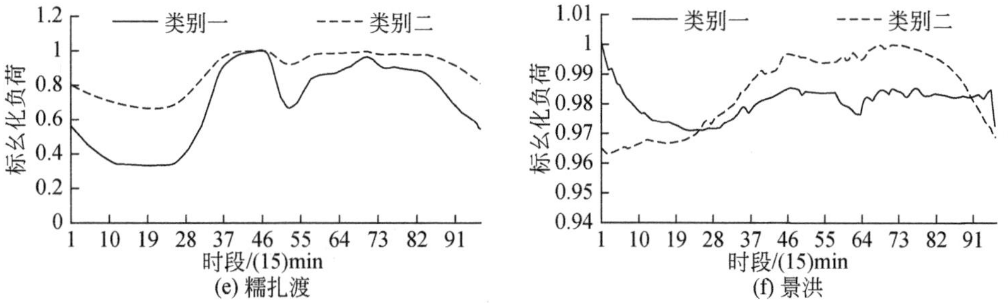

图 9-39 各电站典型日出力特征曲线标幺化类别

其中，功果桥电站目前位于梯级电站首位，而其作为日调节电站，调节库容有限，因此出力过程受入库径流变化影响较大，故三类典型标幺化出力曲线差异明显；小湾电站作为梯级龙头电站，肩负重要的梯级补偿和调节作用，因此出力特征曲线种类较多；糯扎渡电站则因上游小湾的调节作用，导致其虽为多年调节水库，但实际运行以发电为主，鲜少承担梯级补偿和调节作用，因此出力过程种类较少；景洪电站因承担下游航道通航任务，白天始终保持较稳定出力运行，夜间出力变化明显，具有稳定的 2 类典型出力过程。

9.7.4.3 计算结果与讨论

本节以发电量最大为目标，构建梯级水电站群指令调度优化模型，其数学表达式参见文献（袁晓辉等，2001；纪昌明等，2011）。根据某日系统负荷及初始水位、入库流量等实际约束（纪昌明等，2011；冯仲凯等，2016）开展联合调度，约束处理方法参见 9.7.2.1 节。采用 9.7.2.2 节所述方法进行求解，计算结果及方法对比见图 9-40、图 9-41 和表 9-21。由图 9-40 和图 9-41 对比分析可得结论如下。

表 9-21 不同方法计算结果对比

电站名称	发电量/（GW·h）			蓄能值/（GW·h）			平均耗水率/[m^3/（kW·h）]
	指令调度	优化调度	差值	指令调度	优化调度	差值	
功果桥	11.4479	11.4486	-0.0007	3	4	-1	6.3
小湾	31.3697	31.8472	-0.4775	1915	1892	23	1.9
漫湾	13.3044	13.3000	0.0044	888	875	13	4.7
大朝山	6.5812	6.5813	-0.0001	745	724	21	5.2
糯扎渡	58.1169	58.1152	0.0017	4032	3989	43	2.2
景洪	17.4828	17.4825	0.0003	1354	1335	19	6.4
梯级总计	138.3030	138.7750	-0.4720	8937	8819	118	

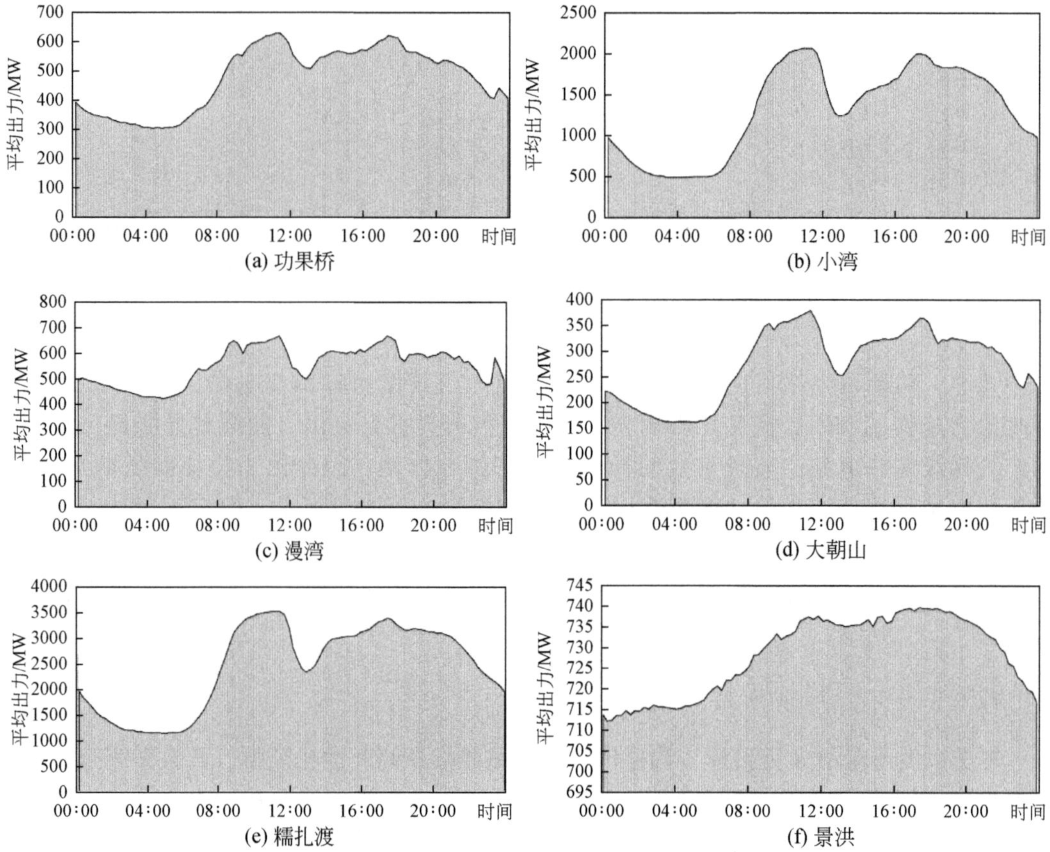

图 9-40　梯级水电站群指令调度结果

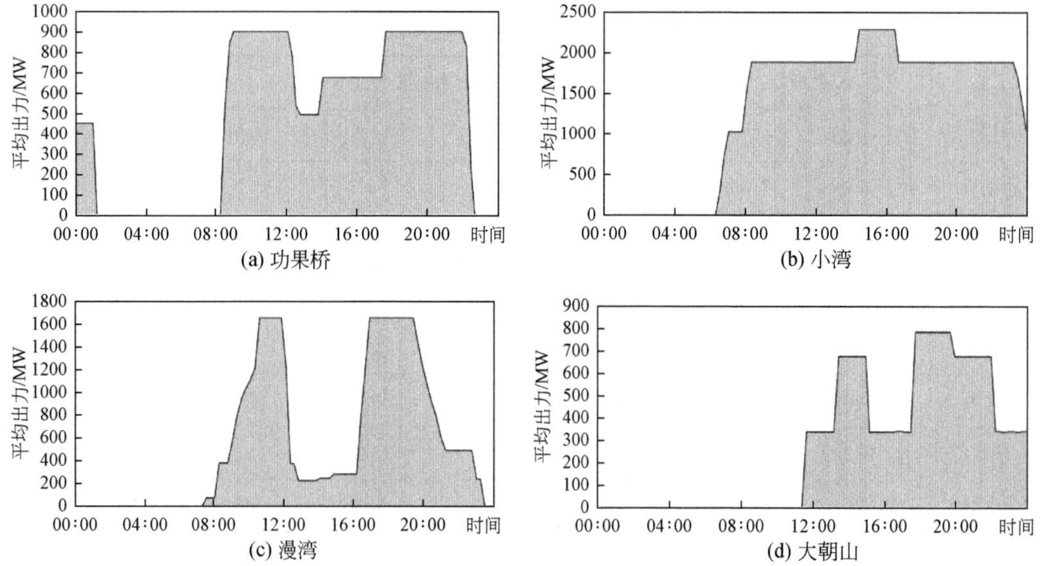

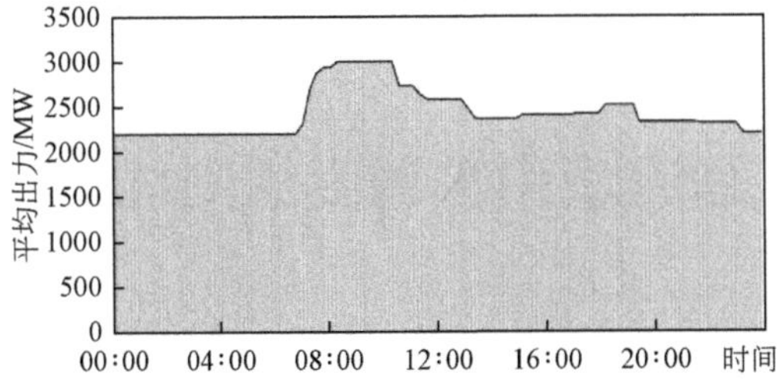

(e) 糯扎渡

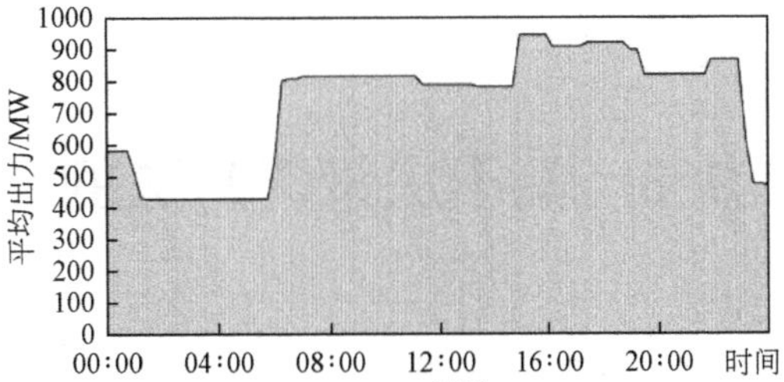

(f) 景洪

图 9-41　梯级水电站群优化调度结果

1）从各电站出力过程看，指令调度计算结果中，梯级各电站遵循日常调度习惯发电，出力过程与聚类分析获得的标幺化出力形状相一致，是指定目标下遍历不同出力情景所得的最佳电站出力组合，而优化调度方法所得出力过程则单纯追求优化目标最优，未考虑各电站自身特点和调度习惯，各电站出力过程与指令调度结果差异显著。

2）从各电站承担角色看，澜沧江中下游梯级水电站群中，小湾和糯扎渡作为多年调节水库，承担着梯级调蓄和补偿作用，日运行过程起伏明显但波动相对平缓，位于上游的小湾水电站因其地理位置原因，更多地承担了梯级调节作用，糯扎渡水库得以始终保持在高水头、较大出力运行，以发电为主。功果桥水电站位于最上游，由于本身调节库容有限，对于天然入库过程调节能力较差，出力过程变化较频繁。漫湾和大朝山作为平衡电站，承担着梯级负荷平衡任务，其短期运行中出力过程波动较频繁但浮动范围较小。景洪电站由于下游存在通航需求，目前运行中仅参与较少调峰任务，出力过程相对稳定。

根据上述分析可知，指令调度计算结果中各电站出力过程与上述角色和任务相吻合，而优化调度结果与各电站调度习惯差距明显，缺乏适用性。其根本原因在于指令调度本质上是深度挖掘各电站历史运行数据隐藏的运行规律，在构建调度决策库的时候，充分考虑了调度习惯，所得结果能够在尽可能尊重实际调度习惯的前提下有效反映电站的真实工作位置。而优化调度方法完全从数学优化角度出发，更多地依赖算法的全局勘探能力，搜索过程未能有效融入调度习惯和各电站实际运行工况的考虑。

同时，表 9-20 统计了两种对比方法计算所得各电站发电量与蓄能值等指标，分析可得结论如下。

1）在发电量方面，本节所提指令调度方法在具体某日调度过程中发电量略少于优化调度方法，梯级总计少发电量 472 MW·h，占比仅 0.34 %；但由于梯级各电站发电过程更符合调度习惯，所得方案实用性更强。同时，两种方法的对比显示，各电站发电量中以小湾发电量差值占比最大，而作为梯级龙头水库，其更重要的角色在于梯级补偿效益。

2）在蓄能值方面，指令调度方法可以更好地发挥小湾、糯扎渡等梯级控制型水库的补偿调节作用，使梯级期末蓄能增加 118 GW·h，相比于优化调度方法增加 1.34 %；而两种方法计算所得各电站平均耗水率相等，说明采用指令调度方法可以在保持梯级各电站平均耗水率不变的同时，获得更高的梯级蓄能，从而有效提高梯级水能利用率。此外，指令调度方法可以在 5 ~ 10 s 内快速获得合理的梯级调度方案，其时效性明显优于优化调度方法。

9.8 基于决策树方法的水库跨流域引水调度规则优化

9.8.1 研究背景

随着人口的增长和经济的发展，各方面对水的需求量日益增加，现阶段，跨流域调水已经成为调节区域水资源分布不均匀、实现水资源合理配置的有效手段之一。由于跨流域调水系统存在多流域、多地区、多用途、多目标等特性（邵东国，2001），多数采用优化方法计算多因素、多目标下的水库调度运行（刘建林等，2003；卢华友和郭元裕，1998；张建云和陈洁云，1995；雷声隆等，1989）。目前对于跨流域调水水库调度的研究，大多集中于跨流域调水工程的规划设计阶段：通过定性分析，从理论上提出解决跨流域调水规划调度与实际调度之间矛盾的方法（李光，2008；董延军等，2007）；通过定量计算，从规划角度进行需水和供水预测，提出规划调水方案（叶新霞，2005）；研究考虑旬径流预报信息的水库引水调度方式，得到跨流域引水水库引水预报调度图（梁国华等，2009）等。以上研究为跨流域调水水库调度研究提供了一定的思路，但是其中也存在一些问题，如优化技术所依据的是历史资料，会导致方法研究与实际应用脱节；水文现象的随机性、不确定性和模糊性，使得规划调度方式难以适应调水工程的运行实际；预报信息、决策者的经验尚需结合等。

本节针对跨流域调水实时调度进行研究，将水库当前的气象预报信息和流域下垫面蓄水状态、水库多年的实际运行情况等资料与水库管理者的实际调度经验相结合，提出可以指导水库实时调度的规则。数据挖掘技术可以挖掘出各种水文信息与调度模式之间的内在联系，该方法在水库调度（许惠君等，2006）和水文预报领域（张弛等，2007）都有一定的应用，所以本文利用数据挖掘技术分析美国全球预报系统（Global Forecasting System）发布的未来 10 d 的预报降雨数据（该数据经检验已经达到了可以利用的程度）（梁国华等，2009a）、前期土壤含水量、当前库水位等水库调度数据，得到水库调度决策树，从而获得水库实时调度规则，并与常规调度规则下的水库引水调度结果进行分析比较，分析该方法的优越性和实用性。

9.8.2 基于决策树方法的水库跨流域引水调度

9.8.2.1 决策树方法

决策树方法能够从一组无规律的事例中利用信息论原理对大量样本的属性进行分析和归纳，推理出以决策树形式表示的分类规则，为决策者提供决策依据。该方法主要采用自上而下的递归方式建立决策树。树结构中的节点表示对一个属性的测试，测试算法使用信息增益或信息增益率作为启发信息，选择能够将样本分类的属性；树结构中的每一个分支代表一个测试的输出；树结构中每一个树叶或树叶节点代表一个类别或类别分布。

在决策树方法中最常用的方法有 ID3（Kamber et al.，1997）算法和 C4.5（Quinlan，1993）算法。ID3 算法用信息增益来选择决策树中的节点属性；C4.5 算法采用基于信息增益率的方法选择测试属性，并在 ID3 算法的基础上加入了对数值属性的处理情况，也对属性值空缺情况进行了处理，用常用值、平均值或者采取概率分配的值来代替未知值。本文选择 C4.5 算法建立水库跨流域引水预报调度模型。

9.8.2.2 跨流域引水决策树预报调度模型的建立

水库跨流域预报调度数据集合包括调度时段、旬初水库状态、GFS 预报降水量，旬前土壤含水状态，跨流域引水量等多个属性。每个属性有 p 个数据样本，其中确定跨流域引水量为决策属性，其他属性均为条件属性。作为决策属性，跨流域引水量具有 m 个不同值，定义 m 个不同类别 P_i（$i=1$，2，…，m）。设 p_i 是类别 P_i 中的样本数。对一个跨流域引水量进行分类时，其所需的期望信息为（Kamber et al.，1997）：

$$I(p_1,\ p_2,\ \cdots,\ p_m) = -\sum_{i=1}^{m} \frac{p_i}{p} \log_2\left(\frac{p_i}{p}\right) \tag{9-56}$$

设条件属性 A 具有 k 个不同值 $\{a_1,\ a_2,\ \cdots,\ a_k\}$。属性 A 可将给定集合 S 划分为 k 个子集 $\{C_1,\ C_2,\ \cdots,\ C_k\}$，其中 C_i 包含 C 中的样本在 A 上具有值 a_j。若将 A 作为测试属性，由包含集合 P 的节点生长出来的分支与这些子集相对应。设 p_{ij} 是类别 P_i 在子集 C_i 中的样本数，则由 A 划分成子集的熵为（Kamber et al.，1997）：

$$E(A) = -\sum_{j=1}^{k} \left[\frac{p_{1j} + p_{2j} + \cdots + p_{mj}}{p} \times I(p_{1j},\ p_{2j},\ \cdots,\ p_{mj})\right] \tag{9-57}$$

式中，$(p_{1j}+p_{2j}+\cdots+p_{mj})/p$ 为第 j 个子集的权。计算得的熵值越小，子集划分的纯度就越高。

根据上文给出的期望信息的计算公式，对于子集 C_j，其期望信息计算公式为（Kamber et al.，1997）：

$$I(p_{1j},\ p_{2j},\ \cdots,\ p_{mj}) = -\sum_{i=1}^{m} \frac{p_{ij}}{|p_j|} \log_2\left(\frac{p_{ij}}{|p_j|}\right) \tag{9-58}$$

由期望信息和熵值可以得到对应的信息增益值。对于在条件属性 A 上分支获得的信息增益可以由以下公式得到（Kamber et al.，1997）：

$$\text{Gain}(A) = I(p_1,\ p_2,\ \cdots,\ p_m) - E(A) \tag{9-59}$$

则信息增益率的计算公式为（Quinlan，1993）：

$$\text{GainRatio}(A) = \text{Gain}(A)/\text{SplitI}(A) \tag{9-60}$$

其中，

$$\text{SplitI}(A) = -\sum_{j=1}^{k} \frac{p_{ij}}{|p_j|} \log_2\left(\frac{p_{ij}}{|p_j|}\right)$$

通过式（9-60）计算每个属性的信息增益率，选择具有最高信息增益率的属性作为分裂属性，创建一个节点，并以该属性为标记创建分支。同时，再据此分支中的数据集计算信息增益率继续划分分支样本，直至给定节点的所有样本属于同一类或者没有剩余属性可以划分样本为止，最终形成按照水库跨流域引水各种信息进行分类的引水决策调度树。对于形成的决策树，按照“if-and-then”的形式从树根到树叶获取调度规则。例如数据集有属性 X、Y、Z，可以得到的调度规则为 if$X=$“x_1” and$Y=$“y_2” then$Z=$“z_2”。

9.8.3 实例研究

大伙房水库是一座防洪、供水、灌溉、发电、养鱼等综合利用的大型水利枢纽工程，水库从邻近流域引水后，经过调节，向下游地区严重缺水的大、中城市供水，解决该地区工业与城市生活用水短缺问题。本文以大伙房水库为实例，确立跨流域引水决策树预报调度规则。

9.8.3.1 引水决策的调度规则确立

按照目前各用水部门的需水定额，以满足各部门的用水保证率为约束条件，以跨流域引水量最小为目标函数，选择遗传算法对大伙房水库 1959 ~ 2007 年数据进行水库优化调度，得到跨流域引水水库兴利调度数据集，数据集中包括调度时段，旬初水库水位状态、用水量，旬末水库水位状态，GFS 预报和实际降雨量，旬前土壤蓄水状态，弃水量和跨流域引水量等属性。选择数据集中的旬初水库水位状态、降水量，旬前土壤蓄水状态，跨流域引水量这 4 个属性记录进行数据挖掘，确定跨流域引水量为决策属性，条件属性包括旬初水库水位状态、降水量和旬前土壤蓄水状态。旬初库水位，是影响调度决策的最主要因素，它是前一段时期水库蓄泄水量的累积效应，也是当前时段水库状态的直接反映；降雨量，是对下一时段径流过程的提前预测，反映未来水库状态的变化趋势（鉴于 GFS 预报降雨信息较短，数据挖掘模型和模拟检验中应采用实际旬降水资料）；旬前土壤蓄水状态，反映本时段初期的土壤含水量，主要影响径流的形成过程。旬初水库水位状态、降雨量，旬前土壤蓄水状态，跨流域引水量这 4 个属性均为连续属性。由于在实际应用过程中，准确的旬前土壤蓄水状态信息在实际中较难获得，本节决策树径流分级模型中采用上一旬后 n 天的径流量之和来表示旬初的土壤蓄水状态，试算和检验后确定 n 取值为 5。选择大伙房水库 1959 ~ 2000 年的水库调度数据来建立数据挖掘模型，可得到跨流域引水决策树，结果如图 9-42 所示。使用 2001 ~ 2007 年实际降雨数据进行模拟校验，其调节结果与原调节结果相比合格率为 90.8 %。

由跨流域引水分级决策树可得到跨流域引水分级等级：

1）根据大伙房水库调度的特点，将旬前库水位分为三级，确定跨流域引水上限水位和下限水位，上下限水位值如表 9-22 所示。

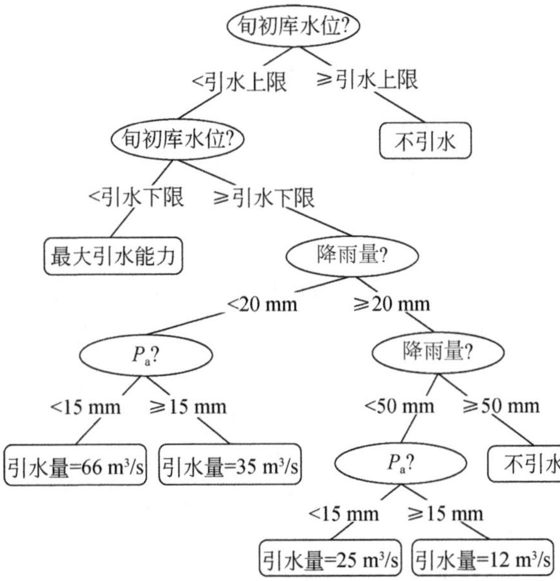

图 9-42　大伙房水库跨流域引水决策树

表 9-22　大伙房水库跨流域引水上限水位值和下限水位值

时间	引水上限/m	引水下限/m
7 月中旬	126.4	125.7
7 月下旬	126.4	125.7
8 月上旬	126.4	125.7
8 月中旬	126.4	125.7
8 月下旬至翌年 7 月上旬	126.6	125.6

2）可以得到降雨量和 P_a 的分级标准，如表 9-23 所示。

表 9-23　大伙房水库降雨量和 P_a 分级标准

降雨量分级/mm			P_a分级/$10^6 m^3$	
Ⅰ	Ⅱ	Ⅲ	1 级	2 级
[0，20)	[20，50)	≥50	[0，15)	≥15

3）在不同的旬前水库水位状态、降雨量和旬前土壤蓄水状态条件下，将跨流域引水流量离散为 0、12、25、35、66 和 70 m^3/s，这 6 个数值分别代表 1 ~ 6 级。

根据分级结果可提取出跨流域引水调度规则。具体的描述跨流域引水决策调度规则如下。

1）当水库当前水位高于引水限制水位上限时，水库跨流域引水量为 1 级；当水库当前水位低于引水限制水位下限时，引水量为 6 级。

2）若当前水库水位处于跨流域引水限制水位上、下限之间，降雨量为 Ⅰ 级，旬前土壤含水量为 1 级时，引水量为 5 级；降雨量为Ⅰ级，旬前土壤含水量为 2 级时，水库引水量为 4 级。

3）当前库水位处于引水限制水位上、下限之间，降雨量为Ⅱ级，旬前土壤含水量为 1 级时，引水量为 3 级；降雨量为Ⅱ级，旬前土壤含水量为 2 级时，水库引水量为 2 级。

4）当前库水位处于引水限制水位上、下限之间，降雨量为Ⅲ级时，引水量为 1 级。

9.8.3.2 结果对比

梁国华等（2009b）分析了 GFS 旬降雨预报数据的误差分布，认为 GFS 分级降雨预报数据可以利用到水库实际调度当中，所以本节用 GFS 分级预报降雨量代替实际分级降雨量，采用决策树法跨流域引水调度规则进行水库跨流域引水调度。

依据决策树法得到的跨流域引水预报调度规则和水库常规引水调度规则，分别采用大伙房水库 2001 ~2007 年资料进行长系列引水调度，调度比较结果如表 9-24 所示。由于采用新调度规则进行水库供水调度的风险分析关键是要论证其是否降低了水库的供水保证率，表中列出供水保证率项。

从表 9-24 调度结果可以看出，水库供水保证率仍保持原设计值 85.7 %，即在供水风险不增加的前提下多年平均引水量可减少 $0.9\times10^8\mathrm{m}^3$，多年平均弃水量减少 $0.88\times10^8\mathrm{m}^3$，多年平均缺水量略有增加，调节水库末水位抬高了 0.24 m。以上数据表明，利用 GFS 降雨预报信息的决策树调度规则进行水库调度的经济效益明显优于常规调度，既不增加供水风险，又减少了引水量和弃水量，提高了水资源利用率。

表 9-24　调度结果对比

调度规则类别	水库供水保证率 /%	多年平均引水量 $/10^6\mathrm{m}^3$	多年平均弃水量 $/10^6\mathrm{m}^3$	多年平均缺水量 $/10^6\mathrm{m}^3$	水库末水位 /m
决策树预报调度规则	85.7	1714	292	14	120.92
常规调度规则	85.7	1804	380	10	120.68

参考文献

艾萍，王志坚，索丽生，等 . 2001. 水文数据在线分析与知识发现系统模型研究 [J]. 水利学报，32（11）：15-19.

曹辉，吴成国，王义民，等 . 2013. 不同运行模式下梯级水电站短期优化调度规律探讨 [J]. 水力发电学报，32（2）：89-94.

陈守煜 . 2009. 可变模糊集理论与模型及其应用 [M]. 大连：大连理工大学出版社 .

陈曦，裴毅，姚帮松，等 . 2013. 水位库容曲线的卫星影像测定方法研究 [J]. 人民长江，44（20）：25-28.

电力工业部 . 1989. 电力工业生产统计指标解释 [S].

董延军，蒋云钟，韩亦方，等 . 2007. 南水北调中线供水调度特性浅析 [J]. 中国水利，(4)：22-24.

都金康，黄永胜，冯学智，等 . 2001. SPOT 卫星影像的水体提取方法及分类研究 [J]. 遥感学报，5（3）：214-219.

鄂竟平 . 2020-01-09. 坚定不移践行水利改革发展总基调，加快推进水利治理体系和治理能力现代化 [EB/OL]. http://www.mwr.gov.cn/jg/bzzc/ejingping/zyhd_368/202001/t20200123_1387600.html [2020-04-26].
冯仲凯，牛文静，程春田，等 . 2017. 水电站群联合调峰调度均匀逐步优化方法 [J]. 中国电机工程学报，37（15）：4315-4323.
付勇勇，王旭航，邓劲松，等 . 2017. 采用国产 GF-2 遥感影像的复杂水网平原水体信息提取 [J]. 浙江大学学报（工学版），51（12）：2474-2480.
何海清，杜敬，陈婷，等 . 2017. 结合水体指数与卷积神经网络的遥感水体提取 [J]. 遥感信息，32（5）：82-86.
黄德双 . 1996. 神经网络模式识别系统理论 [M]. 北京：电子工业出版社 .
黄帅，丁建丽，李艳华 . 2016. 面向对象的国产 GF-1 遥感影像水体信息提取研究 [J]. 人民长江，47（5）：23-28.
黄颖伟，王岩松，张野，等 . 2018. 生产建设项目水土保持“天地一体化”监管技术应用 [J]. 中国水土保持，(2)：11-15.
纪昌明，喻杉，张晓星，等 . 2011. 按日负荷图运行的梯级水电站群短期效益比较 [J]. 电力系统保护与控制，39（14）：64-68.
贾江涛，管晓宏，翟桥柱 . 2009. 考虑水头影响的梯级水电站群短期优化调度 [J]. 电力系统自动化，33（13）：13-16.
姜德文，亢庆，赵永军，等 . 2016. 生产建设项目水土保持“天地一体化”监管技术研究 [J]. 中国水土保持，(11)：1-3.
鞠平，陈谦，熊传平，等 . 2006. 基于日负荷曲线的负荷分类和综合建模 [J]. 电力系统自动化，30（16）：6-9.
亢庆，姜德文，赵院，等 . 2016. 生产建设项目水土保持“天地一体化”动态监管关键技术体系 [J]. 中国水土保持，(11)：4-8.
雷声隆，覃强荣，郭元裕，等 . 1989. 自优化模拟及其在南水北调东线工程中的应用 [J]. 水利学报，18（5）：1-13.
雷晓云，陈惠源，荣航仪，等 . 1996. 水库群多级保证率优化调度函数的研究及应用 [J]. 灌溉排水，15（2）：14-18.
李光 . 2008. 跨流域调水工程供水调度运行初探 [J]. 水科学与工程技术，(4)：18-20.
李俊 . 2010. GPSRTK 技术测量水库库容曲线 [J]. 人民珠江，31（3）：9，24.
李培强，李欣然，陈辉华，等 . 2005. 基于模糊聚类的电力负荷特性的分类与综合 [J]. 中国电机工程学报，25（24）：73-78.
李欣然，姜学皎，钱军，等 . 2010. 基于用户日负荷曲线的用电行业分类与综合方法 [J]. 电力系统自动化，34（10）：56-61.
李艳华，丁建丽，闫人华 . 2015. 基于国产 GF-1 遥感影像的山区细小水体提取方法研究 [J]. 资源科学，37（2）：0408-0416.
李智广，王敬贵 . 2016. 生产建设项目“天地一体化”监管示范总体实施方案 [J]. 中国水土保持，(2)：14-17.
梁国华，王国利，王本德，等 . 2009a. 大伙房跨流域引水工程预报调度方式研究 [J]. 水力发电学报，28（3）：32-36，46.

梁国华，习树峰，王国利，等.2009b. GFS预报在大伙房水库分级利用方式中的应用［J］. 水电能源科学，27（2）：4-6.
刘本希，武新宇，程春田，等.2015. 大小水电可消纳电量期望值最大短期协调优化调度模型［J］. 水利学报，46（12）：1497-1505.
刘德忠.1999. 用水量平衡法率定水库库容曲线初探［J］. 水文，（S1）：6-9.
刘建林，马斌，解建仓，等.2003. 跨流域多水源多目标多工程联合调水仿真模型［J］. 水土保持学报，17（1）：75-79.
卢华友，郭元裕.1998. 利用多层递阶回归分析制定水库优化调度函数的研究［J］. 水利学报，29（12）：71-76.
卢华友，沈佩君，邵东国，等.1997. 跨流域调水工程实时优化调度模型研究［J］. 武汉水利电力大学学报，（5）：11-15.
陆桂华，王卫平，罗健.1997. 一种确定水库库容曲线的新方法［J］. 水文，（1）：38-41.
陆桂华.2020-04-08. 坚定信心，乘势而上，奋力推进水土保持工作再上新台阶［EB/OL］. http：// www. swcc. org. cn/ sbyw/2020/0408/40465. html［2020-04-26］.
陆家驹，何长利.2003. 卫星遥感复测丰满水库库容曲线［J］. 水利水运工程学报，12（4）：60-63.
陆家驹，李士鸿，陈鸣，等.1994. 利用卫星遥感资料复核水库库容曲线［J］. 华东电力，（6）：21-22.
马超.2013. 耦合航运要求的三峡-葛洲坝梯级水电站短期调度快速优化决策［J］. 系统工程理论与实践，33（5）：1345-1350.
裴哲义，伍永刚，纪昌明，等.2010. 跨区域水电站群优化调度初步研究［J］. 电力系统自动化，34（24）：23-27.
齐述华，龚俊，舒晓波，等.2010. 鄱阳湖淹没范围、水深和库容的遥感研究［J］. 人民长江，41（9）：35-38.
邵东国.2001. 跨流域调水工程规划调度决策理论与应用［M］. 武汉：武汉大学出版社.
沈雪建，李智广，亢庆，等.2017. 基于高分影像和云数据管理的生产建设项目水土保持监管系统设计与应用［J］. 中国水土保持科学，15（5）：127-134.
苏业助，洪为善.1999. 根据水量平衡原理修正水库库容曲线方法［J］. 人民长江，30（12）：39-41.
孙吉贵，刘杰，赵连宇.2008. 聚类算法研究［J］. 软件学报，19（1）：48-61.
孙璞玉，李家睿，王承民，等.2013. 基于负荷特征向量的负荷分类与预测方法研究及其应用［J］. 电气应用，（增刊1）：234-238.
唐海华，陈森林，赵宇.2008. 三峡梯级电站短期优化调度模型及算法［J］. 水电能源科学，26（3）：133-136.
唐海华，丁杰.2009. 河道型水库动库容问题初探［J］. 水电自动化与大坝监测，33（5）：75-77.
田嘉宁，王增发，黄强.1999. 多年调节水库年末消落水位控制规则研究［J］. 西安理工大学学报，15（1）：73-76.
王超，汪迎春，陈惠敏，等.2003. 丹江口大坝监测数据的挖掘［J］. 水电自动化与大坝监测，27（3）：49-52.
王国兴，李士鸿.1998. 应用遥感资料获取库区水下地形的方法研究［J］. 河海大学学报，26（6）：91-94.
王金文，范习辉，张勇传，等.2003. 大规模水电系统短期调峰电量最大模型及其求解［J］. 电力系统自动化，27（15）：29-34.
王润存.1983. 用水量平衡法修正中小型水库库容曲线［J］. 水文，（1）：26-28.

王新星，刘涛，董亚维，等. 2019. 卫星遥感与无人机遥感技术在生产建设项目水土保持监管中的应用——以晋陕蒙接壤地区部批生产建设项目为例［J］. 中国水土保持，(11)：29-33.
王雪，隋立春，钟棉卿，等. 2018. 全卷积神经网络用于遥感影像水体提取［J］. 测绘通报，(6)：41-45.
王志刚，韩培，周耀华，等. 2018. 超大城市水土流失空间分布格局及其防治策略——以武汉市为例［J］. 水土保持通报，38 (5)：122-126.
武新宇，程春田，申建建，等. 2012. 大规模水电站群短期优化调度方法Ⅲ：多电网调峰问题［J］. 水利学报，43 (1)：31-42.
徐林章，赵强，张艳宁. 2009. 一种基于 FP-Tree 算法的决策树构造方法［J］. 计算机工程，35 (8)：53-55.
徐晓伟，李晓松，李周. 2019. 基于高分影像的生产建设项目水土保持监管应用研究［J］. 甘肃科学学报，31 (1)：92-98.
许惠君，李彩林，刘晓安. 2006. 数据挖掘技术在水库调度中的研究与应用［J］. 计算机与数字工程，34 (9)：61-63.
许文盛，聂文婷，王一峰，等. 2019. 生产建设项目超大型弃渣场水土保持监控方案探讨［J］. 中国水土保持科学，17 (4)：153-159.
薛惠锋，张文宇，寇晓东. 2005. 智能数据挖掘技术［J］. 西安：西北工业大学出版社.
杨甲，张珂，刘丽，等. 2016. 基于 SPOT-5 影像的吴哥地区水体提取方法研究［J］. 测绘工程，25 (3)：51-55.
杨树文，薛重生，刘涛，等. 2010. 一种利用 TM 影像自动提取细小水体的方法［J］. 测绘学报，39 (6)：611-617.
杨中华，陈琳. 2002. 基于 GIS 的水库库容测量方法的研究与实践［J］. 测绘通报，(11)：28-30.
杨宗泽，王淑娟. 2004. 多年调节水库年末水位研究［J］. 西北水力发电，20 (3)：28-30.
叶新霞. 2005. 区域水资源合理配置及跨流域调水水资源系统问题研究［J］. 南京：河海大学.
殷亚秋，李家国，余涛，等. 2015. 基于高分辨率遥感影像的面向对象水体提取方法研究［J］. 测绘通报，(1)：81-85.
尹正杰，胡铁松，崔远来，等. 2005. 水库多目标供水调度规则研究［J］. 水科学进展，16 (6)：875-880.
余赛英. 2001. NGD-60 实时动态差分 GPS 测量系统在水库库容测量中的应用［J］. 水利科技，(3)：32-34.
袁晓辉，袁艳斌，权先璋，等. 2001. 基于混沌进化算法的梯级水电系统短期发电计划［J］. 电力系统自动化，25 (16)：34-38.
张潮，毛根海，张土乔，等. 2009. 基于数据挖掘的河网糙率直接反演方法［J］. 水力发电学报，28 (1)：108-112.
张弛，王本德，李伟. 2007. 数据挖掘技术在水文预报中的应用及水文预报发展趋势研究［J］. 水文，27 (2)：74-77.
张建云，陈洁云. 1995. 南水北调东线工程优化调度研究［J］. 水科学进展，6 (3)：198-204.
张双虎. 2007. 梯级水电站群发电优化调度的理论与实践［D］. 西安：西安理工大学博士学位论文.
张雯怡，黄强，陈晓楠. 2006. 基于 SRA-GP 的水库年末水位预测模型［J］. 水力发电，2006，32 (1)：16-18.

张雅文，许文盛，韩培，等.2017a. 无人机遥感技术在生产建设项目水土保持监测中的应用——以鄂北水资源配置工程为例［J］. 中国水土保持科学，15（2）：132-139.
张雅文，许文盛，沈盛彧，等.2017b. 无人机遥感技术在生产建设项目水土保持监测中的应用—方法构建［J］. 中国水土保持科学，15（1）：134-140.
张勇传.2008. 系统辨识及其在水电能源中的应用［M］. 武汉：湖北科学技术出版社.
张云涛，龚玲.2004. 数据挖掘原理与技术［M］. 北京：电子工业出版社.
赵元凌.2017. 无人机与卫星影像协同的生产建设项目地表扰动信息提取研究［J］. 信息系统工程，（12）：18-19.
周世兵，徐振源，唐旭清.2011. 一种基于近邻传播算法的最佳聚类数确定方法［J］. 控制与决策，26（8）：1147-1152.
朱长明，张新，路明，等.2015. 湖盆数据未知的湖泊动态库容遥感监测方法［J］. 测绘学报，44（3）：309-315.
邹进，何士华.2006. 确定梯级水库中多年调节水库年末消落水位的模糊多目标决策法［J］. 水利水运工程报，（2）：18-23.
Ambika A K，Wardlow B，Mishra V. 2016. Remotely sensed high resolution irrigated area mapping in India for 2000 to 2015［J］. Scientific Data，3：160118.
Amprako J L. 2015. The United Nations World Water Development Report 2015：Water for a Sustainable World.
Barros M T L，Tsaif T C，Yang S L，et al. 2003. Optimization of large-scale hydropower system operations［J］. Journal of Water Resources Planning and Management，129（3）：178-188.
Bessler F T，Savic D A，Walters G A. 2003. Water reservoir control with datamining［J］. Journal of Water Resources Planning and Management，129（1）：26-34.
Blaschke T. 2010. Object based image analysis for remote sensing［J］. ISPRS Journal of Photogrammetry & Remote Sensing，65（1）：2-16.
Borghetti A，Ambrosio C D，Lodi A，et al. 2008. An MILP approach for short-term hydro scheduling and unit commitment with head-dependent reservior［J］. IEEE Transon Power Systems，23（3）：1115-1124.
Bouziane A. 1996. Use of linear decision rules（LDR）models for reservoir planning and design［C］// Proceedings of the International Conference on Computer Methods in Water Resources. CMWR.
Breiman L，Olshen J H R A，Stone C J. 1984. Classification and Regression Tree［M］. Belmont，Calif.：Wadsworth International Group.
Chen J，Jin C，Liao A，et al. 2015. Global land cover mapping at 30 m resolution：A POK-based operational approach［J］. ISPRS Journal of Photogrammetry & Remote Sensing，103：7-27.
Dheeravath V，Thenkabail P S，Chandrakantha G，et al. 2010. Irrigated areas of India derived using MODIS 500 m time series for the years 2001-2003［J］. ISPRS Journal of Photogrammetry & Remote Sensing，65（1）：42-59.
Donahue J，Jia Y Q，Vinyals O，et al. 2013. DeCAF：A deep convolutional activation feature for generic visual recognition［J］. Computer Science，50（1）：815-830.
Dunham M H 著. 郭崇慧，田凤占，等译.2003. 数据挖掘教程［M］. 北京：清华大学出版社.
Duveiller G，Lopez-Lozano R，Cescatti A. 2015. Exploiting the multi-angularity of the MODIS temporal signal to identify spatially homogeneous vegetation cover：A demonstration for agricultural monitoring applications［J］. Remote Sensing of Environment，166：61-77.

Fayyad U, Piatetsky- Shapiro G, Smyth P. 1996. Advances in Knowledge Discovery and Data Mining [M]. Cambridge: AAAI Press and MIT Press.

Fournier D, Cremilleux B. 2002. A Quality index for decision tree pruning [J]. Knowledge- based Systems, 15 (1): 37-43.

Fries R S D, Hansen M, Townshend J R G, et al. 1998. Global land cover classifications at 8 km spatial resolution: The use of training data derived from Landsat imagery in decision tree classifiers [J]. International Journal of Remote Sensing, 19 (16): 3141-3168.

Frohn R C, Hinkel K M, Eisner W R. 2005. Satellite remote sensing classification of thaw lakes and drained thaw lake basins on the North Slope of Alaska [J]. Remote Sensing of Environment, 97 (1): 116-126.

Ge X L, Zhang L Z, Shu Jun, etal. 2014. Short-term hydropower optimal scheduling considering the optimization of water time delay [J]. Electric Power Systems Research, 110: 188-197.

Ghulam A, Qin Q, Zhan Z. 2007. Designing of the perpendicular drought index [J]. Environmental Geology, 52 (6): 1045-1052.

Gong B, Im J, Mountrakis G. 2011. An artificial immune network approach to multi- sensor land use/land cover classification [J]. Remote Sensing of Environment, 115 (2): 600-614.

Gumma M K, Nelson A, Thenkabail P S, et al. 2011. Mapping rice areas of South Asia using MODIS multitemporal data [J]. Journal of Applied Remote Sensing, 5 (4): 863-871.

Han J, Kamber M. 2001. Data mining: Concepts and Techniques [M]. New York: Morgan Kaufmann Publishers. Inc.

Han J, Kamber M. 2011. Data Mining: Concepts and techniques. 3rd ed [M]. Burlington, Massachusetts, USA: Morgan Kaufmann.

Ian G, Yoshua B, Aaron C. 赵申剑, 黎彧君, 符天凡, 等, 译. 2017. 深度学习 [M]. 北京: 人民邮电出版社.

Kamber M, Winstone L, Gong W, et al. 1997. Generalization and decision tree induction: efficient classification in data mining [C] //Proceedings Seventh International Workshop on Research Issues in Data Engineering. High Performance Database Management for Large-Scale Applications. IEEE.

Kavzoglu T, Mather P M. 2003. The use of back propagating artificial neural networks in land cover classification [J]. International Journal of Remote Sensing, 24 (23): 4907-4938.

Knobble J, Blockeel H, Sidbes A, et al. 2006. Multi- relational data mining [M]. Amsterdam, The Netherlands: IOS Press.

Krizhevsky A, Sutskever I, Hinton G E. 2012. ImageNet Classification with Deep Convolutional Neural Networks [C] // Advances in Neural Information Processing Systems. Nevada: NIPSF.

Labadie J. 2004. Optimal operation of multi- reservoir systems: State- of- the- art review [J]. Journal of Water Resources Planning and Management, 130 (2): 93-111.

Liu D, Xia F. 2010. Assessing object- based classification: Advantages and limitations [J]. Remote Sensing Letters, 1 (4): 187-194.

Liu Y, Zhang B, Wang N, et al. 2013. A self- trained semisupervised SVM approach to the remote sensing land cover classification [J]. Computers & Geosciences, 59 (9): 98-107.

Loh W Y, Shih Y S. 1997. Spilt selection methods for classification trees [J] . Statistical Sinica, (7): 815-840.

Ma C, Lian J J, Wang J N. 2013. Short- term optimal operation of Three- gorge and Gezhouba cascade hydropower stations in non- flood season with operation rules from datamining [J]. Energy Conversion &Management, 65 (7): 616-627.

McFeeters S K. 1996. The use of normalized difference water index (NDWI) in the delineation of open water features [J]. International Journal of Remote Sensing, 17 (7): 1425-1432.

Neelakantan T R, Pundarikanthan N. 2000. Neuralnetwork- based simulation- optimization model for reservoir operation [J]. Journal of Water Resources Planning and Management, 126 (2): 57-64.

Ohtsu N. 2007. A threshold selection method from Gray-Level histograms [J]. IEEE Transactions on Systems Man &Cybernetics, 9 (1): 62-66.

Oliveira R, Loucks D P. 1997. Operating rules for multireservoir systems [J]. Water Resources Research, 33 (4): 839-852.

Ozdogan M, Woodcock C E. 2006. Resolution dependent errors in remote sensing of cultivated areas [J]. Remote Sensing of Environment, 103 (2): 203-217.

Pal M, Mather P M. 2005. Support vector machines for classification in remote sensing [J]. International Journal of Remote Sensing, 26 (5): 1007-1011.

Pantazi X E, Moshou D, Alexandridis T, et al. 2016. Wheat yield prediction using machine learning and advanced sensing techniques [J]. Computers & Electronics in Agriculture, 121: 57-65.

Perera B J, Codner G. 1996. Reservoir targets for urban water supply systems [J]. Journal of Water Resources Planning and Management, 122 (4): 270-279.

Philbrick C R, Kitanidis P K. 1999. Limitation of deterministic optimization applied to reservoir operation [J]. Journal of Water Resources Planning and Management, 125 (3): 135-142.

Pu R, Landry S, Yu Q. 2011. Object- based urban detailed land cover classification with high spatial resolution IKONOS imagery [J]. International Journal of Remote Sensing, 32 (12): 3285-3308.

Quinlan J R. 1993. C4. 5: Programs for machine learning [M]. San Mateo: Morgan Kaufmann Publishes.

Schumann G, Hostache R, Puech C, et al. 2007. High- resolution 3- D flood information from radar imagery for flood hazard management [J]. IEEE transactions on geoscience and remote sensing, 45 (6): 1715-1725.

Settle J J, Briggs S A. 1987. Fast maximum likelihood classification of remotely-sensed imagery [J]. International Journal of Remote Sensing, 8 (5): 723-734.

Shao Y, Luneteea R S. 2012. Comparison of support vector machine, neural network, and CART algorithms for the land-cover classification using limited training data points [J]. ISPRS Journal of Photogrammetry & Remote Sensing, 70: 78-87.

Sheng Y, Shah C A, Smith L C. 2008. Automated image registration for hydrologic change detection in the lakerich Arctic [J]. IEEE Geoscience & Remote Sensing Letters, 5 (3): 414-418.

Teluguntla P, Ryu D, George B, et al. 2015. Mapping flooded rice paddies using time series of modis imagery in the Krishna River Basin, India [J]. Remote Sensing, 7 (7): 8858-8882.

Teluguntla P, Thenkabail P S, Xiong J, et. al. 2017. Spectral matching techniques (SMTs) and automated cropland classification algorithms (ACCAs) for mapping croplands of Australia using MODIS 250-m time-series (2000-2015) data [J]. International Journal of Digital Earth, 10 (9): 1-34.

Thenkabail P S, Biradar C M, Noojipady P, et. al. 2009. Global irrigated area map (GIAM), derived from remote sensing, for the end of the last millennium [J]. International Journal of Remote Sensing, 30 (14): 3679-3733.

Thenkabail P S, Schull M, Turral H. 2005. Ganges and Indus river basin land use/land cover (LULC) and irrigated area mapping using continuous streams of MODIS data [J]. Remote Sensing of Environment, 95 (3): 317-341.

Thenkabail P S, Wu Z. 2012. An automated cropland classification algorithm (ACCA) for Tajikistan by combining landsat, MODIS, and secondary data [J]. Remote Sensing, 4 (10): 2890-2918.

Thenkaball P S, GangadharaRao P, Biggs T W, et al. 2007. Spectral matching techniques to determine historical Land-use/Land-cover (LULC) and irrigated areas using time-series 0.1-degree AVHRR pathfinder datasets [J]. Photogrammetric Engineering & Remote Sensing, 73 (9): 1029-1040.

Waldner F, Canto G S, Defourny P. 2015. Automated annual cropland mapping using knowledge-based temporal features [J]. ISPRS Journal of Photogrammetry & Remote Sensing, 110: 1-13.

Wu J K, Zhu J Q, Chen G T, et al. 2008. A hybrid method for optimal scheduling of short-term electric power generation of cascaded hydroelectric plants based on particle swarm optimization and chance-constrained programming [J]. IEEE Transon Power Systems, 23 (4): 1570-1579.

Wurbs R. 1993. Reservoir-system simulation and optimization models [J]. Journal of Water Resources Planning and Management, 119 (4): 455-472.

Xu B, Zhong P A, Stanko Z, et al. 2015. A multi-objective short-term optimal operation model for a cascade system of reservoirs considering the impact on long-term energy production [J]. Water Resources Research, 51 (5): 3353-3369.

Xu H Q. 2006. Modification of normalised difference water index (NDWI) to enhance open water features in remotely sensed imagery [J]. International Journal of Remote Sensing, 27 (14): 3025-3033.

Xu T, Deines J M, Kendall A D, et al. 2019. Addressing challenges for mapping irrigated fields in subhumid temperate regions by integrating remote sensing and hydroclimatic data [J]. Remote Sensing, 11 (3): 370.

Yeh W. 1985. Reservoir management and operations models: A state-of-the-artreview [J]. Water Resources Research, 21 (12): 1979-1818.

Yu L, Wang Z Y, Tian S W, et al. 2017. Convolutional neural networks for water body extraction from Landsat imagery [J]. International Journal of Computational Intelligence and Applications, 16 (1): 1-12.

Zhou Y, Xiao X, Qin Y, et. al. 2016. Mapping paddy rice planting area in rice-wetland coexistent areas through analysis of Landsat 8 OLI and MODIS images [J]. International Journal of Applied Earth Observation and Geoinformation, 46: 1-12.

第 10 章　智慧水利大数据应用保障条件

10.1　水利大数据标准体系

10.1.1　大数据标准化现状

大数据领域的标准化工作是支撑大数据产业发展和应用的重要基础。当前，各种大数据产品和面向各行业的大数据应用层出不穷，亟须通过标准化的途径规范认知，整合资源，促进各方达成共识，为我国大数据产业的健康发展打下基础，为数据安全应用提供保障，同时促进大数据交易等新兴服务模式规范发展。加强大数据标准化研制工作，对推动我国大数据产业进程，加快技术与标准的相互融合，落实大数据国家战略具有重要意义。

自 2012 年起，ITU-T、ISO/IEC、CCSA 等国内外标准化组织相继开展大数据标准化工作，目前已发布了多项大数据标准。本节从大数据标准体系框架出发，介绍了当前国内外大数据标准化领域的重点方向及取得的成果，并分析了这些方向未来的标准化发展方向。

标准化工作需要科学的顶层设计，大数据标准化也不例外。制定体现大数据技术特点的、完善的标准体系框架对制定高质量、体系化的大数据标准至关重要。基于这一认识，在工信部和国标委的领导下，我国在 2014 年成立了全国信息技术标准化技术委员会大数据标准工作组（以下简称“信标委大数据标准工作组”），统筹开展我国大数据标准化工作。该工作组结合国内外大数据标准化情况、国内大数据技术发展现状、大数据参考架构及标准化需求，提出了我国大数据标准体系框架。

该大数据标准体系总体上由 7 个类别的标准组成，分别为：基础标准、数据标准、技术标准、平台和工具标准、管理标准、安全和隐私标准、行业应用标准。

在大数据不同的发展阶段，有着不同的标准化需求和工作重点。总的来说，在标准化的起步阶段，以术语、参考架构等基础标准为研究重点。而随着大数据技术的发展和应用的普及深入，其他类别的标准的重要性也不断显现出来，同时不同国家的标准化重点也有不同的侧重。例如，随着“中国制造 2025”规划的提出，工业大数据相关应用在我国呈现出快速发展的势头，相应的与工业大数据相关的标准化工作也成为行业应用标准的热点。

(1) 基础标准

基础标准为整个标准体系提供包括总则、术语、参考模型等基础性标准，是整个标准体系的基石，其重要性不言而喻。在这一领域，ISO/IEC 制定了 ISO/IEC20546-《信息技术-大数据-概览与术语》以及 ISO/IEC20547-《信息技术-大数据-参考架构》系列标准，参考结构系列标准包括框架与应用、用例与需求、参考架构、安全和隐私、标准化路线图等 5 个分册，作为大数据基础性标准考虑得相当全面。而 ITU-T 的 SG13 也发布了 ITU-T Y. 3600-《基于云计算的大数据需求与能力》，该标准定义了大数据生态系统中的相关角色及其活动，并规范了基于云计算的大数据的需求和能力。遗憾的是，ISO/IEC 与 ITU-T 这两大国际标准化组织并没有像当初制定云计算标准时那样联合制定术语和参考架构这样的基础性标准，联合制定的标准无疑具备更大的影响力和更高的可参考性。在国内，信标委大数据标准工作组也发布了《信息技术 大数据 术语》和《信息技术 大数据 技术参考模型》等基础性标准。可以说，在基础标准方面，国内外都已经取得了相当多的成果，为大数据标准工作的进一步发展打下了良好的基础。

(2) 数据标准

数据标准主要是针对底层数据相关要素进行规范。包括数据资源和数据交换共享两部分，其中数据资源包括元数据、数据元素、数据字典和数据目录等，数据交换共享包括数据交易和数据开放共享相关标准。

大数据的核心价值在于对多个不同来源的数据进行关联分析，因此包括数据交易、数据开放共享在内的相关标准就显得尤为重要。只有参与方遵循共同的标准，数据的交易与开放共享才能更为高效。在这一领域，ITU-T 已发布了 Y. 3601-《大数据-数据交换框架与需求》，同时以此为基础正在制定《大数据-数据溯源需求》《大数据-数据集成概览和功能需求》《大数据-数据保留概览与需求》《大数据-元数据框架与概念模型》等一系列数据标准。而在国内，由于政务信息开放、贵阳大数据交易所成立等事件的驱动，数据资源和数据交换共享标准成为数据标准领域的热点，包括《信息技术 大数据开放共享》系列标准（包括总则、政府数据开放共享基本技术要求、开放程度评价、政府资源目录体系等多个分册）、《信息技术 数据交易服务平台》系列标准（包括通用功能要求、交易数据描述等）在内的多个标准正在研制，未来还将研制大数据开放数据集基本要求和标识管理，数据交易的交易流程、数据管理、风险评估及交易质量评估等方面的标准。

(3) 管理标准

管理标准作为数据标准的支撑体系，贯穿于数据生命周期的各个阶段，主要对数据管理、运维管理和评估三个层次进行规范。数据是企业的宝贵资产已成为业内共识，但如何对数据资产进行有效管理目前还处于非常原始的阶段，业界急需数据资产管理标准对相关工作进行规范指导。ITU-T SG16 在 2019 年 7 月立项了一个国际标准《数据资产管理框架》，该标准主要定义了数据资产的基本概念，梳理了数据资产管理的需求，提出了数据资产管理的框架。在国内，CCSA 成立了大数据技术标准推进委员会（CCSA TC601），其中的数据资产管理工作组专门从事数据资产管理方面的标准化研究工作，已发布了《数据资产管理实践白皮书（2.0）》，目前正在编写 3.0 版本。未来 TC601 将继续进行主数据、数据标准和数据质量等标准制订，并研究数据资产管理评估的模型。

(4) 安全和隐私标准

数据安全和隐私保护作为数据标准体系的重要部分，贯穿于整个数据生命周期的各个阶段。大数据安全虽然继承了传统数据安全保密性、完整性和可用性等特性，但也有其特殊性，主要表现在个人隐私保护、跨境数据流动等方面。欧盟于2019年5月颁布的《通用数据保护条例》（*General Data Protection Regulation*，GDPR），也进一步凸显了大数据时代数据隐私保护的重要性。

在安全标准领域，ITU-T SG17正在制定多个大数据安全国际标准，包括《移动互联网服务中大数据分析的安全需求与框架》《大数据即服务的安全指南》《大数据基础设施及平台的安全指南》《电信大数据生命周期管理安全指南》等。而在国内，全国信息安全标准化技术委员会下设了大数据安全标准特别工作组（SWG-BDS），专门进行大数据相关标准的研究，目前已发布了《信息安全技术 个人信息安全规范》《信息安全技术 大数据服务安全能力要求》两项国家标准，同时还在制定《大数据安全管理指南》《个人信息安全影响评估指南》《个人信息去标识化指南》《数据安全能力成熟度模型》《数据交易服务安全要求》《数据出境安全评估指南》等多项目国家标准。下一步，该工作组将重点开展大数据安全参考框架、个人信息安全、数据交换共享相关安全以及大数据安全检测评估相关标准的研制。

(5) 行业应用标准

行业应用类标准主要是针对大数据为各个行业所能提供的服务角度出发制定的规范。该类标准指的是各领域根据其领域特性产生的专用数据标准，包括工业、政务、服务等领域。

由于这一服务领域的标准针对性较强，因此国际标准组织较少涉及这一领域，而同样也由于其较强的针对性和指导作用，国内热点行业的标准化工作则比较活跃。尤其在工业大数据领域，信标委大数据标准工作组下设工业大数据专题组，制定中的国家标准包括《信息技术 大数据 工业应用参考架构》《信息技术 大数据 产品要素基本要求》《智能制造 对象标识要求》《智能制造 制造对象标识解析体系应用指南》。CCSA TC601也成立了工业大数据工作组，进行相关标准的研究。其他比较活跃的行业还有政务领域，信标委大数据标准工作组同样下设政务大数据专题组，CCSA TC601也成立了政务大数据工作组。

除了上述进展之外，我国各地发展大数据产业也各有特色，上海市、广东省、湖北省、山东省、贵州省、四川省、陕西省、江苏省、内蒙古自治区等地方形成30余项地方标准，主要集中于资源开放共享、政务大数据领域、重点行业等。

10.1.2 水利大数据标准化框架

根据大数据应用的本质，大数据的相关标准往往分布在数据的采集、数据的传输、数据的存储和管理、数据的分析挖掘等方面。由于大数据的多样化特征，针对不同行业，大数据的相关标准也会有较大不同。针对水利行业目前的业务应用及发展现状，水利信息化相关标准体系现状如下：①数据采集相关标准。主要是水利信息采集相关的一些标准，其中分类编码的行业标准有 13 个。②数据传输相关标准。水利行业制定了 3 个传输交换标准。③数据的存储和管理相关标准。以结构化数据为主，包括数据存储 13 个、图示表达 2 个、产品服务标准 1 个。水利行业尚缺非结构化数据管理相关标准、分布式存储相关标准、存储虚拟化相关标准为主，也没有大数据分析挖掘相关标准。

通过分析国内外大数据相关标准，并结合水利大数据技术、产品和应用需求，形成水利大数据标准规范 20 项，重点涵盖基础概念、数据采集、存储、计算、分析、展示、质量控制、安全防护、数据服务等方面，适用于水利大数据平台建设和相关标准编制，水利大数据标准体系见表 10-1 所示。

表 10-1　水利大数据标准体系

标准分类	标准名称
水利大数据基础标准	水利大数据术语
	水利大数据参考模型
水利大数据采集与转化标准	水利信息采集转换规范
	视频监控信息采集转换规范
	空间信息采集转换规范
水利大数据传输标准	水利通信协议应用层规范
	水利通信系统建设规范
水利大数据存储与管理标准	水利大数据数据模型标准
	水利大数据分布式存储系统设计规范
	水利大数据虚拟化存储系统设计规范
水利大数据处理与分析	水利大数据商业智能工具应用规范
	水利大数据可视化工具应用规范
	水利大数据挖掘标准规范
水利大数据质量标准	水利大数据质量控制规范
	水利大数据质量评估准则
水利大数据安全标准	水利大数据安全技术规范
	水利大数据隐私防护规范
水利大数据服务标准	水利大数据开放数据集规范
	水利大数据业务数据集成规范
	水利大数据平台服务接口规范

1）水利大数据基础标准。水利大数据术语规定水利大数据相关的基础术语、定义，保证对水利大数据相关概念理解的一致性；从数据生存周期的角度，提出水利大数据技术参考模型，指导水利大数据模型搭建（中国电子技术标准化研究院等，2018）。

2）水利大数据的采集与转换标准。规定水利大数据平台上所采集的水利数据的基本内容（如水资源、水灾害、水生态、水环境、水工程等）与属性结构，主要水利数据要素的采集方法（如传感器数据、传统关系型数据库并行、ETL 数据、消息集群数据等的接入）及其技术要求，适用于各类水利信息的采集、处理、更新和转换全过程，规范水利大数据的数据采集接口及转换流程。

3）水利大数据的传输标准。在参考《水文监测数据通信规约》（SL 651—2014）、《水资源管理系统传输规约》（SL 427—2008）等行业标准的基础上，考虑卫星遥感、移动终端、视频监控等新型采集手段，以及已有采集设备与 IPv6 和 5G 的融合的需求，规定支撑智慧水利的信息通信的传输模式和协议，满足大数据环境下大容量水利数据高实时性、高可靠性传输的要求。

4）水利大数据的存储与管理标准。在参考水利行业标准《水利信息数据库表结构及标识符编制规范》（SL 478—2010）、《基础水文数据库表结构及标识符标准》（SL 324—2005）、《水资源监控管理数据表结构及标识符》（SL 380—2007）等基础上，对已有存储与管理标准的业务，需要增加对半结构化和非结构化数据的存储及管理的内容；对没有存储与管理标准的业务，按照水利大数据的特点对业务数据的存储与管理提出新的标准。该类标准主要规范水利大数据不同数据源的结构化、半结构化和非结构化数据的存储及管理，满足海量水利数据的大规模存储、快速查询和高效计算分析的读取需求。

5）水利大数据的处理与分析标准。规定水利大数据的商务智能分析和可视化等工具的技术及功能的规范，用于水利大数据计算处理分析过程中的各项技术指标决策。

6）水利大数据的质量标准。规定水利大数据平台上水利数据从采集、传输、存储、交换、处理、展示等全过程的质量控制方法和全面的评价指标，并提出对水利大数据成果的测试方法和验收要求。

7）水利大数据的安全标准。以数据安全为核心，围绕数据安全，需要技术、系统、平台方面的安全标准，以及业务、服务、管理方面的安全标准支撑，提出个人信息隐私保护的管理要求和移动智能终端个人信息保护的技术要求。

8）水利大数据的服务标准。规定水利大数据平台上水利数据服务的模式、内容和方式，制定水利数据开放的管理办法，提出水利大数据平台与外部系统之间交互的数据、文件、可视化等服务接口规范。

10.2　水利大数据安全体系

10.2.1　国内外大数据安全战略

美国、英国、日本、澳大利亚、中国、欧盟等世界主要国家和地区纷纷出台制定了与大数据安全相关的战略和政策（周季礼和李德斌，2015），统筹规划大数据建设发展，加强对大数据的利用和安全防护，占领大数据技术研究国际竞争力的制高点（李树栋等，2017）。

美国是全球最早发布大数据发展战略的国家，发布了《大数据研究和发展战略》，将其上升到国家战略。在该战略框架下，美国国防部高级研究计划局启动了大数据与国家安全战略相结合的重要项目“XDATA 项目”（张海粟等，2015），致力于大数据核心安全技术的解决方案。随后，美国提出了新的联邦大数据管理准则，颁布了《2014 年国家网络安全保护法案》与《网络安全信息共享法案》，以积极应对日益凸显的大数据安全问题。英国政府发布了《开放数据白皮书》，以促进公共服务数据的开放使用，专门针对个人隐私保护制定了《个人隐私影响评估手册》，并公布了《把握数据带来的机遇：英国数据能力战略》。日本政府公布了《新 IT 战略——创建最尖端 IT 国家宣言》，全面阐述了 2013 ~ 2020 年以发展开放公共数据和大数据为核心的国家战略；以引进的美国网络防御系统为基础，研究开发数据安全和保护技术；审议了《个人信息保护法》和《个人号码法》修正案，以推动并规范“大数据”的安全应用。澳大利亚发布《信息安全管理指导方针：整合性信息的管理》，为大数据整合中涉及的安全风险提供了指导，并对《隐私法》中的隐私原则进行修订，规范了私人信息数据从采集、存储、安全、使用、发布到销毁的全生命周期管理。欧盟通信委员会向议会提交了《开放数据：创新、增长和透明治理的引擎》，围绕数据开放，制定大数据安全的发展战略，颁布了《通用数据保护条例》，并通过了新版《一般数据保护条例》，在数据保护监管与数据保护指令等方面进行了重要改革。德国于 2009 年对《德国联邦数据保护法》进行修改并生效，旨在防止个人信息隐私泄露；通过了《数字议程（2014—2017）》，推动“网络安全”是其中的三大重要进程之一，突出了数据安全保护的共识。

2015 年，国务院印发的《促进大数据发展行动纲要》部署的三大主要任务之一是健全大数据安全保障体系，强化安全支撑。加强大数据环境下的网络安全问题研究和基于大数据的网络安全技术研究。2016 年，国务院发布的《“十三五”国家信息化规划》（以下简称《规划》）中的第四部分“重大任务和重大工程”中明确指出，要“实施大数据安全保障工程，加强数据资源在采集、传输、存储、使用和开放等环节的安全保护”。《规划》着重提出：要加快大数据安全的采集、存储、清洗、分析、发掘、可视化、安全与隐私保护等关键技术攻关。2017 年召开了首届中国数据安全峰会，以“共建数据安全，共享安全数据”为宗旨，拟从网络安全、硬件安全、数据安全等全方位打造数据安全生态圈，建立“中国数据安全共同体”。

10.2.2 水利大数据安全技术体系

我国以水利业务网和各级数据中心为基础，建立的水旱灾害防御、水资源监控、河湖长制管理、水土保持监测等一大批信息系统有力支撑了水利的各项业务工作（詹全忠和张潮，2019）。水利信息化已从基础设施建设阶段逐步进入了全方位、多层次协调发展的新阶段。安全体系是水利信息化综合体系的重要组成部分，在水利信息化建设不断深入的进程中，水利部采取多种有效措施，不断强调网络及信息安全设施、安全管理和有关制度标准建设，较好地保障了水利信息化的健康发展（蔡阳，2010）。但从水利行业看，信息系统尤其是工控系统网络安全防护体系不健全，防护水平不高，防护措施不当，态势感知能力不够，对云计算、大数据、物联网、移动互联网等新技术适应手段不足，容灾备份系统不完善等问题均存在不同程度的隐患（詹全忠和张潮，2019）。大数据时代，信息安全面临新常态，在数据采集、传输、存储、管理、分析、发布、使用、销毁的大数据生命周期全过程，大数据面临众多的安全威胁，包括大数据的可信性、隐私泄露安全威胁、大数据存储安全威胁、大数据网络安全威胁、大数据基础设施安全威胁等（吕欣和韩晓露，2015）。在大数据的深入研究和应用过程中，传统的数据安全机制不能满足大数据的安全需求，大数据安全和隐私保护在安全架构、数据隐私、数据管理和完整性、主动性的安全防护等方面面临着挑战（NIST Big Data Public Working Group，2015）。因此，大数据的信息安全问题也成为制约大数据应用发展的瓶颈，可以说没有安全防护的大数据，将是数据灾难（李树栋等，2017）。因此，如何构建围绕大数据全生命周期的可管、可控、可信的数据安全体系，将是大数据安全和数据应用深度融合，制定顶层规划，保障大数据产业健康发展的关键。

10.2.2.1 大数据采集安全

大数据的源头众多、数据多样、数据增长速度快，大数据采集的可信性是一个重要关注点。其面临的安全威胁之一是数据篡改、数据损坏、数据丢失等安全威胁，有可能诱导人们在分析数据时得出错误结论，影响用户的决策判断力。因此，如何对采集到的大数据进行评估、去伪存真，提高识别非法数据源的技术能力，确保数据来源安全可信，是大数据采集安全面临的一个重要挑战。目前，基于大数据的数据真实性分析技术被广泛认为是有效的方法。传统的信息安全技术无法安全保证数据真实性，而利用大数据分析技术可以去除噪声，能够提高对伪造或虚假数据的鉴别能力。数据真实性分析技术类似于数据清洗和数据预处理，可以作为数据融合的基础。针对大数据的海量特征，利用大数据分析技术（包括机器学习和深度学习技术），通过构建数据分类模型，可以获得更高的识别准确率。因此，除了需要考虑数据来源的真实性，还需要从数据传播途径、数据处理过程等多个方面开展研究。

10.2.2.2 大数据的传输安全

目前大数据的分析、计算需要云计算平台强力支撑，在将大数据迁移到云环境中进行进一步存储、分析和计算时，可能会失去对大数据的安全控制，导致对安全边界之外的数据缺乏必要的控制，比如一些关键信息系统内外网的数据安全问题，这将进一步导致大数据安全防护问题的复杂化。因此，在各个信息系统内的机密信息不断迁移到云平台的过程中，重要的是确保数据传输中的机密性和完整性（魏凯敏等，2016）。对此，被认同的普遍做法是利用密码学相关技术解决。在数据机密性方面，属性加密、代理重加密、全同态加密、可搜索加密等加密算法能确保大数据的机密性，但是如何适应大数据应用场景的数据规模和数据增长速度仍需要进一步深入地研究。在数据的完整性方面，越来越多的用户选择云计算平台对海量数据进行存储管理，但同时用户失去了对数据的控制权，因此，云端存储数据的公开审计受到学术界和产业界的广泛关注并成为研究热点（Ateniese et al., 2007; Jiang et al., 2016; Wang et al., 2012, 2014a; Yuan and Yu, 2015; Wang et al., 2016）。为了保证大数据的可靠性和可用性，云服务提供商根据用户需求对数据进行多副本存储，以提高容灾抗毁和数据可恢复的能力，但对于支持动态群组和隐私保护的多用户多副本数据完整性验证的研究成果较少（Yuan and Yu, 2014; Curtmola et al., 2008）。在云环境下，混合云融合了公有云和私有云的优点，被广泛使用，因此，如何确保混合云中大数据的完整性和机密性，也将是一个具有挑战且值得深入研究的问题（Zhu et al., 2010）。

10.2.2.3 大数据存储安全

目前，大数据主要是分布式地存储在大数据平台（Hadoop）中，采用云存储技术，以多副本、多节点、分布式的形式存储各类数据。数据的集中存储和滥用增加了被非法入侵和数据被泄露的风险。

数据加密是保障大数据存储安全的主流方法之一。当前，可以使用国家商用密码局制定的应用标准包括 SSF33、SM1、SM2、SM3、SM4、SM7、SM9 等加密标准，对大数据进行加密处理后再存储。使用的技术包括基于属性的加密、同态加密等。

硬盘是大数据平台存储数据的主要介质设备。传统磁盘存储数据安全性的主要工作集中在防磁盘数据篡改、防数据泄露失窃等方面（Stanton, 2004；高伟，2008），还包括自存储安全解决方案（Goodson et al., 2004）、网络安全硬盘（Miller et al., 2002）、安全云盘（Wang et al., 2014b）以及分布式存储系统安全（Ganger et al., 2001）等研究工作。固态硬盘因其延迟低、吞吐量大、能耗低等优点，正逐渐替代传统机械硬盘。新出现的可信固态硬盘技术依靠提供安全存储接口和协议，保证数据的机密性，并细粒度控制用户访问存储的数据，使得数据存储是可以信任的，从而保护了数据的存储安全以及机密性。因此，对于数据密集型应用的数据存储安全需求而言，可信固态硬盘有望成为保障大数据平台存储安全的新基础（田洪亮等，2016）。

10.2.2.4 大数据使用和开放安全

当前，各国均把数据看作一种战略资源，在数据开放和共享过程中会产生更大价值。然而，当前针对大数据的安全技术缺乏或安全管理能力不足带来了很多安全问题，比如地下数据的“黑灰”产业链、侵犯用户个人信息安全、数据滥用等问题，严重阻碍了数据共享使用的发展。一方面，在大数据使用环节，在大数据的查询、访问过程中，不严格的权限访问将导致数据泄露；另一方面，在数据共享开放环节，数据资源跨部门、跨域共享使用，不可避免地导致数据被各使用方存储使用，其中任何一个使用方措施不当，都可能导致数据泄露。因此，如何保证大数据的共享安全成了当前的研究热点，这方面研究主要集中在安全访问控制、共享安全和隐私保护等方面。

在大数据安全访问控制方面，访问控制是实现数据安全共享的重要技术手段，大数据及大数据应用的诸多新特征使传统访问控制在授权管理、策略描述、细粒度控制、隐私保护、实施架构等方面都面临严峻挑战（冯登国等，2014）。大数据背景下的访问控制呈现出判定依据多元化、判定结果模糊化或不确定化、多种访问控制技术融合化的新特点（李昊等，2017），进而也促进了大数据访问控制技术的新发展，角色访问控制（Zeng et al.，2013）、风险访问控制（Office，2004）、半/非结构化数据的访问控制（Fong，2011）、针对隐私保护的访问控制（Zeng et al.，2014）、世系数据相关的访问控制（Byun and Li，2008）、基于密码学的访问控制（Park et al.，2012）、基于大数据分析结果的内容访问控制（Sandhu et al.，1996）、行为访问控制（Wang et al.，2004）、协同访问控制（Hu et al.，2015）和数据联系访问控制（Li et al.，2015）等在大数据场景中得以提出或改进创新，多元化且多技术融合的访问控制可以更有效地支持复杂的大数据访问控制需求。未来，大数据服务于访问控制、大数据的访问控制框架等将成为重要研究课题（李树栋等，2017）。

在大数据共享安全方面，政府信息系统和公共数据的互联共享、各行业领域大数据共享和整合使用是大数据应用的必然趋势，是推动大数据流动性、产业链完善的主要动力，也是大数据核心价值得以体现的关键环节。然而，在数据共享开放发布环节，由于数据资源跨部门、跨管理域、跨省共享使用，不可避免地导致数据被各使用方存储使用。如果其中任何一个使用方措施不当，都可能导致数据泄漏。数据的安全共享问题成为大数据应用的阻碍之一，如何使数据拥有者安全地保存数据，同时数据共享发布后被各方使用产生价值，成为数据安全共享要解决的困难问题（李树栋等，2017）。针对数据共享安全问题，Munier 等（2012）提出一种面向云存储的文件跨部门使用的自我保护体系结构。在信息流的安全控制方面，Krohn 等（2007）提出了分散信息流安全控制方法，Pasquier 等（2014）、Pasquier 和 Powles（2015）等开展了类似工作。在共享数据的安全属性标记方面，张大军等（2012）提出了云服务中属性加密的数据共享机制，定义了云服务中每个数据拥有者的数据属性；YD/T 3470—2019《面向公有云服务的文件数据安全标记规范》规定了公有云服务的文件数据安全标记的表示、生成、使用和管理，主要适用于公有云服务的文件数据流动的审计和监管所需的标记的表示、生成、使用和管理。在领域大数据共享安全方面，Jia 和 Jin-Song（2007）提出了基于数字水印技术的地理空间数据安全共享方法；张璐等（2014）使用数据加密实现了政府大数据共享安全的管理；Narayan 和 Safavi-Naini（2010）提出医疗大数据云存储中电子健康记录的安全共享管理方案；雷婉（2015）基于属性加密技术提出了访问权和修改权分离的个人医疗健康数据安全共享方案。

在大数据隐私保护方面，隐私保护是近几年大数据安全研究中的一个主要问题，大数据在商业化应用中如果数据处理不当将对用户隐私造成极大侵犯，而从法律上讲用户应当有权决定自己的信息如何被利用。因此，实现可控的隐私保护无疑是其中面临的一个重大挑战，这也是当前大数据应用面临的阻碍之一。这里主要对数据隐私保护框架、数据匿名处理等内容进行阐述。在大数据隐私保护模型方面，信息隐私保护模型最早是由 Culnan 和 Armstrong（1999）从管理学角度提出的，随后涌现了大量的面向静态数据的隐私保护模型（Casas-Roma et al.，2015）、面向动态连续数据发布的隐私保护模型（Fung et al.，2008；Goryczka et al.，2011；Bhattacharyya，2012；Yi and Shi，2015）等；方滨兴等（2016）给出了大数据时代的隐私概念和生命周期保护模型；李凤华等（2016）提出了隐私计算的概念。在数据匿名处理技术方面，数据匿名化方法删除了敏感数据以保护用户隐私，传统的匿名化方法包括 k – Anonymity （Lefevre et al.，2006）、t – Closeness（Machanavajjhala et al.，2006；Zeng，2008）和 l–Diversity （Li et al.，2007）等方法。在传统的匿名化方法基础上，可以结合大数据特点进行改进。

10.2.2.5 大数据安全销毁或删除

大数据的安全销毁或删除是近年大数据安全的一个重要研究热点。用户对 Web 服务的依赖性越来越大，如果其存储在云端或云平台的数据删除不彻底，极有可能使其敏感数据被违规恢复，从而导致用户数据或隐私信息面临泄露的风险。传统的数据物理删除的方法是采用物理介质全覆盖的方法，然而针对云计算环境下的数据删除问题，这一手段并不可信。在云环境下，用户失去了对数据的物理存储介质的控制权，无法保证数据存储的副本同时也被删除，导致传统删除方法无法满足大数据安全的要求。因此，如何保证被删除的数据确实被删除，即保证数据可信删除，是一个重要挑战。

在这方面，Perlman（2005a，2005b）提出了一种支持两种类型的数据可信删除方法。Geambasu 等（2009）提出了一个针对密文数据可信删除的方法，设计了一个验证的“消失原型”。Yang 等（2010）针对保护被删除的数据，提出了基于数据加密标准的数据安全删除策略。Tang 等（2012）提出了类似策略。Cachin 等（2013）基于图论和密码学技术，提出了基于无环图删除策略的安全删除数据存储系统模型。Xiong 等（2015）提出了一种带有时间指定属性的安全数据自毁方案。

在云计算环境下，个人数据被第三方（云数据存储平台）缓存、复制和存档，而这些数据往往没有真正被用户控制，在网络和云存储系统中，正确删除数据并清除所有痕迹的操作通常是无法预见的，因此，数据的可信删除技术仍然是未来大数据安全技术研究的热点。

10.2.2.6 大数据的管理安全

保障大数据安全除了技术研究之外，管理策略同样重要。大数据的建设是一项有序、动态、可持续发展的系统工程，因此，建设针对大数据的安全保障体系和标准规范至关重要。当前，这方面研究主要集中在两个核心要点：大数据安全保障体系和大数据安全标准化建设。

（1）大数据安全保障体系

大数据应用具有极高的商业价值，也具有较高的社会价值，因此，针对包括政务、医疗、电信、智能交通、智慧城市等在内的不同领域行业大数据特点，研究提出有针对性的大数据安全保障和防护体系显得意义重大，且极具研究价值。针对水利大数据尚未成熟的安全策略，可以借鉴其他领域的研究成果。

针对政府大数据，张璐等（2014）从共享数据安全管理和数据授权访问两个安全问题角度出发，研究提出了面向政务大数据的安全保护模型。针对医疗领域大数据，Chen 等（2014）根据医疗数据的信息安全需求，构建了医疗数据面临的安全风险指数的计算方法，该计算方法考虑的因素包括数据来源、数据量、加密算法等。张洪亮等（2017）基于密码学中的身份认证、数字签名和加密等技术提出了医疗大数据安全保障体系，以解决当前健康医疗大数据面临的安全威胁与信任问题。针对电信运营商大数据，陶冶等（2014）分析了电信行业大数据面临的安全现状，并对世界各大电信运营商的大数据安全策略进行了比较。张滨（2016）提出了针对电信运营商的大数据安全体系架构，该体系包括安全保障体系的基本执行框架、安全保障体系的能力支撑和效果评测等方面。裴金栋和赵旺飞（2016）基于电信大数据的数据采集、数据标签、数据处理、功能模块和行业应用 5 个层次，构建了电信大数据全生命周期的安全管控体系。

针对智能交通大数据面临的安全威胁和挑战，作为欧盟第七框架计划（FP7）资助的研究项目的一部分，Lang 和 Schreiner（2015）提出了用于管理智能交通系统的安全体系架构，该体系实现了对象管理组的数据分发服务和高级访问控制。宋珊珊（2015）提出了应对智能交通大数据安全的管理策略，涵盖了存储安全、应用安全、管理安全等内容。针对智慧城市大数据，陈红松等（2015）提出了安全管理策略和框架。针对大数据应用安全的防护体系，吕欣等（2016）提出了大数据安全保障体系架构和评价指标体系，保障体系架构覆盖了战略保障、运行保障、技术保障、组织管理和过程管理 5 个层次，评价指标体系覆盖了建设情况、运行情况和安全态势 3 个方面。

（2）大数据安全标准化

针对大数据安全合规方面的需求，大数据安全的标准化体系建设对规范和推动大数据产业的安全发展具有重要作用。当前，国内外标准化组织都认识到大数据的安全问题，并积极开展大数据安全的相关标准研究制定工作。

1）我国大数据安全标准化建设。我国开展大数据安全标准工作的组织主要是全国信息安全标准化技术委员会，2017 年 4 月，该组织发布了《大数据安全标准化白皮书（2017）》，白皮书中提出从基础标准、平台和技术、数据安全、服务安全、行业应用 5 个方面构建大数据安全标准体系框架，规划设置了我国的大数据安全标准体系的工作路线。在该体系框架下，目前正在研究制定的国家标准有《大数据服务安全能力要求》《信息安全技术 大数据安全管理指南》《政府数据 数据分类分级指南》《政府数据 数据脱敏工作指南》等系列标准，并提出建议研制《大数据基础平台安全要求》《大数据交易服务安全要求》《大数据安全能力成熟度模型》等系列标准。

2）国际上大数据安全标准化建设。国际标准化组织/国际电工委员会标准化组织（ISO/IEC）JTC1 正在开展与大数据安全直接相关的标准——ISO/IE C20547《信息技术 大数据参考架构第 4 部分：安全与隐私》，涉及大数据安全内容。国际电信联盟电信标准化部门（ITU-T）已发布了涉及大数据安全的标准《大数据数据保全概述和要求》，目前正在推进研制的大数据安全标准有《移动互联网服务中的大数据分析安全要求和框架》《大数据即服务的安全指南》《电子商务业务数据生命周期管理的安全参考架构》等。美国国家标准与技术研究院（NIST）已经完成并发布了 NIST SP 1500-4《第 4 册 安全和隐私保护》（叶润国等，2016）。

总之，在确保安全合规的情况下，如何规范指导水利行业的大数据服务提供商，构建适合水利领域大数据的管理安全防护体系，以提供安全的水利大数据服务，仍然是急需解决的关键安全问题。

参考文献

蔡阳.2010. 水利信息安全等级保护整改工作的实践［J］. 计算机安全，(9)：1-3.

陈红松，韩至，邓淑宁.2015. 智慧城市中大数据安全分析与研究［J］. 信息网络安全，(7)：1-6.

方滨兴，贾焰，李爱平，等.2016. 大数据隐私保护技术综述［J］. 大数据，2 (1)：1-18.

冯登国，张敏，李昊.2014. 大数据安全与隐私保护［J］. 计算机学报，37 (1)：246-258.

高伟.2008. 磁盘数据安全保护技术研究［D］. 上海：上海交通大学硕士学位论文.

雷婉.2015. 权限分离的医疗数据安全共享机制研究与实现［D］. 西安：西安电子科技大学硕士学位论文.

李凤华，李晖，贾焰，等.2016. 隐私计算研究范畴及发展趋势［J］. 通信学报，37 (4)：1-11.

李昊，张敏，冯登国，等.2017. 大数据访问控制研究［J］. 计算机学报，40 (1)：72-91.

李树栋，贾焰，吴晓波，等.2017. 从全生命周期管理角度看大数据安全技术研究［J］. 大数据，3 (5)：3-19.

吕欣，韩晓露，毕钰，等.2016. 大数据安全保障框架与评价体系研究［J］. 信息安全研究，2 (10)：913-919.

吕欣，韩晓露.2015. 健全大数据安全保障体系研究［J］. 信息安全研究，1 (3)：211-216.

裴金栋，赵旺飞.2016. 运营商大数据安全管理策略研究［J］. 移动通信，40 (21)：5-10.

宋珊珊.2015. 智能交通大数据安全挑战［J］. 中国公共安全（学术版），(4)：74-76.

陶冶，张云勇，张尼.2014. 运营商大数据安全防护技术研究［J］. 邮电设计技术，(7)：43-46.

田洪亮，张勇，许信辉，等.2016. 可信固态硬盘：大数据安全的新基础［J］. 计算机学报，(1)：154-168.

魏凯敏，翁健，任奎.2016. 大数据安全保护技术综述［J］. 网络与信息安全学报，2 (4)：1-11.

叶润国，胡影，韩晓露，等.2016. 大数据安全标准化研究进展［J］. 信息安全研究，2 (5)：404-411.

詹全忠，张潮.2019. 智慧水利总体方案之网络安全［J］. 水利信息化，(4)：20-24，29.

张滨.2016. 运营商大数据安全保障体系研究［J］. 电信工程技术与标准化，29 (12)：1-7.

张大军，李运发，郑周.2012. 云计算中数据资源的安全共享机制［J］. 信息网络安全，(8)：79-82.

张海粟，戴剑伟，刘玉超，等.2015. 美国国防部大数据研发核心项目 XDATA 分析［C］//第三届中国指挥控制大会，北京. 北京：中国指挥与控制学会：20-24.

张静，张洪亮.2017. 基于密码技术的健康医疗大数据安全保障体系研究［J］. 信息安全研究，3 (7)：652-656.

张璐，李晓勇，马威，等.2014. 政府大数据安全保护模型研究［J］. 信息网络安全，(5)：63-67.

中国电子技术标准化研究院，全国信息技术标准化技术委员会大数据标准工作组.2018. 大数据标准化白皮书［R］. 北京：中国电子技术标准化研究院，全国信息技术标准化技术委员会大数据标准工作组.

周季礼，李德斌.2015. 国外大数据安全发展的主要经验及启示［J］. 信息安全与通信保密，(6)：40-45.

Ateniese G, Burns R, Curtmola R, et al. 2007. Provable data possession at untrusted stores［C］//The 14th ACM Conference on Computer and Communications Security, October 29-November 2, Alexandria, USA. New York: ACM Press: 598-609.

Bhattacharyya D K. 2012. Decomposition+: improving l-diversity for multiple sensitive attributes [C] // CCSIT 2012, January 2-4, 2012, Bangalore, India. Heidelberg: Springer: 403-412.

Byun J W, Li N. 2008. Purpose based access control for privacy protection in relational database systems [J]. The International Journal on Very Large Data Bases, 17 (4): 603-619.

Cachin C, Haralambiev K, Hsiao H C, et al. 2013. Policy-based secure deletion [C] //ACM SIGSAC Conference on Computer & Communications Security, November 4-8, 2013, Berlin, Germany. New York: ACM Press: 259-270.

Casas-Roma J, Herrera-Joancomarti J, Torra V. 2015. A summary of k-degree anonymous methods for privacy-preserving on networks [J]. Advanced Research in Data Privacy, 567: 231-250.

Chen H S, Bhargava B, Fu Z C. 2014. Multilabelsbased scalable access control for big data applications [J]. IEEE Cloud Computing, 1 (3): 65-71.

Culnan M J, Armstrong P K. 1999. Information privacy concerns, procedural fairness, and impersonal trust: An empirical investigation [J]. Organization Science, 10 (1): 104-115.

Curtmola R, Khan O, Burns R. 2008. MR-PDP: multiple replica provable data possession [C] // The 28th IEEE International Conference on Distributed Computing Systems, June 17-20, 2008, Beijing, China. New Jersey: IEEE Press: 411-420.

Fong P W L. 2011. Relationship-based access control: protection model and policy language [C] // The 1st ACM Conference on Data and Application Security and Privacy, February 21-23, 2011, San Antonio, USA. New York: ACM Press: 191-202.

Fung B C M, Wang K, Fu W C, et al. 2008. Anonymity for continuous data publishing [C] // The 11th International Conference on Extending Database Technology, March 25-29, 2008, Nantes, France. New York: ACM Press: 264-275.

Ganger GR, Khosla P K, Bakkaloglu M, et al. 2001. Survivable Storage Systems [C] // DARPA Information Survivability Conference & Exposition II, 2001. DISCEX '01. Proceedings. IEEE.

Geambasu R, Kohno T, Levy A, et al. Vanish: increasing data privacy with self-destructing data [C] //The 18th USENIX Security Symposium, August 10-14, 2009, Montreal, Canada : 299-316.

Goodson G R, Wylie J J, Ganger G R, et al. 2004. The safety and liveness properties of a protocol family for versatile survivable storage infrastructures [R]. Pittsburgh: Carnegie Mellon University Parallel Data Laboratory.

Goryczka S, Li X, Fung B C M. 2011. m-Privacy for collaborative data publishing [C] //International Conference on Collaborative Computing: Networking, 26 (10): 1-10.

Hu V C, Kuhn D R, Ferraiolo D F. 2015. Attributebased access control [J]. Computer, 48 (2): 85-88.

Jia P H, Jin-Song M A. 2007. Research on technical method of hiding watermark in GIS spatial data for sharing security [J]. Bulletin of Surveying &Mapping, (2): 208.

Jiang T, Chen X, Ma J. 2016. Public integrity auditing for shared dynamic cloud data with group user revocation [J]. IEEE Transactions on Computers, 65 (8): 2363-2373.

Krohn M, Yip A, Brodsky M, et al. 2007. Information flow control for standard OS abstractions [C] //The 21st ACM Symposium on Operating Systems Principles, October 14-17, 2007, Washington, USA. New York: ACM Press.

Lang U, Schreiner R. 2015. Managing security in intelligent transport systems [C] // IEEE International Conference on Intelligent Transportation Systems, September 15-18, 2015, Gran Canaria, Canary Islands. New Jersey: IEEE Press: 48-53.

Lefevre K, Dewitt D J, Ramakrishnan R. 2006. Mondrian multidimensional k- anonymity [C] //International Conference on Data Engineering, 6 (3): 25.

Li J, Squicciarini A, Lin D, et al. 2015. SecLoc: securing location-sensitive storage in the cloud [C] // The 20th ACM Symposium on Access Control Models and Technologies, June 1-3, 2015, Vienna, Austria. New York: ACM Press: 51-61.

Li N H, Li T C, Venkatasubramanian S. 2007. t-Closeness: privacy beyond k-anonymity and l-diversity [C] // The 23rd International Conference on Data Engineering, April 15-20, 2007, Istanbul, Turkey. New Jersey: IEEE Press: 106-115.

Machanavajjhala A, Kifer D, Gehrke J. 2006. L- diversity: privacy beyond k- anonymity [C] //The 22nd International Conference on Data Engineering, April 3-7, 2006, Atlanta, USA. New Jersey: IEEE Press.

Miller E L, Long D D E, Freeman W E, et al. 2002. Strong security for network- attached storage [C] // Conference on File and Storage Technologies, January 28-30, 2002, Monterey, USA: 1-13.

Munier M, Lalanne V, Ricarde M. 2012. Selfprotecting documents for cloud storage security [C] // IEEE International Conference on Trust, Security and Privacy in Computing and Communications, June 25- 27, 2012, Liverpool, UK. New Jersey: IEEE Press: 1231-1238.

Narayan S, Safavi-Naini R. 2010. Privacy preserving EHR system using attributebased infrastructure [C] // The 2nd ACM Cloud Computing Security Workshop, October 8, 2010, Chicago, USA. New York: ACM Press: 47-52.

NIST Big Data Public Working Group. 2015. Big Data security and privacy [R]. Gaithersburg: NIST.

Office J P. 2004. Horizontal integration: Broader access models for realizing information dominance [R]. The MITRE Corportation, Virginia: Technical Report JSR-04-132.

Park J, Nguyen D, Sandhu R. 2012. A provenancebased access control model [C] // 2012 Tenth Annual International Conference on Privacy, Security and Trust, July 16- 18, 2012, Paris, France. New Jersey: IEEE Press: 137-144.

Pasquier J M, Powles J E. 2015. Expressing and enforcing location requirements in the cloud using information flow control [C] // IEEE International Conference on Cloud Engineering, March 9-12, 2015, Tempe, USA. New Jersey: IEEE Press: 410-415.

Pasquier T, Bacon J, Eyers D. 2014. FlowK: Information flow control for the cloud [J]. Working Paper: 70-77.

Perlman R. 2005a. File system design with assured delete [C] //IEEE International Security in Storage Workshop, December 13-15, 2005, San Francisco, USA. New Jersey: IEEE Press: 83-88.

Perlman R. 2005b. Theephemerizer: Making data disappear [R]. Mountain View: Sun Microsystems, Inc.

Sandhu R S, Coyne E J, Feinstein H L, et al. 1996. Rolebased access control models [J]. Computer, 29 (2): 38-47.

Stanton P. 2004. Securing data in storage: A review of current research [J]. Computer Science: 409034.

Tang Y, Lee P P C, Lui J C S, et al. 2012. Secure overlay cloud storage with access control and assured deletion [J]. IEEE Transactions on Dependable &Secure Computer, 9 (6): 903-916.

Wang B, Li B, Li H. 2012. Knox: privacy- preserving auditing for shared data with large groups in the cloud [C] // The 10th International Conference on Applied Cryptography and Network Security, June 26-29, 2012, Singapore: 507-525.

Wang B, Li B, Li H. 2014. Oruta: privacy-preserving public auditing for shared data in the cloud [J]. IEEE Transactions on Cloud Computing, 2 (1): 43-56.

Wang L, Wijesekera D, Jajodia S. 2004. A logicbased framework for attribute based access control [C] //The 2004 ACM Workshop on Formal Methods in Security Engineering, October 29, 2004, Washington DC, USA. New York: ACM Press: 45-55.

Wang W, Huang H, Xie C, et al. 2014. Secure cloud disc: Internet certification service on network attached flash file system [J]. Wit Transactions on Information & Communication Technologies, 52: 1471-1478.

Wang Z, Han Z, Liu J. 2016. Public verifiability for shared data in cloud storage with a defense against collusion attacks [J]. Science China Information Sciences, 59 (3): 1-3.

Xiong J B, Liu X M, Yao Z Q, et al. 2015. A secure data self-destructing scheme in cloud computing [J]. IEEE Transactions on Cloud Computing, 2 (4): 448-458.

Yang T, Lee P P C, Lui J C S, et al. 2010. FADE: Secure overlay cloud storage with file assured deletion [C] //International Conference on Security and Privacy in Communication Systems. Heidelberg: Springer.

Yi T, Shi M. 2015. Privacy protection method for multiple sensitive attributes based on strong rule [J]. Mathematical Problems in Engineering, (5): 464731.

Yuan J, Yu S. 2014. Efficient public integrity checking for cloud data sharing with multiuser modification [C] // The 33rd Annual IEEE International Conference on Computer Communications, April 27- May 2, 2014, Toronto, Canada. New Jersey: IEEE Press: 2121-2129.

Yuan J, Yu S. 2015. Efficient public integrity checking for cloud data sharing with multi-user modification [J]. IEEE Transactions on Information Forensics and Security, 10 (8): 1717-1726.

Zeng K. 2008. Publicly verifiable remote dataintegrity [J]. Lecture Notes in Computer Science, 5308: 419-434.

Zeng W, Yang Y, Luo B. 2013. Access control for big data using data content [C] // IEEE International Conference on Big Data, October 6-9, 2013, Santa Clara, USA. New Jersey: IEEE Press: 45-47.

Zeng W, Yang Y, Luo B. 2014. Content-based access control: use data content to assist access control for large-scale content-centric databases [C] //2014 IEEE International Conference on Big Data, October 27-30, 2014, Washington DC, USA. New Jersey: IEEE Press: 701-710.

Zhu Y, Wang H, Hu Z, et al. 2010. Efficient provable data possession for hybrid clouds [C] // The 17th ACM Conference on Computer and Communications Security, October 4-8, Chicago, USA. New York: ACM Press: 756-758.

第 11 章 智慧水利大数据的趋势与建议

11.1 发展趋势

水利改革的发展和变革，将向着自动化、智能化的路线演进。智慧水利未来的发展建立在物联网、云计算、大数据、人工智能等一系列技术成熟且被深层次应用的基础上，是对传统水利的进一步扩展，是增加水利管理的连接通信特性和智能决策属性的智能化改造过程。

智能感知技术的发展以及水利信息通信网络的建设为自然和社会对象的实时状态采集和全程在线感知提供了手段和媒介。智能感知设备遍布流域各个角落，实时采集、传输水利对象状态信息，用数据真实记录和反映水利对象运行状态。随着水利信息通信网和无线专网的建设，传输带宽不断增大，可支撑更多高密度数据的采集和大容量数据传输的场景，实现水利对象实时状态采集和全程在线感知。未来水利是利用数字化的手段对水利进行重新定义和刻画，用数据真实记录和展现水流、信息流和数据流交互过程，利用数据全程实时展现水利对象运行状态、设备健康状态、管控运行状态，为水利调度、运行管理及社会服务的决策过程提供数据支撑。

云计算与大数据技术的成熟为水利数据的实时分析与处理提供工具。云计算技术的成熟和广泛应用，将带来通信和计算能力的变革。以云资源为基础，充分利用其广泛部署和分布式存储能力，能够完成水利大范围的数据采集接入与融合存储工作；充分融合云的计算资源弹性扩展能力与大数据的处理能力，能够实现大范围、更宽时间跨度、更智能算法的数据计算和处理工作。

深度学习智能算法的演进及海量历史数据的积累，使水利业务的决策过程从人工向机器智能辅助决策转变。无人驾驶、语音识别、图像理解等众多人工智能领域的应用，正是因为深度学习技术取得了突破，带来了新的发展。人工智能的核心优势在于能够利用各类传感器来代替人类收集数据、提取信息；能够利用大数据达到超越人类的计算和分析能力；能够不知疲倦地面对海量重复性任务；能够代替人类来实现学习成本高但是实用频度低的场景。同时，人工智能能够将学习、分析与决策能力在多场景中低成本复制，并不断进化该能力。这些优势是人类无法比拟的，也是水利行业所需要的。

水利的智能化决策支撑同样是建立在一系列基础工作之上，需要海量持续积累的业务数据，需要在业务解读的基础上，利用神经网络等深度学习算法抽象水利管理和决策过程并搭建模型，建立起输入与输出结果之间的逻辑函数映射关系，需要智能化算法设计团队，需要具备云计算与大数据计算能力。这几类能力形成合力，带来的是决策结果准确度的不断提升。水资源规划、水资源安全态势评估、设备预防性检修维护等场景，都可以建立相应的深度学习模型来辅助智能决策。

未来遍布的传感设备将替代人工收集、统计和录入数据，提炼基础信息，实时传输至云平台上的数据中心，基于覆盖水利行业全业务的数据模型进行融合存储，利用大数据技术对数据进行处理和分析。针对不同的水利业务场景，开发预警、监控、查询、统计、分析、辅助决策等功能模块，以云平台软件的方式提供服务，同时产生的数据以服务模式为用户使用。水利的全部业务环节转化为一张由数字搭建的网络，所有现有的业务和决策过程抽象为数据处理流程和模型算法，将最终结果作为人工决策的依据。

11.2 实现路径

要实现智慧水利大数据研究和应用落地，将经历三个发展阶段。

第一阶段是启蒙和初步探索阶段：初步认识大数据的概念和理论；分析大数据在智慧水利诸多领域的需求和价值；开展战略研究，制定发展路线图；形成少量研究及应用成果。

第二阶段是技术研发和示范应用阶段：首先在一些热点领域开展大数据研究和应用开发，使得大数据的应用价值得以部分展现，得到一定程度的认可，激励更多的机构、组织和个人加入到智慧水利大数据研究中。与此同时，在各行各业大数据应用的驱动下，大数据理论和相关技术得到快速发展，进一步带动智慧水利大数据发展，使大数据在智慧水利发展中逐步发挥出重要作用。但由于当前智慧水利发展水平尚不能完全满足系统互操作性的需求，管理机制方面存在缺陷，难以保证数据的完整性、准确性和可信性，再加上受技术水平的限制，大数据的处理、融合和分析技术不能完全满足需要，因此在这一阶段形成的智慧水利大数据技术方案是分散的、局部的，难以形成覆盖到智慧水利全领域的完整技术体系和整体解决方案。

第三阶段是技术提升和大规模技术部署阶段：大数据的研究和实践将反向推动智慧水利互操作性的全面实现，使智慧水利内部数据可全量获取，在完善监管机制下可获得更多的外部数据，实现内外部数据全面融合，数据的完整性、准确性得到大幅提升。智慧水利大数据的理论和技术体系基本形成，形成智慧水利大数据全景全域全过程的解决方案，数据作为战略资源的价值全面体现。

11.3 推进建议

目前我们正处于智慧水利大数据研究与应用的第二个发展阶段，也是整个发展过程最为重要的一个阶段。正如前文所述，智慧水利大数据发展面临诸多挑战，为了推动智慧水利大数据研究逐步走向深入和广泛，需要推进以下几方面的工作。

1）围绕大数据立法，加快法律法规建设。建立开放标准，推动公共数据开放共享；构建数据资源交易机制和定价机制，促进行业数据规范交易；制定专门条款，保护涉及国家机密、个人隐私和企业秘密的数据资源。

2）基于信息物理系统理论，重新审视智慧水利的发展目标机器对系统互操作的要求，要求升级优化当前水利的信息通信系统，为智慧水利全量数据的获取创造条件。

3）提高数据准确性和完整性，建立数据可信性评价体系。

4）推进智慧水利大数据的理论研究，探索新理论和新方法，建立包含认识论、方法论和数学物理基础的智慧水利理论体系，形成可指导智慧水利大数据应用开发的系统方法。

5）建立智慧水利大数据标准体系，进一步完善智慧水利大数据统一模型的理论设计与物理实现方法，为智慧水利全业务数据融合奠定基础。

6）建立智慧水利大数据应用效果检测和价值评价体系。

7）培养智慧水利大数据的研究队伍，设置专岗负责数据管理和专题分析工作，注重大数据团队人才培养。

8）在系统方法论的指导下，有计划地开发大数据应用，逐步形成系统的大数据解决方案。

11.4 展　　望

可以看到，大数据给人类带来了新的认知和能力，而智慧水利大数据的发展必将对智慧水利的完善化发展产生更为深刻的影响。

1）数据将呈现爆炸式增长。随着水利信息物理系统的深度融合，遍布水利的智能终端、传感以及无处不在的物联网络、多点高频次的信息采集，构建起全过程多维数据，将展现全新水利智能化架构。

2）新技术将成为水利支撑的主体。物联网、云计算、大数据、人工智能、区块链、虚拟现实/增强现实等技术将分层次融合共享，作为成熟先进的数据处理加工与分析计算功能主体，全面支撑水利的管理和运行。

3）天空地一体化的支撑网络。信息通信网络将成为立体、多维、融合的通信网络，并与水利系统融合运行。未来的水利信息通信网络面向端到端的链接和数据的承载传送，涵盖光纤、无线、卫星为主的一体化新一代通信体系将发挥基础性和引领性的保障作用。

4）基于数据的智能化决策支撑。水利从规划投资到资产管理，从安全运行到经济运营，随着大数据工作在智慧水利各个领域的深入开展，智能化的决策模式将逐步形成，智能化系统提供的决策依据不再是简单的数据和报表，而是根据需求和智能化分析计算后给出定制化的决策建议，依靠强大的数据基础和智能引擎支撑水利发展与运营。

大数据的核心价值在于透视事物的本质和新的方法论带来的创新思维。对于水利技术，大数据是解决复杂诸多水问题的方法路径或支撑手段；对于水利运营，大数据将引领运营模式创新与变革，以应对市场变化。掌握和合理运用大数据的核心资源，建立可以解决关键问题的方案和实现方法是大数据发展之要。随着大数据与业务发展的融合促进，其应用将逐步显现，并不断触发人们对水利技术与商业运营的创新和对大数据应用与价值的再认识。